高等学校计算机应用规划教材

EDA 技术与 CPLD/FPGA 开发应用简明教程

(第二版)

刘爱荣　王振成　陈杨　叶建森　编著

清华大学出版社
北　京

内 容 简 介

在信息技术高速发展的现代社会，电子系统的设计方法和设计手段已有了革命性的变化。可编程逻辑器件和 EDA 技术已广泛应用于通信、工业自动化、智能家电、智能交通、智能仪表、大屏幕、图像处理以及计算机等领域。因此，EDA 技术是电子工程师必须掌握的技术。

全书共分 12 章。本书根据课堂教学和实践的需要，详细介绍了 EDA 技术的基本知识、大规模可编程逻辑器件 CPLD/FPGA 的结构原理、EDA 开发工具的使用方法、VHDL 语言的语法结构和编程技巧、宏功能模块的应用、状态机和 SOPC 设计及应用。为提高读者的工程设计能力， 第 9~11 章分别介绍了 CPLD/FPGA 器件在数字系统、通信工程和计算机等领域的具体应用，并且运用大量综合性实例对各种关键技术进行了深入浅出的分析。此外，基础章节配有思考题，应用章节配有设计题，附录 4 配有实训内容、设计思路和实训步骤，为读者实训提供方便。

本书对应的电子教案、实例源文件和参考答案可以到 http://www.tupwk.com.cn/downpage/index.asp 网站下载。

图书在版编目(CIP)数据

EDA 技术与 CPLD/FPGA 开发应用简明教程/刘爱荣等 编著. —2 版 —北京：清华大学出版社，2013.10（2021.6重印）

(高等学校计算机应用规划教材)

ISBN 978-7-302-33023-3

Ⅰ. ①E… Ⅱ. ①刘… Ⅲ. ①电子电路—电路设计—计算机辅助设计—高等学校—教材 Ⅳ. ①TN702

中国版本图书馆 CIP 数据核字(2013)第 149118 号

责任编辑： 胡辰浩 袁建华
装帧设计： 牛静敏
责任校对： 曹 阳
责任印制： 宋 林

出版发行： 清华大学出版社
网 址：http://www.tup.com.cn，http://www.wqbook.com
地 址：北京清华大学学研大厦 A 座 邮 编：100084
社 总 机：010-62770175 邮 购：010-62786544
投稿与读者服务：010-62776969，c-service@tup.tsinghua.edu.cn
质 量 反 馈：010-62772015，zhiliang@tup.tsinghua.edu.cn
课 件 下 载：http://www.tup.com.cn，010-62794504

印 装 者： 北京富博印刷有限公司
经 销： 全国新华书店
开 本： 185mm×260mm **印 张：** 27 **字 数：** 624 千字
版 次： 2007 年 9 月第 1 版 2013 年 10 月第 2 版 **印 次：** 2021 年 6 月第 9 次印刷
定 价： 69.00元

产品编号：051818-03

前　言

由于高密度现场可编程逻辑器件(CPLD/FPGA)和专用集成电路的飞速发展，传统的设计技术已经不适合大规模及超大规模集成电路，以往分立的数字电路已经被可编程逻辑器件所取代。电子设计自动化 EDA(Electronic Design Automation)技术正是为了适应现代电子产品设计的要求，吸收多学科最新成果而形成的一门新技术。

利用 EDA 开发工具进行电子系统的设计，具有以下几个特点：①用软件的方式设计硬件；②由用软件方式设计的系统到由开发软件自动完成硬件系统的转换；③设计过程中可用软件进行各种仿真；④系统可现场编程，在线升级；⑤整个系统可集成在一个芯片上，体积小、功耗低并且可靠性高。目前，可编程逻辑器件在通信系统、智能交通、智能家电、物联网及复杂的现场控制系统中得到广泛的应用。因此，EDA 技术是现代电子设计工程师必须掌握的技术，基于 CPLD/FPGA 技术的开发应用已经成为数字时代的应用技术潮流。

本书的目的是帮助读者尽快掌握 EDA 技术，让读者学会应用硬件描述语言、原理图和状态图的混合设计方法设计数字系统。全书共 12 章：第 1 章主要介绍了 EDA 技术的基本知识和大规模可编程逻辑器件 CPLD/FPGA 的结构原理；第 2 章主要介绍了应用原理图输入法设计逻辑电路的流程；第 3 章介绍了 VHDL 结构和要素；第 4 章介绍了 Quartus II；第 5 章介绍了 VHDL 语言描述语句；第 6 章介绍了基本逻辑电路设计；第 7 章介绍了 CPLD/FPGA 应用系统设计实例；第 8 章介绍了有限状态机的设计；第 9 章介绍了宏功能模块与 IP 应用；第 10 章介绍了 FPGA 在 DSP 领域中的应用；第 11 章介绍了 FPGA 在通信工程中的实践应用；第 12 章介绍了 SOPC 系统开发技术。

本书在选材上注重内容新颖、技术先进并且重点突出。书中给出了经实践验证的大量设计实例，希望能对读者迅速掌握大规模可编程器件设计与应用有所帮助。

全书由刘爱荣、王振成、陈杨、叶建森、李立凯、李红丽、张璐璐、刘宏宇、王欣编写。其中第 1.1~1.10 节和附录 3 由张璐璐编写，第 1.11~1.16 节和第 4 章由王欣编写，第 2 章由王振成编写，第 3 章由刘宏宇编写，第 5.1~5.2 节和第 10 章由刘爱荣编写，第 6、7 和第 12 章由李立凯编写，第 9.1~9.2 节和附录 4 由陈杨编写，第 8 章和 9.3~9.7 节由叶建森编写，第 11 章、5.3~5.4 节及附录 1、附录 2 由李红丽编写，全书由刘爱荣统稿、定稿。另外，解放军信息工程大学王志新教授对此书的编写提出了宝贵意见，在此深表感谢。

在编写本书的过程中参考了相关文献，在此向这些文献的作者深表感谢。由于 EDA 技术是一门发展迅速的新技术，加上作者水平有限，书中难免有疏漏、不妥甚至错误之处，恳请专家和广大读者批评指正。我们的信箱是 huchenhao@263.net，电话是 010-62796045。

编　者
2013 年 3 月

前言

目　录

第1章　EDA概述与可编程逻辑器件

本章主要阐述了 EDA 技术的含义、发展历程、主要内容，面向 CPLD/FPGA 的开发流程；可编程逻辑器件发展进程、种类及分类方法；复杂可编程逻辑器件(CPLD)的基本结构，Altera 公司的主要器件介绍；现场可编程门阵列(FPGA)的结构及配置；FPGA 和 CPLD 的开发应用选择；可数字系统的设计方法及设计工具简介，EDA 技术的优势等内容。通过本章的学习，读者可对 EDA 技术有一个基本的认识。

1.1　EDA 技术

EDA(Electrical Design Automation，电子设计自动化)技术是现代集成电路及电子整机系统设计科技创新和产业发展的关键技术。当前集成电路技术已进入超深亚微米工艺和片上系统(SOC)阶段，集成化、微型化和系统化的趋势使得集成电路设计及以集成电路为核心的电子系统设计成为一个庞大的系统工程，离开 EDA 技术，集成电路及电子系统设计将寸步难行。EDA 技术教学是培养高素质电子设计人才，尤其是 IC 设计人才的重要途径。

EDA 技术是一门发展迅速的新技术，涉及面广，内容丰富，理解各异，目前尚无统一的看法。作者认为：EDA 技术有狭义和广义之分，狭义 EDA 技术就是以大规模可编程逻辑器件为设计载体，以硬件描述语言为系统逻辑描述的主要表达方式，以计算机、大规模可编程逻辑器件的开发软件及实验开发系统为设计工具，通过有关的开发软件，自动完成用软件的方式设计的电子系统到硬件系统的逻辑编译、逻辑化简、逻辑分割、逻辑综合及优化、逻辑布局布线、逻辑仿真，直至完成对特定目标芯片的适配编译、逻辑映射、编程下载等工作，最终形成集成电子系统或专用集成芯片的一门新技术，或称为 IES/ASIC 自动设计技术。本书讨论的对象为狭义的 EDA 技术。广义的 EDA 技术除狭义的 EDA 技术之外，还包括计算机辅助分析 CAA 技术(如 PSPICE、EWB、MATLAB 等)、计算机辅助制造 CAM 和印刷电路板计算机辅助设计 PCB-CAD 技术(如 PROTEL、ORCAD 等)。

1.2　EDA 技术发展历程

EDA 技术伴随着计算机、集成电路、电子系统设计的发展，经历了计算机辅助设计(Computer Assist Design，CAD)、计算机辅助工程设计(Computer Assist Engineering Design，简称 CAE)和电子设计自动化(Electronic Design Automation，EDA)3 个发展阶段。

1.2.1　20 世纪 70 年代的计算机辅助设计 CAD 阶段

早期的电子系统硬件设计采用的是分立元件，随着集成电路的出现和应用，硬件设计进入到发展的初级阶段。初级阶段的硬件设计大量选用中小规模标准集成电路，人们将这些器件焊接在电路板上，做成初级电子系统，对电子系统的调试是在组装好的 PCB(Printed Circuit Board)板上进行的。

由于设计师对图形符号使用数量有限，传统的手工布线方法无法满足产品复杂性的要求，更不能满足工作效率的要求。这时，人们开始将产品设计过程中高度重复性的繁杂劳动，如布图布线工作，用二维图形编辑与分析的CAD 工具替代，最具代表性的产品就是美国 ACCEL 公司开发的 Tango 布线软件。20 世纪 70 年代，是 EDA 技术发展初期，由于 PCB 布图布线工具受到计算机工作平台的制约，其支持的设计工作有限且性能比较差。

1.2.2　20 世纪 80 年代的计算机辅助工程设计 CAE 阶段

初级阶段的硬件设计是用大量不同型号的标准芯片实现电子系统设计的。随着微电子工艺的发展，相继出现了集成上万只晶体管的微处理器，集成几十万直到上百万储存单元的随机存储器和只读存储器。此外，支持定制单元电路设计的掩膜编程的门阵列，如标准单元的半定制设计方法以及可编程逻辑器件(PAL 和 GAL)等一系列微结构和微电子学的研究成果都为电子系统的设计提供了新天地。因此，可以用少数几种通用的标准芯片实现电子系统的设计。

伴随计算机和集成电路的发展，EDA 技术进入到计算机辅助工程设计阶段。20世纪 80 年代初，推出的 EDA 工具则以逻辑模拟、定时分析、故障仿真、自动布局和布线为核心，重点解决电路设计没有完成之前的功能检测等问题。利用这些工具，设计师能在产品制作之前预知产品的功能与性能，能生成产品制造文件，在设计阶段对产品性能的分析前进了一大步。

如果说 20 世纪 70 年代的自动布局布线的 CAD 工具代替了设计工作中绘图的重复劳动，那么，到了 20 世纪 80 年代出现的具有自动综合能力的 CAE 工具则代替了设计师的部分工作，对保证电子系统的设计，制造出最佳的电子产品起着关键的作用。到了 20 世纪 80 年代后期，EDA 工具已经可以进行设计描述、综合与优化和设计结果验证，CAE 阶段的EDA 工具不仅为成功开发电子产品创造了有利条件，而且为高级设计人员的创造性劳动提供了方便。但是，大部分从原理图出发的EDA 工具仍然不能适应复杂电子系统的设计要求，而具体化的元件图形制约着优化设计。

1.2.3　20 世纪 90 年代电子系统设计自动化 EDA 阶段

为了满足千差万别的系统用户提出的设计要求，最好的办法是由用户自己设计芯片，让用户把想设计的电路直接设计在自己的专用芯片上。微电子技术的发展，特别是可编程逻辑器件的发展，使得微电子厂家可以为用户提供各种规模的可编程逻辑器件，使设计者通过设计芯片实现电子系统功能。EDA 工具的发展，又为设计师提供了全线 EDA 工具。这个阶段发展起来的EDA 工具，目的是在设计前期将设计师从事的许多高层次设计由工具来完成，如可以将用户要求转换为设计技术规范，有效地处理可用的设计资源与理想的设计目标之间的矛盾，按具体的硬件、软件和算法分解设计等。由于电子技术和 EDA 工具的发展，设计师可以在短时间内使用EDA 工具，通过一些简单标准化的设计过程，利用微电子厂家提供的设计库来完成数万门 ASIC 和集成系统的设计与验证。

20 世纪 90 年代，设计师们逐步从使用硬件转向设计硬件，从单个电子产品开发转向系统级电子产品开发(即片上系统集成，System on a chip)。因此，EDA 工具是以系统设计为核心，包括系统行为级描述与结构综合，系统仿真与测试验证，系统划分与指标分配，系统决策与文件生成等一整套的电子系统设计自动化工具。这时的EDA 工具不仅具有电子系统设计的能力，而且能提供独立于工艺和厂家的系统级设计能力，具有高级抽象的设计构思手段。例如，提供方框图、状态图和流程图的编辑能力，具有适合层次描述和混合信号描述的硬件描述语言(如 VHDL、AHDL 或 Verilog-HDL)，同时含有各种工艺的标准元件库。只有具备上述功能的 EDA 工具，才可能使电子设计工程师能够在不熟悉各种半导体工艺的情况下，完成电子系统的设计。

未来的 EDA 技术将向广度和深度两个方向发展，EDA 将会超越电子设计的范畴进入其他领域。随着基于 EDA 的 SOC(单片系统)设计技术的发展，软硬核功能库的建立，以及基于 VHDL 所谓自顶向下设计理念的确立，未来的电子系统的设计与规划将不再是电子工程师们的专利。有专家认为，21 世纪将是 EDA 技术快速发展的时期，并且 EDA 技术将是对 21 世纪产生重大影响的十大技术之一。

1.3　面向 CPLD/FPGA 的 EDA 技术主要内容

EDA 技术涉及面广，内容丰富，从教学和实用的角度看，究竟应掌握些什么内容呢？作者认为，主要应掌握如下 4 个方面的内容：①大规模可编程逻辑器件；②硬件描述语言；③软件开发工具；④实验开发系统。其中，大规模可编程逻辑器件是利用 EDA 技术进行电子系统设计的载体；硬件描述语言是利用 EDA 技术进行电子系统设计的主要表达手段；软件开发工具是利用EDA 技术进行电子系统设计的智能化设计工具；实验开发系统则是利用 EDA 技术进行电子系统设计的硬件验证工具。为了使读者对 EDA 技术有一个总体印象，下面对 EDA 技术的主要内容进行概要介绍。

1.3.1　大规模可编程逻辑器件

可编程逻辑器件(简称 PLD)是一种由用户编程以实现某种逻辑功能的新型逻辑器件。

FPGA 和 CPLD 分别是现场可编程门阵列和复杂可编程逻辑器件的简称。现在，FPGA 和 CPLD 器件的应用已十分广泛，它们将随着 EDA 技术的发展而成为电子设计领域的重要角色。国际上生产 FPGA/CPLD 的主流公司，并且在国内占有市场份额较大的主要是 Xilinx、Altera 和 Lattice 三家公司。Xilinx 公司的 FPGA 器件有 XC2000、XC3000、XC4000、XC4000E、XC4000XLA，XC5200 系列等，可用门数为 1200~18000。Altera 公司的 CPLD 器件有 MAX 系列和 FLEX 系列，FLEX 系列有 FLEX6000、FLEX8000、FLEX10K、FLEX10KE 系列等，提供门数为 5000~25000。Lattice 公司的 ISP-PLD 器件有 ispLSI1000、ispLSI2000、ispLSI3000、ispLSI6000 系列等，集成度可多达 25000 个 PLD 等效门。

FPGA 在结构上主要分为 3 个部分，即可编程逻辑单元、可编程输入/输出单元和可编程连线 3 个部分。CPLD 在结构上主要包括 3 个部分，即可编程逻辑宏单元、可编程输入/输出单元和可编程内部连线。

高集成度、高速度和高可靠性是 FPGA/CPLD 最明显的特点，其时钟延时可小至 ns 级，结合其并行工作方式，在超高速应用领域和实时测控方面有着非常广阔的应用前景。在高可靠应用领域，如果设计得当，将不会存在类似于 MCU 的复位不可靠和 PC 可能跑飞等问题。FPGA/CPLD的高可靠性还表现在几乎可将整个系统下载于同一芯片中，实现所谓片上系统，从而大大缩小了体积，易于管理和屏蔽。由于 FPGA/CPLD 的集成规模非常大，可利用先进的EDA 工具进行电子系统设计和产品开发。由于开发工具的通用性、设计语言的标准化以及设计过程几乎与所用器件的硬件结构没有关系，因而设计开发成功的各类逻辑功能块软件有很好的兼容性和可移植性。它几乎可用于任何型号和规模的 FPGA/CPLD 中，从而使得产品设计效率大幅度提高。可以在很短时间内完成十分复杂的系统设计，这正是产品快速进入市场最宝贵的特征。美国 IT 公司认为，一个 ASIC 的 80%功能可用于 IP 核等现成逻辑合成。而未来大系统的 FPGA/CPLD 设计仅仅是各类再应用逻辑与 IP 核(Core)的拼装，其设计周期将更短。与 ASIC 设计相比，FPGA/CPLD 显著的优势是开发周期短、投资风险小、产品上市速度快、市场适应能力强和硬件升级回旋余地大，而且当产品定型和产量扩大后，可将在生产中达到充分检验的 VHDL 设计迅速实现 ASIC 投产。

对于一个开发项目，究竟是选择 FPGA 还是选择 CPLD 呢？主要看开发项目本身的需要。对于普通规模，且产量不是很大的产品项目，通常使用 CPLD 比较好。对于大规模的逻辑设计、ASIC 设计和单片系统设计，则多采用 FPGA。另外，FPGA 掉电后将丢失原有的逻辑信息，所以在使用中需要为 FPGA 芯片配置一个专用 ROM。

1.3.2　硬件描述语言(HDL)

常用的硬件描述语言有 VHDL、Verilog 和 ABEL。

- VHDL：作为 IEEE 的工业标准硬件描述语言，在电子工程领域，已成为事实上的通用硬件描述语言。

- Verilog：支持的 EDA 工具较多，适用于 RTL 级和门电路级的描述，其综合过程较 VHDL 稍简单，但其在高级描述方面不如 VHDL。
- ABEL：一种支持各种不同输入方式的 HDL，被广泛用于各种可编程逻辑器件的逻辑功能设计，由于其语言描述的独立性，因而适用于各种不同规模的可编程器件的设计。

有专家认为，在新世纪中，VHDL 与 Verilog 语言将承担几乎全部的数字系统设计任务。

1.3.3　软件开发工具

目前比较流行的主流厂家的 EDA 的软件工具有 Altera 公司的 Quartus II、Lattice 公司的 ispEXPERT、Xilinx 公司的 Foundation Series ISE(简称 ISE)等。

- Quartus II：支持原理图、VHDL 和 Verilog 等语言文本文件，以及以波形与 EDIF 等格式的文件作为设计输入，并支持这些文件的任意混合设计。它具有门级仿真器，可以进行功能仿真和时序仿真，能够产生精确的仿真结果。在适配之后，Quartus II 生成供时序仿真用的 EDIF、VHDL 和 Verilog 这 3 种不同格式的网表文件，它界面友好，使用便捷，被誉为业界最易学易用的 EDA 软件，并支持主流的第三方 EDA 工具，支持所有 Altera 公司的 FPGA/CPLD 大规模逻辑器件。
- ispEXPERT：ispEXPERT System 是 ispEXPERT 的主要集成环境。通过它可以进行 VHDL、Verilog 及 ABEL 语言的设计输入、综合、适配、仿真和系统下载。ispEXPERT System 是目前流行的 EDA 软件中最容量掌握的设计工具之一，它界面友好、操作方便、功能强大，并与第三方 EDA 工具兼容良好。
- Foundation Series ISE：Xilinx 公司最新集成开发的 EDA 工具。它采用自动化的、完整的集成设计环境。Foundation 项目管理器集成了 Xilinx 实现工具，并包含了强大的 Synopsys FPGA Express 综合系统，是业界最强大的 EDA 设计工具之一。

这 3 个软件的基本功能相同，主要差别在于：①面向的目标器件不一样；②三者的性能各有优劣。

1.3.4　实验开发系统

实验开发系统提供芯片下载电路及 EDA 实验/开发的外围资源(类似于用于单片机开发的仿真器)，供硬件验证用。一般包括：①实验或开发所需的各类基本信号发生模块，包括时钟、脉冲、高低电平等；②FPGA/CPLD 输出信息显示模块，包括数码显示、发光管显示、声响指示等；③监控程序模块，提供“电路重构软配置”；④目标芯片适配座以及上面的 FPGA/CPLD 目标芯片和编程下载电路。

目前从事 EDA 实验开发系统研究的公司和院校有：杭州康芯电子有限公司、清华大学、北京理工大学、复旦大学、西安电子科技大学、东南大学和浙江天煌科技实业有限公司等。

1.3.5 关于 EDA 技术的学习重点及学习方法

EDA 技术作为一门发展迅速、有着广阔应用前景的新技术，涉及面广，内容丰富。作者结合自己的学习及教学体会，就 EDA 技术学习的有关问题提出一些指导意见，供读者参考。

1. EDA 技术的学习重点

从实用和教学的角度讲，作者认为，EDA 技术的学习主要应掌握 4 个方面的内容：①大规模可编程逻辑器件；②硬件描述语言；③软件开发工具；④实验开发系统。其中，硬件描述语言是重点。

对于大规模可编程逻辑器件，主要是了解其分类、基本结构、工作原理、各厂家产品的系列、性能指标以及如何选用，而对于各个产品的具体结构不必研究过细。

对于硬件描述语言，除了掌握基本语法规定外，更重要的是要理解 VHDL 的 3 个“精髓”：软件的强数据类型与硬件电路的唯一性、硬件行为的并行性决定了 VHDL 语言的并行性、软件仿真的顺序性与实际硬件行为的并行性；要掌握系统的分析与建模方法，能够将各种基本语法规定熟练地运用于自己的设计中。

对于软件开发工具，应熟练掌握从源程序的编辑、逻辑综合、逻辑适配以及各种仿真、硬件验证各步骤的使用。

对于实验开发系统，主要能够根据自己所拥有的设备，熟练地进行硬件验证或变通地进行硬件验证。

2. EDA 技术的学习方法

抓住一个重点：VHDL(或其他语言)的编程；掌握两个工具：FPGA/CPLD 开发软件和 EDA 实验开发系统的使用；运用 3 种手段：案例分析、应用设计、上机实践；采用 4 个结合：边学边用相结合，边用边学相结合，理论与实践相结合，课内与课外相结合。

1.4 EDA 技术应用对象

一般地，利用 EDA 技术进行电子系统设计的最后目标，是完成专用集成电路 ASIC 或印制电路板(PCB)的设计和实现，如图 1-1 所示。其中，PCB 设计指的是电子系统的印制路板设计，从电路原理图到 PCB 上元件的布局、布线、阻抗匹配、信号完整性分析及板级仿真，到最后的电路板机械加工文件生成，这些都需要相应的 EDA 工具软件辅助设计者来完成，这仅是 EDA 技术应用的一个重要方面，但本书限于篇幅不作展开。

ASIC 作为最终的物理平台，集中容纳了用户通过 EDA 技术将电子应用系统的既定功能和技术指标具体实现的硬件实体。

专用集成电路就是具有专门用途和特定功能的独立集成电路器件，根据这个定义，作为 EDA 技术最终实现目标的 ASIC，可以通过 3 种途径来完成。

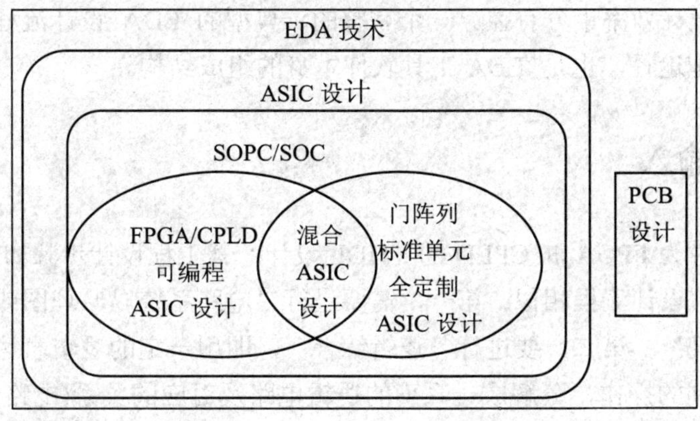

图 1-1　EDA 技术实现目标

1.4.1　可编程逻辑器件

FPGA 和 CPLD 是实现这一途径的主流器件，它们的特点是：直接面向用户，具有极大的灵活性和通用性；使用方便，硬件实现和测试快捷；开发效率高，成本低，上市时间短；技术维护简单，工作可靠性高等。FPGA 和 CPLD 的应用是 EDA 技术有机融合软硬件电子设计技术、SOPC 和 ASIC 设计，以及对自动设计与自动实现最典型的诠释。由于 FPGA 和 CPLD 的开发工具、开发流程和使用方法与 ASIC 有类似之处，因此这类器件通常也被称为可编程专用 IC，或可编程 ASIC。

1.4.2　半定制或全定制 ASIC

基于 EDA 技术的半定制或全定制 ASIC，根据它们的实现工艺，可统称为掩模(Mask) ASIC，或直接称 ASIC。可编程 ASIC 与掩模 ASIC 相比，不同之处在于前者具有面向用户的灵活多样的可编程性，即硬件结构的可重构特性。

1.4.3　混合 ASIC

混合 ASIC(不是指数模混合 ASIC)主要指既具有面向用户的 FPGA 可编程功能和逻辑资源，同时也含有可方便调用和配置的硬件标准单元模块，如 CPU、RAM、硬件加法器、乘法器、锁相环等。

1.5　面向 CPLD/FPGA 的 EDA 开发流程

完整地了解利用 EDA 技术进行设计开发的流程对于正确选择和使用 EDA 软件、优化设计项目、提高设计效率十分有益。一个完整的、典型的 EDA 设计流程既是自顶向下设计方法的具体实施途径，也是 EDA 工具软件本身的组成结构。

1.5.1　设计输入

对于目标器件为 FPGA 和 CPLD 的 VHDL 设计，其工程设计步骤如何呢？EDA 的工程设计流程与建筑设计流程相似：第一，需要进行“电路系统以原理图或 HDL 文本编辑方式的输入计算机”；第二，要进行“逻辑综合”，即用一定的逻辑表达手段将表达出来的设计经过一系列的操作，分解成一系列的逻辑电路及对应的关系(电路分解)；第三，要进行目标器件的“布线/适配”，即在选用的目标器件中建立这些基本逻辑电路的对应关系(逻辑实现)；第四，目标器件的编程下载，即将前面的软件设计经过编程变成具体的设计系统(物理实现)；最后要进行硬件仿真/硬件测试，即验证所设计的系统是否符合要求。同时，在设计过程中要进行有关“仿真”， 即模拟有关设计结果与设计构想是否相符。综上所述，EDA 的工程设计基本流程如图 1-2 所示，图中的设计流程具有一般性。

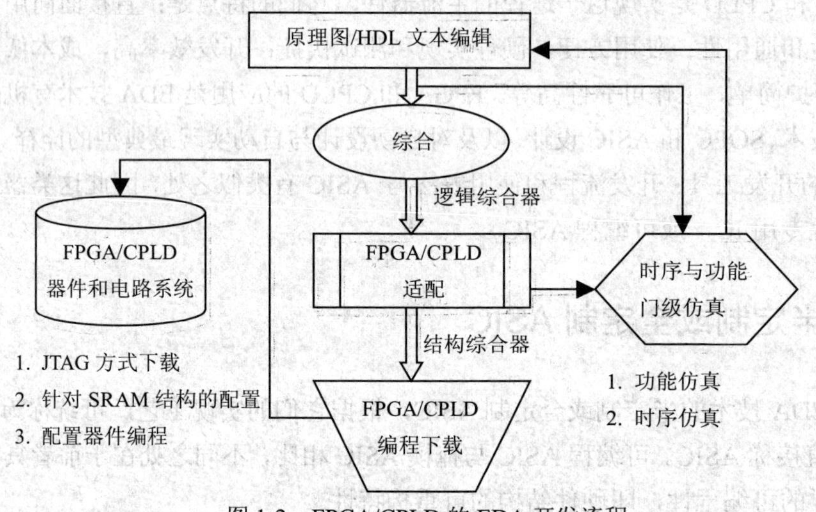

图 1-2　FPGA/CPLD 的 EDA 开发流程

1. 图形输入

图形输入通常包括原理图输入、状态图输入和波形图输入等方法。状态图输入方式就是根据电路的控制条件和不同的转换方式，用绘图的方法，在EDA 软件的状态图编辑器上绘出状态图，然后由 EDA 编辑器和综合器将此状态变化流程图编辑综合成状态网表。

波形图输入方法则是将待设计的电路看成是一个黑盒子，只需告诉EDA 工具该黑盒子电路的输入和输出时序波形图，EDA 工具即能据此完成黑盒子电路的设计。

原理图输入方法是一种类似于传统电子设计方法的原理图编辑输入方式，即在EDA 软件的图形编辑界面上绘制能完成功能的电路原理图。原理图由逻辑器件(符号)和连接线构成，图中的逻辑器件可以是EDA 软件库中预测的功能模块，如与门、非门、或门、触发器以及各种 74 系列器件功能的宏模块，甚至还有一些 IP 核的功能块。

2. 硬件描述语言文本输入

这种方式与传统的计算机软件语言编辑输入基本一致，就是将使用了某种硬件描述语言的电路设计文本，如 VHDL 或 Verilog 的源程序，进行编辑输入。

1.5.2　逻辑综合和优化

综合(Synthesis)，就是把某些东西结合到一起，把设计抽象层次中的一种表述转化成另一种表述的过程。

对于电子设计领域的综合概念可以表示为：将用行为和功能层次表达的电子系统转换为低层次的便于具体实现的模块组合装配而成的过程。

事实上，设计过程的每一步都可称为一个综合环节。设计过程通常从高层次的行为描述开始，以最低层的结构描述结束，每个综合步骤都是上一层次的转换。

- 从自然语言表述转换到 Verilog 语言算法表述，是自然语言综合。
- 从算法表述转换到寄存器传输级(Register Transport Level，RTL)表述，即从行为域到结构域的综合，是行为综合。
- 从 RTL 级转换到逻辑门(包括触发器)的表述，即逻辑综合。
- 从逻辑门表述转换到版图表述(ASIC 设计)，或转换到 FPGA 的配置网表文件，可称为版图综合或结构综合。

一般地，综合是仅对 HDL 而言的。利用 HDL 综合器对设计进行综合是十分重要的一步。因为综合过程将把软件设计的 HDL 描述与硬件结构挂钩，是将软件转化为硬件电路的关键步骤，是文字描述与硬件实现的一座桥梁。综合就是将电路的高级语言——行为描述转换成低级的、可与 FPGA/CPLD 的基本结构相映射的网表文件或程序。

当输入的 HDL 文件在 EDA 工具中检测无误后，首先面临的是逻辑综合，因此要求 HDL 源文件中的语句都是可综合的(即可硬件实现的)。

整个综合过程就是将设计者在 EDA 平台上编辑输入的 HDL 文本、原理图或状态图形描述，依据给定的硬件结构组件和约束控制条件进行编译、优化、转换和综合，最终获得门级电路甚至更底层的电路描述网表文件。由此可见，综合器工作前，必须给定最后实现的硬件结构参数，它的功能就是将软件描述与给定的硬件结构用某种网表文件的方式对应起来，成为相应的映射关系。

如果把综合理解为映射过程，那么显然这种映射不是唯一的，并且综合的优化也不是单纯的或一个方向的。为达到速度、面积(资源)、性能的要求，往往需要对综合加以约束，称为综合约束。

1.5.3　适配(目标器件的布局布线)

适配器也称结构综合器，它的功能是将由综合器产生的网表文件配置于指定的目标器件中，使之产生最终的下载文件，如 JEDEC、JAM、SOF、POF 文件等。适配所选定的目标器件必须属于原综合器指定的目标器件系列。通常，EDA 软件中的综合器可由专业的第三方 EDA 公司提供，而适配器则需由 FPGA/CPLD 供应商提供。因为适配器的适配对象直接与器件的结构细节相对应。

适配器就是将综合后的网表文件针对某一具体的目标器件进行逻辑映射操作，其中包括底层器件配置、逻辑分割、优化、布局布线操作。适配完成后可以利用适配所产生的仿真文件作精确的时序仿真，同时产生可用于对目标器件进行编程的文件。

1.5.4 仿真

在编程下载前必须利用 EDA 工具对适配生成的结果进行模拟测试，就是所谓的仿真。仿真就是让计算机根据一定的算法和一定的仿真库对 EDA 设计进行模拟，以验证设计的正确性，排除错误。仿真是在 EDA 设计过程中的重要步骤。图 1-2 所示的时序与功能门级仿真通常由 FPGA 公司的 EDA 开发工具直接提供(当然也可以选用第三方的专业仿真工具)，它可以完成两种不同级别的仿真测试。

1. 时序仿真

时序仿真，就是接近真实器件时序性能运行特性的仿真。仿真文件中已包含了器件硬件特性参数，因而，仿真精度高。但时序仿真的仿真文件必须来自针对具体器件的适配器。综合后所得的 EDIF 等网表文件通常作为 FPGA 适配器的输入文件，产生的仿真网表文件中包含了精确的硬件延迟信息。

2. 功能仿真

功能仿真，是直接对 HDL、原理图描述或其他描述形式的逻辑功能进行测试模拟，以了解其实现的功能是否满足原设计要求的过程，仿真过程不涉及任何具体器件的硬件特性。不经历适配阶段，在设计项目编辑编译(或综合)后即可进入门级仿真器进行模拟测试。直接进行功能仿真的好处是设计耗时短，对硬件库、综合器等没有任何要求。

1.5.5 目标器件的编程/下载

如果编译、综合、布线/适配、行为仿真、功能仿真和时序仿真等过程都没有发现问题，即满足原设计的要求，则可以将由 FPGA/CPLD 布线/适配器产生的配置/下载文件通过编程器或下载电缆载入目标芯片 FPGA 或 CPLD 中。

1.6 可编程逻辑器件

可编程逻辑器件 PLD(Programmable Logic Devices)是 20 世纪 70 年代发展起来的一种新型集成器件。PLD 是大规模集成电路技术发展的产物，是一种半定制的集成电路，结合

EDA 技术可以快速、方便地构建数字系统。

数字电路系统都是由基本门来构成的，如与门、或门、非门、传输门等。由基本门可构成两类数字电路，一类是组合电路，另一类是时序电路，它含有存储元件。事实上，不是所有的基本门都是必需的，如用与非门单一基本门就可以构成其他的基本门。任何的组合逻辑函数都可以化为“与-或”表达式，即任何的组合电路可以用“与门-或门”二级电路实现。同样，任何时序电路都可由组合电路加上存储元件，即锁存器、触发器来构成。由此，人们提出了一种可编程电路结构，即可重构的电路结构。

1.6.1 PLD 的分类

可编程逻辑器件的种类很多，几乎每个大的可编程逻辑器件供应商都能提供具有自身结构特点的 PLD 器件。由于历史的原因，可编程逻辑器件的命名各异，在详细介绍可编程逻辑器件之前，有必要介绍几种 PLD 的分类方法。

1. 按集成度划分

第一种分类方法是以集成度划分，一般可分为以下两大类器件：

(1) 低集成度芯片。早期出现的 PROM(Programmable Read OnlyMemory)、PAL(Programmable Array Logic)、可重复编程的 GAL(Generic Array Logic)都属于这类，可重构使用的逻辑门数大约在 500 门以下，称为简单 PLD。

(2) 高集成度芯片。如现在大量使用的 CPLD、FPGA 器件，称为复杂 PLD。

2. 按结构划分

第二种分类是按结构划分，可分为以下两大类器件：

(1) 乘积项结构器件。其基本结构为“与-或”阵列的器件，大部分简单 PLD 和 CPLD 都属于这个范畴。

(2) 查找表结构器件。由简单的查找表组成可编程门，再构成阵列形式。大多数 FPGA 属于此类器件。

3. 按编程工艺划分

第三种分类方法是按编程工艺划分，可分为以下六大类器件：

(1) 熔丝(Fouse)型器件。早期的 PROM 器件采用熔丝结构，编程过程是根据设计的熔丝图文件来烧断对应的熔丝，达到编程和逻辑构建的目的。

(2) 反熔丝(Anti-fuse)型器件。是对熔丝技术的改进，在编程处通过击穿漏层使得两点之间获得导通，这与熔丝烧断获得开路正好相反。

(3) EPROM 型。称为紫外线擦除电可编程逻辑器件，是用较高的编程电压进行编程，当需要再次编程时，用紫外线进行擦除。Atmel 公司曾经有过此类 PID，目前已被淘汰。

(4) EEPROM 型。即电可擦写编程器件，现有部分 CPLD 及 GAL 器件采用此类结构。它是对 EPROM 工艺的改进，不需要紫外线擦除，而是直接用电擦除。

(5) SRAM 型。即 SRAM 查找表结构的器件，大部分 FPGA 器件都采用此种编程工艺，如 Xilinx 和 Altera 的 FPGA 器件。这种方式在编程速度、编程要求上要优于前 4 种器件，不过 SRAM 型器件的编程信息存放在 RAM 中，在断电后就丢失了，再次上电需要再次编程(配置)，因而需要专用器件来完成这类配置操作。

(6) Flash 型。Actel 公司为了解决上述反熔丝型器件的不足，推出了采用 Flash 工艺的 FPGA，可以实现多次可编程，同时做到掉电后不需要重新配置。现在 Xilinx 和 Altera 的多个系列 CPLD 也采用 Flash 型。

在习惯上，还有另外一种分类方法，即掉电后器件是否需要重新配置，CPLD 不需要重新配置，而 FPGA(大多数)需要重新配置。

1.6.2 PROM 可编程原理

为了介绍 PLD 器件的可编程原理，在此首先介绍具有典型性的 PROM 结构。但此前有必要熟悉一些常用的逻辑电路符号及常用的描述 PLD 内部结构的专用电路符号。

通常，“国标”是指我国的国家标准，但目前流行于国内高校数字电路教材中的所谓“国标”逻辑符号原本是全盘照搬 ANSI/IEEE-1984 版的 IEC 国际标准符号，且至今没有升级。然而由于此类符号表达形式过于复杂，即用矩形图形逻辑符号(RectangularOutlne Symbols)来标志逻辑功能，故被公认为不适合于表述 PLD 中复杂的逻辑结构。因此数年后，IEEE 又推出了 ANSI/IEEE-1991 标准，于是国际上绝大多数技术资料和相关教材很快就废弃了原标准(1984 版标准)的应用，继而普遍采用了 1991 版本的国际标准逻辑符号。该版本符号的优势和特点是，用图形的不同形状来标志逻辑模块的功能，从而即使图形很小时也能十分容易地辨认出模块的逻辑功能。

本书全部采用 IEEE-1991 标准符号。如表 1-1 为两版符号的比较。

表 1-1　两种不同版本的国际标准逻辑门符号对照表

逻 辑 门	非　门	与　门	或　门	异 或 门
IEEE-1991 版标准逻辑符号	A　F	A B　F	A B　F	A B　F
IEEE-1984 版标准逻辑符号	A　F	A B　&　F	A B　≥1　F	A B　=1　F
逻辑表达式	F= NOT　A	F=A • B	F=A+B	F=A ⊕B

在目前流行的 EDA 软件中，原理图中的逻辑符号也都采用了 ANSI/IEEE-1991 标准。由于PLD的复杂结构，用1991标准的符号的好处是能十分容易地衍生出一套用于描述PLD复杂逻辑结构的简化符号。如图 1-3 所示，接入 PLD 内部的与或阵列输入缓冲器电路，一

般采用互补结构，它等效于如图 1-4 所示的逻辑结构，即当信号输入 PLD 后，分别以其同相和反相信号接入。如图 1-5 所示的是 PLD 中与阵列的简化图形，表示可以选择 A、B、C 和 D 4 个信号中的任一组或全部输入与门。在这里用于形象地表示与阵列，这是在原理上的等效。当采用某种硬件实现方法时，如 NMOS 电路时，在图中的与门可能根本不存在。但 NMOS 构成的连接阵列中却含有了与的逻辑。同样，或阵列也用类似的方式表示。如图1-6 所示的是 PLD 中或阵列的简化图形表示。如图 1-7 所示的是在阵列中连接关系的表示。交叉线的交点上打黑点，表示固定连接，即在 PLD 出厂时已连接；交叉线的交点上打叉，表示该点可编程，在 PLD 出厂后通过编程，其连接可随时改变；十字交叉线表示两条线未连接。

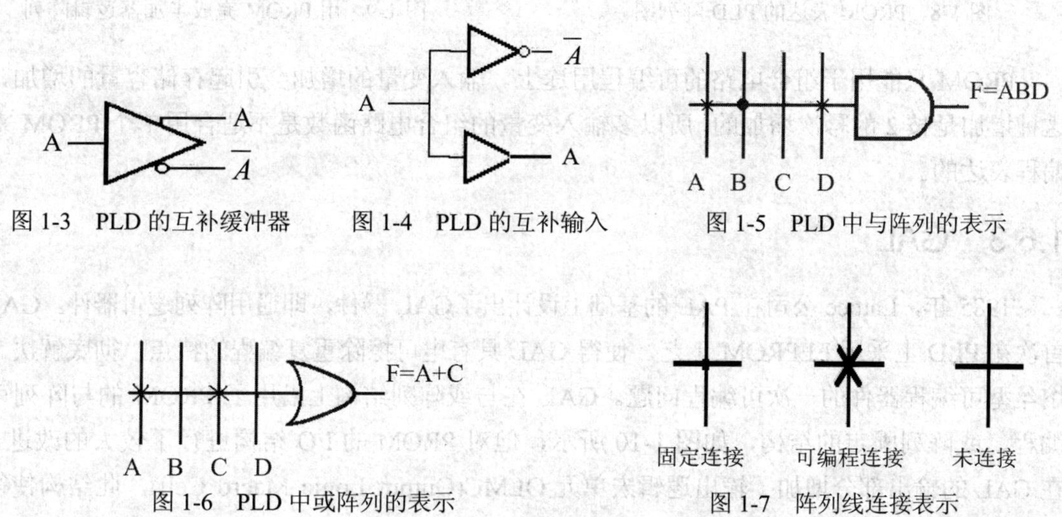

图 1-3　PLD 的互补缓冲器　　图 1-4　PLD 的互补输入　　图 1-5　PLD 中与阵列的表示

图 1-6　PLD 中或阵列的表示　　图 1-7　阵列线连接表示

PROM 作为可编程只读存储器，其 ROM 除了用作只读存储器外，还可作为 PLD 使用。

一个 ROM 器件主要由地址译码部分、ROM 单元阵列和输出缓冲部分构成。对于 PROM，也可以从可编程逻辑器件的角度来分析其基本结构。为了更清晰、直观地表示 PROM 中固定的与阵列和可编程的或阵列，PROM 可以表示为 PLD 阵列图，以 4×2 PROM 为例，如图 1-8 所示。

下式是已知半加器的逻辑表达式，可用 4×2PROM 编程实现。

$S=A_0 \oplus A_1$

$C=A_0 \cdot A_1$

图 1-9 的连接结构表达的是半加器逻辑阵列：

$F_0= A_0\overline{A}_1+\overline{A}_0 A_1$

$F_1=A_1A_0$

上述二式是图 1-9 结构的布尔表达式，即所谓的“乘积项”方式。式中的 A_1 和 A_0 分别是加数和被加数：F_0 为和，F_1 为进位。反之，根据半加器的逻辑关系，就可以得到图 1-9 的阵列点连接关系，从而可以形成阵列点文件，这个文件对于一般的 PLD 器件称为熔丝图文件(Fuse Map)。对于 PROM，则为存储单元的编程数据文件。

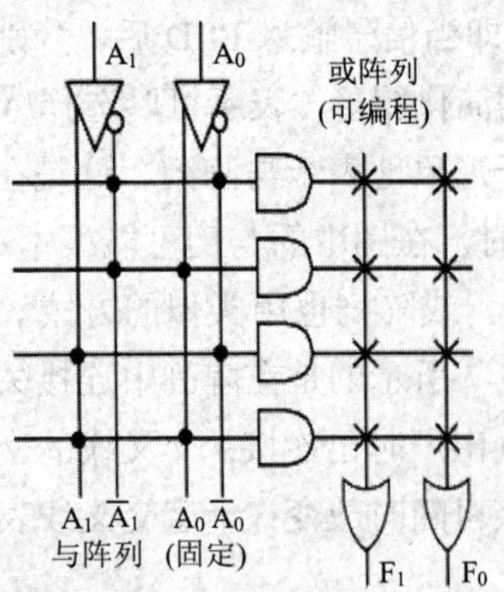

图 1-8　PROM 表达的 PLD 阵列图

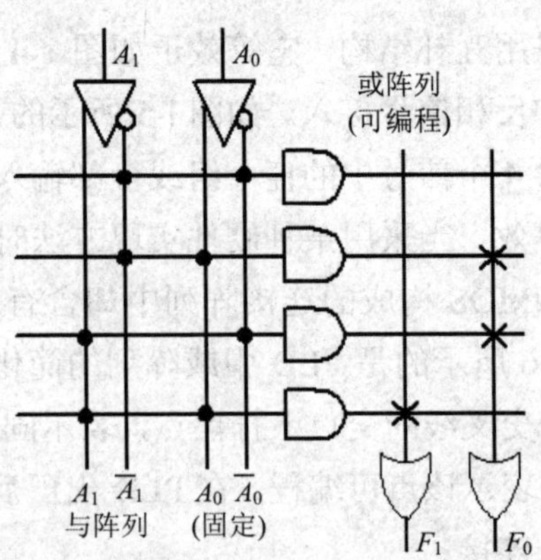

图 1-9　用 PROM 完成半加器逻辑阵列

PROM 只能用于组合电路的可编程用途上。输入变量的增加会引起存储容量的增加，这种增加是按 2 的幂次增加的，所以多输入变量的组合电路函数是不适合用单个 PROM 来编程表达的。

1.6.3　GAL

1985 年，Lattice 公司在 PAL 的基础上设计出了GAL 器件，即通用阵列逻辑器件。GAL 首次在 PLD 上采用 EEPROM 工艺，使得 GAL 具有电可擦除重复编程的特点，彻底解决了熔丝型可编程器件的一次可编程问题。GAL 在与或阵列结构上沿用了 PROM 的与阵列可编程、或阵列固定的结构，如图 1-10 所示，但对 PROM 的 I/O 结构进行了较大的改进，在 GAL 的输出部分增加了输出逻辑宏单元 OLMC(Output Logic Macro Cell)，此结构使得 PLD 器件在组合逻辑和时序逻辑的可编程性或可重构性都成为可能。

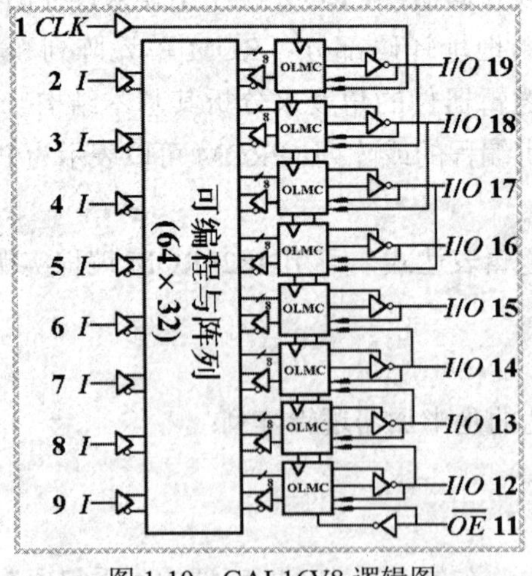

图 1-10　GAL16V8 逻辑图

图 1-10 所示的是 GAL16V8 型号的器件，它包含了 8 个逻辑宏单元 OLMC，每一个 OLMC 可实现时序电路可编程，而其左侧的电路结构是与阵列可编程的组合逻辑可编程结构。专业习惯是将 OLMC 及左侧的可编程与阵列合称为一个逻辑宏单元，即标志 PLD 器

件逻辑资源的最小单元，由此可以认为 GAL16V8 器件的逻辑资源是 8 个逻辑宏单元，而目前最大的 FPGA 的逻辑资源达数十万个逻辑宏单元。也有将逻辑门的数量作为衡量逻辑器件资源的最小单元，如某 CPLD 的资源约 2000 门等，但此类划分方法误差较大。

GAL 的 OLMC 单元设有多种组态，可配置成专用组合输出、专用输入、组合输出双向口、寄存器输出、寄存器输出双向口等，为逻辑电路设计提供了极大的灵活性。由于具有结构重构和输出端的功能均可移到另一输出引脚上的功能，在一定程度上简化了线路板的布局布线，使系统的可靠性进一步提高。

图 1-10 中，GAL 的输出逻辑宏单元 OLMC 中含有 4 个多路选择器，通过不同的选择方式可以产生多种输出结构，分别属于 3 种模式，一旦确定了某种模式，所有的 OLMC 都将工作在同一模式下。

1.7　CPLD 的结构与可编程原理

CPLD 即复杂可编程逻辑器件(Complex Programmable Logic Device)，是伴随着半导体工艺不断完善，用户对集成度要求不断提高的形势下发展起来的。最初是在 EPROM 和GAL 的基础上推出可擦除可编程逻辑器件，也就是 EPLD(Erasable PLD)，其基本结构与 PAL/GAL 相仿，但集成度要高得多。近年来器件的密度越来越高，所以许多公司把原来的 EPLD 产品名称改为 CPLD，但为了与 FPGA、isp-PLD 加以区别，一般把采用 EPROM 结构实现大规模的 PLD 称为 CPLD。

当前 CPLD 的规模已取代 PAL 和 GAL 超过 500 门以下的芯片系列，发展到 500 门以上，现在已有百万门级的 CPLD 芯片系列。随着工艺水平的提高，在增加器件容量的同时，为提高器件的利用率和工作频率，CPLD 从内部结构上作了许多改进，出现了多种不同的形式，其功能更加齐全，应用不断扩展。

1.7.1　CPLD 的基本结构

CPLD 器件种类繁多，特点各异，共同之处包括 3 部分：一个二维的逻辑块阵列，构成 PLD 的逻辑核心；输入/输出块；连接逻辑块的互连资源，用于逻辑块之间、逻辑块与输入/输出块之间的连接。除这 3 个基本部件之外，不同的厂家有各自的特点。

如图 1-11 所示的是 CPLD 的结构原理图，它包括可编程逻辑功能块(FB)；可编程 I/O 单元；可编程内部连线。FB 中包含乘积项、宏单元等。

目前，世界上主要的半导体器件公司，如 Altera、Xilinx 和 Lattice 等，都生产 CPLD 产品。不同的 CPLD 有各自的特点，但总体结构大致相似。本节将以 Altera 公司系列器件为例来介绍 CPLD 的基本原理和结构。

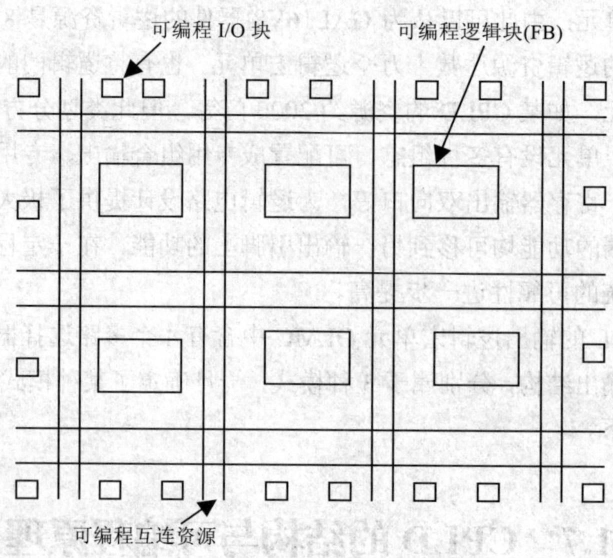

图 1-11　CPLD 的结构原理图

1.7.2　逻辑阵列宏单元

在较早的 CPLD 中，由结构相同的逻辑阵列组成宏单元模块。一个逻辑阵列单元的基本结构如图 1-12 所示。输入项由专用输入端和 I/O 端组成，而来自 I/O 端口的输入项，可通过 I/O 结构控制模块的反馈选择，可以是 I/O 端信号的直接输入，也可以是本单元输出的内部反馈。所有输入项都经过缓冲器驱动，并输出其输入的原码及补码。图 1-12 中所有的竖线为逻辑单元阵列的输入线，每个单元各有 9 条横向线，称为积项线(或称为乘积项)。在每条输入线和积项线的交叉处设有一个 EPROM 单元进行编程，以实现输入项与乘积项的连接关系，这样使得逻辑阵列中的与阵列是可编程的。其中，8 条积项线用作或门的输入，构成一个具有 8 个积项和的组合逻辑输出；另一条积项线(OE 线)连到本单元的三态输出缓冲器的控制端，以 I/O 端作输出、输入或双向输出等工作方式。可以看出，早期 CPLD 中的逻辑阵列结构与 PAL、GAL 中的结构极为类似，只是用 EPROM 单元取代了 PAL 中的熔丝和 GAL 中的 E2PROM 单元。和 GAL 器件一样，可实现擦除和再编程功能。

在基本结构中，每个或门有固定乘积项(8 个)，也就是说，逻辑阵列单元中的或阵列是固定的、不可编程的，因而这种结构的灵活性差。据统计，实际工作中常用到的组合逻辑，约有 70%是只含 3 个乘积项及 3 个以下的积项和。另一方面，对遇到复杂的组合逻辑所需的乘积项可能超过 8 个，这又要用两个或多个逻辑单元来实现，器件的资源利用率不高。为此，目前的 CPLD 在逻辑阵列单元结构方面作了很大改进，下面讨论几种改进的结构形式。

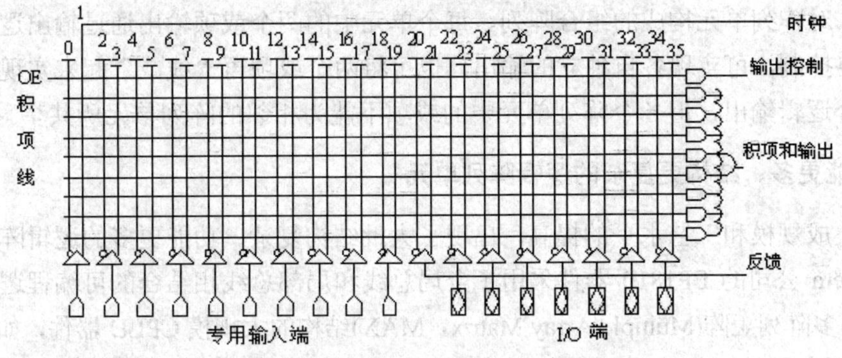

图 1-12　逻辑阵列单元的基本结构

1. 具有两个或项输出的逻辑阵列单元

如图 1-13 所示的是具有两个固定积项和输出的 CPLD 的结构图。

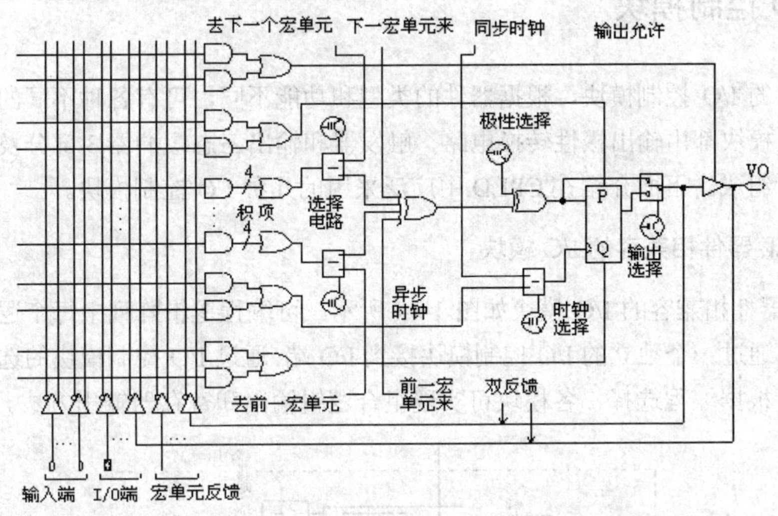

图 1-13　具有两个固定积项和输出的 CPLD 结构图

由图可见，每个单元中含有两个或项输出，而每个或项均有固定的 4 个乘积项输入。为提高内部各或项的利用率，每个或项的输出均先送到一个由 EPROM 单元可编程控制的 1 分 2 选择电路，即阵列单元中上面的或项输出由选择电路控制，既可输送到本单元中第 2 级或门的输入端，也可馈送到相邻的下一个阵列单元第 2 级或门的输入端；同样，阵列单元中下面的或项输出由选择电路控制，可直接送到本单元第 2 级或门的输入端，也可馈送到相邻的前一个阵列单元中的第 2 级或门输入端，使本单元不用的或项放到另一单元中发挥其作用。因而每个逻辑阵列单元又可共享相邻单元中的乘积项，使每个阵列可具有 4、8、12 和 16 四种组合的积项和输出，甚至本单元中的两个或项都可用于相邻的两个单元中。这样，既提高了器件内部各单元的利用率，又可实现更为复杂的逻辑功能。以这种逻辑单元结构实现的代表 EPLD 有 Altera 公司的 EP512 器件等。

在 Atmel 公司的 ATV750 等器件结构调整中，每个逻辑单元中也含有两个或项，但不同单元中构成或项的积项数却不同，它是分别由 4、5、6、7 和 8 个乘积项输入到两个或门所组成的 5 对阵列单元构成的组合阵列。每个单元中的两个或项输出通过输出逻辑模块中的选择电路控制，可实现各自独立的输出，也可将两个或项再“线或”起来实现功能更为复杂的组合逻辑输出，但各个阵列单元中的或项不能为相邻的阵列单元所共享。

2. 功能更多、结构更复杂的逻辑阵列单元

随着集成规模和工艺水平的提高，出现了大批结构复杂、功能更多的逻辑阵列单元形式，如 Altera 公司的 EP1810 器件采用了全局总线和局部总线相结合的可编程逻辑宏单元结构；采用多阵列矩阵(Multiple Array Matrix，MAX)结构的大规模 CPLD 器件，如 Altera 公司的 EPM 系列和 Atmel 公司的 ATV5000 系列器件；采用通用互连矩阵(Universal Interconnect Matrix，UIM)及双重逻辑功能块结构的逻辑阵列单元，如 Xilinx 公司的 XC7000 和 XC9500 系列产品。

1.7.3　I/O 控制模块

CPLD 中的 I/O 控制模块，根据器件的类型和功能不同，可有各种不同的结构形式，但基本上每个模块都由输出极性转换电路、触发器和输出三态缓冲器 3 部分及与它们相关的选择电路所组成。下面介绍在 CPLD 中广泛采用的几种 I/O 控制模块。

1. 与 PAL 器件相兼容的 I/O 模块

与 PAL 器件相兼容的 I/O 模块如图 1-14 所示。可编程逻辑阵列中每个逻辑阵列逻辑单元的输出都通过一个独立的 I/O 控制模块接到 I/O 端，通过 I/O 控制模块的选择实现不同的输出方式。根据编程选择，各模块可实现组合逻辑输出和寄存器输出方式。

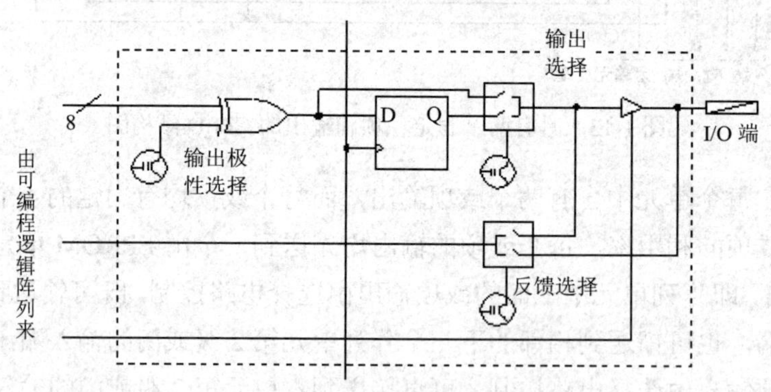

图 1-14　与 PAL 器件相兼容的 I/O 模块

2. 与 GAL 器件相兼容的 I/O 模块——输出宏单元

与 GAL 器件相兼容的 I/O 模块——输出宏单元如图1-15 所示，从逻辑阵列单元输出的积项和首先送到输出宏单元(Output Macro Cell，OMC)的输出极性选择电路，由 EPROM 单元构成的可编程控制位来选择该输出极性(原码或它的补码)。每个OMC 中还有由 EPROM 单元构成的两个结构控制位，根据构形单元表，OMC 可实现 4 种不同的工作方式，即寄存

器输出、双向 I/O 组合方式、固定输出和固定输入方式。

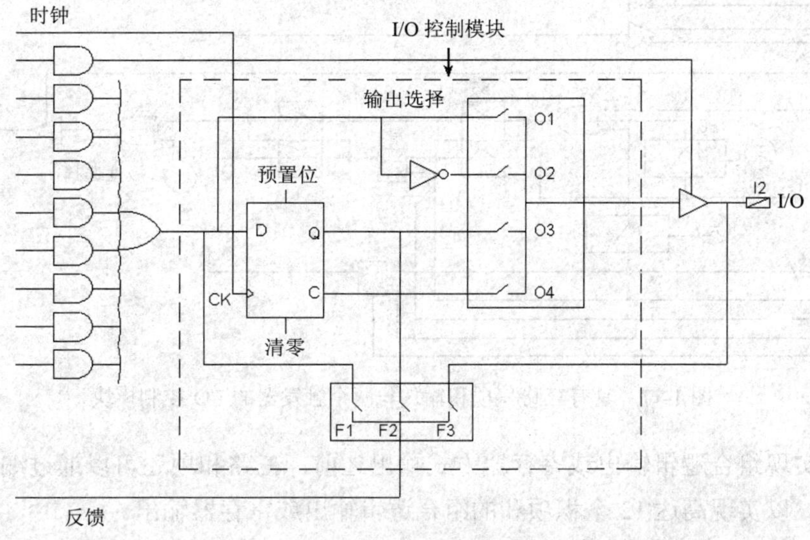

图 1-15　与 GAL 器件相兼容的 I/O 模块——输出宏单元

3. 触发器可编程的 I/O 模块

为了进一步改善 I/O 控制模块的功能，对 I/O 模块中的触发器电路进行改进并由 EPROM 单元进行编程，可实现不同类型的触发器结构，即 D、T、JK、RS 等类型的触发器，如图 1-16 所示。这种改进的 I/O 控制模块，可组合成高达 50 种的电路结构。

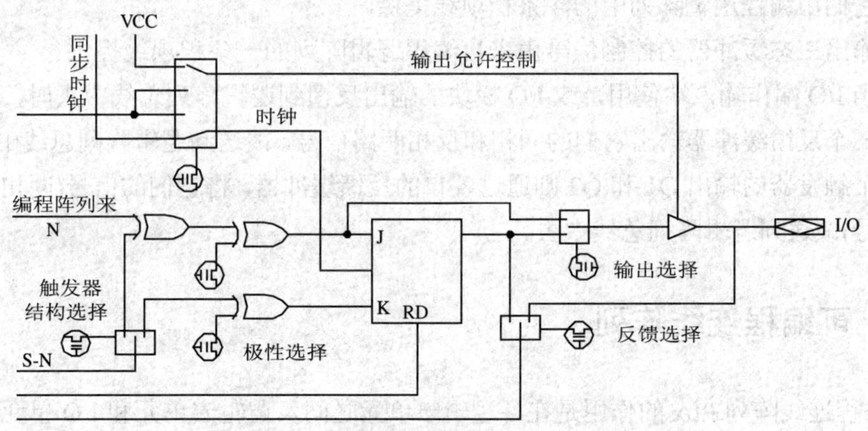

图 1-16　触发器可编程的 I/O 模块

4. 具有三路积项和输入与两个触发器的 I/O 控制模块

具有三路积项和输入与两个触发器的 I/O 控制模块如图 1-17 所示，每个 I/O 模块可接受三路积项和输入，每路各有 4 个乘积项。利用 EPROM 控制单元的编程，可实现下列功能：

- 一路积项和的输出直接馈送到 I/O 端，而另两路积项和的输出则分别馈送到两个触发器的输入端 D1 和 D2，它们的输出均可为“内藏”工作方式，通过编程控制可反馈到逻辑阵列总线中去。

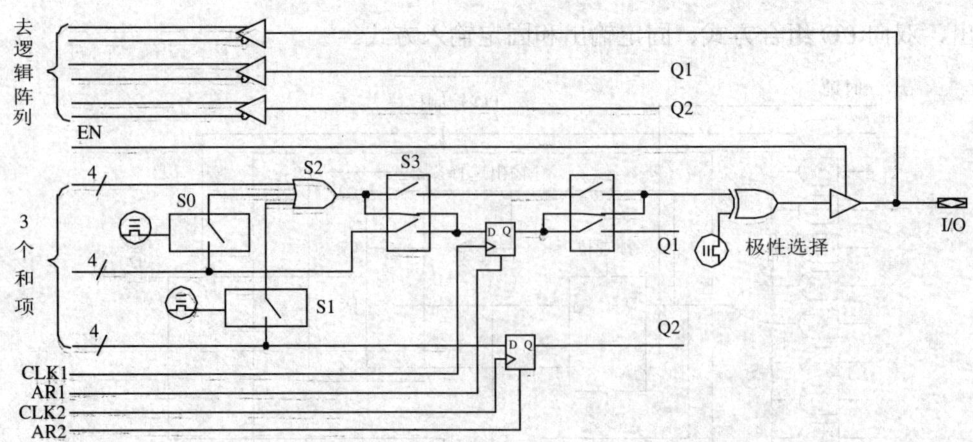

图 1-17　具有三路积项和输入与两个触发器的 I/O 控制模块

- 在实现组合逻辑输出或寄存器方式输出之前，三路和项还可以通过编程组合在一起，以实现高达 12 个积项和的组合逻辑输出或寄存器输出。
- 在组合逻辑输出方式中，通过编程控制可实现 4、8 或 12 个积项和的组合逻辑输出，而模块中的中、下两路和项仍可分别馈送到两个触发器的 D1 和 D2 端，它们的输出 Q1 和 Q2 为“内藏”工作方式，可通过编程反馈到逻辑阵列总线中去。
- 在寄存器输出方式中，上、中两路组合成 8 个积项和自动馈送到触发器 D1 输入端，而下路的和项除馈送到触发器 D2 输入端为“内藏”工作方式外，还可与 D1 共享。
- 两个触发器均可有各自的异步复位和时钟信号，即 AR1、CLK1 和 AR2、CLK2，它们由编程逻辑阵列中的 4 条积项线提供。
- 输出三态缓冲器的控制信号由来自编程逻辑阵列的一条积项线提供。
- 当 I/O 端作输入端使用，或 I/O 模块的输出反馈到逻辑阵列总线中去时，均通过同一个反馈缓冲器输出它们的同相和反相两路信号，馈送到逻辑阵列总线中去，而两个触发器的输出 Q1 和 Q2 则通过各自的反馈缓冲器，将它们的信号(同相及反相信号)馈送到逻辑阵列总线中去。

1.7.4　可编程连线阵列

可编程连线阵列 PIA 的作用是在各逻辑宏单元之间及逻辑宏单元和 I/O 单元之间提供互联网络。各逻辑宏单元通过可编程连线阵列接收来自专用输入/输出端的信号，并将宏单元的信号反馈到其需要到达的 I/O 单元或其他宏单元，这种互连机制有很大的灵活性，它允许在不影响引脚分配的情况下改变内部的设计。

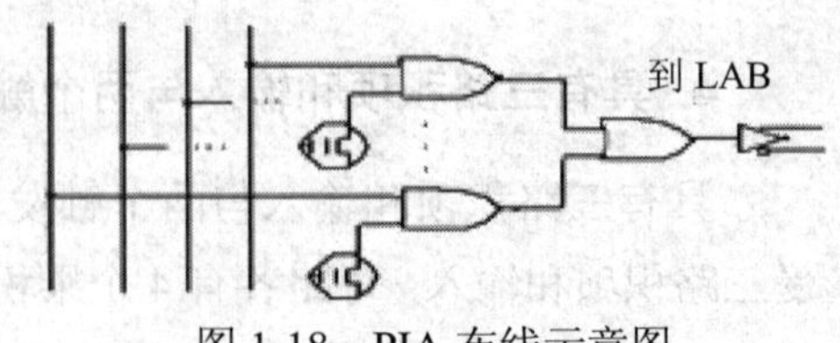

图 1-18　PIA 布线示意图

如图 1-18 所示的是 PIA 布线示意图。CPLD 的 PIA 布线具有可累加的延时，这使得 CPLD 的内部延时是可预测的，从而带来较好的时序性能。

1.8　FPGA 的结构与可编程原理

FPGA(Field Programmable Gate Array)是大规模可编程逻辑器件的另一大类 PLD 器件，而且其逻辑规模比 CPLD 大得多，应用领域也要宽得多。以下介绍最常用的 FPGA 的结构及其工作原理。

1.8.1　FPGA 的结构描述

FPGA 采用类似掩膜可编程门阵列的结构，并结合可编程逻辑器件的特性，即继承了门阵列逻辑器件密度高和通用性强的优点，又具备可编程逻辑器件的可编程特性。它的结构可以分为 3 个部分：可编程逻辑块(CLB)、可编程 I/O 模块和可编程内部连线。

Xilinx 公司的 FPGA 芯片分为 XC2000、XC3000/XC3100、XC4000、XC5000、XC6200、XC8100、Spartan、Virture 等系列。前 3 个系列是三代渐进而兼容的 FPGA 产品，它们包含多种规格，如密度大小、速度高低、温度范围、封装形式等，形成了系列产品。而接下来的 3 个系列是 1995 年推出的产品。其中，XC5000 系列的结构是对 0.6 μm 三层金属丝(TLM)处理工艺优化的第一个 FPGA 系列，其结果是在硅片的利用效率上有惊人的突破，使XC5000系列能承受大于5000门的各种设计，提供了高密度、低成本的最佳方案。XC6200系列主要是针对计算机中可反复配置的协处理器而设计的。XC8100 系列是一次可编程的(OTP)，它利用 MicroVia 处理工艺(一种 CMOS，金属到金属的反熔丝和 3 层金属的组合，编程是由 Xilinx 或第三方的编程器来完成，类似于一次编程的 PLD 器件)，提供了低成本和高保密性能的最佳结合，可用于空间通信、工业控制等高保密和高速初始化应用的场合及批量或定型产品中。最后两个系列是 1998 年新推出的大容量、高密度产品，最大门数已达 100 万门量级。每种 FPGA 器件都有专用 LSIC 的功能特征，都是用户可编程和反复可编程的(XC8100 系列除外)。

FPGA 器件的内部结构为逻辑单元阵列(LCA)。LCA 由 3 类可编程单元组成：周边的输入/输出模块(IOB)、核心阵列是可配置逻辑块(CLB)以及各模块间的互连资源。FPGA 的结构原理如图 1-19 所示。

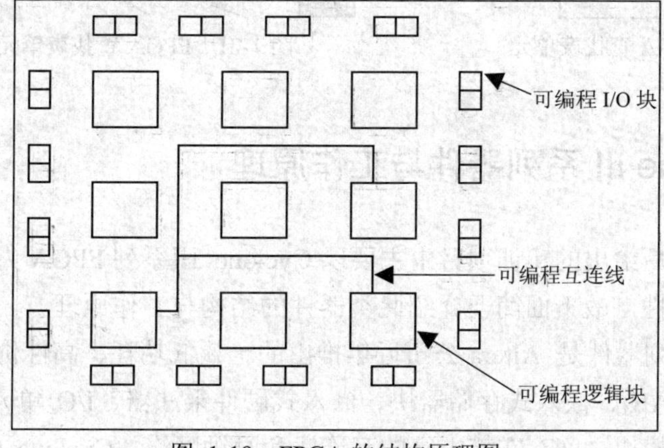

图 1-19　FPGA 的结构原理图

1.8.2　查找表逻辑结构

前面提到的可编程逻辑器件，诸如 GAL/CPLD 之类都是基于乘积项的可编程结构，即由可编程的与阵列和固定的或阵列组成。而在本节中将要介绍的 FPGA，使用了另外可编程逻辑的形成方法，即可编程的查找表(Look Up Table，LUT)结构。LUT 是可编程的最小逻辑构成单元。大部分 FPGA 采用基于 SRAM(静态随机存储器)的查找表逻辑形成结构，就是用 SRAM 来构成逻辑函数发生器。一个 N 输入 LUT 可以实现 N 个输入变量的任何逻辑功能，如 N 输入“与”、N 输入“异或”等。如图 1-20 所示的是 4 输入 LUT，其内部结构如图 1-21 所示。

一个 N 输入的查找表，需要 SRAM 存储 N 个输入构成的真值表，需要用 2 的 N 次幂个位的 SRAM 单元。显然 N 不可能很大，否则 LUT 的利用率很低，输入多于 N 个的逻辑函数，必须用数个查找表分开实现。Xlinx 的 Vinex-6、Spartan-3E、Spartan-6 系列，Altera 的 Cyclone、Cyclone Ⅱ/Ⅲ/Ⅳ、Stratix-3、Stratix-4 等系列都采用 SRAM 查找表构成，是典型的 FPGA 器件。

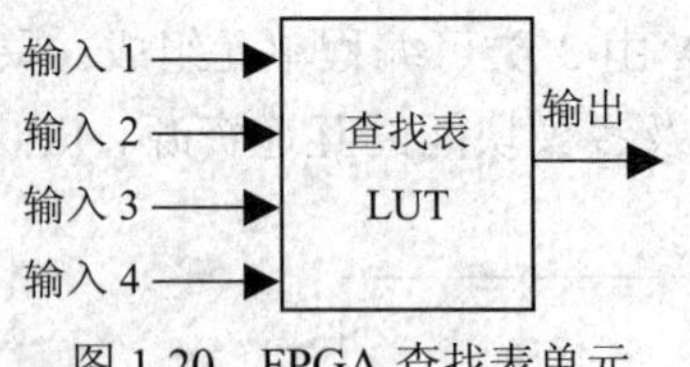

图 1-20　FPGA 查找表单元

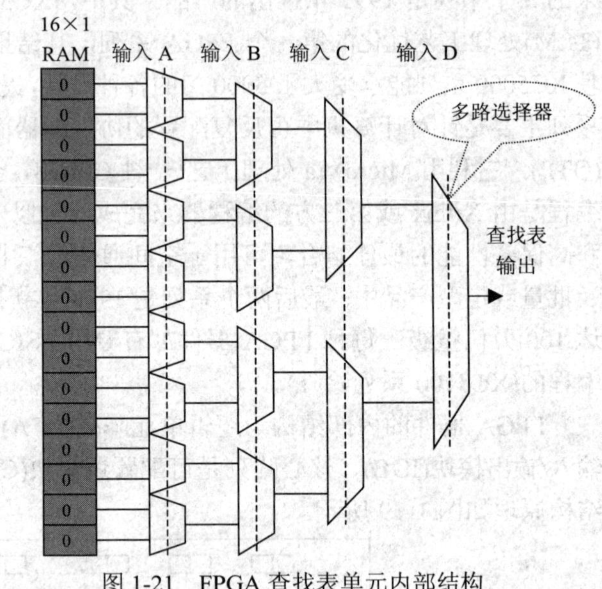

图 1-21　FPGA 查找表单元内部结构

1.8.3　Cyclone III 系列器件与工作原理

考虑到本书之后给出的实训项目中主要以 Cyclone Ⅲ系列 FPGA 为主，且其结构和工作原理也具有典型性，故下面简要介绍此类器件的结构与工作原理。

Cyclone III 系列器件是 Altera 公司近年推出的一款低功耗、高性价比的 FPGA，它主要由逻辑阵列块(LAB)、嵌入式存储器块、嵌入式硬件乘法器、I/O 单元和嵌入式 PLL 等模块构成，在各个模块之间存在着丰富的互连线和时钟网络。Cyclone III 器件的可编程资源主要来自逻辑阵列块(LAB)，而每个 LAB 都由多个逻辑宏单元 LE(Logic Element)构成。LE 是 Cyclone III FPGA 器件的最基本的对编程单元。如图 1-22 所示的是 Cyclon III FPGA 的 LE 的内部结构。

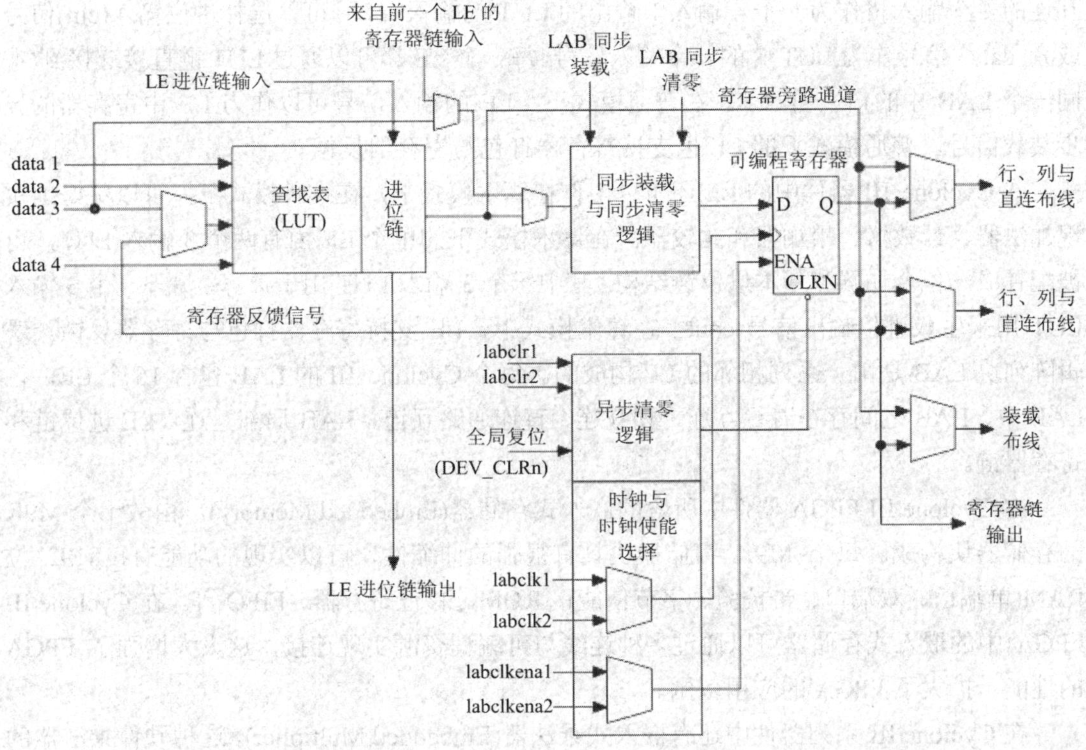

图 1-22　Cyclon Ⅲ FPGA 的 LE 的内部结构图

观察图 1-22 可以发现，LE 主要由一个 4 输入的查找表 LUT、进位链逻辑、寄存器链逻辑和一个可编程的寄存器构成。4 输入的 LUT 可以完成所有的 4 输入 1 输出的组合逻辑功能。每一个 LE 的输出都可以连接到行、列、直连通路、进位链、寄存器链等布线资源。

每个 LE 中的可编程寄存器可以被配置成 D 触发器、T 触发器、J K 触发器和 RS 寄存器模式。每个可编程寄存器具有数据、时钟、时钟使能、清零输入信号、全局时钟网络、通用 I/O 口以及内部逻辑可以灵活配置寄存器的时钟和清零信号。任何一个通用 I/O 和内部逻辑可以驱动时钟使能信号。在一些只需要组合电路的应用中，对于组合逻辑的实现，可将该可配置寄存器旁路，LUT 的输出可作为 LE 的输出。

LE 有 3 个输出驱动内部互连：一个驱动局部互连，另两个驱动行或列的互连资源。LUT 和寄存器的输出可以单独控制，可以实现在一 LE 中，LUT 驱动一个输出，而寄存器驱动另一个输出(这种技术称为寄存器打包)，因而在一个 LE 中的寄存器和 LUT 能够用来完成不相关的功能，能够提高 LE 的资源利用率。

寄存器反馈模式允许在一个 LE 中寄存器的输出作为反馈信号，加到 LUT 的一个输入上，在一个 LE 中就完成反馈。

除上述的 3 个输出外，在一个逻辑阵列块中的 LE 还可以通过寄存器链进行级联。在同一个 LAB 中的 LE 里的寄存器可以通过寄存器链级联在一起，构成一个移位寄存器，那些 LE 中的 LUT 资源可以单独实现组合逻辑功能，两者互不相关。

Cyclone III 的 LE 可以工作在两种操作模式下，即普通模式和算术模式。

普通模式下的 LE 适合通用逻辑应用和组合逻辑的实现。在该模式下，来自 LAB 局部互连的 4 个输入将作为一个 4 输入 1 输出的 LUT 的输入端口。可以选择进位输入(cin)信号或者 data3 信号作为 LUT 中的一个输入信号。每一个 LE 都可以通过 LUT 链直接连接到(在同一个 LAB 中的)下一个 LE。在普通模式下，LE 的输入信号可以作为 LE 中寄存器的异步装载信号。普通模式下的 LE 也支持寄存器打包与寄存器反馈。

在 Cyclone III 器件中的 LE 还可以工作在算术模式下，在这种模式下，可以更好地实现加法器、计数器、累加器和比较器。在算术模式下的单个 LE 内有两个 3 输入 LUT，可被配置成一位全加器和基本进位链结构。其中一个 3 输入 LUT 用于计算，另外一个 3 输入 LUT 用来生成进位输出信号 cout。在算术模式下，LE 支持寄存器打包与寄存器反馈。逻辑阵列块 LAB 是由一系列相邻的 LE 构成的。每个 Cyclone III 的 LAB 包含 16 个 LE，在 LAB 中、LAB 之间存在着行互连、列互连、直连通路互连、LAB 局部互连、LE 进位链和寄存器链。

在 Cyclone III FPGA 器件中所含的嵌入式存储器(Embedded Memory)，由数十个 M9K 的存储器块构成。每个 M9K 存储器块具有很强的伸缩性，可以实现的功能有：8192 位 RAM(单端口、双端口、带校验、字节使能)、ROM、移位寄存器、FIFO 等。在 Cyclone III FPGA 中的嵌入式存储器可以通过多种连线与可编程资源实现连接，这大大增强了 FPGA 的性能，扩大了 FPGA 的应用范围。

在 Cyclone III 系列器件中还有嵌入式乘法器(Embedded Multiplier)，这种硬件乘法器的存在可以大大提高 FPGA 在处理 DSP(数字信号处理)任务时的能力。嵌入式乘法器可以实现 9×9 乘法器或者 18×18 乘法器，乘法器的输入与输出可以选择是寄存的还是非寄存的(即组合输入输出)。可以与 FPGA 中的其他资源灵活地构成适合 DSP 算法的 MAC(乘加单元)。

在数字逻辑电路的设计中，时钟、复位信号往往需要同步作用于系统中的每个时序逻辑单元，因此在 Cyclone III 器件中设置有全局控制信号。由于系统的时钟延时会严重影响系统的性能，故在 Cyclone III 中设置了复杂的全局时钟网络，以减少时钟信号的传输延迟。另外，在 Cyclone III FPGA 中还含有 2~4 个独立的嵌入式锁相环 PLL，可以用来调整时钟信号的波形、频率和相位。PLL 的使用方法将在后续章节中介绍。

Cyclone III 的 I/O 支持多种 I/O 接口，符合多种 I/O 标准，可以支持差分的 I/O 标准，诸如 LVDS(低压差分串行)和 RSDS(去抖动差分信号)、SSTL-2、SSTL-l8、HSTL-18、HSTL-15、HSTL-12、PPDS、差分 LVPECL，当然也支持普通单端的 I/O 标准，如 LVTTL、LVCMOS、PCI 和 PCI-X I/O 等，通过这些常用的端口与板上的其他芯片沟通。

Cyclone III器件还可以支持多个通道的 LVDS 和 RSDS。Cyclone III器件内的 LVDS 缓冲器可以支持最高达 875Mbps 的数据传输速度。与单端的 I/O 标准相比，这些内置于 Cyclone III器件内部的 LVDS 缓冲器保持了信号的完整性，并具有更低的电磁干扰、更好的电磁兼容性(EMI)及更低的电源功耗。

如图 1-23 所示的是 Cyclone III 器件内部的 LVDS 接口电路。

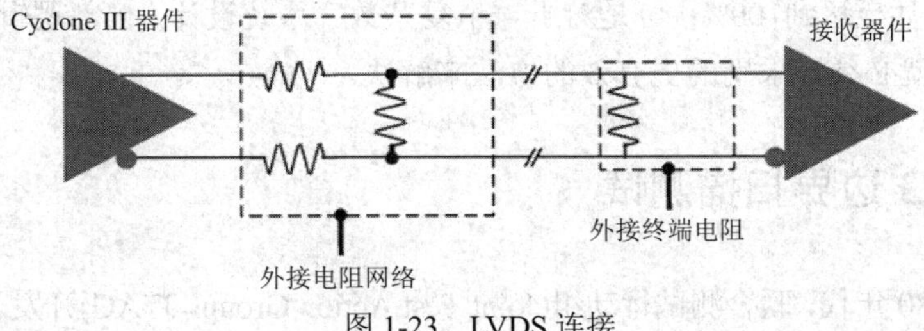

图 1-23　LVDS 连接

Cyclone III 系列器件除了片上的嵌入式存储器资源外，可以外接多种外部存储器，比如 SRAM、NAND、SDRAM、DDR SDRAM、DDR2 SDRAM 等。

Cyclone III 的电源支持采用内核电压和 I/O 电压(3.3V)分开供电的方式，I/O 电压取决于使用时需要的 I/O 标准，而内核电压使用 1.2V 供电，PLL 供电 2.5V。

Cyclone III 系列中有一个子系列是 Cyclone III LS 系列，该器件系列可以支持加密功能，使用 AES 加密算法对 FPGA 上的数据进行保护。

1.9　硬件测试技术

进入 21 世纪，集成电路技术飞速发展，推动了半导体存储、微处理器等相关技术的飞速发展，CPLD/FPGA 也在其列。CPLD、FPGA 和 ASIC 的规模和复杂程度同步增加，在 CPLD/FPGA 应用中，测试显得越来越重要。由于其本身技术的复杂性，测试也分多个部分：在“软”的方面，逻辑设计的正确性需要验证，这不仅在功能这一级上，对于具体的 CPLD/FPGA 还要考虑种种内部或 I/O 上的时延特性；在“硬”的方面，首先在 PCB 板级需要测试引脚的连接问题，其次是 I/O 的功能也需要专门的测试。

1.9.1　内部逻辑测试

对于 CPLD/FPGA 的内部逻辑测试是应用设计可靠性的重要保证。由于设计的复杂性，内部逻辑测试面临越来越多的问题。设计者通常不可能考虑周全，这就需要在设计时加入用于测试的部分逻辑，即进行可测性设计(Design For Test，DFT)，在设计完成后用来测试关键逻辑。

在 ASIC 设计中的扫描寄存器，是可测性设计的一种，原理是把 ASIC 中关键逻辑部分的普通寄存器用测试扫描寄存器来代替，在测试中可以动态地测试、分析、设计其中寄存器所处的状态，甚至对某个寄存器加以激励信号，改变该寄存器的状态。

有的 CPLD/FPGA 厂商提供一种技术，在可编程逻辑器件中嵌入某种逻辑功能模块。与 EDA 工具软件相配合提供一种嵌入式逻辑分析仪，帮助测试工程师发现内部逻辑问题，Altera 的 SignalTap II 技术是典型代表之一(将在第 4 章中给予详细介绍)。

在内部逻辑测试时，还会涉及测试的覆盖率问题。对于小型逻辑电路，逻辑测试的覆盖率可以很高，甚至达到100%；可是对于一个复杂数字系统设计，内部逻辑覆盖率不可能达到 100%，这就必须寻求别的更有效的方法来解决。

1.9.2　JTAG 边界扫描测试

在 20 世纪 80 年代，联合测试行动组(Joint Test Action Group，JTAG)开发了 IEEE1149.1-1990 边界扫描测试技术规范。该规范提供了有效的测试引线间隔致密的电路板上集成电路芯片的能力。大多数 CPLD/FPGA 厂家的器件遵守 IEEE 规范，并为输入引脚和输出引脚以及专用配置引脚提供了边界扫描测试(Board Scan Test BST)的功能。

边界扫描测试标准 IEEE1149.1BST 的结构，即当器件工作在 JTAG BST 模式时，使用 4 个 I/O 引脚和一个可选引脚 TRST 作为 JTAG 引脚。4 个 I/O 引脚是 TDI、TDO、TMS 和 TCK。如表 1-2 所示的是这些引脚的功能。

表 1-2　边界扫描 I/O 引脚功能

引　脚	描　述	功　能
TDI	测试数据输入	测试指令和编程数据的串行输入引脚，数据在 TCK 的上升沿输入
TDO	测试数据输出	测试指令和编程数据的串行输出引脚，数据在 TCK 的下升沿移出，如果数据没有被移出，该引脚处于高阻态
TMS	测试模式选择	测控信号输入引脚，负责 TAP 控制器的转换。TMS 必须在 TCK 的上升沿到来之前稳定
TCK	测试时钟输入	时钟输入到 BST 电路，一些操作发生在上升沿，而另一些发生在下降沿
TRST	测试复位输入	低电平有效，异步复位边界扫描电路(在 IEEE 规范中，该引脚可选)

1.10　FPGA/CPLD 产品概述

本节将介绍常用的 FPGA 和 CPLD 器件系列及其基本特性，以及 FPGA 的配置器件。

1.10.1　Lattice 公司的 PLD 器件

Lattice 公司是最早推出 PLD 的公司，其 CPLD 产品主要有 ispLSI、ispMACH 等系列。20 世纪 90 年代以来，Lattice 发明了 ISP(In-System Programmability)下载方式，并将电可擦写存储器技术与 ISP 相结合，使 CPLD 的应用领域有了巨大的扩展。

1. ispLSI 系列器件

ispLSI 系列器件是 Lattice 公司于 20 世纪 90 年代初推出的大规模可编程逻辑器件，集成度在 1000~60000 门之间，Pin-to-Pin(引脚至引脚)延时最小可达 3ns。ispLSI 器件支持在系统编程和 JTAG 边界扫描测试功能。

2. MACHXO 系列

MACHXO 系列非易失性无限重构可编程逻辑器件，是为传统上用 CPLD 或低密度 FPGA 实现的应用而设计的，可以实现通用 I/O 扩展、接口桥接和电源管理功能，提供嵌入式存储器、内置的 PLL、高性能的 LVDS I/O、远程现场升级(TransFRTM 技术)和一个低功耗的睡眠模式。MACHXO 可编程逻辑器件将所有这些功能都集成在单片器件之中。

MACHXO 系列可编程逻辑器件将 SRAM 和内存配置存储器组合在同一个器件中，SRAM 存储单元控制 MACHXO 可编程逻辑器件的逻辑进行工作，闪存用来存储配置数据。宽的数据连接两个存储器。上电时，通过宽总线从片上闪存将配置载入 SRAM。电源稳定后，不到 1ms 的时间即可使用逻辑。

3. ispMACH 4000 系列

ispMACH 4000 系列 CPLD 器件有 3.3V、2.5V 和 1.8V 3 种供电电压，分别属于 ispMACH-4000V、ispMACH4000B 和 ispMACH4000C 器件系列。ispMACH4000C、ispMACH4000V 和 ispMACH4000B 均支持军用温度范围。ispMACH4000 支持介于 3.3V 和 1.8V 之间的 I/O 标准，既有业界领先的速度性能，又能提供最低的动态功耗。

4. LatticeSC FPGA 系列

LatticeSC/M(系统芯片/MACO)FPGA 系列是 Lattice 半导体的高性能 FPGA 系列，集成了一个高性能的 FPGA 结构，其中包括 3.8Gbps SERDES 和 PCS、2Gbps 并行 I/O、低功耗的 1V Vcc 功能选择、大型的嵌入式 RAM 以及嵌入式 ASIC 块。

5. LatticeECP3 FPGA 系列

ECP 系列器件是 Lattice 公司的 FPGA 系列，使用 0.13μm 工艺制造，提供低成本的 FPGA 解决方案。在 ECP 系列器件中还嵌入了 DSP 模块。

1.10.2　Xilinx 公司的 PLD 器件

Xilinx 在 1985 年首次推出了 FPGA，随后不断推出新的集成度更高、速度更快、价格更低、功耗更小的 FPGA 器件系列。Xilinx 以 CoolRunner、XC9500XL 系列为代表的 CPLD，以及 Spartan、Virtex 系列为代表的 FPGA 器件，如 Sparlan-3A N 和 Spartan-6、Virtex-5、Virtex-6 等系列的性能不断提高。

EasyPath 系列是 Xilinx 的结构化 ASIC 产品，其中的 EasyPath-6 FPGA 为高性能 FPGA，实现了最低的总产品所有成本。在设计用户系统时，可以先用 Virtex-6 FPGA 验证，此后无需其他工程即可在 6 周内为生产提供成本更低的器件。

1. Virtex-6 系列 FPGA

Virtex-6 系列是 Xilinx 的高性能 FPGA 系列，采用 40μm 工艺制造，分为 4 个面向特定应用领域而优化的 FPGA 平台架构，它们分别是：Virtex-6 LXT FPGA，面向具有低功耗串行连接功能的高性能逻辑和 DSP 开发；Virtex-6 SXT FPGA，面向具有低功耗串行连接功能的超高性能 DSP 开发；Virtex-6 HXT FPGA，该系列针对需要带宽最高的串行连接功能的通信、交换和成像系统进行了优化设计；Virtex-6 CXT FPGA，面向那些需要 3.75Gbps 串行连接功能和相应的逻辑性能的应用。Virtex-6 LXT FPGA 系列有 74500~758800 个逻辑宏单元，采用 6 输入查找表(LUT)，其 LUT 可以配置成逻辑单元、分布式 RAM(64 位/LUT 或 256 位/CLB)或移位寄存器。此系列使第二代对角对称互连实现了最短、最快的布线。

2. Spartan-6 器件系列

Spartan-6 FPGA 是 Xilinx 的低成本、低功耗 FPGA。第六代 SParlan 系列基于低功耗 45μm、9 金属铜层、双栅极氧化层工艺技术，以及高级功耗管理技术。此系列含最多 150000 个逻辑单元、集成式 PCI Express 模块、高级存储器支持、250MHz DSP Slice 和 3.125Gbps 低功耗收发器。

3. XC9500/XC9500 XL 系列 CPLD

XC9500 系列被广泛地应用于通信、网络和计算机等产品中。该系列器件采用快闪存储技术(FastFlah)，比 EECMOS 工艺的速度更快，功耗更低。目前，Xilinx 公司 XC9500 系列 CPLD 的 tpd 可达到 4ns，宏单元数达到 288 个，系统时钟可达到 200MHz。XC9500 器件支持 PCI 总线规范和 JTAG 边界扫描测试功能，具有在系统可编程能力。该系列有 XC9500、XC9500XV 和 XC9500XL 3 种类型，内核电压分别为 5V、2.5V 和 3.3V。

4. Xilinx Spartan-3A 系列器件

Spartan-3A 系列 FPGA 是 Xilinx 的低成本 FPGA 系列，具有 50000~3400000 个系统门，有 108~502 个 I/O，可以提供集成式 DSP MAC 在内的大量选项，有双功耗管理模式、Device DNA 安全性、多级存储器架构。

1.10.3　Altera 公司的 PLD 器件

Altera 是著名的 PLD 生产厂商，多年来一直占据着行业领先的地位。Altera 的 PLD 具有高性能、高集成度和高性价比的优点，此外它还提供了功能全面的开发工具和丰富的 IP 核、宏功能库等。因此 Altera 的产品获得了广泛的应用。

Altera 的产品有多个系列，按照推出的先后顺序依次为 Classic、MAX(Multiple Array Matrix)、FLEX(Flexible Logic Element Matrix)、APEX(Advanced Logic Element Matrix)、ACEX、APEX II、Cyclone I/II/III/IV、MAX II 以及 Stratix-1/2/3/4/6 等系列。

1. Stratix-4/6 系列 FPGA

Stratix-4 系列 FPGA 器件是 Altera 的高性能 FPGA 系列，采用 TSMC 40nrn 工艺制造最大的一款具有 8200000 个逻辑宏单元、23.1Mb 嵌入式存储器和 1288 个 18×18 嵌入式硬件乘法器。具有两个速率等级优势，以及先进的逻辑和布线体系结构。具有 8.5Gbps 的 48 个高速收发器，或者达到 24 个为 100G 应用优化的 11.3Gbps 收发器，以及 1067Mbps(533 MHz)DDR3 存储器接口。

在 Stratix-6 中含有 PCI Express 硬核 IP 核：Genl(2.5Gbps)和 Gen2(5.0Gbps)，4 个 x8 模块，实现了全端点或者根端口功能。Stratix-4GX 系列 FPGA 在 PCI Express Genl 和 Gen2 (xl、x4 和 x8)上完全符合 PCI-SIG 要求。

2. Cyclone IV 系列 FPGA

Cyclone IV 系列 FPGA 是 Altera 新近推出的低成本 FPGA 系列，该系列实现了低功耗、高性能和低成本的综合，适用于多种通用逻辑应用，可以应用在广播、消费类、工业、无线通信、固网等领域。最大的一款提供 150000 个逻辑单元。Cyclone IV 系列采用经过优化的 60nm 低功耗工艺，拓展了前一代 Cyclone III FPGA 的低功耗优势，最新一代器件降低了内核电压，与前一代产品相比，总功耗降低了 25%。Cyclone IV 的子系列 Cyclone IV GX FPGA 采用了 Altera 成熟的 GX 收发器技术，具有 8 个集成 3.125Gbps 收发器，可以开发功耗不到 1.5W 的 PCI Express 至千兆以太网桥接应用。另外，Cyclone IV 也支持 Nios II 嵌入式处理器软核，可以实现复杂的多 CPU 嵌入式解决方案。

3. Cyclone 和 Cyclone II 系列 FPGA

Altera 的低成本系列 FPGA，平衡了逻辑、存储器、锁相环和高级 I/O 接口。Cyclone II FPGA 适合于价格敏感的应用。Cyclone II FPGA 具有以下特性：

- 新的可编程构架通过设计实现低成本。
- 嵌入式存储资源支持各种存储器应用和数字信号处理(DSP)实施。
- 支持串行总线和网络接口及各种通信协议。
- 使用 PLL 管理片内和片外系统时序。
- 支持单端 I/O 标准和差分 I/O 技术，支持 LVDS 信号。
- Cyclone II 器件最大的一款具有 68416 个逻辑单元、1.1Mb 可用于嵌入式处理器的通用存储单元、150 个 18×18 位的可用于嵌入式处理器的低成本硬件 DSP 模块。
- 专用外部存储器接口电路，用于连接 DDR2、DDR 和 SDR SDRAM 以及 QDR II SRAM 存储器件。
- 最多 4 个嵌入式 PLL，用于片内和片外系统时钟管理。
- 支持单端 I/O 标准，用于 64 位、66MHz PCI 和 64 位、100MHz PCI-x(模式 1)协议。
- 对安全敏感应用进行自动 CRC 检测。
- 具有支持完全定制 Nios II 嵌入式处理器。
- 采用 EPCS 系列串行配置器件的低成本配置解决方案。

4. Cyclone III 系列 FPGA

在上节已经提到 Cyclone III 系列 FPGA 的内部结构。该系列具有最多 200K 逻辑单元、8MB 存储器，而静态功耗不到 1/4W。采用台积电(TSMC)的低功耗(LP)工艺技术进行制造，可以应用于通信设备、消费类、汽车、显示、工业、视频和图像处理、软件、无线电设备等领域。

Cyclone III 的子系列 Cyclone III LS 系列利用低功耗、高性能 FPGA 平台，在硬件、软件和知识产权(IP)层面上实现了一系列安全特性。可以保护设计者的 IP 不被篡改、异向剖析和克隆。而且，这些器件还能通过设计分离特性，在一个芯片中实现多种功能，从而减小了实际应用的体积、重量和功耗。另外，Cyclone III 也支持 Nios II 嵌入式处理器软核，可以实现复杂的多 CPU 嵌入式解决方案。

Cyclone III 系列 FPGA 器件的其他特性与 Cyclone II 很接近，这里不做赘述。

5. MAX 系列 CPLD

MAX 系列包括 MAX7000AE、MAX7000S、MAX3000A 等器件。这些器件的基本结构单元是乘积项，在工艺上采用 EEPROM 和 EPROM。器件的编程数据可永久保存，可加密。MAX 系列的集成度在数百门到 2 万门之间。所有 MAX 系列的器件都具有 ISP 在系统编程的功能，支持 JTAG 边界扫描测试。

6. MAX II 系列器件

这是一款上电即用、非易失性的 PLD 器件系列，用于通用的低密度逻辑应用环境。除了给予传统 CPLD 设计最低的成本，MAX II 器件还将成本和功耗优势引入了高密度领域。其特点是使用 LUT 结构，内含 Flash，可以实现自动配置；和 3.3V MAX 器件相比，MAX II 只有十分之一的功耗，1.8 V 内核电压以减小功耗，可靠性高；支持内部时钟频率达 300 MHz，内置用户非易失性 Flash 存储器块；通过取代分立式非易失性存储器件以减少芯片数量；MAX II 器件在工作状态时能够下载第一个第二个设计；可降低远程现场升级的成本；有灵活的多电压(MultiVolt)内核；片内由电压调整器支持 3.3V、2.5V 或 1.8V 电源输入；可减少电源电压种类，简化单板设计；可以访问 JTAG 状态机，在逻辑中例化用户功能；可提高单板上不兼容 JTAG 协议的 Flash 器件的配置效率。

1.11　编程与配置

在大规模可编程逻辑器件出现以前，人们在设计数字系统时，把器件焊接在电路板上是设计的最后一个步骤。当设计存在问题并得到解决后，设计者往往不得不重新设计印制电路板。设计周期被无谓地延长了，设计效率也很低。CPLD、FPGA 的出现改变了这一切。现在，人们在未设计具体电路时，就把 CPLD、FPGA 焊接在印制电路板上，然后在设计调试时可以一次又一次随心所欲地改变整个电路的硬件逻辑关系，而不必改变电路板结构。

这一切都有赖于 CPLD、FPGA 的在系统下载或重新配置功能。

目前常见的大规模可编程逻辑器件的编程工艺有以下 3 种：

(1) 基于电可擦除存储单元的 EEPROM 或 Flash 技术。CPLD 一般使用此技术进行编程。CPLD 被编程后改变了电可擦除存储单元中的信息，掉电后可保持。某些 FPGA 也采用 Flash 工艺，比如 Actel 的 ProASIC plus 系列 FPGA、Lattice 的 Lattice XP 系列 FPGA。

(2) 基于 SRAM 查找表的编程单元。对该类器件，编程信息是保持在 SRAM 中的，SRAM 在掉电后编程信息立即丢失，在下次上电后，还需要重新载入编程信息。大部分 FPGA 采用这种编程工艺。所以对于 SRAM 型 FPGA，在使用中必须利用专用配置器件来存储编程信息，以便在上电后，该器件能对 FPGA 自动编程配置。

(3) 基于反熔丝的编程单元。Actel 的 FPGA、Xilinx 部分早期的 FPGA 采用此种结构。相比之下，电可擦除编程工艺的优点是编程后信息不会因掉电而丢失，但编程次数有限，编程的速度不快。对于 SRAM 型 FPGA 来说，配置次数为无限，在加电时可随时更改逻辑，但掉电后芯片中的信息即丢失，每次上电时必须重新载入信息。

Altera 的 FPGA 器件有两类配置下载方式：主动配置方式和被动配置方式。主动配置方式由 FPGA 器件引导配置操作过程，它控制着外部存储器和初始化过程，而被动配置方式则由外部计算机或控制器控制配置过程。FPGA 在正常工作时，它的配置数据(下载进去的逻辑信息)存储在 SRAM 中。由于 SRAM 的易失性，每次加电时，配置数据都必须重新下载。在实验系统中，通常用计算机或控制器进行调试，因此可以使用被动配置方式。而使用系统中，多数情况下必须由 FPGA 主动引导配置操作过程，这时 FPGA 将主动从外围专用存储芯片中获得配置数据，而此芯片中的 FPGA 配置信息是用普通编程器将设计所得的 POC 格式的文件烧录进去的。

EPC 器件中的 EPC2 型号的器件是采用 Flash 存储工艺制作的具有可多次编程特性的配置器件。EPC2 器件通过符合 IEEE 标准的 JTAG 接口可以提供 3.3/5V 的在系统编程能力；具有内置的 JTAG 边界扫描测试(BST)电路，可通过 ByteBlasterMV 下载电缆，使用串行矢量格式文件 POF 或 Jam Byte-Code(.jbc)等文件格式对其进行编程。EPC1/1441 等器件属 OTP 器件。对于 Cyclone、Cyclone II/III 等系列器件，Altera 还提供 AS 方式的配置器件和 EPCS 系列专用配置器件。EPCS 系列(如 EPCS1/4/16 等)配置器件也是串行配置的。

1.12　数字系统的设计方法简介

数字系统设计有多种方法，如模块设计法、自顶向下设计法和自底向上设计法等。

数字系统的设计一般采用自顶向下、由粗到细、逐步求精的方法。自顶向下是指将数字系统的整体逐步分解为各个子系统和模块，若子系统规模较大，则还需将子系统进一步分解为更小的子系统和模块，层层分解，直至整个系统中各子系统关系合理，并便于逻辑电路级的设计和实现为止。采用该方法设计时，高层设计进行功能和接口描述，说明模块的功能和接口，模块功能的更详细的描述在下一设计层次说明，最底层的设计才涉及具体的寄存器和逻辑门电路等实现方式的描述。采用自顶向下的设计方法有如下优点：

(1) 自顶向下设计方法是一种模块化设计方法。对设计的描述从上到下逐步由粗略到详细，符合常规的逻辑思维习惯。由于高层设计同器件无关，设计易于在各种集成电路工艺或可编程器件之间移植。

(2) 适合多个设计者同时进行设计。随着技术的不断进步，许多设计由一个设计者设计已无法完成，必须经过多个设计者分工协作完成一项设计的情况越来越多。在这种情况下，应用自顶向下的设计方法便于由多个设计者同时进行设计，对设计任务进行合理分配，用系统工程的方法对设计进行管理。

针对具体的设计，实施自顶向下的设计方法的形式会有所不同，但均需遵循以下两条原则：逐层分解功能，分层次进行设计。同时，应在各个设计层次上，考虑相应的仿真验证问题。

1.12.1　数字系统的设计准则

进行数字系统设计时，通常需要考虑多方面的条件和要求，如设计的功能和性能要求、元器件的资源分配和设计工具的可实现性、系统的开发费用和成本等。虽然具体设计的条件和要求千差万别，实现方法也各不相同，但数字系统设计还是具备一些共同的方法和准则的。

1. 分割准则

自顶向下的设计方法或其他层次化的设计方法，需要对系统功能进行分割，然后用逻辑语言进行描述。分割过程中，若分割过粗，则不易用逻辑语言表达；分割过细，则带来不必要的重复和繁琐。因此，分割的粗细需要根据具体的设计和设计工具情况而定。掌握分割程度，可以遵循以下的原则：分割后最底层的逻辑块应适合用逻辑语言进行表达；相似的功能应该设计成共享的基本模块；接口信号尽可能少；同层次的模块之间，在资源和I/O分配上，尽可能平衡，以使结构匀称；模块的划分和设计，尽可能做到通用性好，易于移植。

2. 系统的可观测性

在系统设计中，应该同时考虑功能检查和性能的测试，即系统观测性的问题。一些有经验的设计者会自觉地在设计系统的同时设计观测电路，即观测器，指示系统内部的工作状态。

建立观测器，应遵循以下原则：具有系统的关键点信号，如时钟、同步信号和状态等信号；具有代表性的节点和线路上的信号；具备简单的“系统工作是否正常”的判断能力。

3. 同步和异步电路

异步电路会造成较大延时和逻辑竞争，容易引起系统的不稳定，而同步电路则是按照统一的时钟工作，稳定性好。因此在设计时尽可能采用同步电路进行设计，避免使用异步电路。在必须使用异步电路时，应采取措施来避免竞争和增加稳定性。

4. 最优化设计

由于可编程器件的逻辑资源、连接资源和 I/O 资源有限，器件的速度和性能也是有限的，用器件设计系统的过程相当于求最优解的过程。因此，需要给定两个约束条件：边界条件和最优化目标。

所谓边界条件，是指器件的资源及性能限制。最优化目标有多种，设计中常见的最优化目标有：器件资源利用率最高；系统工作速度最快，即延时最小；布线最容易，即可实现性最好。具体设计中，各个最优化目标间可能会产生冲突，这时应满足设计的主要要求。

1.12.2　数字系统设计的艺术

一个系统的设计，通常需要经过反复的修改、优化才能达到设计的要求。一个好的设计，应该满足“和谐”的基本特征，对数字系统可以根据以下几点作出判断：设计是否总体上流畅，无拖泥带水的感觉；资源分配、I/O 分配是否合理，是否有设计上和性能上的瓶颈，系统结构是否协调；是否具有良好的可观测性；是否易于修改和移植；器件的特点是否能得到充分的发挥。

1.13　Quartus II

本书给出的实验和设计多是基于 Quartus II 的，其应用方法和设计流程对于其他流行的 EDA 工具而言具有一定的典型性和一般性，所以在此对它做一些介绍。

Quartus II 是 Altera 提供的 FPGA/CPLD 开发集成环境。Quartus II 在 21 世纪初推出，是 Altera 前一代 FPGA/CPLD 集成开发环境 MAX+plus II 的更新换代产品，其界面友好，使用便捷。在 Quartus II 上可以完成 1.5 节所述的整个流程，它提供了一种与结构无关的设计环境，使设计者能方便地进行设计输入、快速处理和器件编程。

Altera 的 Quartus II 提供了完整的多平台设计环境，能满足各种特定设计的需要，是单芯片可编程系统(SOPC)设计的综合性环境和 SOPC 开发的基本设计工具，并为 Altera DSP 开发包进行系统模型设计提供了集成综合环境。

Quartus II 设计工具完全支持 Verilog、VHDL 的设计流程，其内部嵌有 Verilog、VHDL 和 SystemVerilog 逻辑综合器。Quartus II 也可以利用第三方的综合工具，例如 Leonardo Spectrum、SynPlify Pro、DC-FPGA，并能直接调用这些工具。同样，Quartus II 具备仿真功能，同时也支持第三方仿真工具，如 ModelSim。此外 Quartus II 与 MATLAB 和 DSP Builder 结合，可以进行基于 FPGA 的 DSP 系统开发，是 DSP 硬件系统实现的关键 EDA 工具。

Quartus II 包括模块化的编译器。编译器包括的功能模块有分析/综合器(Analysis& Synthesis)、适配器(Fi1ter)、装配器(Assembler)、时序分析器(Timing Analyzer)、设计辅助模块(Design Assistant)、EDA 网表文件生成器(EDA Netlist Writer)、编辑数据接口(ComPiler Database Interface)等。可以通过选择 Start ComPilation 来运行所有的编译器模块，也可以通过选择 Start 单独运行各个模块。还可以通过选择 ComPiler Tool(Tool 菜单)，在 ComPiler Tool 窗口中运行相应的功能模块。在 ComPiler Tool 窗口中，可以打开相应的功能模块所包含的设置文件或报告文件，或打开其他相关窗口。

此外，Quartus II 还包含许多十分有用的 LPM(Lbrary of Parameterized Modules)模块，它们是复杂或高级系统构建的重要组成部分，也可在 Quartus II 中与普通设计文件一起使用(后续章节中将详细介绍这部分内容)。Altera 提供的 LPM 函数均基于 Altera 器件的结构做了优化设计。

如图 1-24 所示的上排是 Quartus II 编译设计主控界面，它显示了 Quartus II 自动设计的各主要处理环节和设计流程，包括设计输入编辑、设计分析与综合、适配、编程文件汇编(装配)、时序参数提取以及编程下载几个步骤。图 1-24 下排的流程框图是与上面的 Quartus II 设计流程相对应的标准的 EDA 开发流程。

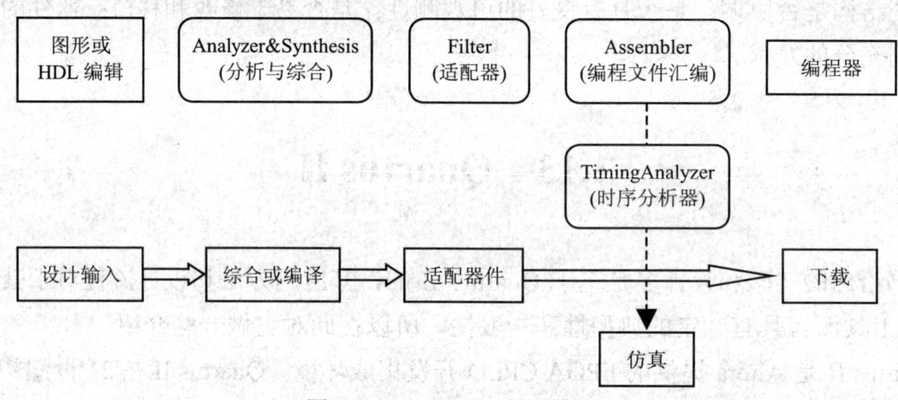

图 l-24　Quartus II 设计流程

Quartus II 编译器支持的硬件描述语言有 VHDL Verilog、System Verilog 及 AHDL。AHDL 是 Altera 公司自己设计、制定的硬件描述语言，是一种以结构描述方式为主的硬件描述语言，只有企业标准。

Quartus II 允许来自第三方的 EDIF、VQM 文件输入，并提供了很多 EDA 软件的接口。Quartus II 支持层次化设计，可以在一个新的编辑输入环境中对使用不同输入设计方式完成的模块(元件)进行调用，从而解决了原理图与 HDL 混合输入设计的问题。在设计输入之后，Quartus II 的编译器将给出设计输入的错误报告。Quartus II 拥有性能良好的设计错误定位器，用于确定文本或图形设计中的错误。对于使用 HDL 的设计，可以使用 Quartus II 带有的 RTL Viewer 观察综合后的 RTL 图。在进行编译后，可对设计进行时序仿真。在仿真前，需要利用波形编辑器编辑一个波形激励文件。编译和仿真经检测无误后，便可以将下载信息通过 Quartus II 提供的编程器下载至目标器件中。

1.14　IP 核

IP 就是知识产权校或知识产权模块的意思，在 EDA 技术开发中具有十分重要的地位。著名的美国 Dataquest 咨询公司将半导体产业的 IP 定义为用于 ASIC 或 FPGA 中的预先设计好的电路功能模块。IP 分软 IP、固 IP 和硬 IP。

软 IP 是用 HDL 等硬件描述语言描述的功能块，但是并不涉及用什么具体电路元件实现这些功能。软 IP 通常是以 HDL 源文件的形式出现，应用开发过程与普通的 HDL 设计也十分相似，只是所需的开发软硬件环境比较昂贵。软 IP 的设计周期短，设计投入少。由于不涉及物理实现，为后续设计留有很大的发挥空间，增大了 IP 的灵活性和适应性。软 IP 的弱点是在一定程度上使后续工序无法适应整体设计，从而需要一定程度的软 IP 修正，在性能上也不可能获得全面的优化。

固 IP 是完成了综合的功能块。它有较大的设计深度，以网表文件的形式提交客户使用。如果客户与固 IP 使用同一个 IP 生产线的单元库，IP 应用的成功率会高得多。

硬 IP 提供设计的最终阶段产品：掩膜。随着设计深度的提高，后续工序所需要做的事情就越少，当然，灵活性也就越小。不同的客户可以根据自己的需要订购不同的 IP 产品。由于通信系统越来越复杂，PLD 的设计也更加庞大，这增加了市场对 IP 核的需求。各大 FPGA 厂家继续开发新的商品 IP，并且开始提供“硬件”IP，即将一些功能在出厂时就固化在芯片中。

1.15　EDA 的发展趋势

随着市场需求的增长，集成工艺水平及计算机自动设计技术的不断提高，促使单片系统，或称系统集成芯片成为 IC 设计的发展方向，这一发展趋势表现在如下几个方面：

- 超大规模集成电路的集成度和工艺水平不断提高，如 40 纳米工艺已经走向成熟，在一个芯片上完成系统级的集成已成为可能。
- 由于工艺线宽的不断减小，在半导体材料上的许多寄生效应已经不能简单地被忽略。这就对 EDA 工具提出了更高的要求，同时也使得 IC 生产线的投资更为巨大。可编程逻辑器件开始进入传统的 ASIC 市场。
- 市场对电子产品提出了更高的要求，如必须降低电子系统的成本，减小系统的体积等，从而对系统的集成度不断提出更高的要求。同时，设计的效率也成了一个产品能否成功的关键因素，促使 EDA 工具和 IP 核应用更为广泛。
- 高性能的 EDA 工具得到长足的发展，其自动化和智能化程度不断提高，为嵌入大系统设计提供了功能强大的开发环境。
- 计算机硬件平台性能大幅度提高，为复杂的 SOC 设计提供了物理基础。

但现有的HDL 只是提供行为级或功能级的描述，尚无法完成对复杂的系统级的抽象描述。人们正尝试开发一种新的系统级设计语言来完成这一工作，现在已开发出更趋于电路行为级的硬件描述语言，如 SystemC、SystemVerilog 及系统级混合仿真工具，可以在同一个开发平台上完成高级语言(如 C/C++等)与标准 HDL 语言(VerilogHDL VHDL)或其他更低层次描述模块的混合仿真。虽然用户用高级语言编写的模块尚不能自动转化成 HDL 描述，但作为一种针对特定应用领域的开发工具，软件供应商已经为常用的功能模块提供了丰富的宏单元库支持，可以方便地构建应用系统，并通过仿真加以优化，最后自动产生 HDL 代码，进入下一阶段的 ASIC 实现。

此外，随着系统开发对 EDA 技术的目标器件各种性能要求的提高，ASIC 和 FPGA 将更大程度的相互融合。这是因为虽然标准逻辑 ASIC 芯片尺寸小、功能强大、耗电低，但设计复杂，并且有批量生产要求；可编程逻辑器件开发费用低廉，能在现场进行编程，但却体积大、功能有限，而且功耗较大。因此，FPGA 和 ASIC 正在走到一起，互相融合，取长补短。由于一些 ASIC 制造商提供具有可编程逻辑的标准单元，可编程器件制造商重新对标准逻辑单元产生兴趣，而有些公司采取两头并进的方法，从而使市场开始发生变化，在 FPGA 和 ASIC 之间正在诞生一种“杂交”产品，以满足成本和上市速度的要求，例如将可编程逻辑器件嵌入标准单元。

尽管将标准单元核与可编程器件集成在一起并不意味着使 ASIC 更加便宜，或者使 FPGA 更加省电。但是，可使设计人员将两者的优点结合在一起，通过去掉 FPGA 的一些功能，可减少成本和开发时间并增加灵活性。当然现在也在进行将 ASIC 嵌入可编程逻辑单元的工作。目前，许多 PLD 公司开始为 ASIC 提供 FPGA 内核。PLD 厂商与 ASIC 制造商结盟，为 SOC 设计提供嵌入式 FPGA 模块，使未来的 ASIC 供应商有机会更快地进入市场，利用嵌入式内核获得更长的市场生命期。

例如在实际应用中使用所谓可编程系统级集成电路(FPSLIC)，即将嵌入式 FPGA 内核与 RISC 微控制器组合在一起形成新的 IP，广泛用于电信、网络、仪器仪表和汽车中的低功耗应用系统中。当然，也有 PLD 厂商不把 CPU 的硬核直接嵌入在 FPGA 中，而使用了软 IP，并称之为 SOPC(可编程片上系统)，也可以完成复杂电子系统的设计，只是代价将相应提高。

现在 FPGA 和 ASIC 之间的界限正变得模糊。系统级芯片不仅集成 RAM 和微处理器，也集成 FPGA。整个 EDA 和 IC 设计工业都朝这个方向发展，这并非是 FPGA 与 ASIC 制造商竞争的产物，而对于用户来说，意味着有了更多的选择。

1.16 本章小结

本章首先阐述了EDA 技术的含义、发展历程、主要内容；然后详细介绍了EDA 技术的工程设计流程和EDA 软件系统的构成，讨论了数字系统的设计方法；阐述了可编程逻辑器件发展进程、种类及分类方法；然后研究了复杂可编程逻辑器件(CPLD)的基本结构，主要介绍了Altera公司的Cyclone系列 FPGA 器件；接着探讨了现场可编程门阵列编程与配置；

最后介绍了数字系统的设计方法。

通过对本章的学习，应该掌握 EDA 技术的主要内容、工程设计流程和 EDA 软件系统的构成。

1.17 习　题

1-1　EDA 技术与 ASIC 设计和 FPGA 开发有什么关系？FPGA 在 ASIC 设计中有什么用途？

1-2　利用 EDA 技术进行电子系统设计有什么优点？

1-3　什么是综合？有哪些类型？综合在电子设计自动化中的地位是什么？

1-4　IP 在 EDA 技术的应用和发展中的意义是什么？

1-5　叙述 EDA 的 FPGA/CPLD 设计流程，以及涉及的 EDA 工具及其在整个流程中的作用。

1-6　OLMC 有何功能？说明 GAL 是怎样实现可编程组合电路与时序电路的。

1-7　什么是基于乘积项的可编程逻辑结构？什么是基于查找表的可编程逻辑结构？

1-8　就逻辑宏单元而言，GAL 中的 OLMC、CPLD 中的 LC、FPGA 中的 LUT 和 LE 的含义和结构特点是什么？它们都有何异同点？

1-9　为什么说用逻辑门作为衡量逻辑资源大小的最小单元不准确。

1-10　标志 FPGA/CPLD 逻辑资源的逻辑宏单元包含哪些结构？

1-11　解释编程与配置这两个概念。

1-12　请参阅相关资料，并回答问题：按本章给出的归类方式，将基于乘积项的可编程逻辑结构的 PLD 器件归类为 CPLD；将基于查找表的可编程逻辑结构的 PLD 器件归类为 FPGA，那么 MAXⅡ系列应该属于什么类型的 PLD 器件？为什么？

第2章　原理图输入法逻辑电路设计流程

本章拟使用纯原理图输入的设计方式，首先通过一个简单电路模块的功能实现和功能测试，详细介绍 Quartus II 的完整设计流程，使学习者初步掌握利用 Quartus II 完成数字系统设计的基本方法；然后在此基础上通过一个数字频率计的设计，进一步介绍较复杂数字系统的 EDA 技术。这样安排的目的是：无须经历漫长的理论学习阶段，读者一开始就可以仅需借助已有的知识，近距离地接触和体验 EDA 技术中最有特色、最直观的实践内容。这不仅为后续的理论学习提供了重要的感性认识，也有助于在此后的学习过程中，将所学的基础理论更好更快捷地融入工程实践中。

2.1　原理图输入设计方法的特点

利用 EDA 工具进行原理图输入设计的优点是，设计者不必具备许多诸如编程技术、硬件语言等新知识就能迅速入门，完成基于 EDA 的较大规模的电路系统设计。

与 MAX+plus II 相比，Quartus II 提供了更强大、更直观便捷和操作灵活的原理图输入设计功能，同时还配备了更丰富的适用于各种需要的元件库，其中包含基本逻辑元件库(如与非门、反向器、D 触发器等)、宏功能元件库(包含了几乎所有 74 系列的器件功能块)，以及类似于 IP 核的参数可设置的宏功能块 LPM 库、锁相环、嵌入式逻辑分析仪等。Quartus II 同样提供了原理图输入多层次设计功能，使用户能方便地设计更大规模的电路系统以及使用方便、精度良好的时序仿真器。与传统的数字电路设计方法和设计流程相比，Quartus II 提供的原理图输入设计功能具有不可比拟的优势和先进性：

- 能进行几乎任意层次的数字系统设计。传统的数字电路设计只能完成单一层次的设计，使得设计实践总是停留在十分简单且很少能与实际工程设计方法结合的电路设计上。这使设计者无法了解和实现多层次的大系统功能和规范的设计方法。
- 能对系统中的任一层次或任一元件的功能进行精确的时序仿真，精度达 0.1ns。因此能发现对系统可能产生不良影响的竞争冒险现象。
- 通过时序仿真，能迅速定位电路系统的错误所在，并随时纠正。
- 能对设计方案进行随时更改，并储存设计过程中所有的电路和测试文件入档。
- 通过编译和下载，能在 FPGA 上对设计项目随时进行硬件测试验证。

- 如果使用 FPGA 和配置编程方式，通常将不会有器件损坏和损耗的问题。
- 符合现代电子设计技术规范。

传统的数字电路设计和实验利用手工连线的方法完成元件连接，容易对学习者产生误导，以为只要将元件间的引脚用引线按电路图连上即可，而不必顾及引线的长短、粗细、弯曲方式可能产生的分布电感和电容效应，以及电磁兼容性等十分重要的问题。

2.2　数字频率计设计任务导入

如图 2-1 所示的电路是一个数字频率计，是用 EDA 设计软件 Quartus II 的原理图编辑器表达的设计电路，利用 Quartus II 将此电路实现为实际的频率计就是本章的最终任务。

Quartus II 即可将此电路编译成为 FPGA 中的硬件逻辑电路实现文件，而将此文件下载于 FPGA 中后即可完成频率计的设计。图 2-1 中的 TF-CTRL 是此频率计的测频时序控制模块，4 个 CNT10 模块分别是双十进制计数器模块，其内部电路结构如图 2-2 所示；而 4 个 74374 被用作频率计输出数据的锁存器。这些模块的内部结构及其更深层次的结构也是用原理图表述的，它们必须由设计者利用 Quartus II 分别设计好。

以下将详细介绍与此项设计相关的设计技术、测试技术和实现技术。需要注意的是，以下介绍的内容具有一般性，在此后的许多实训设计任务中将反复用到，它也同样适用于其他输入方法的设计，如基于 HDL 的硬件描述语言的输入设计方法或混合输入设计方法等。

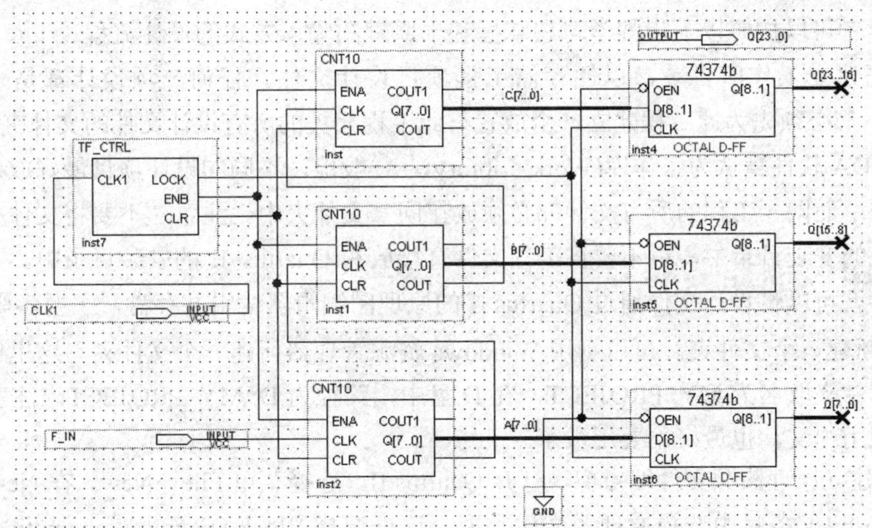

图 2-1　6 位数字频率计顶层电路原理图

2.3　原理图输入方式基本设计流程

本节拟通过一个如图 2-2 所示的 2 位十进制时钟可控计数器介绍基于 Quartus II 的原理

图输入的基本设计流程和方法。下面首先介绍利用 74390 和其他一些电路单元设计可控型的十进制计数单元，然后利用层次化设计方法，完成一个 6 位十进制计数器的设计。

本节介绍的设计流程具有一般性。除了最初的输入方法稍有不同外，与应用 VHDL 的文本输入设计方法的流程是相同的。所以在此后的 VHDL 文本输入设计介绍中，不再重复本章已介绍的相关内容或流程。

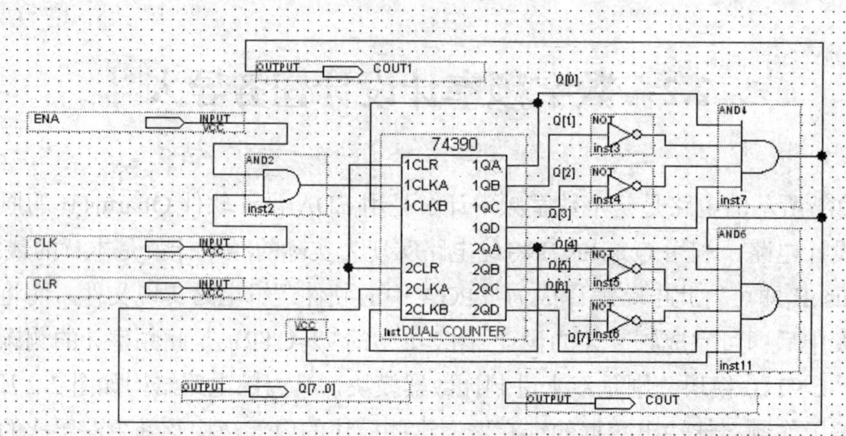

图 2-2　模块 CNT10 的内部结构(2 位十进制计数器电路图)

2.3.1　建立工作库文件夹和存盘原理图空文件

初学者可以按照以下步骤学习和掌握基于原理图输入方式的设计流程。

首先建立工作库目录，以便存储工程项目设计文件。任何一项设计都是一项工程(Project)，都必须先为此工程建立一个放置与此工程相关的所有设计文件的文件夹。此文件夹将被 EDA 软件默认为工作库(Work Library)。一般地，不同的设计项目最好放入不同的文件夹中，而同一工程的所有文件都必须放在同一文件夹中。注意，不要将文件夹设在计算机已有的安装目录中，更不要将工程文件直接放在 Quartus II 的安装目录中。在建立了文件夹后就可以将设计文件通过 Quartus II 的原理图编辑器编辑并存盘，主要步骤如下：

(1) 新建一个文件夹。可以利用 Windows 资源管理器新建一个文件夹。这里假设本项设计的文件夹取名为 MY_PROJECT，在 D 盘中，路径为 D:\MY_PROJECT。注意：文件夹名不能用中文，也最好不要用数字。

(2) 建立原理图源文件编辑窗。打开 Quartus II，选择菜单 File→New。在 New 窗口中的 Design Files 条目中选择原理图文件类型，这里选择 Block Diagram/Schematic File，如图 2-3 所示，以后即可在如图 2-4 所示的原理图编辑窗中加入所需的电路元件。

(3) 空文件存盘。选择 File→Save As 命令，找到已设立的文件夹路径为 D:\MY_PROJECT，存盘文件名可取为 CNT10.bdf。这是一个还没有加入任何电路元件的空原理图文件。加元件和编辑电路的工作要待创建工程后再进行。

存盘时，当出现问句“Do you want to create…”时，单击“是”按钮，则直接进入创建工程流程；单击“否”按钮，可按以下方法进入创建工程流程。这里单击“否”按钮，利用另一方式进入创建工程流程。

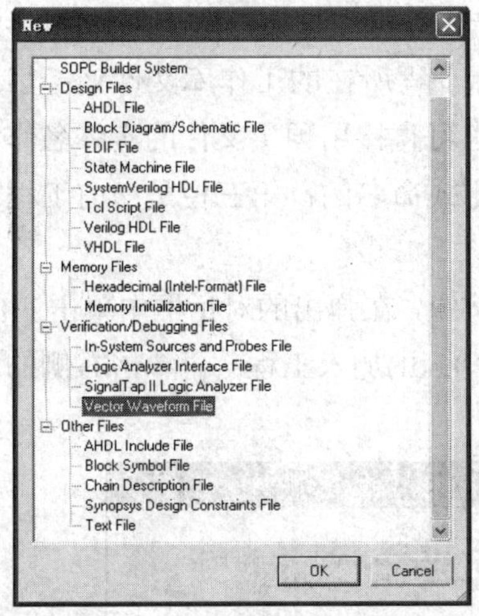

图 2-3　选择原理图编辑文件类型

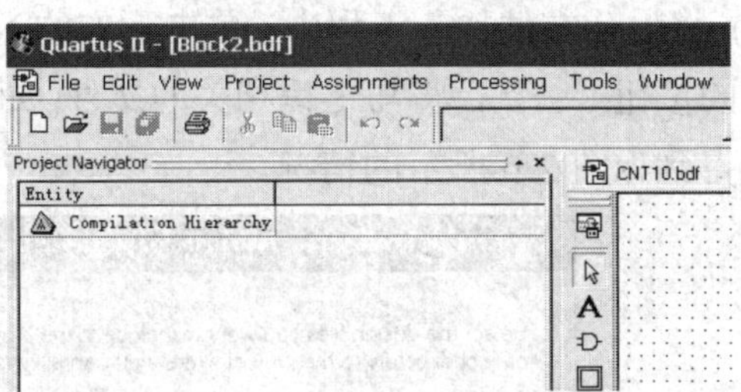

图 2-4　打开原理图编辑窗

2.3.2　创建工程

使用 New Project Wizard 可以为工程指定工作目录、分配工程名称以及指定最高层设计实体的名称；还可以指定要在工程中使用的设计文件、其他源文件、用户库和 EDA 工具，以及目标器件系列和具体器件等。在此要利用 New Project Wizard 创建此设计工程，即令顶层设计文件 CNT10.bdf 为工程文件，并设定此工程的一些相关信息，如工程名、目标器件、综合器、仿真器等。以下设计流程具有一般性。

(1) 打开并建立新工程管理窗。选择 File→New Project Wizard 命令，弹出工程设置对话框，如图 2-5 所示。

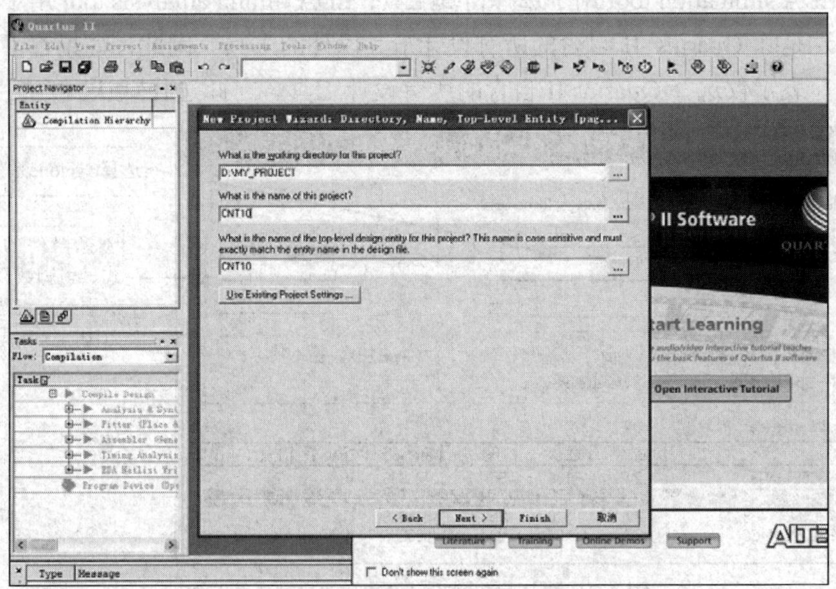

图 2-5　利用 New Project Wizard 创建工程 CNT10

单击此对话框第二栏右侧的“…”按钮，找到文件夹 D:\MY_PROJECT，选中已存盘的文件 CNT10.bdf(此时还是一个空原理图)。再单击“打开”按钮，即出现如图 2-5 所示的设置情况。其中第一栏的 D:\MY_PROJECT 表示工程所在的工作库文件夹；第二栏的 CNT10 表示此项工程的工程名，工程名可以修改，也可直接用顶层文件的实体名作为工程名(如果是 VHDL 文本文件的话)，在此就是按这种方式命名的；第三栏是当前工程顶层文件的实体名，这里为 CNT10。

(2) 将设计文件加入工程中。单击下方的 Next 按钮，在弹出的对话框中单击 File name 栏右侧的按钮“…”，将与工程相关的文件(如CNT10.bdf)加入工程；再单击右侧的Add 按钮，即得到如图 2-6 所示的情况。

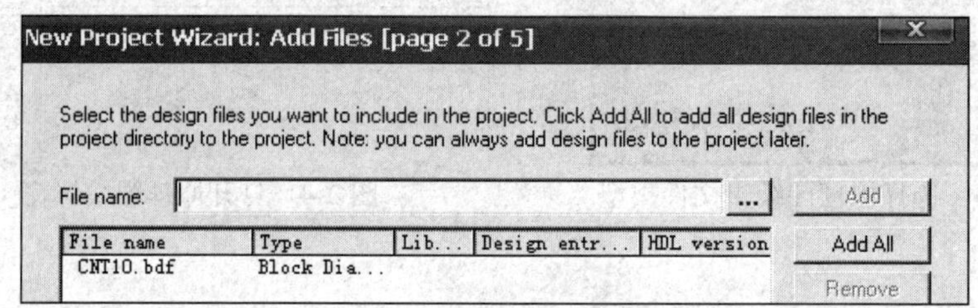

图 2-6　将所有相关的文件都加入此工程

(3) 选择目标芯片。单击 Next 按钮，选择目标芯片。首先在 Family 栏选择芯片系列，在此选择 Cyclone III 系列。这里准备选择的目标器件是 EP3C10E144C8。这里 EP3C10 表示 Cyclone III 系列及此器件的逻辑规模；E 表示带有金属地线底板的 TQFP 封装；C8 表示速度级别。便捷的选择方法是通过如图 2-7 所示的窗口右边的 3 个选项过滤选择，分别选择 Package 为 TQFP、Pin count 为 144、Speed grade 为 8。

(4) 工具设置。单击 Next 按钮后，弹出的下一个窗口是 EDA 工具设置窗。EDA Tool Settings。其中有 3 项选择：EDA design entry/synthesis tool，即选择输入的 HDL 类型和综合工具；EDA simulation tool 用于选择仿真工具；EDA timing amalysis tool 用于选择时序分析工具，这是除 Quartus II 自含的所有设计工具以外的工具。因此，如果都不作选择，即选择默认，表示仅选择 Quartus II 自含的所有设计工具。在此选择默认。

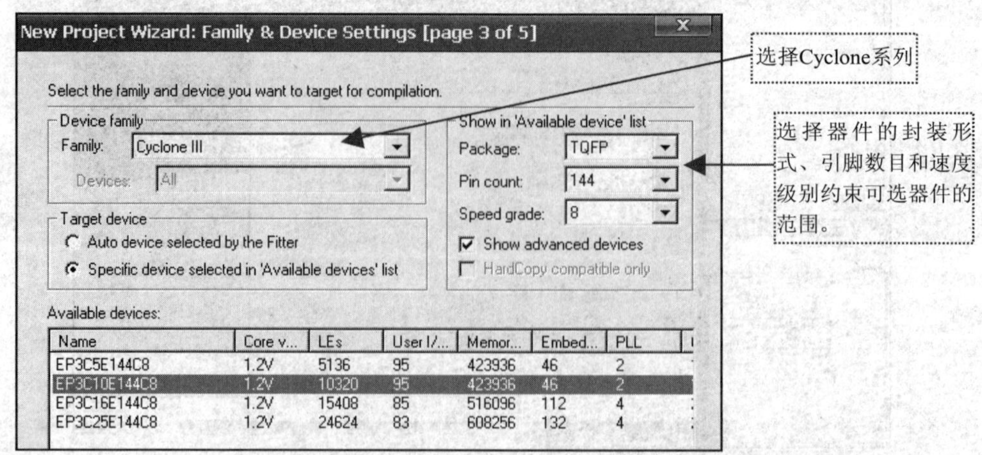

图 2-7　选择目标器件 EP3C10E144C8 型 FPGA

(5) 结束设置。单击 Next 按钮，弹出“工程设置统计”窗口，其中列出了此项工程的相关设置情况。单击 Finish 按钮，确定已设定好此工程，并出现 CNT10 的工程管理窗口，或称 Compilation Hierarchies 窗口，主要显示工程项目的层次结构，如图 2-8 所示。注意，此工程管理窗口左上角所示的是工程路径、工程名 CNT10 和当前已打开的文件名。

Quartus II 将工程信息存储在工程配置文件(Quartus)中。它包含有关 Quartus II 工程的所有信息，包括设计文件、波形文件、SignalTap II 文件、内存初始化文件等，以及为了满足当前工程相关技术指标要求的针对综合、适配和仿真的诸多设置文件。

(6) 编辑构建电路图。现在就可以为空的原理图文件添加电路了。双击图 2-8 左侧的工程名 CNT10，打开其原理图文件窗口，再双击右侧原理图编辑窗口内任意一点，即弹出一个逻辑电路器件输入对话框，如图 2-9 所示。在此对话框的左栏 Name 文本框内输入所需元件的名称，在此为 74390。由于仅考虑器件的逻辑功能，同类功能的器件，如 74ls 390、74HC390、74s390 等，一律命名为 74390。然后单击 OK 按钮，即可将此元件调入编辑窗口中。

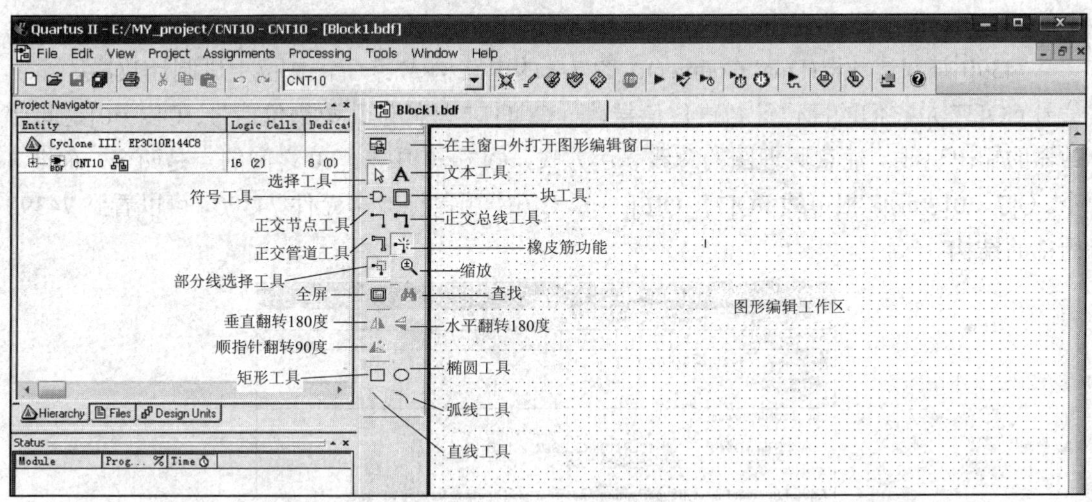

图 2-8　CNT10 工程管理窗口

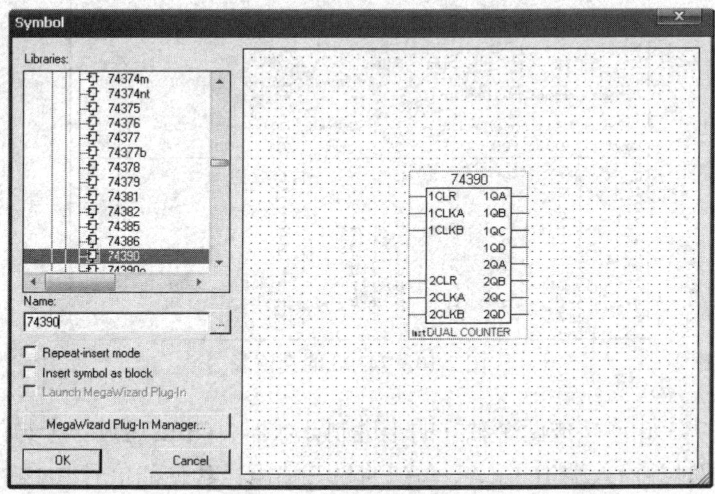

图 2-9　在元件调用对话框调出需要的宏功能元件 74390

再以同样的方法调入一个 2 输入与门，名称是 AND2；一个 4 输入与门，名称是 AND4；一个 6 输入与门，名称是 AND6；4 个反相器，名称是 NOT；以及数个输入输出端口，名称分别是 INPUT 和 OUTPUT。最后直接用鼠标拖出连线，将它们按照所需的逻辑功能连接起来，完成的电路如图 2-2 所示。

输入输出端口的名称可以通过双击相应端口元件，在弹出的对话框中输入，如 CLR。

在全程编译前，可使用 Settings 对话框(由 Assignments 进入)作一些必要的设置。

2.3.3　功能简要分析

下面初步分析图 2-2 所示电路的基本功能。首先了解元件 74390 的功能。为此可以了解其真值表。打开帮助文件 Macrofunctions(查 www.Kx-soc.com 可获此文件)，然后选择 Messages 选项，继而选择其中的 Macrofunction 选项和 Old_Style Macrofunctions 选项，最后选择 Counters 中的 74390，即可见其真值表，如图 2-10 所示。

74390 是双计数器(Dual Counter)。图 2-2 的电路构成了一个 2 位十进制计数器。输出信号 COUT 是它们的高位计数进位信号，而 COUT1 是低位计数进位信号；Q[7…0]是此计数器的输出总线。注意原理图的总线表达方式，Q[7…0]中 7 与 0 之间的点是两个，而非 3 个。Q[7…0]表示 8 根单线：Q[7]、Q[6]、…、Q[0]。用鼠标双击元件 74390，可以看到 74390 内部的结构。

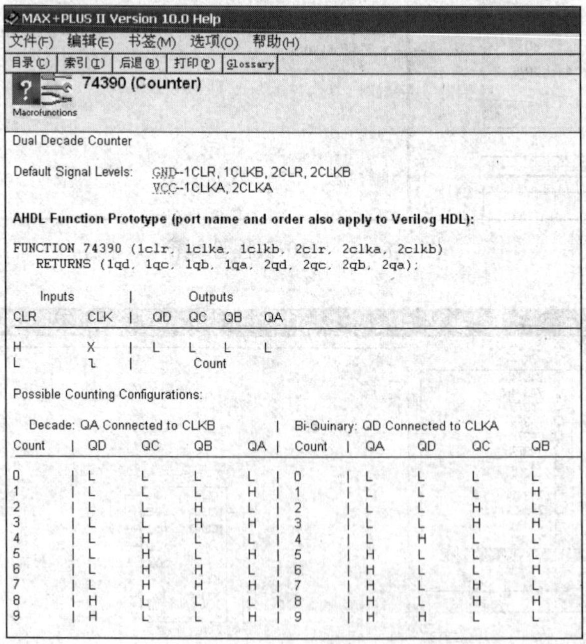

MAX+PLUS II Version 10.0 Help

文件(F)　编辑(E)　书签(M)　选项(O)　帮助(H)

目录(C)　索引(I)　后退(B)　打印(P)　Glossary

74390 (Counter)

Macrofunctions

Dual Decade Counter

Default Signal Levels:　GND--1CLR, 1CLKB, 2CLR, 2CLKB
VCC--1CLKA, 2CLKA

AHDL Function Prototype (port name and order also apply to Verilog HDL):

```
FUNCTION 74390 (1clr, 1clka, 1clkb, 2clr, 2clka, 2clkb)
   RETURNS (1qd, 1qc, 1qb, 1qa, 2qd, 2qc, 2qb, 2qa);
```

Inputs		Outputs			
CLR	CLK	QD	QC	QB	QA
H	X	L	L	L	L
L	⌊	Count			

Possible Counting Configurations:

Decade: QA Connected to CLKB					Bi-Quinary: QD Connected to CLKA				
Count	QD	QC	QB	QA	Count	QA	QD	QC	QB
0	L	L	L	L	0	L	L	L	L
1	L	L	L	H	1	L	L	L	H
2	L	L	H	L	2	L	L	H	L
3	L	L	H	H	3	L	L	H	H
4	L	H	L	L	4	L	H	L	L
5	L	H	L	H	5	H	L	L	L
6	L	H	H	L	6	H	L	L	H
7	L	H	H	H	7	H	L	H	L
8	H	L	L	L	8	H	L	H	H
9	H	L	L	H	9	H	H	L	L

图 2-10　74390 的真值表

图 2-2 中，74390 连接成两个独立的十进制计数器。CLK 通过一个与门进入 74390 的计数器“1”端的时钟输入端 1CLKA。与门的另一端由计数使能信号 EN8 控制：当 ENB=1 时允许计数；当 ENB=0 时禁止计数。计数器 1 的 4 位输出 Q[3]、Q[2]、Q[1]和 Q[0]并成

总线表达方式，即 Q[3…0]同时由一个 4 输入与门和两个反相器构成进位信号，即当计数到 9(1001)时，输出进位信号 COUT1。此进位信号进入第二个计数器的时钟输入端 2CLKA。第二个计数器的 4 位计数输出是 Q[7]、Q[6]、Q[5]和 Q[4]，总线输出信号是 Q[7…4]。右图的与门与反相器一同分别构成两个计数器的进位信号。这两个计数器的总的进位信号，可由一个 6 输入与门和两个反相器产生，由 COUT 输出；CLR 是计数器清零信号。

2.3.4　编译前设置

在对当前工程进行编译处理前，必须作好必要的设置，对编译加入一些约束，使编译结果更好地满足设计要求。具体步骤如下：

(1) 选择 FPGA 目标芯片。目标芯片的选择也可以这样来实现：选择 Assignments→Settings 命令，在弹出的如图 2-11 所示的对话框中选择 Category 选项下的 Device。选择需要的 FPGA 目标芯片，如 EP3C10EI144C8(此芯片已在建立工程时选定了)。

(2) 选择配置器件的工作方式。单击图 2-11 中的 Device and Pin Options 按钮，进入 Device and Pin Options 对话框，如图 2-12 所示。在此首先选择 General 选项卡。

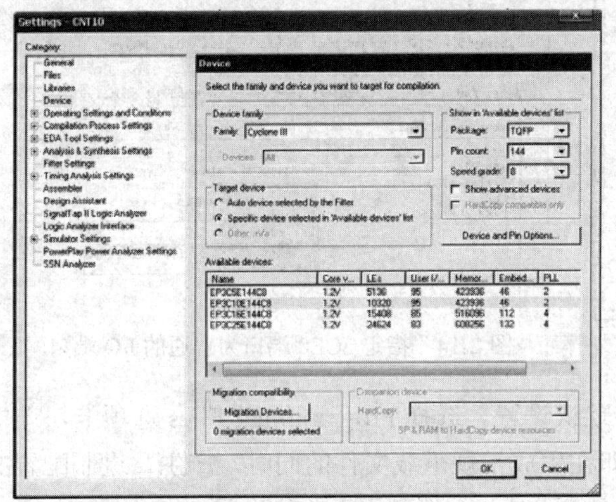

图 2-11　由 Settings 对话框选择目标器件 EP3C10E144C8

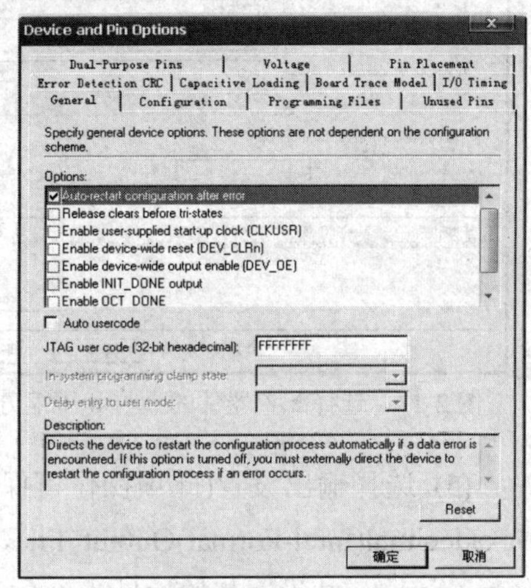

图 2-12　选择配置器件的工作方式

在 Options 列表框内选中 Auto-restart configuration after error，使 FPGA 配置失败后能自动重新配置，并加入JTAG 用户编码(可略)。注意，窗口下方将随项目名的改变而显示对应的帮助说明，用户可随时参考。

(3) 选择配置器件和编程方式。如果希望对编程配置文件能在压缩后通过 AS 模式下载进配置器件中，要在编译前做好设置。在此，选中图 2-12 的 Configuration 选项卡，即出现如图 2-13 所示的对话框。选中 Generate compressed bitstreams 复选框，就能产生用于 EPCS 的 POF 压缩编程配置文件。

在 Configuration 选项卡中，选择配置器件为 EPCS4，其配置模式可选择 Active Serial(默认)。这种方式只对专用的 Flash 技术的配置器件进行编程(专用于 Cyclone/II/III 等系列 FPGA 的 EPCS4、EPCS16 等)。PC 机对 FPGA 的直接配置方式都是 JTAG 方式。

对 FPGA 进行所谓“掉电保护式”编程通常有 3 种模式：主动串行模式(AS Mode)、间接编程模式和被动串行模式(PS Mode)。对 EPCS4/EPCS16 的直接编程必须用主动串行模式，所以在选择了 AS(Active Serial)模式后，必须在 Use configuration device 项中选择配置器为 EPCS4 或 EPCS16。注意根据实验系统上目标器件配置的 EPCS 芯片型号决定。

(4) 双功能输入输出端口设置。选择图 2-13 中的双目标端口选项卡 Dual-Purpose Pins，界面如图 2-14 所示，将 nCE0 原来的 Use as programming pin 改为 Use as regular I/O(nCE0 端口作编程口时，可用于多 FPGA 芯片的配置)，这样可以将此端口也作普通 I/O 口来用。此项设置必须事先完成，否则一旦在编译时报错，软件给出的报告不会明示错误所在，初学者很难判断问题原因。对于已选的 EP3C10 器件，此双功能脚是 Pin 101，需关注此引脚的编译情况。

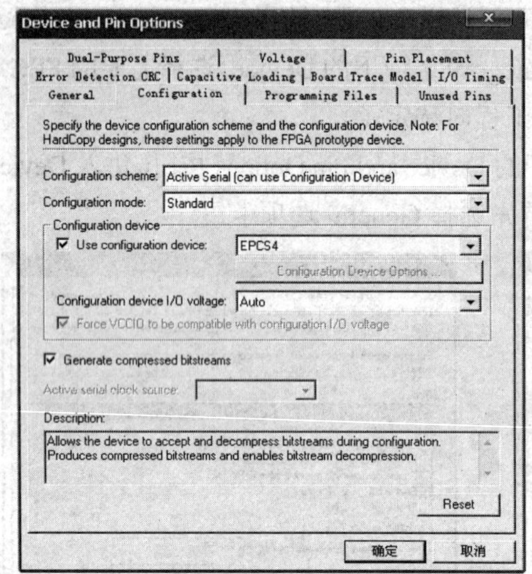

图 2-13　选择配置器件的型号和压缩方式

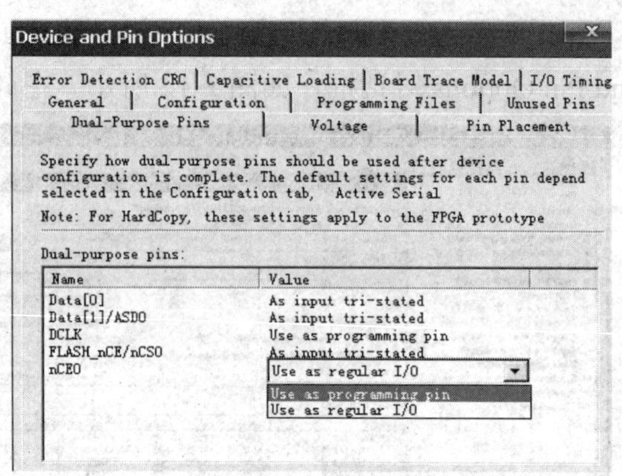

图 2-14　指定 nCE0 端口为普通的 I/O 端口

(5) 选择输出设置(此项操作可保持默认设置。选择 Programming Files 选项卡，选中 Hexadecimal(Intel-Format)Output File，即在生成常规下载文件的同时，产生二进制配置文件 *.hexout，并设置起始地址为 0 的递增方式。此文件可用于单片机或 CPLD 与 EPROM 构成的 FFGA 配置电路系统。使用此格式文件的配置模式是被动串行模式。

(6) 选择目标器件闲置引脚的状态。此选项的设置在某些情况下十分重要。选择 Unused Pins 选项卡，可根据实际需要选择目标器件闲置引脚的状态。可选择为输入状态(呈高阻态，推荐此项选择)、输出状态(呈低电平)、输出不定状态，或不作任何选择。

在其他选项卡也可作一些设置，各设置选项的功能可参考对话框下方的说明(Description)。

2.3.5　全程编译

Quartus II 编译器是由一系列处理模块构成的，这些模块负责对设计项目的检错、逻辑综合、结构综合、输出结果的编辑配置，以及时序分析等。在这一过程中，为了可以把设计项目适配到 FPGA 目标器中，将同时产生多种用途的输出文件，如功能和时序信息文件、器件编程的目标文件等。编译开始后，编译器首先检查出工程设计文件中可能存在的错误信息，供设计者排除，然后产生一个结构化的以网表文件表达的电路原理图文件。

在编译前，设计者可以通过各种不同的设置，指导编译器使用各种不同的综合和适配技术(如增量编译技术、时序驱动技术等)，以便提高设计项目的工作速度，优化器件的资源利用率。而且在编译过程中及编译完成后，可以从编译报告中获得所有相关的详细编译统计数据，以利于设计者及时调整设计方案。

编译前首先选择 Processing→Start Compilation 命令，启动全程编译(Full Compilation)。这里所谓的全程编译包括以上提到的 Quartus II 对设计输入的多项处理操作，其中包括排错、数据网表文件提取、逻辑综合、适配、装配文件生成(仿真文件与编程配置文件)，以及基于目标器件硬件性能的工程时序分析等。

编译过程中要注意工程管理窗口下方的 Processing 栏中的编译信息。如果启动编译后发现有错误，在下方的 Processing 处理栏中会以红色显示出错说明文字，并告知编译不成功，如图 2-15 所示。双击此栏的出错说明，即弹出对应的层次的文件，并用深色标记指出错误所在。改错后再次进行编译直至排除所有错误。

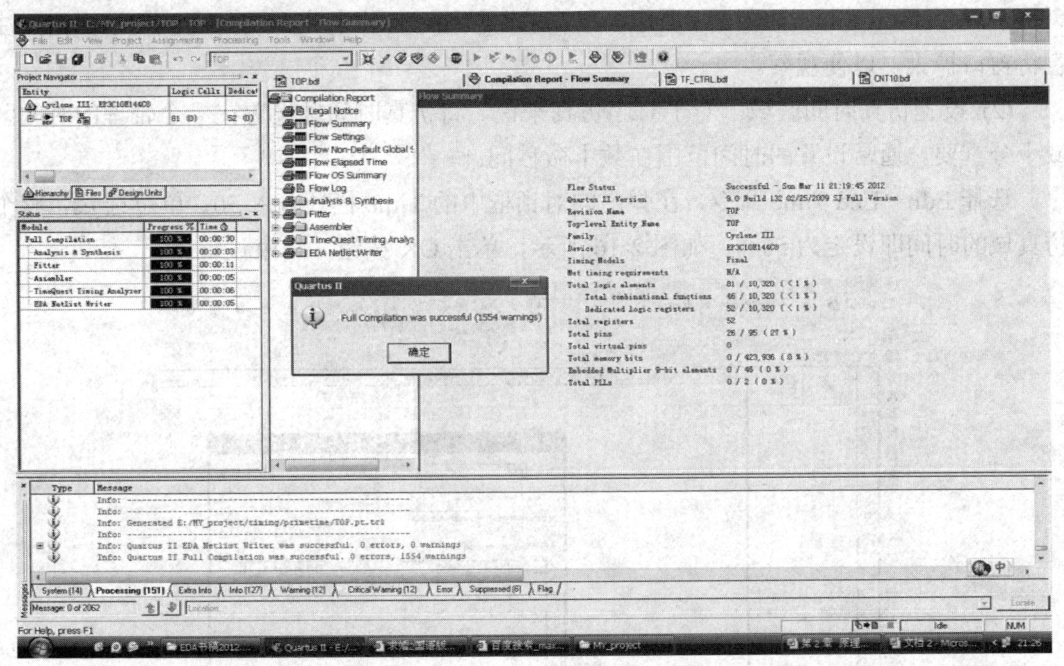

图 2-15　全程编译后出现的报错信息

另外也要注意 Processing 栏中出现的蓝色报警信息文字。有的 Warning 信息并不影响编译结果的正常功能，但有的则不然。如 LPM_ROM 的初始化数据文件未能成功调入等情况，编译器不会报错，只会报 Warning 信息，然而其硬件功能则大受影响。

如果编译成功，可以见到如图 2-15 所示的工程管理窗口左上角显示出工程 CNT10 的层次结构和其中结构模块耗用的逻辑宏单元数；在此栏下是编译处理流程，包括数据网表建立、逻辑综合(Synthesis)、适配(Fittering)、配置文件装配(Assembling)和时序分析(Classic

Timing Analysizing)等；最下栏是编译处理信息。工程管理窗口的中栏(Compilatioon Report栏)是编译报告项目选择菜单，单击其中各项可以详细了解编译与分析结果。

例如，单击 Flow Summary，将在右栏显示硬件耗用统计报告，其中报告了当前工程共耗用 16 个逻辑宏单元、8 个 D 触发器、0 个内部 RAM 位等。如果单击 Timing Analyzer 项的加号，则能通过单击列出的各项目，看到当前工程所有相关时序特性报告。如果单击 Fitter 项的加号，则能通过单击列出的各项目查看当前工程所有相关硬件特性适配报告，如其中的 Floorplan View，可观察此项工程在 FPGA 器件中逻辑单元的分布情况和使用情况。

为了更详细地了解相关情况，可以打开 FloorPlan 窗口，选择 View→Fu11 Screen 命令，打开全部界面，再单击此菜单的相关命令，如 Routing→Show Node Fan-In 等。

2.3.6　时序仿真测试电路功能

工程编译通过后，必须对其功能和时序性质进行测试，以了解设计结果是否满足要求。以上工程项目的仿真测试流程的详细步骤如下：

(1) 打开波形编辑器。选择 File→New 命令，在 New 窗口中选择 Verification 项下的 Vector Waveform File，如图 2-3 所示，单击 OK 按钮，即出现空白的仿真波形编辑器，注意将窗口扩大，以便观察。

(2) 设置仿真时间区域。对于时序仿真来说，将仿真时间轴设置在一个合理的时间区域十分重要。通常设置的时间范围在数十微秒间。

选择 Edit→End Time 命令，在弹出的对话框中的 Time 栏处输入 50，单位选 μs，整个仿真域的时间即设定为 50μs，如图 2-16 所示，单击 OK 按钮，结束设置。

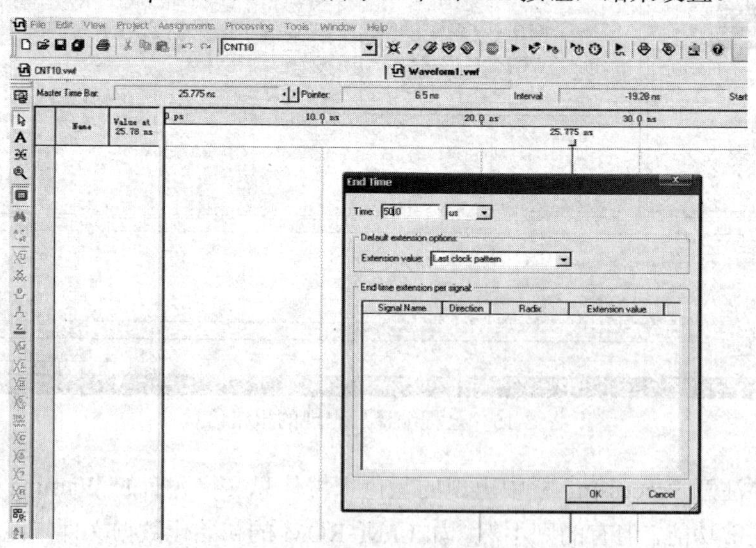

图 2-16　设置仿真时间长度

(3) 波形文件存盘。选择 File→Save As 命令，将以默认名 CNT10.vwf 存入文件夹 D:\MY_PROJECT 中。

(4) 将工程 CNT10 的端口信号名选入波形编辑器中，方法是先选择 View→Utility Windows →Node Finder 命令，弹出的对话框如图 2-17 所示。在 Filter 下拉列表框中选择 Pins:all”选项，通常默认选择此选项，然后单击 List 按钮，下方的 Nodes Found 列表框中出现 CNT10 工程的所有端口名。用户通常希望 Node Finder 对话框是浮动的，可以用右键单击此对话框边框，取消 Enable Docking 选项即可。

注意，如果此对话框不显示 CNT10 工程的端口引脚名，需要重新编译一次，即选择 Processing→Start ComPilation 命令，然后再重复以上操作过程。

最后，用鼠标将重要的端口名 CLK、CLR、ENB、COUT、COUTI 和输出总线信号 Q 分别拖到波形编辑窗口，结束后关闭 Node Finder 对话框。

单击波形窗口左侧的“全屏显示”按钮，使之全屏显示，然后单击“放大缩小”按钮，再在波形编辑区域右击，使仿真坐标处于适当位置，如图 2-17 上方所示，这时仿真时间横坐标设定在数十微秒数量级。

(5) 编辑输入波形(输入激励信号)。单击图 2-17 窗口的时钟信号名 CLK，使之变成蓝色条，再单击左列的时钟设置按钮，如图 2-18 所示，在弹出的如图 2-19 所示的时钟 Clock 设置对话框中设置 CLK 的时钟周期为 1μs；Duty cycle 是占空比，默认为 50，即 50%占空比。然后再分别设置 CLR 和 ENB 的电平。

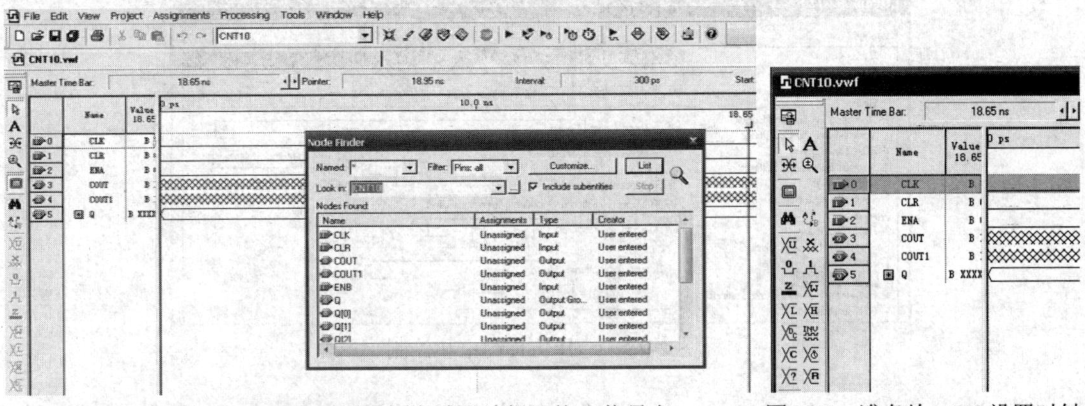

图 2-17　从 Nodes Found 列表框向波形编辑器拖入信号名　　　图 2-18　准备给 CLK 设置时钟

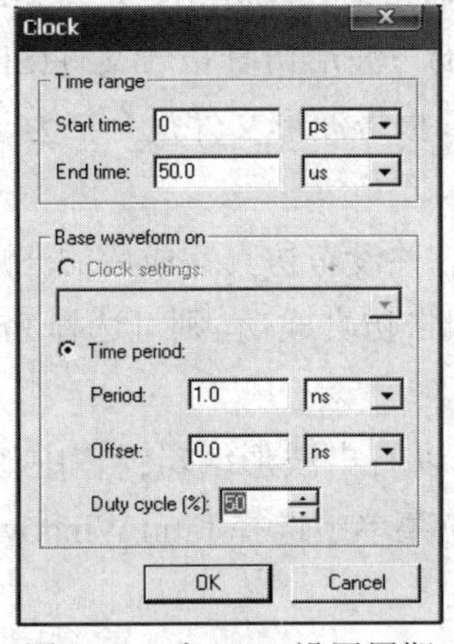

图 2-19　为 CLK 设置周期

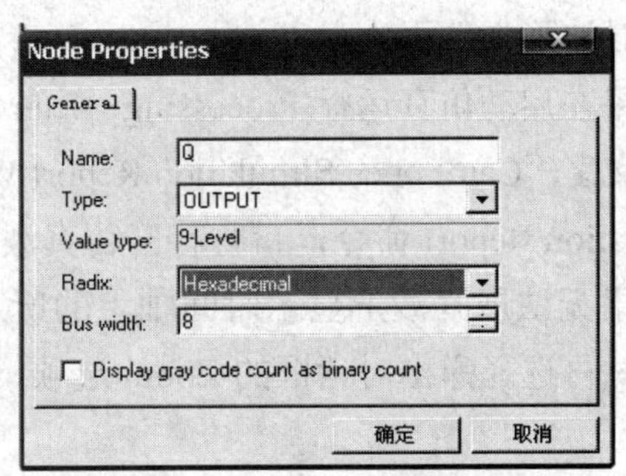

图 2-20　为总线 Q 设置数制 Radix

(6) 总线数据格式设置。单击如图 2-18 所示的输出信号 Q 左边的加号，则能展开此总线中的所有信号；如果双击此加号左边的信号标记，将弹出该信号数据格式的设置对话框，如图 2-20 所示。在 Radix 下拉列有 7 种选择，这里可以选择十六进制整数 Hexadecimal 表达方式。最后设置好的激励信号波形图如图 2-21 所示。

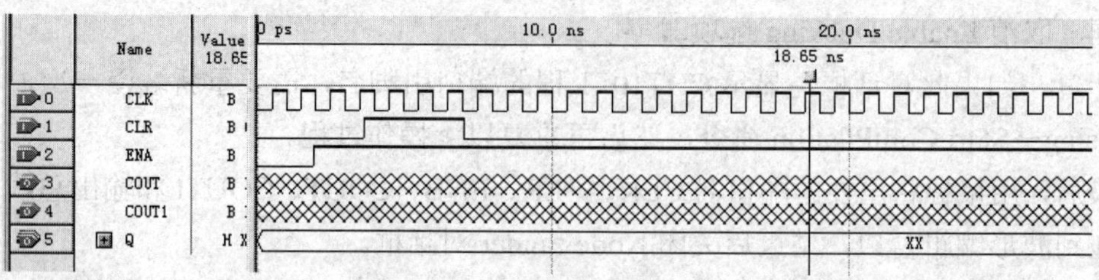

图 2-21　设置好的激励波形图

(7) 仿真器参数设置。选择 Assignment→Settings 命令，在 Settings 对话框中选择 Category→Simulator Settings，如图 2-22 所示，在右侧的 Simulation mode 选项下选择 Timing(通常为默认选项)，即选择时序仿真，并选择仿真激励文件名 CNT10.vwf(通常为默认选项)；选择 Run Simulation until all vector stimuli are used(全程仿真)等。

(8) 启动仿真器。此时所有设置完毕。

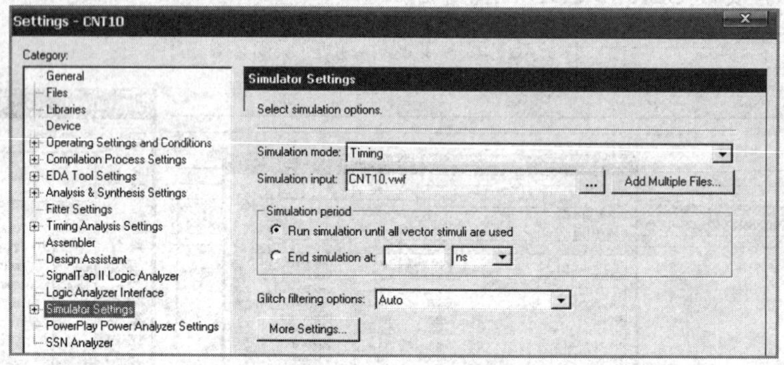

图 2-22　选择仿真约束和控制

选择 Processing→Start Simulation 命令，直到出现 Simulation was successful，仿真结束。

(9) 观察仿真结果。仿真波形文件 Simulation Report 通常会自动弹出，如图 2-23 所示。注意 Quartus II 的仿真波形文件中，波形编辑文件(*.vwf)与波形仿真报告文件(Simulation Report)是分开的，而 MAX+plus II 的激励波形编辑于仿真报告波形文件是合二为一的。完成后需对波形文件再次存盘。

如果在启动仿真运行(Processing→Run Simulation)后，并没有仿真完成后的波形图，而是出现文字(“Can’t open Simulation Report Window”，但报告仿真成功，则可选择 Processing→Simulation Report 命令，自行打开仿真波形报告。

如果无法展开波形显示时间轴上的所有波形图，可以右击波形编辑窗口中的任何位置，这时再选择弹出对话框的 Zoom 选项，在出现的下拉菜单中选择 Fitin Window 命令。

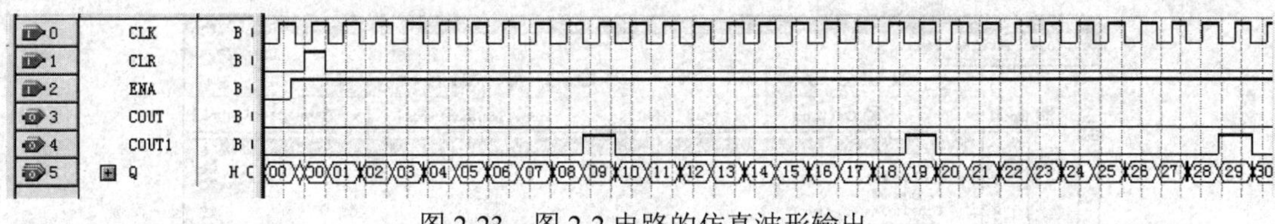

图 2-23　图 2-2 电路的仿真波形输出

由图 2-23 可知，电路功能符合设计要求。CLR 对系统的清 0 是高电平有效；ENB 对 CLK 的计数使能也是高电平有效；低位进位信号 COUT1，逢 9 产生进位脉冲。

2.4　引脚设置和编程下载

为了能对此计数器进行硬件测试，应将其输入输出信号锁定在芯片确定的引脚上，编译后下载，以便对电路设计进行硬件测试。

最后当硬件测试完成后，还必须对配置芯片进行编程，完成 FPGA 的最终开发。

2.4.1　引脚锁定

为了便于说明，在此选择 KX-7C5E+系统(参考附录，以下简称为5E+系统)，确定引脚分别为：主频时钟 CLK 接键 8：K8(对应 Pin 69)；　复位清 0 信号 CLR 则接键 7：K7(对应 Pin68)，注意这些键按下为低电平，松开为高电平。所以，在实验中要始终按住键 K7，才能使计数正常进行，否则需要为电路中的 CLR 输入口加入一个反相器。

计数使能 ENB 接键 6(对应 Pin 67；高位进位 COUT 接发光管 D8(对应 Pin 11，实验板左上角)；低位进位 COUT1 接发光管 D7(对应 Pin 10)；双 4 位二进制数据输出 Q[7…0]可由数码 A 来显示十进制数高位，数码 B 显示十进制数低位；Q[7…0]分别接引脚 43、44、46、32、34、38、39、42。对于其他 FPGA 开发板要作适当改变。确定了锁定引脚编号后就可以完成以下引脚锁定操作了：

(1) 假设现在已打开了 CNT10 工程。如果刚打开 Quartus II，应选择 File→Open Project 项，并单击工程文件 CNT10，打开此前已设计好的工程。

(2) 选择 Assignments→Assignment Editor，即进入如图 2-24 所示的 Assignment Editor 编辑窗口。在 Category 中选择 Locations。

(3) 双击 To 栏的 new，即出现一个按钮，单击此按钮，选择 Node Finder 命令，如图2-24 所示。在弹出的如图 2-25 所示的对话框中选择本工程要锁定的端口信号名，单击 OK 按钮后，所有选中信号名即进入图 2-24 的 To 栏内。然后在每个信号对应的 Location 栏内输入引脚号即可。完成后即如图 2-26 所示。

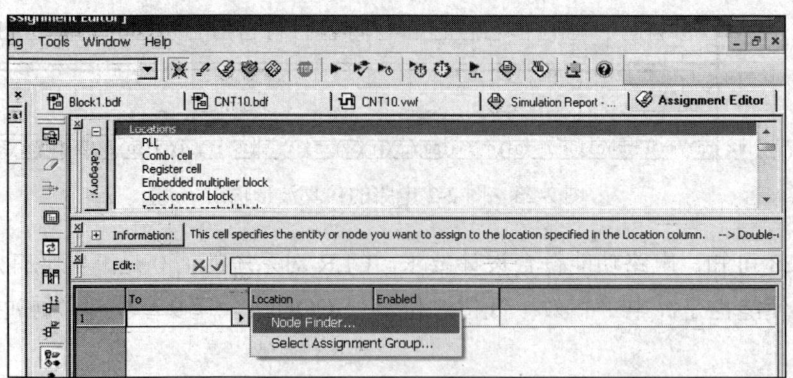

图 2-24　利用 Assignment Editor 编辑器锁定 FPGA 引脚

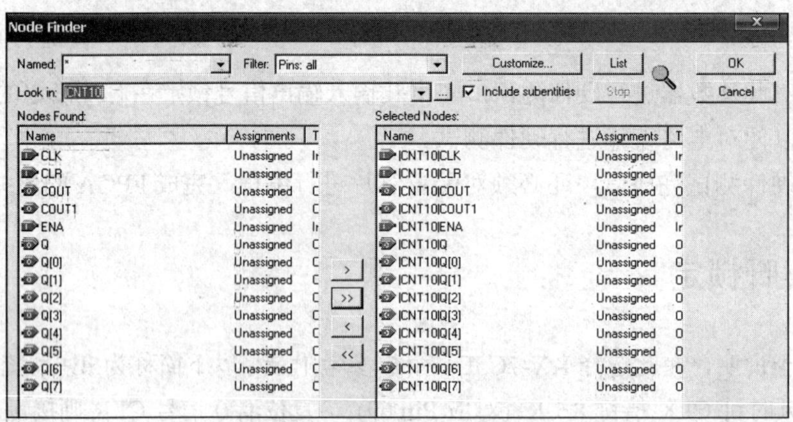

图 2-25　选择需要锁定的引脚信号

在 Assignment Editor 窗口中还能对引脚作进一步的设定。如在 I/O Standard 栏，配合芯片的不同 I/O Bank 上加载的 VCCIO 电压，选择每一信号的 I/O 电压；在 Reserved 栏，可对某些空闲的 I/O 引脚的电气特性作设置。

(4) 存储这些引脚锁定的信息后，必须再编译一次，才能将引脚锁定信息编译进编程下载文件中。此后就可以将编译好的 SOF 文件下载到实验系统的 FPGA 内了。

(5) 引脚锁定还能用更直观的图形方式来完成，即选择 Assignments Pins 项，将弹出目标器件的引脚图编辑窗口，将编辑窗口左侧的信号名逐个拖入右侧器件对应引脚上即可。注意，这种方法适用于引脚数量较少的目标器件。

	To	Location
1	CLK	PIN_83
2	CLR	PIN_68
3	COUT	PIN_11
4	COUT1	PIN_10
5	ENA	PIN_67
6	Q[0]	PIN_42
7	Q[1]	PIN_39
8	Q[2]	PIN_38
9	Q[3]	PIN_34
10	Q[4]	PIN_32
11	Q[5]	PIN_46
12	Q[6]	PIN_44
13	Q[7]	PIN_43
14	<<new>>	

图 2-26　引脚锁定对话框

2.4.2　配置文件下载

引脚锁定并编译完成后，Quartus II 将生成多种形式的针对所选目标 FPGA 的编程文件。其中最主要的是 POF 和 SOF 文件，前者是编程目标文件，用于对配置器件编程；后者是静态 SRAM 目标文件，用于对 FPGA 直接配置，在系统直接测试中使用。这里首先将 SOF 格式配置文件通过 JTAG 口载入(配置进)FPGA 中进行硬件测试。步骤如下：

(1) 打开编程窗和配置文件。首先将实验系统和 USB-Blaster 编程器连接，打开电源。选择 Tools→Programmer，弹出如图 2-27 所示的编程窗口。在Mode 下拉列表中有 4 种编程模式可供选择：JTAG、Passive Serial、Active Serial 和 In-Socket。为了直接对 FPGA 进行配置，在编程窗口的编程模式 Mode 中选择 JTAG(默认)，并选中下载文件右侧的 Program/Configure 复选框。注意，要仔细核对下载文件路径与文件名。如果此文件没有出现或有错，可单击左侧的 Add File 按钮，手动选择配置文件 CNT10.sof。

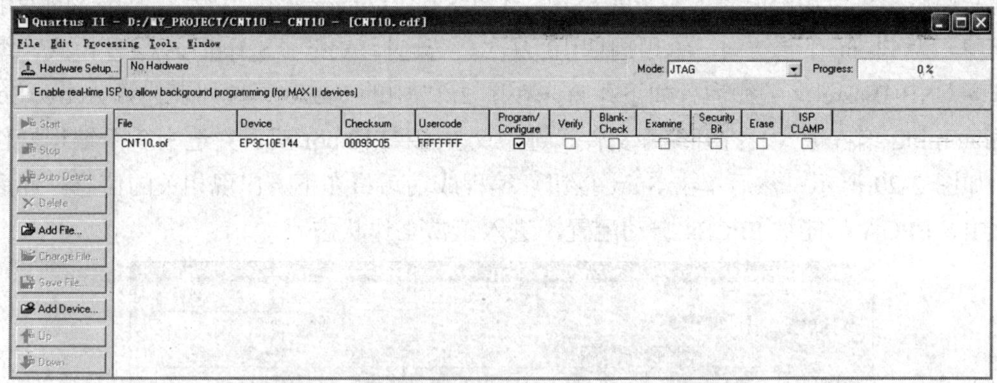

图 2-27　选择编程下载文件和下载模式

(2) 设置编程器。若是初次安装的 Quartus II，在编程前必须进行编程器的选择。若准备选择 USB-Blaster 编程器，可单击 Hardware Setup 按钮(图 2-27)，设置下载接口方式，在弹出的如图 2-28 所示的 Hardware Setup 对话框中，打开 Hardware Settings 选项卡，选择其中的 USB-Blaster 选项之后，单击 Close 按钮，关闭对话框即可。这时会在编程窗右上显示出编程方式：USB-Blaster，如图 2-29 所示。

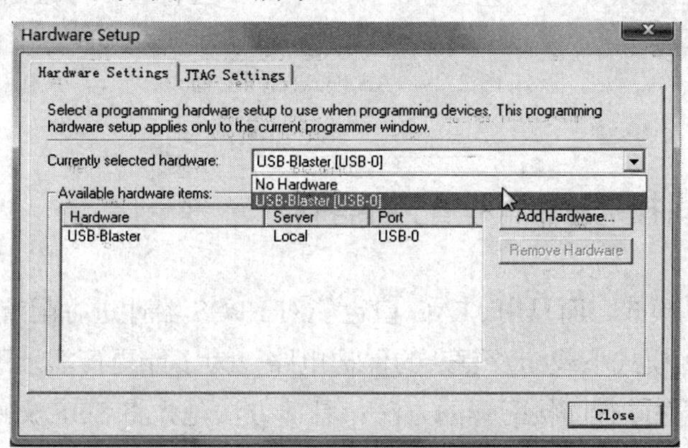

图 2-28　加入编程下载方式

最后单击 Start 按钮，即进入对目标器件 FPGA 的配置下载操作。当 Progress 显示出 100%，以及在底部的处理信息栏中出现“Configuration Succeeded”时，表示编程成功。注意，如果有必要，可再次单击 Start 按钮，直至编程成功。

(3) 测试 JTAG 接口。如果要测试 USB-Blaster 编程器与 FPGA 的 JTAG 口是否连接好，可以单击图 2-27 中的 Auto Detect 按钮，看是否能读出实验系统上 FPGA 目标器件的型号。

(4) 硬件测试。成功下载 CNT10.sof 后，可根据对不同键所定义的功能进行操作测试，结合仿真波形图，观察数码管和发光管的工作情况，通过硬件功能进一步了解此项设计的功能与性能，了解计数器工作情况。

2.4.3　AS 模式直接编程配置器件

为了使 FPGA 在上电启动后仍然保持原有的配置文件，并能正常工作，必须将 POF 配置文件烧写进专用的配置芯片 EPCSx 中。EPCSx 是 Cyclone/ II /III等系列器件的专用配置器件，为 Flash 存储结构，编程周期 10 万次。若选择 Active Serial(AS)编程模式，编程器选择 USB-Blaster。编程流程如下：首先在图 2-27 中的 Mode 下拉列表选择 Active Serial Programming 编程模式，打开编程文件，选中文件 CNT10.pof 后，并选中 3 个编程操作选项，如图 2-29 所示；然后单击 Start 按钮，编程成功后将在下方出现相关的信息。此后每次上电，FPGA 都能被 EPCS4 自动配置，进入正常工作状态。

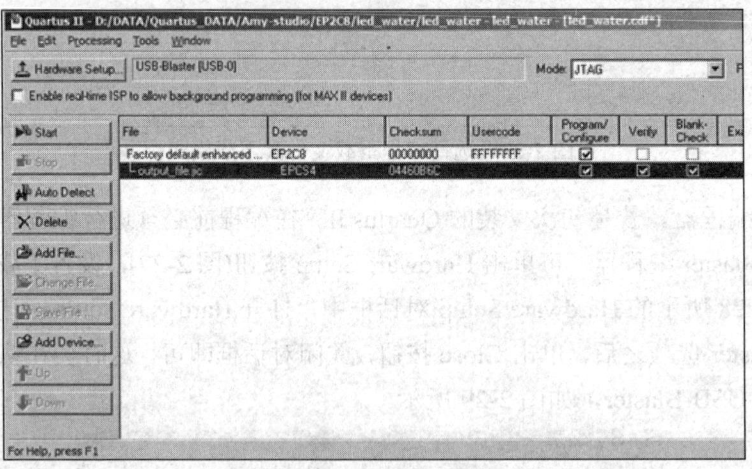

图 2-29　AS 模式编程窗口

2.4.4　JTAG 间接模式编程配置器件

事实上不用 AS 模式，而只用 JTAG 口也能对 EPCS 器件进行配置，即间接配置模式。由于考虑到 AS 直接模式下载涉及复杂的保护电路，为了能更可靠地下载，下面介绍利用 JTAG 口对 EPCS 器件进行间接配置的方法。具体方法是先将 SOF 文件转化为 JTAG 间接配置文件，再通过 FPGA 的 JTAG 口为 EPCS 器件编程。流程如下：

1. 将 SOF 文件转化为 JTAG 间接配置文件

选择 File→Convert Programming Files 命令，在弹出的如图 2-30 所示的对话框中作如下选择：

(1) 首先在 Programming File type 下拉列表框中选择输出文件类型为 JTAG 间接配置文件类型：JTAG Indirect Configuration File，后缀为.jic。

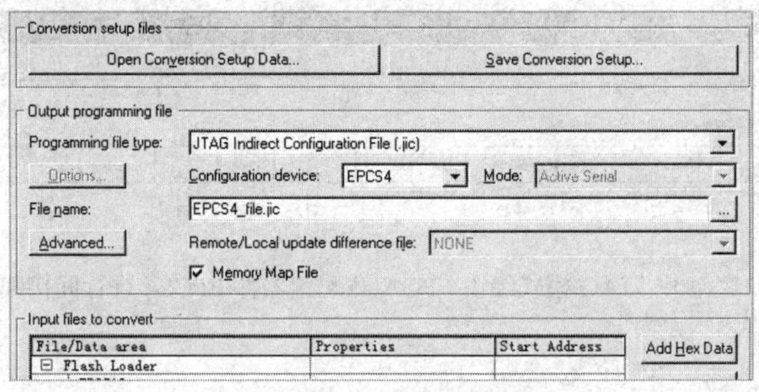

图 2-30　设定 JTAG 间接编程文件

(2) 然后在 Configuration device 下拉列表中选择配置器件型号，这里选择 EPCS4。

(3) 再在 File name 文本框中输入输出文件名，如 EPCS4_file.jic。

(4) 单击最下方 Input files to convert 选项组中的 Flash Loader 项，然后单击右侧的 Add Device 按钮，这时将弹出如图 2-31 所示的 Select Device 器件选择对话框。在此对话框中首先在左栏中选定目标器件的系列，如 Cyclone III；再于右栏中选择具体器件 EP3C10。单击(选中)Input files to convert 选项组中的 SOF Data 项，然后单击右侧的 Add File 按钮，选择 SOF 文件 CNT10.sof，如图 2-32 所示。为了使 EPCS4 能腾出空间以利于今后可能的应用，如 SOPC 设计，需要压缩后进行转换。所以首先单击 Input files to convert 选项中的文件名 CNT10.sof，然后单击右下方的 Properties 按钮，在弹出的对话框中选中 Compression 复选框，如图 2-32 所示。最后单击 Generate 按钮，即可生成所需要的编程配置文件。

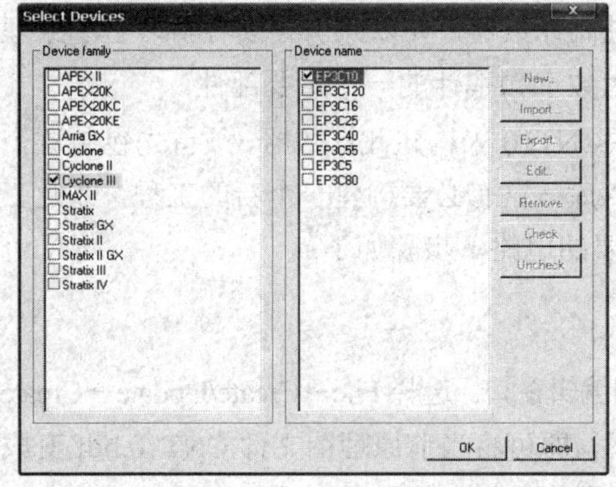

图 2-31　选择目标器件 EP3C10

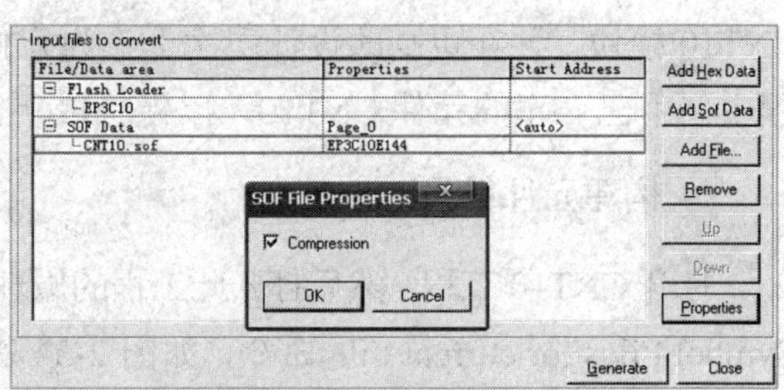

图 2-32　选择文件压缩

2. 下载 JTAG 间接配置文件

选择 Tool→Programmer 命令，选择 JTAG 模式，加入 JTAG 间接配置文件 EPCS4_File.jic，如图 2-33 所示，作必要的选择后，单击 Start 按钮进行编程下载。

为了证实下载后系统是否能正常工作，在下载完成后，必须关闭系统电源，再打开电源，以便启动 EPCS 器件对 FPGA 的配置，然后观察计数器的工作情况。

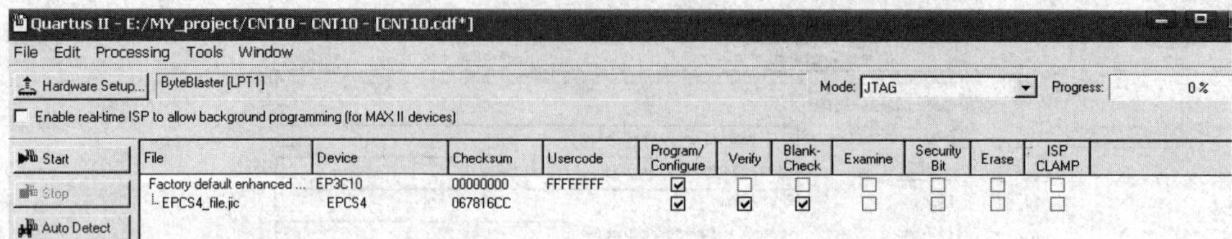

图 2-33　用 JTAG 模式经由 FPGA 对配置器件 EPCS4 进行间接编程

2.4.5　USB-Blaster 编程配置器安装方法

在初次使用 USB-Blaster 编程器前，需首先安装 USB 驱动程序，方法为：将 USB-Blaster 编程器的一端插入 PC 机的 USB 口，这时会弹出一个 USB 驱动程序对话框，根据对话框的引导，选择搜索驱动程序，这里假定 Quartus II 安装在 E 盘，则驱动程序的路径为 E:\altera\Quartus90\drivers\usb-blaster。安装完毕后，打开 Quartus II，选择编程器，单击左上角的 Hardware Setup 按钮，在弹出的对话框中选择 USB-Blaster，双击之，此后就能按照前面介绍的方法使用了。对于 In-System Memory Editor 等功能的使用也一样。

2.5　层次化设计

本节将利用以上设计模块构建一个 6 位十进制计数器，并以此引导读者学习基于原理图编辑器的层次化设计方法，而此计数器将成为数字频率计的一个重要部件。

为了利用以上完成的两位十进制计数器模块CNT10 来构建此计数器，须首先包装这个 CNT10 模块，并在更高的设计层次上作为元件入库。这有必要构建一个新的工程，在此工程中调用已入库的元件 CNT10，以便构成所需要的电路。步骤如下：

1. 构建元件符号

打开 CNT10 工程，然后打开此工程的原理图编辑窗口。选择 File→Create/Update→Create Symbol Files for current File 命令，如图 2-34 所示，即可将当前原理图文件 CNT10.bdf 变成一个包装好的单一元件(Symbol)，并被放置在工程路径指定的目录中以备调用，元件名为 CNT10.bsf。

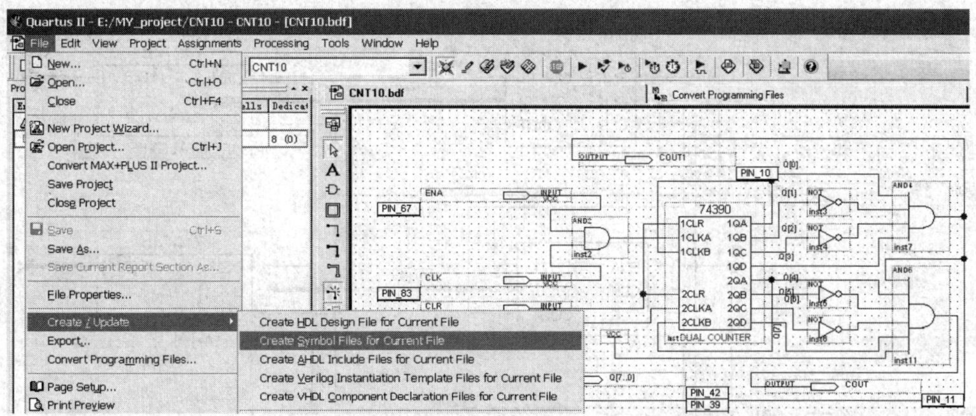

图 2-34 将当前电路原理图设计生成为一个元件(Symbol)模块

2. 构建顶层文件

可以将前面 2.4 节的工作看成是完成了一个底层元件的设计，并被包装入库。现在可以利用这个设计好的元件完成更高层次的项目设计，即设计一个 6 位十进制计数器。首先选择 File→New 命令，在 New 对话框中的 Design Files 中选择原理图文件类型 Block Diagram/Schematic File，打开原理图编辑窗口；再选择 File→Save As 命令，保存这个原理图空文件，可命名为 TOP.bdf；最后选择 File→New Project Wizard，创建一个新工程，工程名为 TOP。目标器件仍然为 EP3 C 10E144。此时 TOP.bdf 是一个没有元件的空原理图文件。然后在此新的原理图编辑窗口打开元件调用对话框，在左上角的 Libraries 栏选中元件名 CNT10，如图 2-35 所示。

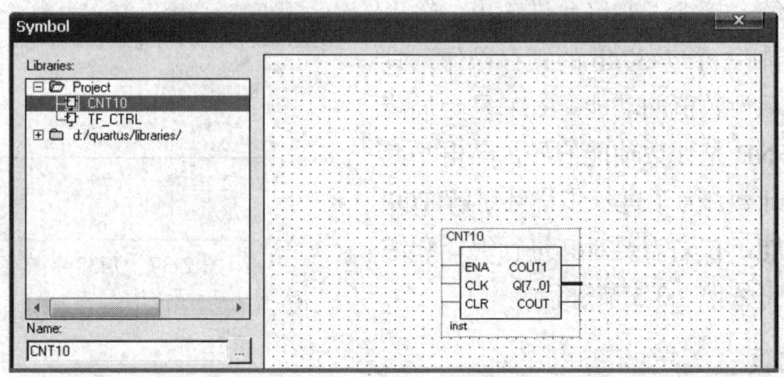

图 2-35 在高一层原理图的当前工程路径中调入元件 CNT10

此元件即为已包装入库的 2 位十进制计数器 CNT10，将它调入原理图编辑窗口中。这时如果对编辑窗口中的元件 CNT10 双击，将弹出此元件内部的原理图。最后根据如图 2-36 所示，再调入 74374b 等元件，在此原理图编辑窗口构建一个 6 位十进制计数器。注意，在元件库中含有 74374 和 74374b 两种具有同类逻辑功能但以不同端口表述的 74 系列器件，74374b 是以总线端口方式表达的器件模块。

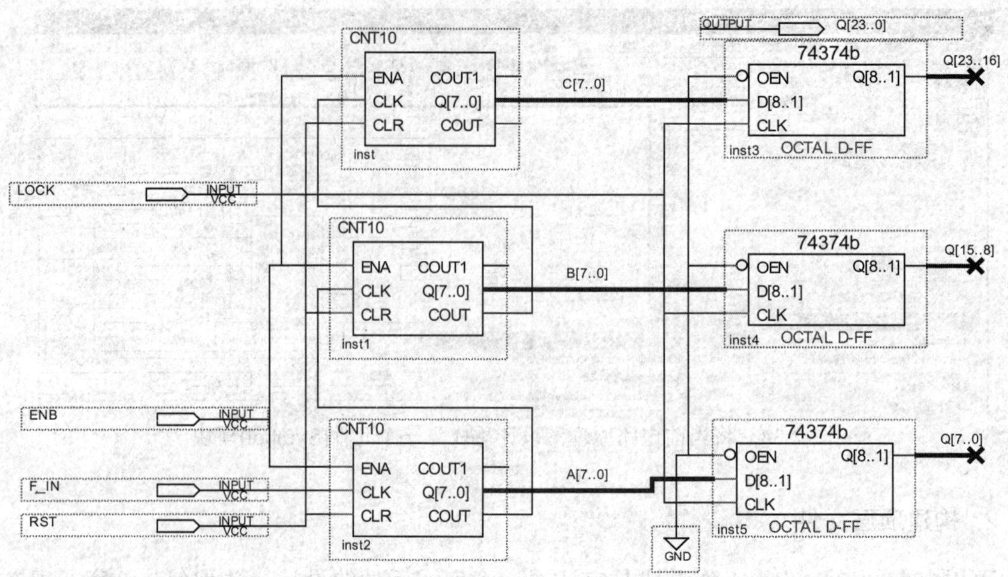

图 2-36　基于元件 CNT10 扩展的 6 位十进制计数器

3. 功能分析和全程编译

双击图 2-36 中的 74374b，可以看到此元件低层的电路结构(如图 2-37 所示是其真值表)，它是由 D 触发器、反相器 NOT 和三态门 TRI 构成的。TRI 的控制电平时，高电平允许输出，低电平时输出口呈高阻态。因此输出使能控制 OEN 统一接地，始终允许输出。输入信号 LOCK 控制 3 个 74374b 的锁存操作，具有稳定输出显示计数值的功能。RST 是全局清 0 控制信号。ENB 是计数使能信号，高电平允许对时钟脉冲计数。为了进一步详细了解 TOP 工程的逻辑功能，首先需要对其进行编译和综合，具体步骤可依照 2.3.5 节进行。

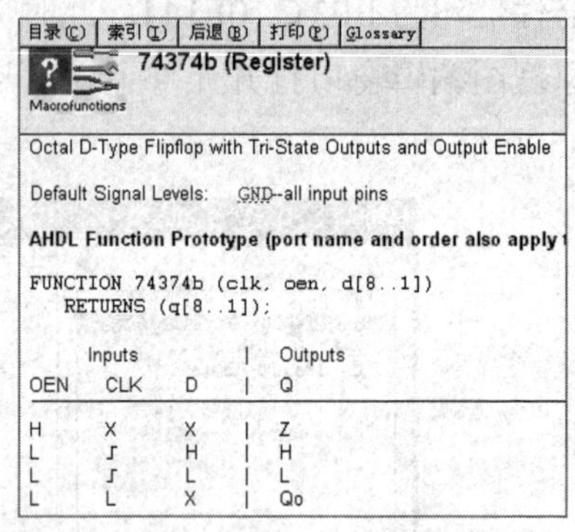

图 2-37　74374b 真值表

4. 时序仿真

仿照以上 2.3.6 节，对 TOP 工程进行仿真测试，详细了解其逻辑功能。如图 2-38 所示的是 VWF 波形文件，即仿真激励波形文件。注意，F_IN、RST、LOCK 和 ENB 这 4 个输入信号必须由设计者根据需要测试的情况加入。

这些信号的设置顺序是：首先设置时钟，F_IN 的周期可以任意设置，只要容易辨认脉冲即可，这里的周期设定为 150ns。然后设定 ENB，它的控制功能是高电平时允许计数。接着设定计数锁存信号 LOCK，为了将 ENB 高电平期间计的脉冲数锁入 74374 中，LOCK 信号必须放在每一 ENB 之后。最后设置 RST 信号(高电平有效)，为了了解每一 ENB 高电平期间所计的脉冲数，必须在把前一次的计数值锁存后，清除计数器中的值。故 RST 信号须在 LOCK 之后，且在下一次 ENB 高电平出现前。

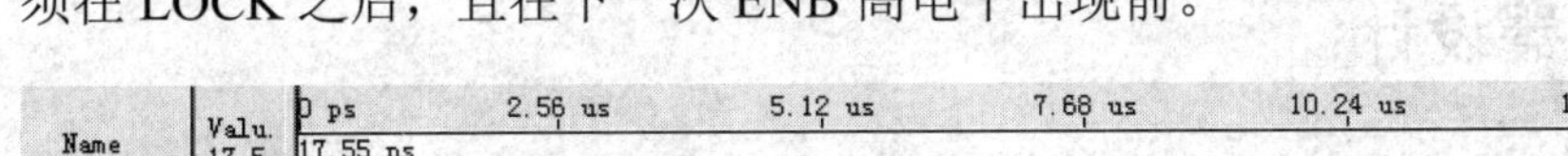

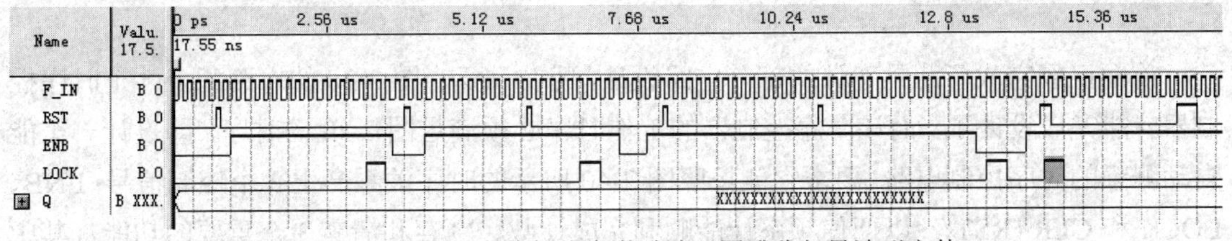

图 2-38　图 2-36 电路的仿真激励波形图或称矢量波形文件

如图 2-39 所示的是编译后的仿真波形结果。可以看到每一 LOCK 脉冲的上升沿后，7434 输出的 Q 将显示此前 ENB 高电平期间所计的数。由于有 RST 清 0 信号，每一次计数都是单独的，没有积累，不同的 ENB 高电平宽度将计不同的数值。显然，若 ENB 高电平的宽度相同，如长 1s，便能容易地获得 F_IN 的频率值。因此这个电路结构很容易构成数字频率计。如图 2-40 所示的 ENB 高电平的长度是相同的，所以当 F_IN 不变时，Q 输出的值也不变，始终等于 41。这是一个典型的 6 位十进制常规数字频率计工作时序。

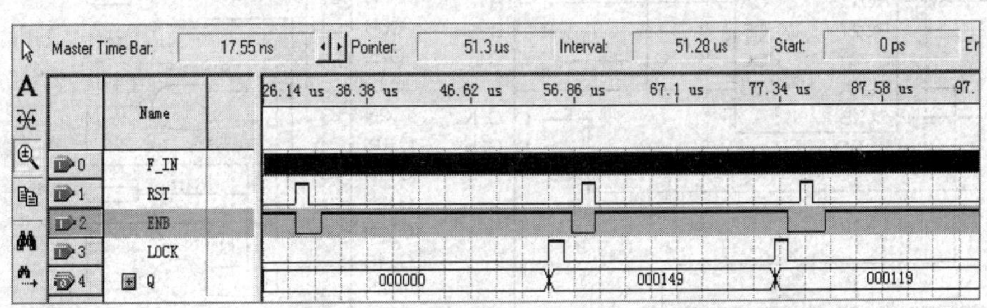

图 2-39　图 2-36 电路的仿真波形图(取 ENB 为不同脉宽)

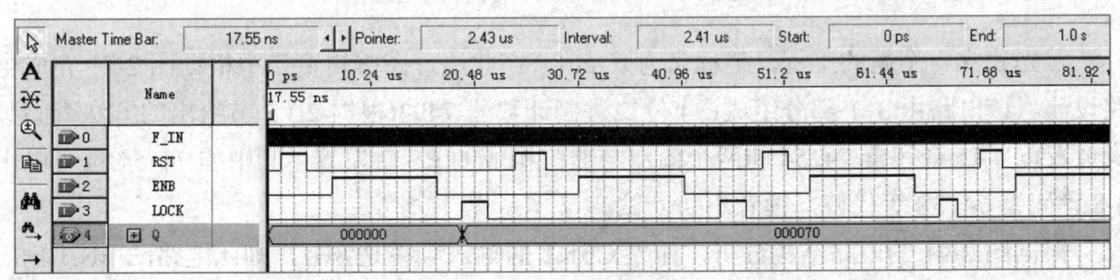

图 2-40　图 2-36 电路的仿真波形图(取 ENB 为相同脉宽)

最后，可以在实验系统上对此项设计进行硬件测试，即编译成功后将生成的 SOF 文件下载于实验系统的 FPGA 中进行测试，此工作留给读者。

2.6　6 位十进制频率计设计

本节首先设计一个控制数字频率计的时序控制器，然后完成频率计的完整设计。

2.6.1　时序控制器设计

前面已经完成了此频率计的部分电路设计，现在只要为图 2-36 的电路配上一个时序控制器就能完成设计了。而该时序控制器的工作时序必须满足图 2-40 的时序，即设计一个能自动测频的时序控制电路。要求它能按照图 2-40 所示的时序关系产生 3 个控制信号：ENB、LOCK 和 CLR (RST)，以便使频率计能顺利完成计数、锁存和清零 3 个重要的功能，其中作为周期信号 ENB 的高电平脉宽必须长 1s。根据控制信号 ENB、LOCK 和 CLR 的时序要求，如图 2-41 所示给出了相应的电路，该电路的文件名取为 tf_ctrl.bdf。

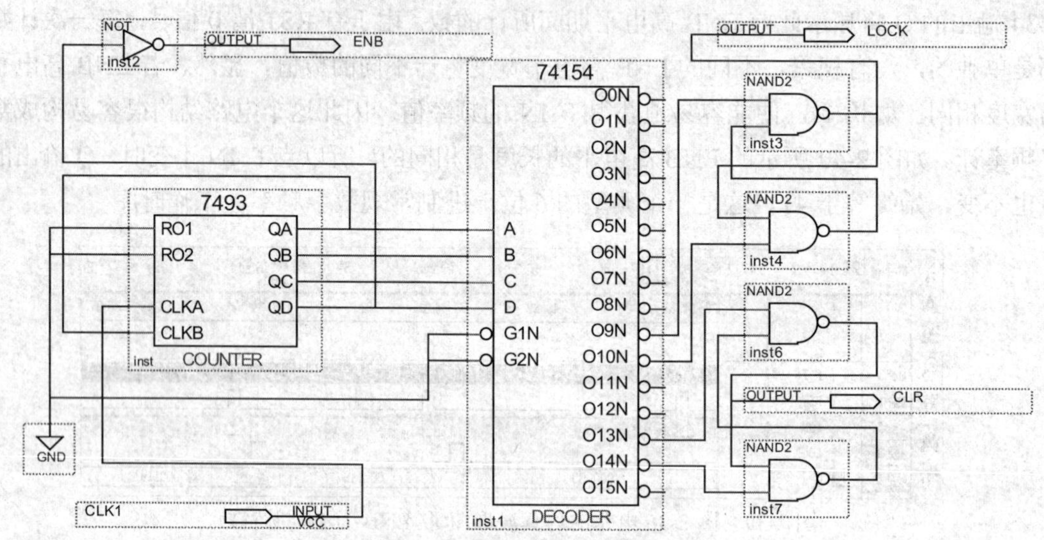

图 2-41　频率计测频时序控制电路

首先建立一个新的工程，工程名为 tf_ctrl。在此原理图编辑窗口中根据图 2-41 完成电路设计。该电路由 3 个部分组成：4 位二进制计数器 7493(根据 2.3.3 节给出的方法查阅其真值表)、4-16 译码器 74154 和两个由双与非门构成的 RS 触发器。其中的 74154 也可以用 3-8 译码器 74138 等代替，读者不妨一试。

根据图 2-41 的电路结构分析，如果 CLK1 的输入频率是 8Hz，则此电路的 ENB 输出信号的频率为 0.5Hz，脉宽为 1s，满足设计要求。

图 2-41 的仿真时序波形如图 2-42 所示，将此波形图与图 2-40 比较可知，通过图 2-41 电路的时序信号，能自动控制图 2-36 的电路，实现频率测试的目的。

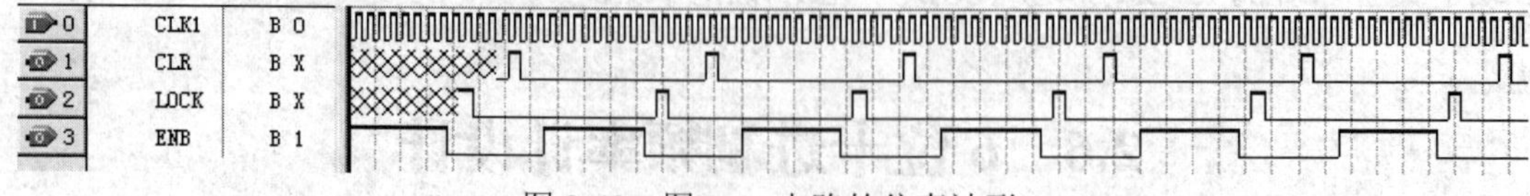

图 2-42　图 2-41 电路的仿真波形

为构成一个完整的频率计，仿照图 2-34 将电路图 2-41 变成一个底层可调用的元件。

事实上，图 2-41 所示的电路还有许多其他用途。例如可构成高速时序发生器，可通过输入不同频率的 clk 信号，或将 RS 触发器接在 74154 的不同输出端，从而产生各种不同脉宽和频率的脉冲信号。

2.6.2　顶层电路设计与测试

打开图 2-36 的工程 TOP，在此基础上调用时序控制元件 tf_ctrl(电路见图 2-41)，构成一个完整的频率计，其结构如图 2-1 所示。图 2-1 的时序仿真波形如图 2-43 所示。其中被测信号 F_IN 的输入频率对应周期的前半部分是 100ns，后半部分是 50ns；CLK1 周期取 1000ns。但应注意，在下载于 FPGA 中作为频率计实测时，CLK1 的频率必须是 8Hz。

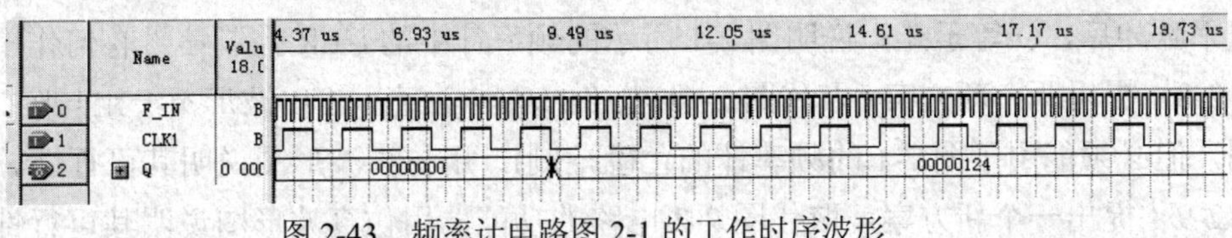

图 2-43　频率计电路图 2-1 的工作时序波形

2.7　本章小结

本章首先通过 Quartus II 工具软件进行原理图设计数字频率计示例，让读者了解 Quartus II 软件的使用和利用原理图设计数字电路的方法和设计流程。通过编辑、综合、仿真、适配、性能测试、引脚锁定和编程/下载和等常规操作技巧，使读者进一步熟悉 EDA 基本设计流程。本章力图使读者迅速掌握 Quartus II 软件的使用；利用 Quartus II 进行原理图输入方法进行逻辑电路设计技术；能够针对编辑好的逻辑电路正确建立时序仿真文件并仿真测试；能够通过时序仿真波形文件分析和判断逻辑电路的问题和功能；能将设计电路转换成电路元件，并在高层次原理图工程文件中调用这些元件，完成顶层设计；能够根据不同的 FPGA 硬件系统正确锁定系统引脚，编程下载和硬件测试；能够将 SOF 文件转换成 JIC 间接编程文件，并完成编程和测试；在 FPGA 上实现硬件测试。

2.8　习　题

2-1　归纳利用 Quartus Ⅱ进行原理图输入设计的一般流程。

2-2　参考 Quartus II 的帮助，详细说明 Assignments 菜单中 Settings 的功能。

(1) 说明其中的 Timing Requirements&Options 的功能、使用方法和检测途径。

(2) 说明其中的 Compilation Process 的功能和使用方法。

(3) 说明 Analysis & Synthesis Setting 的功能和使用方法，以及其中的 Synthesis Netlist Optimization 的功能和使用方法。

(4) 说明 Fitter Settings 中的 Design Assistant 和 Simulator 的功能，举例说明它们的使用方法。

2-3　传统数字电路实验中，常用插导线的方法连接元件电路。根据已掌握的知识，试说明这种设计方法对系统的正常运行有何不利，为什么？

2-4　时序仿真和功能仿真有何异同点？

2-5　为什么需要FPGA配置器件？对专用配置器件EPCS4有几种编程方法？如何进行？

2-6　在什么情况下必须对设计锁定引脚？锁定引脚有几种方法？如何完成？

2-7　详细说明图 2-40 中各信号波形的功能，并说明如果没有 RST 信号，ENB 第 3 个高电平脉冲后，Q 等于几？说明图 2-1 所示的频率计中的 CLR 控制信号有何作用。

2-8　提出两个新方案，取代图 2-41 电路的功能(注意，输出波形不一定与图 2-42 完全相同，但必须能用于图 2-1 的频率计的正确控制)，用仿真波形图说明其可行性。

2-9　提出一个新方案，取代图 2-2 电路的功能，用仿真波形图说明其可行性。

2-10　基于 Quartus II 设计平台(以下各题相同)，用 74138 和与非门实现 8421BCD 优先编码器，进行时序仿真。

2-11　用三片 74139 组成一个 5-24 线译码器，给出时序仿真波形。

2-12　用 74283 加法器和逻辑门设计实现一位 8421BCD 码加法器电路，输入输出均是 BCD 码，设 CI 和 CO 分别是低位和高位进位信号，输入为两个 1 位十进制数，输出用 S 表示，给出时序仿真波形。

2-13　设计一个 7 人表决电路，参加表决者 7 人，同意为 1，不同意为 0，同意者过半则表决通过，绿指示灯亮；表决不通过则红指示灯亮，给出时序仿真波形。

2-14　设计一个周期性产生二进制序列 01001011001 的序列发生器，用移位寄存器或用同步时序电路实现，并用时序仿真器验证其功能。

2-15　用 D 触发器构成按循环码(000－001－011－111－101－100－000)规律工作的六进制同步计数器，给出时序仿真波形。

2-16　应用 4 位全加器和 74374 构成 4 位二进制加法计数器。

2-17　用 74194、74273、D 触发器等器件组成 8 位串入并出的转换电路，要求在转换过程中数据不变，只有当 8 位一组数据全部转换结束后，输出才变化一次，进行时序仿真。如果使用 74299、74373、D 触发器和非门来完成上述功能，应该用怎样的电路？

2-18　用一片 74163 和两片 74138 构成具有 12 路脉冲输出的数据分配器。要求在原理图上标明第 1 路到第 12 路输出的位置。若改用 74195 代替 74163，试完成同样的设计，给出时序仿真波形。

2-19　用 7490 设计模为 872 的计数器，且输出的个位、十位、百位都应符合 8421 码权重。

2-20　用 74161 设计一个 97 分频电路，用置 0 和置数两种方法实现。

第3章　VHDL结构和要素

从本章起，开始介绍 VHDL 语言的语法知识及其程序设计方法。本章有两大重点：一、VHDL 程序的基本结构，从整体结构上认识 VHDL 程序，重点介绍 VHDL 程序中各组成部分的语法格式及其在描述数字电路时所起的作用。二、VHDL 语言的基本要素，主要包括词法单元、数据对象、数据类型、运算操作符以及属性。

VHDL 程序主要包括库和程序包调用、实体声明和结构体三部分。其中库和程序包调用使程序能够使用 VHDL 语言体系已经定义好的各种数据类型和函数等；实体声明用于描述模块的对外接口；结构体用于描述模块内部的功能结构。

VHDL 语言的基本要素是 VHDL 语言体系的主要组成部分。VHDL 程序书写过程中应区分各类词法单元，避免出现将关键字用作标识符等的低级错误。深刻理解 VHDL 的各种数据类型，特别是常用数据类型的定义和使用规范，掌握运算符的使用规则，它们是进行 VHDL 程序设计的基础。

VHDL 和其他高级描述语言一样，是一种硬件描述语言。VHDL 语言是硬件电路实现功能的描述，语言结构、要素和描述方法都和硬件密切联系，在学习时应多立足硬件结构考虑，并注意和高级语言程序的区别。在此对初学者提出以下几点建议：

- 注意 VHDL 编程和高级语言编程的区别；
- 注意 VHDL 语言的可综合与可仿真特性；
- 注意基本模块的 VHDL 设计方法；
- 语法学习“贵精不贵多，靠练不靠背”。

3.1　VHDL 程序基本结构

VHDL 语言通常包含实体(Entity)、结构体(Architecture)、配置(Configuration)、库(Library)和程序包(Package)4 个部分。VHDL 程序设计基本结构可以用图3-1 表示，后面将详细介绍此结构。

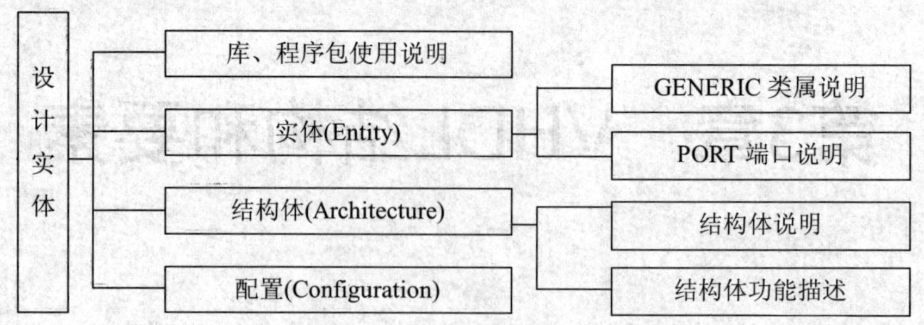

图 3-1　VHDL 程序设计基本结构

其中实体用于描述所设计的模块或系统的外部接口信号，包括端口的数目、方向和类型，其作用相当于传统设计方法中所使用的 IC 元件符号；结构体用于描述系统内部的结构和行为，对应于原理图、逻辑方程；建立输入和输出之间的关系；配置语句安装具体元件到实体—结构体对，可以被看做是设计的零件清单；库和程序包：库是专门存放预编译程序包的地方。包集合存放各个设计模块共享的数据类型、常数和子程序等。

通常将所要设计的逻辑电路看做一个实体。VHDL 从实体与实体外部的接口以及实体内部的功能与结构两个方面来描述该实体，外部(可视部分、端口)，内部(不可视部分、内部功能、算法)，如图 3-2 所示的是 VHDL 对一个实体的描述。

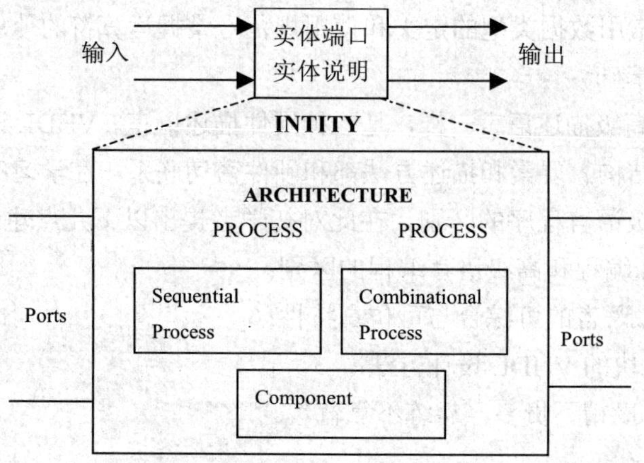

图 3-2　VHDL 基本结构框图

3.1.1　实体(ENTITY)

VHDL 实体作为一个设计实体的组成部分，其功能是对这个设计实体与外部电路的接口描述。实体描述主要用于定义模块的对外输入/输出管脚和类属参数配置。

1. 实体的一般语句格式

实体说明单元的一般语句结构如下：

```
ENTITY 实体名 IS
[  GENERIC(常数名 1：常数数据类型[:=常数值];
```

```
            常数名 2：常数数据类型[:=常数值];
            ……)；]
    PORT(
            端口名 1：  端口方向  端口数据类型；
            端口名 2：  端口方向  端口数据类型；
             …….
            端口名 n：  端口方向  端口数据类型；
        );
    END  [实体名];
```

其中，[]中的内容为可选项。

实体说明单元必须以语句“ENTITY 实体名 IS”开始，以语句“END ENTITY 实体名；”结束，其中的实体名是设计者给设计实体的命名，可供其他设计实体对该设计实体进行调用。方括号内的内容表示在特定的情况下该内容可选也可不选。一个设计实体无论多大多复杂，均可在实体中定义实体名，即这个设计的实体名称，或者说是这个设计实体所描述芯片的名称。

2. 类属(GENERIC)说明语句

类属参量是一种端口界面常数，常以一种说明的形式放在实体或块结构体前的说明部分。类属为所说明的环境提供了一种静态信息通道，类属的值可以由设计实体外部提供。因此，设计者可以从外面通过类属参量的重新设定而容易地改变一个设计实体或一个元件的内部电路结构和规模。类属说明的一般格式如下：

```
GENERIC([常数名：数据类型[：设定值]{；常数名：数据类型[：设定值]});
```

类属参量以关键词 GENERIC 引导一个类属参量表，在表中提供时间参数或总线宽度等静态信息。类属表说明用于确定设计实体和其外部环境通信的参数，传递静态的信息。类属说明在所定义的环境中的地位十分接近常数，但却能从环境(如设计实体)外部动态地接受赋值，其行为又有点类似于端口 PORT。因此，常如以上的实体定义语句那样，将类属说明放在其中，且放在端口说明语句的前面。

在一个实体中定义的可以通过 GENERIC 参数类属的说明，为它创建多个行为不同的逻辑结构。比较常见的情况是选用类属来动态规定一个实体端口的大小，或设计实体的物理特性，或结构体中的总线宽度，或设计实体中、底层中同种元件的例化数量等。一般在结构体中，类属的应用与常数是一样的。【例 3-1】实现并入串出逻辑的 GENERIC 描述。

【例 3-1】实现并入串出逻辑的 GENERIC 描述。

```
LIBRARY IEEE;
USE IEEE.STD_LOGIC_1164.ALL;
ENTITY  PISO  IS
GENERIC ( N: INTEGER);
PORT  ( A: IN   STD_LOGIC_VECTOR(N-1  DOWNTO  0);
        B: OUT STD_LOGIC);
END  PISO;
ARCHITECTURE   BEV  OF PISO  IS
```

```
BEGIN
PROCESS(A)
  BARIABLE   TEMP   :STD_LOGIC;
   BEGIN
       TEMP:='1';
       FOR    I   IN    A'LENGTH – 1   DOWNTO   0     LOOP
       IF   A(I) ='0'     THEN    TEMP :='0';       END IF;
       END LOOP;
   B<= TEMP;
END PROCESS;
END BEV;
```

3. 参数传递映射语句

端口映射语句 PORT MAP()是本结构体对外部元件调用和连接过程中，描述元件间端口的衔接方式；而参数传递映射语句 GENERIC MAP()也具有相似的功能，它描述相应元件类属参数间的衔接和传递方式。参数传递映射语句 GENERIC MAP()可用于从外部端口改变元件内部参数、结构规模或类属元件，其语句格式如下：

```
例化名：元件名     Generic     MAP     (类属表);
例化名： 元件名     PORT       MAP     (类属表);
```

GENERIC MAP()和 PORT MAP()具有相似的功能和使用方法。例 3-2 给出了参数传递映射语句 GENERIC MAP()配合端口映射语句 PORT MAP()的使用范例。例 3-2 作为顶层实体例化调用例 3-1 的实体，在例 3-2 中类属变量 n 没有明确取值，它的具体取值是在 GENERIC MAP()中指定的，并在两个不同映射语句中做了不同的赋值。

【例 3-2】GENERIC MAPCI 与 PORT MAP()的使用。

```
LIBRARY IEEE;
USE IEEE.STD_LOGIC_1164.ALL;
ENTITY   SYP   IS
PORT    (d1,d2,d3,d4,d5,d6,d7：IN STD_LOGIC；
Q1,Q2: OUT STD_LOGIC );
END    SYP;
ARCHITECTURE    BEV1    OF SYP    IS
COMPONENT    PISO      IS
GENERIC( N : INTEGER);
PORT    (a: IN    STD_LOGIC_VECTOR(N-1    DOWNTO    0);
          b: OUT STD_LOGIC );
END COMPONENT;
BEGIN
U1: PISO     GENERIC MAP (N =>2); PORT MAP (A(0)=>D1,A(1)=>D2,B=>Q1);
U2: PISO     GENERIC MAP (N =>5); PORT MAP (A(0)=>D3,A(1)=>D4,A(2)=>D5
A(3)=>D6,A(4)=>D7,C)=>Q2);
END BEV1;
```

4. PORT 端口说明

由 PORT 引导的端口说明语句是对于一个设计实体界面的说明。实体端口说明的一般格式如下：

```
PORT(端口名：端口模式　数据类型;
     {端口名：端口模式　数据类型});
```

其中，端口名是设计者为实体的每一个对外通道所取的名字；端口模式是指这些通道上的数据流动方式，如输入或输出等；数据类型是指端口上流动的数据的表达格式。一个实体通常有一个或多个端口，端口类似于原理图部件符号上的管脚。实体与外界交流的信息必须通过端口通道流入或流出。由于 VHDL 是一种强类型语言，它要求只有相同数据类型的端口信号和操作数才能相互作用。

IEEE 1076 标准包中定义了 4 种常用的端口模式，各端口模式的功能及符号分别如图 3-3 和表 3-1 所示。在实际的数字集成电路中，IN 相当于只可输入的引脚，OUT 相当于只可输出的引脚，BUFFER 相当于带输出缓冲器并可以回读的引脚，而 INOUT 相当于双向引脚。

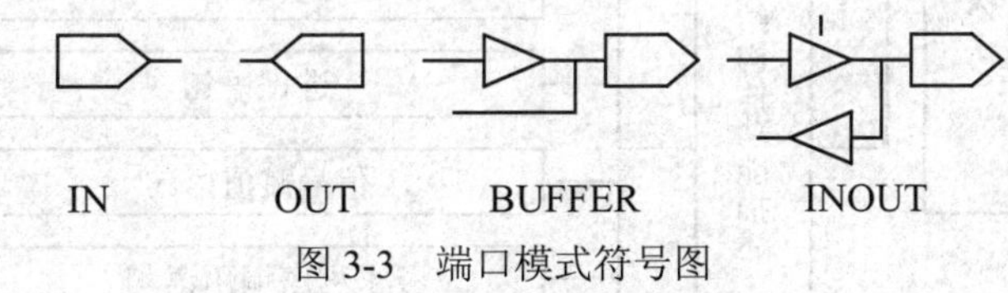

图 3-3　端口模式符号图

表 3-1　端口模式说明

端口模式	端口模式说明(以设计实体为主体)
IN	输入，只读模式，将变量或信号信息通过该端口读入
OUT	输出，单向赋值模式，将信号通过该端口输出
BUFFER	具有读功能的输出模式，可以读或写，只能有一个驱动源
INOUT	双向，可以通过该端口读入或写出信息

3.1.2　结构体(ARCHITECTURE)

结构体用于描述实体内部结构或功能，体现了输入信号和输出信号之间的逻辑关系，而实体体现的是模块的外围输出输入接口情况。结构体描述主要包含结构体声明和结构体功能描述两部分。其中，结构体声明用于定义在结构体内部使用的信号、子程序(函数和过程)和子实体例化等；功能描述部分才是用于描述实体功能和结构的。结构体内部构造的描述层次和描述内容一般可以用如图 3-4 所示的层次来说明。

一般地，一个完整的结构体由以下 3 个基本层次组成：

- 对数据类型、常数、信号、子程序和元件等元素的说明部分。
- 描述实体逻辑行为的，以各种不同的描述风格表达的功能描述语句。
- 以元件例化语句为特征的外部元件端口间的连接。

结构体将具体实现一个实体。每个实体可以有多个结构体，每个结构体对应着实体的不同结构和算法实现方案，其间的各个结构体的地位是同等的，它们完整地实现了实体的行为，但同一结构体不能为不同的实体所拥有。结构体不能单独存在，它必须有一个界面说明，即一个实体。对于具有多个结构体的实体，必须用 CONFIGURATION 配置语句指明用于综合的结构体和用于仿真的结构体，即在综合后的可映射于硬件电路的设计实体中，一个实体只对应一个结构体。

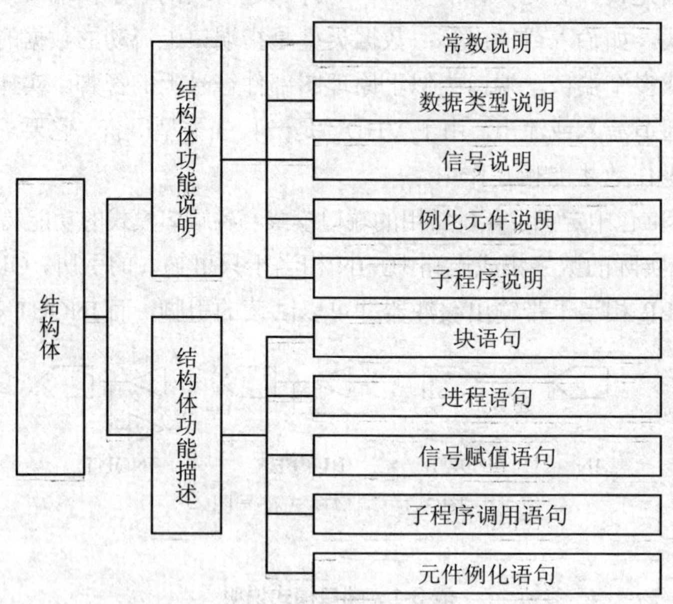

图 3-4　结构体的描述层次和描述内容

1. 结构体的一般语句格式如下：

```
ARCHITECTURE  结构体名  OF  实体名  IS
[说明语句]      -------内部信号、常数、数据类型、函数等的定义
BEGIN
[功能描述语句]
END  结构体名;
```

其中，结构体名可以由设计者自己选择，但当一个实体具有多个结构体时，结构体的取名不可重复。结构体说明语句部分必须放在关键字 ARCHITECTURE 和 BEGIN 之间。

2. 结构体说明语句

结构体中的说明语句是对结构体的功能描述语句中将要用到的信号(Signal)、数据类型(Type)、常数(Constant)、元件(Component)、函数(Function)和过程(Procedure)等加以说明的语句。但在一个结构体中说明和定义的数据类型、常数、元件、函数和过程只能用在这个结构体中，若希望其能用到其他实体或结构体中，则需要将其作为程序包来处理。

3. 功能描述语句结构

结构体描述设计实体的具体行为，它包含以下两类语句。

- 并行语句：并行语句总是在进程语句(Process)的外部，该语句的执行与书写顺序无关，总是同时被执行。

- 顺序语句：顺序语句总是在进程语句(Process)的内部，从仿真的角度看，该语句是顺序执行的。

如图 3-4 所示的功能描述语句结构可以含有 5 种不同类型的以并行方式工作的语句结构。而在每一语句结构的内部可能含有并行运行的逻辑描述语句或顺序运行的逻辑描述语句。各语句结构的基本组成和功能分别如下：

(1) 块语句是由一系列并行执行的语句构成的组合体，它的功能是将结构体中的并行语句组成一个或多个模块。

(2) 进程语句定义顺序语句模块，用以从外部获得的信号值或内部的运算数据，向其他信号进行赋值。进程语句间是并行执行关系。

(3) 信号赋值语句将设计实体内的处理结果向定义的信号或界面端口进行赋值。

(4) 子程序调用语句用于调用过程和函数，并将获得的结果赋值于信号。

(5) 元件例化语句对其他设计实体作元件调用进行说明，并将此元件的端口与其他元件、信号或高层次实体的界面端口进行连接。

从前面的设计实例可以看出，一个相对完整的 VHDL 程序(或称为设计实体)具有比较固定的结构。至少应包括 3 个基本组成部分：库及程序包的使用说明、实体说明和实体对应的结构体说明。其中，库、程序包的使用说明用于打开(调用)本设计实体将要用到的库、程序包；实体说明用于描述该设计实体与外界的接口信号说明，是可视部分；结构体说明用于描述该设计实体内部工作的逻辑关系，是不可视部分。

3.2　子程序(SUBPROGRAM)

VHDL 子程序(SUBPROGRAM)是 VHDL 的程序模块。这个模块利用顺序语句来定义和完成算法，因此只能使用顺序语句，这一点与进程相似。子程序定义了某种算法或某个功能，用于实现数据类型转换或其他功能行为。VHDL 的子程序函数(FUNCTION)和过程(PROCEDURE)两类。VHDL 子程序常常描述了一个常用的功能模块，主程序通过语句调用其功能。其中函数调用相当于表达式，有一个返回值；过程调用相当于描述语句，没有返回值。相比进程(PROCESS)和元件例化，子程序有以下特点：

- 子程序是设计中的一个独立部分，其内部由顺序语句构成，但它与进程不同。进程可以从结构的并行语句或其他进程结构中直接读取信号值或者向信号赋值；而子程序只能通过子程序调用及与子程序的界面端口进行通信。
- 子程序描述的功能模块能够被结构体调用，但它和元件例化又有所不同。子程序调用只能是对应于当前层次的一部分，而元件例化将产生下一个新的层次。

注意，函数或过程只能定义用于完成组合逻辑的功能模块，不能定义时序逻辑功能模块。

VHDL 子程序与其他软件语言程序中的子程序的应用目的是相似的，即能更有效完成重复性工作。应特别注意，综合后的子程序映射于目标芯片中的一个相应的电路模块，且每一次语句调用都将产生对应于具有相同结构的不同的硬件模块。这与软件语言的子程序有很大不同。

子程序包含声明部分和主体部分。其中，声明部分可以在程序包声明区或结构体声明区声明；主体部分在程序包主体或结构体中描述。函数或过程定义的位置如图 3-5 所示。在结构体中声明和定义的子程序对该结构体来说是局部的，不能被其他设计层调用，如果想被其他设计层调用，则必须将子程序定义到程序包中。

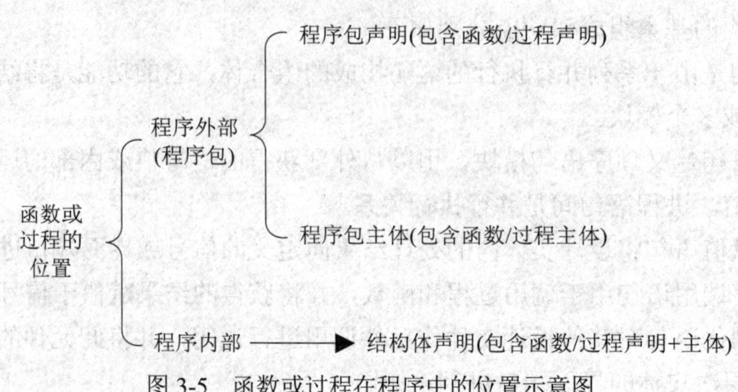

图 3-5　函数或过程在程序中的位置示意图

VHDL 子程序具有可重载的特点，即允许有许多重名的子程序，但这些子程序的参数类型及返回值的数据类型是不同的。

3.2.1　函数(FUNCTION)

函数可以包含多个输入参数，并且只能返回一个值。调用函数前必须先在程序声明部分声明和定义函数。由于函数有返回值，因此函数可以被认为是表达式的延伸和拓展。程序中任何能使用表达式的地方都可以调用函数。

定义和描述函数功能的语法格式如下：

```
FUNCTION 函数名(参数列表) RETURN  返回数据类型;
FUNCTION 函数名(参数列表) RETURN  返回数据类型  IS
函数声明;
      BEGIN
      顺序语句 1;
      顺序语句 2;
      ……
 RETURN (返回值);
END 函数名;
```

其中，各选项的功能分别如下。

- 参数列表：用于声明函数的输入端口，多个参数之间用分号隔开，但最后一个参数不需要带任何符号。函数的端口只能是输入。
- 返回数据类型：可以不附加范围限制，因为从函数的 RETURN 语句可以获得返回数据的实际宽度。
- 函数声明：用于声明在函数内部使用的变量和常量。定义变量时需要指定变量的范围或宽度。函数内部不能定义信号变量，只能定义变量或常量。

● 顺序语句：用于描述函数的功能。函数和进程一样，内部只能使用顺序语句(IF、CASE、LOOP 等)加以描述。不可以使用 WAIT 语句、Component 语句。

【例 3-3】结构体中的函数和函数调用。

```
LIBRARY IEEE;
USE IEEE.STD_LOGIC_1164.ALL;
ENTITY   MAX_FUNC   IS
PORT(a,b,c: IN     STD_LOGIC_VECTOR(7    DOWNTO    0 );
        s: OUT     STD_LOGIC_VECTOR(7    DOWNTO    0 ) );
END   MAX_FUNC;
ARCHITECTURE     BEV   OF   MAX_FUNC   IS
FUNCTION   MAX ( X,Y: STD_LOGIC_VECTOR)     RETURN   STD_LOGIC_VECTOR   IS
    VARIABLE   Z: STD_LOGIC_VECTOR(7   DOWNTO    0);
BEGIN
    IF (X>Y)   THEN       Z:=X;
    ELSE                  Z:=Y;
    END IF;
RENTURN     Z;
END   MAX;
BEGIN
S<=MAX(MAX(A,B),C);
END BEV;
```

【例 3-4】程序包中的函数和函数的调用。

```
LIBRARY IEEE;
USE IEEE.STD_LOGIC_1164.ALL;
PACKAGE packexp IS                   ----------------在包中函数首的声明部分
  FUNCTION max( a,b: IN STD_LOGIC_VECTOR) RETURN STD_LOGIC_VECTOR;
     --FUNCTION func1( a,b,c: REAL)   RETURN REAL;
     --FUNCTION "*"( a,b: INTEGER)   RETURN INTEGER ;
     --FUNCTION as2( SIGNAL in1,in2: REAL) RETURN REAL;
  END ;
PACKAGE BODY packexp IS          -----------------在包中函数体定义部分
  FUNCTION max( a,b:IN STD_LOGIC_VECTOR) RETURN STD_LOGIC_VECTOR IS
     BEGIN
   IF a>b THEN RETURN a;
     ELSE        RETURN b;
   END IF;
  END FUNCTION max;
END;
LIBRARY IEEE;
USE IEEE.STD_LOGIC_1164.ALL;
USE WORK.packexp.ALL;
ENTITY axamp IS
  PORT(dat1,dat2:IN STD_LOGIC_VECTOR(3 DOWNTO 0);
       dat3,dat4:IN STD_LOGIC_VECTOR(3 DOWNTO 0);
       out1,out2:OUT STD_LOGIC_VECTOR(3 DOWNTO 0));
END;
ARCHITECTURE bhv OF axanp IS
  BEGIN
```

```
      out1<= max(dat1,dat2);
    PROCESS(dat3,dat4)
      BEGIN
        out2<=max(dat3.dat4);
    END PROCESS;
  END;
```

3.2.2 过程(PROCEDURE)

子程序的另外一种形式是过程(PROCEDURE)。定义和描述过程功能的语法格式如下：

```
PROCEDURE  过程名(参数列表);                          ------过程首
PROCEDURE  过程名(参数列表)IS
过程声明;
        BEGIN
        顺序语句 1;                                   ------过程体
        顺序语句 2;
        ……
  RETURN (返回值);
END  过程名;
```

与函数一样，过程也由过程首和过程体构成。过程首也不是必须的，过程体可以独立存在和使用。在进程或结构体中不必定义过程首，而在程序包中必须定义过程首。

过程首由过程名和参数列表组成。参数列表可以对常数、变量和信号 3 类数据对象目标作出说明，并用关键词 IN、OUT、INOUT 定义这些参数的工作模式，即信息流向。如果没有定义模式，则默认为 IN。

过程体是由顺序语句组成的，过程的调用级启动了对过程体顺序语句的执行。与函数一样，过程体的说明部分只是局部的，其中的各种定义只适用于过程体的内部。过程体的顺序语句部分可包含任何顺序执行的语句。

在不同的调用环境中，可以有两种不同的语句方式对过程调用，即顺序语句方式或并行语句方式。对于前者，在一般的顺序语句自然执行的过程中，一个过程被执行，则属于顺序语句方式，因为这时它只相当于一条顺序语句的执行；对于后者，一个过程相当于一个小的进程，当这个语句处于并行语句环境中时，其过程定义的任意目标参数发生改变时，将启动过程调用，这时的调用是属于并行语句的方式。以下是两个过程体的使用实例。

```
PROCEDURE ADDER(SIGNAL A，B: IN STD_LOGIC;      --定义过程名为 ADDER
    SIGNAL SUM: OUT STD_LOGIC);
ADDER(A1，B1，SUM1);     --并行过程调用
…                        --在此，A1、B1、SUM1 即为分别对应于 A、B、SUM 的关联参量名
PROCESS(C1，C2);         --进程语句执行
BEGIN
ADDER(C1，C2，S1);       --顺序(串行)过程调用，在此 C1、C2、S1 即为分别对应于 A、B、SUM
                           的关联参量名
END PROCESS;
```

【例 3-5】结构体中过程的并行调用。

```
LIBRARY IEEE;
USE IEEE.STD_LOGIC_1164.ALL;
 ENTITY   MAX_MIN IS
      PORT(
         INP1,INP2: IN INTEGER RANGE 0 TO 255;
     MAX_OUT,MIN_OUT: OUT INTEGER RANGE 0 TO 255
      );
END MAX_MIN;
ARCHITECTURE   BEV OF MAX_MIN IS
PROCEDURE   SORT (IN1, IN2: IN INTEGER;SIGNAL MAX,MIN :OUT INTEGER) IS
     BEGIN
      IF (IN1>IN2)   THEN
      MAX<=IN1;     MIN<=IN2;
   ELSE
         MAX<=IN2;    MIN<=IN1;
      END IF;
END ;
BEGIN
      SORT (INP1,INP2,MAX_OUT,MIN_OUT);
END BEV;
```

【例 3-6】进程中过程的顺序调用。

```
LIBRARY IEEE;
USE IEEE.STD_LOGIC_1164.ALL;
 ENTITY   MAX_MIN IS
      PORT(
         INP1,INP2: IN   INTEGER RANGE 0 TO 255;
   MAX_OUT,MIN_OUT: OUT INTEGER RANGE 0 TO 255;
   ENA: IN   STD_LOGIC
      );
END MAX_MIN;
ARCHITECTURE   BEV OF MAX_MIN IS
PROCEDURE   SORT (IN1, IN2: IN INTEGER;SIGNAL MAX,MIN :OUT INTEGER) IS
     BEGIN
      IF (IN1>IN2)   THEN
      MAX<=IN1;     MIN<=IN2;
   ELSE
            MAX<=IN2;     MIN<=IN1;
         END IF;
END;
BEGIN
      PROCESS(ENA,INP1,INP2)
     BEGIN
       IF (ENA='1')   THEN
      SORT (INP1,INP2,MAX_OUT,MIN_OUT);
    END IF;
  END   PROCESS;
END BEV;
```

从以上函数和过程的介绍中可知，函数和过程的区别如下：

- 函数包括 0 个或多个 IN 模式的输入参数，且只能返回一个值。输入参数类型只能是 constant(默认)或 signal，而不能是 variable。实际应用中定义类型为默认的 constant 即可。
- 过程可以包含任意多个 IN、OUT 或 INOUT 类型的参数，参数数据类型可以使 signal、variable 或 constant。输入参数(IN)的默认类型 constant，输出(OUT、INOUT)默认定义为 variable 类型。实际应用中，输入参数类型使用默认 constant，输出参数类型定义为 signal 比较方便。
- 函数调用相当于表达式的作用，而过程调用则为一条语句。过程调用可以当做并行语句，也可以当做顺序语句使用。
- 对于过程和函数，wait 和元件例化语句都不可使用。
- 函数和过程可以在程序的结构体和实体中定义，也可以在程序包中定义。通常，函数和程序作为可重复使用的模块在专门的程序中定义，定义包含声明和主体(BODY)两部分。在编写程序过程中也可以直接在结构体声明中定义函数和过程，而在结构描述中调用它们。两者之中，函数更加常用，因此应多注意常见函数的书写和应用。

3.2.3　重载函数

VHDL 允许以相同的函数名定义函数，即重载函数。但这时要求函数中定义的操作数据必须具有不同的数据类型，以便调用时方便区分不同功能的同名函数。即同样名称的函数可以用不同的数据类型作为此函数的参数定义多次，以此定义的函数称为重载函数(Overload Function)。函数还可以用任意位矢长度来调用。例 3-7 就是一个完整的重载函数 max 的定义和调用实例。

【例 3-7】重载函数的定义和调用实列。

```
LIBRARY IEEE;
USE IEEE.STD_LOGIC_1164.ALL;

PACKAGE packexp IS

 FUNCTION max(a,b:IN STD_LOGIC_VECTOR)
  RETURN STD_LOGIC_VECTOR;

 FUNCTION max(a,b:IN BIT_VECTOR)
  RETURN BIT_VECTOR;

 FUNCTION max(a,b:IN INTEGER)
  RETURN INTEGER;
END;
```

```
PACKAGE BODY packexp IS
  FUNCTION max(a,b:IN STD_LOGIC_VECTOR)
  RETURN STD_LOGIC_VECTOR IS
 BEGIN
  IF a>b THEN RETURN a;
   ELSE          RETURN b;
  END IF;
 END FUNCTION max;

FUNCTION max(a,b:BIT_VECTOR)
  RETURN BIT_VECTOR IS
 BEGIN
  IF a>b THEN RETURN a;
   ELSE          RETURN b;
  END IF;
 END FUNCTION max;
   FUNCTION max(a,b:INTEGER)
  RETURN INTEGER IS
 BEGIN
  IF a>b THEN RETURN a;
   ELSE          RETURN b;
  END IF;
 END FUNCTION max;
END;
LIBRARY IEEE;
 USE IEEE.STD_LOGIC_1164.ALL;
  USE WORK.packexp.ALL;
 ENTITY axamp IS
  PORT(a1,b1:IN STD_LOGIC_VECTOR(3 DOWNTO 0);
       a2,b2:IN BIT_VECTOR(4 DOWNTO 0);
       a3,b3:IN INTEGER RANGE 0 TO 15;
          c1:OUT STD_LOGIC_VECTOR(3 DOWNTO 0);
          c2:OUT BIT_VECTOR(4 DOWNTO 0);
          c3:OUT INTEGER RANGE 0 TO 15);
  END;
 ARCHITECTURE bhv OF axamp IS
  BEGIN
  c1<=max(a1,b1);
  c2<=max(a2,b2);
  c3<=max(a3,b3);
  END;
```

在具有不同数据类型操作数构成的同名函数中，以运算符重载式函数最为常用。这种函数为不同数据类型间的运算带来极大的方便，例 3-8 中以加号“+”为函数名的函数即为运算符重载函数。VHDL 中预定义的操作符如“+”、“-”、“*”、“=>”、“AND”、“MOD”、“>”等运算符均可以被重载，以赋予新的数据类型操作功能，也就是说，通过重新定义运算符的方式，允许被重载的运算符能够对新的数据类型进行操作，或者允许不同的数据类型之间用此运算符进行运算。例 3-8 给出了一个 Synopsys 公司的程序包 STD_LOGIC_UNSIGNED 中的部分函数结构，示例没有把全部内容列出。在程序包 STD_LOGIC_UNSIGNED 的说明部分只列出了 4 个函数的函数首。在程序包体部分只列出了对应的部分内容，程序包体部分的 UNSIGNED()函数是从 IEEE.STD_LOGIC_ARITH 库中调用的，在程序包体中的最大整型数检出函数 MAXIUM 只有函数体，没有函数首，这是因为它只在程序包体内调用。

【例 3-8】重载函数应用示例。

```
LIBRARY IEEE;                              --程序包首
USE IEEE.STD_LOGIC_1164.ALL;
USE IEEE STD_LOGIC_ARITH.ALL;
PACKAGE STD_LOGIC_UNSIGNED IS
FUNCTION" +" (L: STD_LOGIC_VECTOR; R: INTEGER)
             RETURN STD_LOGIC_VECTOR;
FUNCTION "+" (L: INTEGER;   R: STD_LOGIC_VECTOR)
             RETURN STD_LOGIC_VECTOR;
FUNCTION "+" (L: STD_LOGIC_VECTOR; R: STD_LOGIC)
   RETURN STD_LOGIC_VECTOR;
FUNCTION SHR(ARG: STD_LOGIC_VECTOR;
    COUNT: STD_LOGIC_VECTOR) RETURN STD_LOGIC_VECTOR;
END STD_LOGIC_UNSIGNED;
LIBRARY IEEE;                              --程序包体
USE IEEE.STD_LOGIC_1164.ALL;
USE IEEE.STD_LOGIC_ARITH.ALL;
PACKAGE BODY STD_LOGIC_UNSIGNED IS
FUNCTION MAXIMUM(L, R: INTEGER) RETURN INTEGER IS
BEGIN
    IF L>R THEN
       RETURN   L;
ELSE
        RETURN   R;
    END IF;
END;
FUNCTION "+" (L: STD_LOGIC_VECTOR;    R: INTEGER)
RETURN   STD_LOGIC_VECTOR IS
VARIABLE RESULT: STD_LOGIC_VECTOR(L'RANGE);
BEGIN
     RESULT: = UNSIGNED(L)+R;
     RETURN   STD_LOGIC_VECTOR(RESULT);
END;
END STD_LOGIC_UNSIGNED;
```

通过此例，不但可以看到程序包中完整的函数置位形式，而且还能发现函数首的 3 个函数名都是同名的，即都是以加法运算符“+”作为函数名。以这种方式定义函数即为运算符重载。对运算符重载(即对运算符重新定义)的函数称重载函数。

实际应用中，如果已用 USE 语句打开了程序包 STD_LOGIC_UNSIGNED，这时，如果设计实体中有一个 STD_LOGIC_VECTOR 位矢和一个整数相加，程序就会自动调用第一个函数，并返回位矢类型的值。若是一个位矢与 STD_LOGIC 数据类型的数相加，则调用第三个函数，并以位矢类型的值返回。

两个或两个以上有相同的过程名和互不相同的参数数量及数据类型的过程称为重载过程。对于重载过程，也是靠参量类型来辨别究竟调用哪一个过程的。

【例 3-9】 重载过程调用示例。

```
PROCEDURE CAL(V1, V2: IN REAL; SIGNAL OUT1: INOUT    INTEGER);
PROCEDURE CAL(V1, V2: IN IN    TEGER; SIGNAL OUT1: INOUT REAL);
CAL(20.15, 1.42, SIGN1);     --调用第一个重载过程 CAL, SIGN1 为 INOUT 式的整数信号
CAL(23, 320, SIGN2);         --调用第二个重载过程 CAL, SIGN1 为 INOUT 式的实数信号
```

如前所述，在过程结构中的语句是顺序执行的，调用者在调用过程前应先将初始值传递给过程的输入参数。一旦调用，即启动过程语句，按顺序自上而下执行过程中的语句，执行结束后，将输出值返回到调用者的 OUT 和 INOUT 所定义的变量或信号中。

3.2.4　转换函数

VHDL 的转换函数中，数据类型转换函数最为常用，该类函数用于实现 VHDL 中各种数据类型的互相转换。由于 VHDL 数据类型较多，除有多种预定义的数据类型外，还有用户自定义的数据类型。与 Verilog 不同，VHDL 作为一种强类型语言，当数据类型不一致时，需要转换一致后才能给信号赋值或者完成各种运算操作。

VHDL 综合器的 IEEE 标准库里的程序包中定义了许多类型转换函数，如表 3-2 所示，设计者可以直接调用这些函数进行类型转换。另外，也可以自己编写转换函数。

表 3-2　IEEE 库类型转换函数

程序包	函数名称	功能
STD_LOGIC_1164	TO_BIT	由 STD_LOGIC 转换为 BIT
	TO_BIT VECTOR	由 STD_LOGIC_VECTOR 转换为 BIT_VECTOR
	TO_STD ULOGIC	由 BIT 转换为 STD_LOGIC
	TO_ STD ULOGIC VECTOR	由 BIT_VECTOR 转换为 STD_LOGIC_VECTOR
STD_LOGIC_ARITH	CONV_INTEGER	由 UNSIGNED、SIGNED 转换为 INTEGER
	CONV_UNSIGNED	由 INTEGER、SIGNED 转换为 UNSIGNED
	CONV_ STD_LOGIC_VECTOR	由 INTEGER、UNSIGNED、SIGNED 转换为 STD_LOGIC_VECTOR
STD_LOGIC_UNSIGNED	CONV_INTEGER	由STD_LOGIC_VECTOR转换为INTEGER

3.2.5 决断函数

决断函数不可综合，主要用于 VHDL 仿真中解决信号被多个驱动时驱动信号间的竞争问题。如一个内部总线被多个信号占用时，决断函数将对多个信号占用总线做出裁决，给总线驱动一个适当的信号值。在 VHDL 中，一个信号带多个驱动源时，没有附加决断条件。

3.3 VHDL 库

在进行 VHDL 程序设计时，为了提高设计效率，有必要将一些有用的信息汇集在一个或几个库中供调用。这些信息可以是预先定义好的数据类型、子程序等设计单元的子合体或者程序包，因此可以把库看成一种用来存储预先完成的数据集合体、元件和程序包的仓库。

VHDL 语言库分为两类：一类是设计库，如在具体设计项目中用户设定的文件目录对应的 WORK 库；另一类是资源库，这是常规元件的标准模块存放的库。

3.3.1 库的种类

VHDL 程序设计中常用的库有 IEEE 库、STD 库、WORK 库、VITAL 库、自定义库。

1. IEEE 库

IEEE 库是 VHDL 设计中最为常见的库，它包含有 IEEE 标准的程序包和其他一些支持工业标准的程序包。IEEE 库中的标准程序包主要包括 STD_LOGIC_1164，NUMERIC_BIT 和 NUMERIC_STD 等。其中，STD_LOGIC_1164 是最重要、最常用的程序包，大部分基于数字系统设计的程序包都是以此程序包中设定的标准为基础的。此外，还有一些程序包虽非 IEEE 标准，但由于其已成事实上的工业标准，也都并入了 IEEE 库。这些程序包中，最常用的是 Synopsys 公司的 STD_LOGIC_ARITH(ARITHmetic functions)、STD_LOGIC_SIGNED (SIGNED ARITHmetic functions)和 STD_LOGIC_UNSIGNED(UNSIGNED ARITHmetic functions)程序包。目前流行于我国的大多数 EDA 工具都支持 Synopsys 公司的程序包。一般基于大规模可编程逻辑器件的数字系统设计，IEEE 库中的 4 个程序包 STD_LOGIC_1164、STD_LOGIC_ARITH、STD_LOGIC_SIGNED 和 STD_LOGIC_UNSIGNED 已经足够使用。另外需要注意的是，在 IEEE 库中，符合 IEEE 标准的程序包并非符合 VHDL 语言标准，如 STD_LOGIC_1164 程序包，因此在使用 VHDL 设计实体之前必须以显式表达出来。

2. STD 库

VHDL 语言标准定义了两个标准程序包，即 STANDARD 和 TEXTIO 程序包，它们都被收入 STD 库中。只要是在 VHDL 应用环境中，就可随时调用这两个程序包中的所有内容，即在编译和综合过程中，VHDL 的每一设计都自动地将其包含进去了。由于 STD 库符合 VHDL 语言标准，它定义了最基本的数据类型(Bit,bit_vector,Boolean,Integer，Real and Time)，在应用中不必如 IEEE 库那样显式表达出来。

3. WORK 库

WORK 库是用户的 VHDL 设计的现行工作库，用于存放用户设计和定义的一些设计单元和程序包。是用户自己的仓库，用户设计项目的成品、半成品模块，以及先期已设计好的元件都放在其中。WORK 库自动满足 VHDL 语言标准，在实际调用中，不必以显式预先说明。在计算机上利用 VHDL 语言进行项目设计，不允许在根目录下进行，而是必须为此设计一个目录，用于保存此项目的所有设计文件，VHDL 综合器将此目录默认为 WORK 库，但是必须注意工作库并不是这个目录的目录名，而是一个逻辑名。

4. VITAL 库

使用 VITAL 库，可以提高 VHDL 门级时序模拟的精度，因而只在 VHDL 仿真器中使用。库中包含时序程序包 VITAL_TIMING 和 VITAL_PRIMITIVES。VITAL 程序包已经成为 IEEE 标准，在当前的 VHDL 仿真器的库中，VITAL 库中的程序包都已经并到 IEEE 库中。实际上，由于各 FPGA/CPLD 生产厂商的适配工具(如 ispEXPERT Compiler)都能为各自的芯片生成带时序信息的 VHDL 门级网表，用 VHDL 仿真器仿真该网表可以得到非常精确的时序仿真结果。因此，基于实用的观点，在 FPGA/CPLD 设计开发过程中，一般并不需要 VITAL 库中的程序包。

5. 用户定义库

除了以上提到的库外，EDA 工具开发商为了便于 CPLD/FPGA 开发设计上的方便，都有自己的扩展库和相应的程序包，如 DATAIO 公司的 GENERICS 库、DATAIO 库等，以及上面提到的 Synopsys 公司的一些库。

在 VHDL 设计中，有的 EDA 工具将一些程序包和设计单元放在一个目录下，而将此目录名如 WORK 作为库名，如 Synplicity 公司的 Synplify。有的 EDA 工具是通过配置语句结构来指定库和库中的程序包，这时的配置即成为一个设计实体中最顶层的设计单元。

此外，用户还可以自己定义一些库，将自己的设计内容或通过交流获得的程序包设计实体并入这些库中。

3.3.2 库的用法

在 VHDL 语言中，库的说明语句总是放在实体单元前面，而且库语言一般必须与 USE 语言同用。库语言关键词 LIBRARY 用于指明所使用的库名。USE 语句指明库中的程序包。一旦说明了库和程序包，整个设计实体都可进入访问或调用，但其作用范围仅限于所说明的设计实体。VHDL 要求一项含有多个设计实体的更大的系统，每一个设计实体都必须有自己完整的库说明语句和 USE 语句。USE 语句的使用将使所说明的程序包对本设计实体部分全部开放，即是可视的。USE 语句的使用有以下两种常用格式：

```
USE 库名.程序包名.项目名;
USE 库名.程序包名.ALL;
```

第一种格式的作用是，向本设计实体开放指定库中的特定程序包内所选定的项目；第二种格式的作用是，向本设计实体开放指定库中的特定程序包内所有的内容。

```
LIBRARY IEEE;
USE IEEE.STD_LOGIC_1164.ALL;
USE IEEE.STD_LOGIC_UNSIGNED.ALL;
```

以上 3 条语句表示打开 IEEE 库，再打开此库中的 STD_LOGIC_1164 程序包和 STD_LOGIC_UNSIGNED.ALL 程序包的所有内容。

【例 3-10】库、程序包和函数的调用示例。

```
LIBRARY IEEE;
USE IEEE.STD_LOGIC_1164.STD_ULOGIC;
USE IEEE.STD_LOGIC_1164.RISING_EDGE;
```

此例向当前设计实体开放了 STD_LOGIC_1164 程序包中的 RISING_EDGE 函数。但由于此函数需要用到数据类型 STD_ULOGIC，所以在上一条 USE 语句中开放了同一程序包中的这一数据类型。

3.4 VHDL 程序包

为了使已定义的常数、数据类型、元件调用说明以及子程序能被更多的 VHDL 设计实体方便地访问和共享，可以将它们收集在一个 VHDL 程序包中。多个程序包可以并入一个 VHDL 库中，使之适用于更一般的访问和调用范围。这一点对于大系统开发，多个或多组开发人员并行工作显得尤为重要。

3.4.1 程序包定义

程序包就是已定义的常数、数据类型、元件调用说明、子程序的集合。

程序包的内容主要由如下 4 种基本结构组成，因此一个程序包中至少应包含以下结构中的一种。

- 常数说明：主要用于预定义系统的宽度，如数据总线通道的宽度。
- 数据类型说明：主要用于说明在整个设计中通用的数据类型，例如通用的地址总线数据类型定义等。
- 元件定义：主要规定在 VHDL 设计中参与元件例化的文件(已完成的设计实体)对外的接口界面。
- 子程序说明：并入程序包的子程序，有利于在设计中任一处方便地调用。

1. 程序包首

程序包首的说明部分可收集多个不同的 VHDL 设计所需的公共信息，其中包括数据类型说明、信号说明、子程序说明及元件说明等。定义程序包的一般语句结构如下：

```
PACKAGE    程序包名  IS     --程序包首
    {程序包首说明部分}
END 程序包名;
```

2. 程序包体

```
PACKAGE BODY    程序包名    IS   --程序包体
    {程序包体说明部分以及包体内容}
END 程序包名;
```

程序包体用于定义在程序包首中已定义的子程序的主体。程序包体说明部分的组成可以是 USE 语句(允许对其他程序包的调用)、子程序定义、子程序体、数据类型说明、子类型说明和常数说明等。

对于没有子程序说明的程序包体可以省去。一个完整的程序包中，程序包首名和程序包体名是同一个名字。程序包结构中，程序包体并非必须的。程序包首可以独立定义和使用。

【例 3-11】程序包首定义示例。

```
PACKAGE   EXAMPLE   IS                              --程序包首开始
TYPE   BYTE   IS    RANGE   0   TO   255;           --定义数据类型 BYTE
SUBTYPE NIBBLE IS BYTE RANGE 0 TO 15;               --定义子类型 NIBBLE
CONSTANT BYTE_FF: BYTE: =255;                       --定义常数 BYTE_FF
SIGNAL ADDEND: NIBBLE;                              --定义信号 ADDEND
COMPONENT BYTE_ADDER                                --定义元件
PORT(A, B: IN BYTE;
     C: OUT BYTE;
     OVERFLOW: OUT BOOLEAN);
END COMPONENT;                                      --元件定义结束
FUNCTION MY_FUNCTION(A：IN BYTE )                   --定义函数
RETURN BYTE;                                        --函数的返回类型为 BYTE
END EXAMPLE;                                        --程序包首结束
```

如果要使用这个程序包中的所有定义，可用 USE 语句访问此程序包，例如：

```
LIBRARY WORK;                                       --此句可省去
USE WORK. EXAMPLE.ALL;
ENTITY…
ARCHITECTURE…
```

程序包首与程序包体的关系：程序包体并非必需，只有在程序包中要说明子程序时，程序包体才是必需的；程序包首可以独立定义和使用。

【例 3-12】在现行 WORK 库中定义程序包并立即使用。

```
PACKAGE   SEVEN   IS          --定义程序包
    SUBTYPE   SEGMENTS IS BIT_VECTOR(0 TO 6);
```

```
    TYPE BCD IS RANGE 0 TO 9;
END SEVEN;
```

上面仅是对程序包首的定义，程序包定义完之后对它进行编译处理，编译后会自动地放入 WORK 库(WORK 库是一个默认库，只要建立一个项目都会自动建立此库)，下面要用这个程序包，必须先调用 WORK 库，例如：

```
LIBRARY WORK;
USE WORK.SEVEN.ALL;            --调用 WORK 库 SEVEN 程序包中的所有数据类型，以便后面使用
ENTITY DECODER IS              --定义一个名为 DECODER(解码器)的实体
    PORT(INPUT：IN STD_LOGIC_VECTOR(3 DOWNTO 0);   --为自定义的 BCD 码数据类型
    DRIVE：OUT SEGMENTS); --为自定义的 SEGMENTS(含有 7 个元素的位矢量)数据类型
END DECODER;
ARCHITECTURE ART OF DECODER IS
BEGIN
WITH INPUT SELECT              --用后面要讲的选择信号赋值语句
DRIVE<=B"0111111" WHEN B"0000";
      B"0000110"WHEN B"0001";
B"1011011" WHEN B"0010";
      B"1001111" WHEN B"0011";
      B"1100110" WHEN B"0100";
      B"1101101" WHEN B"0101";
      B"1111101" WHEN B"0110";
      B"0000111" WHEN B"0111";
      B"1111111" WHEN B"1000";
      B"1101111" WHEN BV1001";
      B"0000000" WHEN   OTHERS;
END ARCHITECTURE ART;
```

此例是一个 4 位 BCD 码向七段译码显示码转换的 VHDL 描述。在系统中，常常需要将译码输出显示为十进制数字或其他符号，因此需要译码器能直接驱动数字显示器，或者能与显示器配合起来使用。在程序包 SEVEN 中定义了两个新的数据类型 SEGMENTS 和 BCD，DECODER 的实体描述中使用了这两个数据类型。这种类型的译码器称为显示译码器。七段显示译码器是最为常用的显示译码器，它可用于直接驱动七段数码管。

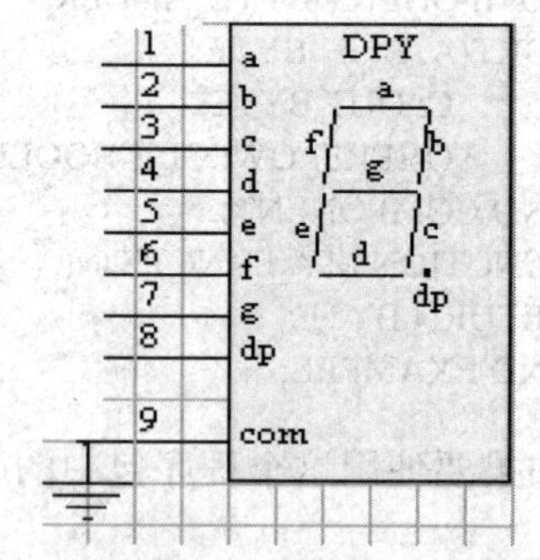

图 3-6　七段数码管显示的原理结构图

七段数码管显示的原理结构如图 3-6 所示。七段数码管有共阴极接地和共阳极接地两种接法。共阴极接地要求译码器输出高电平驱动数码管发亮，共阳极接地要求译码器输出低电平驱动数码管发亮。DRIVE(6)~DRIVE(0)分别对应数码管的 g~a 段。

3.4.2　预定义程序包

VHDL 为设计者提供两种类型的库，分别为设计库和资源库。其中，设计库主要包括 STD

库和 WORK 库；资源库包含 IEEE 库、VITAL 库和用户自定义库。

VHDL 语言标准中有很多预定义的程序包，如广泛使用的 STD 库中的 STANDARD 程序包以及 IEEE 库中的 STD_LOGIC_1164、STD_LOGIC_ARITH、STD_LOGIC_UNSIGNED 等。由于这些程序包广泛用于 VHDL 编程中，因此这里有必要对这些常用的程序包进行简单介绍。

1. STD_LOGIC_1164 程序包

它是 IEEE 库中最常用的程序包，是 IEEE 的标准程序包，预先在 IEEE 库中编译。其中包含了一些数据类型、子类型、函数和逻辑运算符的定义。该程序包中用得最多和最广的是定义了满足工业标准的两个数据类型 STD_LOGIC 和 STD_LOGIC_VECTOR，它们非常适用于 FPGA 器件中的多值逻辑设计结构。

2. STD_LOGIC_ARITH 程序包

它预先编译在 IEEE 库中，是 Synopsys 公司的程序包。此程序包在 STD_LOGIC_1164 程序包的基础上扩展了 3 个数据类型 UNSIGNED、SIGNED 和 SMALL_INT，并为其定义了相关的算术运算符、关系比较运算符和转换函数。

3. STD_LOGIC_UNSIGNED 和 STD_LOGIC_SIGNED 程序包

这两个程序包都是 Synopsys 公司的程序包，都预先编译在 IEEE 库中。这些程序包重载了可用于 INTEGER 型及 STD_LOGIC 和 STD_LOGIC_VECTOR 型混合运算的运算符，并定义了一个由 STD_LOGIC_VECTOR 型到 INTEGER 型的转换函数。这两个程序包的区别是，STD_LOGIC_SIGNED 中定义的运算符考虑到了符号，是有符号数的运算，而 STD_LOGIC_UNSIGNED 则正好相反。

程序包 STD_LOGIC_ARITH、STD_LOGIC_UNSIGNED 和 STD_LOGIC_SIGNED 虽然未成为 IEEE 标准，但已经成为事实上的工业标准，绝大多数的 VHDL 综合器和 VHDL 仿真器都支持它们。

4. STANDARD 和 TEXTIO 程序包

这两个程序包是 STD 库中的预编译程序包。STANDARD 程序包中定义了许多基本的数据类型、子类型和函数。它是 VHDL 标准程序包，实际应用中已隐性地打开了，故不必再用 USE 语句另作声明。TEXTIO 程序包定义了支持文本文件操作的许多类型和子程序。在使用本程序包之前，需加语句 USE STD.TEXTIO.ALL。

TEXTIO 程序包主要供仿真器使用。可以用文本编辑器建立一个数据文件，文件中包含仿真时需要的数据，然后仿真时用 TEXTIO 程序包中的子程序存取这些数据。综合器中此程序包被忽略。

3.5　配置(CONFIGURATION)

配置就是一个设计实体的多种实现方式，即从某一个实体的多种结构描述方式中选择特定的一个。

配置语句描述层与层之间的连接关系以及实体与结构体之间的连接关系。可综合的 VHDL 设计中，有可能使用多个结构体描述一个实体。首先，硬件电路设计中通常存在面积和速度在性能上的互换，因此一个复杂的设计，例如乘法器，可能用不同的结构体加以描述，它们在速度和面积的性能上各有侧重；其次，有时设计者需要调整电路特征以适应特定的应用场景，例如调整计数器的模式(递增或递减)，这也可以使用不同的结构体进行描述完成。在仿真和验证阶段，具有多个结构体形式的程序更加有应用的场合。

配置有两个作用：一是描述元件和设计实体的关系；二是描述设计实体和结构体之间的关系。VHDL 配置的使用十分灵活，而且语法格式和使用方法也相对复杂。所幸配置的作用在大多数可综合的 VHDL 设计中不是必须的。

配置语句的一般格式如下：

```
CONFIGURATION　配置名 OF　实体名 IS
FOR 选配结构体名
END FOR
END 配置名;
```

其中，配置名是该默认配置语句的唯一标志，实体名就是要配置的实体名称，选配结构体名就是用来组成设计实体的结构体名。配置有两种格式，此书只简单讨论其中的一种。

例 3-13 是一个配置的简单应用示例，即在一个描述与非门 nand 的设计实体中会有两个以不同的逻辑描述方式构成的结构体，用配置语句来为特定的结构体需求作配置指定。

【例 3-13】配置语句的应用示例。

```
LIBRARY IEEE;
USE IEEE.STD_LOGIC_1164.ALL;
ENTITY　nand　IS
  PORT(A: IN STD_LOGIC;
       B: IN STD_LOGIC;
       C: OUT STD_LOGIC);
END ENTITY nand;
ARCHITECTURE　art1 OF nand IS
  BEGIN
   C<=NOT (A AND B );
END ARCHITECTURE art1;
ARCHITECTURE art2 OF nand ISBEGIN
     C<= '1' WHEN (A='0') AND(B='0')　ELSE
'1' WHEN (A='0') AND(B='1')　ELSE
'1' WHEN (A='1') AND(B='0')　ELSE
'0' WHEN (A='1') AND(B='1')　ELSE
'0';
END ARCHITECTURE art2;
```

```
CONFIGURATION first OF nand IS
FOR art1
END FOR;
END first;
CONFIGURATION    second    OF nand IS
FOR art2
END FOR;
END second;
```

在本例中若指定配置名为 second，则为实体 nand 配置的结构体为 art2；若指定配置名为 first，则为实体 nand 配置的结构体为 art1。这两种结构的描述方式是不同的，但是有相同的逻辑功能。

3.6　VHDL 文字规则

VHDL 语言作为硬件描述语言，其基本语言要素为：VHDL 文字规则、三类数据对象、数据类型和预算操作符。接下来将详细介绍 VHDL 语言要素。

VHDL 除了具有类似于计算机高级语言所具备的一般文字规则外，还包含许多特有的文字规则和表达方式，在编程中需认真遵循。

3.6.1　关键字

关键字是指 VHDL 预定义的有特殊意义的词语，不可再拿来命名对象或者实体名和结构体名等，因此也叫保留字。例如前面遇到的关键字就有 library、use、entity、architecture、in、out、signal、and 等。完整的关键字表见附录。

关键字不区分大小写，如 STD_LOGIC、Std_Logic 以及 std_logic 等均等价。读者可按照自己的习惯使用大写、小写字母甚至大小写混合字母来书写关键字。

3.6.2　标识符

标识符用来定义常数、变量、信号、端口、子程序或参数的名字。

标识符的命名规则如下。

- 有效字符：26 个大小写英文字母、数字 0~9 以及下划线“_”。
- 标识符第一个字母必须以英文开头，且最后一个字符不能是下划线。
- 标识符中不能包含两个或者两个以上的连续下划线。
- 标识符的字符不区分大小写，但实际使用中仍建议使用完全相同的标识符表示同一个信号，以增强程序的可读性。
- 标识符允许包含图形符号(如回车符、换行符等)，也允许包含空格符。
- 标识符长度不限。

● 保留字不能用于作为标识符使用。

以下是几种标识符的实例。合法标识符如下：

MY_COUNTER, DECODER_1, FFT, Sig_N, NOT_ACK, State0

非法标识符如下：

_DECODER_1, 2FFT, SIG_#N, NO-ACK, ALL_RST_, data_ _BUS, RETURN, ENTITY

3.6.3 数字

VHDL 中的数字有整数类型(无小数点)和实数类型(有小数点)两种，其中，实数类型只能应用仿真，不可综合。

(1) 整数文字

默认格式是十进制，科学计数法表示时使用字母 e 或 E，如：

5，678，0，156E2(=15600)，45_234_287(=45234287)。

其中，数字间的下划线仅仅是为了提高文字的可读性，相当于一个空的间隔符，而没有其他的意义，因而不影响文字本身的数值。

(2) 实数

实数也都是十进制的数，但必须带有小数点，如：

23.34，2.0，44.99E-2(=0.4499)，88_67_551.23_909(=8867551.23909)，1.335，0.0

(3) 非十进制表示数字

应该用这样的格式来表示：进制#数字#E1，第一部分，用十进制数标明数制进位的基数；第二部分，数制隔离符号#；第三部分，表达的文字；第四部分，指数隔离符号#；第五部分，用十进制表示的指数部分，这一部分的数如果是 0 可以省去不写。例如：

```
10#170#         --(十进制数表示，等于 170)
2#1111_1110#    --(二进制数表示，等于 254)
16#E#E1         --(十六进制数表示，等于 2#11100000#，等于 224)或：(=14*16=224)
16#F.01#E+2     --十六进制数表示，(=(15+1/(16*16))*16*16 =3841.00)
```

(4) 负数

表示负数时直接在数字前加负号，如：-15。

(5) 赋值

同类型数据才可赋值；逻辑矢量赋值时，要求数据类型一致且数据位宽必须相同。

(6) 物理量

物理量文字(VHDL 综合器不接受此类文字)，如：

60s(60 秒)，100m(100 米)，kΩ(千欧姆)，177A(177 安培)

整数可综合实现；实数一般不可综合实现；物理量不可综合实现。

3.6.4　字符和字符串

字符和字符串是 VHDL 词法单元之一。字符是用单引号引起来的 ASCII 字符，可以是数值，也可以是符号或字母，如：‘R’，‘A’，‘*’，‘Z’。而字符串则是一维的字符数组，须放在双引号中。

VHDL 中有两种类型的字符串：文字字符串和数位字符串。

(1) 文字字符串：文字字符串是用双引号引起来的一串文字，如：

“ERROR”，“BOTH S AND Q EQUAL TO L”，“X”，“BB$CC”，“ZZZZZZZZ”，“XXXXXXXX”。

(2) 数位字符串：数位字符串也称位矢量，是预定义的数据类型 BIT 的一位数组，它们所代表的是二进制、八进制或十六进制的数组，其位矢量的长度即为等值的二进制数的位数。数位字符串的表示首先要有计算基数，然后将该基数表示的值放在双引号中，基数符以 B、O 和 X 表示，并放在字符串的前面。格式如下：

```
基数符号“数值”
```

其中基数符号有 3 种，它们的含义分别如下。

- B：二进制基数符号，表示二进制数位 0 或 1，在字符串中每一个位表示一个 BIT。
- O：八进制基数符号，在字符串中的第一个数代表一个八进制数，即代表一个 3 位(BIT)的二进制数。
- X：十六进制基数符号(0~F)，代表一个十六进制数，即代表一个 4 位的二进制数。

例如：

```
B"1_1101_1110"   --二进制数数组，长度是 9
O"34”            --八进制数数组，长度是 6
X"1AB"           --十六进制数数组，长度是 12
```

3.6.5　下标名及下标段名

下标名用于指示数组型变量或信号的某一元素，而下标段名则用于指示数组型变量或信号的某一段元素，表达式的数值必须在数组元素下标号范围以内，并且必须是可计算的。TO 表示数组下标序列由低到高，如“2 TO 8”；DOWNTO 表示数组下标序列由高到低，如“8 DOWNTO 2”。

如果表达式是一个可计算的值，则此操作数可很容易地进行综合。如果是不可计算的，则只能在特定的情况下综合，且耗费资源较大。其语句格式如下：

```
标识符(表达式)
```

下标段名的格式如下：

```
标识符 (表达式 to/downto 表达式)
```

如：

```
a：std_logic_vector(7 downto 0); y : std_logic;
a(7),a(6)…a(0)
a(7 downto o), a(7 downto 4), a(5 downto 3)⋯
y<=a(m);
```

3.6.6　注释

VHDL 中注释语句以“--”起始，且“--”的有效范围只在本行。因此，连续多行注释需在每行前加“--”符号。

为了程序的可读性，建议多写程序注释，且尽量习惯英文注释，因为有些编译器不兼容中文注释，如 Xilinx 的 ISE 10.1 和 Altera 的 Quartus II 9.0 等。

3.7　数据对象

在 VHDL 中，数据对象(Data Objects)类似于一种容器，它接受不同数据类型的赋值。数据对象有 3 类，即变量(VARIABLE)、常量(CONSTANT)和信号(SIGNAL)，前两种可以从传统的计算机高级语言中找到对应的数据类型，其语言行为与高级语言中的变量和常量十分相似，但信号这一数据对象比较特殊，它具有更多的硬件特征，这是 VHDL 中最有特色的语言要素之一。

从硬件电路系统来看，变量和信号相当于组合电路系统中门与门间的连线及其连线上的信号值，常量相当于电路中的恒定电平如 GND 或 VCC 接口；从行为仿真和 VHDL 语句功能上看，信号与变量具有比较明显的区别，主要表现在接受和保持信号的方式和信息保持与转递的区域大小上，例如，信号可以设置传输延迟量，而变量则不能，变量只能作为局部的信息载体，如只能在所定义的进程中有效，而信号则可作为模块间的信息载体；如在结构体中各进程间传递信息的变量设置，最后的信息传输和界面间的通信都靠信号来完成。综合后的VHDL 文件中信号将对应更多的硬件结构，但需注意的是，对于信号和变量的认识，单从行为仿真和语法要求的角度去认识是不完整的，事实上在许多情况下，综合后所对应的硬件电路结构中信号和变量并没有什么区别，例如在满足一定条件的进程中，综合后它们都能引入寄存器，其关键在于它们都具有能够接受赋值这一重要的共性，而 VHDL 综合器并不理会它们在接受赋值时存在的延时特性(只有 VHDL 行为仿真器才会考虑这一特性差异)。此外还应注意，尽管 VHDL 仿真器允许变量和信号设置初始值，但在实际应用中 VHDL 综合器并不会把这些信息综合进去，这是因为实际的 FPGA/CPLD 芯片在上电后并不能确保其初始状态的取向。因此对于时序仿真来说，设置的初始值在综合时是没有实际意义的。

3.7.1 变量(VARIABLE)

在 VHDL 语法规则中，变量是一个局部量，只能在进程和子程序中使用。变量不能将信息带出对它作出定义的当前设计单元。变量的赋值是一种理想化的数据传输，是立即发生的，不存在任何延时的行为。VHDL 语言规则不支持变量附加延时语句。变量常用在实现某种算法的赋值语句中。

定义变量的语法格式如下：

```
VARIABLE 变量名数据类型: = 初始值
```

例如以下变量定义语句：

```
VARIABLE a : INTEGER;
VARIABLE b, c : INTEGER := 2;
VARIABLE d : STD_LOGIC;
```

分别定义 a 为整数型变量；b 和 c 也为整数型变量，初始值为 2；d 为标准位变量。

3.7.2 信号(SIGNAL)

信号是描述硬件系统的基本数据对象，它类似于连接线信号，可以作为设计实体中并行语句模块间的信息交流通道(交流来自顺序语句结构中的信息)。在 VHDL 中，信号及其相关的信号赋值语句、决断函数、延时语句等很好地描述了硬件系统的许多基本特征，如硬件系统运行的并行性、信号传输过程中的惯性延迟特性、多驱动源的总线行为等。

信号作为一种数值容器，不但可以容纳当前值，也可以保持历史值。这一属性与触发器的记忆功能有很好的对应关系，因此，它又类似于 ABEL 语言中定义了 REG 的节点 NODE 的功能，只是不必注明信号上数据流动的方向。信号定义的语句格式与变量非常相似，信号定义也可以设置初始值。它的定义格式如下：

```
SIGNAL 信号名 数据类型 := 初始值;
```

同样，信号初始值的设置不是必需的，而且初始值仅在 VHDL 的行为仿真中有效。与变量相比，信号的硬件特征更为明显。它具有全局性特征，例如，在程序包中定义的信号，对于所有调用此程序包的设计实体都是可见的。可直接调用的在实体中定义的信号在其对应的结构体中都是可见的。

```
SIGNAL temp: STD_LOGIC: = 0;
SIGNAL flaga flagb: BIT;
SIGNAL data: STD_LOGIC_VECTOR(15 DOWNTO 0);
SIGNAL a: INTEGER RANGE 0 TO 15;
```

此例中第一组定义了一个单值信号 temp，数据类型是标准位 STD_LOGIC，信号初始值为低电平；第二组定义了两个数据类型为位 BIT 的信号 flaga 和 flagb；第三组定义了一个位矢量信号或者说是总线信号或数组信号数据类型，是标准位矢 STD_LOGIC_VECTOR，共有 16 个信号元素；最后一组定义信号 a 的数据类型是整数，变化范围是 0~15。

信号和变量的区别总结如表 3-3 所示。

表 3-3　信号和变量的区别

	信号(Signal)	变量(Variable)
赋值符号	<=	:=
定义位置	结构体中	进程或子程序中
功能	电路内部的连接或端口	内部数据运算
作用范围	全局，进程间通信	进程或子程序的内部
赋值行为	延迟赋值	立即赋值

3.7.3　常量(CONSTANT)

常数的定义和设置主要是为了使设计实体中的常数更容易阅读和修改。例如，将位矢的宽度定义为一个常量，只要修改这个常量就能很容易地改变宽度，从而改变硬件结构。在程序中，常量是一个恒定不变的值，一旦作了数据类型和赋值定义后，在程序中就不能再改变了，因而具有全局性意义。常量的定义形式与变量十分相似，其形式如下：

```
CONSTANT 常数名数据类型 := 表达式;
```

例如：

```
CONSTANT fbus : BIT_VECTOR := "010115";      --位矢数据类型
CONSTANT Vcc : REAL := 5.0;                  --实数数据类型
CONSTANT dely : TIME := 25ns;                --时间数据类型
```

VHDL 要求所定义的常量数据类型必须与表达式的数据类型一致。常量的数据类型可以是标量类型或复合类型，但不能是文件类型(file)或存取类型(Access)。常量定义语句所允许的设计单元有实体结构体程序包块进程和子程序。在程序包中定义的常量可以暂不设定具体数值，它可以在程序包体中设定。

综上可知，信号与变量是 VHDL 中常用的数据对象，它们的取值在程序中可以改变；常量的取值在程序中不可改变，常用于提高程序的可读性；文件用于VHDL 仿真程序。VHDL 4 种数据对象的定义和语法总结如表 3-4 所示。

表 3-4　数据对象总结

数 据 对 象	类 型 说 明
信号(signal)	结构体内部的节点，在结构体中声明定义，作用域为整个结构体，赋值具有非“立即性”
变量(variable)	用于算法描述，在进程或子程序定义，作用范围为进程或子程序内，赋值具有“立即性”
常量(constant)	用于定义程序中多次出现的常数数值，由于提高程序的可读性，以及保持数据的一致性
文件(file)	用于程序仿真，在 VHDL 仿真中常用来读取数据流较大的数据源和保存仿真结果

3.8　数据类型

数据类型定义了一个取值集合，以及针对这些取值所允许的操作。这个定义与高级语言中数据类型的定义类似。不同的是，VHDL 是一种强类型语言，主要表现在：

- VHDL 中的每一个信号、变量、常数、文件等数据对象都有一个确定的数据类型与之对应，且只能拥有这个数据类型的取值；
- 对某个数据对象进行的操作类型必须与该对象的数据类型匹配；
- 只有相同数据类型的数据对象才能相互赋值，不同数据类型的数据不能直接代入，即使数据类型相同而位长不同也不能代入。

这种强类型语言的特性限制了 VHDL 语言的灵活性，但在另外一方面使设计者在设计初期就能检查出程序存在的错误，提高了程序设计的效率。为了更好地应用 VHDL 进行硬件描述，必须很好地理解各种数据类型的定义和用法。本节首先介绍 VHDL 中预定义的数据类型，因为理解和掌握这些数据类型的使用方法是理解和书写 VHDL 程序的基础；接着介绍 VHDL 中用户自定义的数据类型；最后介绍数据类型转换。

3.8.1　VHDL 预定义数据类型

预定义的 VHDL 数据类型是 VHDL 最常用、最基本的数据类型。这些数据类型都已在 VHDL 的标准程序包 STANDARD 和 STD_LOGIC_1164 及其他标准程序包中作了定义，并可在设计中随时调用。

- STD 库 STANDARD 程序包：预定了 bit、boolean、integer、real、time 等数据类型；
- IEEE 库 stD_LOGIC_1164 程序包：预定义了 std_logic、STD_logic_vector 等数据类型；
- IEEE 库 stD_LOGIC_arith 程序包：预定义了 signedc、unsigned 数据类型，以及一些数据类型转换函数；
- IEEE 库 stD_LOGIC_signed/stD_LOGIC_unsigned 程序包：预定义了 signedc、unsigned 数据类型，并定义了一些函数，使得 STD_logic_vector 数据类型能进行针对 signedc 或 unsigned 数据类型的操作。

VHDL 中与定义的数据类型很多，但实际编程常用的并不多。按照所在库来划分，可将 VHDL 中预定义的常用的数据类型归纳见附录。其中，STD_LOGIC、STD_LOGIC_VECTOR 最常用，INTEGER 次之。

1. STD 库 STANDARD 包的预定义数据类型

(1) 布尔(BOOLEAN)数据类型

程序包 STANDARD 中定义布尔数据类型的源代码如下：

```
TYPE BOOLEAN IS(FALES, TRUE);
```

布尔数据类型实际上是一个二值枚举型数据类型，它的取值有 FALSE 和 TRUE 两种，常用与逻辑函数。如相等(=)，比较(<)中作逻辑比较；综合器将用一个二进制位表示 BOOLEAN 型变量信号或。

例如，当 A 大于 B 时，在 IF 语句中的关系运算表达式(A>B)的结果是布尔量 TRUE，反之为 FALSE。综合器将其变为 1 或 0 信号值，对应于硬件系统中的一根线。

如，BIT 值转化成 BOOLEAN：

```
BOOLEAN_VAR: =(BIT_VAR= '1 ');
```

(2) 位(BIT)数据类型

位数据类型也属于枚举型，放在单引号中，取值只能是'1'或'0'。位数据类型的数据对象，如变量、信号等，可以参与逻辑运算，运算结果仍是位的数据类型。VHDL 综合器用一个二进制位表示 BIT。在程序包 STANDARD 中定义的源代码如下：

```
TYPE BIT IS ('0', '1');
```

(3) 位矢量(BIT_VECTOR)数据类型

位矢量只是基于 BIT 数据类型的数组，是用双引号括起来的一组位数据。如："001100"，X"00B10B"。在程序包 STANDARD 中定义的源代码如下：

```
TYPE BIT_VECTOR IS ARRAY(NATURAL RANGE<>)OF BIT;
```

使用位矢量必须注明位宽，即数组中的元素个数和排列，例如：

```
SIGNAL A: BIT_VECTOR(7 TO 0);
```

信号 A 被定义为一个具有 8 位位宽的矢量，它的最左位是 A(7)，最右位是 A(0)。

(4) 字符(CHARACTER)数据类型

字符类型通常用单引号引起来，如'A'。字符类型区分大小写，如'B'不同于'b'。字符类型已在 STANDARD 程序包中作了定义。

```
VARIABLE CHARACTER_VAR：CHARACTER;
  ……
CHARACTER_VAR：='A';
```

(5) 整数(INTEGER)数据类型

整数类型的数代表正整数、负整数和零。在 VHDL 中，整数的取值范围是-21 473 647~+21 473 647，即-(2^{31}-1)~+(2^{31}-1)，可用 32 位有符号的二进制数表示。在实际应用中，VHDL 仿真器通常将 INTEGER 类型作为有符号数处理，而 VHDL 综合器则将 INTEGER 作为无符号数处理。在使用整数时，VHDL 综合器要求用 RANGE 子句为所定义的数限定范围，然后根据所限定的范围来决定表示此信号或变量的二进制数的位数，因为 VHDL 综合器无法综合未限定的整数类型的信号或变量。

如语句“SIGNAL S: INTEGER RANGE 0 TO 15；”规定整数 S 的取值范围是 0~15 共 16 个值，可用 4 位二进制数来表示，因此，S 将被综合成由 4 条信号线构成的信号。

整数常量的书写方式示例如下：

2　　　　　　　--十进制整数

10E4　　　　　--十进制整数

16#D2#　　　　--十六进制整数

2#11011010#　　--二进制整数

(6) 自然数(NATURAL)和正整数(POSITIVE)数据类型

自然数是整数的一个子类型，非负的整数，即零和正整数；正整数也是整数的一个子类型，它包括整数中非零和非负的数值。它们在 STANDARD 程序包中定义的源代码如下：

```
SUBTYPE NATURAL    IS    INTEGER RANGE 0    TO    INTEGER'HIGH;
SUBTYPE POSITIVE IS    INTEGER RANGE 1    TO    INTEGER'HIGH;
```

(7) 实数(REAL)数据类型

VHDL 的实数类型类似于数学上的实数，或称浮点数。实数的取值范围为-1.0E38~+1.0E38。通常情况下，实数类型仅能在 VHDL 仿真器中使用，VHDL 综合器不支持实数，因为实数类型的实现相当复杂，目前在电路规模上难以承受。

实数常量的书写方式举例如下：

65971.333333　　　--十进制浮点数

8#43.6#E+4　　　　--八进制浮点数

43.6E-4　　　　　--十进制浮点数

(8) 字符串(STRING)数据类型

字符串数据类型是字符数据类型的一个非约束型数组，或称为字符串数组。字符串必须用双引号括起来。如：

```
VARIABLE STRING_VAR: STRING(1 TO 7);
…STRING_VAR: "Rosebud";
```

(9) 时间(TIME)数据类型

VHDL 中唯一的预定义物理类型是时间。完整的时间类型包括整数和物理量单位两部分，整数和单位之间至少留一个空格，如 55 ms，20 ns。

STANDARD 程序包中也定义了时间。定义如下：

```
TYPE TIME IS RANGE -2147483647 TO 2147483647
units
    fs;                            --飞秒，VHDL 中的最小时间单位
    ps = 1000 fs;                  --皮秒
    ns = 1000 ps;                  --纳秒
    us = 1000 ns;                  --微秒
    ms = 1000 us;                  --毫秒
    sec = 1000 ms;                 --秒
    min = 60 sec;                  --分
    hr = 60 min;                   --时
end untis;
```

(10) 错误等级(SEVERITY_LEVEL)

在 VHDL 仿真器中，错误等级用来指示设计系统的工作状态。共有 4 种可能的状态值：NOTE(注意)、WARNING(警告)、ERROR(出错)、FAILURE(失败)。在仿真过程中，可输出这 4 种值来提示被仿真系统当前的工作情况。其定义如下：

```
TYPE SEVERITY_LEVEL IS (NOTE, WARNING, ERROR, FAILURE);
```

2. IEEE 预定义标准逻辑位与矢量

在 IEEE 库的程序包 STD_LOGIC_1164 中，定义了两个非常重要的数据类型，即标准逻辑位 STD_LOGIC 和标准逻辑矢量 STD_LOGIC_VECTOR。

(1) 标准逻辑位 STD_LOGIC_1164 中的数据类型

以下是定义在 IEEE 库程序包 STD_LOGIC_1164 中的数据类型。STD_LOGIC 程序包定义为九值逻辑系统，如下所示：

```
TYPE STD_LOGIC IS ('U', 'X', '0 ', '1', 'Z', 'W', 'L', 'H', '-');
```

各值的含义是：'U'-未初始化的，'X'-强未知的，'0 '-强 0，'1'-强 1，'Z'-高阻态，'W'-弱未知的，'L'-弱 0，'H'-弱 1，'-'-忽略。

在程序中使用此数据类型前，需加入下面的语句：

```
LIBRARY IEEE;
```

USE IEEE.STD_LOGIC_1164.ALL；由定义可见，STD_LOGIC 是标准的 BIT 数据类型的扩展，共定义了 9 种值，这意味着，对于定义为数据类型是标准逻辑位 STD_LOGIC 的数据对象，其可能的取值已非传统的 BIT 那样只有 0 和 1 两种取值，而是如上定义的那样有 9 种可能的取值。目前在设计中一般只使用 IEEE 的 STD_LOGIC 标准逻辑的位数据类型，可以完成电子系统的精确模拟，并可实现常见的三态总线电路，BIT 型则很少使用。

由于标准逻辑位数据类型的多值性，在编程时应当特别注意。因为在条件语句中，如果未考虑到 STD_LOGIC 的所有可能的取值情况，综合器可能会插入不希望的锁存器。

程序包 STD_LOGIC_1164 中还定义了 STD_LOGIC 型逻辑运算符 AND、NAND、OR、NOR、XOR 和 NOT 的重载函数，以及两个转换函数，用于 BIT 与 STD_LOGIC 的相互转换。

在仿真和综合中，STD_LOGIC 值是非常重要的，它可以使设计者精确模拟一些未知和高阻态的线路情况。对于综合器，高阻态和“-”忽略态可用于三态的描述。但就综合而言，STD_LOGIC 型数据能够在数字器件中实现的只有其中的 4 种值，即-、0、1 和 Z。当然，这并不表明其余的 5 种值不存在。这 9 种值对于 VHDL 的行为仿真都有重要意义。

(2) 标准逻辑矢量(STD_LOGIC_VECTOR)数据类型

由 STD_LOGIC_VECTOR 构成的数组，定义如下：

```
TYPE STD_LOGIC_VECTOR IS ARRAY (NATURAL RANGE<>) OF STD_LOGIC;
```

显然，STD_LOGIC_VECTOR 是定义在 STD_LOGIC_1164 程序包中的标准一维数组，

数组中的每一个元素的数据类型都是以上定义的标准逻辑位 STD_LOGIC。

STD_LOGIC_VECTOR 数据类型的数据对象赋值的原则是：相同位宽、相同数据类型的矢量间才能进行赋值。下例描述的是 CPU 中数据总线上位矢赋值的操作示意情况，注意其中信号数据类型定义和赋值操作中信号的数组位宽。

【例 3-14】信号数据类型的定义和赋值操作。

```
TYPE T_DATA IS ARRAY(7 DOWNTO 0) OF STD_LOGIC;                --自定义数组类型
SIGNAL DATABUS, MEMORY: T_DATA; --定义信号 DATABUS, MEMORY
CPU: PROCESS                                                  --CPU 工作进程开始
VARIABLE REG1: T_DATA                                         --定义寄存器变量 REG1
BEGIN
DATABUS<=REG1;                                                --向 8 位数据总线赋值
END PROCESS CPU;                                              --CPU 工作进程结束
MEM: PROCESS                                                  --RAM 工作进程开始
BEGIN
DATABUS<=MEMORY;
END PROCESS MEM;
```

3. 其他预定义标准数据类型

VHDL 综合工具配带的扩展程序包中定义了一些有用的类型，如 Synopsys 公司在 IEEE 库中加入的程序包 STD_LOGIC_ARITH 中定义了如下数据类型：无符号型(UNSIGNED)、有符号型(SIGNED)、小整型(SMALL _INT)。

在程序包 STD_LOGIC_ARITH 中的类型定义如下：

```
TYPE UNSIGNED IS ARRAY (NATURAL RANGE <>) OF STD_LOGIC;
TYPE SIGNED IS ARRAY (NATURAL RANGE<>) OF STD_LOGIC;
SUBTYPE SMALL_INT IS INTEGER RANGE 0 TO 1;
```

如果将信号或变量定义为这几个数据类型，就可以使用本程序包中定义的运算符。在使用之前，必须加入下面的语句：

```
LIBRARY IEEE;
USE IEEE.STD_LOGIC_ARITH.ALL;
```

UNSIGNED 类型和 SIGNED 类型是用来设计可综合的数学运算程序的重要类型。UNSIGNED 用于无符号数的运算，SIGNED 用于有符号数的运算。在实际应用中，大多数运算都需要用到它们。

在 IEEE 程序包中，UNMERIC_STD 和 NUMERIC_BIT 程序包中也定义了 UNSIGNED 型及 SIGNED 型。NUMERIC_STD 是针对于 STD_LOGIC 型定义的，而 NUMERIC_BIT 是针对于 BIT 型定义的。在程序包中还定义了相应的运算符重载函数。有些综合器没有附带 STD_LOGIC_ARITH 程序包，此时只能使用 NUMBER_STD 和 NUMERIC_BIT 程序包。

在 STANDARD 程序包中没有定义 STD_LOGIC_VECTOR 的运算符，而整数类型一般只在仿真的时候用来描述算法，或作数组下标运算，因此 UNSIGNED 和 SIGNED 的使用率是很高的。

(1) 无符号数据类型(UNSIGNED TYPE)

UNSIGNED 数据类型代表一个无符号的数值，在综合器中，这个数值被解释为一个二进制数，这个二进制数的最左位是其最高位。例如，十进制的 8 可以表示为 UNSIGNED ("1000")，如果要定义一个变量或信号的数据类型为 UNSIGNED，则其位矢长度越长，所能代表的数值就越大。如一个 4 位变量的最大值为 15，一个 8 位变量的最大值则为 255，0 是其最小值，不能用 UNSIGNED 定义负数。

以下是两则无符号数据定义的示例：

```
VARIABLE VAR: UNSIGNED(0 TO 10);          --VAR(0)是最高位(左边元素为最高位)
SIGNAL   SIG: UNSIGNED(5 DOWNTO 0);       --SIG(5)是最高位
```

其中，变量 VAR 有 11 位数值，最高位是 VAR(0)，而非 VAR(10)；信号 SIG 有 6 位数值，最高位是 SIG(5)。

(2) 有符号数据类型(SIGNED TYPE)

SIGNED 数据类型表示一个有符号的数值，综合器将其解释为补码，此数的最高位是符号位，例如：SIGNED("0101") 代表+5，5；SIGNED("1011") 代表-5。

若将上例的 VAR 定义为 SIGNED 数据类型，则数值意义就不同了，如：

```
VARIABLE VAR: SIGNED(0 TO 10);
```

其中，变量 VAR 有 11 位，最左位 VAR(0)是符号位。

3.8.2 用户自定义数据类型

VHDL 允许用户自行定义新的数据类型。可用于自定义的常用数据类型有：枚举类型(ENUMERATION TYPE)、整数类型(INTEGER TYPE)、数组类型(ARRAY TYPE)、记录类型(RECORD TYPE)、子类型、时间类型(TIME TYPE)、实数类型(REAL TYPE)等。

用户自定义数据类型是用类型定义语句 TYPE 和子类型定义语句 SUBTYPE 实现的，以下将介绍这两种语句的使用方法。

(1) TYPE 语句的用法

TYPE 语句的语法格式如下：

```
TYPE 数据类型名  IS  数据类型定义 [OF  基本数据类型];
```

其中，数据类型名由设计者自定义；数据类型定义部分用来描述所定义的数据类型的表达方式和表达内容；关键词 OF 后的基本数据类型是指数据类型定义中所定义的元素的基本数据类型，一般都是取已有的预定义数据类型，如 BIT、STD_LOGIC 或 INTEGER 等。

例如，以下是两种不同的定义方式：

```
TYPE ST1 IS ARRAY(0 TO 15)OF STD_LOGIC;
TYPE WEEK IS (SUN，MON，TUE，WED，THU，FRI，SAT);
```

第一句定义的数据 ST1 是一个具有 16 个元素的数组型数据类型，数组中的每一个元素的数据类型都是 STD_LOGIC 型；第二句所定义的数据类型是由一组文字表示的，而其中的每一文字都代表一个具体的数值，如可令 SUN=“1010”。

在 VHDL 中，任一数据对象(SIGNAL、VARIABLE、CONSTANT)都必须归属某一数据类型，只有同数据类型的数据对象才能进行相互作用。利用 TYPE 语句可以完成各种形式的自定义数据类型，以供不同类型的数据对象间的相互作用和计算。

(2) SUBTYPE 语句，用法

子类型 SUBTYPE 只是由 TYPE 所定义的原数据类型的一个子集，它满足原数据类型的所有约束条件，原数据类型称为基本数据类型。子类型 SUBTYPE 的语句格式如下：

```
SUBTYPE  子类型名  IS  基本数据类型  RANGE  约束范围;
```

子类型的定义只在基本数据类型上作一些约束，并没有定义新的数据类型。子类型定义中的基本数据类型必须在前面已通过 TYPE 定义。例如：

```
SUBTYPE  DIGITS  INTEGER  RANGE  0  TO  9;
```

其中，INTEGER 是标准程序包中已定义过的数据类型，子类型 DIGITS 只是把 INTEGER 约束到只含 10 个值的数据类型上。

由于子类型与其基本数据类型属同一数据类型，因此属于子类型的和属于基本数据类型的数据对象间的赋值和被赋值可以直接进行，不必进行数据类型的转换。

利用子类型定义数据对象的好处是，除了可使程序提高可读性和易处理性外，其最大的好处在于利于提高综合的优化效率，这是因为综合器可以根据子类型所设的约束范围，有效地推知参与综合的寄存器的最合适的数目。

1. 枚举类型

VHDL 中的枚举数据类型是用文字符号来表示一组实际的二进制数的类型(若直接用数值来定义，则必须使用单引号)。例如，状态机的每一状态在实际电路虽是以一组触发器的当前二进制数位的组合来表示的，但设计者在状态机的设计中，为了更便于阅读和编译，往往将表征每一状态的二进制数组用文字符号来代表。

【例 3-15】枚举数据类型示例。

```
TYPE M_STATE IS( STATE1，STATE2，STATE3，STATE4，STATE5);
SIGNAL CURRENT_STATE，NEXT_STATE：M_STATE;
```

在这里，信号 CURRENT_STATE 和 NEXT_STATE 的数据类型定义为 M_STATE，它们的取值范围是可枚举的，即从 STATE1~STATE5 共 5 种，而这些状态代表 5 组唯一的二进制数值。

在综合过程中，枚举类型文字元素的编码通常是自动的，编码顺序是默认的，一般将第一个枚举量(最左边的量)编码为 0，以后的依次加 1。综合器在编码过程中自动将第一枚举元素转变成位矢量，位矢的长度将取所需表达的所有枚举元素的最小值。如上例中用于表达 5 个状态的位矢长度应该为 3，编码默认值为如下方式：

```
STATE1='000'; STATE2='001'; STATE3='010'; STATE4='011'; STATE5='100';
```

于是它们的数值顺序便成为 STATE1<STATE2<STATE3<STATE4<STATE5。一般而言，编码方法因综合器不同而不同。为了某些特殊的需要，编码顺序也可以人为设置。

2. 数组类型

数组类型属复合类型，是将一组具有相同数据类型的元素集合在一起，作为一个数据对象来处理的数据类型。数组可以是一维(每个元素只有一个下标)数组或多维数组(每个元素有多个下标)。VHDL 仿真器支持多维数组，但 VHDL 综合器只支持一维数组。

数组的元素可以是任何一种数据类型，用以定义数组元素的下标范围子句决定了数组中元素的个数，以及元素的排序方向，即下标数是由低到高，或是由高到低。如子句“0 TO 7”是由低到高排序的 8 个元素；“15 DOWNTO 0”是由高到低排序的 16 个元素。

VHDL 允许定义两种不同类型的数组，即限定性数组和非限定性数组。它们的区别是，限定性数组下标的取值范围在数组定义时就被确定了，而非限定性数组下标的取值范围需留待随后根据具体数据对象再确定。

定义限定性数组的语句格式如下：

```
TYPE 数组名 IS ARRAY (数组范围) OF 数据类型;
```

其中，数组名是新定义的限定性数组类型的名称，可以是任何标识符，其类型与数组元素相同；数组范围明确指出数组元素的定义数量和排序方式，以整数来表示其数组的下标；数据类型即指数组各元素的数据类型。

【例 3-16】限定性数组类型定义示例。

```
TYPE STB IS ARRAY(7 DOWNTO 0) OF STD_LOGIC;
```

这个数组类型的名称是 STB，它有 8 个元素，它的下标排序是 7，6，5，4，3，2，1，0，各元素的排序是 STB(7)，STB(6)，…，STB(1)，STB(0)。每一元素的数据类型是 STD_LOGIC。

定义非限制性数组的语句格式如下：

```
TYPE 数组名 IS ARRAY (数组下标名 RANGE<>) OF 数据类型;
```

其中，数组名是定义的非限制性数组类型的取名；数组下标名是以整数类型设定的一个数组下标名称；符号“<>”是下标范围待定符号，用到该数组类型时，再填入具体的数值范围；数据类型是数组中每一元素的数据类型。

以下三例表达了非限制性数组类型的不同用法。

【例 3-17】非限制性数组的定义示例。

```
TYPE BIT_VECTOR IS ARRAY(NATURAL RANGE<>) OF BIT;
VARABLE VA：BIT_VECTOR(1 TO 6);        --将数组取值范围定在 1~6
```

【例 3-18】非限制性数组的另一种定义示例。

```
TYPE REAL_MATRIX IS ARRAY (POSITIVE RANGE<>) OF REAL;
```

```
VARIABLE REAL_MATRIX_OBJECT: REAL_MATRIX(1 TO 8);     --限定范围
```

【例 3-19】非限制性数组的范围限定设置。

```
TYPE LOGIC_VECTOR IS ARRAY(NATURAL RANGE<>，POSITIVE RANGE<>) OF LOG_4;
VARIABLEL4_OBJECT: LOG_4_VECTOR(0 TO 7，1 TO 2);          --限定范围
```

3. 记录类型

由已定义的、数据类型不同的对象元素构成的数组称为记录类型的对象。定义记录类型的语句格式如下：

```
TYPE  记录类型名   IS   RECORD
元素名: 元素数据类型;
元素名: 元素数据类型;
…
END RECORD [记录类型名];
```

【例 3-20】记录类型定义示例。

```
TYPE RECDATA IS RECORD              --将 RECDATA 定义为 3 个元素的记录类型
ELEMENT1: TIME;                     --将元素 ELEMENT1 定义为时间类型
ELEMENT2: TIME;                     --将元素 ELEMENT2 定义为时间类型
ELEMENT3: STD_LOGIC;                --将元素 ELEMENT3 定义为标准位类型
END RECORD;
```

对于记录类型的数据对象赋值的方式，可以是整体赋值，也可以是对其中的单个元素进行赋值。在使用整体赋值方式时，可以有位置关联方式或名字关联方式两种表达方式。如果使用位置关联，则默认为元素赋值的顺序与记录类型声明时的顺序相同。如果使用了 OTHERS 选项，则至少应有一个元素被赋值，如果有两个或更多的元素由 OTHERS 选项来赋值，则这些元素必须具有相同的类型。此外，如果有两个或两个以上的元素具有相同的子类型，就可以以记录类型的方式放在一起定义。

【例 3-21】利用记录类型定义的一个微处理器命令信息表。

```
TYPE REGNAME IS (AX，BX，CX，DX);
TYPE OPERATION IS RECORD
   OPSTR：STRING(1 TO 10);
   OPCODE：BIT_VECTOR(3 DOWNTO 0);
   OP1，OP2，RES：REGNAME;
END RECORD;
VARIABLE   INSTR1，INSTR2：OPERATION;…
INSTR1: =("ADD AX，BX"，"0001"，AX，BX，AX);
INSTR2: =("ADD AX，BX"，"0010"，OTHERS=>BX);
VARIABLE INSTR3：OPERATION;…
INSTR3.OPSTR: ="MUL AX，BX";
INSTR3.OP1: =AX;
```

本例中，定义的记录 OPERATION 共有 5 个元素，一个是加法指令码的字符串 OPSTR，一个是 4 位操作码 OPCODE，另外 3 个是枚举型数据 OP1、OP2、RES(其中 OP1 和 OP2

是操作数，RES 是目标码)。例中定义的变量 INSTR1 的数据类型是记录型 OPERATION，它的第一个元素是加法指令字符串"ADD AX，BX"；第二个元素是此指令的 4 位命令代码“0001”；第三、第四个元素为 AX 和 BX；AX 和 BX 相加后的结果送入第五个元素 AX，因此这里的 AX 是目标码。语句 INSTR3. OPSTR：="MUL AX，BX"赋给 INSTR3 中的元素 OPSTR。一般地，对于记录类型的数据对象进行单元素赋值时，就在记录类型对象名后加点(.)，再加赋值元素的元素名。

记录类型中的每一个元素仅为标量型数据类型构成称为线性记录类型；否则为非线性记录类型。只有线性记录类型的数据对象才是可综合的。

3.8.3 数据类型转换

由于 VHDL 是一种强类型语言，不允许不同类型的数据相互赋值，而有时又必须在不同的数据间赋值，这时就必须对数据类型进行转换。数据类型的转换有以下两种方法。

(1) 类型标记法

这种转换方法由数据类型名称来实现关系密切的标量类型之间的转换，即直接类型转换。一般语句格式是：

```
数据类型标识符(表达式)
```

一般情况下，直接类型转换仅限于非常关联的数据类型之间(数据类型相互间的关联性非常大)，必须遵循以下规则：

- 所有的抽象数字类型是非常关联的类型，如整型、浮点型，如果浮点数转换为整数，则转换结果是最接近的一个整型数。
- 如果两个数组有相同的维数，两个数组的元素是同一类型，并且在各处的下标范围内索引是同一类型或非常接近的类型，那么这两个数组是非常关联类型。
- 枚举型不能被转换。

【例 3-22】使用类型标记实现类型转换。

```
Variable  x:  integer;
Variable  y:  real;
```

使用类型标记实现类型转换时，可采用以下赋值语句：

```
x := integer(y);
y := real(x);
```

(2) 类型转换函数法

VHDL 语言常用程序包中提供了多种数据类型转换函数，使得某些数据类型间可以相互转换，以实现正确的赋值操作。VHDL 中预定义的数据类型转换函数大多可在 std_logic_arith 程序包中找到。如表 3-5 所示为常用的数据类型转换函数。

表 3-5　常用的数据类型转换函数

函　数　名	所在程序包	函数功能说明
conv_integer(p)	Std_logic_arith	将 unsigned、signed 类型转换为 integer 类型
conv_unsigned(p,b)	Std_logic_arith	将 unsigned、signed、integer 转换为 b，即 bit 的 unsigned 类型
conv_signed(p,b)	Std_logic_arith	将 unsigned、signed、integer 转换为 b，即 bit 的 signed 类型
conv_std_logic_vector(p,b)	Std_logic_arith	将 unsigned、signed、integer 转换为 b，即 bit 的 std_logic_vector 类型
to_bit(p)	Std_logic_1164	将 std_logic 类型转换为 bit 类型
to_bit_vector(p)	Std_logic_1164	将 std_logic_vector 类型转换为 bit_vector 类型
to_std_logic(p)	Std_logic_1164	将 bit 类型转换为 std_logic 类型
to_std_logic_vector(p)	Std_logic_1164	将 bit_vector 类型转换为 std_logic_vector 类型

【例 3-23】数据类型转换示例。

```
LIBRARY IEEE;
USE IEEE.STD_LOGIC_1164.ALL;
ENTITY CNT4 IS
      PORT(CLK: IN STD_LOGIC;
            P: INOUT STD_LOGIC_VECTOR(3 DOWNTO 0);
END CNT4;
LIBRARY DATAIO;
USE DATAIO.STD_LOGIC_OPS.ALL
ARCHITECTURE BEHV OF CNT4 IS
BEGIN
PROCESS(CLK)
BEGIN
IF CLK= '1'AND CLK'EVENT THEN
        P<=TO_VECTOR(2，TO_INTEGER(P)+1);
END IF
END PROCESS;
END BEHV;
```

此例中利用了 DATAIO 库的程序包 STD_LOGIC_OPS 中的两个数据类型转换函数：TO_VECTOR 和 TO_INTEGER，前者将 INTEGER 转换成 STD_LOGIC_VECTOR，后者将 STD_LOGIC_VECTOR 转换成 INTEGER。通过这两个转换函数，就可以使用“+”运算符进行直接加 1 操作了，同时又能保证最后的加法结果是 STD_LOGIC_VECTOR 数据类型。

利用类型转换函数来进行类型的转换需定义一个函数，使其参数类型为被转换的类型，返回值为转换后的类型。这样就可以自由地进行类型转换了。在实际应用中，类型转换函数是很常用的。VHDL 的标准程序包中提供了一些常用的转换函数。

3.9　运算操作符

VHDL 的各种表达式由操作数和操作符组成，其中操作数是各种运算的对象，而操作符则规定运算(算术运算和逻辑运算)的方式。

1. 操作符种类及对应的操作数类型

在 VHDL 中，有四类操作符，即逻辑操作符(Logical Operator)、关系操作符(Relational Operator)和算术操作符(Arithmetic Operator)，此外还有重载操作符(Overloading Operator)。前三类操作符是完成逻辑和算术运算的最基本的操作符的单元，重载操作符是对基本操作符作了重新定义的函数型操作符。各种操作符所要求的操作数类型如表 3-6 所示，操作符之间的优先级别如表 3-7 所示。

表 3-6　VHDL 操作符列表

类　型	操　作　符	功　能	操作数数据类型
算术操作符	+	加	整数
	–	减	整数
	&	并置	一维数组
	*	乘	整数和实数(包括浮点数)
	/	除	整数和实数(包括浮点数)
	MOD	取模	整数
	REM	取余	整数
	SLL	逻辑左移	BIT 或布尔型一维数组
	SRL	逻辑右移	BIT 或布尔型一维数组
	SLA	算术左移	BIT 或布尔型一维数组
	SRA	算术右移	BIT 或布尔型一维数组
	ROL	逻辑循环左移	BIT 或布尔型一维数组
	ROR	逻辑循环右移	BIT 或布尔型一维数组
	**	乘方	整数
	ABS	取绝对值	整数
	+	正	整数
	–	负	整数
关系操作符	=	等于	任何数据类型
	/=	不等于	任何数据类型
	<	小于	枚举与整数类型，及对应的一维数组
	>	大于	枚举与整数类型，及对应的一维数组
	<=	小于等于	枚举与整数类型，及对应的一维数组
	>=	大于等于	枚举与整数类型，及对应的一维数组

(续表)

类　型	操　作　符	功　能	操作数数据类型
逻辑操作符	AND	与	BIT，BOOLEAN，STD_LOGIC
	OR	或	BIT，BOOLEAN，STD_LOGIC
	NAND	与非	BIT，BOOLEAN，STD_LOGIC
	NOR	或非	BIT，BOOLEAN，STD_LOGIC
	XOR	异或	BIT，BOOLEAN，STD_LOGIC
	XNOR	异或非	BIT，BOOLEAN，STD_LOGIC
	NOT	非	BIT，BOOLEAN，STD_LOGIC

表 3-7　VHDL 操作符优先级

运　算　符	优　先　级
NOT，　ABS，　**	最高优先级
*，　/，　MOD，　REM	
+(正号)，　-(负号)	⇧
+，　-，　&	
SLL，　SLA，　SRL，　SRA，　ROL，　ROR	最低优先级
=，　/=，　<，　<=，　>，　>=	
AND，　OR，　NAND，　NOR，　XOR，　XNOR	

运算符操作应注意以下几点：

(1) 严格遵循在基本操作符间操作数是同数据类型的规则；严格遵循操作数的数据类型必须与操作符所要求的数据类型完全一致的规则。

(2) 注意操作符之间的优先级别。当一个表达式中有两个以上的操作符时，可使用括号将这些运算分组。

(3) VHDL 共有 7 种基本逻辑操作符，对于数组型如 STD_LOGIC_VECTOR 数据对象的相互作用是按位进行的。一般情况下，经综合器综合后，逻辑操作符将直接生成门电路。信号或变量在这些操作符的直接作用下，可构成组合电路。

(4) 关系操作符的作用是将相同数据类型的数据对象进行数值比较(=、/=)或关系排序判断(<、<=、>、>=)，并将结果以布尔类型(BOOTLEAN)的数据表示出来，即TRUE 或 FALSE两种。对于数组或记录类型的操作数，VHDL 编译器将逐位比较对应位置各位数值的大小而进行比较或关系排序。

(5) 在表 3-6 中所列出的 17 种算术操作符可以分为求和操作符、求积操作符、符号操作符、混合操作符和移位操作符五类。

- 求和操作符包括加减操作符和并置操作符。加减操作符的运算规则与常规的加减法是一致的，VHDL 规定它们的操作数的数据类型是整数。对于大于位宽为 4 的加法器和减法器，VHDL 综合器将调用库元件进行综合。

并置运算符(&)的操作数的数据类型是一维数组，可以利用并置符将普通操作数或数组组合起来形成各种新的数组。例如“VH”&“DL”的结果为“VHDL”；“0”&“1”的结果为“01”，并置操作常用于字符串。但在实际运算过程中，要注意并置操作前后的数组长度应一致。

- 求积操作符包括*(乘)、/(除)、MOD(取模)和 REM(取余)4 种。VHDL 规定，乘与除的数据类型是整数和实数(包括浮点数)。在一定条件下，还可对物理类型的数据对象进行运算操作。

操作符 MOD 和 REM 的本质与除法操作符是一样的，因此，可综合的取模和取余的操作数必须是以 2 为底数的幂。MOD 和 REM 的操作数的数据类型只能是整数，运算操作结果也是整数。

- 符号操作符“+”和“-”的操作数只有一个，操作数的数据类型是整数，操作符“+”对操作数不作任何改变，操作符“-”作用于操作数后的返回值是对原操作数取负，在实际使用中，取负操作数需加括号。如 Z: =X*(-Y); 。
- 混合操作符包括乘方“**”操作符和取绝对值“ABS”操作符两种。VHDL 规定，它们的操作数数据类型一般为整数类型。乘方运算的左边可以是整数或浮点数，但右边必须为整数，而且只有在左边为浮点时，其右边才可以为负数。一般地，VHDL 综合器要求乘方操作符作用的操作数的底数必须是 2。
- 6 种移位操作符号(SLL、SRL、SLA、SRA、ROL 和 ROR)都是 VHDL'93 标准新增的运算符，其中 SLL 是将位矢向左移，右边跟进的位补零；SRL 的功能恰好与 SLL 相反；ROL 和 ROR 的移位方式稍有不同，它们移出的位将用于依次填补移空的位，执行的是自循环式移位方式；SLA 和 SRA 是算术移位操作符，其移空位用最初的首位来填补。

3. 重载操作符(Overloading Operator)

VHDL 是强类型语言，相同类型的操作数才能进行操作。为了方便各种不同数据类型间的运算，VHDL 允许用户对原有的基本操作符重新定义，赋予新的含义和功能，从而建立一种新的操作符，这就是重载操作符，定义这种操作符的函数称为重载函数。重载操作符可由原操作符加双引号表示。事实上，在程序包 STD_LOGIC_UNSIGNED 中已定义了多种可供不同数据类型间操作的算符重载函数。

Synopsys 的程序包 STD_LOGIC_ARITH、STD_LOGIC_UNSIGNED 和 STD_LOGIC_SIGNED 中已经为许多类型的运算重载了算术运算符和关系运算符，因此只要引用这些程序包，SINGEND、UNSIGEND、STD_LOGIC 和 INTEGER 之间即可混合运算；INTEGER、STD_LOGIC 和 STD_LOGIC_VECTOR 之间也可以混合运算。

【例 3-24】重载操作符的使用示例。

```
LIBRARY IEEE;
USE IEEE.STD_LOGIC_1164.ALL;
    USE IEEE.STD_LOGIC_UNSIGNED.ALL  --在该程序包中对标准逻辑矢量之间相加进行了重载
ENTITY OVERLOAD IS
    PORT(A: IN STD_LOGIC_VECTOR(3 DOWNTO 0);
      B: IN STD_LOGIC_VECTOR(3 DOWNTO 0);
      C: IN INTEGER RANGE 0 TO 15;
      SOM1: OUT STD_LOGIC_VECTOR(4 DOWNTO 0);
      SOM2: OUT STD_LOGIC_VECTOR(4 DOWNTO 0));
END OVERLOAD;
```

```
ARCHITECTURE EXAMPLE OF OVERLOAD IS
BEGIN
PROCESS(A,B)
BEGIN
    SOM1<=A+B;        --在调用了 STD_LOGIC_UNSIGNED 程序包后此式才成立
    SOM2<=A+C;        --在调用了 STD_LOGIC_UNSIGNED 程序包后此式才成立
END PROCESS;
END EXAMPLE;
```

3.10 本章小结

本章重点研究了 3 个问题。第一个问题：VHDL 程序的基本结构，主要包含库和程序包、实体、结构体和配置四大部分。其中库和程序包的调用可以使程序能够使用 VHDL 语言体系已经定义好的数据类型和函数等，实体用于描述对外的接口，结构体用于描述模块内部的功能结构，而配置部分不是必须的。第二问题：子程序。子程序包含了函数和进程，其定义和使用有两种方法，重点掌握在程序中定义和调用的函数的使用方法。此外还讲到重载函数、重载符号、过程的顺序调用和并行调用。第三个问题：VHDL 语言要素。主要包含文字规则、数据对象、数据类型和运算操作符四大部分，数据对象是 VHDL 语法的独有特性，应从硬件电路设计的角度深刻理解数据对象的内涵，数据类型分清 VHDL 预定数据类型和自定义数据类型，掌握使用方法，重点掌握可综合的数据类型。其中 VHDL 的关键字(key words)、运算操作符、可综合数据类型、STANDERD 程序包、IEEE.STD_LOGIC_1164 程序包间附录部分。

3.11 习　　题

3-1　正确编写 VHDL 程序需要注意哪几大要素？

3-2　VHDL 程序的基本结构是怎么样的？

3-3　VHDL 中标识符的书写规则有哪些？其功能作用又如何？

3-4　在子程序中包含的函数和过程有什么异同点？

3-5　什么是重载函数？重载运算符有何作用？如何调用重载运算符函数？

3-6　VHDL 数据对象在硬件电路中有什么含义？

3-7　VHDL 中常用的数据类型有哪几种？分别被定义在哪几个程序包中？其赋值语句的一般格式如何？

3-8　端口模式 in、out、inout 和 buffer 有何异同点？

3-9　VHDL 支持哪几种运算操作？哪一种运算优先级最高？

3-10　信号与变量的区别有哪些？信号可以用来描述哪些硬件特性？

第4章　Quartus II应用深入

第 3 章中介绍的 VHDL 语法知识和电路设计方法可以用于基本电路模块的设计。现在已经有了硬件设计基础知识，下面准备进入硬件设计技术的学习阶段。利用 VHDL 完成电路设计后，必须借助 EDA 工具中的综合器、适配器、时序仿真器和编程等进行相应的处理后，才能使此项设计在 FPGA 上完成硬件实现，并得到硬件测试，从而使 VHDL 设计得到最终的验证。本章主要介绍利用 VHDL 语言设计硬件逻辑电路的流程，包括设计输入、综合、适配、仿真测试和编程下载等重要方法，以及 Quartus II 的相关设置和 SignalTap II 逻辑分析仪的使用方法。

4.1　用 VHDL 设计十进制计数器的步骤

4.1.1　建立工作库文件夹和编辑设计文件

任何一项设计都是一项工程(Project)，都必须先为此工程建立一个放置与此工程相关的所有设计文件的文件夹。此文件夹将被 EDA 软件默认为工作库(Work Library)。一般不同的设计项目最好放在不同的文件夹中，而同一工程的所有文件都必须放在同一文件夹中。

在建立了文件夹后，即可将设计文件通过 Quartus II 的文本编辑器编辑并存盘，步骤如下：

(1) 新建一个文件夹。这里假设本项设计的文件夹取名为 CNT10B，在 D 盘中，路径为 d:\cnt10b。

(2) 输入源程序。打开 Quartus II，选择 File→New 命令，在打开的 New 窗口中的 Device Design Files 中选择编译文件的语言类型，这里选择 VHDL File，如图 4-1 所示，然后在 VHDL 文本编译窗中输入例 4-1 所示的 VHDL 示例程序。

【例 4-1】cnt10 的 VHDL 源程序。

```
LIBRARY IEEE;
USE IEEE.STD_LOGIC_1164.ALL;
USE IEEE.STD_LOGIC_UNSIGNED.ALL;
ENTITY CNT10 IS
    PORT (CLK,RST,EN : IN STD_LOGIC;
                    CQ : OUT STD_LOGIC_VECTOR(3 DOWNTO 0);
```

```
COUT : OUT STD_LOGIC);
END CNT10;
ARCHITECTURE behav OF CNT10 IS
BEGIN
   PROCESS(CLK, RST, EN)
      VARIABLE   CQI : STD_LOGIC_VECTOR(3 DOWNTO 0);
   BEGIN
      IF RST = '1' THEN     CQI := (OTHERS =>'0');          --计数器异步复位
       ELSIF CLK'EVENT AND CLK='1' THEN                     --检测时钟上升沿
        IF EN = '1' THEN                                    --检测是否允许计数(同步使能)
          IF CQI < 9 THEN     CQI := CQI + 1;               --允许计数，检测是否小于 9
             ELSE       CQI := (OTHERS =>'0');              --大于 9，计数值清零
          END IF;
        END IF;
      END IF;
       IF CQI = 9 THEN COUT <= '1';                         --计数大于 9，输出进位信号
          ELSE   COUT <= '0';
       END IF;
          CQ <= CQI;                                        --将计数值向端口输出
   END PROCESS;
```

(3) 文件存盘。选择 File→Save As 命令，找到已建立的文件夹 d:\cnt10b，存盘文件名应该与实体名一致，即 cnt10.vhd。当出现问句“Do you want to create…”如图 4-2 所示时，若单击“是”按钮，则直接进入创建工程流程。若单击“否”按钮，可按以下方法进入创建工程流程。本示例单击“否”按钮。

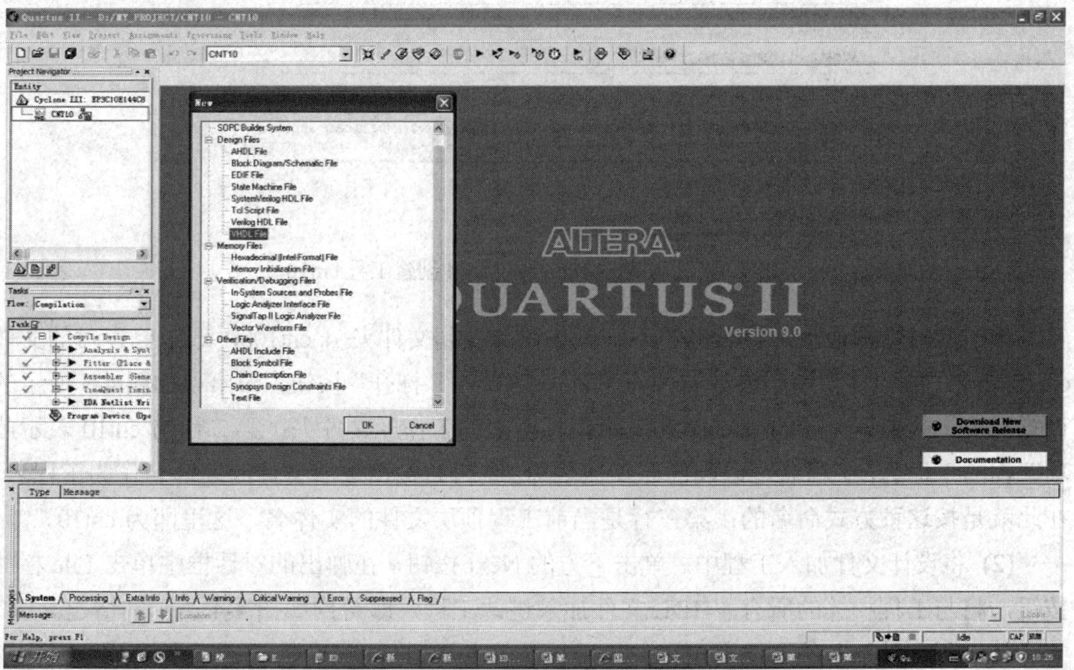

图 4-1 选择编辑文件的语言类型

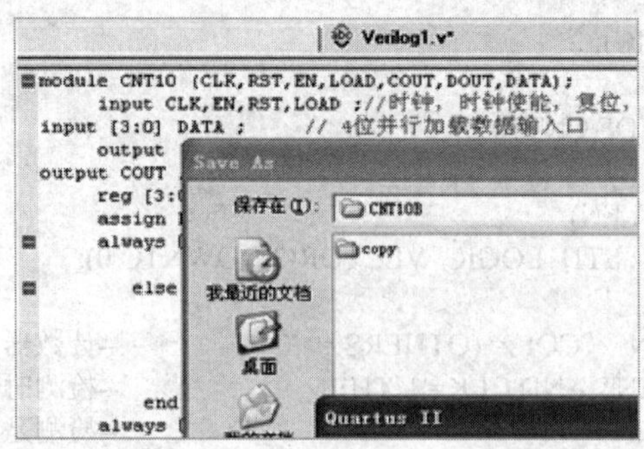

图 4-2　编辑输入源程序并存盘

4.1.2　创建工程

使用 New Project Wizard 可以为工程指定工作目录、分配工程名称以及指定最高层设计实体的名称，还可以指定要在工程中使用的设计文件、其他源文件、用户库和 EDA 工具，以及目标器件系列和具体器件等。具体步骤如下。

(1) 打开建立新工程管理窗口。选择菜单 File→New Project Wizard 命令，弹出新建工程向导的“工程设置”对话框，如图 4-3 所示。

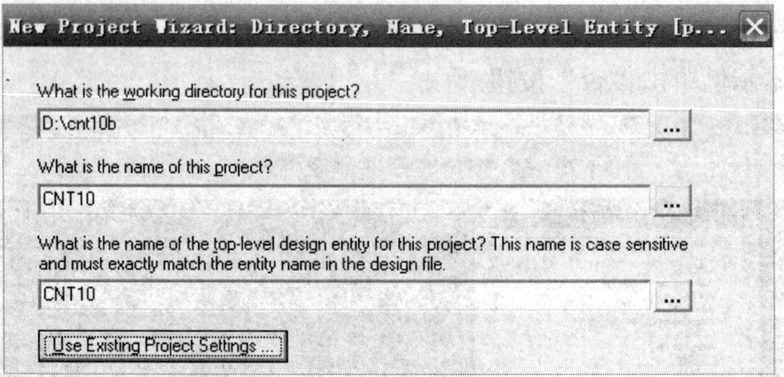

图 4-3　利用 New Project Wizard 创建工程 cnt10

单击此对话框最上一栏右侧的“…”按钮，找到文件夹 d:\cnt10b，选中已存盘的文件 cnt10.vhd(一般应该设顶层设计文件为工程)，再单击“打开”按钮，即出现如图 4-3 所示的设置情况。其中第一行的 d:\cnt10b 表示工程所在的工作库文件夹；第二行的 cnt10 表示此项工程的工程名，工程名可以取任何其他名称，也可直接用顶层文件的实体名作为工程名，在此就是按这种方式命名的；第三行是当前工程顶层文件的实体名，这里即为 cnt10。

(2) 将设计文件加入工程中。单击下方的 Next 按钮，在弹出的对话框中单击 File 栏的按钮，将与工程相关的所有 VHDL 文件加入进此工程，即得到如图 4-4 所示的情况。

此工程文件加入的方法有两种：第一种是单击 Add All 按钮，将设定的工程目录中的所有 VHDL 文件加入到工程文件栏中；第二种方法是单击 Add 按钮，从工程目录中选出相关的 VHDL 文件。

(3) 选择仿真器和综合器类型。单击如图 4-4 所示的 Next 按钮，这时弹出的窗口用于选择仿真器和综合器类型，如果都选默认的 NONE，表示都选 Quartus II 中自带的仿真器和综合器。在此都选择默认项 NONE(不作任何打勾选择)。

(4) 选择目标芯片。单击 Next 按钮，选择目标芯片。首先在 Device Family 下拉列表框中选芯片系列，在此选 Cyclone III 系列，并在此栏下单击 Yes 按钮，即选择一确定目标器件。再次单击Next 按钮，选择此系列的具体芯片 EP3C5E144C8，这里 EP3C5 表示 Cyclone III 系列及此器件的规模；E 表示芯片底面具有接地电基层的 TQFP 封装；C8 表示速度级别。便捷的方法是通过如图 4-5 所示窗口右边的 3 个 Filters 过滤选项进行筛选、选择：分别选择 Package 为 TQFP；Pin 为 144 和 Speed 为 8。

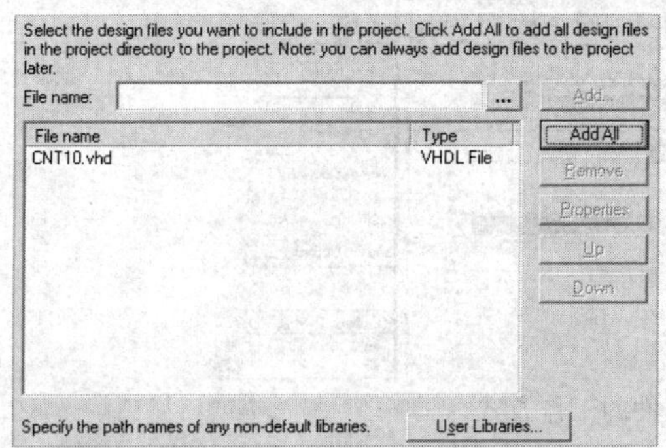

图 4-4　将所有相关的文件都加入进此工程

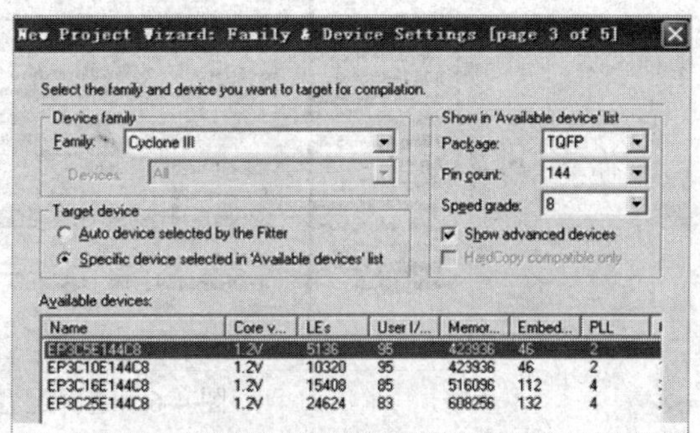

图 4-5　选择目标器件 EP3C5E144C8

(5) 工具设置。单击 Next 按钮，弹出的下一个窗口是 EDA 工具设置窗口 EDA Tool Settings。此窗口有 3 个选项：①EDA design entry/synthesis tool，用于选择输入的 HDL 类型和综合工具；②EDA simulation tool，用于选择仿真工具；③EDA timing analysis tool，用于选择时序分析工具，这是除 Quartus II 自含的所有设计工具以外的外加的工具，因此，如果都不做选择，表示仅选择 Quartus II 自含的所有设计工具。

(6) 结束设置。单击 Next 按钮后，即弹出“工程设置统计”窗口，列出了此项工程相关设置情况。最后单击 Finish 按钮，即确定已设定好此项工程，出现 cnt10 的工程管理窗口，或称 Compilation Hierarchies 窗口，主要显示本工程项目的层次结构和各层次的实体名。

Quartus II 将工程信息存储在工程配置文件(quartus)中。它包含有关 Quartus II 工程的所有信息，包括设计文件、波形文件、SignalTap II 文件和内存初始文件等，以及构成工程的编译器、仿真器和和软件构建设置。

(7) 工程转换。如果现有 MAX+plus II 工程，可以将 MAX+plus II 工程转化为 Quartus II 工程。方法是选择 File→Convert MAX+plus II Project 命令，在弹出的对话框中选择需要转换的 MAX+plus II 工程所在工程文件夹中的分配与配置文件(*.acf)，单击 OK 按钮后即可转换为 Quartus II 工程。

建立工程后，可以使用 Settings 对话框的 ADD/Remove 选项卡为工程添加和删除涉及其他文件。在执行 Quartus II 的 Analysis& synthesis 期间，Quartus II 将按 ADD/Remove 选项卡中显示的顺序处理文件。

4.1.3　编译前设置

在对工程进行编译处理前，必须做好必要的设置，步骤如下：

(1) 选择 FPGA 目标芯片。目标芯片的选择也可以这样来实现：选择 Assignments→settings 命令，在弹出的对话框中选择 Category 项下的 Device。首先选择目标芯片为 EPIC3T144C8(此芯片已在建立工程时选定了)。

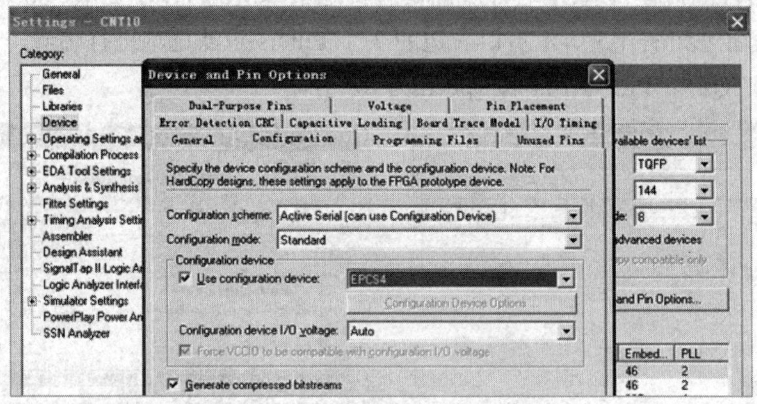

图 4-6　选择配置器件的工作方式

(2) 选择配置器件的工作方式。单击如图 4-6 所示的 Device and Pin Options 按钮，弹出 Device and Pin Options 对话框，首先打开 General 选项卡，如图 4-7 所示。

在 Options 列表框中选中 Auto-restart configuration after error，使对 FPGA 配置失败后能自动重新配置，并加入 JTAG 用户编码。注意对话框下方，随着选择的项目名而显示对应的帮助说明，用户可随时参考。

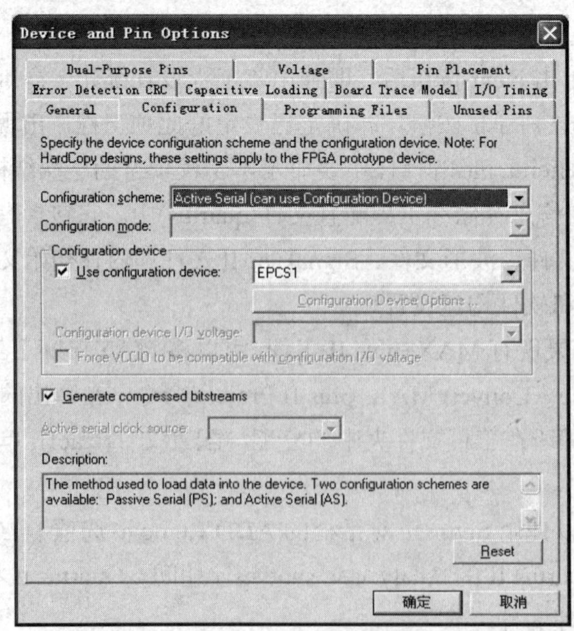

图 4-7　FPGA 配置失败后能自动重新配置的设置

(3) 选择配置器件和编程方式。在图 4-7 中的 Configuration 选项卡中选择配置器件为 EPCS1(如是 1C6 芯片则选 EPCS4)，其配置模式可选择 Active Serial。这种方式只对专用的 Flash 技术的配置器件(专用于 Cyclone 系列 FPGA 的 EPCS4 和 EPCS1 等)进行编程。注意，PC 机对 FPGA 的直接配置方式都是 JTAG 方式，而对于 FPGA 进行所谓“掉电保护式”编程通常有两种：主动串行模式(AS Mode)和被动串行模式(PS Mode)。对 EPCS1/EPCS4 的编程必须用 AS Mode。所以，在选择了 AS Mode 后，必须在 Configuration device 选项中选择配置器为 EPCS1 或 EPCS4。注意，应根据实验系统上的目标器件配置的 EPCS 芯片型号决定。

(4) 选择输出设置(此项可以不更改，即保持默认设置)。打开 Programming Files 选项卡，选中 Hexadecimal(Intel –Format)output file，即生成下载文件的同时，产生二进制配置文件 singt. hexout，并设地址起始为 0 的递增方式。此文件可用于单片机或 CPLD 与 EPROM 构成的配置电路系统。

(5) 选择目标器件闲置引脚状态。打开如图 4-8 所示对话框中的 Unused Pins 选项卡，在此选项卡中，可根据实际需要设置目标器件闲置引脚状态。其中，可设置为输入状态(呈高阻态，推荐选择此项)；或输出状态(呈低电平)；或输出不定状态；或不做任何选择。

其他选项卡也可以做一些设置，各选项的功能可参考对话框下方的帮助说明。

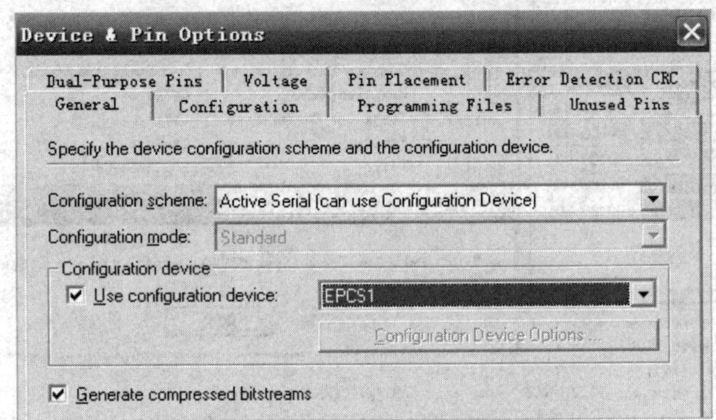

图 4-8　设置目标器件闲置引脚状态

4.1.4　全程编译

Quartus II 编译器是由一系列处理模块构成的，这些模块负责对设计项目的检错，逻辑综合、结构综合、输出结果的编辑配置，以及时序分析。在这一过程中，将设计项目适配到 FPGA/CPLD 目标器中，同时产生多种用途的输出文件，如功能和时序信息文件、器件编程的目标文件等。编译器首先检查出工程设计文件中可能的错误信息，供设计者排除。然后产生一个结构化的以网表文件表达的电路原理图文件。

编译前首先选择 Processing→Start Compilation 命令，启动全程编译。这里所谓的全程编译包括以上提到的 Quartus II 对设计输入的多项处理操作，其中包括排错、数据网表文件提取、逻辑综合、适配、装配文件(仿真文件与编程配置文件)生成，以及基于目标器件的工程时序分析等。

编译过程中要注意工程管理窗下方的 Processing 栏中的编译信息。如果工程中的文件有错误，启动编译后在下方的 Processing 处理栏中会显示出来，如图 4-9 所示。对于 Processing 栏显示出的语句格式错误，可双击此条文，即弹出对应的 vhdl 文件，在深色标记条处即为文件中的错误，再次进行编译直至排除所有错误。注意，如果发现报出多条错误信息，每次只要检查和纠正最上面报出的错误，因为许多情况下，都是由于某一种错误导致了多条错误的信息报告。

如果编译成功，可以见到如图 4-9 所示的工程管理窗口的左上角显示了工程 cnt10 的层次结构和其中结构模块耗用的逻辑宏单元数(共 5 LCs)；在此栏下是编译处理流程，包括数据网表建立、逻辑综合、适配、配置文件装配和时序分析等。最下栏是编译处理信息；中栏(Compilation Report 栏)是编译报告项目选择菜单，点击其中各项可以详细了解编译与分析结果。

例如单击 Flow Summary，将在右栏显示硬件耗用统计报告，其中报告了当前工程耗用了 5 个逻辑宏单元、0 个内部 RAM 位等。

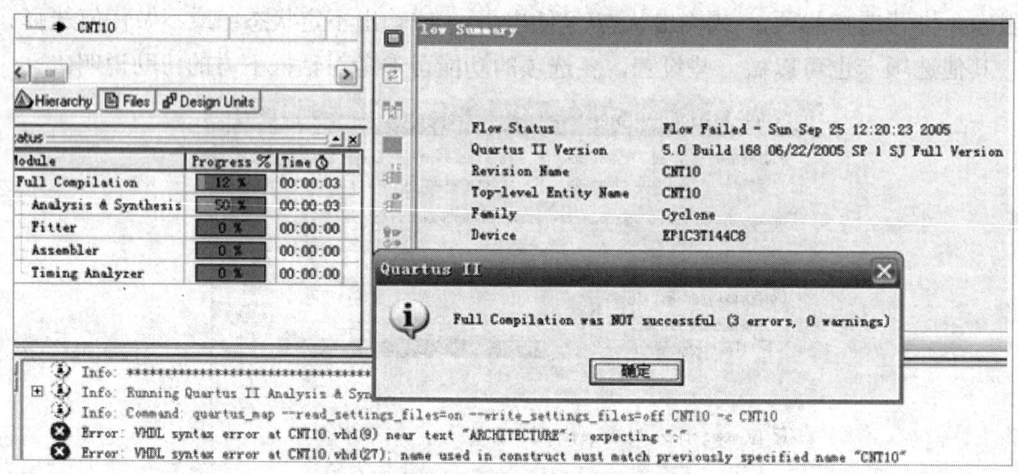

图 4-9　全程编译后出现的报错信息

4.1.5　时序仿真

对工程编译通过后，必须对其功能和时序性质进行仿真测试，以了解设计结果是否满足原设计要求。以 VWF 文件方式的仿真流程的详细步骤如下：

(1) 打开波形编辑器。选择 File→New 命令，在 New 对话框中选择 Other Files 中的 Vector Waveform File，如图 4-10 所示，单击 OK 按钮，即出现空白的波形编辑器，如图4-11 所示，注意将窗口扩大，以利观察。

(2) 设置仿真时间区域。对于时序仿真来说，将仿真时间轴设置在一个合理的时间区域上十分重要。通常设置的时间范围在数十微秒间。

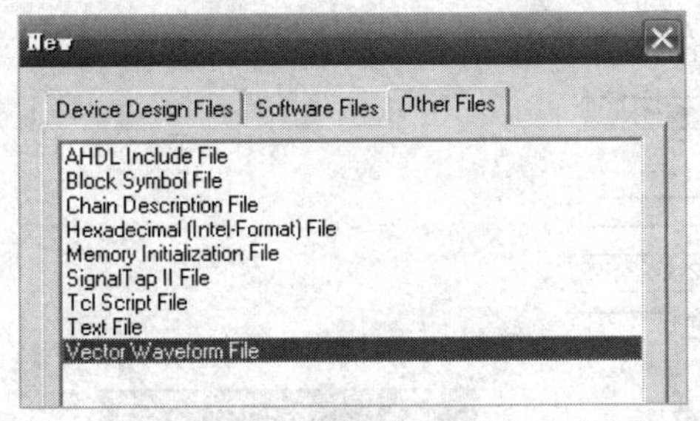

图 4-10　选择编辑矢量波形文件

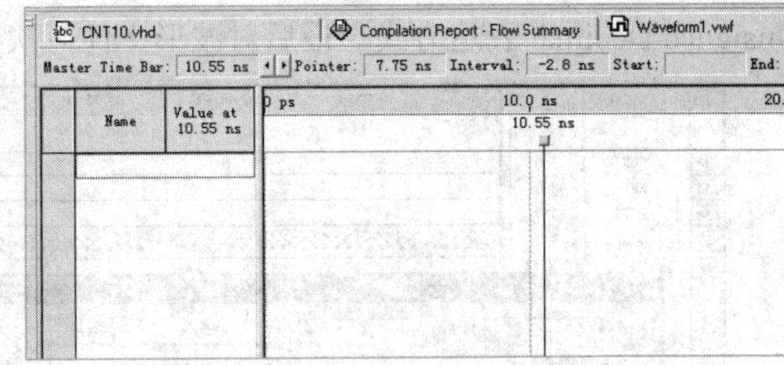

图 4-11　波形编辑器

选择 Edit→End Time 命令，在弹出的对话框中的 Time 栏处输入 50，单位选择 μs，整个仿真域的时间即设定为 50μs，如图 4-12 所示，单击 OK 按钮，结束设置。

(3) 波形文件存盘。选择 File→Save as 命令，将以默认名为 singt.vwf 的波形文件存入文件夹 d:\cnt10b 中，如图 4-13 所示。

图 4-12　设置仿真时间长度

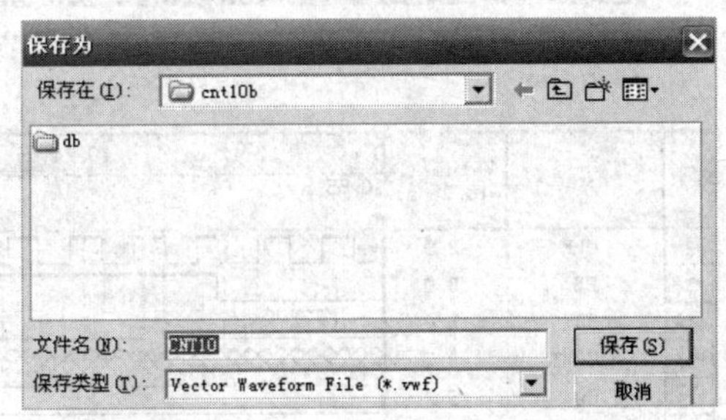

图 4-13　vwf 激励波形文件存盘

(4) 将工程 cnt10 的端口信号节点选入波形编辑器中。方法是首先选择 View→Utility Windows→Node Finder 命令，弹出的对话框如图 4-14 所示，在 Filter 框中选 Pins:all(通常已默认选此项)，然后单击 List 按钮，于是在下方的 Nodes Found 窗口中出现设计中的 cnt10 工程的所有端口引脚名。如果希望 Node Finder 窗是浮动的，可以右击此窗边框，在弹出的对话框(图 4-14)上取消 Enable Docking 选项。

注意：如果此对话框中的 List 不显示 cnt10 工程的端口引脚名，需要重新编译一次，即选择 Processing→Start Compilation，然后再重复以上操作过程。

最后，将重要的端口节点 CLK、EN、RST、COUT 和输出总线信号 CQ 分别拖到波形编辑窗口，结束后关闭 Nodes Found 窗口。单击波形窗左侧的“全屏显示”按钮使全屏显示，单击“放大缩小”按钮，再在波形编辑区域右击，使仿真坐标处于适当位置，如图 4-14 上方所示，这时仿真时间横坐标设定在数十微秒数量级。

(5) 编辑输入波形(输入激励信号)。单击图 4-14 所示的时钟信号名 CLK，使之变成蓝色条，再单击左列的时钟设置键，在 Clock 对话框中设置 CLK 的时钟周期为 2μs；Clock 窗口中的 Duty cycle 是占空比，默认为 50，即 50%占空比，如图 4-15 所示。然后再分别设置 EN 和 RST 的电平。最后设置好的激励信号波形图如图 4-16 所示。

(6) 总线数据格式设置。单击图 4-14 的输出信号 CQ 左边的“+”，则能展开此总线中的所有信号；如果双击此“+”号左边的信号标记，将弹出该信号的数据格式设置对话框，如图 4-17 所示。在该对话框的 Radix 栏有 4 种选择，这里可选择无符号十进制整数

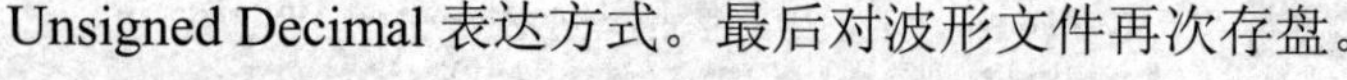

Unsigned Decimal 表达方式。最后对波形文件再次存盘。

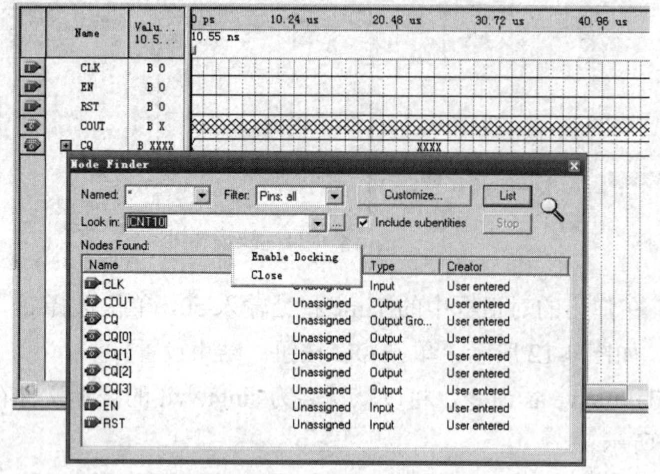

图 4-14　向波形编辑器拖入信号节点

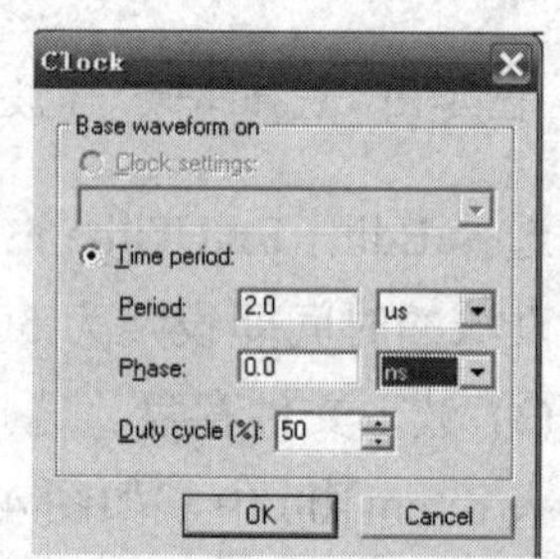

图 4-15　设置时钟 CLK 的周期

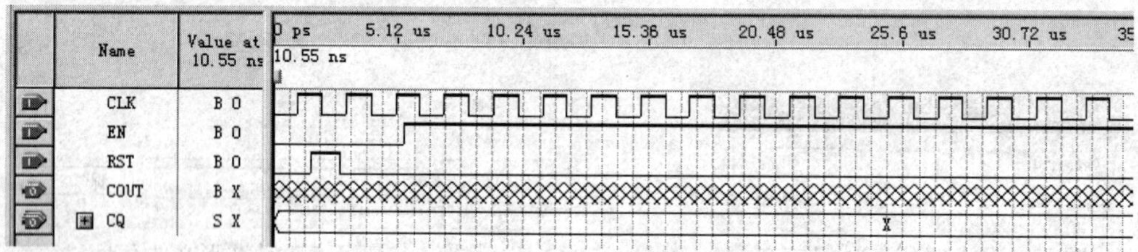

图 4-16　设置好的激励波形图

(7) 仿真器参数设置。选择 Assignment→Settings 命令，在打开的 Settings 对话框中选择 Category→Smulator Settings，如图 4-18 所示，在右侧的 Simulator mode 选项选择 Timing，即选择时序仿真，并选择仿真激励文件名为 CNT10.vwf。选择 Simulator Options 栏，确认选定 Simulator Coverage reporting；毛刺检测 Glitch detection 为 1ns 宽度；选中 Run Simulation until all vector stimuli 全程仿真等。

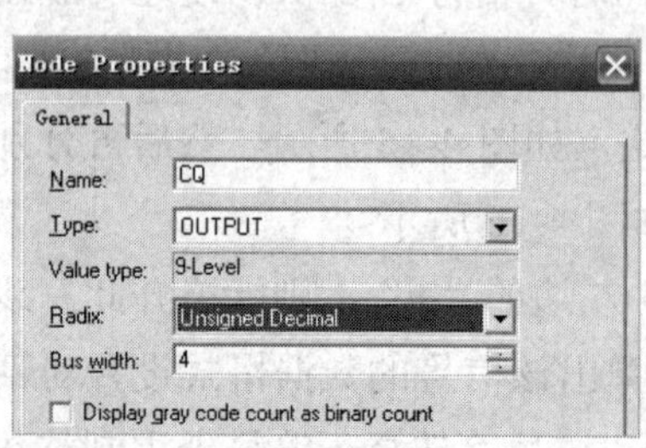

图 4-17　选择总线数据格式

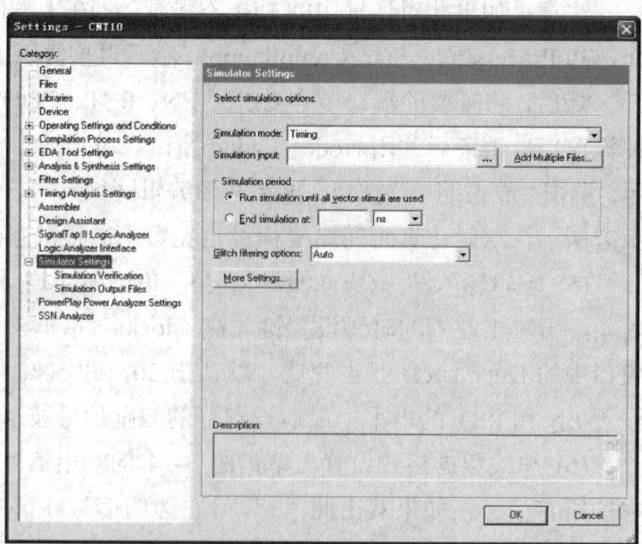

图 4-18　选择仿真控制

(8) 启动仿真器。选择 Processing→Start Simulation 命令，启动仿真，直到出现 Simulation was successful，仿真结束。

(9) 观察仿真结果。仿真波形文件 Simulation Report 通常会自动弹出，如图 4-19 所示。

注意，Quartus II 的仿真波形文件中，波形编辑文件(*.vwf)与波形仿真报告文件是分开的，而 MAX+plus II 的激励波形编辑与仿真报告文件是合二为一的。

如果在启动仿真后，并没有出现仿真完成后的波形图，而是出现文字“con't open Simulation Report Window”，但报告仿真成功，则可自己打开仿真波形报告，选择 Processing→Simulation Report 命令。

如果无法展开波形显示时间轴上的所有波形图，可以右击波形编辑器中的任何位置，这时再选择弹出对话框的 Zoom 项，在出现的下拉菜单中选择 Fit in Window 命令，如图 4-20 所示。

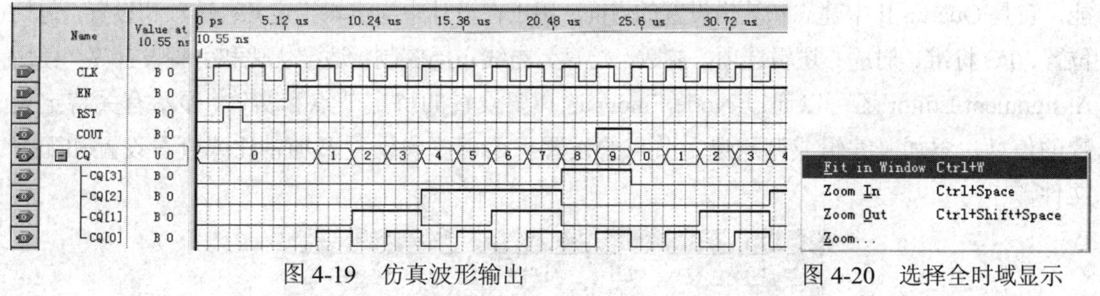

图 4-19　仿真波形输出　　　　图 4-20　选择全时域显示

4.2　引脚锁定与硬件测试

为了能对以上计数器进行硬件测试，应将其输入输出信号锁定在芯片确定的引脚上，编译后下载。当硬件测试完成后，还必须对配置芯片进行编程，完成 FPGA 的最终开发。

4.2.1　引脚锁定

在此选择 GW48-EDA 系统的电路模式 5(参阅附录 F-5)，通过查阅附录有关“芯片引脚对照表”，确定引脚分别为：主频时钟 CLK 接 Clock0(第 91 脚，可接在 4Hz 上)；计数使能 EN 可接电路模式 5 的键 1(PIO0 对应第 143 脚)；复位 RST 则接电路模式 5 的键 2(PIO1 对应第 144 脚，注意键序与引脚号码并无对应关系)；溢出 COUT 接发光管 D1(PIO8 对应第 25 脚)；4 位输出数据总线 CQ[3..0]可由数码 1 来显示，分别接 PIO19、PIO18、PIO17、PIO16(它们对应的引脚编号分别为 44、43、42、41)，如果是 GWAC6 板，CLK 接 28；EN:233、RST:234、COUT:1、CQ[3..0]分别接 16、17、18、19。

(1) 假设现在已经打开了 CNT10 工程。如果刚打开 Quartus II，则选择 File→Open Project 命令，在打开的对话框中选择工程文件 CNT10，打开该工程。

(2) 选择 Assignments→Assignment Editor 命令，打开如图 4-21 所示的编辑器。在 Category

栏中选择 Pin。或直接单击右上侧的 Pin 按钮。

(3) 双击 TO 栏的<<new>>，在出现的如图 4-22 所示的下拉列表中选择本工程要锁定的端口信号名；然后双击对应的 Location 栏的<<new>>，在出现的下拉列表中选择对应端口信号名的器件引脚号。

在 Assignment Editor 编辑器中还能对引脚做进一步设定，如在 I/OStandard 栏，配合芯片的不同 I/O Bank 上，加载的 VCCIO 电压，选择每一信号的 I/O 电压；在 Reserved 栏，可对某些空闲的 I/O 引脚的电气特性做设置；而在 Signal Probe 等选择栏，可对指定的信号做探测信号的设定。

(4) 最后存储这些引脚锁定的信息后，必须再编译一次，才能将引脚锁定信息编译进编程下载文件中。此后就可以准备将编译好的 SOF 文件下载到实验系统的 FOGA 中去了。

以上的引脚锁定使用了 Assignment Editor。事实上 Assignment Editor 还有许多其他功能，它是 Quartus II 中建立和编辑设置的界面。用于在设计中为逻辑指定各种选项和设置，包括位置、I/O 标准、时序、逻辑选项、参数、仿真、布线布局控制、适配优化和引脚设置等。使用 Assignment Editor 还可以通过 Node Finder 选择要设置的特定节点和实体，显示有关特定设置的信息，添加、编辑或删除选定节点的设置，还可以向设置添加备注或查看设置和配置文件。

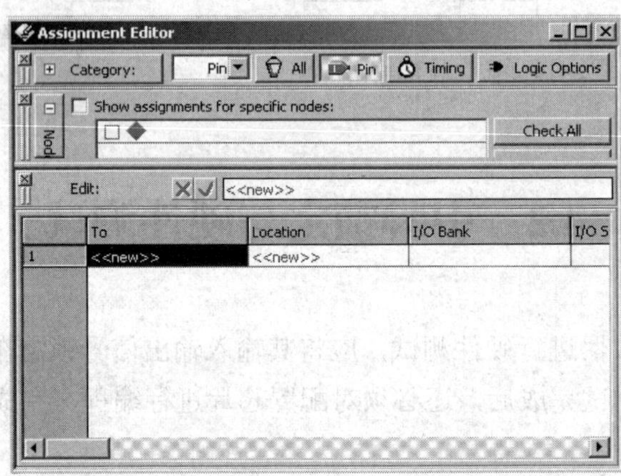

图 4-21　Assignment Editor 编辑器

Category: Pin　All　Pin　Timing

Node Filter: Click the Node Filter button to view more options

	To	Location	I/O Bank	I/O Standard	General Function	Special Funct
1	CLK	PIN_93	3	LVTTL	Dedicated Clock	CLK2/LVDSCL
2	EN	PIN_1	1	LVTTL	Row I/O	LVDS4p/INIT
3	RST	PIN_2	1	LVTTL	Row I/O	LVDS4n/DQ1
4	COUT	PIN_11	1	LVTTL	Row I/O	VREF1B1
5	CQ[0]	PIN_39	4	LVTTL	Column I/O	LVDS32p/DQ
6	CQ[1]	PIN_40	4	LVTTL	Column I/O	LVDS32n/DQ
7	CQ[2]	PIN_41	4	LVTTL	Column I/O	LVDS31p/DQ
8	CQ[3]	PIN_42	4	LVTTL	Column I/O	LVDS31n/DQ
9	<<new>>					

PIN_42	I/O Bank 4	Column I/O	LVDS31n/DQ1B4
PIN_47	I/O Bank 4	Column I/O	DPCLK7/DQS1B
PIN_48	I/O Bank 4	Column I/O	VREF2B4
PIN_49	I/O Bank 4	Column I/O	

图 4-22　已将所有引脚锁定完毕

4.2.2　配置文件下载

将编译产生的 SOF 格式配置文件配置进 FPGA 中，进行硬件测试的步骤如下：

(1) 打开编程窗口和配置文件。首先将实验系统和并口通信线连接好，打开电源。

选择 Tool→Programmer 命令，弹出如图 4-23 所示的编程窗口。在 Mode 栏中有 4 种编程模式可以选择：JTAG、In Socket Programming、Passive Serial、Active Serial Programming。为了直接对 FPGA 进行配置，在编程窗口的编程模式 Mode 中选择 JTAG(默认)，并选中下载文件。注意，要仔细核对下载文件路径与文件名。如果文件没有出现或有错，单击左侧 Add File 按钮，手动选择配置文件 CNT10.sof。

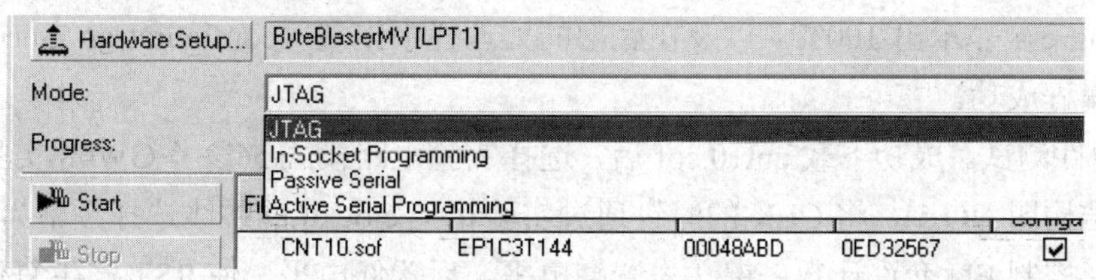

图 4-23　选择编程下载文件

(2) 设置编程器。若是初次安装 Quartus II，在编程前必须选择编程器。

这里选择 ByteBlaster MV[LPT1]。单击 Hardware Setup 按钮，可以设置下载接口方式，在弹出如图 4-24 所示的 Hardware Setup 对话框中，打开 Hardware settings 选项卡，再双击此选项卡中的选项 ByteBlasterMV 之后，单击 Close 按钮，关闭对话框即可。这时应该在编程窗口显示出编程方式：ByteBlasterMV[LPT1](图 4-23)。

如果打开的图 4-24 所示的对话框，在 Currently selected hardware 右侧显示 No Hardware，则必须加入下载方式。即单击 Add Hardware 按钮，在弹出的对话框中单击 OK 按钮，然后在如图 4-25 所示的对话框的列表框中双击 ByteBlasterMV，使 Currently selected 下拉列表框显示 ByteBlaster MV[LPT1]。

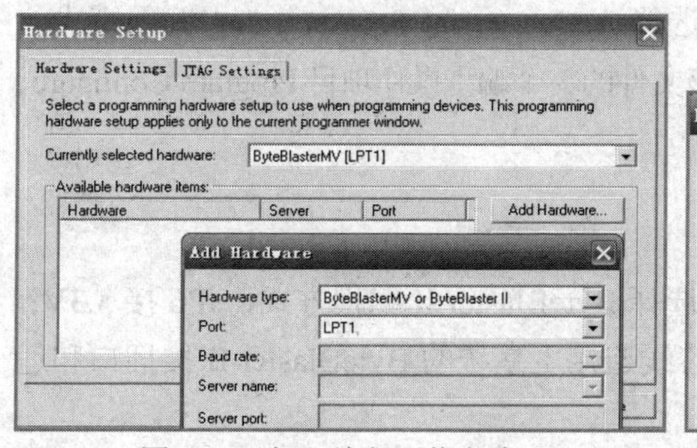

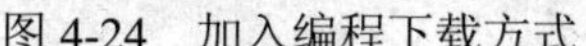
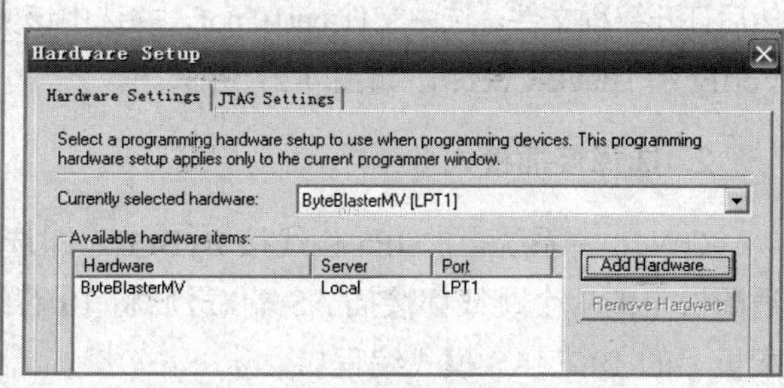

图 4-24　加入编程下载方式　　　　图 4-25　双击选中的编程方式名

(3) 选择编程器。究竟显示哪一种编程方式，ByteBlasterMV 还是 ByteBlaster II，取决于 Quartus II 对实验系统上的编程口的测试。以 GW48-EDA 系统为例，若为此系统左侧的 JP5 跳线选择 Others，则当通过 Too 菜单打开 Programmer 窗口后，将显示 ByteBlasterMV [LPT1]，如图 4-23 所示；而若为 JP5 跳线选择 ByBt II，则当通过 Tool 菜单，打开 Programmer

窗口后，将显示 ByteBlaster II[LPT1]，如图 4-26 所示。注意，对 Cyclone 的配置器件编程，必须使用此编程方式。

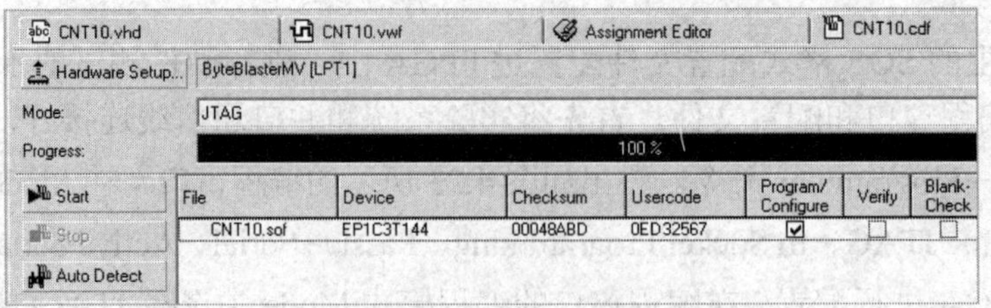

图 4-26　ByteBlaster II[LPT1]编程下载窗口

最后单击 Start 按钮，即进入对目标器件 FPGA 的配置下载操作。

当 Progress 显示出 100%，以及在底部的处理栏中出现“configuratron Succeeded”，时，表示编程成功。

(4) 硬件测试。成功下载 cnt10.sof 后，选择实验电路模式 5(参考 GW48 实验指导书中实验电路结构图 NO.5)，将 CLK 的时钟通过实验箱上 clock0 的跳线选择频率为 4Hz；键 1 置高电平，控制 EN 允许计数；键 2 先置高电平，后置低电平，使 RST 产生复位信号。观察数码 1 和发光管 D1，了解计数器工作情况。

4.2.3　AS 模式编程配置器件

为了使 FPGA 在上电启动后仍然保持原有的配置文件，并能正常工作，必须将配置文件烧写进专用的配置芯片 EPCSx 中。EPCSx 是 Cyclone 系列器件的专用配置器件，Flash 存储结构，编程周期 10 万次，编程模式为 Active Serial 模式，编程接口为 ByteBlaster II。以下给出编程流程。

1. 选择编程模式和编程目标文件

在图 4-23 的编程窗口的 Mode 下拉列表，选择 Active Serial Programming 编程模式，然后打开编程文件，选中文件 cnt10.pof，并选中该文件的 3 个编程操作项目 Program/Configure、Verify 和 Black-Check，如图 4-27 所示。

2. 选择接插模式

GW48 主系统上的 JP5 跳线接 ByBt II，即选择 ByteBlaster II 编程方式，JP6 接 3.3V；适配板上的 4 个跳线都接插 AS 端，最后将 10 芯线连接主系统的 ByteBlaster II 接插口和适配板上的 10 芯 AS 模式编程口。

3. AS 模式编程下载

单击如图 4-27 所示窗口的 Start 按钮，编程成功后将出现如图 4-28 所示的信息，FPGA 将自动被 EPCS 器件配置并进入工作状态。此后每次上电 FPGA 都能被 EPCS1 自动配置并进入正常工作状态。最后要将为 AS 模式编程而改变的短路帽跳线全部还原。

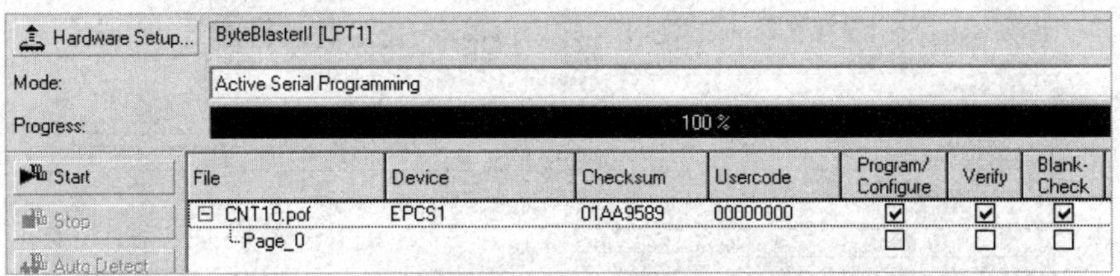

图 4-27 ByteBlaster II 接口 AS 模式编程窗口

```
Info: Device 1 silicon ID is 0x12
Info: Erasing ASP configuration device(s)
Info: Blank-checking device 1
Info: Programming device 1
Info: Performing verification of type standard on device 1
Info: Device 1 silicon ID is 0x12
Info: Successfully performed operation(s)
```
Processing System

图 4-28 AS 模式编程成功

JTAG 间接模式编程配置器件和 USB-Blaster 编程配置器件使用方法请参考 2.4.4 和 2.4.5 节内容。

4.3 嵌入式逻辑分析仪使用方法

随着逻辑设计复杂性的不断增加，仅依赖于软件方式的仿真测试来了解设计系统的硬件功能已远远不够了，而需要不断重复进行的硬件系统的测试也变得更加困难。为了解决这些问题，设计者可以将一种高效的硬件测试手段和传统的系统测试方法相结合来完成。这就是嵌入式逻辑分析仪的使用。它可以随设计文件一并下载于目标芯片中，用以捕捉目标芯片内部信号节点处的信息，而又不影响原硬件系统的正常工作。

这就是 Quartus II 中 SignalTap II 的目的。在实际监测中，SignalTap II 将测得的样本信号暂存于目标器件中的嵌入式 RAM 中，如 ESB、M4K，然后通过器件的 JTAG 端口将采得的信息传出，送入计算机进行显示和分析。

嵌入式逻辑分析仪 SignalTap II 允许对设计中的所有层次的模块的信号节点进行测试，可以使用多时钟驱动，而且还能通过设置以确定前后触发捕捉信号信息的比例。

本节将以上面设计的计数器为例介绍 SignalTap II 的使用方法，步骤如下。

1. 打开 SignalTap II 编辑窗口

选择 File→New 命令，打开 New 对话框，切换到 Other Files 选项卡，选择其中的 SignalTap II File 项，如图 4-10 所示，单击 OK 按钮，即出现 SignalTap II 编辑窗口，如图 4-29 所示。

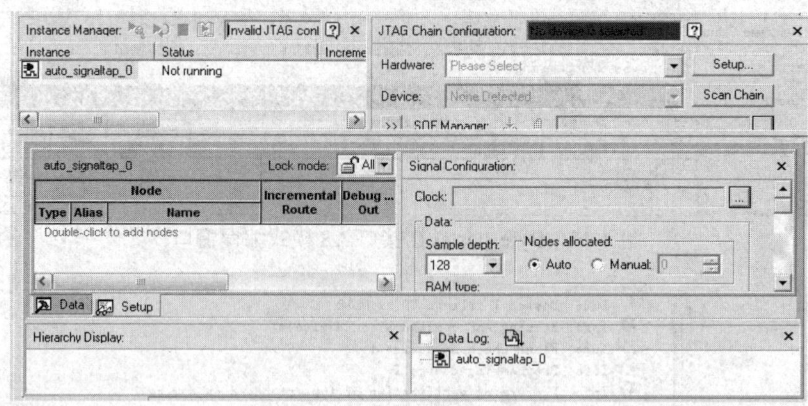

图 4-29　SignalTap II 编辑窗口

2. 调入待测信号

首先单击在上角的 Instance 列表框内的 auto_signaltap_0 选项，更改此文件名，如 cnts，这是其中一组待测信号名。为了调入待测信号名，在下方的 cnts 栏的空白处双击，弹出 Node Finder 窗口，单击 List 按钮，即在左栏出现此工程相关的所有信号，包括内部信号。选择需要观察的信号名：4 位输出总线信号 CQ、内部 4 锁存器总线 CQI 信号和 COUT。单击 OK 按钮后即可将这些信号调入 SignalTap II 信号观察窗口，如图 4-29。注意不要将工程的主频时钟信号 CLK 调入信号观察窗口，因为在本项设计中打算调用本工程的主频时钟信号 CLK 兼作逻辑分析仪的采样时钟。此外，如果有总线信号，只须调入总线信号名即可；慢速信号可不调入。调入信号的数量应根据实际需要来决定，不可随意调入过多的没有实际意义的信号，这会导致 SignalTapII 无谓地占用芯片内过多的资源。

3. SignalTap II 参数设置

单击全屏按钮和窗口左下角的 Setup 选项卡，打开如图 4-30 所示的全屏编辑窗口。首先输入逻辑分析仪的工作时钟信号 Clock。单击 Clock 浏览框的“…”按钮，打开 Node Finder 对话框，选中工程的主频时钟信号 CLK 作为逻辑分析仪的采样时钟，接着在 Data 选项区域的 Sample depth 选择采样深度为 1K 位。注意这个深度一旦确定，cnts 信号组的每一位信号都获得同样的采样深度，所以必须根据待测信号采样要求、信号组总的信号数量、以及本工程可能占用 ESB/M4K 的规模，综合确定采样深度，以免发生 M4K 不够用的情况。

接下来根据待观察信号的要求，在 Buffer acquisition mode 选项区域的 Circular 微调框设置采样深度中起始触发的位置，比如选择前点触发 Pre trigger position。

最后是触发信号和触发方式的选择。这可以根据具体需求来决定。在 Trigger 选项区域的 Trigger levels 选项选择 1；选中 Trigger 的复选框，并在 Source 选项中选择触发信号。在此选择 cnts 工程中的 EN 作为触发信号；在 Pattern 下拉列表中选择上升沿触发方式。即当测得 EN 的上升沿后，SignalTap II 在 CLK 的驱动下根据设置 cnts 信号组的信号进行连续或单次采样。

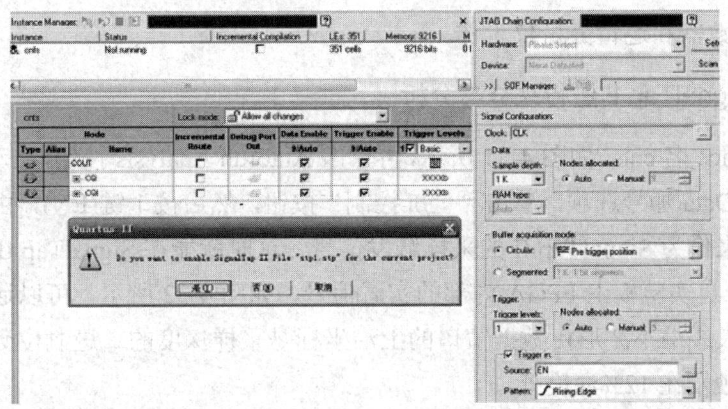

图 4-30 SignalTap II 编辑窗口

4. 文件存盘

选择 File→Save As 命令，弹出保存文件对话框，将此 SignalTap II 文件命名为 cnt10.stp1，即默认名。单击“保存”按钮后，将出现图 4-30 中的提示：“Do you want to enable SignalTap II…”，这些单击“是”按钮，表示同意再次编译时将此 SignalTapII 文件(核)与工程(cnt10)捆绑在一起综合/适配，以便一同被下载进 FPGA 芯片中去完成实时测试任务。

如果单击“否”按钮，则必须自行设置，方法是选择 Assignments→Settings 命令，在打开的对话框的 Category 选项中选择 SignalTap II Logic Analyzer，在弹出的对话框中的 SignalTap II File 中选中已存盘的 SignalTap II 文件名，如 cnt10.stp1，并选中 Enable SignalTap II Logic Analyzer 复选框，单击 OK 按钮即可。

应特别注意，当利用 SignalTap II 将芯片中的信号全部测试完毕后，不要忘记将 SignalTap II 从芯片中去除，方法是在上述对话框中取消选中 Enable SignalTap II Logic Analyzer 复选框，再编译、编程一次即可。

5. 编译下载

选择 Processing→Start Compilation 命令，启动全程编译。

对于 5E+系统，为了能让 SignalTap II Analyzer 正常工作，必须将以上 CNT10 设计中的 CLK 锁定于 Pin25，时钟可来自 F-4 的模块 B4 板的 65536Hz。编译结束后，SignalTap II 的观察窗口通常会自动打开，若没有打开，可以选择 Tools→SignalTap II Analyzer 命令，打开 SignalTap II，或单击 Open 按钮打开。

接着打开实验开发系统的电源，连接 JTAG 口，设置通信模式。打开编辑窗口，准备下载 SOF 文件，这里下载文件 CNT10.sof。也可以利用 SignalTap II Analyzer 窗口来下载 SOF 文件，如图 4-31 所示，单击右上角的 Setup 按钮，选择编程模式，如 USB-ByteBlaster [USB-0]。然后单击下方的 Device 选项右侧的 Scan Chain 按钮，对实验板进行扫描。如果出现板上 FPGA 的型号名，表示系统 JTAG 通信情况正常，可以进行下载。

单击 SOF Manager 右侧的“…”按钮，选择 SOF 文件，再单击左侧的下载图标，观察左下角的下载信息。下载成功后，设定实验板上的模式(模式 5)和恰当的控制信号(EN=1、

RST=1)，使计数器和逻辑分析仪工作。

6. 启动 SignalTap II 进行采样与分析

单击 Instance 名 cnts，如图 4-31 所示，再单击 Autorun Analysis 按钮，启动 SignalTap II。展开左下角的 Data 加号选项，单击“全屏控制”按钮，然后按 1 键(EN)，由低到高产生一个上升沿，用来作为 SignalTap II 的采样触发信号，这时就能在 SignalTap II 数据窗口通过 JTAG 口观察来自实验板上 FPGA 内部的实时信号，如图 4-32 所示，可以通过使用鼠标的左键或右键放大或缩小波形)。数据窗口的上沿坐标是采样深度的二进制位数，全程是 2048 位，其中前位触发在 12%深度处。

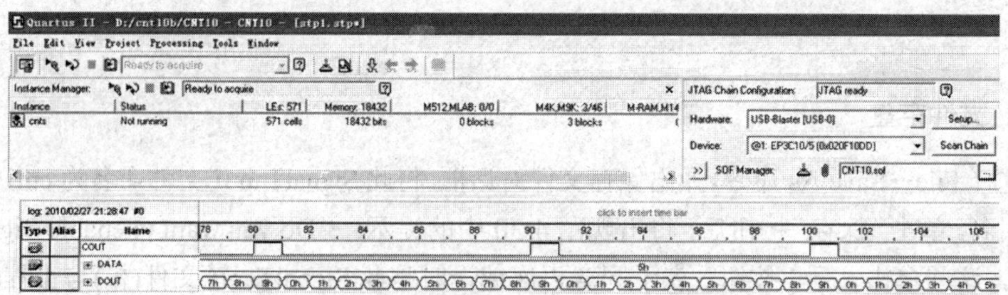

图 4-31　下载 cnt10.sof 并准备启动 SignalTap II

如果单击图 4-32 总线名左侧的“+”号，可以展开此总线信号，同时可通过单击鼠标左右键来控制数据的展开和收缩。此外，如果希望观察到将要形成模拟波形的数字信号波形，可以右击所要观察的总线信号名，如 DOUT，在弹出的快捷菜单中选择总线显示模式 Bus Display Format 为 Unsigned Line Chart，即可获得如图 4-32 所示的“模拟信号波形”。

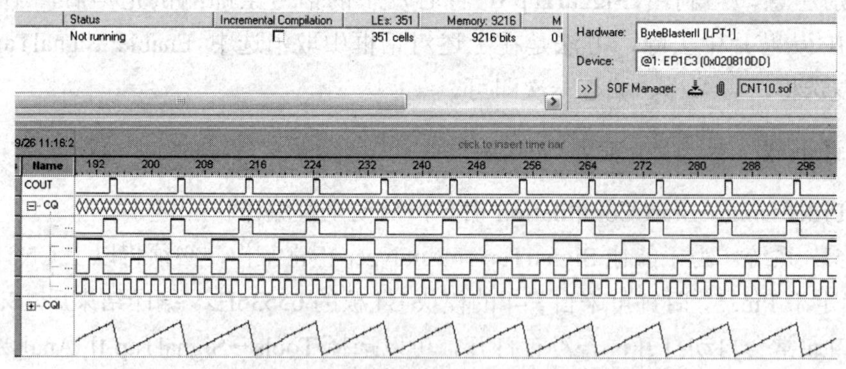

图 4-32　设置 SignalTap II 数据窗口后的信号波形

在以上给出的示例中需要注意，为了便于说明，SignalTap II 的采样时钟选用了被测电路的工作时钟。但在实际应用中，多数情况是使用独立的采样时钟，这样就能采集到被测系统中的慢速信号，或与工作时钟相关的信号，包括干扰信号。

为 SignalTap II 提供独立采样时钟的方法是在顶层文件的模块实体中增加一个时钟输入端口，如语句 LOGC_CLK: IN STD_LOGC，是为逻辑分析仪准备的时钟输入口，在此实体中不必对其连接和功能定义，而在 SignalTap II 的参数设置中则可以选择 LOGC_CLK 为采样时钟。

7. SignalTap II 的其他设置和控制方法

以上示例仅设置了单一嵌入式测试模块 cnts，其采样时钟是 CLK。事实上可以设置多个嵌入式测试模块(Instance)。可以利用此功能为器件中的每个时钟域建立单独且唯一的逻辑分析测试模块，并在多个测试模块中应用不同的时钟和不同的设置。

Instance 管理器允许在多个测试模块上建立并执行 SignalTap II 逻辑分析。可以使用它在 SignalTap II 文件中建立、删除和重命名测试模块。Instance 管理器显示当前 SignalTap II 文件中的所有测试模块、每个相关测试模块的当前状态以及相关实例中的使用的逻辑元素和存储器耗用量。测试模块管理其可以协助检查每个逻辑分析仪在器件上要求的资源使用量，可以选择多个逻辑分析仪及通过选择 Processing→Run Analysis 来同时启动多个逻辑分析仪。此外，SignalTap II 的采样触发器采用逻辑级别或逻辑边沿方面的逻辑事件模式，支持多级触发、多个触发位置、多个段以及外部触发事件。

可以使用逻辑分析仪窗口中的 Signal Configuration 面板设置触发器选项。可以给逻辑分析仪配置最多十个触发级别，使用户可以只查看最重要的数据。可以指定 4 个单独的触发位置：前、中、后和连续。触发位置允许指定在选定测试模块中，在触发器之前和触发器之后应采集的数据量。分段的模式允许通过将存储器分为密集的时间段，为定期事件捕获数据，而无需分配大采样深度，从而节省硬件资源。

SignalTap II 的触发信号也可以单独设置或编辑，其触发控制逻辑也可根据实际需要由用户自行编辑，详细方法在后文中介绍。

4.4　本章小结

本章通过使用 Quartus II 工具软件，用 VHDL 设计十进制计数器示例，让读者进一步熟悉 Quartus II 软件的使用和利用 VHDL 语言设计数字电路的方法和设计流程。通过编辑、综合、仿真、适配、性能测试、引脚锁定和编程/下载和等操作技巧，使读者进一步熟悉用 VHDL 语言的基本设计流程。最后介绍了嵌入式逻辑分析仪使用方法。通过本章的学习，读者可迅速掌握利用 VHDL 语言设计数字系统的方法。

4.5　习　　题

4-1　归纳利用 Quartus II 进行 VHDL 文本输入设计的流程：从文件输入一直到 SignalTap II 测试。

4-2　如何为设计中的 SignalTap II 加入独立采样时钟？试给出完整的程序和对它的实测结果。

4-3　参考 Quartus II 的 Help，详细说明 Assignments 和 Settings 对话框的功能。

(1) 说明其中的 Timing Requirements & Options 的功能、使用方法和检测途径。

(2) 说明其中的 Compilation Process 的功能和使用方法。

(3) 说明 Analysis & Synthesis Settins 的功能和使用方法，以及其中的 Synthesis Netlist Optimization 的功能和使用方法。

(4) 说明 FitterSettings 中的 Design Assistant 和 Simulator 功能，举例说明它们的使用方法。

4-4 概述 Assignments 菜单中 Assignment Editor 的功能，举例说明它们的使用方法。

4-5 设计一个八选一数据选择器。

4-6 设计一个同步十进制加法器。

4-7 设计一个分频数为 n 的任意分频器。

4-8 设计一个用于时钟(分秒)计数的 60 进制的计数器(分个、十位)。

4-9 设计一个用于时钟(小时)计数的 24 进制的计数器(分个、十位)。

4-10 设计一个数字电子表(参考晶振频率 f=1MHz)。

第5章　VHDL语言描述语句

VHDL 程序中用于描述模块内部功能结构的是 VHDL 语句。VHDL 语句有顺序语句和并行语句之分，是 VHDL 程序设计中两大基本描述语句系列。并行语句是所有 VHDL 语言区别于一般高级编程语言最显著的特点之一。所有并行语句在结构体中的执行都是同时进行的，执行顺序与书写顺序无关。顺序语句只在进程、函数和过程的内部使用，且执行顺序与书写顺序一致。本章分别介绍 VHDL 并行语句和顺序语句，重点讲解这些语句的特点和应用。

VHDL 有如下几类基本顺序语句：赋值语句、IF 语句、CASE 语句、LOOP 语句、NEXT 语句、EXIT 语句、子程序、RETURN 语句、WAIT 语句、NULL 语句。其余常见语句均为并行语句。

5.1　VHDL 语句概述

前面介绍了 VHDL 语言的程序结构和基本要素。程序结构规定了 VHDL 程序的框架，所有 VHDL 程序均按照框架书写；基本要素规定了 VHDL 程序中使用的各类语法单元，而真正的硬件行为和功能描述则由 VHDL 语句完成。因此，打个不恰当的比方，程序结构就是“蓝图”，基本要素就是“砖头”，而 VHDL 语句就是按照“蓝图”使用“砖头”构建的“房屋”(硬件电路)。

与高级语言不同，VHDL 的描述语句有并行语句和顺序语句之分。VHDL 语句的总体结构示意图如图 5-1 所示。结构体 ARCHITECTURE 中包含主要的并行语句，它们之间总是并行执行的，而其中进程/函数/过程内部包含的又是顺序语句。

并行语句的执行顺序与书写顺序无关，可以理解为所有的并行语句在同一时刻各自执行，前后语句之间没有决定或者因果关系，即前面语句的执行结果不会影响到或后面语句的执行。表现在硬件上，即为各条并行语句翻译成各自对应的逻辑电路并各自同时运行。

另一方面，为了方便地从行为级上描述电路功能，顺序语句是不可或缺的。VHDL 规定，顺序语句只可以出现在进程、函数和过程的内部。虽然进程、函数和过程的内部是由顺序语句构成，但作为一个整体又是并行的。顺序语句使 VHDL 语言在行为描述和过程描述上更接近于高级语言，使其具有更强的抽象描述能力。

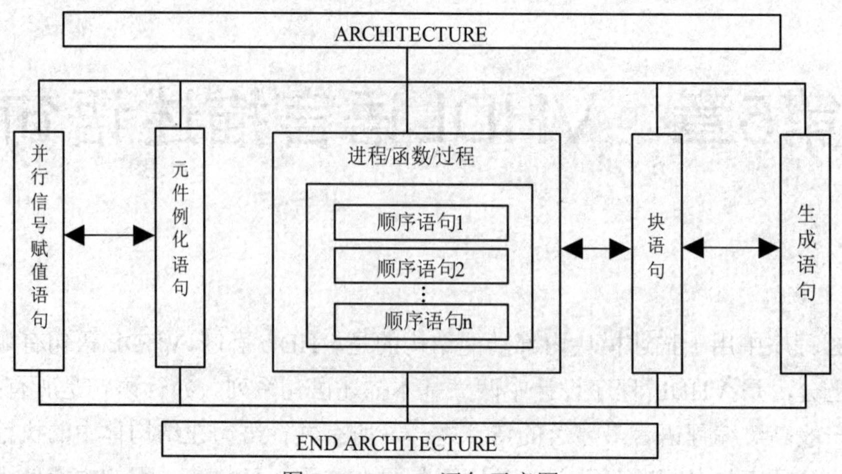

图 5-1　VHDL 语句示意图

VHDL 语句在并行语句和顺序语句上的划分对于正确编写 VHDL 程序十分重要，只有正确区分并行语句和顺序语句，才能写出准确高效的 VHDL 程序。下面两节分别介绍并行语句和顺序语句。一般应用场合下，并行语句只能用于进程外部，顺序语句只能用于进程内部。

5.2　VHDL 并行语句

相对于传统的软件描述语言，并行语句结构是最具 VHDL 特色的。VHDL 具有天生的并行性，它不仅表现在所描述的系统结构的并行上，还表现在描述语句的并行上。在 VHDL 中，并行语句具有多种语句格式，各种并行语句在结构体中的执行是同步进行的，或者说是并行运行的，其执行方式与书写的顺序无关。在执行中，并行语句之间可以有信息往来，也可以是互为独立、互不相关、异步运行的，如多时钟情况。每一并行语句内部的语句，其运行方式有两种不同的方式，即并行执行方式(如块语句)和顺序执行方式(如进程语句)。因此，VHDL 并行语句勾画出了一幅充分表达硬件电路的真实的运行图景。

如图 5-2 所示的是在一个结构体中各种并行语句运行的示意图。这些语句不必同时存在，在每一语句模块都可以独立异步运行，模块之间并行运行，并通过信号来交换信息。

图 5-2 所示的结构体中的并行语句主要有以下 7 种：

- 并行信号赋值语句(CONCURRENT SIGNAL ASSIGNMENTS)；
- 进程语句(PROCESS STATEMENTS)；
- 块语句(BLOCK STATEMENTS)；
- 元件例化语句(COMPONENT INSTANTIATIONS)；
- 生成语句(GENERATE STATEMENTS)；
- 并行函数/过程调用语句(CONCURRENT PROCEDURE CALLS)。

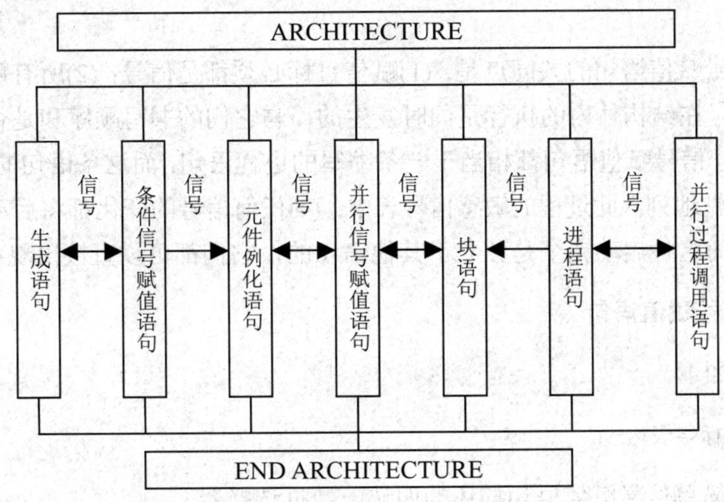

图 5-2 结构体中的并行语句模块

以上并行语句中，并行信号赋值语句和进程语句是两种最基本、最常用的语句；元件例化语句是 VHDL 层次化设计的基本语句；生成语句主要用于简化元件例化语句例化时的重复书写过程；函数和过程统称为子程序，在较大型的程序设计时经常使用；块语句一般不用。VHDL 并行语句综述如表 5-1 所示。

表 5-1 VHDL 并行语句综述

并 行 语 句	语 句 作 用	使用频度	是否可综合
并行信号赋值语句	在结构体内进行信号的直接赋值、选择赋值和条件赋值	频繁使用	可综合
进程语句	VHDL 中最基本的语句之一	频繁使用	可综合
元件例化语句	用于连接底层模块，构成上层模块	较常使用	可综合
生成语句	用于描述具有规律性的元件例化过程	偶尔使用	可综合
块语句	用于描述结构体的子模块	基本不用	可综合
函数/过程	定义特定的常用功能模块，供程序调用	较常使用	可综合

并行语句在结构体中的使用格式如下：

```
ARCHITECTURE 结构体名 OF 实体名 IS
说明语句
BEGIN
   并行语句
END ARCHITECTURE   结构体名;
```

并行语句与顺序语句并不是相互对立的语句，它们往往互相包含、互为依存，它们是一个矛盾的统一体。严格地说，VHDL 中不存在纯粹的并行行为和顺序行为的语句。

5.2.1 并行信号赋值语句

并行信号赋值语句又分为 3 种：简单信号赋值语句、条件信号赋值语句、选择信号赋值语句。

这 3 种信号赋值语句的共同点是：(1)赋值目标必须都是信号；(2)所有赋值语句与其他并行语句一样，在结构体内的执行是同时发生的，与它们的书写顺序和是否在块语句中没有关系；(3)每一信号赋值语句都相当于一条缩写的进程语句，而这条语句的所有输入(或读入)信号都被隐性地列入此过程的敏感信号表中；(4)任何信号的变化都将启动相关并行语句的赋值操作，而这种启动完全是独立于其他语句的，它们都可以直接出现在结构体中。

1. 简单信号赋值语句

语句格式如下

信号赋值目标<=表达式;

【例 5-1】简单信号赋值语句描述的四选一数据选择器。

```
LIBRARY  IEEE;
USE.IEEE.STD_LOGIC_1164.all;
ENTITY  mux41  IS
PORT(
     a,b,c,d,s0,s1: in   std_logic;
     y              :out   std_logic
     );
END  mux41;
ARCHITECTURE  bev  OF  mux41 IS
BEGIN
Y<=(a AND (NOT s0) AND(NOT s1) ) OR
    (b AND s0 AND(NOT s1) ) OR
    (c AND (NOT s0) AND s1 ) OR
    (dAND s0 AND s1 ) ;
END  bev;
```

2. 条件信号赋值语句

(1) 条件信号赋值语句的表达方式如下：

```
赋值目标 <= 表达式 1  WHEN  赋值条件 1  ELSE              --不需要任何符号
                  表达式 2  WHEN  赋值条件 2  ELSE
              表达式 3  WHEN  赋值条件 3  ELSE
                  表达式 N;                               --分号结束
```

(2) 条件信号赋值语句的另一种表达方式如下：

```
赋值目标 <= 表达式 1  WHEN  赋值条件 1  ELSE    (others=>'Z');
    赋值目标 <= 表达式 2  WHEN  赋值条件 2  ELSE    (others=>'Z');
赋值目标 <= 表达式 3  WHEN  赋值条件 3  ELSE    (others=>'Z');
```

两种表达方式说明如下：

- 表达方式(2)也是正确的表达，建议采用第一种表达方式；
- 并行条件信号赋值语句的功能与进程中的 IF 语句等效；

- 并行条件信号赋值语句执行时，赋值条件按书写的顺序逐项测试，一旦发现某个赋值条件被满足，则将相应表达式的值赋值给信号，不再继续测试之后的条件；
- 赋值语句有不同的优先级别，按书写顺序从高到低排列。据此，此语句用于不用优先级别的逻辑电路描述。
- WHEN ELSE 可以完成对不同信号的条件判断，只能描述组合逻辑电路。

【例 5-2】WHEN ELSE 语句描述 8-3 优先编码器。

```
LIBRARY   IEEE;
USE   IEEE.STD_LOGIC_1164.ALL;
ENTITY   P83   IS
PORT(     DIN: IN   STD_LOGIC_VECTOR(7   DOWNTO   0);
          CODE: OUT   STD_LOGIC_VECTOR(2   DOWNTO   0)
          );
END   P83;
ARCHITECTURE    BEV    OF    P83   IS
       BEGIN
           CODE<= "111" WHEN   EIN(7)='1'   ELSE
                  "110" WHEN   DIN(6)='1'   ELSE
                  "101" WHEN   DIN(5)= '1'   ELSE
                  "100" WHEN   DIN(4)= '1'   ELSE
                  "011" WHEN   DIN(3)= '1'   ELSE
                  "010" WHEN   DIN(2)= '1'   ELSE
                  "001" WHEN   DIN(1)= '1'   ELSE
                  "000" WHEN   DIN(0)= '1'   ELSE
                          "111";
End   BEV;
```

【例 5-3】WHEN ELSE 语句描述的四选一电路。

表达方式 1：

```
ENTTY   MUX41 1S
  PORT(I0,I1,I2,I3,A,B: IN STD_LOGIC;
          Q: OUT STD_LOGIC);
END MUX41;
ARCHITECTURE RTL OF MUX41 IS
   SIGNAL SEL: STD_LOGIC_VECTOR(1 DOWNTO 0);
   BEGIN
      SEL<=B&A;
      Q< =  I0 WHEN SEL="00"     ELSE
            I1 WHEN SEL="01"     ELSE
            I2 WHEN SEL="10"     ELSE
            I3 WHEN SEL="11"   ELSE;
END RTL;
```

表达方式 2：

```
ENTTY   MUX41 1S
  PORT(I0,I1,I2,I3,A,B,:  IN STD_LOGIC;
          Q: OUT STD_LOGIC);
END MUX41;
```

```
ARCHITECTURE RTL OF MUX41 IS
SIGNAL SEL：  STD_LOGIC_VECTOR(1 DOWNTO 0);
 BEGIN
   SEL<=B&A;
    Q<= I0 WHEN SEL="00"    ELSE   (others=>'Z');
    Q<= I1 WHEN SEL="01"    ELSE   (others=>'Z');
    Q<= I2 WHEN SEL="10"    ELSE   (others=>'Z');
    Q<= I3 WHEN SEL="11"    ELSE   (others=>'Z');
END RTL;
```

3. 选择信号赋值语句

选择信号赋值语句的格式如下：

```
WITH 选择表达式 SELECT
赋值目标信号 <=表达式 1   WHEN 选择值 1,
              表达式 2   WHEN 选择值 2,
              ……
              表达式 N   WHEN 选择值 N,
              表达式 N+1 WHEN OTHERS;
```

其中，各选项说明如下：

- WITH SELECT 的功能与进程中的 CASE 语句的功能相似。
- 每个分支以逗号结束，最后一个分支以 OTHERS 为选择值且以分号结束。
- WHEN 分支“选择值”可以有 value、value1 to value2、value1 | value2 | valuen 共 3 种形式。
- 最后一个语句UNAFFECTED WHEN OTHERS在实际使用中用“表达式N+1 WHEN OTHERS;”来代替，不管程序中是否列举了“选择表达式”的所有取值。
- 选择信号赋值语句 WITH SELECT 语句执行时，当“选择表达式”的取值等于某一个“选择值”时，就将对应的“表达式”的值赋给“目标信号”，若没有选择值与选择表达式相等，则将 OTHERS 前“表达式 N+1”赋给“目标信号”。

【例 5-4】 WITH SELECT 语句描述的四选一数据选择器。

```
LIBRARY IEEE;
USE IEEE.STD_LOGIC_1164.ALL;
    ENTITY   MUX41   IS
    PORT(  A,B,C,D: IN   STD_LOGIC_VECTOR(7   DOWNTO   0);
           SEL:      IN   STD_LOGIC_VECTOR(1   DOWNTO   0);
       DOUT:   OUT   STD_LOGIC_VECTOR(7   DOWNTO   0)
    );
    END   MUX41;
    ARCHITECTURE   BEV   OF   MUX41 IS
    BEGIN
    WITH   SEL   SELECT
    DOUT<=A    WHEN   "00",
          B    WHEN   "01",
          C    WHEN   "10",
        D    WHEN   "11",
```

```
        "00000000"   WHEN   OTHERS;
END   BEV;
```

【例 5-5】用选择信号赋值语句实现的简单指令译码器。

```
LIBRARY IEEE;
USE IEEE.STD_LOGIC_1164.ALL;
USE IEEE.STD_LOGIC_UNSIGNED.ALL;
ENTITY DECODER IS
  PORT(A,B,C: IN STD_LOGIC;
        DATA1,DATA2:IN STD_LOGIC;
        DATAOUT: OUT STD_LOGIC);
END DECODER;
ARCHITECTURE   ART OF DECODER IS
  BEGIN
  SIGNAL INSTRUCTION:STD_LOGIC_VECTOR(2 DOWNTO 0);
INSTRUCTION <=C & B & A;
WITH INSTRUCTION SELECT
    DATAOUT <=DATA1 AND DATA2 WHEN "000",
    DATAOUT <=DATA1 OR DATA2 WHEN "001",
DATAOUT <=DATA1 NAND DATA2 WHEN "010",
DATAOUT <=DATA1 NOR DATA2 WHEN "011",
      DATAOUT <=DATA1 XOR DATA2 WHEN "100",
      DATAOUT <=DATA1 NXOR DATA2 WHEN "101",
    'Z' WHEN OTHERS;--当不满足条件时，输出呈高阻态
END ARCHITECTURE ART;
```

简单指令译码器如图 5-3 所示。

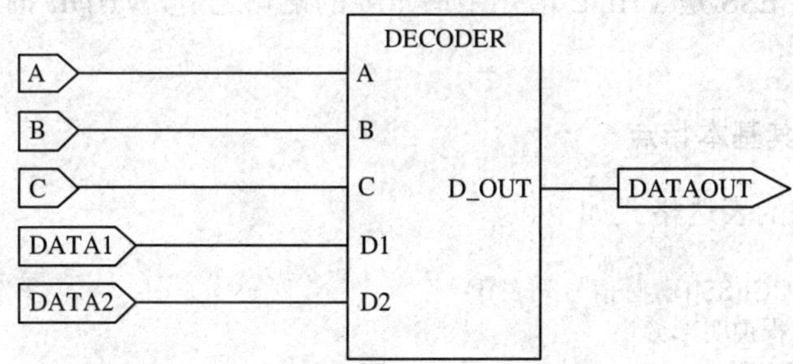

图 5-3　简单指令译码器

4. 条件信号赋值与选择信号赋值总结

前文分别介绍了并行信号赋值语句的 3 种不同形式，其中，简单信号赋值语句比较容易理解，因此这里主要是简要总结一下选择信号赋值语句和条件信号赋值语句的区别和各自的应用，如表 5-2 所示。

表 5-2　选择信号赋值语句和条件信号赋值语句

语　　句	With-select-when	When-else
可用于判断的信号	只能读一个信号进行选择值的判断	能对多个不同信号进行条件判断

(续表)

语　　句	With-select-when	When-else
各赋值子句间的关系	各赋值子句是并列的，必须以 OTHERS 覆盖信号的所有可能取值。相当于顺序语句中的 CASE 语句	各赋值子句间有优先级别，按书写顺序从高到低排列，相当于顺序语句中的 IF 语句
应用范围	常用于描述数据选择器	常用于多信号多条件判断赋值

可以看出，条件信号赋值语句和选择信号赋值语句作为两种并行语句，都有与之功能相对应的顺序语句。在组合逻辑电路设计中，顺序语句和并行语句描述的综合结果是完全一样的，但是顺序语句必须在进程、函数或过程中使用。实际应用中，模块式组合逻辑时，一般使用条件信号赋值语句与简单信号赋值语句来实现，这样书写方便、简洁。如表 5-3 所示列出了几种选择语句的比较。

表 5-3　几种选择语句的比较

语　　句	With-select-when	When-else	If-else	Case-when
选择条件	一个信号的不同值，互斥	多个信号多种组合，不必互斥	多个信号多种组合，不必互斥	一个信号的不同值，互斥
语句属性	并行	并行	顺序	顺序

5.2.2　进程语句(PROCESS)

进程语句 PROCESS 是 VHDL 语句中最重要的语句之一，VHDL 描述时序逻辑时必须使用进程语句。

1. 进程语句及其基本特点

PROCESS 语句的表达格式如下：

```
[进程标号：] PROCESS[(敏感信号列表)]
             [进程说明部分]
               BEGIN
                 顺序语句;
             END PROCESS[进程标号];
```

各选项说明如下：

(1) 进程标号

进程标号用于标识进程，但不是必须采用的。一般在大型的、多个进程并行的程序中使用，用于提高程序的可读性。

(2) 敏感信号列表

敏感信号列表是决定进程功能的重要组成部分，因为进程只能在敏感信号发生变化时才被激活，从而执行进程内部的顺序语句。因此，敏感信号列表决定进程能否执行以及何时执行。

一个进程可以有多个敏感信号，其中任意一个敏感信号发生变化都将激活进程，否则，进程将被挂起，一直等待敏感信号发生变化。多个敏感信号由逗号隔开。

(3) 进程说明部分

进程说明部分主要定义一些局部量，可包括数据类型、常数、属性、子程序等。但需注意，在进程说明部分不允许定义信号和共享变量。

(4) 顺序语句

执行顺序与书写顺序有关的 VHDL 语句，顺序语句部分可分为赋值语句、进程启动语句、子程序调用语句、顺序描述语句和进程跳出语句等。

进程内部只可书写顺序语句。进程的特点是定义一组顺序语句，这组顺序语句对应到硬件上就是一个电路模块，而该模块只在进程语句的敏感信号发生变化时才被激活运行，否则电路模块维持原状态不变。进程的特点使其非常适合时序电路的描述。例 5-6 是有关 10 分频的描述。

【例 5-6】进程实例 10 分频器的描述。

```
Library IEEE;
Use ieee.std_logic_1164.all;
Entity   div10   is
PORT (    clkin :in std_logic;
          Clkout: out std_logic
       );
End div10;
Architecture   bev   of   div10   is
   Signal   temp: std_logic := '0';              --temp 赋初值只针对仿真而言
   Signal   n :   integer range    0   to 7;
Begin
   Process(clkin)
  Begin
      If   clkin'event and clkn='1'     then
         If (n=4 ) then
          n<=0;
         temp<= not temp;
         else
          n<=n+1;
          end if;
       end if;
         end process;
     clkout<=temp;
End bev;
```

2. 进程的执行过程

(1) 进程的激活

进程的激活条件是敏感信号列表中的任意一个信号发生变化。进程被激活一次，则进程内部所有的顺序语句被执行一遍，之后被挂起，等待下一次被激活。例 5-6 中，敏感信号是 clkin，即在 clkin 发生变化时(由 0 变 1 或由 1 变 0)进程被激活，开始执行其内部语句。因此，在 clkin 的上升沿和下降沿，进程都被激活一次。

(2) 顺序语句的执行

进程被激活后，开始顺序执行内部语句。本例第一条语句是 If clkin'event and clkn='1' then，即判断 clkin 上升沿是否到来。程序在 clkin 的上升沿和下降沿均被激活，但是只在上升沿才执行 IF 语句内部的语句，这是由 If clkin'event and clkn='1'语句的功能决定的，否则直接退出该语句。由程序可知，退出该语句也就退出进程了。

(3) 进程间是并行执行的

进程内部是由顺序语句组成，但是进程间是并行的。进程的执行过程如图 5-4 所示。其中进程 1 和进程 2 是同一结构体下的不同进程。两进程间是并行的，而每个进程内部是顺序执行的。多进程实例如例 5-7。

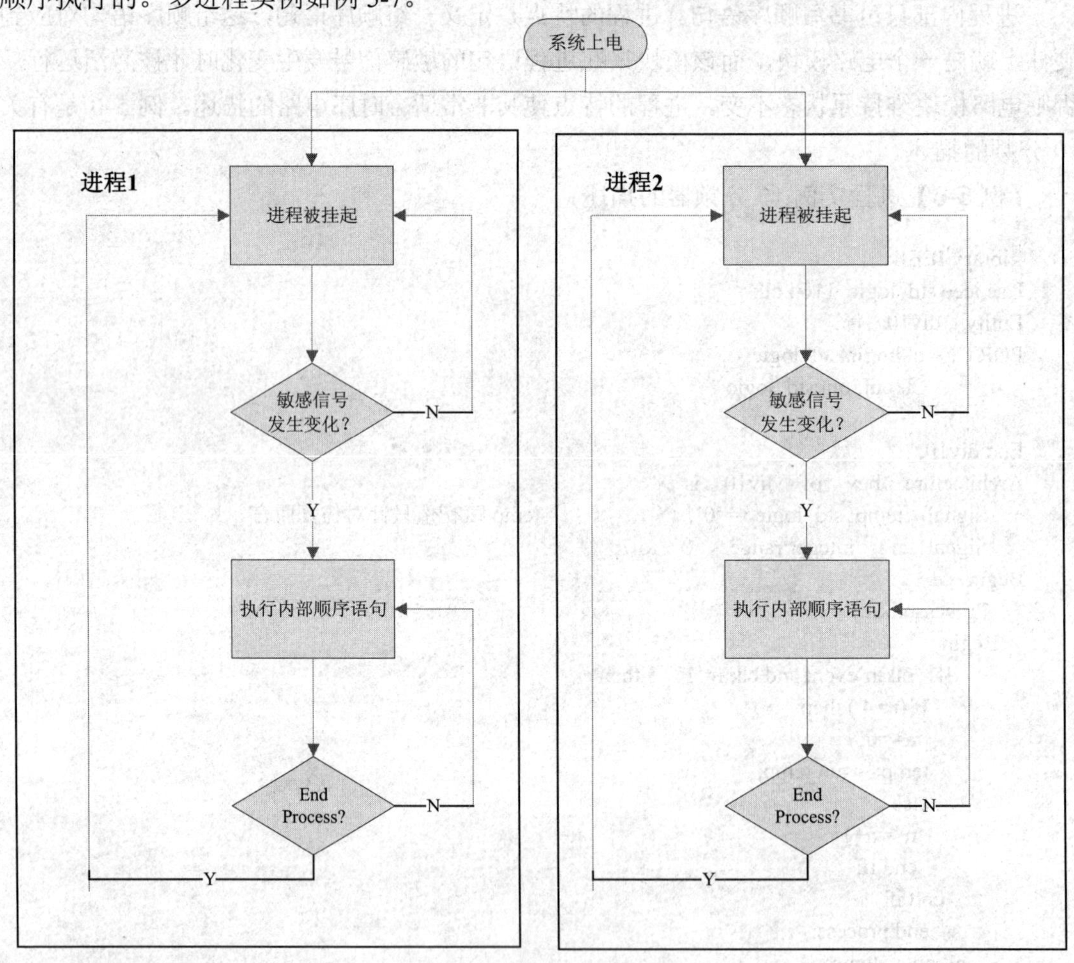

图 5-4　进程的执行过程

【例 5-7】多进程示例。

```
Library IEEE;
Use ieee.std_logic_1164.all;
Entity    gate_circuits IS
    PORT(     a,b :    in std_logic;
              x,y,z :    out std_logic
         );
         End gate_circuits;
```

```
Architecture    bev    of    gate_circuits    IS
   Begin
        P1: process(a,b)
             Begin
               x<=a and b;
        end process    P1;
        P2: process(a,b)
             Begin
               y<=a or b;
        end process    P2;
        P3: process(a,b)
             Begin
             x<=a xor b;
        end process    P3;
End bev;
```

3. 进程与时钟

时序逻辑电路必须使用进程语句，而时序逻辑电路一般为同步时序逻辑。同步时序逻辑中最重要的又是时钟信号。当然进程语句也可以用于描述组合逻辑。

(1) 时钟与进程的关系

进程是由敏感信号变化来激活的，因此可以将时钟作为进程的敏感信号，在时钟的上升沿和下降沿来激活进程。

(2) 时钟沿的 VHDL 描述

定义 CLK 为时钟信号，则它的上升沿和下降沿的 VHDL 描述如下。

上升沿描述：

```
clk'event and clk='1';
```

下降沿描述：

```
clk'event and clk='0';
```

另外，VHDL 还预定义了以下两个函数来描述信号的上升沿和下降沿。

上升沿描述：

```
RISING_EDGE(clk);
```

下降沿描述：

```
FALLING_EDGE(clk);
```

4. 进程小结

- 进程只在敏感信号发生变化时才执行。
- 进程内部为顺序语句，但作为整体，与其他进程间是并行关系，因此在一个结构体内的多个进程语间，进程书写的顺序不影响程序的执行。
- 在不同进程内不可对同一个信号赋值，即不可多重赋值。

- 进程内信号赋值和变量赋值的效果是不同的。进程内只可定义变量，不可定义进程。一般在结构体定义信号，在进程中使用。
- 在一个进程内部，不可在一个 IF 语句中同时捕捉时钟的上升沿和下降沿。
- 进程语句的特点比较适合时序电路描述，但也可描述组合逻辑电路。

5.2.3　块语句(BLOCK)

实际应用中，一般不使用块语句，因此这里只给出块语句的基本结构和简单用法，不再详细说明，本书也不再涉及该语句。对块语句有进一步了解需求的读者可以参考其他书籍。

块语句是一种并行描述语句，其内部也是由并行语句构成的。它与其他并行语句相比没有独特之处，只是一种并行语句的组合方式，利用它可以使程序更加有层次、更加清晰、更具可读性。在物理意义上，一条块语句独用一个子电路；在逻辑电路图上，一条块语句对应一个子电路图。

1. BLOCK 语句的格式

语句格式如下：

```
块标号：BLOCK [(块保护表达式)]

  {块头定义}
  {说明语句}
    BEGIN
    并行语句;
END BLOCK [块标号];
```

块标号即块的名称，非必须；块头定义包括类属映射和端口列表定义 PORT；说明语句与结构体声明部分相同，块的块头定义部分和说明部分的适用范围仅限于当前 BLOCK。所以，所有这些在 BLOCK 内部的说明对于这个块的外部来说是完全不透明的，即不能适用于外部环境，但对于嵌套于内层的块却是透明的。块的说明部分可以定义的项目主要有：USE 语句、子程序、数据类型、子类型、常数、信号、元件。

块中的并行语句部分可包含结构体中的任何并行语句结构。BLOCK 语句本身属并行语句，BLOCK 语句中所包含的语句也是并行语句。

2. BLOCK 的应用

BLOCK 的应用可使结构体层次鲜明，结构明确。利用 BLOCK 语句可以将结构体中的并行语句划分成多个并列方式的 BLOCK，每一个 BLOCK 都像一个独立的设计实体，具有自己的类属参数说明和界面端口，以及与外部环境的衔接描述。以下是两个使用 BLOCK 语句的实例，例 5-8 描述了一个具有块嵌套方式的 BLOCK 语句结构。

在较大的 VHDL 程序中，恰当的块语句应用对于技术交流、程序移植、排错和仿真都是十分有益的。总的来说具体有以下特点：

(1) 块语句的使用不影响逻辑功能。

(2) 子块声明与父块声明的对象同名时，子块声明将忽略父块声明。

现以一位全加器为例，说明块语句的描述方法。实际上，块语句的描述方法与结构体中的多进程描述很相似。首先把一位全加器分为 3 个子模块：两个半加器和一个或门。定义每个模块之间的信号连接，然后分块进行描述。在例 5-8 中要特别注意信号定义的区域，在结构体和块中定义的信号，透明性是不同的。其中，信号 so2 只能在块内作用，块外的结构体是不可见的；而信号 so1、co1、co2 在结构体的任何块中都是可见的。

【例 5-8】块语句示例——1 位全加器。

```
LIBRARY IEEE;
USE IEEE.STD_LOGIC_1164.ALL;
use ieee.std_logic_unsigned.all;
ENTITY f_adder IS
  PORT (ain,bin,cin : IN STD_LOGIC;
        cout,sum     : OUT STD_LOGIC);
END ENTITY f_adder;
ARCHITECTURE fd1 OF f_adder IS
  signal so1,co1,co2   :std_logic;
begin
   h_adder1      : BLOCK
    begin
      process(ain.bin)
          begin
          so1<=NOT(ain XOR (NOT bin));    co1<=ain AND bin;
      end process;
   end   BLOCK   h_adder1;
   h_adder2      : BLOCK
     signal so2 :std_logic;
    begin
     so2<=NOT(so1 XOR (NOT cin));    co2<=so1 AND cin;    sum<=so2;
   end   BLOCK   h_adder2;
   OR2     : BLOCK
       Begin
     Process(co2,co1)
      begin
     cout<=co2   OR co1;
   end   process;
   end   BLOCK   OR2;
END ARCHITECTURE fd1;
```

从综合角度看，BLOCK 语句的存在毫无实际意义，因为无论是否存在 BLOCK 语句结构，对于同一设计实体，综合后的逻辑功能不会发生任何改变。在综合过程中，VHDL 综合器将略去所有的块语句。

5.2.4　子程序的并行调用语句

VHDL 子程序是 VHDL 的程序模块。这个模块利用顺序语句来定义和完成算法，因此只能使用顺序语句，这一点与进程相似。VHDL 的子程序包括函数和过程两类。子程序可以并行调用，也可以顺序调用，具体是并行调用还是顺序调用，由其调用的位置和所在的语句决定。

子程序的使用方法已在本书 3.2 节做详细讲解，这里不再赘述。

5.2.5　元件例化语句(COMPONENT)

层次化和模块化是一种重要的硬件设计模式，也叫自顶向下的设计模式。利用层次化和结构化的设计方法，一个完整的硬件设计任务首先是由总设计师划分若干个可操作的模块，制造出相应的模型。通过仿真验证后，再把这些模块分配给下一层的设计师，允许多个设计者同时设计一个硬件系统的不同模块，其中每个设计者负责自己承担的部分；而上一层设计师用行为上层模块对其下层设计者完成的设计进行验证。如图 5-5 所示以设计树的形式说明了这种设计模式。

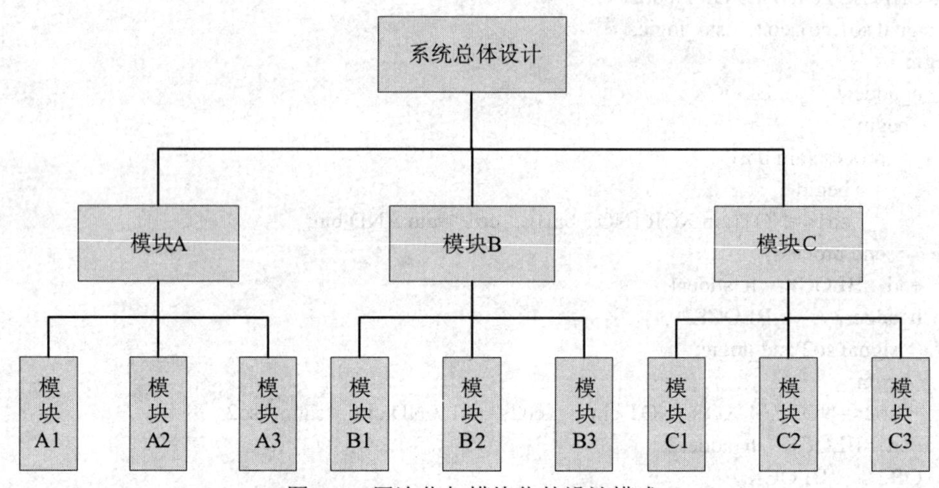

图 5-5　层次化与模块化的设计模式

由图 5-5 可见，层次化对应着系统的纵向划分，模块化对应着横向划分。元件例化语句就是用于连接设计和编译好的底层模块，以组成上层模块。这是 VHDL 进行层次化和模块化设计的基础。

前面已详细介绍过 VHDL 程序的基本结构。模块的功能是在结构体中进行描述的，那么描述底层模块的连接关系也应该在结构体中；同一结构体中使用的信号需要在结构体声明中定义，那么在上一层模块内部使用元件例化语句进行模块连接前，也需要在上层结构体中声明，声明位置与信号声明位置相同。因此，使用元件例化语句进行 VHDL 程序设计的结构如下：

```
库和程序包调用;
entity 顶层实体名  IS
   PORT(
        顶层实体端口说明;
        );
```

```
end [顶层实体名];
architecture    结构体名    OF   顶层实体名   IS
信号声明;
元件例化声明;
begin
元件例化语句;
其他并行结构体描述语句;
end  结构体名;
```

1. 元件例化声明(Component Declaration)

元件声明部分用来在结构体、程序包、块中定义元件，由类属说明(GENERIC)语句指明被定义元件的端口数据类型和参数，由端口说明(PORT)语句指明对外连接的各端口名。

元件声明用于声明上层结构体中用到的底层模块。元件声明应该写在结构体声明中，语法格式如下：

```
COMPONENT  元件名    IS
[GENERIC    参数说明; ]
PORT        端口说明;
END COMPONENT;
```

元件声明使用 COMPONENT 关键字，其中“元件名”即为调用模块的实体名。其余部分均与实体声明一样。因此，书写元件声明时可以将顶层模块的实体声明部分复制过来，再修改关键字 ENITITY 为 COMPONENT 即可(必要时，修改 GENERIC 中的参数)。例如：

```
--------实体声明----------
ENTITY FULLADDER IS
PORT(A,B,CIN :IN STD_LOGIC;
    S,COUT: OUT STD_LOGIC );
END ENTITY;
```

```
----------元件声明---------------
COMPONENT FULLADDER IS
PORT(A,B,CIN :IN STD_LOGIC;
    S,COUT: OUT STD_LOGIC );
END COMPONENT;
```

2. 元件例化语句(Component Instantiation)

元件例化部分用来实现元件的调用，说明该元件与当前设计实体如何连接。其中，关键字为 PORT MAP，表示端口映射的意思，用于指明被调用元件与当前设计实体的连接关系，即关联关系。在结构体中进行元件声明后即可在当前结构体中调用该元件，并适当修改其参数，其语法格式如下：

```
例化标号: 元件名    [generic map(参数映射)]PORT MAP(端口映射(连接关系));
```

各选项含义如下：

(1) 例化标号

例化标号用于标识元件例化后对应的实例，如下例中的 U1、U2、U3，3 个元件都使用了同一个模块，但在顶层实体中却是 3 个不同的元件模块。

(2) 端口映射

顶层模块与子模块根据端口映射建立连接关系。顶层中用于连接的数据对象必须声明为 SIGNAL 类型。关于端口映射时顶层模块与底层模块的对应关系通常有两种表达方式，即位置相关映射和符号名称相关映射。

● 位置相关映射

将元件例化语句中列出的信号根据元件声明中的端口顺序连接到底层元件。例如下例中的例化语句：

```
U1: mux2   PORT   MAP ( D0, D1, S0, A );
```

● 符号名称相关映射

利用符号“=>”连接信号，底层模块信号在前，顶层连接信号在后的连接，书写顺序可以不分先后。如下例语句：

```
U2: mux2   PORT   MAP ( a => D2, b => D3, s => S0, y => B );
```

若把上句位置相关语句改为名称相关，则代码中下：

```
U1: mux2   PORT   MAP (a => D0, b => D1, s => S0, y => a );
```

● 位置和名称混合映射

位置和名称相关混合映射的示例如下：

```
U3: mux2   PORT   MAP ( A, B, S1, y => Y );
```

(3) 参数映射

若将模块使用 GENERIC 语句定义了参数，则上层模块在调用该子模块时可以改变这些参数的值。

【例 5-9】用元件例化语句将四选一数据选择器用二选一来实现。

本例利用底层的二选一 MUX2 模块的调用，实现四选一的数据选择器。调用连接模块如图 5-6 所示。

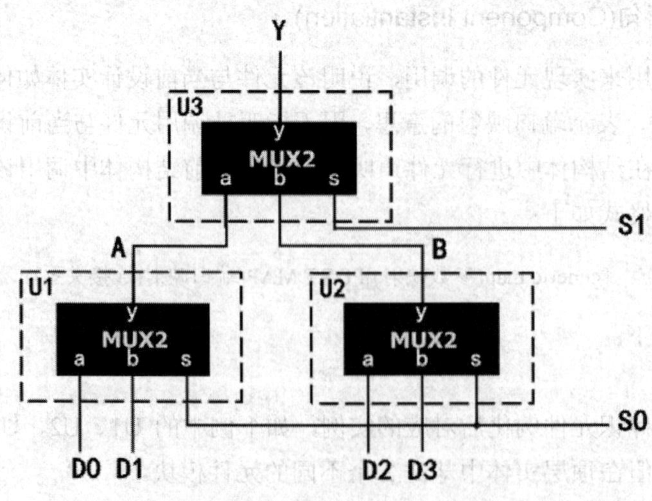

图 5-6　四选一数据选择器

顶层模块文件的代码如下：

```
LIBRARY   IEEE;
USE   IEEE.STD_LOGIC_1164.ALL;
ENTITY   mux4   IS
      PORT ( D0, D1, D2, D3: IN STD_LOGIC;
                  S0, S1: IN      STD_LOGIC;
                  Y:            OUT    STD_LOGIC );
END   mux4;
ARCHITECTURE   example13   OF   mux4   IS
      COMPONENT   mux2                                                          --元件例化
          PORT ( a, b, s:   IN      STD_LOGIC;
                      y:   OUT   STD_LOGIC );
      END   COMPONENT;
      SIGNAL     A, B:   STD_LOGIC;
BEGIN
U1: mux2   PORT   MAP ( D0, D1, S0, A );                                      --位置相关
U2: mux2   PORT   MAP ( a => D2, b => D3, s => S0, y => B );       --名称相关
U3: mux2   PORT   MAP ( A, B, S1, y => Y );                                   --混合相关
END   exmple13;
```

底层文件的代码如下：

```
LIBRARY   IEEE;
USE   IEEE.STD_LOGIC_1164.ALL;                                  --2 选 1 数据选择器
ENTITY   mux2   IS
   PORT ( a, b, s:   IN       STD_LOGIC;
              y:             OUT     STD_LOGIC);
END   mux2;
ARCHITECTURE   example9   OF   mux2   IS
BEGIN
              y <= a      WHEN    s ='0'    ELSE
                        b;
END   example9;
```

5.2.6　生成语句(GENERATE)

当设计一个由多个相同单元模块组成的电路时，只要根据某些条件，设计好某一个元件，就可以用生成语句复制一组完全相同的并行元件或设计单元来组成电路。

生成语句具有复制作用，一般用于简化重复性的元件例化语句或者多个相同功能块并行语句的书写。使用生成语句可以复制一组完全相同的并行组件或单元电路结构。其语句格式有以下两种：

1. FOR GENERATE 格式

FOR GENERATE 语句主要用来描述设计中的一些有规律的单元结构，以简化规律性的描述语句。FOR GENERATE 格式的语法结构如下：

```
[标号:]   FOR     循环变量     IN     取值范围       GENERATE
                                          说明部分
                 BEGIN
```

```
                        并行语句;
    END   GENERATE   [标号];
```

其中循环变量和循环范围与 FOR LOOP 语句相同；并行语句用来复制描述单元，主要包括元件例化语句、并行信号赋值语句等。

2. IF GNNERATE 格式

IF GENERATE 语句主要用于描述结构例外的情况，比如边界处发生的特殊情况。IF GENERATE 语句中，条件为真时，才会执行该语句下的元件例化语句，一般情况下 IF GENERATE 语句放在 FOR GENERATE 语句中。IF GENERATE 语句的语法格式如下：

```
[标号:]    IF      条件          GENERATE
                                   说明部分
                  BEGIN
                                   并行语句;
    END    GENERATE      [标号];
```

生成语句的格式由以下 4 部分组成：

(1) 使用 FOR 语句或 IF 语句结构来规定重复生成并行语句的方式；

(2) 通过说明部分，对元件数据类型、子程序、数据对象进行局部说明；

(3) 并行语句主要用生成语句来复制一组相同的并行元件，其语句包括所有的并行语句，甚至生成语句本身，可实现嵌套式生成结构；

(4) 标号是可选择项，在嵌套式生成结构中起着十分重要的作用。

【例 5-10】试用第一种格式的生成语句描述用 D 触发器组成的 8 位移位寄存器，逻辑图如图 5-7 所示。

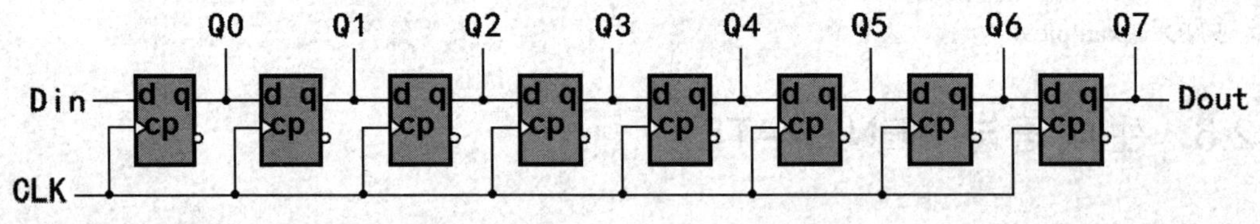

图 5-7　8 位移位寄存器

描述底层 D 触发器的源程序如下：

```
LIBRARY   IEEE;
  USE   IEEE.STD_LOGIC_1164.ALL;
  ENTITY    ff_d    IS
      PORT ( d, cp:   IN     STD_LOGIC;
                q:          OUT   STD_LOGIC );
  END   ff_d;
  ARCHITECTURE   example14   OF ff_d IS
  BEGIN
      PROCESS(cp)
      BEGIN
          IF   cp ='1'AND cp'EVENT   THEN    q<=d;
```

```
            END   IF;
        END   PROCESS;
END   example14;
```

描述移位寄存器的源程序如下：

```
LIBRARY   IEEE;
USE   IEEE.STD_LOGIC_1164.ALL;
ENTITY      shift_reg_8      IS
    PORT ( Din, CLK:    IN      STD_LOGIC;
              Dout:          OUT    STD_LOGIC );
            Q:   BUFFER STD_LOGIC_VECTOR ( 7 DOWNTO 0 ));
END shift_reg_8;
ARCHITECTURE    example14    OF shift_reg_8 IS
    COMPONENT    ff_d;
        PORT ( d, cp:    IN    STD_LOGIC;
                    q:           IN    STD_LOGIC );
    END   COMPONENT;
    SIGNAL    d:    STD_LOGIC_VECTOR ( 0 TO 8 );
BEGIN
    d(0)<= Din;
gen2: FOR    n    IN    0 TO 7    GENERATE
fx:      ff_d    PORT MAP (d ( n ), CLK, d (n+1));
    END   GENERATE;
    Q(0)<= d(1);
    Q(1)<= d(2);
    Q(2)<= d(3);
    Q(3)<= d(4);
    Q(4)<= d(5);
    Q(5)<= d(6);
    Q(6)<= d(7);
    Q(7) <= d(8);
    Dout<= d(8);
END   example14;
```

5.3　VHDL 顺序语句

VHDL 中的顺序语句用于描述进程(PROCESS)或子程序(SUBPROGRAM)的内部功能，并且只能出现在进程或子程序的内部。所谓顺序执行是指语句完全按照 VHDL 书写的顺序执行，而且意味着前面语句的执行结果会对后面语句的执行产生影响。顺序语句所涉及的系统行为有时序流、控制流和条件流等。

VHDL 顺序语句包括 IF、CASE、LOOP、WAIT、NULL、ASSERT、REPROT 等。其中最常用的是 IF 和 CASE 语句，两者都可用于描述程序的条件控制，且均可综合；LOOP 语句描述循环，WAIT 语句用于描述延迟信息，LOOP 和 WAIT 语句在一定条件下可综合；NULL 语句表示空操作，可综合，保持电路原来的状态不变；ASSERT 和 REPORT 语句用于程序仿真时进行人机对话，且只能用于仿真，不可综合。如表 5-4 所示为 VHDL 顺序语句，需要注意的是所有的顺序语句只能在进程和子程序中使用。

表 5-4　VHDL 顺序语句

顺 序 语 句	语 句 作 用	是否可综合
顺序赋值语句	信号或变量的在赋值	可综合
IF 语句	条件控制	可综合
CASE 语句	条件控制	可综合
LOOP 语句	循环控制	循环次数有限时可综合
WAIT 语句	描述延迟	WAIT ON 和 WAIT UNTIL 可综合
NULL 语句	空操作	可综合
ASSERT 语句	仿真时报告错误信息	仅用于仿真，不可综合

5.3.1　顺序赋值语句

赋值语句的功能是将一个值或一个表达式的运算结果传递给某一数据对象，如信号、变量或由它们组成的数组。通过赋值语句，可以实现设计实体内部的数据传送，以及端口外部数据的读写。

赋值语句由赋值源、赋值目标和赋值符构成。 要求赋值源和赋值目标的数据类型必须相同。根据赋值对象(赋值目标)的不同，赋值语句可分为信号赋值和变量赋值两种。

1. 信号赋值语句

信号赋值具有延时性、全局性，赋值符用“<=”表示，语法格式如下：

```
目标信号名<= 赋值源;
```

该语句是将赋值源的当前值赋给目标信号名。要求赋值号两边信号量的类型和长度必须一致。例如：

```
Y <='1';            -- 字符赋值，信号 Y 被赋值为 1
X <= Y;             -- 信号赋值，将信号 Y 的当前值赋给目标信号 X
A <= B AND C;       -- 表达式赋值，将 B 和 C 的与逻辑赋给目标信号 A
```

对于数组赋值，可采用下列格式：

```
SIGNAL x, y: STD_LOGIC_VECTOR (0 TO 3);
     x <= "1011"; --整体赋值，将数组"1011"赋值 x
     y ( 0 TO 1 ) <= "01"; --部分赋值，将"01"赋值 y 的部分位
     y ( 2 TO 3 ) <= x ( 1 TO 2 );    --位置关联赋值，x 的部分位赋值 y 的部分位
```

2. 变量赋值语句

变量赋值具有即时性、局部性，并且变量赋值只限定在进程和子程序中，赋值符用“:=”

表示。语法格式如下：

```
目标变量名:= 赋值源;
```

该语句是将赋值源的当前值赋给目标变量。要求赋值号两边变量的类型和长度必须一致。例如：

```
A := 5.0;                    --将数值 5.0 赋值给变量 A
Y := '0';                    --变量 Y 被赋值为'0'
X := Y;                      --将变量 Y 的当前值赋给目标变量 X
```

对于数组赋值，可采用下列格式：

```
VARIBLE   x,y: STD_LOGIC_VECTOR ( 0 TO 3 );
X:= "1011";                  --整体赋值，将数组"1011"赋值 x
Y ( 0 TO 1 ) := "10";        --部分赋值，将"10"赋值 y 的部分位
Y ( 2 TO 3 ) := x ( 1 TO 2 );  --位置关联赋值，将 x 的部分位赋值 y 的部分位
```

信号和变量在使用场合、定义位置以及赋值等方面的区别如表 5-5 所示。

表 5-5　信号、变量比较

	信　号	变　量	常　量
赋值符号	<=	:=	:=
功能	电路内部连接	内部数据暂存和交换	常数值 VCC 或 GND
作用范围	全局，进程内和进程之间通信	进程内部	与定义位置有关
行为	延迟一定时间后才赋值	立即赋值	
定义区域	实体、结构体、程序包(不可在进程、子程序中定义)	进程、子程序	实体、结构体、程序包、块、进程、子程序(均可存在)

从硬件电路系统来看，常量相当于电路中的恒定电平，如 GND 或 VCC 接口，而变量和信号则相当于组合电路系统中门与门间的连接及其连线上的信号值。从行为仿真和 VHDL 语句功能上看，变量和信号二者的区别主要表现在接受和保持信号的方式、信息保持与传递的区域大小上，例如信号可以设置延时量，而变量则不能，变量只能作为局部的信息载体，而信号则可作为模块间的信息载体，变量的设置有时只是一种过渡，最后的信息传输和界面间的通信都靠信号来完成。从综合后所对应的硬件电路结构来看，信号一般将对应更多的硬件结构，但在许多情况下，信号和变量并没有什么区别。例如在满足一定条件的进程中，综合后它们都能引入寄存器。这时它们都具有能够接受赋值这一重要的共性，而 VHDL 综合器并不理会它们在接受赋值时存在的延时特性。虽然 VHDL 仿真器允许变量和信号设置初始值，但在实际应用中，VHDL 综合器并不会把这些信息综合进去。这是因为实际的 CPLD/FPGA 芯片在上电后，并不能确保其初始状态的取向。因此，对于时序仿真来说，设置的初始值在综合时是没有实际意义的。

5.3.2 IF 语句

流程控制语句通过条件控制来决定是否执行一条或几条语句，或重复执行一条或几条语句，或跳过一条或几条语句。流程控制语句共有 5 种：IF、CASE、LOOP、NEXT 和 EXIT 语句，NEXT 和 EXIT 语句流程转向语句一般和 LOOP 语句配合使用。

IF 语句是一种条件控制功能的语句，在 IF 语句中至少应有一个条件句，该条件句必须由 BOOLEAN 表达式构成。IF 语句依据条件产生的判断结果 TRUE 或 FALSE，有选择地去执行指定的语句。IF 语句不仅可以用于选择器的设计，还可用于比较器、译码器等凡是需要进行条件控制的逻辑电路设计。

利用 IF 语句可以实现两个或两个以上的条件分支判断。其格式有以下 3 种。

1. 单选择控制：IF……THEN 形式

格式如下：

```
IF   条件句   THEN
                 顺序语句;
          END   IF;
```

若条件句的逻辑值为真，则执行 THEN 后面的顺序语句，否则结束该条件的执行。例如：

```
IF   (x ='1') THEN
   A <= B;
END   IF;
```

当条件 x ='1'成立时，信号 B 的值赋给信号 A；否则，不执行 A <= B 语句。

2. 二选择控制：IF……then……else 形式

格式如下：

```
IF   条件句     THEN
   顺序语句 1;
ELSE
   序语句 2;
END   IF;
```

若条件句的逻辑值为真，则执行 THEN 后面的顺序语句 1，否则执行 ELSE 后面的顺序语句 2。

【例 5-11】用 IF 语句描述二选一数据选择器。设数据输入信号为 d1 和 d0，选择控制信号为 s，数据输出信号为 y。

```
ARCHITECTURE   example11   OF   mux2   IS
  BEGIN
      PROCESS(d1, d0, s)
      BEGIN
          IF   ( s ='0' )   THEN   y <= d0;
```

```
            ELSE    y <= d1;
            END  IF;
        END  PROCESS;
    END  example11;
```

3. 多选择控制：IF……THEN……ELSIF……ELSE 形式

格式如下：

```
IF  条件 1  THEN
  顺序语句 1;
ELSIF  条件 2   THEN
  顺序语句 2;
  ……
ELSE
  顺序语句 n;
END  IF;
```

程序执行到该语句时，先判断条件 1 是否满足，若条件 1 满足则执行顺序语句 1 并结束整个 IF 语句。若条件 1 不成立，则再判断条件 2，若条件 2 满足则执行顺序语句 2 并结束整个 IF 语句。以此类推，当所有条件都不成立时，则执行顺序语句 N。

【例 5-12】用 IF 语句描述四选一数据选择器。设数据输入信号为 d3、d2、d1、d0，选择控制信号为 s=[s1, s0]，数据输出信号为 y。

```
ARCHITECTURE  example2  OF  mux4  IS
  BEGIN
      PROCESS(d3, d2, d1, d0, s )
      BEGIN
          IF      ( s ="00")  THEN  y <= d0;
          ELSIF ( s ="01")  THEN  y <= d1;
          ELSIF ( s ="10")  THEN  y <= d2;
          ELSE     y <= d3;
          END  IF;
      END  PROCESS;
  END  example2;
```

应用 IF 语句的 8-3 线优先编码器的示例程序见例 5-13。8-3 线优先编码器的真值表如表 5-6 所示。

表 5-6　8-3 线优先编码器的真值表

输　入								输　出
INPUT(7)	INPUT(6)	INPUT(5)	INPUT(4)	INPUT(3)	INPUT(2)	INPUT(1)	INPUT(0)	Y2 Y1 Y0
×	×	×	×	×	×	×	0	1 1 1
×	×	×	×	×	×	0	1	1 1 0
×	×	×	×	×	0	1	1	1 0 1
×	×	×	×	0	1	1	1	1 0 0
×	×	×	0	1	1	1	1	0 1 1

(续表)

输入								输出
×	×	0	1	1	1	1	1	0 1 0
×	0	1	1	1	1	1	1	0 0 1
0	1	1	1	1	1	1	1	0 0 0

【例 5-13】8-3 线优先编码器。

```
library ieee;
use ieee.std_logic_1164.all;
  entity priorityencoder is
        port(input:in std_logic_vector(7 downto 0);
             y:out std_logic_vector(2 downto 0)
             );
  end priorityencoder;
  architecture rtl of priorityencoder is
    begin
        process(input)
        begin
        if input(0)='0' then
        y<="111";
          elsif input(1)='0' then
               y<="110";
          elsif input(2)='0' then
               y<="101";
          elsif input(3)='0' then
               y<="100";
          elsif input(4)='0' then
               y<="011";
          elsif input(5)='0' then
               y<="010";
          elsif input(6)='0' then
               y<="001";
          else
               y<="000";
          end if;
        end process;
    end rtl;
```

4. 需要注意的问题

(1) 条件表达式中的括号可写可不写，例如：

```
IF(CLK'EVENT   AND   CLK='1') THEN
```

可写为：

```
IF   clk'event and clk= '1' THEN
```

(2) IF 表达式的格式 3，各条件之间是相“与”的关系，具有优先级，比较适合描述具有优先级别的逻辑电路功能模块。

(3) IF 语句的条件判断输出是布尔量，即 TURE 或 FALSE，因此在 IF 语句的条件表达式中只能使用关系运算、逻辑运算或者它们组合表达式。

(4) IF 语句的 3 种形式可以嵌套，但一定要完整嵌套，不可交叉嵌套。END IF 和最近的一个 IF 配对。在嵌套书写 IF 语句时，务必注意书写程序语句的对齐处理，即将同一层次的语句相互对齐，下一层次的语句向右一个 TAB 键距离后书写并对齐。

(5) 上文提到，并行语句中的条件赋值语句 WHEN ELSE 相当于顺序语句 IF 语句。其中，前者用于结构体描述，而后者只能用于进程和子程序中，除此之外两者的区别还有以下 3 点：

- 条件信号赋值语句的 ELSE 分支是一定要有的，而 IF 语句的 ELSE 分支可有可无；
- 条件信号赋值语句无法嵌套，而 IF 语句可以嵌套；
- WHEN ELSE 可以完成对不同信号的条件判断，只能描述组合逻辑电路；而 IF 语句既能描述组合逻辑，又可描述时序逻辑。

5.3.3　CASE 语句

CASE 语句也是一种条件控制语句。通过判断一个表达式的取值范围来决定语句的执行顺序。CASE 语句的条件与执行语句的对应关系十分明显，因此它的可读性比 IF 更强。

1. CASE 语句的书写格式

CASE 语句根据满足的条件直接选择多项顺序语句中的一项来执行。一般格式如下：

```
CASE   表达式   IS
            WHEN    选择值 1 => 顺序语句 1;
            WHEN    选择值 2 => 顺序语句 2;
                   ……
            WHEN    选择值 N => 顺序语句 N;
            WHEN    OTHERS => 顺序语句 n+1;
        END   CASE;
```

先计算表达式的值，然后根据条件句中的选择值执行相对应的顺序语句。

注意，条件句中的“=>”不是操作符，它相当于 THEN 的作用。

如下程序用 CASE 语句描述四选一数据选择器：

```
ARCHITECTURE   example14   OF   mux4   IS
     SIGNAL s: STD_LOGIC_VECTOR(1 DOWNTO 0)
 BEGIN
     s<=s1&s0;
     PROCESS(s1, s0, d3, d2, d1, d0 )
     BEGIN
         CASE   s   IS
         WHEN   "00" =>y<= d0;
         WHEN   "01" =>y<= d1;
```

```
            WHEN   "10" =>y<= d2;
            WHEN   "11" =>y<= d3;
            WHEN   OTHERS =>y<='Z';
            END  CASE;
        END  PROCESS;
    END  example14;
```

2. 书写注意事项

(1) 选择值必须在表达式的取值范围内。

(2) CASE 语句中至少要包含一个 WHEN 语句。

(3) 每个选择值只能出现一次，不能在其他 WHEN 语句中重复出现。

(4) 除非所有选择值能完全覆盖 CASE 语句中的表达式的取值，否则最后一个条件句的选择值必须用 OTHERS 表示。注意，STD_LOGIC 类型有 9 种取值类型，因此建议 CASE 语句最后使用 OTHERS 结尾。

(5) 选择值可以颠倒次序，但 OTHERS 必须放在最后。

(6) “=>”不是操作符，相当于 THEN 语句的作用。

3. WHEN 取值的 5 种形式

表达式可以是一个整数类型或枚举类型的值，也可以是由这些数据类型的值构成的数组。CASE 语句中每个 WHEN 子句中取值具有 5 种不同的形式，这大大增强了程序书写的灵活性。

选择值的 5 种不同的形式分别如下：

(1) 单个普通数值，如 5。

(2) 并列值，如 4 | 6 |取值 n，表示取值为 4 或 6。

(3) 数值选择范围，取值 L to 取值 H，如(1 TO 3)；取值 H DOWNTO 取值 l，如(3 DOWN TO 1)。

(4) 混合方式，即以上 3 种方式的混合。

(5) OTHERS。

4. CASE 语句和 WITH SELECT 语句的比较

CASE 和 WITH SELECT 语句在描述组合逻辑上具有相同的功能，因此两种语句可以相互转换，例如：

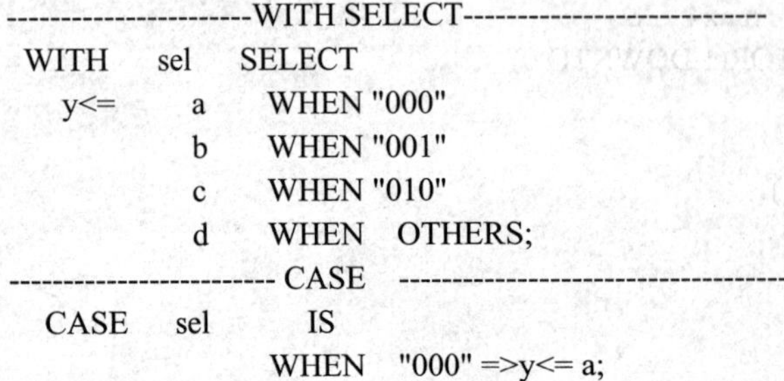

```
----------------------WITH SELECT--------------------------
 WITH    sel    SELECT
    y<=      a      WHEN "000"
             b      WHEN "001"
             c      WHEN "010"
             d      WHEN   OTHERS;
----------------------- CASE    -----------------------------------
  CASE    sel       IS
                    WHEN    "000" =>y<= a;
```

```
            WHEN    "001" =>y<= b;
            WHEN    "010" =>y<= c;
            WHEN    OTHERS =>y<= d;
        END   CASE;
```

CASE语句和WITH SELECT语句虽然可以相互转换，但是有条件。CASE语句和WITH SELECT 语句的比较如表 5-7 所示。

表 5-7　CASE 和 WITH SELECT 语句的比较

	WITH SELECT 语句	CASE 语句
语句类型	并行语句	顺序语句
作用区域	只能在进程或子程序外部	只能在进程或子程序内部
赋值语句的个数/分支	只能给一个信号赋值	任意
空操作关键字	UNAFFECTED	NULL
检测所有状态	是	是
描述逻辑电路类型	组合逻辑电路	组合、时序逻辑电路

5. CASE 语句和 IF 语句的比较

CASE 与 IF 语句最根本的区别是前者各分支之间没有优先级，而后者各分支之间有优先级。在实际应用中，分支若无优先级的要求，一般用 CASE 语句，以提高程序的可读性以及程序的综合效果。特别在多状态机的描述时，一般用 CASE 语句来指定各状态下的相互逻辑，详细介绍见状态机章节。

需要说明的是，虽然从理论上讲，IF 语句描述的多分支结构，各分支之间有优先性，因此综合结果会变成优先编码器。但当 IF 语句用于描述数据选择器功能的纯组合电路时，综合器经常使用数据选择器来代替优先编码器。因此，在这种情况下，经过优化，IF 语句和 CASE 语句的综合结果是相同的。例如，下述描述的综合结果是相同的。

```
----------------------------- IF   -----------------------------------
      IF      ( sel ="000")   THEN
            y <= a;
      ELSIF ( sel ="001")   THEN
            y <= b;
      ELSIF ( sel ="010")   THEN
            y <= c;
      ELSE
            y <= d;
      END   IF;
------------------------- CASE   -----------------------------------
      CASE     sel          IS
                  WHEN    "000" =>y<= a;
                  WHEN    "001" =>y<= b;
                  WHEN    "010" =>y<= c;
                  WHEN    OTHERS =>y<= d;
            END   CASE;
```

【例 5-14】3-8 线译码器的 CASE 描述。

3-8 线译码器的真值表如表 5-8 所示，由程序 5-14 生成的 3-8 线译码器电路符号如图 5-8 所示。

表 5-8　3-8 线译码器真值表

输　入			输　出							
D2	D1	D0	Q7	Q6	Q5	Q4	Q3	Q2	Q1	Q0
0	0	0	0	0	0	0	0	0	0	1
0	0	1	0	0	0	0	0	0	1	0
0	1	0	0	0	0	0	0	1	0	0
0	1	1	0	0	0	0	1	0	0	0
1	0	0	0	0	0	1	0	0	0	0
1	0	1	0	0	1	0	0	0	0	0
1	1	0	0	1	0	0	0	0	0	0
1	1	1	1	0	0	0	0	0	0	0

程序代码如下：

```
library ieee;
use ieee.std_logic_1164.all;
entity decoder_38 is
port(d:in std_logic_vector(2 downto 0);
     q: out std_logic_vector(7 downto 0));
end decoder_38;
architecture rtl of decoder_38 is
begin
process(d)
begin
case d is
when"000"=>q<="00000001";
when"001"=>q<="00000010";
when"010"=>q<="00000100";
when"011"=>q<="00001000";
when"100"=>q<="00010000";
when"101"=>q<="00100000";
when"110"=>q<="01000000";
when others=>q<="10000000";
end case;
end process;
end rtl;
```

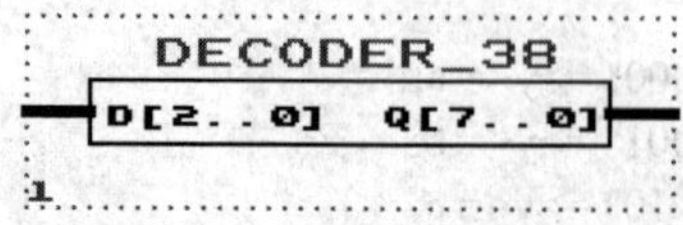

图 5-8　3-8 线译码器电路符号

5.3.4　LOOP 语句

LOOP 语句是一种循环语句，它可以使所包含的一组顺序语句被循环执行，其执行的次数由设定的循环参数决定。有 4 种常见的格式：FOR LOOP、WHILE LOOP、单个 LOOP(LOOP NEXT 和 LOOP EXIT)。其中 FOR LOOP 用于描述规定次数的循环；WHILE LOOP 用于描述符合条件的循环；LOOP NEXT 用于描述循环的跳出；loop exit 用于描述循环的终止。

在对 FOR LOOP 语句和 WHILE LOOP 语句的综合上，现在大多数 EDA 工具都能对 FOR LOOP 语句综合，而对 WHILE LOOP 语句只有一些高级的 EDA 工具才可以综合。因此设计人员往往采用 FOR LOOP 语句进行可综合设计，而不采用 WHILE LOOP 语句。

另外，使用 LOOP 语句时很容易造成程序的不可综合，因此建议尽量不要用 LOOP 语句，如果一定要用就用 FOR LOOP 语句，且必须保证满足语句的可综合条件。

1. FOR LOOP 语句

FOR LOOP 语句主要用于循环次数已知的循环程序设计。可分为递增方式和递减方式。

递增方式的格式如下：

```
[循环标号:]  FOR  循环变量  IN  初值 TO 终值  LOOP
                    顺序语句;
                  END  LOOP  [循环标号];
```

递减方式的格式如下：

```
[循环标号:]  FOR  循环变量  IN  初值 DOWNTO 终值  LOOP
                    顺序语句;
                  END  LOOP  [循环标号];
```

各选项说明如下：

(1) 循环标号为任选项，非必选，可省略，用来给循环语句定位。

(2) 循环变量是一个临时变量，只在 LOOP 内有效。不同于其他变量的是，循环变量不需要事先定义，且不需要在语句显示说明递增或递减 1。进程声明不要再定义与此同名的变量。

(3) 循环从循环变量的“初值”开始，到“终值”结束，每执行一次循环体中的顺序语句后，循环变量的值递增或递减 1。循环变量的初值和终值决定了循环次数(取整数)。

循环次数：循环次数= |终值-初值|+1

下面以例 5-15 说明 FOR LOOP 语句的综合特点。本例利用 FOR LOOP 语句实现 8 位奇偶检验器的描述，从而避免了原本繁琐的 8 条语句的描述方式。

输入信号 X 是一个长度为 8 位的标准逻辑矢量。当 X 中 1 的个数为奇数时，输出 Y=1，否则，Y=0。

算法：用 FOR_LOOP 语句对 X 的值逐位进行异或运算。

循环次数：由循环变量 n 控制，记录异或运算的次数。

循环变量的初值为 0，终值为 7。

【例 5-15】 用 FOR_LOOP 语句描述 8 位奇偶校验器。

```
LIBRARY   IEEE;
     USE   IEEE.STD_LOGIC_1164.ALL;
     ENTITY   loop1   IS
      PORT(X:IN      STD_LOGIC_VECTOR(7 DOWNTO 0);
                 Y:OUT    STD_LOGIC);
     END   loop1;
     ARCHITECTURE   example15   OF   loop1   IS
     BEGIN
        PROCESS(X)
            VARIABLE    temp: STD_LOGIC;
        BEGIN
          temp:='0';
          FOR   n   IN   7 DOWNTO 0   LOOP
                temp:= temp XOR X( n );
                END   LOOP;
             Y <= temp;
        END   PROCESS;
     END   example15;
```

从例 5-15 的综合结果和仿真结果可以看到，VHDL 综合器将 LOOP 语句综合成了并行的硬件结构。

FOR LOOP 语句的相关说明如下。

(1) FOR LOOP 语句的等效

FOR LOOP 语句使程序的书写更加简洁，这是使用该语句的最重要的原因。例 5-15 中仅用一条 FOR LOOP 语句就完成了原本需要 8 条语句的功能描述。FOR LOOP 的等效语句见下面程序：

```
ARCHITECTURE   bev   OF   parity   IS
     BEGIN
        PROCESS ( X )
VARIABLE   temp0, temp1, temp2, temp3, temp4, temp5, temp6, temp7:STD_LOGIC;
        BEGIN
       temp0 := '0'   XOR    X(0 );
             temp1 := temp0 XOR X(1 );
temp2 := temp1 XOR X(2 );
temp3 := temp2 XOR X(3 );
temp4 := temp3 XOR X(4 );
temp5 := temp4 XOR X(5 );
temp6 := temp5 XOR X(6);
temp7 := temp6 XOR X(7 );
             Y <= temp7;
        END   PROCESS;
     END   parity;
```

从以上代码容易得知，FOR LOOP 语句在循环控制的描述上占有绝对的优势，而且在一定的条件下可综合。

(2) FOR LOOP 语句可综合的条件

FOR LOOP 语句可综合的条件是循环次数范围必须为确定的数值范围。例如下面的描述方式是不可综合的：

```
variable length：integer range 0 to 15;
…….
for n in 0 to length loop
…….
end loop;
```

(3) FOR LOOP 语句综合的结果

综上所述，FOR LOOP 语句等效于多条语句的重复，因此读者很容易明白 FOR LOOP 语句被综合后的结果。FOR LOOP 语句的循环控制体现到硬件上后就变为结构模块上的重复，而不是时间上的循环运算。这一点与高级语言的循环是不同的。

(4) FOR LOOP 语句的实际执行过程

由于 FOR LOOP 语句被综合为结构模块上的重复，因此对于进程内的一个 FOR LOOP 语句，进程被激活一次则 FOR LOOP 语句被完整地执行一次，即循环变量在一次激活过程中取遍了初值到终值之间的所有值，而不是进程激活一次循环变量递增或递减 1。

2. WHILE LOOP 语句

WHILE LOOP 语句是一种条件循环语句，用于循环次数未知的循环程序设计。格式如下：

```
[循环标号:]   WHILE   循环控制条件   LOOP
                          顺序语句;
                 END   LOOP   [循环标号];
```

若循环控制条件为“真”，则进行循环，执行顺序语句；若循环控制条件为“假”，则结束循环。

例如，例 5-15 中的 8 位奇偶校验电路可用 WHILE LOOP 语句描述为：

```
ARCHITECTURE   example15   OF   loop2   IS
 BEGIN
    PROCESS ( X )
       VARIABLE   temp:   STD_LOGIC;
       VARIABLE   n:   INTEGER;
    BEGIN
       temp :='0';
       n := 0;
       WHILE   n < 8   LOOP
          temp := temp XOR X( n );
          n := n+1;
       END   LOOP;
       Y<= temp;
    END   PROCESS;
 END   example15;
```

3. 单个 loop 语句

单个 LOOP 语句是最简单的循环方式，这种循环方式需要引入 NEXT 和 EXIT 控制语句后才能确定。格式如下：

```
[ 循环标号: ]        LOOP
            顺序语句;
END   LOOP   [循环标号];
```

例如，以下代码就是简单 LOOP 语句的使用：

```
L2:   LOOP
            A := A+1;
            EXIT   L2   WHEN   A>10;    --控制语句，当 A 大于 10 时，跳出循环
END   LOOP   L2;
```

4. NEXT 语句

NEXT 语句是一种循环控制语句，通常嵌套在 LOOP 语句中使用，用于进行有条件或无条件的控制执行程序的转向。根据可选项，NEXT 语句有以下 3 种格式。

格式 1：

```
NEXT
```

无条件结束本次循环，跳回到循环体的开始位置，执行下一次循环。

格式 2：

```
NEXT      循环标号
```

无条件结束本次循环，从循环标号规定的位置，执行下一次循环。

格式 3：

```
NEXT   [循环标号]   WHEN   条件表达式
```

有条件结束本次循环，当条件表达式满足时，结束本次循环，否则继续循环。

【例 5-16】用 NEXT_WHEN 语句实现单循环。

```
ARCHITECTURE   example16   OF   NEXT_WHEN1 IS
  BEGIN
     PROCESS ( s )
        VARIABLE   i:   INTEGER;
     BEGIN
  L1:   FOR i   IN   7 DOWNTO   0   LOOP
                    y( i ) <='0';
        NEXT     WHEN   s( i ) ='1';             --若 s( i )='1'成立，终止本次循环，返回到 L1
                                                 --否则，继续本次循环
              y( i ) <='1';
        END   LOOP   L1;                         --返回到 L1
     END   PROCESS;
  END   example16;
```

5. EXiT 语句

EXIT 语句和 NEXT 语句一样，都是循环控制语句，主要用在 LOOP 语句中，用于进行有条件或无条件的跳转控制。

根据可选项，EXIT 语句有以下 3 种格式。

格式 1：

EXIT

无条件跳出循环，从 END LOOP 下面的语句开始执行。

格式 2：

EXIT　　循环标号

无条件跳出循环，从循环标号规定的位置开始执行循环体外的语句。

格式 3：

EXIT　　[循环标号]　WHEN　条件表达式

有条件跳出循环，当条件表达式不成立时，继续执行循环，否则跳出循环。

例 5-17 实现两个数组的比较，设 X、Y 分别为 8 位数组，当 X=Y 时，Z=00；当 X>Y 时，Z=10；当 X<Y 时，Z=01。

【例 5-17】用 EXIT 语句实现两个数组的比较。

代码如下：

```
PROCESS ( X, Y )
BEGIN
   Z <="00";
   FOR  n  IN  7  DOWNTO  0  LOOP
      IF  ( X( n )= Y( n ))  THEN
            NEXT;
      ELSIF  ( X( n ) < Y( n ) )  THEN
            Z <="01";
            EXIT;
      ELSE  Z <="10";
            EXIT;
      END  IF;
   END  LOOP;
END  PROCESS;
```

用 EXIT_WHEN 语句实现两个数组的比较，代码如下：

```
PROCESS ( X, Y )
BEGIN
   Z <="00";
   FOR  n  IN  7  DOWNTO  0  LOOP
      NEXT  WHEN  ( X( n ) = Y( n ));
         Z <="01";
      EXIT  WHEN  ( X( n ) < Y( n ));
```

```
              Z <="10";
            EXIT;
        END   LOOP;
    END   PROCESS;
```

【例 5-18】利用多重循环实现 4 组 8 位数据的奇校验，4 组 8 位数据由 d[0..31]输入，内循环完成各组数据的奇校验，外循环确定校验的组数，校验结果存放在输出 y[0..3]中。当某 8 位数据中 1 的个数为奇数时，所对应的输出位 y[i]=1，否则，y[i]=0。程序如下：

```
LIBRARY    IEEE;
    USE   IEEE.STD_LOGIC_1164.ALL;
    ENTITY   NEXT_WHEN2   IS
          PORT ( d:   IN      STD_LOGIC_VECTOR ( 0 TO 31);
                    y:   OUT    STD_LOGIC_VECTOR ( 0 TO 3 ) );
    END   NEXT_WHEN2;
    ARCHITECTURE   example7   OF   NEXT_WHEN2   IS
    BEGIN
        PROCESS ( d )
            VARIABLE   i,k,j:   INTEGER;
            VARIABLE   tmp:   STD_LOGIC;
       BEGIN
          k:=0;
L1:     FOR   i   IN   0 TO 3   LOOP                              ----L1 开始
               y( i ) <='0';
               tmp :='0';
               j := 0;
               k := i * 8;
L2:       LOOP                                                    --L2 开始
                   tmp := tmp XOR d( k );
                   y(i) <=tmp;
               NEXT   L1   WHEN   j = 7;
                   j := j + 1;
                   k := k + 1;
               NEXT   L2;
               END   LOOP   L2;                                   --L2 结束， L2 内循环
           NEXT     L1;
           END   LOOP   L1;                                       ----L1 结束，L1 外循环
        END   PROCESS;
END   example7;
```

在内循环中，当 j<7 时，继续执行内循环；当 j=7 时，终止内循环，跳转到 L1 处，执行一次外循环。

5.3.5　NULL 语句

在 VHDL 中，NULL 语句用来表示一种只占位置的空操作，它不进行任何操作，也不改变电路的状态。执行该语句的目的只是使 VHDL 程序去执行下一个语句。一般情况下，NULL 语句的书写格式比较简单，如下所示：

```
NULL;
```

采用 VHDL 描述硬件电路的过程中，NULL 语句经常用在 CASE 语句中，它用来表示 CASE 语句中所剩余的条件选择值的操作行为，从而能够满足 CASE 语句对条件选择值全部列举的要求。在用于表示某些情况下对输出值不做任何改变，此时即引入“锁存器”，因此在设计纯组合逻辑电路时就不能使用 NULL 语句。

5.3.6　WAIT 语句

等待(WAIT)语句在进程或过程中使用，用于程序的暂停和等待。当进程中没有指定敏感信号列表时，进程语句必须使用必须使用 WAIT 语句描述敏感信号激励。

语法格式如下：

```
WAIT  [ON 敏感信号表]  [UNTIL 条件表达式]  [FOR 时间表达式];
```

当执行到 WAIT 语句时，程序执行被暂停，直到满足此语句设置的等待结束条件后，重新执行程序。

根据可选项，WAIT 语句有以下 4 种格式：

格式 1：

```
WAIT
```

永远处于等待状态。

格式 2：

```
WAIT   ON    敏感信号表;
```

程序进入等待状态，直至敏感信号表中的任一信号发生变化时，结束等待重新执行程序。例如：

```
SIGNAL   a,b: STD_LOGIC;
  PROCESS
       …
    WAIT ON   a,b;-- 暂停程序的执行，直到 a 或 b 发生变化才重新启动。
END   PROCESS;
```

格式 3：

```
WAIT    UNTIL     条件表达式;
```

程序进入等待状态，直至表达式中的敏感信号发生变化，而且满足表达式设置的条件时，结束等待重新执行程序。例如：

```
WAIT UNTIL clk ='1'AND clk'EVENT;
z <= x OR y;
```

执行到 WAIT 语句后，暂停程序的执行，直到 CLK 的上升沿到来时，才恢复程序的运行，执行其后的赋值语句。

格式 4：

```
WAIT    FOR    时间表达式;
```

从执行到当前的 WAIT 语句开始，在此时间段内，程序处于等待状态，当超过时间表达式给定的时间后，程序自动恢复执行。例如：

```
WAIT   FOR   25ns;
z <= x NAND y;
```

执行该语句后，暂停程序的执行，直到时间(25ns)到才恢复程序的运行，将 x NAND y 赋值给 z。

WAIT 语句的 4 种格式中，WAIT ON 语句和 WAIT UNTIL 语句可综合，但都有相应的更常用的描述方式，因此这两个语句不常用。而 WAIT 和 WAIT FOR 语句只用于仿真，不可综合，只有在写仿真程序时有用。

注意，当进程中没有指定敏感信号列表时，进程语句必须使用 WAIT 语句描述敏感信号激励；在列出敏感量的进程中，PROCESS(a，b)不能使用任何形式的 WAIT 语句。

进程中有 WAIT ON 语句后就不能有敏感信号列表，两者只可选其一，一般使用敏感信号列表的方法。下面两种描述方法是等效的。

```
-------------- wait on 语句形式 ----------
              Process
                begin
           wait on clk,reset;
              顺序语句;
            End   Process;
-------------- 敏感信号列表形式 ----------
          Process   (clk,reset)
                begin
              顺序语句;
            End   Process;
```

5.4　VHDL 程序设计难点解析

通过前面的学习可知，VHDL 语言分为并行语句和顺序语句两大类；又可分为面向综合和面向仿真的两大类，且可综合的语言远少于面向仿真的语句。本书重点在于编写可综合的 VHDL 程序，并在 FPGA 上实现设计。由于部分 VHDL 语句和描述方式不可综合，可综合的 VHDL 语句又受到较多的限制，因此存在诸多难点。下面集中讨论 VHDL 程序设计中的难点问题，且关注可综合的 VHDL 程序设计。FPGA/CPLD 设计的基本原则、思想、技巧和常用模块是一个非常大的问题，在此不可能面面俱到，只能对设计中常用的一些设计原则与方法加以介绍。

5.4.1 面向硬件的设计思维

本书一直在强调硬件描述语言与高级语言的区别，以及硬件电路设计与软件程序设计的区别。面向硬件设计的思维是使用 VHDL 语言进行程序设计的基础。

1. 硬件电路的设计不是编写计算机指令

计算机的工作原理是以存储程序为基础的。即把要让计算机完成的任务编写成计算机能识别的指令，并将这一系列指令写到存储器中，之后 CPU 便不断地按规则取出指令，翻译指令，执行指令，直至完成所有任务。可以看出，这个过程并不关心 CPU 的电路结构是怎样的，也不关心这种结构是如何完成每条指令的执行的，而只关心 CPU 取到的指令是什么。在计算机上，用高级语言如 C 语言设计时，只要按照语法规则编写程序，然后将程序交给编译器，剩下的工作就由计算机来完成了。

基于 FPGA 的开发设计与上述过程截然不同，因为 FPGA 开发的本质是设计硬件电路结构。而硬件电路中没有 CPU，没有存储器，而只有最基本的逻辑门或更高级一些的数字逻辑器件，虽然 Xilinx FPGA 是基于查找表原理，但硬件设计中通常更关心电路的逻辑门等基本结构。设计者要做的工作是将这些逻辑门或逻辑器件按一定的结构组合起来，从而实现需要的功能。

可编程逻辑器件、EDA 技术和硬件描述语言的出现，使得设计者可以利用 EDA 工具在计算机上进行硬件电路的设计。EDA 设计主要采用硬件描述语言作为设计输入，包括抽象行为描述和功能描述，甚至到内部的具体线路结构，再借助计算机将设计自动转化为底层逻辑。设计过程如同软件编程一样方便快捷，硬件描述语言的输入方式，使得硬件设计成为一种硬件编程的形式，硬件编程和高级语言编程的区别和共同点如表 5-9 所示。

2. 模块化和层次化是硬件电路设计的基本方法

可编程逻辑器件是一种高度集成的数字电路，可以实现小到逻辑门，大到通用处理器的数字电路描述。那么如何着手设计各种规模的数字电路呢？使用 VHDL 以及其他硬件电路结构描述语言采用模块化和层次化的设计思想来描述和设计数字电路。

模块化是指将要设计的电路按照功能划分为数个子模块，每个模块完成各自的功能，而整体的电路功能是把这些子模块的功能进行整合和协调形成的。一个模块可以是一个完整的电路设计，也可以是一个完整设计的某个功能部分。而层次化的思想也是基于模块化设计的概念，它将设计分为数个子模块，各个子模块还可以按照需求进一步划分为数个子模块。

表 5-9 硬件设计编程与高级语言编程对比

		高级语言编程	硬件设计编程
不同点	编程目的	将程序转化为计算机能识别的指令	将程序转化为逻辑门网表，对应逻辑电路结构

(续表)

		高级语言编程	硬件设计编程
不同点	执行过程	CPU 取指令、翻译指令、执行指令、得到结果。可以根据程序的不同完成千变万化的功能是因为 CPU 取得的指令不同(CPU 的电路结构在任意时刻都是不变的)	硬件电路根据输入信号，经过电路结构中存在的特定元器件产生输出信号。可以根据程序的不同完成千变万化的功能因为电路结构的不同
	执行模式	CPU 执行指令，从程序来看，同一时刻只能执行程序中的一条语句(实际上一条语句被翻译成多条指令，同一时刻只能执行这些指令中的一条)	天生的并行性，往往程序中的一条就能对应一个硬件电路结构，最终的系统有很多这些小的电路结构连接而成。从程序来看，每条语句同时执行
共同点		都能从较高的级别上描述具体功能，都利用语言描述的形式，都有相应的软件支持开发	

上述基于层次化和模块化的硬件设计模式也叫自顶向下设计模式，如图 5-9 所示以设计树的形式说明了这种设计模式。

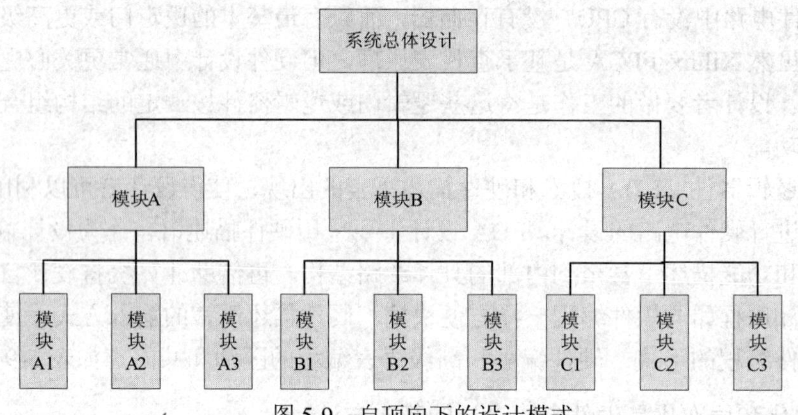

图 5-9　自顶向下的设计模式

3. 硬件电路可以从不同的抽象层次进行描述

一个硬件电路可以从多个抽象级别来描述，这使得描述和设计复杂的数字系统电路成为可能。数字系统的层次结构如图 5-10 所示。

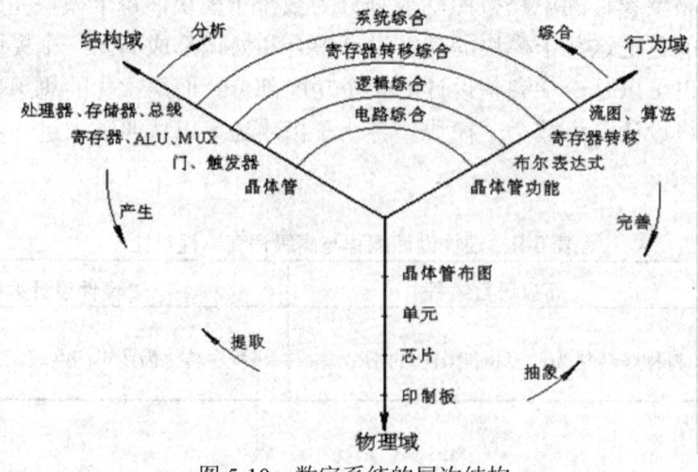

图 5-10　数字系统的层次结构

在 VHDL 结构体中，这种不同的描述方式或者说建模方法通常可归纳为行为描述 RTL 描述和结构描述。其中，RTL 寄存器传输语言描述方式也称为数据流描述方式，VHDL 可以通过这 3 种描述方法或称描述风格从不同的侧面描述结构体的行为方式。在实际应用中，为了能兼顾整个设计的功能资源性能，几方面的因素通常混合使用这 3 种描述方式。最高抽象级别是行为级描述，它描述系统做什么或者如何做，而不是描述系统由什么元件组成及这些元件如何连接。行为级描述关心的是输入与输出之间的关系，这些关系由布尔表达式或由更抽象的寄存器传输级或算法级来描述。不同抽象级别的设计对象和综合过程如图 5-11 所示。

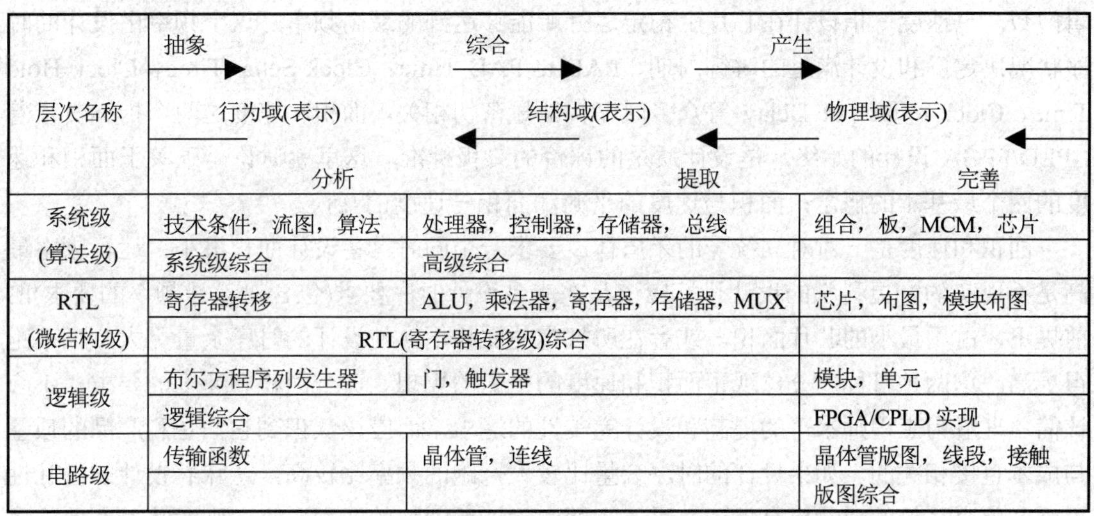

层次名称	抽象 → 行为域(表示) ← 分析	综合 → 结构域(表示) ← 提取	产生 → 物理域(表示) ← 完善
系统级 (算法级)	技术条件，流图，算法	处理器，控制器，存储器，总线	组合，板，MCM，芯片
	系统级综合	高级综合	
RTL (微结构级)	寄存器转移	ALU，乘法器，寄存器，存储器，MUX	芯片，布图，模块布图
	RTL(寄存器转移级)综合		
逻辑级	布尔方程序列发生器	门，触发器	模块，单元
	逻辑综合		FPGA/CPLD 实现
电路级	传输函数	晶体管，连线	晶体管版图，线段，接触
			版图综合

图 5-11 不同抽象级别的设计对象和综合过程

5.4.2 组合电路和时序电路

数字电路按照逻辑功能的不同，可以划分为组合电路和时序电路两大类，掌握组合逻辑电路和时序逻辑电路的区分手段和实现方法是数字电路设计的基本要求。

组合逻辑电路的输出信号仅由输入信号决定，因此电路不需要记忆元件而只由简单的逻辑门构成；时序电路与之相反，输出不仅与输入有关，还与之间的输入有关。因此时序电路必须引入记忆元件，以反馈的形式连接到组合逻辑电路部分，使得当前存储状态也能影响当前电路的输出。

在描述组合逻辑电路和时序逻辑电路中涉及到同步时序电路和异步时序电路、信号和变量的使用、进程中多边沿触发问题、模块化和层次化设计过程中顺序语句和并行语句的使用问题，一定要结合硬件电路和语句本身的内涵来理解 VHDL 语言实现的功能。原则上是能用并行语句描述组合逻辑电路尽量使用并行语句；子程序描述组合逻辑电路必须使用顺序语句来描述。

5.4.3　可编程逻辑设计的基本原则

可编程逻辑器件设计中，有四大基本原则：面积和速度的平衡与互换、硬件原则、系统原则、同步设计原则。这里只介绍前两个原则。

1. 面积和速度的平衡与互换

这里“面积”指一个设计消耗 CPLD/FPGA 的逻辑资源的数量，对于 FPGA，可以用所消耗的触发器(FF)和查找表(LUT)来衡量，更一般的衡量方式可以用设计所占用的等价逻辑门数。“速度”指设计在芯片上稳定运行所能够达到的最高频率，这个频率由设计的时序状况决定，和设计满足的时钟周期、PAD to PAD Time、Clock Setup Time、Clock Hold Time、Clock-to-Output Delay 等众多时序特征量密切相关。面积和速度这两个指标贯穿着 CPLD/FPGA 设计的始终，是设计质量的评价的终极标准。这里就讨论一下关于面积和速度的两个最基本的概念：面积与速度的平衡和面积与速度的互换。

面积和速度是一对对立统一的矛盾体。要求一个同时具备设计面积最小、运行频率最高是不现实的。更科学的设计目标应该是在满足设计时序要求(包含对设计频率的要求)的前提下，占用最小的芯片面积。或者在所规定的面积下，使设计的时序余量更大，频率跑得更高。这两种目标充分体现了面积和速度的平衡的思想。关于面积和速度的要求，不应该简单理解为工程师水平的提高和设计完美性的追求，而应该认识到它们是和产品的质量与成本直接相关的。如果设计的时序余量比较大，跑的频率比较高，意味着设计的健壮性更强，整个系统的质量更有保证；另一方面，设计所消耗的面积更小，则意味着在单位芯片上实现的功能模块更多，需要的芯片数量更少，整个系统的成本也随之大幅度削减。

作为矛盾的两个组成部分，面积和速度的地位是不一样的。相比之下，满足时序、工作频率的要求更重要一些，当两者冲突时，采用速度优先的准则。

面积和速度的互换是 CPLD/FPGA 设计的一个重要思想。从理论上讲，一个设计如果时序余量较大，所能跑的频率远远高于设计要求，那么就能通过功能模块复用减少整个设计消耗的芯片面积，这就是用速度的优势换面积的节约；反之，如果一个设计的时序要求很高，普通方法达不到设计频率，那么一般可以通过将数据流串并转换，并行复制多个操作模块，对整个设计采取“乒乓操作”和“串并转换”的思想进行运作，在芯片输出模块再在对数据进行“串并转换”，是从宏观上看整个芯片满足了处理速度的要求，这相当于用面积复制换速度提高。面积和速度的互换的具体操作有很多的技巧，比如模块复用，“乒乓操作”，“串并转换”等，需要大家在日后工作中积累掌握。

2. 硬件原则

硬件原则主要针对 HDL 代码编写而言的。

首先应该明确 FPGA/CPLD、ASIC 的逻辑设计所采用的硬件描述语言(HDL)与同软件语言(如 C，C++等)是有本质区别的。以 VerilogHDL 语言为例(公司多数逻辑工程师使用 Verilog)，虽然 Verilog 很多语法规则和 C 语言相似，但是 Verilog 作为硬件描述语言，它的本质作用在于描述硬件。应该认识到，Verilog 是采用了 C 语言形式的硬件的抽象，它的最终实现结果是芯片内部的实际电路。所以评判一段 HDL 代码的优劣的最终标准是：其描述并实现的硬件电路的性能(包括面积和速度两个方面)。评价一个设计的代码水平较高，仅仅是说这个设计由硬件向 HDL 代码这种表现形式转换的更流畅、合理。而一个设计的最终性能，在更大程度上取决于设计工程师所构想的硬件实现方案的效率以及合理性。初学者，特别是由软件转行的初学者，片面追求代码的整洁、简短，这是错误的，是与评价 HDL 的标准背道而驰的。正确的编码方法是，首先要做到对所需实现的硬件电路“胸有成竹”，对该部分硬件的结构与连接十分清晰，然后再用适当的 HDL 语句表达出来即可。另外，Verilog 作为一种 HDL 语言，是分层次的。比较重要的层次有系统级(System)、算法级(Algorithm)、寄存器传输级(RTL)、逻辑级(Logic)、门级(Gate)、电路开关级(Switch)设计等。系统级和算法级与 C 语言更相似，可用的语法和表现形式也更丰富。自 RTL 级以后，HDL 语言的功能就越来越侧重于硬件电路的描述，可用的语法和表现形式的局限性也越大。相比之下，C 语言与系统级和算法级 Verilog 描述更相近一些，而与 RTL 级，Gate 级、Switch 级描述从描述目标和表现形式上都有较大的差异。

5.4.4　设计思想和技巧

CPLD/FPGA 设计思想与技巧：乒乓操作、串并转换、流水线操作、数据接口同步化，都是 CPLD/FPGA 逻辑设计的内在规律的体现，合理地采用这些设计思想能在 FPGA/CPLD 设计工作中取得事半功倍的效果。

“乒乓操作”是一个常常应用于数据流控制的处理技巧。乒乓操作的处理流程为：输入数据流通过“输入数据选择单元”将数据流等时分配到两个数据缓冲区，数据缓冲模块可以是任何存储模块，比较常用的存储单元为双口RAM(DPRAM)、单口 RAM(SPRAM)、FIFO等。乒乓操作的最大特点是通过“输入数据选择单元”和“输出数据选择单元”按节拍、相互配合地切换，将经过缓冲的数据流没有停顿地送到“数据流运算处理模块”进行运算与处理。乒乓操作的第二个优点是可以节约缓冲区空间。巧妙运用乒乓操作还可以达到用低速模块处理高速数据流的效果。

“串并转换设计”技巧：串并转换是FPGA设计的一个重要技巧，它是数据流处理的常用手段，也是面积与速度互换思想的直接体现。排列顺序有规定的串并转换，可以用CASE语句判断实现。对于复杂的串并转换，还可以用状态机实现。串并转换的方法比较简单，在此不再赘述。

“流水线操作设计思想”：首先需要声明的是，这里所讲述的流水线是指一种处理流程和顺序操作的设计思想，并非 FPGA、ASIC 设计中优化时序所用的“Pipelining”。流水线处理是高速设计中的一个常用设计手段。如果某个设计的处理流程分为若干步骤，而且整个数据处理是“单流向”的，即没有反馈或者迭代运算，前一个步骤的输出是下一个步骤的输入，则可以考虑采用流水线设计方法来提高系统的工作频率。流水线设计的一个关键在于整个设计时序的合理安排，要求每个操作步骤的划分合理。

“数据接口的同步方法”：数据接口的同步是 CPLD/FPGA 设计的一个常见问题，也是一个重点和难点，很多设计不稳定都是源于数据接口的同步有问题。

下面简单介绍不同情况下数据接口的几种同步方法。

(1) 输入、输出的延时(芯片间、PCB布线、一些驱动接口元件的延时等)不可测，或者有可能变动的条件下，如何完成数据同步？

对于数据的延迟不可测或变动，就需要建立同步机制，可以用一个同步使能或同步指示信号。另外，使数据通过 RAM 或者 FIFO 的存取，也可以达到数据同步目的。

把数据存放在 RAM 或FIFO的方法如下：将上级芯片提供的数据随路时钟作为写信号，将数据写入 RAM 或者 FIFO，然后使用本级的采样时钟(一般是数据处理的主时钟)将数据读出来即可。这种做法的关键是数据写入 RAM 或者 FIFO 要可靠，如果使用同步 RAM 或者 FIFO，就要求应该有一个与数据相对延迟关系固定的随路指示信号，这个信号可以是数据的有效指示，也可以是上级模块将数据打出来的时钟。对于慢速数据，也可以采样异步RAM或者FIFO，但是不推荐这种做法。

(2) 设计数据接口同步是否需要添加约束？

建议最好添加适当的约束，特别是对于高速设计，一定要对周期、建立、保持时间等添加相应的约束。这里附加约束的作用有以下两点：

① 提高设计的工作频率，满足接口数据同步要求。通过附加周期、建立时间、保持时间等约束可以控制逻辑的综合、映射、布局和布线，以减小逻辑和布线延时，从而提高工作频率，满足接口数据同步要求。

② 获得正确的时序分析报告。几乎所有的FPGA设计平台都包含静态时序分析工具，利用这类工具可以获得映射或布局布线后的时序分析报告，从而对设计的性能做出评估。静态时序分析工具以约束作为判断时序是否满足设计要求的标准，因此要求设计者正确输入约束，以便静态时序分析工具输出正确的时序分析报告。

5.5　本章小结

第 3 章重点讲述了 VHDL 语言基本结构和 VHDL 语义相关知识，那么本章主要讲述VHDL 语言的语法和语句。

本章讲 3 个大问题：(1)VHDL 语言的并行语句；(2)VHDL 语言的顺序语句；(3)基于FPGA 和 VHDL 语言设计的思想、原则和难点解析。

结构体是实现实体功能的模块，结构体中由并行的并行语句组成，所以说并行语句是VHDL 语言设计数字电路的核心和精髓；顺序语句可以构成或者封装成并行语言，即并行语句可以由顺序语句构成。这就建立的顺序语句和并行语句之间的关系。但要特别注意的是，有的语言只属于并行语句或者顺序语句，而有的语句具有双重性。所以要求读者在学习过程中仔细体会，站在硬件的角度上好好理解并比较语言在生成硬件电路上的差别，这样对真正学好 VHDL 语言有质的帮助。

5.6 习　　题

5-1　VHDL 程序的语句组成是什么样的结构？

5-2　VHDL 中包含哪些并行语句，怎么使用并行语句?

5-3　VHDL 中包含哪些顺序语句，怎么使用顺序语句？

5-4　怎么理解 VHDL 语言是面向硬件的描述语言，在设计上有哪些难点？

5-5　分别使用并行语言 WHEN ELSE 和顺序语句 CASE 语句描述四选一数据选择器，比较两种语句在硬件电路实现上的差别。

5-6　用 VHDL 语言描述 D 触发器和 8 位寄存器。

5-7　用 VHDL 描述带异步复位、同步置数的 99 进制计数器。

5-8　用 VHDL 语言描述偶数分频 6 分频、奇数分频 5 分频的分频电路。

5-9　元件例化语句的作用是什么？如何进行元件例化？元件例化时端口映射有哪两种方式？有什么注意事项？

5-10　转向控制语句可分为哪几种类型？如何用嵌套式 IF 语句描述具有优先级的电路？

5-11　CASE 语句有什么特点？其分支条件使用时有哪些注意事项？

5-12　LOOP 语句有哪些类型？其循环变量有什么特点？

5-13　NEXT 语句与 EXIT 语句的区别是什么？

5-14　WAIT 语句有哪些类型？WAIT 语句在进程中的作用是什么？与敏感信号表有什么关系？

5-15　设计一个串行序列检测器，要求连续输入 3 个或者 3 个以上的 1 时输出 1，其他输入情况下输出 0。

5-16　设计一个同步十进制加法器。

5-17　利用生成语句描述一个由 1 位三态锁存器 生成的 8 位三态锁存器的设计。

5-18　设计一个分频数为 n 的任意分频器。

第6章　基本逻辑电路设计

本章通过若干个基本逻辑设计实例，详细说明如何在实际设计中，应用 VHDL 语言和原理图相结合的设计方法来设计复杂的逻辑电路，包括组合逻辑电路的设计、总线接口的设计、存储器的设计和实际应用系统的设计。其中，有些设计可以直接成为更大数字系统或电子产品电路中的实际模块。

6.1　组合逻辑电路设计

本节的组合逻辑电路设计主要有基本门电路、3-8 译码器、8-3 线优先编码器、8 位比较器、多路选择器、三态门电路、单向总线驱动器、双向总线缓冲器等实例。

6.1.1　基本门电路

1. 基本门电路的 VHDL 语言描述

基本门电路用 VHDL 语言来描述十分方便。为方便起见，在下面【例 6-1】的两个输入模块中，使用 VHDL 定义的逻辑运算符，同时实现一个与门、或门、与非门、或非门、异或门及反相器的逻辑。

【例 6-1】用 VHDL 定义的逻辑运算符。

```
LIBRARY    IEEE;
USE IEEE.STD_LOGIC_1164.ALL;
ENTITY GATE IS
     PORT (A,B:IN STD_LOGIC;
             YAND,YOR,YNAND,YNOR,YNOT,YXOR:OUT STD_LOGIC);
     END GATE;
ARCHITECTURE ART OF GATE IS
BEGIN
YAND<=A AND B;               --与门输出
    YOR<=A OR B;             --或门输出
    YNAND<=A NAND B;         --与非门输出
    YNOR<=A NOR B;           --或非门输出
    YNOT<=A NOT B;           --反相器输出
    YXOR<=A XOR B;           --异或门输出
 END ART;
```

2. 3-8 译码器

下面分别以 4 种方法来描述一个 3-8 译码器。

【例 6-2】用 VHDL 描述一个 3-8 译码器的 4 种方法。

```
LIBRARY   IEEE;
USE IEEE.STD_LOGIC_1164.ALL;
USE IEEE.STD_LOGIC_UNSIGNED.ALL;
ENTITY DECODER1 IS
    PORT(INP: IN STD_LOGIC_VECTOR(2 DOWNTO 0);
         OUTP:OUT BIT_VECTOR (7 DOWNTO 0));
END DECODER1;
--方法 1：使用 SLL 逻辑运算符描述。
ARCHITECTURE ART1 OF DECODER1 IS
  BEGIN
    OUTP<= "11111110" SLL (CONV_INTEGER(INP));       --输出低有效译码
END ART1;
--方法 2：使用 PROCESS 语句描述。
ARCHITECTURE ART2 OF DECODER IS
  BEGIN
  PROCESS(INP)
BEGIN
    OUTP<=(OTHERS=>'1');                             --对输出所有位全赋 0
    OUTP (CONV_INTEGER(INP))<= '1' ;                 --仅对其中的一位赋值
   END PROCESS;
END ART2;
--方法 3：使用 CASE_WHEN 语句描述。
LIBRARY   IEEE;
USE IEEE.STD_LOGIC_1164.ALL;
ENTITY DECODER   IS
PORT(SEL:IN STD_LOGIC_VECTOR(2 DOWNTO 0);
     EN:IN STD_LOGIC;                                --加使能控制端
     Y: OUT BIT_VECTOR (7 DOWNTO 0));
END DECODER;
ARCHITECTURE ART3 OF DECODER   IS
  BEGIN
   PROCESS(SEL,EN)
   BEGIN
   Y<="11111111";
   IF(EN='1') THEN
    CASE SEL IS
     WHEN "000"=> Y(0) <= '0';                       --输出低有效
     WHEN "001"=> Y(1) <= '0';
     WHEN "010"=> Y(2) <= '0';
     WHEN "011"=> Y(3) <= '0';
     WHEN "100"=> Y(4) <= '0';
     WHEN "101"=> Y(5) <= '0';
     WHEN "110"=> Y(6) <= '0';
     WHEN "111"=> Y(7) <= '0';
     WHEN   OTHERS=>NULL;
   END CASE;
  END if;
```

```
END PROCESS;
END ART3;
--方法 4：使用条件选择 WHEN ELSE 语句描述。
ARCHITECTURE ART4 OF DECODER IS
BEGIN
   Y (0)<= '0'   WHEN (EN= '1' AND SEL="000") ELSE '1';
   Y (1)<= '0'   WHEN (EN= '1' AND SEL="001") ELSE '1';
   Y (2)<= '0'   WHEN (EN= '1' AND SEL="010") ELSE '1';
   Y (3)<= '0'   WHEN (EN= '1' AND SEL="011") ELSE '1';
   Y (4)<= '0' WHEN (EN= '1' AND SEL="100") ELSE '1';
   Y (5)<= '0' WHEN (EN= '1' AND SEL="101") ELSE '1';
   Y (6)<= '0'   WHEN (EN= '1' AND SEL="110") ELSE '1';
   Y (7)<= '0' WHEN (EN= '1' AND SEL="111") ELSE '1';
END ART4;
```

3. 8-3 线优先编码器

下面用两种方法设计 8-3 线优先编码器。

8-3 线优先编码器，输入信号为 y0、y1、y2、y3、y4、y5、y6 和 y7，输出信号为 OUT0、OUT1 和 OUT2。输入信号中 y0 的优先级别最低，依次类推，y7 的优先级别最高。

【例 6-3】用 VHDL 描述 8-3 线优先编码器。

```
LIBRARY IEEE;
USE IEEE.STD_LOGIC_1164.ALL;
ENTITY ENCODER IS
     PORT (y0,y1,y2,y3,y4,y5,y6,y7:IN STD_LOGIC;
           OUT0,OUT1,OUT2:OUT STD_LOGIC);
END ENCODER;
--方法 1：使用条件赋值语句描述。
ARCHITECTURE ART1 OF ENCODER IS
 SIGNAL OUTS:STD_LOGIC_VECTOR(2 DOWNTO 0);
 BEGIN
 OUTS (2 DOWNTO 0)<= "111" WHEN y7= '1'   ELSE
                     "110" WHEN y6= '1'   ELSE
                     "101" WHEN y5= '1'   ELSE
                     "100" WHEN y4= '1' ELSE
                     "011" WHEN y3= '1'   ELSE
                     "010" WHEN y2= '1'   ELSE
                     "001" WHEN y1='1'   ELSE
                     "000" WHEN y0= '1'   ELSE
                                "XXX";
OUT0<=OUTS(0);
 OUT1<=OUTS(1);
 OUT2<=OUTS(2);
 END ART1;
--方法 2：使用 IF 语句描述。
LIBRARY IEEE;
USE IEEE.STD_LOGIC_1164.ALL;
ENTITY ENCODER IS
  PORT(IN1:IN STD_LOGIC_VECTOR(7 DOWNTO 0);
        OUT1:OUT STD_LOGIC_VECTOR(2 DOWNTO 0));
```

```
END ENCODER;
ARCHITECTURE ART2 OF ENCODER IS
BEGIN
PROCESS(IN1)
BEGIN
IF      IN1(7)= '1'   THEN OUT1<="111";
ELSIF IN1(6)= '1' THEN OUT1<="110";
ELSIF IN1(5)= '1'   THEN OUT1<="101";
ELSIF IN1(4)= '1'   THEN OUT1<="100";
ELSIF IN1(3)= '1'   THEN OUT1<="011";
ELSIF IN1(2)= '1'   THEN OUT1<="010";
ELSIF IN1(1)= '1'   THEN OUT1<="001";
ELSIF IN1(0)= '1'   THEN OUT1<="000";
ELSE OUT1<="XXX";
END IF ;
 END PROCESS;
END ART2;
```

4. 带进位的 4 位加法器

【例 6-4】用 VHDL 描述带进位的 4 位加法器。

```
LIBRARY IEEE;
USE IEEE.STD_LOGIC_1164.ALL;
ENTITY ADDER4 IS
    PORT (A,B:IN STD_LOGIC_VECTOR(3 DOWNTO 0);
          CIN:IN STD_LOGIC;
          SUM:OUT STD_LOGIC_VECTOR(3 DOWNTO 0);
          COUNT:OUT STD_LOGIC);
END ADDER4;
ARCHITECTURE ART OF ADDER4 IS
SIGNAL C:STD_LOGIC_VECTOR(4 DOWNTO 0);
    BEGIN
    PROCESS(A,B,CIN,C)
    BEGIN
        C(0)<=CIN;
        FOR I IN 0 TO 3 LOOP                    ---用 FOR 循环语句实现多位相加
         SUM(I)<=A(I) XOR B(I) XOR C(I);
         C(I+1) <=(A(I) AND B(I)) OR (C(I) AND (A(I) OR B(I)));
         END LOOP;
         COUNT<=C(4);                           ---总的进位输出
    END PROCESS;
END ART;
```

5. 8 位比较器

比较器可以比较两个二进制是否相等。下面是一个 8 位比较器的 VHDL 描述。有两个 8 位二进制数，分别是 A 和 B，输出为 EQ，当 A=B 时，EQ=1，否则 EQ=0。

【例 6-5】用 VHDL 描述 8 位比较器。

```
LIBRARY IEEE;
USE IEEE.STD_LOGIC_VECTOR(7 DOWNTO 0);
```

```
ENTITY COMPARE IS
    PORT (A,B:IN STD_LOGIC_VECTOR(7 DOWNTO 0);
            EQ:OUT STD_LOGIC);
END COMPARE;
ARCHITECTURE ART OF COMPARE IS
   BEGIN
   EQ <='1'   WHEN A=B ELSE '0';
END ART;
```

6. 多路选择器

选择器常用于信号的切换，前面用 IF 语句、CASE 语句、条件赋值语句、选择赋值语句分别描述过四选一选择器。这里先给出二选一的数据选择器的 VHDL 描述如下，其他不再详细介绍。

```
ENTITY mux21 IS
   PORT ( a, b, s: IN   BIT;
                   y : OUT BIT);
END ENTITY mux21;
ARCHITECTURE bev OF mux21 IS
 BEGIN
    PROCESS (a,b,s)
BEGIN
       IF s = '0'   THEN
           y <= a;
  ELSE
y <= b;
END IF;
    END PROCESS;
END ARCHITECTURE bev;
```

6.1.2　三态门及总线缓冲器

三态门和总线缓冲器是驱动电路经常用到的器件，VHDL 语言通过指定大写的 Z 值表示高阻状态。例如：

```
A: STD_LOGIC;
B_BUS: STD_LOGIC_VECTOR(7 DOWNTO 0);
```

指定高阻状态如下：

```
A<='Z';
A_BUS<="ZZZZZZZZ";
```

【例 6-6】以三态门描述电路。

```
LIBRARY   IEEE;
USE IEEE.STD_LOGIC_1164.ALL;
ENTITY TRI_GATE IS
    PORT (EN,DIN:IN STD_LOGIC;
```

```
            DOUT:OUT STD_LOGIC);
END TRI_GATE;
ARCHITECTURE ART OF TRI_GATE IS
    BEGIN
    PROCESS (EN,DIN)IS
    BEGIN
     IF EN='1' THEN
       DOUT<=DIN;
     ELSE
       DOUT<='Z';                          --此处是单总线
     END IF;
    END PROCESS;
END ARCHITECTURE ART;
```

6.1.3　单向总线驱动器

在微型计算机的总线驱动中经常要用单向总线缓冲器，它通常由多个三态门组成，用来驱动地址总线和控制总线。一个 8 位的单向总线缓冲器如图 6-1 所示。

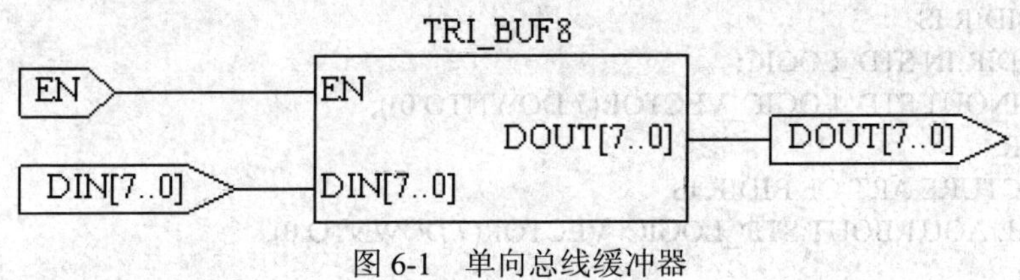

图 6-1　单向总线缓冲器

【例 6-7】单向总线缓冲器。

```
LIBRARY IEEE;
USE IEEE.STD_LOGIC_1164.ALL;
ENTITY TR1_BUF8 IS
  PORT (DIN:IN STD_LOGIC_VECTOR(7 DOWNTO 0);
            EN:IN STD_LOGIC;
            DOUNT:OUT STD_LOGIC_VECTOR(7 DOWNTO 0));
END   TR1_BUF8;
ARCHITECTURE ART OF TR1_BUF8 IS
   BEGIN
   PROCESS(EN,DIN)
    BEGIN
     IF(EN='1')THEN
          DOUNT<=DIN;
    ELSE
          DOUNT<="ZZZZZZZZ";
    END IF;
  END PROCESS;
END ART;
```

6.1.4　双向总线缓冲器

双向总线缓冲器用于数据总线的驱动和缓冲，典型的双向总线缓冲器如图 6-2 所示。图中的双向总线缓冲器有两个数据输入输出端 A 和 B：一个方向控制端 DIR 和一个选通端 EN。EN=0 时双向缓冲器选通，若 DIR=0，则 A=B，反之则 B=A。

【例 6-8】双向总线缓冲器。

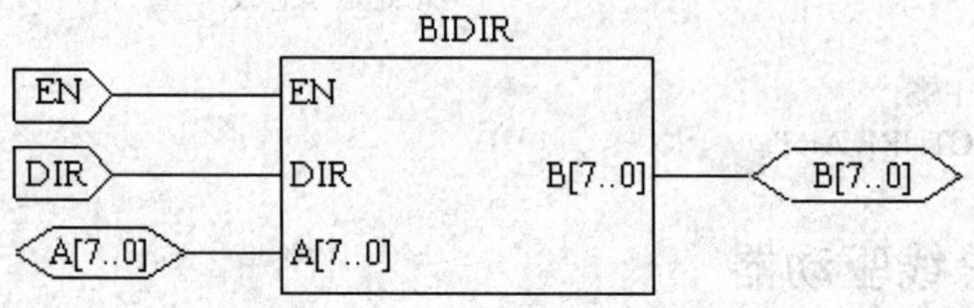

图 6-2　双向总线缓冲器

```
LIBRARY IEEE;
USE IEEE.STD_LOGIC_1164.ALL;
ENTITY BIDIR IS
PORT(EN,DIR:IN STD_LOGIC;
     A,B:INOUT STD_LOGIC_VECTOR(7 DOWNTO 0));
END BIDIR;
ARCHITECTURE ART OF BIDIR IS
    SIGNAL AOUT,BOUT:STD_LOGIC_VECTOR(7 DOWNTO 0);
    BEGIN
    PROCESS(A,EN,DIR)
    BEGIN
IF EN= '0' AND    DIR= '1' THEN BOUT<=A;
         ELSE BOUT<="ZZZZZZZZ";
         END IF;
    END PROCESS;
      B<=BOUT;
    PROCESS(B,EN,DIR)
    BEGIN
         IF EN= '0' AND    DIR='0' THEN AOUT<=B;
         ELSE AOUT<="ZZZZZZZZ";
         END IF;
    END PROCESS;
         A<=AOUT;
    END ART;
```

6.2　时序逻辑电路设计

本节的时序电路设计主要有触发器、寄存器、计数器、分频器、序列信号发生器和序列信号检测器等的实例。

6.2.1　时序电路特殊信号描述

时序电路特殊信号包括时钟信号和复位信号，下面分别进行介绍。

1. 时钟信号的描述

(1) 常用描述方式

进程的敏感信号是时钟信号，在进程内部用 IF 语句描述时钟的边沿条件。如：

```
PROCESS(CLOCK_SIGNAL)
  BEGIN
  IF (CLK_EDGE_CONDITION)   THEN
        SIGNAL_OUT<= SIGNAL_IN;
              其他时序语句
   END IF;
END PROCESS;
```

(2) WAIT UNTIL 描述方式

在进程中用 WAIT UNTIL 语句描述时钟信号，此时进程将没有敏感信号表。例如：

```
PROCESS
  BEGIN
  WAIT UNTIL (CLK_EDGE_CONDITON);
        SIGNAL_OUT<= SIGNAL_IN;
        其他时序语句
END PROCESS;
```

注意：

① 在对时钟沿说明时，一定要注明是上升沿还是下降沿。

② 一个进程中只能描述一个时钟信号。仅在仿真环境下可以有多个时钟信号。

③ WAIT UNTIL 语句只能放在进程的最前面或最后面。

(3) 时钟边沿的描述

时钟上升沿：(CLK' EVENT AND CLK='1');

时钟下降沿：(CLK' EVENT AND CLK='0')。

以上两种是标准的描述方式，所有的综合器厂家都支持。

2. 触发器的复位信号描述

(1) 同步复位

在只有以时钟为敏感信号的进程中定义。如：

```
PROCESS(CLOCK_SIGNAL)
  BEGIN
  IF (CLK_EDGE_CONDITION)   THEN
     IF (RESET_CONDITION)   THEN
        SIGNAL_OUT<= RESET_VALUE;
     ELSE
```

```
            SIGNAL_OUT<= SIGNAL_IN;
            其他时序语句
        END IF;
    END IF;
    END PROCESS;
```

(2) 异步复位

进程的敏感信号表中除时钟信号外，还有复位信号。

```
PROCESS(RESET_SIGNAL,CLOCK_SIGNAL)
   BEGIN
    IF (RESET_CONDITION) THEN
        SIGNAL_OUT<= RESET_VALUE;
    ELSIF   (CLK_EDGE_CONDITION)   THEN
        SIGNAL_OUT<= SIGNAL_IN;
        其他时序语句
    END IF;
END PROCESS;
```

6.2.2 常用时序电路设计

常用时序电路设计包括基本触发器、T 触发器、RS 触发器、JK 触发器等。

1. 基本触发器(Flip_Flop)

【例 6-9】D 触发器描述。

```
LIBRARY IEEE;
USE IEEE.STD_LOGIC_1164.ALL;
ENTITY DCFQ IS
    PORT(D,CLK:IN STD_LOGIC;
         Q:OUT STD_LOGIC);
END DCFQ;
ARCHITECTURE ART OF DCFQ IS
    BEGIN
    PROCESS(CLK)                                   --同步进程
    BEGIN
    IF (CLK'EVENT AND CLK='1')THEN                 --时钟上升沿触发
        Q<=D;
   END IF;
   END PROCESS;
END ART;
```

【例 6-10】带有异步置位/复位 D 触发器的描述。

```
LIBRARY IEEE;
USE IEEE.STD_LOGIC_1164.ALL;
ENTITY DFF3 IS
    PORT(CLR,PSET,CLK ,D:IN STD_LOGIC;
         Q:OUT STD_LOGIC);
```

```
END DFF3;
ARCHITECTURE ART OF DFF3 IS
BEGIN
  PROCESS(CLK,CLR,PSET)                          --异步进程
    BEGIN
IF(PSET='0') THEN
      Q<='1';                                    --置位信号有效，则触发器被置位
ELSIF(CLR='0')   THEN
       Q<='0';                                   --复位信号有效，则触发器被复位
ELSIF(CLK' EVENT AND CLK='1')THEN
            Q<=D;
       END IF;
  END PROCESS;
END ART;
```

【例 6-11】同步复位的 D 触发器描述。

```
LIBRARY IEEE;
USE IEEE.STD_LOGIC_1164.ALL;
ENTITY SYNDCFQ IS
    PORT(D, CLK,RESET:IN STD_LOGIC;
            Q:OUT STD_LOGIC);
END SYNDCFQ;
ARCHITECTURE ART OF SYNDCFQ IS
    BEGIN
PROCESS(CLK)
    BEGIN
      IF(CLK'EVENT AND CLK='1')THEN
          IF(PRESET='0')THEN
        Q<='0';        --时钟边沿到来且有复位信号，触发器被复位
          ELSE Q<=D;
          END IF;
      END IF;
  END PROCESS;
END ART;
```

2. T 触发器

【例 6-12】T 触发器描述。

```
LIBRARY IEEE;
USE IEEE.STD_LOGIC_1164.ALL;
ENTITY TCFQ IS
    PORT(T,CLK:IN STD_LOGIC;
            Q:BUFFER STD_LOGIC);
END TCFQ;
ARCHITECTURE ART OF TCFQ IS
    BEGIN
    PROCESS(CLK)                        --同步进程
    BEGIN
        IF (CLK' EVENT AND CLK='1')THEN
           Q<=NOT(Q);
        ELSE
```

```
        Q<=Q;
        END IF;
    END PROCESS;
END ART;
```

3. RS 触发器

【例 6-13】RS 触发器描述。

```
LIBRARY IEEE;
USE IEEE.STD_LOGIC_1164.ALL;
ENTITY RSCFQ IS
    PORT(R,S,CLK:IN STD_LOGIC;
         Q,QB:BUFFER STD_LOGIC);
END RSCFQ;
ARCHITECTURE ART OF RSCFQ IS
    SIGNAL Q_S,QB_S:STD_LOGIC;
    BEGIN
    PROCESS(CLK,R,S)                          --异步进程
    BEGIN
        IF (CLK' EVENT AND CLK='1')THEN
IF(S='1' AND R='0') THEN
            Q_S<='0';
            QB_S<='1';
          ELSIF (S<='0' AND R<='1') THEN
            Q_S<='1';
            QB_S<='0';
          ELSIF (S<='0' AND R<='0') THEN
            Q_S<=Q_S;                         --输出保持不变
             QB_S<=QB_S;
            END IF;
          END IF ;
        Q<=Q_S;
      QB<=QB_S;
    END PROCESS;
END ART;
```

4. JK 触发器

【例 6-14】JK 触发器描述。

```
LIBRARY IEEE;
USE IEEE.STD_LOGIC_1164.ALL;
ENTITY JKCFQ IS
    PORT(J,K,CLK:IN STD_LOGIC;
         Q,QB:BUFFER STD_LOGIC);
END JKCFQ;
ARCHITECTURE ART OF JKCFQ IS
    SIGNAL Q_S,QB_S:STD_LOGIC;
    BEGIN
    PROCESS(CLK,J,K)
    BEGIN
        IF (CLK' EVENT AND CLK='1')THEN
```

```
            IF(J='0' AND K='1') THEN
            Q_S<='0';
            QB_S<='1';
            ELSIF (J='1' AND K='0') THEN
            Q_S<='1';
            QB_S<='0';
            ELSIF (J='1' AND K='1') THEN
            Q_S<=NOT Q_S;
            QB_S<=NOT QB_S;
         END IF;
       END IF;
        Q<=Q_S;
        QB<=QB_S;
   END PROCESS;
 END ART;
```

5. 关于触发器的同步和非同步复位

触发器的初始状态应由复位信号来设置。按复位信号对触发器复位操作的不同，可以分为同步复位和非同步复位两种。所谓同步复位，就是当复位信号有效且在给定的时钟边沿到来时，触发器才被复位；非同步复位，也称异步复位，则是当复位信号有效时，触发器就被复位，不用等待时钟边沿信号。下面以 D 触发器为例分别进行介绍。

6.2.3　寄存器和移位寄存器

1. 寄存(锁存)器

寄存器用于寄存一组二值代码，广泛用于各类数字系统。因为一个触发器能储存 1 位二值代码，所以用 N 个触发器组成的寄存器能储存一组 N 位的二值代码。下面给出一个 8 位寄存器的 VHDL 描述。

【例 6-15】 8 位寄存(锁存)器描述。

```
LIBRARY IEEE;
USE IEEE.STD_LOGIC_1164.ALL;
ENTITY REG IS
   PORT(D:IN STD_LOGIC_VECTOR(0 TO 7);
        CLK:IN STD_LOGIC;
        Q:OUT STD_LOGIC_VECTOR(0 TO 7));
END REG;
ARCHITECTURE ART OF REG IS
BEGIN
PROCESS(CLK)
 BEGIN
      IF(CLK' EVENT AND CLK='1')THEN
         Q<=D;
      END IF;
END PROCESS;
END ART;
```

2. 移位寄存器

移位寄存器除了具有存储代码的功能以外，还具有移位功能。所谓移位功能，是指寄存器里存储的代码能在移位脉冲的作用下依次左移或右移。因此，移位寄存器不但可以用来寄存代码，还可用来实现数据的串并转换、数值的运算以及数据处理等。

下面给出一个 8 位的移位寄存器，其具有左移一位或右移一位、并行输入和同步复位的功能。

【例 6-16】 8 位的移位寄存器描述。

```
LIBRARY IEEE;
USE IEEE.STD_LOGIC_1164.ALL;
ENTITY SHIFTER IS
    PORT(DATA:IN STD_LOGIC_VECTOR(7 DOWNTO 0);
    SHIFT_LEFT:IN STD_LOGIC;
    SHIFT_RIGHT:IN STD_LOGIC;
    RESET:IN STD_LOGIC;
    MODE:IN STD_LOGIC_VECTOR(1 DOWNTO 0);
    QOUT:BUFFER STD_LOGIC_VECTOR(7 DOWNTO 0));
END SHIFTER;
ARCHITECTURE ART OF SHIFTER IS
BEGIN
PROCESS
BEGIN
WAIT UNTIL(RISING_EDGE(CLK));
  IF(RESET='1')THEN
  QOUT<= "00000000";
ELSE                                                         --同步复位功能的实现
  CASE MODE IS
     WHEN "01" =>QOUT<=SHIFT_RIGHT&QOUT(7 DOWNTO 1);      --右移一位
     WHEN "10"=>QOUT<=QOUT(6 DOWNTO 0)&SHIFT_LEFT;        --左移一位
     WHEN "11"=>QOUT<=DATA;
     WHEN OTHERS=>NULL;
    END CASE;
  END IF;
 END PROCESS;
END ART;
```

【例 6-17】 8 位串行输入/串行输出移位寄存器描述。这里采用结构化描述，即由 8 个相同的 D 触发器串联，如图 6-3 所示。

```
LIBRARY IEEE;
USE IEEE.STD_LOGIC_1164.all;
ENTITY SHIFT8 IS
    PORT(CLK, A:IN STD_LOGIC;
          B:OUT STD_LOGIC);
END SHIFT8;
ARCHITECTURE SAMPLE OF SHIFT8 IS
   COMPONENT DFF
    PORT(D,CLK: IN STD_LOGIC;
          Q:OUT STD_LOGIC);
```

```
    END COMPONENT;
       SIGNAL Z:STD_LOGIC_VECTOR(0 to 8);
    BEGIN
       Z(0)<=A;
    G1:FOR I IN 0 TO 7 GENERATE --用 FOR 生成语句
       DFFX:DFF PORT MAP(Z(I),CLK,Z(I+1));
    END GENERATE;
    B<=Z(8);      --8 位移位寄存器的输出
END SAMPLE;
```

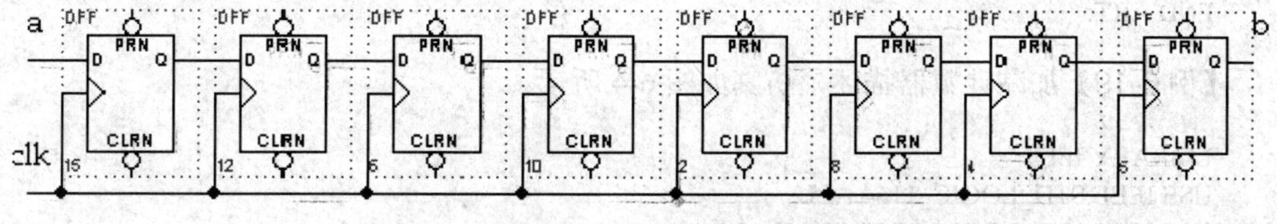

图 6-3　8 位串行输入/串行输出移位寄存器

6.2.4　计数器

计数器是在数字系统中使用得最多的时序电路，它不仅能用于对时钟脉冲计数，还可以用于分频、定时、产生节拍脉冲和脉冲序列以及进行数字运算等。计数器分为同步和异步两种。

1. 同步计数器

同步计数器指在时钟脉冲(计数脉冲)的控制下，构成计数器的各触发器状态同时发生变化的计数器。

【例 6-18】十二进制计数器的设计。

```
LIBRARY IEEE;
USE IEEE.STD_LOGIC_1164.ALL;
USE IEEE.STD_LOGIC_UNSIGNED.ALL;
ENTITY CNTM12 IS
   PORT(Clk,CLR,EN:IN STD_LOGIC;
        QA,QB,QC,QD:OUT STD_LOGIC);
END CNTM12;
ARCHITECTURE ART OF CNTM12 IS
SIGNAL    COUNT_4:STD_LOGIC_VECTOR(3 DOWNTO 0);
BEGIN
QA<= COUNT_4(0);
QB<= COUNT_4(1);
QC<= COUNT_4(2);
QD<= COUNT_4(3);
PROCESS(CLK,CLR)
BEGIN
      IF(CLR='0')THEN                  --异步复位
         COUNT_4<="0000";
```

```
        ELSIF   (CLK'EVENT AND CLK='1')   THEN
          IF(en='1')THEN
               IF(COUNT_4<="1011")THEN
               COUNT_4<="0000";
          ELSE
               COUNT_4<= COUNT_4+1;
          END IF;
        END IF;
      END IF;
    END PROCESS;
END ART;
```

【例 6-19】加减计数器描述，仿真如图 6-4 所示。

```
LIBRARY IEEE;
USE IEEE.STD_LOGIC_1164.ALL;
USE IEEE.STD_LOGIC_UNSIGNED.ALL;
ENTITY UPDNCOUNT64 IS
   PORT(CLK,CLR,UPDN:IN STD_LOGIC;
      QA,QB,QC,QD,QE,QF:OUT STD_LOGIC);
                                 --输出 6 位二进制数最大为 63，所以是六十四进制计数器
END UPDNCOUNT64;
ARCHITECTURE ART OF UPDNCOUNT64 IS
SIGNAL COUNT_6:STD_LOGIC_VECTOR(5 DOWNTO 0);
BEGIN
QA<= COUNT_6(0);
QB<= COUNT_6(1);
QC<= COUNT_6(2);
QD<= COUNT_6(3);
QE<= COUNT_6(4);
QF<= COUNT_6(5);
PROCESS(CLK,CLR)
BEGIN
    IF(CLR='0')THEN               --异步复位
      COUNT_6<="000000";
ELSIF(CLK' EVENT AND CLK='1')THEN
IF(UPDN='1')THEN
        COUNT_6<= COUNT_6+1;
        ELSE
          COUNT_6<= COUNT_6-1;   --为减 1 计数器
          END IF;
     END IF;
   END PROCESS;
END ART;
```

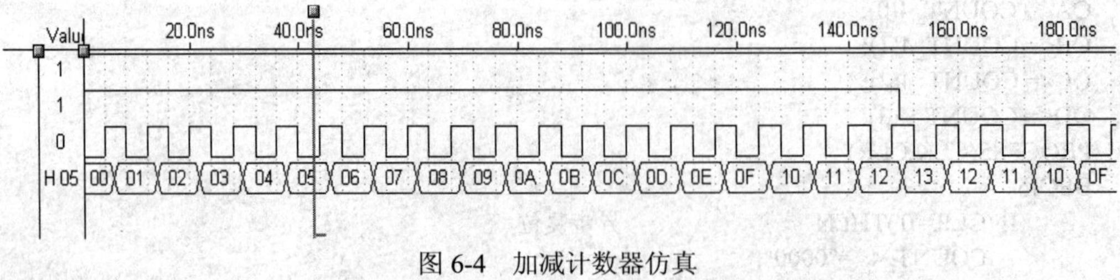

图 6-4　加减计数器仿真

【例 6-20】六十进制(分、秒)计数器。

```
LIBRARY IEEE;
USE IEEE.STD_LOGIC_1164.ALL;
USE IEEE.STD_LOGIC_UNSIGNED.ALL;
ENTITY CLOCK60 IS
      PORT(CLK :IN STD_LOGIC;
            NRESET:IN STD_LOGIC;
            BCD1_OUT:OUT STD_LOGIC_VECTOR(3 DOWNTO 0);      --个位显示 0~9 需 4 位宽
            BCD10_OUT:OUT STD_LOGIC_VECTOR(2 DOWNTO 0));  --十位显示 0~5 需 3 位宽
END CLOCK60;
ARCHITECTURE ART OF CLOCK60 IS
     SIGNAL   BCD1N: STD_LOGIC_VECTOR(3 DOWNTO 0);
     SIGNAL   BCD10N: STD_LOGIC_VECTOR(2 DOWNTO 0);
     BEGIN
BCD1_OUT<= BCD1N;                  --把定义的中间信分别赋给输出端口
BCD10_OUT<= BCD10N;
PROCESS(CLK,NRESET)
BEGIN
          IF(NRESET='0')THEN          --异步复位
             BCD1N <="0000";
BCD10N <="000";
ELSIF (CLK' EVENT AND CLK='1')   THEN
            IF(BCD1N=9)   THEN      --如个位为 9 则清零
                BCD1N <="0000";
IF(BCD10N =5)THEN                   -- 如十位为 5 则清零
BCD10N <="000";
ELSIF
                    BCD10N <= BCD10N+1;
END IF;
ELSF
                 BCD1N <= BCD1N+1;
END IF;
END IF;
      END PROCESS;
END ART;
```

【例 6-21】模为 60 且具有异步复位、同步置数功能的 8421BCD 码计数器。

```
LIBRARY IEEE;
USE IEEE.STD_LOGIC_1164.ALL;
USE IEEE.STD_LOGIC_UNSIGNED.ALL;
ENTITY CLOCK60 IS
    PORT( CLK: IN STD_LOGIC;
          NRESET:IN STD_LOGIC;
          LOAD:IN STD_LOGIC;
          D:IN STD_LOGIC_VECTOR(7 DOWNTO 0);
          CLK:IN STD_LOGIC;
          CO:OUT STD_LOGIC;
          QH:BUFFER STD_LOGIC_VECTOR(3 DOWNTO 0);
          QL:BUFFER STD_LOGIC_VECTOR(3 DOWNTO 0));
END CNTM60;
```

```
ARCHITECTURE ART OF CNTM60 IS
    BEGIN
      CO<= '1'   WHEN(QH="0101"AND QL="1001"AND CI='1')   ELSE '0';      --进位输出的产生
PROCESS(CLK,NRESET)
BEGIN
        IF(NRESET='0')   THEN                    --异步复位
        QH<="0000";
        QL<="0000";
ELSIF(CLK' EVENT AND CLK='1')   THEN --同步置数
         IF(LOAD='1')   THEN
QH<=D(7 DOWNTO 4)
QL<=D(3 DOWNTO 0);
ELSIF(CI='1')   THEN                           --模 60 的实现
          IF(QL=9)   THEN
             QL<="0000";
               IF(QH=5)   THEN
                 QH<="0000";
               ELSE                              --计数功能的实现
                QH<=QH+1;
         END IF
        ELSE
           QL<=QL+1;
        END IF;
    END IF;                                      --END IF LOAD
   END PROCESS;
END ART;
```

2. 异步计数器

异步计数器又称为行波计数器，它的低位计数器的输出作为高位计数器的时钟信号。由于是行波计数，致使计数延迟增加，计数器工作频率较低。用 VHDL 语言描述异步计数器与同步计数器的区别主要体现在对各级时钟的描述上。

下面是一个由 8 个触发器构成的异步计数器，采用元件例化的方式生成，如图 6-5 所示。

【例 6-22】8 个触发器构成的异步计数器。

```
LIBRARY IEEE;
USE IEEE.STD_LOGIC_1164.ALL;
ENTITY DIFFR IS
PORT(CLK,CLR,D:IN STD_LOGIC;
     Q,QB:OUT STD_LOGIC);
END DIFFR;
ARCHITECTURE ART1 OF DIFFR IS
SIGNAL Q_IN:STD_LOGIC;
BEGIN
Q<=Q_IN;
QB<=NOT Q_IN;
PROCESS(CLK,CLR)
BEGIN
   IF(CLR= '1')   THEN
     Q_IN<='0';
   ELSIF (CLK' EVENT AND CLK='1')   THEN
```

```
     Q_IN<=D;
    END IF;
   END PROCESS;
END ART1;
```

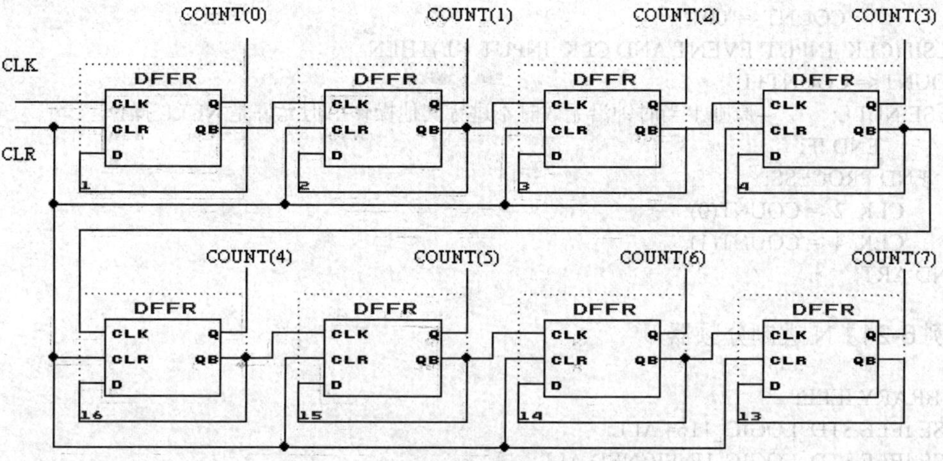

图 6-5　8 个触发器构成的异步计数器

```
LIBRARY IEEE;
USE IEEE.STD_LOGIC_1164.ALL;
ENTITY RPLCOUNT IS
   PORT(CLK,CLR:IN STD_LOGIC;
        COUNT:OUT STD_LOGIC_VECTOR(7 DOWNTO 0));
END RPLCOUNT;
ARCHITECTURE ART2 OF RPLCOUNT IS
      SIGNAL COUNT_IN:STD_LOGIC_VECTOR(8 DOWNTO 0);
      COMPONENT DIFFR
           PORT(CLK,CLR,D:IN STD_LOGIC;
                  Q,QB:OUT STD_LOGIC);
       END COMPONENT;
       BEGIN
       COUNT_IN(0)<=CLK;
       GEN1:FOR I IN 0 TO 7 GENERATE
       U:DIFFR PORT MAP(CLK=>COUNT_IN(I+1),   --采用名字映射方式
       CLR=>CLR,D=>COUNT_IN(I+1),
       Q=>COUNT_IN(I),QB=>COUNT_IN(I+1));
    END GENERATE;
   END ART2;
```

【例 6-23】用计数器实现分频器的设计(实现输入信号的二分频、四分频)。

```
LIBRARY IEEE;
USE IEEE.STD_LOGIC_1164.ALL;
USE IEEE.STD_LOGIC_UNSIGNED.ALL;
ENTITY DIV IS
   PORT(RESRT,CLK_INPUT:IN STD_LOGIC;
         CLK_2, CLK_4:OUT STD_LOGIC);
END   DIV;
ARCHITECTURE ART OF DIV IS
```

```
    SIGNAL COUNT:STD_LOGIC_VECTOR(1 DOWNTO 0);
BEGIN
PROCESS(RESRT,CLK_INPUT)
BEGIN
        IF(RESRT ='0')THEN                --异步复位
            COUNT<="00";
ELSIF(CLK_INPUT' EVENT AND CLK_INPUT ='1')THEN
COUNT<= COUNT+1;
ELSE NULL;      --原则上当时钟沿无效时不进行其他操作，但允许是 NULL 操作
        END IF;
    END PROCESS;
      CLK_2<= COUNT(0);
      CLK_4<= COUNT(1);
END ART;
```

【例 6-24】N 进制分频器。

```
LIBRARY IEEE;
USE IEEE.STD_LOGIC_1164.ALL;
USE IEEE.STD_LOGIC_UNSIGNED.ALL;
ENTITY N_DIV IS
PORT(N :IN STD_LOGIC_VECTOR(7 DOWNTO 0);
      CLK:IN STD_LOGIC;
      CLKOUT:OUT STD_LOGIC);
END   N_DIV;
ARCHITECTURE ART OF N_DIV IS
    SIGNAL CNT: STD_LOGIC_VECTOR(7 DOWNTO 0);
    SIGNAL N_T,N_1:STD_LOGIC_VECTOR(7 DOWNTO 0);
BEGIN
N_1<= N-1;                              -- N_1 代表 N 减－1 操作
N_T<='0'& N (7 DOWNTO 1); --相当于右移一位，即除 2 操作(N_T 是中间暂存信号)
PROCESS(N,CLK)
BEGIN
        IF CLK' EVENT AND CLK ='1' THEN          --异步复位
          IF CNT<=N_1 THEN    --判断是否到计数的终值
             CNT<="00000000";  --到计数的终值清零
          ELSE
           CNT<= CNT+1;          --未到计数的终值则加 1 计数
          END IF;
        IF    CNT<N_T THEN    --如小于 N 的一半则输出低电平
           CLKOUT<='0';
          ELSE
           CLKOUT<='1';          --如大于等于 N 的一半则输出高电平(N 为偶数时，输出方波信号)
          END IF;
        END IF;
END PROCESS;
END ART;
```

6.2.5　序列信号发生器、检测器

在数字信号的传输和数字系统的测试中，有时需要用到一组特定的串行数字信号，产

生序列信号的电路称为序列信号发生器。

1. 01111110 序列发生器(序列可任意)

该电路可由计数器与数据选择器构成，其 VHDL 描述如【例 6-25】所示。

【例 6-25】序列发生器的设计。

```
LIBRARY IEEE;
USE IEEE.STD_LOGIC_1164.ALL;
USE IEEE.STD_LOGIC_UNSIGNED.ALL;
ENTITY SENQGEN IS
    PORT(CLK,CLR,CLOCK:IN STD_LOGIC; --两个时钟信号
                ZO:OUT STD_LOGIC);
END SENQGEN;
ARCHITECTURE ART OF SENQGEN IS
    SIGNAL COUNT:STD_LOGIC_VECTOR(2 DOWNTO 0);
--序列发生器的关键是计数器，COUNT 的宽度决定序列的长度，此为 8 位
    SIGNAL Z:STD_LOGIC : ='0';        --赋初值仅对仿真有用
        BEGIN
   PROCESS(CLK,CLR)
    BEGIN
        IF(CLR= '1')THEN COUNT<="000";
        ELSE
          IF(CLK= '1' AND CLK ' EVENT)THEN
            IF(COUNT="111")THEN COUNT<="000";   --此处可不要
            ELSE COUNT<=COUNT +1;
            END IF;
          END IF;
        END IF;
    END PROCESS;
PROCESS(COUNT)
BEGIN
CASE COUNT IS
WHEN "000"=>Z<='0';
WHEN "001"=>Z<='1';
WHEN "010"=>Z<='1';
WHEN "011"=>Z<='1';
WHEN "100"=>Z<='1';
WHEN "101"=>Z<='1';
WHEN "110"=>Z<='1';
WHEN OTHERS=>Z<='0';
END CASE;
END PROCESS;
PROCESS(CLOCK,Z)
BEGIN                                   --消除毛刺的锁存器
    IF(CLOCK'EVENT AND CLOCK='1')THEN
    ZO<=Z;                               --把中间信号通过一个触发器寄存输出
    END IF;
END PROCESS;
END ART;
```

2. M 序列发生器

M 序列发生器主要由移位寄存器和反馈环节组成。下面是一个 20 位的 M 序列发生器的 VHDL 描述。

【例 6-26】20 位的 M 序列发生器的 VHDL 描述。

```
LIBRARY IEEE;
  USE IEEE.STD_LOGIC_1164.ALL;
  ENTITY XLGEN20 IS
     PORT(CLK,LOAD,EN:IN STD_LOGIC;
            DATA:IN STD_LOGIC_VECTOR(20 DOWNTO 0);
            LOUT:BUFFER STD_LOGIC);
END XLGEN20;
ARCHITECTURE ART OF XLGEN20 IS
     CONSTANT LEN:INTEGER:=20;
     SIGNAL LFSR_VAL:STD_LOGIC_VECTOR(LEN DOWNTO 0);
     SIGNAL DOUT:STD_LOGIC_VECTOR(LEN DOWNTO 0);
     BEGIN
     PROCESS(LOAD,EN,DOUT)
        BEGIN
          IF (LOAD='1')THEN
            LFSR_VAL<=DATA;
          ELSIF (EN='1')THEN
            LFSR_VAL(0)<=DOUT(3) XOR DOUT(LEN);
            LFSR_VAL(LEN DOWNTO 1)<=DOUT(LEN-1 DOWNTO 0);
END IF;
       END PROCESS;
    PROCESS(CLK)
      BEGIN
        IF(CLK 'EVENT AND CLK='1')THEN
          DOUT<=LFSR_VAL;
              LOUT<=LFSR_VAL(LEN);
       END IF;
    END PROCESS;
END ART;
```

下面的【例 6-27】介绍了一种简洁的序列检测器，其仿真图如图 6-6 所示。

【例 6-27】简洁序列检测器。

```
LIBRARY IEEE;
USE IEEE.STD_LOGIC_1164.ALL;
ENTITY DETECT_S IS
PORT( DATAIN,CLK:IN STD_LOGIC;
      Q: OUT STD_LOGIC);
END   DETECT_S;
ARCHITECTURE ART OF DETECT_S IS
SIGNAL REG:STD_LOGIC_VECTOR(7 DOWNTO 0);
  BEGIN
PROCESS(CLK)
BEGIN
      IF CLK ' EVENT AND CLK= ' 1 '   THEN—第一个 IF 语句
```

```
        REG(0)<=DATAIN;                          --被检测数据打入第一个寄存器的 0 位
        REG (7 DOWNTO 1)<=REG (6 DOWNTO 0);      --内部寄存器进行向高位的移位操作
    END IF;
    IF REG="01111110" THEN Q<= ' 1 ';
    --第二个 IF 语句是判断检测到"01111110"序列时把标志置 1
    ELSSE    Q<= ' 0 ';
    END IF;
    END PROCESS;
    END ART;
```

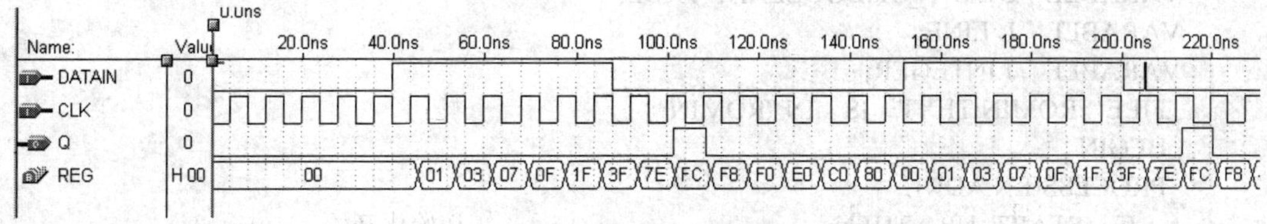

图 6-6　简洁序列检测器

6.3　存储器设计

半导体存储器的种类很多，从功能上可以分为只读存储器(Read_Only Memory，ROM)和随机存储器(Random Access Memory，RAM)两大类。本节主要详细描述了只读存储器(ROM)、静态数据存储器(SRAM)、先进先出堆栈(FIFO)的设计。

6.3.1　只读存储器(ROM)

只读存储器在正常工作时从中读取数据，不能快速地修改或重新写入数，适用于存储固定数据的场合。下面是一个容量为 256×4 的 ROM 存储的例子，该 ROM 有 8 位地址线 ADR(0)~ADR(7)，4 位数据输出线 DOUT(0)~DOUT(3)及使能 EN，如图 6-7 所示。

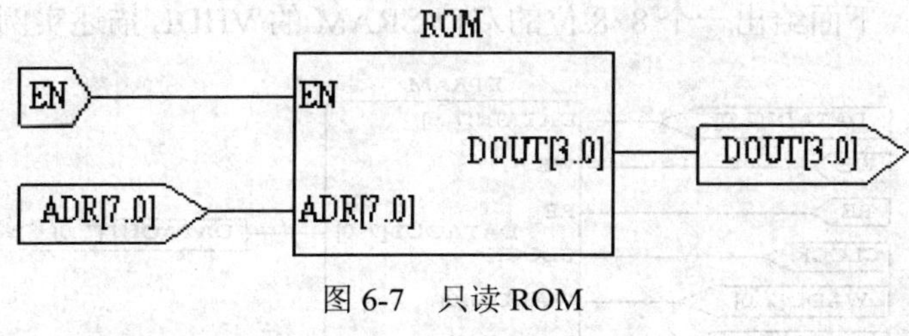

图 6-7　只读 ROM

【例 6-28】256×4 的只读存储器 ROM 的设计。

```
LIBRARY   IEEE;
USE   IEEE.STD_LOGIC_1164.ALL;
USE   IEEE.STD_LOGIC_UNSIGNED.ALL;
USE   STD.TEXTIO.ALL;
ENTITY   ROM   IS
```

```
    PORT(EN:IN   STD_LOGIC;
          ADR:IN   STD_LOGIC_VECTOR(7   DOWNTO   0);
          DOUT: OUT   STD_LOGIC_VECTOR(3   DOWNTO   0));
END   ROM;
ARCHITECTURE   ART   OF   ROM   IS
SUB   TYPE   WORD   IS   STD_LOGIC_VECTOR(3   DOWNTO   0);
    TYPE   MEMORY   IS   ARRAY(0   TO   255) OF WORD;
    SIGNAL   ADR_IN:INTEGER   RANGE   0   TO   255;
    VARIABLE   ROM:MEMORY;
    VARABLE   START_UP:BOOLEAN:=TRUE;
    VARABLE   L:LINE;
    VARABLE   J:INTEGER;
     FILE   ROMIN:TEXT   IS   IN "ROMIN";
     BEGIN
     PROCESS(EN,ADR)
       IF   START_UP   THEN                          --初始化开始
          FOR   J   IN   ROM'RANGE   LOOP
             READLINE(ROMIN,1);
             READ(1,ROM(J));
          END   LOOP;
          START_UP:=FALSE;                          --初始化结束
       END   IF;
     ADR_IN<=CONV_INTEGER(ADR);                     --将向量转化成整数
     IF(EN='1')THEN
        DOUT<=ROM(ADR_IN);
     ELSE
        DOUT<="ZZZZ";
     END   IF;
   END   PROCESS;
END   ART;
```

6.3.2　静态数据存储器(SRAM)

RAM和ROM的主要区别在于RAM描述上有读和写两种操作，而且在读写上对时间有较严格的要求。下面给出一个8×8位的双口SRAM的VHDL描述实例，如图6-8所示。

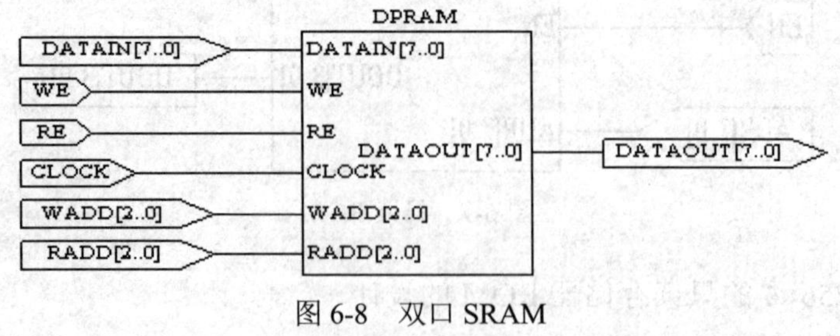

图6-8　双口SRAM

【例6-29】8×8位的双口SRAM的VHDL描述，仿真如图6-9所示。

```
LIBRARY IEEE;
USE IEEE.STD_LOGIC_1164.ALL;
USE IEEE.STD_LOGIC_ARITH.ALL;
```

```
USE IEEE.STD_LOGIC_UNSIGNED.ALL;
ENTITY DPRAM IS
  GENERIC(WIDTH:INTEGER :=8;
     DEPTH:INTEGER :=8;
     ADDER:INTEGER :=3);
   PORT(DATAIN:IN STD_LOGIC_VECTOR(WIDTH-1 DOWNTO 0);
        DATAOUT:OUT.  STD_LOGIC_VECTOR(WIDTH-1 DOWNTO 0);
CLOCK:IN STD_LOGIC;
        WE,RE:IN STD_LOGIC;                                   --读写控制信号
        WADD:IN STD_LOGIC_VECTOR(ADDER-1 DOWNTO 0); --读地址 3 位宽
        RADD:IN STD_LOGIC_VECTOR(ADDER-1 DOWNTO 0));--写地址 3 位宽
END DPRAM;
ARCHITECTURE ART OF DPRAM IS
  TYPE MEM IS ARRAY(0 TO DEPTH-1) OF          --定义 MEM 为二维数组，数组有 8 个元素
--每个元素为 8 位宽度
  STD_LOGIC_VECTOR(WIDTH-1 DOWNTO 0);
  SIGNAL RAMTMP:MEM;                          --信号的类型为 MEM
  BEGIN
  --第一个进程完成将输入数据写入 RAM 指定地址单元
  PROCESS(CLOCK)
  BEGIN
IF (CLOCK ' EVENT AND CLOCK= '1') THEN
     IF(WE='1')THEN     --判写使能信号有效否
       RAMTMP(CONV_INTEGER(WADD))<=DATAIN;--调用转换函数把写地址矢量转换为整数
     END IF;
  END IF;
END PROCESS;
--读进程
PROCESS(CLOCK)
BEGIN
     IF(CLOCK 'EVENT AND CLOCK= '1')THEN
       IF (RE= '1') THEN   --判读使能有效否
         DATAOUT<=RAMTMP(CONV_INTEGER(RADD));--把输入读地址转换为整数，并把对应
单元的数据送输出端口
       END IF;
     END IF;
  END PROCESS;
END ART;
```

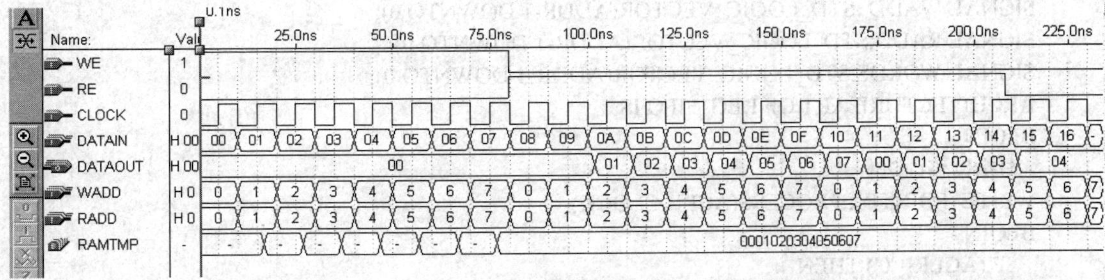

图 6-9 SRAM 的仿真

6.3.3 先进先出堆栈(FIFO)

FIFO 是先进先出堆栈，作为数据缓冲器，通常其数据存放结构与 RAM 完全一致，只是存取方式有所不同。如图 6-10 所示电路为一个 8×8 的 FIFO，其 VHDL 描述如【例 6-30】。

【例 6-30】8×8 FIFO 的 VHDL 描述。

```
LIBRARY IEEE;
USE IEEE.STD_LOGIC_1164.ALL;
USE IEEE.STD_LOGIC_ARITH.ALL;
ENTITY REG_FIFO IS
   GENERIC(WIDTH:INTEGER :=8;
            DEPTH:INTEGER :=8;
ADDR:INTEGER :=3);
PORT(DATA:IN STD_LOGIC_VECTOR(WIDTH-1 DOWNTO 0);
     Q:OUT STD_LOGIC_VECTOR(WIDTH-1 DOWNTO 0);
     ACLR:IN STD_LOGIC;
```

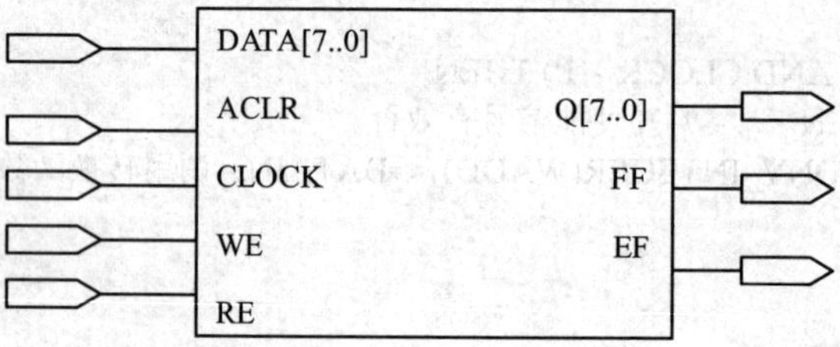

同步 FIFO

图 6-10　8×8 FIFO 模块

```
     CLOCK:IN STD_LOGIC;
     WE:IN STD_LOGIC;
     RE:IN STD_LOGIC;
     EF:OUT STD_LOGIC;
     FF:OUT STD_LOGIC);
END REG_FIFO;
TYPE MEM IS ARRAY(0 TO DEPTH-1) OF
STD_LOGIC_VECTOR(WIDTH-1 DOWN TO 0);
SIGNAL RAMTMP:MEM;
SIGNAL WADD :STD_LOGIC_VECTOR(ADDR-1 DOWNTO 0);
SIGNAL RADD:STD_LOGIC_VECTOR(ADDR-1 DOWNTO 0);
SIGNAL WORDS:STD_LOGIC_VECTOR(ADDR-1 DOWNTO 0);
ARCHITECTURE ART OF REG_FIFO IS
BEGIN
--写指针修改进程
WRITE_POINTER:PROCESS(ACLR,CLOCK)
BEGIN
  IF (ACLR= '0') THEN
    WADD<=(OTHERS=> '0');
  ELSIF (CLOCK' EVENT AND CLOCK= '1') THEN
    IF (WE= '1') THEN
       IF (WADD=WORDS) THEN
```

```
            WADD<=(OTHERS=>'0');
        ELSE
            WADD<=WADD+ '1';
        END IF;
      END IF;
    END IF;
END PROCESS;
--写操作进程
WRITE_RAM:PROCESS(CLOCK)
BEGIN
    IF (CLOCK'EVENT AND CLOCK= '1') THEN
        IF (WE= '1') THEN
          RAMTMP(CONV_INTEGER(WADD))<=DATA;
        END IF;
    END IF;
END PROCESS;
--读指针修改
READ_POINIER:PROCESS(ACLR,CLOCK)
BEGIN
    IF (ACLR= '0') THEN
        RADD<=(OTHERS=> '0');
    ELSIF (CLOCK'EVENT AND CLOCK= '1') THEN
       IF (RE= '1') THEN
          IF (RADD=WORDS) THEN
             RADD<=(OTHERS=> '0');
          ELSE
             RADD<=RADD+ '1';
          END IF;
       END IF;
    END IF;
END PROCESS;
--读操作进程
READ_RAM:PROCESS(CLOCK)
BEGIN
    IF (CLOCK 'EVENT AND CLOCK= '1') THEN
        IF (RE= '1') THEN
              Q<=RAMTMP(CONV_INTERGER(RADD));
END IF;
    END IF;
END PROCESS;
--产生满标志进程
FFLAG:PROCESS(ACLR,CLOCK)
BEGIN
    IF (ACLR= '0') THEN
        FF<= '0';
    ELSIF (CLOCK 'EVENT AND CLOCK= '1') THEN
        IF (WE= '1' AND RE= '0') THEN
                IF ((WADD=RADD-1) OR((WADD=DEPTH-1)AND(RADD=0))) THEN
                      FF<= '1';
                END IF;
        ELSE
          FF<= '0';
```

```
        END IF;
    END IF;
END PROCESS;
--产生空标志进程
EFLAG:PROCESS(ACLR,CLOCK)
BEGIN
    IF (ACLR= '0'   THEN
        EF<= '0'
    ELSIF (CLOCK 'EVENT AND CLOCK= '1') THEN
        IF (RE= '1' AND WE= '0') THEN
            IF ((WADD=RADD+1) OR((RADD=DEPTH-1)AND(WADD=0))) THEN
                EF<= '0';
            END IF;
        ELSE
            EF<= '1';
        END IF;
    END IF;
END PROCESS;
END ART;
```

6.4　本章小结

本章首先介绍了基本逻辑电路设计和时序逻辑电路设计，通过若干个数字电路设计实例，详细说明如何在实际设计中，应用 VHDL 语言和原理图相结合的设计方法来设计复杂的逻辑电路；然后主要研究了总线接口的设计和存储器的设计，其中有些设计可以直接成为更大数字系统或电子产品电路中的实际模块。本章要求读者重点掌握时序逻辑电路设计方法和基本数字电路模块的 VHDL 语言描述。

6.5　习　　题

6-1　设计一个含计数使能异步复位和计数值并行预置功能的 8 位加法器。

6-2　利用移位相减的原理设计一个 8×8 硬件乘法器，顶层模块如图 6-11 所示。

6-3　带数字显示的秒表：设计一块用数码管显示的秒表，开机显示 00.00.00，用户可随时清零、暂停和计时，最大计时 59 分钟，最小精确到 0.01 秒。

6-4　密码锁：设计一个两位的密码锁，开锁代码为两位十进制并行码。当输入的密码与锁内的密码一致时，绿灯亮，锁开；当输入的密码与锁内的密码不一致时，红灯亮，不能开锁。密码可以由用户自行设置。

6-5　用 VHDL 分别设计并进串出/并出型、串进串出/并出型 8 位移位寄存器，给出仿真波形和功能说明，然后进行硬件测试。

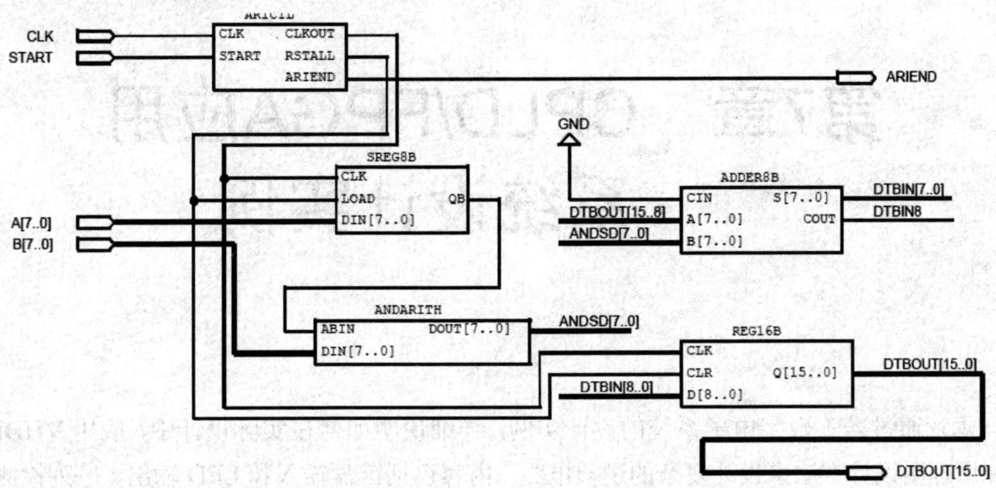

图 6-11　8 位乘以 8 位位的硬件乘法器

第7章　CPLD/FPGA应用系统设计实例

本章通过若干数字电子系统的设计实例，详细说明如何在实际设计中，应用 VHDL 语言和原理图设计方法来设计复杂的逻辑电路。内容包括键盘输入和 LED 输出、序列检测器、数字频率计、数字秒表、交通信号灯控制器、智能函数发生器和 SPWM 信号发生器的设计。这些设计可以直接成为数字系统或电子产品电路中的实际模块。

7.1　键盘接口的 FPGA 设计

7.1.1　设计要求

按键键盘控制电路设计要求如下：

(1) 完成 4×4 矩阵键盘的 VHDL 设计；

(2) 解决 4×4 矩阵键盘的消抖问题。

7.1.2　设计分析

按键一般采用 4×4 矩阵键盘，在按键过程中要考虑消抖问题，另外要对按键编码做键值处理。

外部按键在闭合和释放的瞬间，输入信号会有毛刺，如果不进行消抖处理，系统就会将这些毛刺误以为是用户的输入，导致系统误操作。毛刺的出现和按键过程的抖动有关，而这种抖动是不可避免的，因此有必要设计专门的按键消抖电路以消除毛刺影响，减少系统误操作。可利用同步整形法和计数消抖法分别实现按键消抖。

1. 消抖问题

机械式按键再按下或释放时，由于机械弹性作用的影响，通常伴随有一定时间的触点机械抖动，然后其触点才稳定下来。其抖动过程如图 7-1 所示，抖动时间的长短与开关的机械特性有关，一般为 5~10ms。

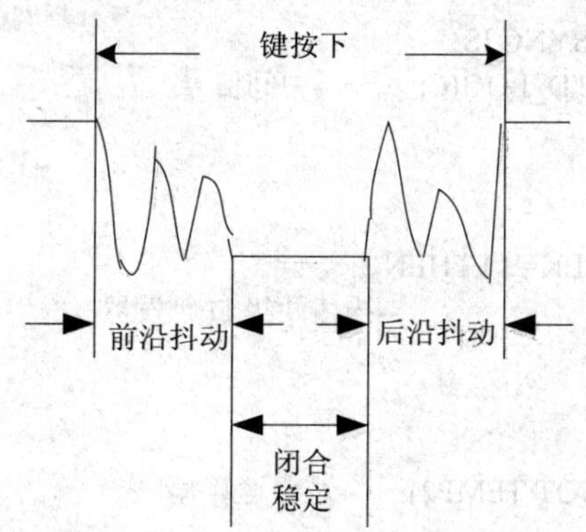

图 7-1　按键触点的机械抖动

在触点抖动期间检测按键的通与断状态，可能导致判断出错，即按键一次按下或释放被错误地认为是多次操作，这种情况是不允许出现的。为了克服按键触点机械抖动所致的检测误判，必须采取去抖动措施，可从硬件、软件两方面予以考虑。在键数较少时，可采用硬件去抖；当键数较多时，采用软件去抖。软件去抖的措施是：当检测到有按键按下时，执行一个 10ms 左右(具体时间应视所使用的按键进行调整)的延时程序后，再确认该键电平是否仍保持闭合状态电平，若仍保持闭合状态电平，则最终确认该键处于闭合状态；同理，在检测到该键释放后，也应采用相同的步骤进行确认，从而可消除抖动的影响。

2. 同步整形与按键去抖

在实际应用中，外部输入的异步信号经常需要进行同步整形处理，使其与系统时钟同步并变为一个时钟长度的脉冲。如图 7-2 所示，输入的异步信号 fsin 长度随机，起始位置也随机，通过同步整形后变为同步于系统时钟 clk、长度为一个时钟周期的同步信号。

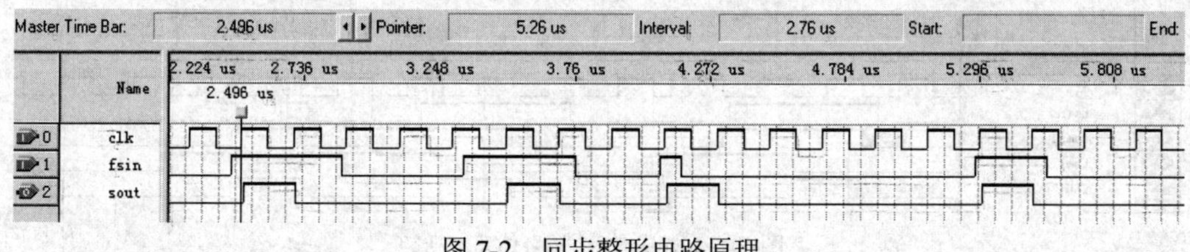

图 7-2　同步整形电路原理

下面通过 VHDL 实现上述同步整形原理，如【例 7-1】。该程序比较简洁，但要求读者具有较高的数字电路分析能力，这样才能理解其原理。

【例 7-1】同步整形电路。

```
LIBRARY IEEE;
USE IEEE.STD_LOGIC_1164.ALL;
ENTITY SYNC IS
PORT
(  CLK :IN STD_LOGIC;
   FSIN:IN STD_LOGIC;
   SOUT:OUT STD_LOGIC
   );
END SYNC;
```

```
ARCHITECTURE BEV OF SYNC IS
SIGNAL TEMP1,TEMP2: STD_LOGIC;          --中间信号
 BEGIN
  PROCESS(CLK)
  BEGIN
   IF (CLK'EVENT AND CLK='1') THEN
   TEMP1<=FSIN;                         --描述两级 D 触发器
   TEMP2<=TEMP1;
   END IF;
  END PROCESS;
 SOUT<=TEMP1   AND (NOT TEMP2);   --逻辑运算输出
 END BEV;
```

程序中利用了信号赋值的“非立即性”，使 temp1 和 temp2 成为一个两级 D 触发器的输出，并将两者通过组合逻辑运算输出。综合结果如图 7-3 所示。程序的仿真波形图如图 7-4 所示，图中列出了所有的输入信号、中间信号和输出信号。读者可以根据仿真波形 sin、temp1、temp2 和 sout 之间的逻辑关系，分析【例 7-1】同步整形原理。

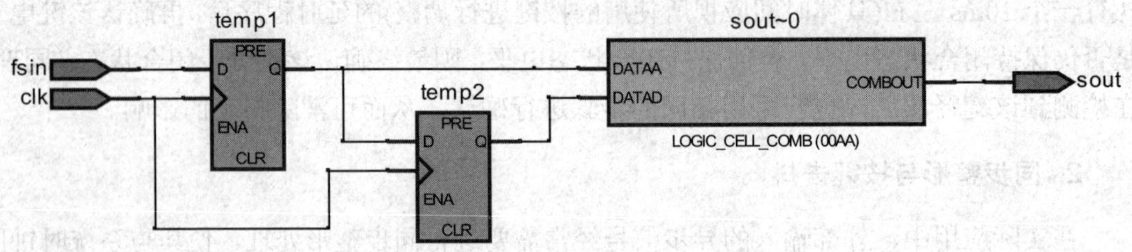

图 7-3　同步整形电路综合结果

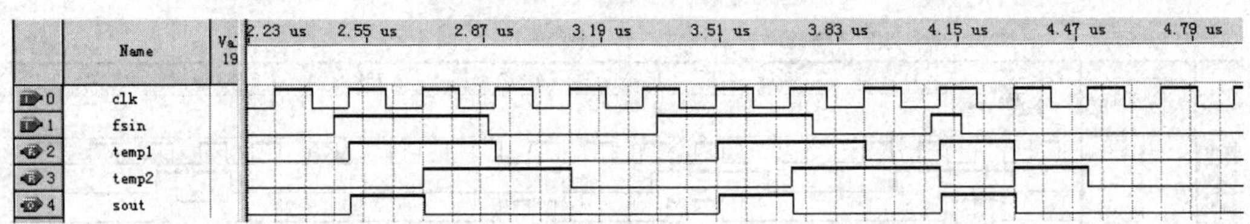

图 7-4　同步整形电路仿真波形

3. 计数法消抖的原理和实现

计数法实现消抖的原理是对异步输入信号进行检测，当输入为高电平时对其计数，该高电平只有在保持一段时间不改变(计数器达到一定值)，才确认它为有效值；若高电平持续时间不够计数器达到一定值，则判其无效并复位计数器。如【例 7-2】所示。

【例 7-2】使用计数法实现按键消抖。

```
LIBRARY IEEE;
USE IEEE.STD_LOGIC_1164.ALL;
ENTITY SYNC_JS IS
PORT
(   CLK :IN STD_LOGIC;
```

```
    FSIN:IN STD_LOGIC;
    SOUT:OUT STD_LOGIC
      );
END SYNC_JS;
ARCHITECTURE BEV OF SYNC_JS IS
CONSTANT N:INTEGER :=7;
SIGNAL CNT: INTEGER   RANGE 0 TO N;
BEGIN
  PROCESS(CLK)
  BEGIN
    IF (CLK'EVENT AND CLK='1') THEN
      IF (SIN='0')   THEN
        SOUT<='0';
        CNT<='0';
    ELSE
IF(CNT=N)   THEN
        SOUT<='1';
        CNT<='0';
      ELSE
        CNT<=CNT+1;
      END IF;
      END IF;
    END IF;
  END PROCESS;
END BEV;
```

为了提高正常输入和毛刺的辨别能力，可以增大计数器的最大值，并减小时钟信号的周期。时钟周期不能取太大，而应该越小越好，但又不能太小以致毛刺也被识别成正常信号。

4. 按键编码

一组按键或键盘都要通过 I/O 口线查询按键的开关状态。根据键盘结构的不同，采用不同的编码。无论有无编码，以及采用什么编码，最后都要转换成为相对应的键值，以实现按键功能程序的跳转。一个完善的键盘控制程序应具备以下功能：

(1) 检测有无按键按下，并采取硬件或软件措施，消除键盘按键机械触点抖动的影响。

(2) 有可靠的逻辑处理办法。每次只处理一个按键，其间对任何按键的操作对系统不产生影响，且无论一次按键时间有多长，系统仅执行一次按键功能程序。

(3) 准确输出按键值(或键号)，以按键功能程序的跳转。

5. 矩阵式键盘的结构及原理

如图 7-5 所示的矩阵所表示的是矩阵式键盘，该类型键盘由行线和列线组成，按键位于行、列线的交叉点上。由图 7-5 可知，一个 4×4 的行、列结构可以构成一个含有 16 个按键的键盘，但是只占用 8 个 I/O 口线，因此，矩阵式键盘较之独立式按键键盘可以节省很多 I/O 口。

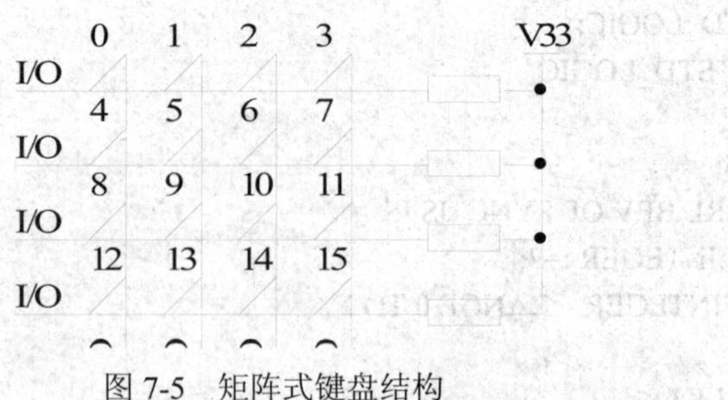

图 7-5　矩阵式键盘结构

矩阵式键盘中，行、列线分别连接到按键开关的两端，行线通过上拉电阻接到＋3.3V 上。当无键按下时，行线处于高电平状态；当有键按下时，行、列线将导通，此时，行线电平将由与此行线相连的列线电平决定。这是识别按键是否按下的关键。然而，矩阵键盘中的行线、列线和多个键相连，各按键按下与否均影响该键所在行线和列线的电平，各按键间将相互影响，因此，必须将行线、列线信号配合起来作适当处理，才能确定闭合键的位置。

6. 矩阵式键盘按键的识别

识别按键的方法很多，其中，最常见的方法是扫描法。下面以图 7-5 中 8 号键的识别为例来说明扫描法识别按键的过程。

按键按下时，与此键相连的行线与列线导通，行线在无键按下时处在高电平，显然，如果让所有的列线也处在高电平，那么，按键按下与否不会引起行线电平的变化，因此，必须使所有列线处在低电平，只有这样，当有键按下时，该键所在的行电平才会由高电平变为低电平。CPU 根据行电平的变化，便能判定相应的行有键按下。8 号键按下时，第 2 行一定为低电平，然而，第 2 行为低电平时，能否肯定是 8 号键按下呢？回答是否定的，因为 9、10、11 号键按下同样使第 2 行为低电平。为进一步确定具体键，不能使所有列线在同一时刻都处在低电平，可在某一时刻只让一条列线处于低电平，其余列线均处于高电平，另一时刻，让下一列处在低电平，依此循环，这种依次轮流每次选通一列的工作方式称为键盘扫描。采用键盘扫描后，再来观察 8 号键按下时的工作过程，当第 0 列处于低电平时，第 2 行处于低电平，而第 1、2、3 列处于低电平时，第 2 行却处在高电平，由此可判定按下的键应是第 2 行与第 0 列的交叉点，即 8 号键。

7. 键盘的编码

对于矩阵式键盘，按键的位置由行号和列号唯一确定，因此可分别对行号和列号进行二进制编码，然后将两值合成一个字节，高 4 位是行号，低 4 位是列号。如图 7-5 中的 8 号键，它位于第 2 行、第 0 列，因此，其键盘编码应为 20H。采用上述编码对于不同行的键离散性较大，不利于散转指令对按键进行处理。因此，可采用依次排列键号的方式对按键进行编码。以图 7-5 中的 4×4 键盘为例，可将键号编码为 01H、02H、03H……0EH、0FH、10H 等 16 个键号。编码相互转换可通过计算或查表的方法实现。4×4 键盘编码表如表 7-1 所示。

表 7-1　4×4 键盘编码表

Keyx3-Keyx0	Keyy3-keyy0	按 键 编 码	按键的编码
1110	1110	11101110	0
	1101	11101101	1
	1011	11101011	2
	0111	11100111	3
1101	1110	11011110	4
	1101	11011101	5
	1011	11011011	6
	0111	11010111	7
1011	1110	10111110	8
	1101	10111101	9
	1011	10111011	10
	0111	10110111	11
0111	1110	01111110	12
	1101	01111101	13
	1011	01111011	14
	0111	01110111	15

7.1.3　设计实现

【例 7-3】描述了 4×4 键盘一种接法的 VHDL 扫描程序。其中，clk 为时钟信号，一般可以取几百赫兹到几千赫兹；Kout(3 downto 0)是 FPGA 的输出信号，作为键盘的输入扫描信号；kin(3 downto 0)是 FPGA 的输入信号；当前按键情况通过 result 输出。

【例 7-3】4×4 键盘的 VHDL 扫描程序。

```
LIBRARY IEEE;
USE IEEE.STD_LOGIC_1164.ALL;
ENTITY KBSCAN IS
PORT
      ( CLK :IN STD_LOGIC;
      KIN :IN STD_LOGIC_VECTOR(3 DOWNTO 0);
      KOUT :OUT STD_LOGIC_VECTOR(3 DOWNTO 0);
      RESULT :OUT INTEGER RANGE 0 TO 16
      );
END KBSCAN;
ARCHITECTURE BEV OF KBSCAN IS
SIGNAL SCANS: STD_LOGIC_VECTOR(7 DOWNTO 0);
SIGNAL SCAN: STD_LOGIC_VECTOR(3 DOWNTO 0);
SIGNAL I : INTEGER   RANGE 0 TO3;
BEGIN
      SCANS<=KIN & SCAN;
      KOUT<=SCAN;
      PROCESS(CLK)           --进程，产生扫描信号
```

```
        BEGIN
        IF (CLK'EVENT AND CLK='1') THEN
          IF(I=3) THEN
          I<=0;
          ELSE I<=I+1;
          END IF;
          CASE I IS
                WHEN 0=> SCAN<="1000";
                WHEN 1=> SCAN<="0100";
                WHEN 2=> SCAN<="0010";
                WHEN 3=> SCAN<="0001";
           END CASE;
       END IF;
    END PROCESS;
PROCESS(CLK)                --进程，根据信号译码
    BEGIN
      IF (CLK'EVENT AND CLK='1') THEN
          IF(KIN="0000") THEN
          RESULT<=16;
          ELSE
          CASE SCANS IS
                WHEN "00011000"=>RESULT<=0;
WHEN "00101000"=>RESULT<=1;
WHEN "01001000"=>RESULT<=2;
WHEN "10001000"=>RESULT<=3;
WHEN "00010100"=>RESULT<=4;
WHEN "00100100"=>RESULT<=5;
WHEN "01000100"=>RESULT<=6;
WHEN "10000100"=>RESULT<=7;
WHEN "00010010"=>RESULT<=8;
WHEN "00100010"=>RESULT<=9;
WHEN "01000010"=>RESULT<=10;
WHEN "10000010"=>RESULT<=11;
WHEN "00010001"=>RESULT<=12;
WHEN "00100001"=>RESULT<=13;
WHEN "01000001"=>RESULT<=14;
WHEN "10000001"=>RESULT<=15;
WHEN    OTHERS      =>RESULT<=16;
           END CASE;
          END IF;
      END IF ;
    END PROCESS;
END BEV;
```

7.2　LED 数码管显示控制

设计要求

(1) 用数码管显示数字，采用的器件为共阴极 4 位数码管 CL5461AS，用 FPGA 实现

电路控制；

(2) 实现数码管的静态显示和控制 4 个数码管的动态显示。

设计分析

CL5461AS 是 4 个共阴极 8 段数码管，即可实现数码管的静态显示和控制 4 个数码管的动态显示。

7.2.1　LED 数码管工作原理

LED 数码管由 8 段发光二极管(以下简称字段)构成，每一段都是一个发光二极管，通过不同的组合，可用 LED 数码管来显示数字 0~9、字符 A~F，如图 7-6(a)所示。数码管又分为共阴极和共阳极两种结构，分别如图 7-6(b)和图 7-6(c)所示。

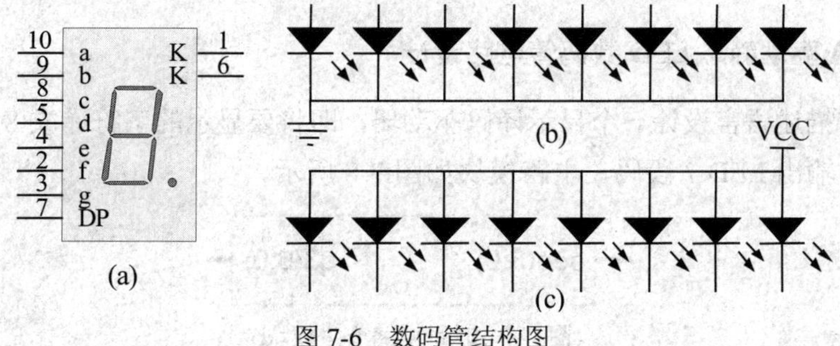

图 7-6　数码管结构图

共阳极数码管的 8 个发光二极管的阳极(二极管正端)连接在一起，通常，公共阳极接高电平(一般接电源)，其他管脚接段驱动电路输出端。当某段驱动电路的输出端为低电平时，该端所连接的字段导通并点亮，根据发光字段的不同组合可显示出各种数字或字符。此时，要求段驱动电路能吸收额定的段导通电流，还必须根据外接电源及额定段导通电流来确定相应的限流电阻。共阴极数码管的接法则刚好相反。

要使数码管显示出相应的数字或字符必须使段数据口输出相应的字形编码。依据图 9-7(a)，将字型码各位定义如下：数据线 D0 与 a 字段对应，D1 字段与 b 字段对应……以此类推。如使用共阳极数码管，数据为 0 表示对应字段亮，数据为 1 表示对应字段暗；如使用共阴极数码管，则数据为 0 表示对应字段暗，数据为 1 表示对应字段亮。如要显示 0，共阳极数码管的字型编码应为 11000000B(即 C0H)；共阴极数码管的字型编码应为 00111111B(即 3FH)。以此类推可求得数码管字形编码。

7.2.2　静态 LED 数码管驱动原理及其 FPGA 电路设计

1. 静态 LED 数码管工作原理

静态显示是指数码管显示某一字符时，相应的发光二极管恒定导通或恒定截止，连接原理如图7-7所示。采用这种显示方式的各位数码管相互独立，公共端恒定接地(共阴极)或接正电源(共阳极)。每个数码管的 8 个字段分别与一个 8 位 I/O 口地址相连，I/O 口只要有段码输出，相应字符即显示出来，并保持不变，直到 I/O 口输出新的段码。采用静态显示方式，较小的电流即可获得较高的亮度，且占用 CPU 时间少，编程简单，显示便于监测和控制，但其占用的口线多，硬件电路复杂，成本高，只适合于显示位数较少的场合。

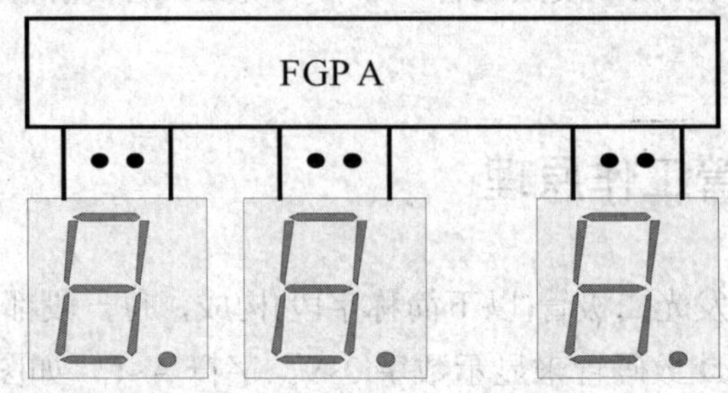

图 7-7　LED 静态显示原理图

2．FPGA 驱动静态 LED 数码管电路设计

运用硬件描述语言设计一个显示译码驱动器，即将要显示的字符译成 8 段码。4 位二进制码输入，输出 LED 7 段码，电路模块如图 7-8 所示。

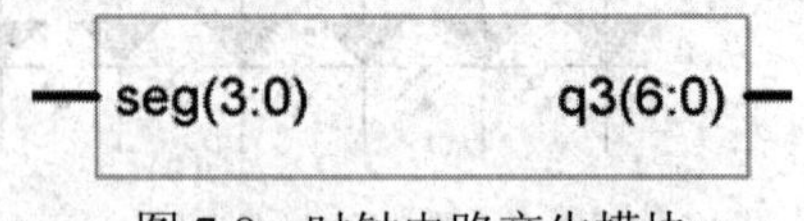

图 7-8　时钟电路产生模块

代码如下：

```
LIBRARY IEEE;
USE IEEE.STD_LOGIC_1164.ALL;
USE IEEE.STD_LOGIC_ARITH.ALL;
USE IEEE.STD_LOGIC_UNSIGNED.ALL;
ENTITY DECODER IS
  PORT (SEG: IN STD_LOGIC_VECTOR(3 DOWNTO 0 );      --4 位二进制码输入
        Q3: OUT STD_LOGIC_VECTOR(6 DOWNTO 0) );     --输出 LED 7 段码
END DECODER;
ARCHITECTURE BEHAVIORAL OF DECODER IS
  BEGIN
    PROCESS(SEG)
      BEGIN
          CASE SEG IS
          WHEN "0000" => Q3<="0000001";--0
          WHEN "0001" => Q3<="1001111";--1
          WHEN "0010" => Q3<="0010010";--2
          WHEN "0011" => Q3<="0000110";--3
          WHEN "0100" => Q3<="1001100" --4
          WHEN "0101" => Q3<="0100100";--5
          WHEN "0110" => Q3<="0100000";--6
          WHEN "0111" => Q3<="0001111";--7
          WHEN "1000" => Q3<="0000000";--8
          WHEN "1001" => Q3<="0000100";--9
```

```
            WHEN OTHERS => Q3<="1111111";
            END CASE;
    END PROCESS;
END BEHAVIORAL;
```

7.2.3　动态 LED 数码管驱动原理及其 FPGA 电路设计

1. 动态 LED 数码管驱动原理

动态显示是逐位轮流点亮各位数码管，这种逐位点亮显示器的方式称为位扫描。通常，各位数码管的段选线相应并联在一起，由一个 8 位的 I/O 口控制；各位的位选线(公共阴极或阳极)由另外的 I/O 口线控制。当以动态方式显示时，各数码管分时轮流选通，要使其稳定显示必须采用扫描方式，即在某一时刻只选通一位数码管，并送出相应的段码，在另一时刻选通另一位数码管，并送出相应的段码，依次循环，即可使各位数码管显示将要显示的字符，虽然这些字符是在不同的时刻分别显示，但由于人眼存在视觉暂留效应，只要每位显示间隔足够短就可以给人同时显示的感觉，即达到多个数码管同时显示的效果。但是，延时(导通频率)也不是越小越好，因为 LED 数码管达到一定亮度需要一定时间。如果延时控制得不好则会出现闪动，或者亮度不够。据经验，延时 5ms 可以达到比较满意的视觉效果。

采用动态显示方式比较节省 I/O 口，硬件电路也较静态显示方式简单，但其亮度不如静态显示方式，而且在显示位数较多时，CPU 要依次扫描，占用 CPU 较多的时间。另外一个方面，采用动态显示方式有两个优点：一是节约 FPGA 的 I/O 口，二是降低功耗。每次向 LED 写数据的时候，通过片选信号选通一个 LED 管，然后把数据写入该 LED 管。具体的连接原理图如图 7-9 所示。

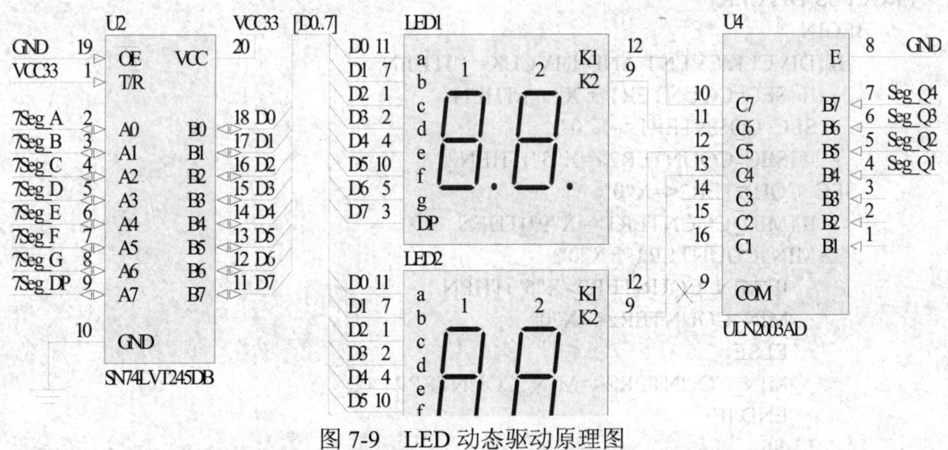

图 7-9　LED 动态驱动原理图

2. FPGA 驱动动态 LED 数码管电路设计

代码如下：

```
LIBRARY IEEE;
USE IEEE.STD_LOGIC_1164.ALL;
```

```
USE IEEE.STD_LOGIC_ARITH.ALL;
USE IEEE.STD_LOGIC_UNSIGNED.ALL;
ENTITY CLOCK IS
  PORT ( SEG: OUT STD_LOGIC_VECTOR(7 DOWNTO 0);
         A: OUT STD_LOGIC_VECTOR(3 DOWNTO 0);
         EN: OUT STD_LOGIC;
         CLK: IN STD_LOGIC);
END CLOCK;
ARCHITECTURE BEHAVIORAL OF CLOCK IS
SIGNAL DIVCOUNTER: STD_LOGIC_VECTOR(27 DOWNTO 0);
SIGNAL DIVCLK: STD_LOGIC;
SIGNAL SEC_COUNTER1: STD_LOGIC_VECTOR(3 DOWNTO 0);
SIGNAL SEC_COUNTER2: STD_LOGIC_VECTOR(3 DOWNTO 0);
SIGNAL MIN_COUNTER1: STD_LOGIC_VECTOR(3 DOWNTO 0);
SIGNAL MIN_COUNTER2: STD_LOGIC_VECTOR(3 DOWNTO 0);
SIGNAL SCAN: STD_LOGIC_VECTOR(18 DOWNTO 0);
SIGNAL SCAN_CLK: STD_LOGIC_VECTOR(1 DOWNTO 0);
SIGNAL SECSEG1,MINSEG1,SECSEG2,MINSEG2: STD_LOGIC_VECTOR(7 DOWNTO 0);
  BEGIN
    PROCESS(CLK)
      BEGIN
        IF(CLK'EVENT AND CLK='1') THEN
          IF(DIVCOUNTER>=X"17D783F")THEN
          DIVCOUNTER<=X"0000000";
          DIVCLK<=NOT DIVCLK;
          ELSE
          DIVCOUNTER<=DIVCOUNTER+'1';
          END IF;
      END IF;
   END PROCESS;
   PROCESS(DIVCLK)
      BEGIN
        IF(DIVCLK'EVENT AND DIVCLK='1')THEN
          IF(SEC_COUNTER1>=X"9") THEN
          SEC_COUNTER1<=X"0";
          IF(SEC_COUNTER2>=X"5")THEN
     SEC_COUNTER2<=X"0";
          IF(MIN_COUNTER1>=X"9")THEN
          MIN_COUNTER1<=X"0";
            IF(MIN_COUNTER2>X"5")THEN
            MIN_COUNTER2<=X"0";
            ELSE
            MIN_COUNTER2<=MIN_COUNTER2+'1';
            END IF;
          ELSE
          MIN_COUNTER1<=MIN_COUNTER1+'1';
          END IF;
     ELSE
     SEC_COUNTER2<=SEC_COUNTER2+'1';
     END IF;
    ELSE
    SEC_COUNTER1<=SEC_COUNTER1+'1';
```

```
    END IF;
  END IF;
  END PROCESS;
  PROCESS(CLK)
    BEGIN
    IF (CLK'EVENT AND CLK='1') THEN
    SCAN<=SCAN+1;
    END IF;
  END PROCESS;
  SCAN_CLK<=SCAN(18 DOWNTO 17);
  PROCESS(SCAN_CLK)
     BEGIN
     CASE SCAN_CLK IS
     WHEN "00"=>SEG<=SECSEG1;
     A<="0001";
     WHEN "01"=>SEG<=SECSEG2;
     A<="0010";
     WHEN "10"=>SEG<=MINSEG1;
     A<="0100";
     WHEN "11"=>SEG<=MINSEG2;
     A<="1000";
     WHEN OTHERS=>SEG<="11111111";
       A<="0000";
       END CASE;
   END PROCESS;
   PROCESS(SEC_COUNTER1)
     BEGIN
        CASE SEC_COUNTER1 IS
        WHEN "0000" =>SECSEG1<="00010001";--0
        WHEN "0001" =>SECSEG1<="11010111";--1
        WHEN "0010" =>SECSEG1<="00110010";--2
        WHEN "0011" =>SECSEG1<="10010010";--3
        WHEN "0100" =>SECSEG1<="11010100";--4
        WHEN "0101" =>SECSEG1<="10011000";--5
        WHEN "0110" =>SECSEG1<="00011000";--6
        WHEN "0111" =>SECSEG1<="11010011";--7
        WHEN "1000" =>SECSEG1<="00010000";--8
        WHEN "1001" =>SECSEG1<="10010000";--9
        WHEN OTHERS =>SECSEG1<="11111111";
        END CASE;
   END PROCESS;
   PROCESS(SEC_COUNTER2)
   BEGIN
        CASE SEC_COUNTER2 IS
        WHEN "0000" =>SECSEG2<="00010001";--0
        WHEN "0001" =>SECSEG2<="11010111";--1
        WHEN "0010" =>SECSEG2<="00110010";--2
        WHEN "0011" =>SECSEG2<="10010010";--3
        WHEN "0100" =>SECSEG2<="11010100";--4
        WHEN "0101" =>SECSEG2<="10011000";--5
        WHEN OTHERS =>SECSEG2<="11111111";
        END CASE;
```

```
    END PROCESS;
    PROCESS(MIN_COUNTER1)
      BEGIN
        CASE MIN_COUNTER1 IS
        WHEN "0000" =>MINSEG1(7 DOWNTO 0)<="00010001";--0
        WHEN "0001" =>MINSEG1(7 DOWNTO 0)<="11010111";--1
        WHEN "0010" =>MINSEG1(7 DOWNTO 0)<="00110010";--2
        WHEN "0011" =>MINSEG1(7 DOWNTO 0)<="10000010";--3
        WHEN "0100" =>MINSEG1(7 DOWNTO 0)<="11000100";--4
        WHEN "0101" =>MINSEG1(7 DOWNTO 0)<="10001000";--5
        WHEN "0110" =>MINSEG1(7 DOWNTO 0)<="00001000";--6
        WHEN "0111" =>MINSEG1(7 DOWNTO 0)<="11000011";--7
        WHEN "1000" =>MINSEG1(7 DOWNTO 0)<="00000000";--8
        WHEN "1001" =>MINSEG1(7 DOWNTO 0)<="10000000";--9
        WHEN OTHERS =>MINSEG1(7 DOWNTO 0)<="11111111";
        END CASE;
    END PROCESS;
    PROCESS(MIN_COUNTER2)
      BEGIN
        CASE MIN_COUNTER2 IS
        WHEN "0000" =>MINSEG2<="00010001";--0
        WHEN "0001" =>MINSEG2<="11010111";--1
        WHEN "0010" =>MINSEG2<="00110010";--2
        WHEN "0011" =>MINSEG2<="10010010";--3
        WHEN "0100" =>MINSEG2<="11010100";--4
        WHEN "0101" =>MINSEG2<="10011000";--5
        WHEN OTHERS =>MINSEG2<="11111111";
        END CASE;
    END PROCESS;
    EN<='0';
END BEHAVIORAL;
```

7.3　序列检测器的设计

序列检测器可用于检测一组或多组由二进制码组成的脉冲序列信号，这在数字通信领域有广泛的应用。

7.3.1　序列检测器设计思路

当序列检测器连续收到一组串行二进制码后，如果这组码与检测器中预先设置的码相同，则输出 1，否则输出 0。由于这种检测的关键在于正确码的收到必须是连续的，这就要求检测器必须记住前一次的正确码及正确序列，直到在连续的检测中所收到的每一位码都与预置数的对应码相同。在检测过程中，任何一位不相等都将回到初始状态重新开始检测。如图 7-10 所示，当一串待检测的串行数据进入检测器后，若此数在每一位的连续检测中都与预置的密码数相同，则输出“A”，否则仍然输出“B”。

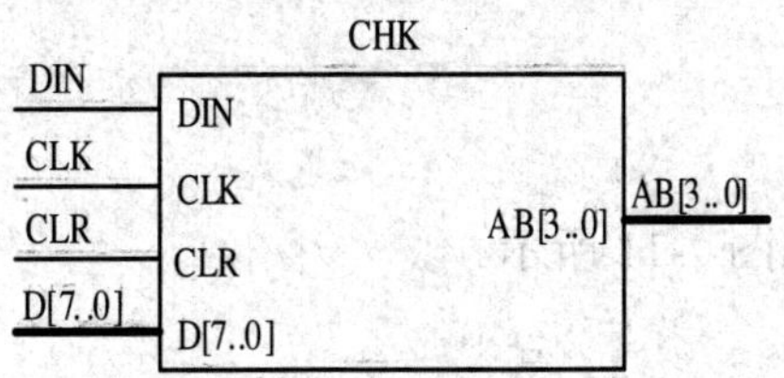

图 7-10　8 位序列检测器逻辑图

7.3.2 VHDL 源程序

代码如下：

```
LIBRARY IEEE;
USE IEEE.STD_LOGIC_1164.ALL;
ENTITY CHK IS
    PORT(DIN:IN STD_LOGIC;                              --串行输入数据位
         CLK,CLR:IN STD_LOGIC;                          --工作时钟/复位信号
         D:IN STD_LOGIC_VECTOR(7 DOWNTO 0);             --8 位待检测预置数
         AB:OUT STD_LOGIC_VECTOR(3 DOWNTO 0));          --检测结果输出
END CHK;
ARCHITECTURE ART OF CHK IS
SIGNAL Q :INTEGER RANGE 0 TO 8;
BEGIN
PROCESS (CLK,CLR)
BEGIN
   IF CLR= '1' THEN    Q<=0;
   ELSIF CLK'EVENT AND CLK='1' THEN              --时钟到来时，判断并处理当前输入的位
   CASE Q IS
    WHEN 0 =>    IF DIN =D(7) THEN Q<= 1 ;ELSE Q<=0;END IF;
    WHEN 1 =>    IF DIN =D(6) THEN Q<= 2 ;ELSE Q<=0;END IF;
    WHEN 2 =>    IF DIN =D(5) THEN Q<= 3 ;ELSE Q<=0;END IF;
WHEN 3=>      IF DIN =D(4) THEN Q<= 4;ELSE Q<=0;END IF;
WHEN 4 =>    IF DIN =D(3) THEN Q<= 5;ELSE Q<=0;END IF;
WHEN 5 =>    IF DIN =D(2) THEN Q<= 6;ELSE Q<=0;END IF;
WHEN 6 =>    IF DIN =D(1) THEN Q<= 7;ELSE Q<=0;END IF;
WHEN 7 =>    IF DIN =D(0) THEN Q<= 8;ELSE Q<=0;END IF;
WHEN OTHERS => Q<=0;
END CASE ;
END IF;
END PROCESS;
PROCESS(Q)                                        --检测结果判断输出
BEGIN
      IF Q= 8   THEN AB<= "1010";                  --序列数检测正确，输出"A"
      ELSE      AB<= "1011";                       --序列数检测错误，输出"B"
      END IF;
  END PROCESS;
END   ART;
```

7.3.3 仿真结果

序列检测器仿真结果如图 7-11 所示。

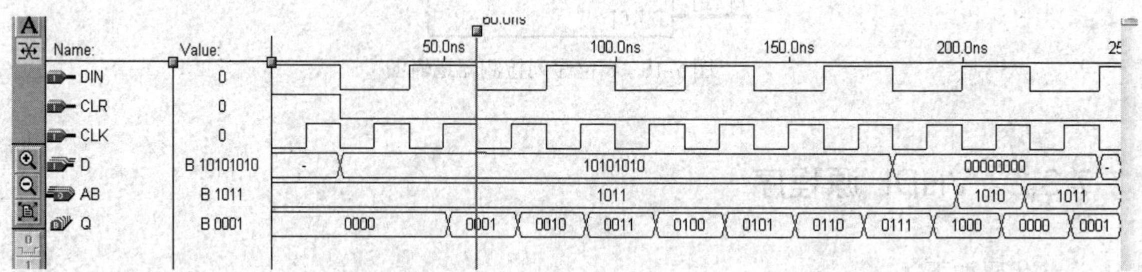

图 7-11　序列检测器仿真结果

7.4 数字频率计的设计

8 位数字频率计是用 8 个十进制数字显示的数字式频率计组成。其频率测量范围可以达到 100MHz。它由一个测频控制信号发生器 TESTCTL、8 个有时钟使能的十进制计数器 CNT10、一个 32 位锁存器 REG32B 组成。以下分别叙述频率计各逻辑模块的功能与设计方法。

7.4.1 数字频率计设计思路

如图 7-12 所示的是 8 位十进制数字频率计的电路逻辑图。

1. 测频控制信号发生器的设计

频率测量的基本原理是计算每秒钟内待测信号的脉冲个数。这就要求 TESTCTL 的计数使能信号 TSTEN 能产生一个 1 秒脉宽的周期信号，并对频率计的每一计数器 CNT10 的 ENA 使能端进行同步控制。当 TSTEN 高电平时，允许计数；低电平时，停止计数，并保持其所计的数。在停止计数期间，首先需要一个锁存信号 LOAD 的上跳沿将计数器在前 1 秒钟的计数值锁存进 32 位锁存器 REG32B 中，并由外部的 7 段译码器译出并稳定显示。锁存信号之后，必须有一清零信号 CLR_CNT 对计数器进行清零，为下一秒钟的计数操作做准备。测频控制信号发生器的工作时序如图 7-13 所示。为了产生这个时序图，需首先建立一个由 D 触发器构成的二分频器，在每次时钟 CLK 上沿到来时其值翻转。

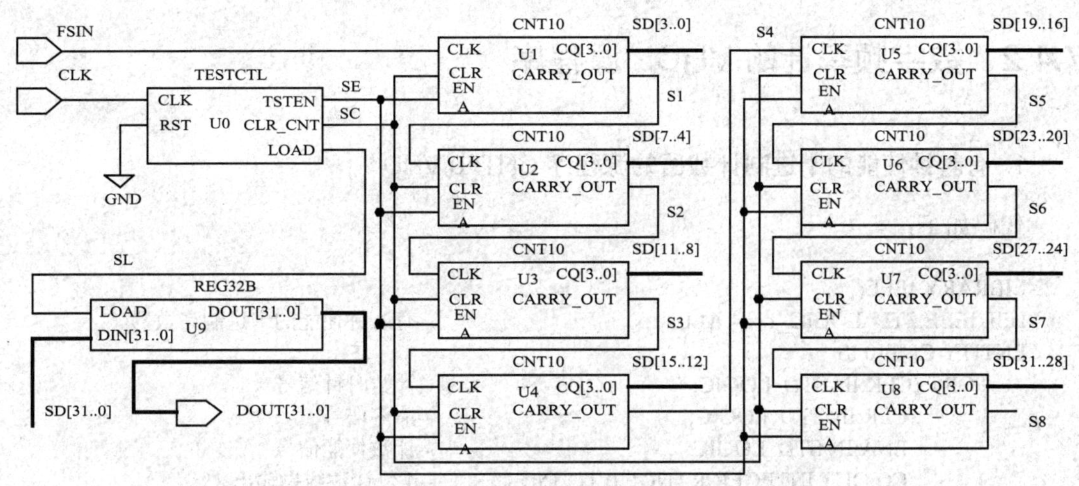

图 7-12　8 位十进制数字频率计逻辑图

其中控制信号时钟 CLK 的频率取 1Hz，而信号 TSTEN 的脉宽恰好为 1s，可以用作闸门信号。此时，根据测频的时序要求，可得出信号 LOAD 和 CLR_CNT 的逻辑描述。由如图 7-13 所示可见，在计数完成后，即计数使能信号 TSTEN 在 1 s 的高电平后，利用其反相值的上跳沿产生一个锁存信号 LOAD，0.5s 后，CLR_CNT 产生一个清零信号上跳沿。高质量的测频控制信号发生器的设计十分重要，设计中要对其进行仔细的实时仿真(TIMING SIMULATION)，防止可能产生的毛刺。

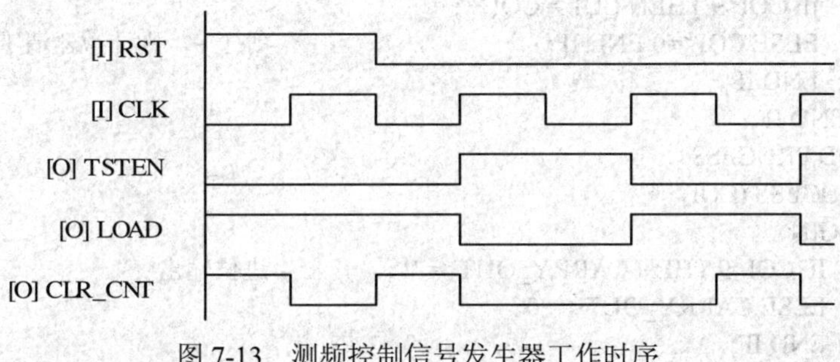

图 7-13　测频控制信号发生器工作时序

2. 寄存器 REG32B 的设计

设置锁存器的好处是，显示的数据稳定，不会由于周期性的清零信号而不断闪烁。若已有 32 位 BCD 码存在于此模块的输入口，在信号 LOAD 的上升沿后即被锁存到寄存器 REG32B 的内部，并由 REG32B 的输出端输出，然后由实验板上的 7 段译码器译成能在数码管上显示输出的相对应的数值。

3. 十进制计数器 CNT10 的设计

如图 7-12 所示，此十进制计数器的特殊之处是，有一时钟使能输入端 ENA，用于锁定计数值。当高电平时计数允许，低电平时禁止计数。

7.4.2 数字频率计的 VHDL 源程序

1. 有时钟使能的十进制计数器的源程序 CNT10.VHD

代码如下：

```
LIBRARY IEEE;
USE IEEE.STD_LOGIC_1164.ALL;                      --有时钟使能的十进制计数器
ENTITY CNT10 IS
    PORT (CLK:IN STD_LOGIC;                       --计数时钟信号
            CLR:IN STD_LOGIC;                     --清零信号
            ENA:IN STD_LOGIC;                     --计数使能信号
            CQ:OUT INTEGER RANGE 0 TO 15;         --4 位计数结果输出
            CARRY_OUT:OUT STD_LOGIC);             --计数进位
END CNT10;
ARCHITECTURE ART OF CNT10 IS
SIGNAL CQI :INTEGER RANGE 0 TO 15;
 BEGIN
     PROCESS(CLK,CLR,ENA)
      BEGIN
       IF   CLR= '1' THEN CQI<= 0;                --计数器异步清零
       ELSIF CLK'EVENT AND CLK= '1' THEN
          IF ENA= '1' THEN
             IF CQI<9 THEN CQI<=CQI+1;
             ELSE CQI<=0;END IF;                  --等于 9，则计数器清零
             END IF;
           END IF;
        END PROCESS;
        PROCESS (CQI)
        BEGIN
            IF CQI=9 THEN CARRY_OUT<= '1';        --进位输出
            ELSE CARRY_OUT<= '0';
            END IF;
       END PROCESS;
       CQ<=CQI;
END ART;
```

十进制计数器的仿真结果如图 7-14 所示。

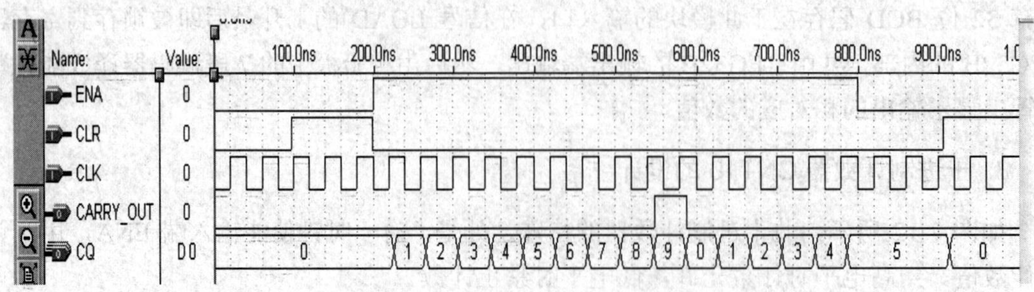

图 7-14　十进制计数器的仿真结果

2. 32 位锁存器的源程序 REG32B.VHD

代码如下：

```
LIBRARY IEEE;                                              --32 位锁存器
USE IEEE.STD_LOGIC_1164.ALL;
ENTITY REG32B IS
   PORT(LOAD: IN STD_LOGIC;
        DIN: IN STD_LOGIC_VECTOR(31 DOWNTO 0);
        DOUT: OUT STD_LOGIC_VECTOR(31 DOWNTO 0));
END REG32B;
ARCHITECTURE ART OF REG32B IS
BEGIN
PROCESS ( LOAD, DIN ) IS
BEGIN
IF LOAD'EVENT AND LOAD= '1' THEN DOUT<=DIN;        --锁存输入数据
    END IF ;
END PROCESS;
END ART;
```

32 位锁存器的仿真结果如图 7-15 所示。

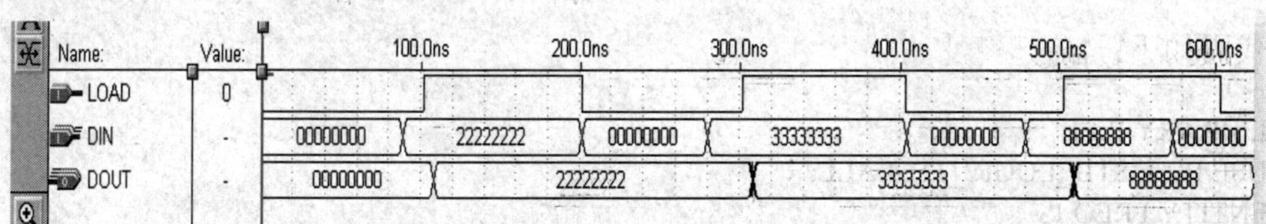

图 7-15　32 位锁存器的仿真结果

3. 测频控制信号发生器的源程序 TESTCTL.VHD

代码如下：

```
LIBRARY IEEE;
USE IEEE.STD_LOGIC_1164.ALL;                       --测频控制信号发生器
USE IEEE.STD_LOGIC_UNSIGNED.ALL;
ENTITY TESTCTL IS
     PORT (CLK: IN STD_LOGIC;                      --1 Hz 测频控制时钟
           TSTEN: OUT STD_LOGIC;                   --计数器时钟使能
           CLR_CNT: OUT STD_LOGIC;                 --计数器清零
           LOAD: OUT STD_LOGIC);                   --输出锁存信号
END TESTCTL;
ARCHITECTURE ART OF TESTCTL IS
       SIGNAL DIV2CLK: STD_LOGIC;
       BEGIN
PROCESS(CLK)
BEGIN
IF   CLK'EVENT AND CLK='1' THEN                    --1 Hz 时钟二分频
Div2CLK<=NOT Div2CLK;
END IF ;
END PROCESS;
PROCESS(CLK,Div2CLK)
```

```
BEGIN
        IF CLK= '0' AND Div2CLK ='0' THEN       --产生计数器清零信号
        CLR_CNT<= '1';
        ELSE CLR_CNT<= '0';
        END IF;
    END PROCESS;
    LOAD<=NOT Div2CLK;
    TSTEN<=Div2CLK;
END ART;
```

测频控制信号发生器的仿真结果如图 7-16 所示。

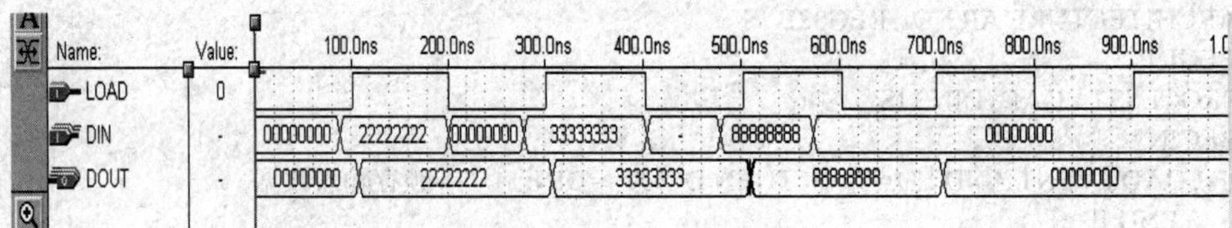

图 7-16　测频控制信号发生器的仿真结果

4. 数字频率计的源程序 FREQ.VHD

代码如下：

```
LIBRARY IEEE;
USE IEEE.STD_LOGIC_1164.ALL;
ENTITY FREQ IS
   PORT(FSIN: IN STD_LOGIC;
          CLK: IN STD_LOGIC;
          DOUT: OUT STD_LOGIC_VECTOR(31 DOWNTO 0));
END FREQ;
ARCHITECTURE ART OF FREQ IS
COMPONENT CNT10                              --待调用的有时钟使能的十进制计数器端口定义
    PORT(CLK,CLR,ENA:IN STD_LOGIC;
           CQ:OUT STD_LOGIC_VECTOR(3 DOWNTO 0);
           CARRY_OUT:OUT STD_LOGIC);
END COMPONENT;
COMPONENT REG32B                             --待调用的 32 位锁存器端口定义
   PORT(LOAD: IN STD_LOGIC;
          DIN: IN STD_LOGIC_VECTOR(31 DOWNTO 0);
          DOUT: OUT STD_LOGIC_VECTOR(31 DOWNTO 0));
END COMPONENT;
COMPONENT TESTCTL                            --待调用的测频控制信号发生器端口定义
  PORT (CLK: IN STD_LOGIC;                   --1 Hz 测频控制时钟
             TSTEN: OUT STD_LOGIC;           --计数器时钟使能
             CLR_CNT: OUT STD_LOGIC;         --计数器清零
             LOAD: OUT STD_LOGIC);           --输出锁存信号
END COMPONENT;
SIGNAL TSTEN: STD_LOGIC;
    SIGNAL CLR_CNT:STD_LOGIC;
    SIGNAL LOAD: STD_LOGIC;
    SIGNAL CARRY1: STD_LOGIC;
    SIGNAL CARRY2: STD_LOGIC;
```

```
    SIGNAL CARRY3: STD_LOGIC;
    SIGNAL CARRY4: STD_LOGIC;
    SIGNAL CARRY5: STD_LOGIC;
    SIGNAL CARRY6: STD_LOGIC;
    SIGNAL CARRY7: STD_LOGIC;
    SIGNAL CARRY8: STD_LOGIC;
    SIGNAL DIN:STD_LOGIC_VECTOR(31 DOWNTO 0);
BEGIN
U0: TESTCTL PORT MAP(CLK=>CLK,TSTEN=>TSTEN,
          CLR_CNT=>CLR_CNT,LOAD=>LOAD);
U1: CNT10 PORT MAP(CLK=>FSIN,CLR=>CLR_CNT,ENA=>TSTEN,
          CQ=>DIN (3 DOWNTO 0),CARRY_OUT=>CARRY1);
U2: CNT10 PORT MAP(CLK=>CARRY1,CLR=>CLR_CNT,ENA=>TSTEN,
          CQ=>DIN (7 DOWNTO 4),CARRY_OUT=>CARRY2);
U3: CNT10 PORT MAP(CLK=>CARRY2,CLR=>CLR_CNT,ENA=>TSTEN,
          CQ=>DIN (11 DOWNTO 8),CARRY_OUT=>CARRY3);
U4: CNT10 PORT MAP(CLK=>CARRY3,CLR=>CLR_CNT,ENA=>TSTEN,
          CQ=>DIN (15 DOWNTO 12),CARRY_OUT=>CARRY4);
U5: CNT10 PORT MAP(CLK=>CARRY4,CLR=>CLR_CNT,ENA=>TSTEN,
CQ=>DIN (19 DOWNTO 16),CARRY_OUT=>CARRY5);
U6: CNT10 PORT MAP(CLK=>CARRY5,CLR=>CLR_CNT,ENA=>TSTEN,
          CQ=>DIN (23 DOWNTO 20),CARRY_OUT=>CARRY6);
U7: CNT10 PORT MAP(CLK=>CARRY6,CLR=>CLR_CNT,ENA=>TSTEN,
           CQ=>DIN (27 DOWNTO 24),CARRY_OUT=>CARRY7);
U8: CNT10 PORT MAP(CLK=>CARRY7,CLR=>CLR_CNT,ENA=>TSTEN,
            CQ=>DIN (31 DOWNTO 28),CARRY_OUT=>CARRY8);
U9: REG32B PORT MAP(LOAD=>LOAD,DIN=>DIN(31 DOWNTO 0),DOUT=>DOUT);
END ART;
```

数字频率计的仿真结果如图 7-17 所示。

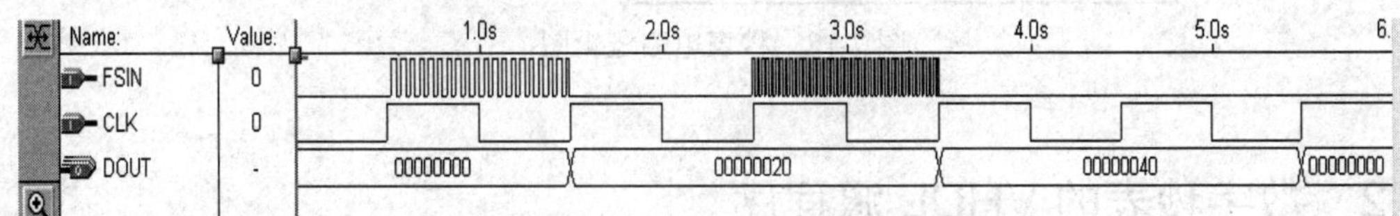

图 7-17　数字频率计的仿真结果

7.5　数字秒表的设计

数字秒表在日常生活中的应用非常广泛，本节主要描述了数字秒表的设计思路和具体实现。

7.5.1　数字秒表设计思路

今需设计一个计时范围为 0.01 秒~1 小时的秒表，首先需要获得一个比较精确的计时基准信号，这里是周期为 1/100 s 的计时脉冲。其次，除了对每一计数器需设置清零信号输入外，还需对 6 个计数器设置时钟使能信号，即计时允许信号，以便作为秒表的计时起停控制开关。因此秒表可由 1 个分频器、4 个十进制计数器 (1/100 秒、1/10 秒、1 秒、1 分)以及 2 个六进制计数器(10 秒、10 分)组成，如图 7-18 所示。6 个计数器中的每一计数器的 4 位输出，通过外设的 BCD 译码器输出显示。图 7-18 中 6 个 4 位二进制计数输出的最小显示值分别为 DOUT[3..0]1/100 秒、DOUT[7..4]1/10 秒、DOUT[11..8]1 秒、DOUT[15..12]10 秒、DOUT[19..16]1 分、DOUT[23..20]10 分。

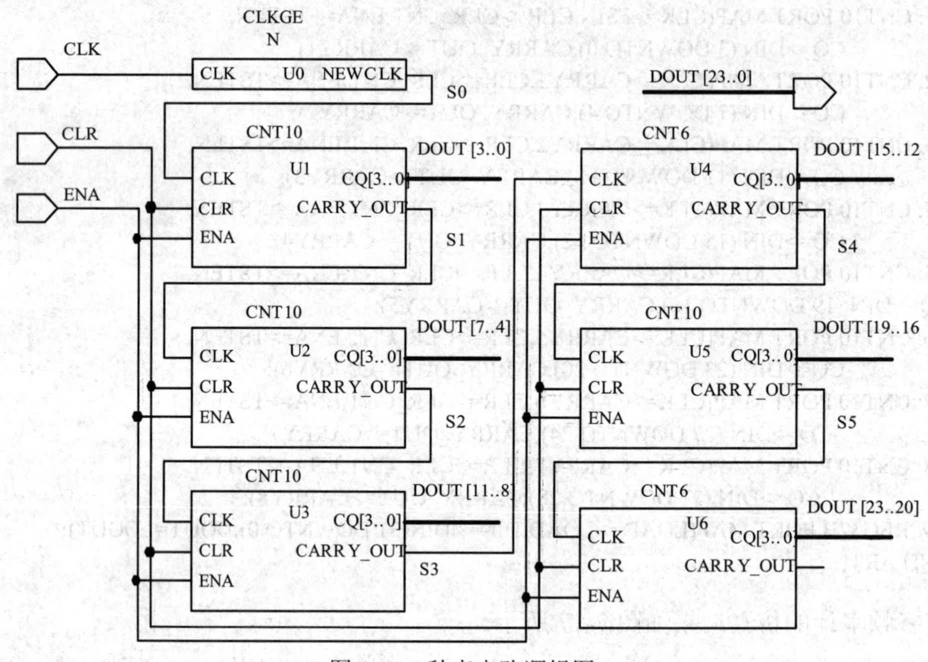

图 7-18　秒表电路逻辑图

7.5.2　数字秒表的 VHDL 源程序

1. 六进制计数器的源程序 CNT6.VHD

代码如下：

```
LIBRARY IEEE;
USE IEEE.STD_LOGIC_1164.ALL;
USE IEEE.STD_LOGIC_UNSIGNED.ALL;
ENTITY CNT6 IS
PORT (CLK: IN STD_LOGIC;
        CLR: IN STD_LOGIC;
        ENA: IN STD_LOGIC;
        CQ:OUT STD_LOGIC_VECTOR(3 DOWNTO 0);
CARRY_OUT: OUT STD_LOGIC );
END CNT6;
ARCHITECTURE ART OF CNT6 IS
```

```
SIGNAL CQI: STD_LOGIC_VECTOR(3 DOWNTO 0);
BEGIN
PROCESS(CLK,CLR,ENA)
BEGIN
    IF CLR='1' THEN CQI<="0000";
    ELSIF CLK'EVENT AND CLK='1' THEN
        IF ENA='1' THEN
            IF CQI="0101" THEN CQI<="0000";
ELSE CQI<=CQI+'1';END IF;
            END IF;
        END IF;
    END PROCESS;
    PROCESS(CQI)
    BEGIN
        IF CQI="0000" THEN CARRY_OUT<='1';
        ELSE CARRY_OUT<='0';
END IF;
    END PROCESS;
    CQ<=CQI;
END ART;
```

2. 十进制计数器的源程序 CNT10.VHD

代码如下：

```
LIBRARY IEEE;
USE IEEE.STD_LOGIC_1164.ALL;
USE IEEE.STD_LOGIC_UNSIGNED.ALL;
ENTITY CNT10 IS
PORT (CLK:IN STD_LOGIC;
        CLR: IN STD_LOGIC;
        ENA: IN STD_LOGIC;
        CQ:OUT STD_LOGIC_VECTOR(3 DOWNTO 0);
CARRY_OUT: OUT STD_LOGIC );
END CNT10;
ARCHITECTURE ART OF CNT10 IS
SIGNAL CQI: STD_LOGIC_VECTOR(3 DOWNTO 0);
BEGIN
PROCESS(CLK,CLR,ENA)
BEGIN
    IF CLR='1' THEN CQI<="0000";
        ELSIF CLK'EVENT AND CLK='1' THEN
            IF ENA='1' THEN
                IF CQI="1001" THEN CQI<="0000";
ELSE CQI<=CQI+'1';
END IF;
            END IF;
        END IF;
    END PROCESS;
    PROCESS(CQI)
    BEGIN
        IF CQI="0000" THEN CARRY_OUT<='1';
```

```
        ELSE CARRY_OUT<='0';END IF;
    END PROCESS;
    CQ<=CQI;
END ART;
```

六进制计数器的仿真结果如图 7-19 所示。

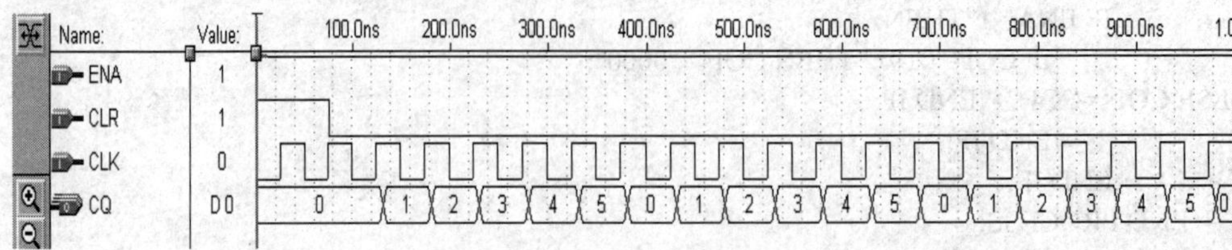

图 7-19　六进制计数器的仿真结果

十进制计数器的仿真结果如图 7-20 所示。

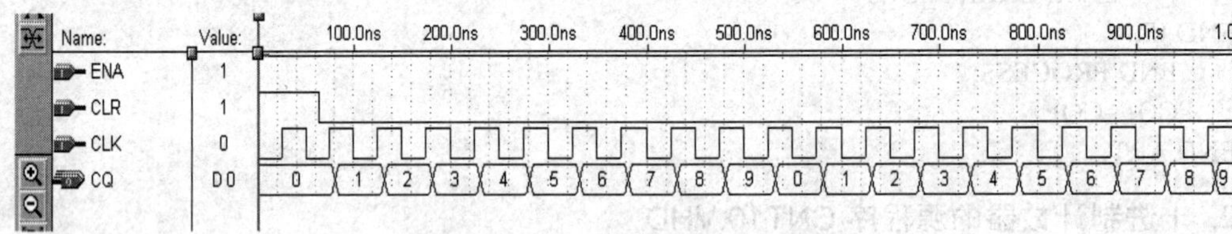

图 7-20　十进制计数器的仿真结果

3. 秒表的源程序 TIMES.VHD

代码如下：

```
LIBRARY IEEE;
USE IEEE.STD_LOGIC_1164.ALL;
ENTITY TIMES IS
    PORT(CLR: IN STD_LOGIC;
        CLK: IN STD_LOGIC;
        ENA: IN STD_LOGIC;
        DOUT: OUT STD_LOGIC_VECTOR(23 DOWNTO 0));
END TIMES;
ARCHITECTURE ART OF TIMES IS
 COMPONENT CNT10
    PORT(CLK,CLR,ENA: IN STD_LOGIC;
        CQ: OUT STD_LOGIC_VECTOR(3 DOWNTO 0);
        CARRY_OUT: OUT STD_LOGIC);
END COMPONENT;
COMPONENT CNT6
    PORT(CLK,CLR,ENA: IN STD_LOGIC;
        CQ: OUT STD_LOGIC_VECTOR(3 DOWNTO 0);
        CARRY_OUT: OUT STD_LOGIC);
END COMPONENT;
SIGNAL NEWCLK: STD_LOGIC;
  SIGNAL CARRY1: STD_LOGIC;
  SIGNAL CARRY2: STD_LOGIC;
  SIGNAL CARRY3: STD_LOGIC;
  SIGNAL CARRY4: STD_LOGIC;
```

```
    SIGNAL CARRY5: STD_LOGIC;
    BEGIN
      U1: CNT10 PORT MAP(CLK=>CLK,CLR=>CLR,ENA=>ENA,
            CQ=>DOUT(3 DOWNTO 0),CARRY_OUT=>CARRY1);
      U2: CNT10 PORT MAP(CLK=>CARRY1,CLR=>CLR,ENA=>ENA,
            CQ=>DOUT(7 DOWNTO 4),CARRY_OUT=>CARRY2);
      U3: CNT10 PORT MAP(CLK=>CARRY2,CLR=>CLR,ENA=>ENA,
            CQ=>DOUT(11 DOWNTO 8),CARRY_OUT=>CARRY3);
      U4: CNT6 PORT MAP(CLK=>CARRY3,CLR=>CLR,ENA=>ENA,
            CQ=>DOUT(15 DOWNTO 12),CARRY_OUT=>CARRY4);
      U5: CNT10 PORT MAP(CLK=>CARRY4,CLR=>CLR,ENA=>ENA,
            CQ=>DOUT(19 DOWNTO 16),CARRY_OUT=>CARRY5);
      U6: CNT6 PORT MAP(CLK=>CARRY5,CLR=>CLR,ENA=>ENA,
            CQ=>DOUT(23 DOWNTO 20));
  END ART;
```

秒表的仿真结果如图 7-21 所示。

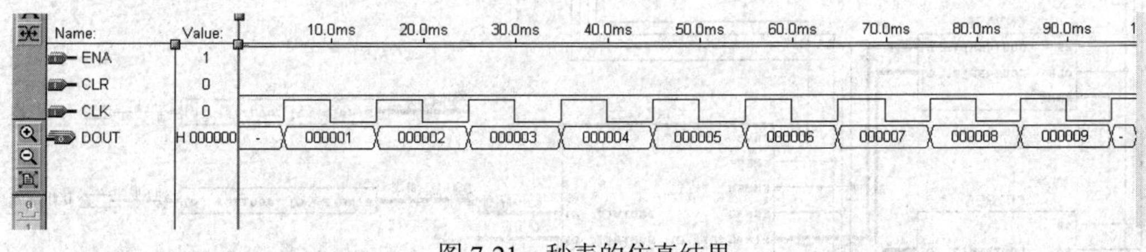

图 7-21　秒表的仿真结果

7.6　交通信号控制器的设计

该交通信号控制器控制十字路口甲、乙两条道路的红、黄、绿三色灯，指挥车辆和行人安全通行。本节主要描述了交通信号控制器的设计思路、设计实现、功能仿真和功能验证。

7.6.1　交通信号控制器设计思路

设计一个由一条主干道和一条支干道的汇合点形成的十字交叉路口的交通灯控制器，具体要求如下：

(1) 主、支干道各设有一个绿、黄、红指示灯，两个显示数码管。

(2) 主干道处于常允许通行状态，而支干道有车来才允许通行。当主干道允许通行亮绿灯时，支干道亮红灯。而支干道允许通行亮绿灯时，主干道亮红灯。

(3) 当主、支道均有车时，两者交替允许通行，主干道每次放行 45s，支干道每次放行 25s，在每次由亮绿灯变成亮红灯的转换过程中，要亮 5s 的黄灯作为过渡，并进行减计时显示。

交通控制器拟由单片的 CPLD/FPGA 来实现，经分析设计要求，拟定整个系统由 9 个单元电路组成，其中 U1 为交通灯控制器 JTDKZ，它根据主、支干道传感器信号 SM、SB

以及来自时基发生电路的时钟信号 CLK，发出主、支干道指示灯的控制信号，同时向各定时单元、显示控制单元发出使能控制信号 EN1、EN2、EN3、EN4；U2、U3、U4 为 45S、5S、25S 定时单元 CNT45S、CNT05S、CNT25S；根据 SM、SB、CLK 及 JTDKZ 发出的有关使能控制信号 EN1、EN2、EN3、EN4，按要求进行定时，并将其输出传送至显示控制单元；U5 为显示控制单元 XSKZ：根据 JTDKZ 发出的有关使能控制信号 EN1、EN2、EN3、EN4 选择定时单元 CNT45S、CNT05S、CNT25S 的输出传送至各显示译码器；U6、U7、U8、U9 为译码器 YMQ：将显示控制单元 XSKZ 的输出作为输入进行译码，并向有关数码显示管发出显示控制信号。整个交通控制器内部逻辑结构原理如图 7-22 所示。

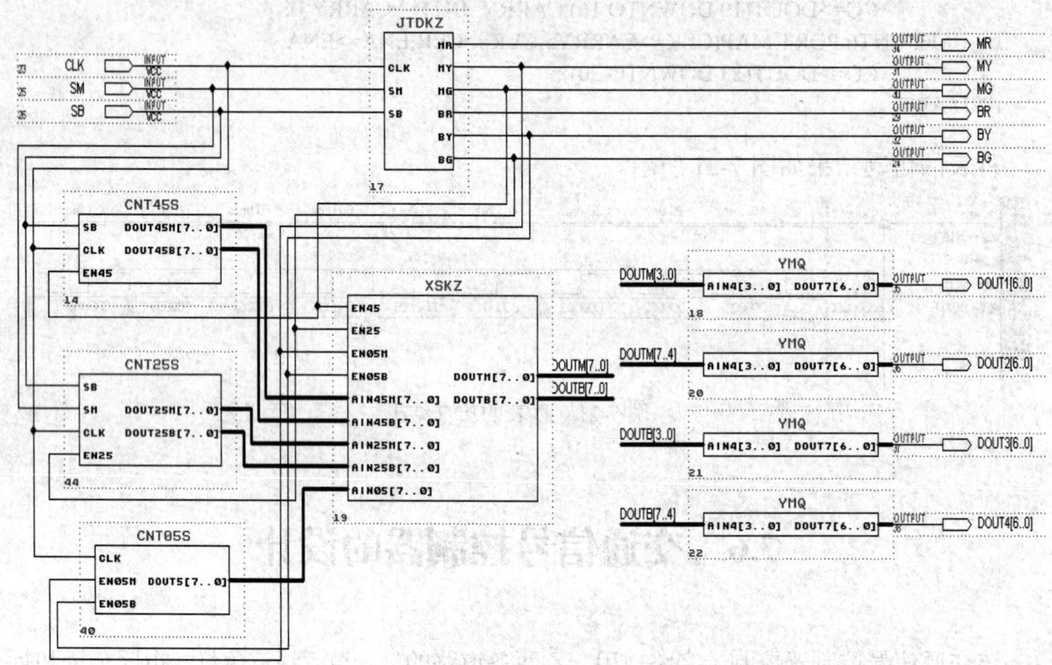

图 7-22　交通控制器内部逻辑结构原理图

7.6.2　VHDL 源程序

JTDKZ 的 VHDL 源程序如下：

```
LIBRARY IEEE;
USE IEEE.STD_LOGIC_1164.ALL;
ENTITY JTDKZ IS
  PORT(CLK, SM, SB: IN STD_LOGIC;
       MR, MY, MG, BR, BY, BG: OUT STD_LOGIC);
END ENTITY JTDKZ;
ARCHITECTURE ART OF JTDKZ IS
  TYPE STATE_TYPE IS(A, B, C, D);
  SIGNAL STATE: STATE_TYPE;
  BEGIN
  CNT: PROCESS(CLK) IS
```

```
    VARIABLE S: INTEGER RANGE 0 TO 45;
    VARIABLE CLR, EN: BIT;
    BEGIN
  IF(CLK'EVENT AND CLK='1')THEN
      IF CLR= '0' THEN    S: =0;
      ELSIF EN= '0' THEN    S: =S;
      ELSE    S: =S+1;
      END IF;
      CASE STATE IS
      WHEN A=>MR<= '0'; MY<= '0';    MG<= '1'; BR<= '1'; BY<= '0'; BG<= '0';
      IF(SB AND SM)= '1' THEN
         IF S=45 THEN    STATE<=B; CLR: = '0'; EN:= '0';
         ELSE    STATE<=A; CLR: = '1'; EN:= '1';
         END IF;
     ELSIF(SB AND (NOT SM))= '1' THEN    STATE<=B; CLR:= '0'; EN:= '0';
     ELSE      STATE<=A; CLR: = '1'; EN:= '1';
     END IF;
  WHEN B=>MR<= '0'; MY<= '1'; MG<= '0'; BR<= '1'; BY<= '0'; BG<= '0';
  IF S=5 THEN    STATE<=C;CLR: = '0'; EN:= '0';
     ELSE      STATE<=B; CLR: =    '1'; EN:=    '1';
  END IF;
  HEN C=>MR<='1'; MY<='0'; MG<='0';    BR<='0'; BY<='0'; BG<='1';
  IF(SM AND SB)= '1' THEN
     IF S=25 THEN      STATE<=D; CLR: = '0'; EN:= '0';
       ELSE      STATE<=C; CLR:= '1'; EN: = '1';
     END IF;
  ELSIF SB='0' THEN    STATE<=D; CLR: = '0'; EN:= '0';
     ELSE    STATE<=C; CLR: = '1'; EN: = '1';
  END IF;
  WHEN D=>MR<='1'; MY<='0';    MG<='0'; BR<='0'; BY<='1'; BG<='0';
  IF S=5 THEN    STATE<=A;CLR: = '0'; EN:= '0';
     ELSE    STATE<=D; CLR: = '1'; EN:= '1';
  END IF;
  END CASE;
 END IF;
 END PROCESS CNT;
END ARCHITECTURE ART;
```

45S 时单元的 VHDL 源程序 CNT45S.VHD 如下：

```
LIBRARY IEEE;
USE IEEE.STD_LOGIC_1164.ALL;
USE IEEE.STD_LOGIC_UNSIGNED.ALL;
ENTITY CNT45S IS
  PORT(SB, CLK, EN45: IN STD_LOGIC;
   DOUT45M, DOUT45B: OUT STD_LOGIC_VECTOR(7 DOWNTO 0));
END ENTITY CNT45S;
ARCHITECTURE ART OF CNT45S    IS
  SIGNAL CNT6B: STD_LOGIC_VECTOR(5 DOWNTO 0);
  BEGIN
  PROCESS(SB, CLK, EN45) IS
    BEGIN
```

```
        IF SB='0'   THEN CNT6B<=CNT6B-CNT6B-1;
          ELSIF(CLK'EVENT AND CLK= '1')THEN
      IF EN45='1' THEN CNT6B<=CNT6B+1;
ELSIF EN45='0' THEN CNT6B<=CNT6B-CNT6B-1;
      END IF;
        END IF;
      END PROCESS;

      PROCESS(CNT6B) IS
        BEGIN
        CASE CNT6B IS
        WHEN "000000"=>DOUT45M<="01000101"; DOUT45B<="01010000";
        WHEN "000001"=>DOUT45M<="01000100"; DOUT45B<="01001001";
        WHEN "000010"=>DOUT45M<="01000011"; DOUT45B<="01001000";
        WHEN "000011"=>DOUT45M<="01000010"; DOUT45B<="01000111";
        WHEN "000100"=>DOUT45M<="01000001"; DOUT45B<="01000110";
        WHEN "000101"=>DOUT45M<="01000000"; DOUT45B<="01000101";
        WHEN "000110"=>DOUT45M<="00111001"; DOUT45B<="01000100";
        WHEN "000111"=>DOUT45M<="00111000"; DOUT45B<="01000011";
        WHEN "001000"=>DOUT45M<="00110111"; DOUT45B<="01000010";
        WHEN "001001"=>DOUT45M<="00110110"; DOUT45B<="01000001";
        WHEN "001010"=>DOUT45M<="00110101";DOUT45B<="01000000";
        WHEN "001011"=>DOUT45M<="00110100"; DOUT45B<="0110100"";
        WHEN "001100"=>DOUT45M<="00110011"; DOUT45B<="00111000";
        WHEN "001101"=>DOUT45M<="00110010"; DOUT45B<="00110111";
        WHEN "001110"=>DOUT45M<="00110001"; DOUT45B<="00110110";
        WHEN "001111"=>DOUT45M<="00110000"; DOUT45B<="00110101";
        WHEN "010000"=>DOUT45M<="00101001"; DOUT45B<="00110100";
        WHEN "010001"=>DOUT45M<="00101000"; DOUT45B<="00110011";
        WHEN "010010"=>DOUT45M<="00100111"; DOUT45B<="00110010";
        WHEN "010011"=>DOUT45M<="00100110"; DOUT45B<="00110001";
        WHEN "010100"=>DOUT45M<="00100101"; DOUT45B<="00110000";
        WHEN "010101"=>DOUT45M<="00100100"; DOUT45B<="00101001";
        WHEN "010110"=>DOUT45M<="00100011"; DOUT45B<="00101000";
        WHEN "010111"=>DOUT45M<="00100010"; DOUT45B<="00100111";
        WHEN "011000"=>DOUT45M<="00100001"; DOUT45B<="00100110";
        WHEN "011001"=>DOUT45M<="00100000"; DOUT45B<="00100101";
        WHEN "011010"=>DOUT45M<="00011001"; DOUT45B<="00100100";
        WHEN "011011"=>DOUT45M<="00011000"; DOUT45B<="00100011";
        WHEN "011100"=>DOUT45M<="00010111"; DOUT45B<="00100010";
        WHEN "011101"=>DOUT45M<="00010110"; DOUT45B<="00100001";
        WHEN "011110"=>DOUT45M<="00010101"; DOUT45B<="00100000";
        WHEN "011111"=>DOUT45M<="00010100"; DOUT45B<="00011001";
        WHEN "100000"=>DOUT45M<="00010011"; DOUT45B<="00011000";
        WHEN "100001"=>DOUT45M<="00010010"; DOUT45B<="00010111";
        WHEN "100010"=>DOUT45M<="00010001"; DOUT45B<="00010110";
        WHEN "100011"=>DOUT45M<="00010000"; DOUT45B<="00010101";
        WHEN "100100"=>DOUT45M<="00001001"; DOUT45B<="00010100";
        WHEN "100101"=>DOUT45M<="00001000"; DOUT45B<="00010011";
        WHEN "100110"=>DOUT45M<="00000111"; DOUT45B<="00010010";
        WHEN "100111"=>DOUT45M<="00000110"; DOUT45B<="00010001";
        WHEN "101000"=>DOUT45M<="00000101"; DOUT45B<="00010000";
```

```
    WHEN "101001"=>DOUT45M<="00000100"; DOUT45B<="00001001";
    WHEN "101010"=>DOUT45M<="00000011"; DOUT45B<="00001000";
    WHEN "101011"=>DOUT45M<="00000010"; DOUT45B<="00000111";
    WHEN "101100"=>DOUT45M<="00000001"; DOUT45B<="00000110";
    WHEN OTHERS=>DOUT45M<="00000000"; DOUT45B<="00000000";
END CASE;
END PROCESS;
END ARCHITECTURE ART;
```

5S 定时单元的 VHDL 源程序 CNT05S.VHD 如下：

```
LIBRARY IEEE;
USE IEEE.STD_LOGIC_1164.ALL;
USE IEEE.STD_LOGIC_UNSIGNED.ALL;
ENTITY CNT05S IS
  PORT(CLK, EN05M, EN05B: IN STD_LOGIC;
        DOUT5: OUT STD_LOGIC_VECTOR(7 DOWNTO 0));
END ENTITY CNT05S;
ARCHITECTURE ART OF CNT05S IS
  SIGNAL CNT3B: STD_LOGIC_VECTOR(2 DOWNTO 0);
  BEGIN
  PROCESS(CLK, EN05M, EN05B) IS
    BEGIN
    IF(CLK'EVENT AND CLK= '1')THEN
       IF EN05M='1' OR EN05B='1'   THEN
       CNT3B<=CNT3B+1;
ELSE
       CNT3B<="000";
      END IF;
     END IF;
  END PROCESS;
  PROCESS(CNT3B) IS
     BEGIN
     CASE CNT3B IS
     WHEN "000"=>DOUT5<="00000101";
     WHEN "001"=>DOUT5<="00000100";
     WHEN "010"=>DOUT5<="00000011";
     WHEN "011"=>DOUT5<="00000010";
     WHEN "100"=>DOUT5<="00000001";
     WHEN OTHERS=>DOUT5<="00000000";
     END CASE;
  END PROCESS;
END ARCHITECTURE ART;
```

25S 定时单元的 VHDL 源程序 CNT25S.VHD 如下：

```
LIBRARY IEEE;
USE IEEE.STD_LOGIC_1164.ALL;
USE IEEE.STD_LOGIC_UNSIGNED.ALL;
ENTITY CNT25S IS
  PORT(SB, SM, CLK, EN25: IN STD_LOGIC;
        DOUT25M, DOUT25B: OUT STD_LOGIC_VECTOR(7 DOWNTO 0));
```

```
END ENTITY CNT25S;
ARCHITECTURE ART OF CNT25S IS
  SIGNAL CNT5B: STD_LOGIC_VECTOR(4 DOWNTO 0);
  BEGIN
  PROCESS(SB, SM, CLK, EN25) IS
   BEGIN
   IF SB='0' OR SM='0' THEN
       CNT5B<=CNT5B-CNT5B-1;
   ELSIF(CLK'EVENT AND CLK= '1')THEN
       IF EN25='1' THEN
          CNT5B<=CNT5B+1;
       ELSIF EN25='0'THEN
          CNT5B<=CNT5B-CNT5B-1;
     END IF;
    END IF;
 END PROCESS;
 PROCESS(CNT5B) IS
    BEGIN
    CASE CNT5B IS
    WHEN "00000"=>DOUT25B<="00100101"; DOUT25M<="00110000";
    WHEN "00001"=>DOUT25B<="00100100"; DOUT25M<="00101001";
    WHEN "00010"=>DOUT25B<="00100011"; DOUT25M<="00101000";
    WHEN "00011"=>DOUT25B<="00100010"; DOUT25M<="00100111";
    WHEN "00100"=>DOUT25B<="00100001"; DOUT25M<="00100110";
    WHEN "00101"=>DOUT25B<="00100000"; DOUT25M<="00100101";
    WHEN "00110"=>DOUT25B<="00011001"; DOUT25M<="00100100";
    WHEN "00111"=>DOUT25B<="00011000"; DOUT25M<="00100011";
    WHEN "01000"=>DOUT25B<="00010111"; DOUT25M<="00100010";
    WHEN "01001"=>DOUT25B<="00010110"; DOUT25M<="00100001";
    WHEN "01010"=>DOUT25B<="00010101"; DOUT25M<="00100000";
    WHEN "01011"=>DOUT25B<="00010100"; DOUT25M<="00011001";
    WHEN "01100"=>DOUT25B<="00010011"; DOUT25M<="00011000";
    WHEN "01101"=>DOUT25B<="00010010"; DOUT25M<="00010111";
    WHEN "01110"=>DOUT25B<="00010001"; DOUT25M<="00010110";
    WHEN "01111"=>DOUT25B<="00010000"; DOUT25M<="00010101";
    WHEN "10000"=>DOUT25B<="00001001"; DOUT25M<="00010100";
    WHEN "10001"=>DOUT25B<="00001000"; DOUT25M<="00010011";
    WHEN "10010"=>DOUT25B<="00000111"; DOUT25M<="00010010";
    WHEN "10011"=>DOUT25B<="00000110"; DOUT25M<="00010001";
    WHEN "10100"=>DOUT25B<="00000101"; DOUT25M<="00010000";
    WHEN "10101"=>DOUT25B<="00000100"; DOUT25M<="00001001";
    WHEN "10110"=>DOUT25B<="00000011"; DOUT25M<="00001000";
    WHEN "10111"=>DOUT25B<="00000010"; DOUT25M<="00000111";
    WHEN "11000"=>DOUT25B<="00000001"; DOUT25M<="00000110";
    WHEN OTHERS=>DOUT25B<="00000000"; DOUT25M<="00000000";
END CASE;
 END PROCESS;
END ARCHITECTURE ART;
```

显示控制单元的 VHDL 源程序 XSKZ.VHD 如下：

```
LIBRARY IEEE;
```

```
USE IEEE.STD_LOGIC_1164.ALL;
USE IEEE.STD_LOGIC_UNSIGNED.ALL;
ENTITY XSKZ IS
  PORT(EN45, EN25, EN05M, EN05B: IN STD_LOGIC
  AIN45M, AIN45B: IN STD_LOGIC_VECTOR(7 DOWNTO 0);
       AIN25M, AIN25B, AIN05: IN STD_LOGIC_VECTOR(7 DOWNTO 0);
       DOUTM, DOUTB: OUT STD_LOGIC_VECTOR(7 DOWNTO 0));
END ENTITY XSKZ;
ARCHITECTURE ART OF XSKZ IS
  BEGIN
  PROCESS(EN45, EN25, EN05M, EN05B , AIN45M, AIN45B, AIN25M,
          AIN25B, AIN05) IS
    BEGIN
    IF EN45='1'THEN
    DOUTM<=AIN45M(7 DOWNTO 0);
    DOUTB<=AIN45B(7 DOWNTO 0);
    ELSIF   EN05M='1'THEN
      DOUTM<=AIN05(7 DOWNTO 0);
      DOUTB<=AIN05(7 DOWNTO 0);
    ELSIF   EN25='1' THEN
      DOUTM<=AIN25M(7 DOWNTO 0);
      DOUTB<=AIN25B(7 DOWNTO 0);
    ELSIF   EN05B='1' THEN
    DOUTM<=AIN05(7 DOWNTO 0);
    DOUTB<=AIN05(7 DOWNTO 0);
    END IF;
  END PROCESS;
END ARCHITECTURE ART;
```

显示译码器的 VHDL 源程序 YMQ.VHD 如下：

```
LIBRARY IEEE;
USE IEEE.STD_LOGIC_1164.ALL;
USE IEEE.STD_LOGIC_UNSIGNED.ALL;
ENTITY YMQ IS
  PORT(AIN4: IN STD_LOGIC_VECTOR(3 DOWNTO 0);
       DOUT7: OUT STD_LOGIC_VECTOR(6 DOWNTO 0));
END ENTITY YMQ;
ARCHITECTURE ART OF YMQ IS
  BEGIN
  PROCESS(AIN4) IS
    BEGIN
    CASE AIN4 IS
    WHEN "0000"=>DOUT7<="0111111";
    WHEN "0001"=>DOUT7<="0000110";
    WHEN "0010"=>DOUT7<="1011011";
    WHEN "0011"=>DOUT7<="1001111";
    WHEN "0100"=>DOUT7<="1100110";
    WHEN "0101"=>DOUT7<="1101101";
    WHEN "0110"=>DOUT7<="1111101";
    WHEN "0111"=>DOUT7<="0000111";
    WHEN "1000"=>DOUT7<="1111111";
```

```
    WHEN "1001"=>DOUT7<="1101111";
    WHEN OTHERS=>DOUT7<="0000000";
    END CASE;
  END PROCESS;
END ARCHITECTURE ART;
```

交通灯控制器的顶层 VHDl 源程序 JTKZQ.VHD 如下：

```
LIBRARY IEEE;
USE IEEE.STD_LOGIC_1164.ALL;
ENTITY   JTKZQ IS
  PORT(CLK,SM,SB: IN STD_LOGIC;
   MR,MG,MY,BY,BR,BG: OUT STD_LOGIC;
   DOUT1,DOUT2,DOUT3,DOUT4: OUT STD_LOGIC STD_LOGIC(6 DOWNTO 0);
END ENTITY JTKZQ;
ARCHITECTURE ART OF JTKZQ IS
  COMPONENT JTKZQ IS
    PORT(CLK,SM,SB: IN STD_LOGIC;
           MR,MY,MG,BY,BG,BR:OUT   STD_LOGIC);
  END COMPONENT JTKZQ;
……
  SIGNAL EN1,EN2,EN3,EN4: STD_LOGIC;
  SIGNAL S45M,S45B,S05,S25M,S25B: STD_LOGIC_VECTOR(7 DOWNTO 0);SIGNAL
YM1,YM2,YM3,YM4: STD_LOGIC_VECTOR(3 DOWNTO 0);
BEGIN
U1:JTDKZ PORT MAP(CLK=>CLK,SM=>SM,SB=>SB,MR=>MR,MY=>EN2,MG=>EN1,
BR=>BR,BY=>EN4,BG=>EN3);
U2:CNT45S PORT MAP (CLK=>CLK,SB=>SB,EN45=>EN1,DOUT45M=>S45M,DOUT45B=>S45B);
U3:CNT05S PORT MAP(CLK=>CLK,EN05M=>EN2,DOUT5=>S05,EN05B=>EN4);
U4:CNT25S
PORT MAP(CLK=>CLK,SM=>SM,SB=>SB,EN25=>EN3,DOUT25M=>S25M,DOUT25B=>S25B);
U5:XSKZ PORT MAP(EN45=>EN1,EN05M=>EN2,EN25=>EN3,EN05B=>EN4,
  AIN45M=>S45M,AIN45B=>S45B, AIN25M=>S25M, AIN25B=>S25B, AIN05=>S05,
DOUTM(3 DOWNTO 0)=>YM1, DOUTM(7 DOWNTO 4)=>YM2,
DOUTB(3 DOWNTO 0)=>YM3, DOUTB(7 DOWNTO 4)=>YM4);
U6:YMQ PORT MAP(AIN4=>YM1,DOUT7=>DOUT1);
U7:YMQ PORT MAP(AIN4=>YM2,DOUT7=>DOUT2);
U8:YMQ PORT MAP(AIN4=>YM3,DOUT7=>DOUT3);
U9:YMQ PORT MAP(AIN4=>YM4,DOUT7=>DOUT4);
END ART;
```

7.6.3　系统的有关仿真

这里只给出了交通灯控制器的仿真图，如图 7-23 和图 7-24 所示。

从图 7-23 和图 7-24 可知，JTDKZ.VHD 的设计是正确的。其他程序请读者自己进行仿真和分析。

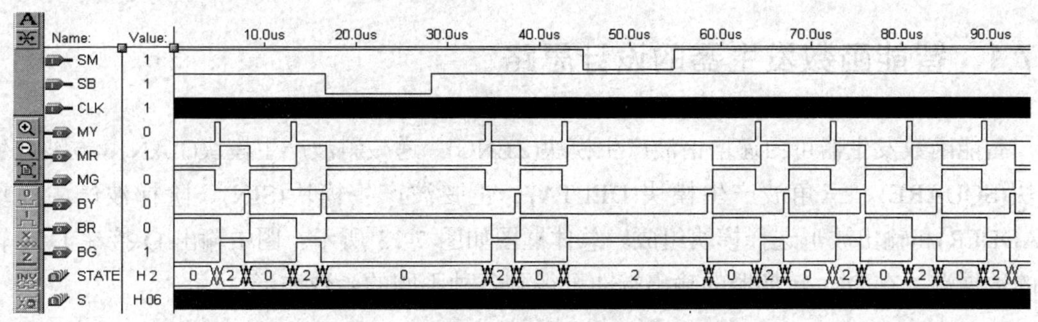

图 7-23　JTDKZ.VHD 的仿真图(全局结果)

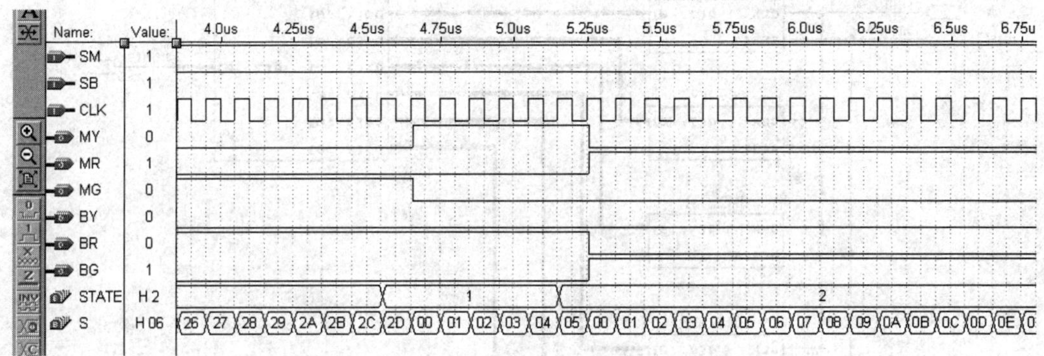

图 7-24　JTDKZ.VHD 的仿真图(局部结果)

7.6.4　系统的硬件验证

请读者根据自己所拥有的实验设备自行完成。

7.6.5　设计技巧分析

(1) 在交通灯控制电路 JTDKZ 的设计中，利用状态机非常简洁地实现了对主、支干道指示灯的控制和有关单元电路的使能控制。

(2) 在定时单元 CNT45S 和 CNT25S 的设计中，根据设计要求需进行减计数，但本设计中却使用的是加法计数，只是在将计数结果转换成两位 BCD 码时，将计数的最小值对应转换成显示定时的最大值，计数值加 1 时，转换的显示值减 1，以此类推。

7.7　智能函数发生器的设计

函数发生器在测量中作为信号源的应用是非常广泛的，要得到一个频率稳定的正弦波、矩形波、锯齿波的方法很多。这里介绍的智能函数发生器能够产生递增谐波、递减斜波、方波、三角波、正弦波及斜梯波，并可通过开关选择输出的波形。

7.7.1 智能函数发生器的设计思路

智能函数发生器可由递增谐波产生模块(ZENG)、递减斜波产生模块(JIAN)、方波产生模块(SQUARE)、三角波产生模块(DELTA)、正弦波产生模块(SIN)、阶梯波产生模块(LADDER)和输出波形选择模块组成。总体框图如图 7-25 所示。图中输出 Q 接在 D/A 转换的数据端。在 D/A 转换器的输出端即可得到各种不同的函数波形。

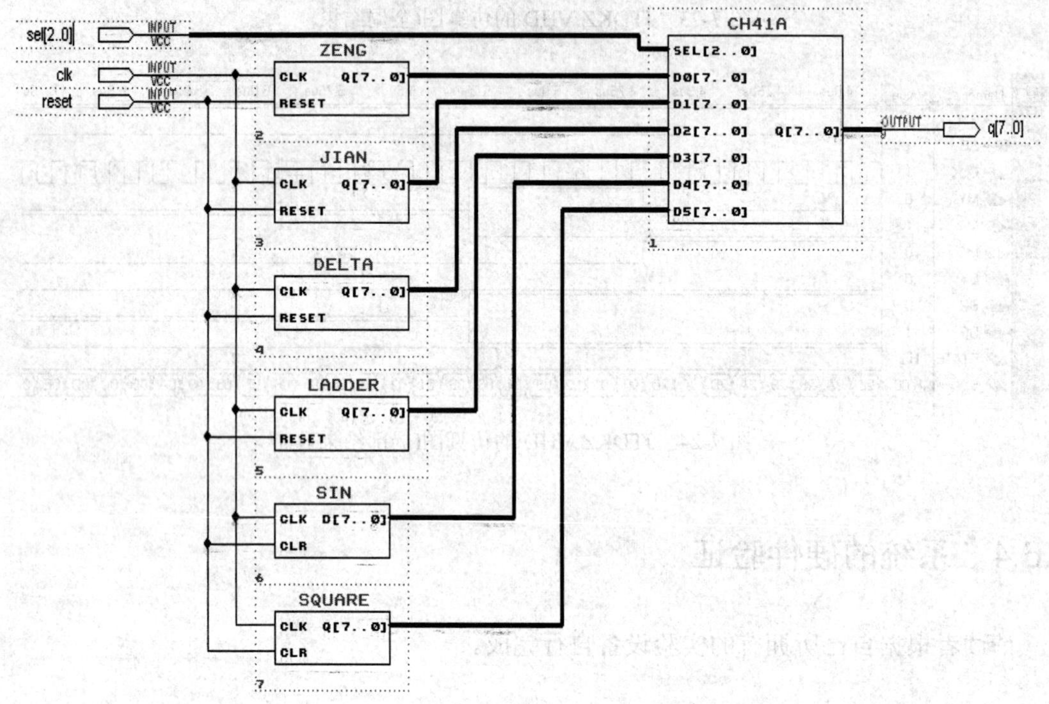

图 7-25　智能函数发生器总体框图

7.7.2 模块及模块功能

模块 ZENG 如图 7-26 所示，它是递增斜波产生模块。

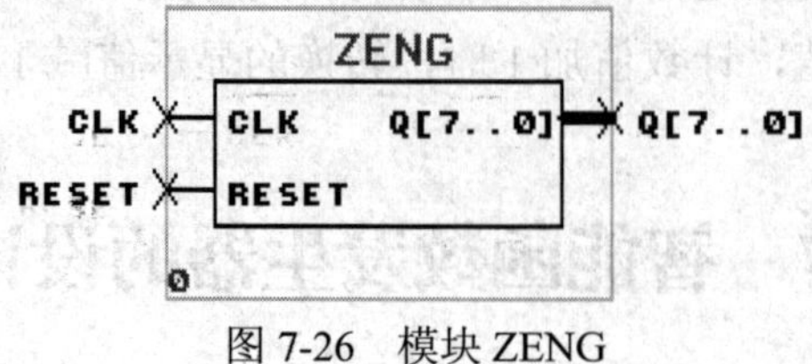

图 7-26　模块 ZENG

代码如下：

```
LIBRARY IEEE;
USE IEEE.STD_LOGIC_1164.ALL;
```

```
USE IEEE.STD_LOGIC_UNSIGNED.ALL;
ENTITY ZENG IS
   PORT (CLK,RESET : IN    STD_LOGIC;
          Q: OUT STD_LOGIC_VECTOR(7 DOWNTO 0));
END ZENG;
ARCHITECTURE ZENG_ARC OF ZENG IS
   BEGIN
PROCESS(CLK,RESET)
VARIABLE TMP: STD_LOGIC_VECTOR(7 DOWNTO 0);
BEGIN
IF RESET='0' THEN
            TMP:= "00000000";
      ELSIF CLK'EVENT AND CLK = '1'    THEN
        IF    TMP="11111111" THEN
             TMP:= "00000000";
          ELSE
           TMP:=TMP+1;
        END IF;
      END IF;
        Q<=TMP;
 END PROCESS;
END ZENG_ARC;
```

模块 JIAN 如图 7-27 所示，它是递减斜波产生模块。

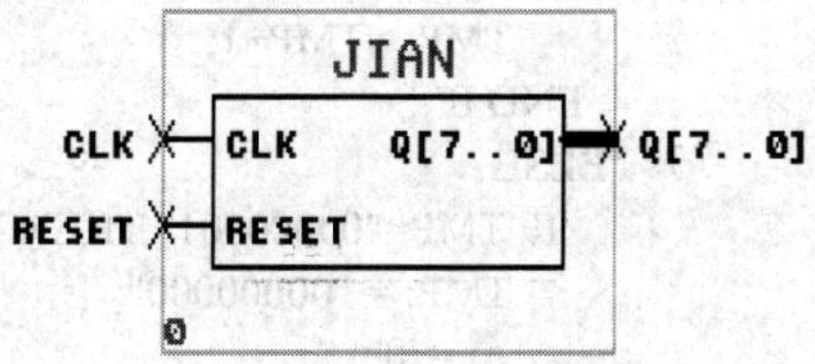

图 7-27　模块 JIAN

代码如下：

```
LIBRARY IEEE;
USE IEEE.STD_LOGIC_1164.ALL;
USE IEEE.STD_LOGIC_UNSIGNED.ALL;
ENTITY JIAN IS
    PORT ( CLK,RESET: IN    STD_LOGIC;
        Q: OUT STD_LOGIC_VECTOR(7 DOWNTO 0));
END JIAN;
ARCHITECTURE JIAN _ARC OF JIAN IS
   BEGIN
PROCESS(CLK,RESET)
VARIABLE TMP: STD_LOGIC_VECTOR(7 DOWNTO 0);
   BEGIN
       IF RESET= '0' THEN
            TMP:= "11111111";
       ELSIF CLK'EVENT AND CLK = '1'    THEN
            IF    TMP="00000000" THEN
                TMP:= "11111111";
            ELSE
            TMP: =TMP-1;
         END IF;
       END IF;
       Q<=TMP;
     END PROCESS;
END    JIAN _ARC;
```

模块 DELTA 如图 7-28 所示，它是三角波产生模块。

代码如下：

```
LIBRARY IEEE;
USE IEEE.STD_LOGIC_1164.ALL;
USE IEEE.STD_LOGIC_UNSIGNED.ALL;
ENTITY    DELTA IS
       PORT (CLK,RESET: IN    STD_LOGIC;
               Q: OUT STD_LOGIC_VECTOR(7 DOWNTO 0));
END DELTA;
ARCHITECTURE DELTA_ARC OF DELTA IS
BEGIN
PROCESS(CLK,RESET)
VARIABLE TMP: STD_LOGIC_VECTOR(7 DOWNTO 0);
VARIABLE A: STD_LOGIC;
   BEGIN
     IF RESET= '0' THEN
          TMP: = "00000000";
       ELSIF CLK'EVENT AND CLK = '1'    THEN
          IF A= '0'THEN
            IF    TMP="11111110" THEN
               TMP: = "11111111";
               A: = '1';
             ELSE
               TMP: =TMP+1;
            END IF;
          ELSE
            IF TMP="00000001" THEN
               TMP: = "00000000";
               A: = '0';
            ELSE
               TMP: =TMP-1;
          END IF;
        END IF;
     END IF;
     Q<=TMP;
   END PROCESS;
END DELTA_ARC;
```

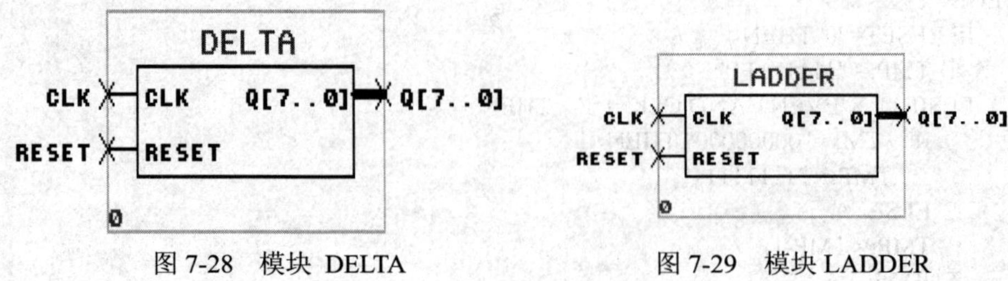

图 7-28　模块 DELTA　　　　图 7-29　模块 LADDER

模块 LADDER 如图 7-29 所示，它是阶梯产生模块，改变递增的常数，可改变阶梯的多少。

代码如下：

```
LIBRARY IEEE;
USE IEEE.STD_LOGIC_1164.ALL;
USE IEEE.STD_LOGIC_UNSIGNED.ALL;
ENTITY    LADDER IS
        PORT (CLK,RESET: IN    STD_LOGIC;
                Q: OUT STD_LOGIC_VECTOR(7 DOWNTO 0));
END    LADDER;
ARCHITECTURE LADDER_ARC OF LADDER IS
BEGIN
PROCESS(CLK,RESET)
VARIABLE TMP: STD_LOGIC_VECTOR(7 DOWNTO 0);
VARIABLE A: STD_LOGIC;
BEGIN
IF RESET= '0' THEN
    TMP: = "00000000";
ELSIF CLK'EVENT AND CLK = '1'    THEN
                IF A= '0' THEN
                    IF    TMP="11111111" THEN
                        TMP: = "0000000";
                        A: = '1';
                    ELSE
                    TMP: =TMP+16;
                    A: = '1';
                        END IF;
                ELSE
            A: = '0';
        END IF;
END IF;
Q<=TMP;
    END PROCESS ;
END    LADDER _ARC;
```

模块 SIN 如图 7-30 所示，它是正弦波产生模块，一个周期取 64 个点计算出 64 个常数后，查表输出。

代码如下：

```
LIBRARY IEEE;
USE IEEE.STD_LOGIC_1164.ALL;
USE IEEE.STD_LOGIC_UNSIGNED.ALL;
ENTITY    SIN IS
        PORT (CLK,CLR: IN    STD_LOGIC;
            D: OUT INTEGER RANGE 0 TO 255);
END    SIN;
ARCHITECTURE SIN_ARC OF    SIN IS
BEGIN
PROCESS(CLK,CLR)
VARIABLE TMP: INTEGER RANGE 0 TO    63;
BEGIN
IF CLR='0'    THEN
        D<=0;
        ELSIF CLK'EVENT AND CLK = '1'    THEN
```

```
        IF    TMP=63    THEN
         TMP:=0;
        ELSE
         TMP:=TMP+1;
        END IF;
        CASE TMP IS
        WHEN 00=>D<=255;    WHEN 01=>D<=254;    WHEN 02=>D<=252;
        WHEN 03=>D<=249;    WHEN 04=>D<=245;    WHEN 05=>D<=239;
        WHEN 06=>D<=233;    WHEN 07=>D<=225;    WHEN 08=>D<=217;
        WHEN 09=>D<=207;    WHEN 10=>D<=197;    WHEN 11=>D<=186;
        WHEN 12=>D<=174;    WHEN 13=>D<=162;    WHEN 14=>D<=150;
        WHEN 15=>D<=137;    WHEN 16=>D<=124;    WHEN 17=>D<=112;
        WHEN 18=>D<=99;     WHEN 19=>D<=87;     WHEN 20=>D<=75;
        WHEN 21=>D<=64;     WHEN 22=>D<=53;     WHEN 23=>D<=43;
        WHEN 24=>D<=34;     WHEN 25=>D<=26;     WHEN 26=>D<=19;
        WHEN 27=>D<=13;     WHEN 28=>D<=8;      WHEN 29=>D<=4;
        WHEN 30=>D<=1;      WHEN 31=>D<=0;      WHEN 32=>D<=0;
        WHEN 33=>D<=1;      WHEN 34=>D<=4;      WHEN 35=>D<=8;
        WHEN 36=>D<=13;     WHEN 37=>D<=19;     WHEN 38=>D<=26;
        WHEN 39=>D<=34;     WHEN 40=>D<=43;     WHEN 41=>D<=53;
        WHEN 42=>D<=64;     WHEN 43=>D<=75;     WHEN 44=>D<=87;
        WHEN 45=>D<=99;     WHEN 46=>D<=112;    WHEN 47=>D<=124;
        WHEN 48=>D<=137;    WHEN 49=>D<=150;    WHEN 50=>D<=162;
        WHEN 51=>D<=174;    WHEN 52=>D<=186;    WHEN 53=>D<=197;
        WHEN 54=>D<=207;    WHEN 55=>D<=217;    WHEN 56=>D<=225;
        WHEN 57=>D<=233;    WHEN 58=>D<=239;    WHEN 59=>D<=245;
        WHEN 60=>D<=249;    WHEN 61=>D<=252;    WHEN 62=>D<=254;
        WHEN 63=>D<=255;    WHEN OTHERS=>NULL;
        END CASE;
        END IF;
        END PROCESS;END SIN_ARC;
```

模块 SQUARE 如图 7-31 所示，它是方波产生模块。

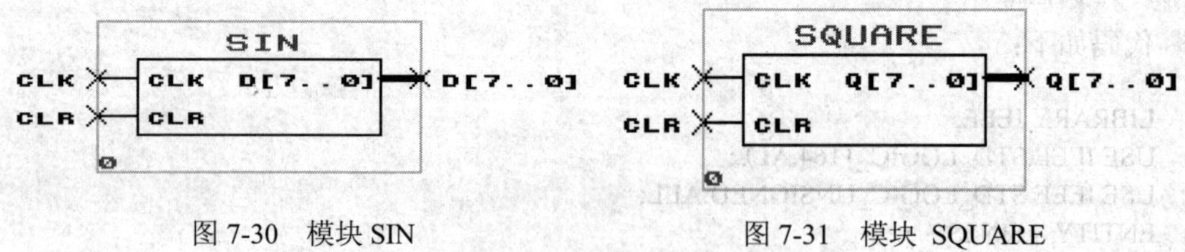

图 7-30　模块 SIN　　　　图 7-31　模块 SQUARE

如图 7-32 所示的是模块 SQUARE 的仿真图。

代码如下：

```
LIBRARY IEEE;
USE IEEE.STD_LOGIC_1164.ALL;
USE IEEE.STD_LOGIC_UNSIGNED.ALL;
ENTITY    SQUARE    IS
    PORT (CLK,CLR: IN    STD_LOGIC;
          Q: OUT INTEGER RANGE 0 TO 255);
END    SQUARE;
```

```
ARCHITECTURE    SQUARE_ARC OF    SQUARE IS
SIGNAL A: BIT;
BEGIN
    PROCESS(CLK,CLR)
      VARIABLE CNT: INTEGER    RANGE 0    TO    63;
        BEGIN
          IF CLR='0' THEN
              A<=0;
          ELSIF CLK'EVENT AND CLK = '1'    THEN
          IF    CNT<63    THEN
            CNT: =CNT+1;
          ELSE
            CNT: =0;
            A<=NOT A;
          END IF;
        END IF;
  END PROCESS;
PROCESS(CLK,A)
BEGIN
IF CLK'EVENT AND CLK = '1'    THEN
      IF    A=1    THEN
      Q<=255;
      ELSE
      Q<=0;
    END IF;
  END IF;
  END PROCESS;
END SQUARE_ARC;
```

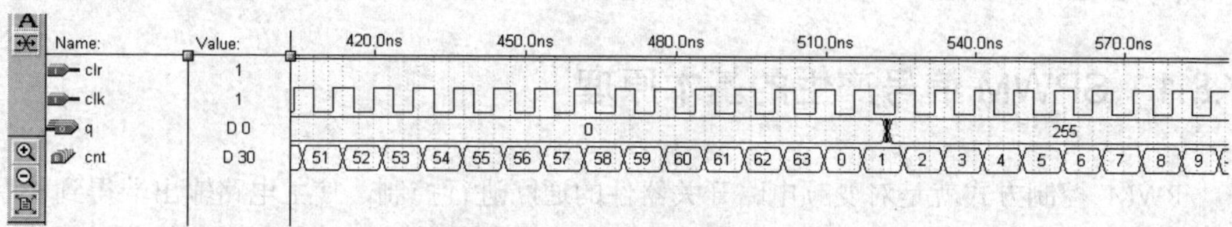

图 7-32　模块 SQUARE 的仿真图

模块 CH41A 如图 7-33 所示。它是输出波形选择模块，根据外部的开关状态选择输出波形。

代码如下：

```
LIBRARY IEEE;
USE IEEE.STD_LOGIC_1164.ALL;
USE IEEE.STD_LOGIC_UNSIGNED.ALL;
ENTITY    CH41A IS
      PORT ( SEL: IN    STD_LOGIC_VECTOR(2 DOWNTO 0);
            D0,D1,D2,D3,D4,D5: IN    STD_LOGIC_VECTOR(7 DOWNTO 0);
            Q: OUT    STD_LOGIC_VECTOR( 7 DOWNTO 0));
END    CH41A;
ARCHITECTURE    CH41_ARC OF    CH41A IS
BEGIN
```

```
    PROCESS(SEL)
      BEGIN
        CASE SEL IS
            WHEN"000" =>Q<=D0;
            WHEN"001" =>Q<=D1;
            WHEN"010" =>Q<=D2;
            WHEN"011" =>Q<=D3;
            WHEN"100" =>Q<=D4;
            WHEN"101" =>Q<=D5;
            WHEN OTHERS=>NULL;
        END CASE;
      END PROCESS;
  END CH41_ARC;
```

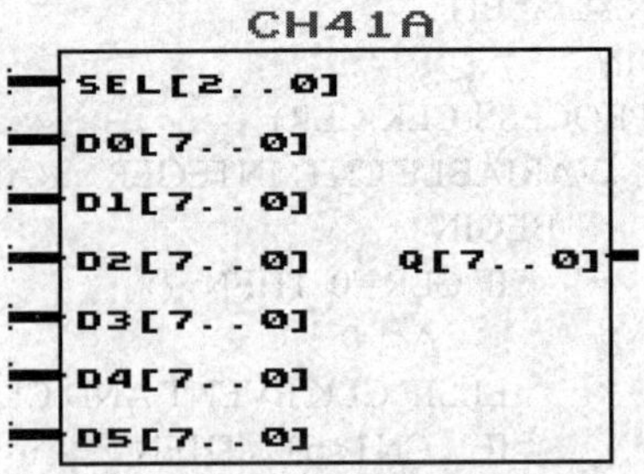

CH41A
SEL[2..0]
D0[7..0]
D1[7..0]
D2[7..0]　Q[7..0]
D3[7..0]
D4[7..0]
D5[7..0]

图 7-33　模块 CH41A

7.8　SPWM 发生器设计

PWM 信号为脉冲宽度调制信号，主要应用适合脉冲宽度和幅度可调场合，如电机控制，此外还有 SPWM 和 SVPWM 信号用于高要求的电机控制。

本项设计的任务指标为：

(1) 实现 PWM 信号和基本 SPWM 信号调制；

(2) 载波信号采用三角波；

(3) 频率可步进 100HZ，幅度可调整 0.1V；

(4) 占空比可调整 10%~90%，测试精度<5%。

7.8.1　SPWM 信号产生的基本原理

PWM 控制方式就是对变频电路开关器件的通断进行控制，使主电路输出端得到一系列幅值相等而宽度不相等的脉冲，用这些脉冲来代替正弦波或者其他所需要的波形。从理论上讲， 在给出了正弦波频率、幅值和半个周期内的脉冲数后，脉冲波形的宽度和间隔便可以准确计算出来。然后按照计算的结果控制电路中各开关器件的通断， 就可以得到所需要的波形。但在实际应用中，人们常采用正弦波与等腰三角波相交的办法来确定各矩形脉冲的宽度和个数。

等腰三角波上下宽度与高度成线性关系且左右对称，当它与任何一个光滑曲线相交时，就可得到一组等幅而脉冲宽度正比该曲线函数值的矩形脉冲，这种方法称为调制方法。希望输出的信号为调制信号，用 ur 表示，把接受调制的三角波称为载波，用 uc 表示。当调制信号是正弦波时，所得到的便是 SPWM 波形，如图 7-34 所示。当调制信号不是正弦波时，也能得到与调制信号等效的 PWM 波形。

调节调制信号的幅值可以使输出调制脉冲宽度作相应变化，这能改变变频电路输出电压的基波幅值，从而可实现对输出电压的平滑调节； 改变调制信号的频率则可以改变输出电压的频率，即可实现电压、频率的同时调节。所以从调节的角度来看，SPWM 变频电路非常适用于交流变频调速系统中。

与单极性 PWM 控制方式对应，另外一种 PWM 控制方式称为双极性 PWM 控制方式。其频率信号还是三角波，基准信号是正弦波时，它与单极性正弦波脉宽调制的不同之处在于它们的极性随时间不断地正、负变化，如图 7-35 所示，不需要如上述单极性调制那样加倒向控制信号。

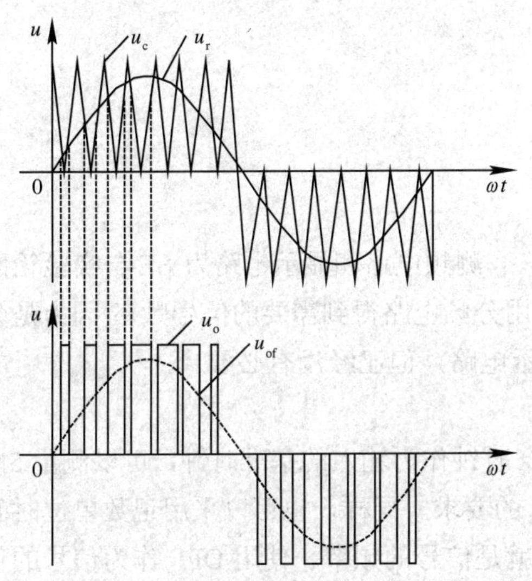

图 7-34　单极性 SPWM 控制方式原理图

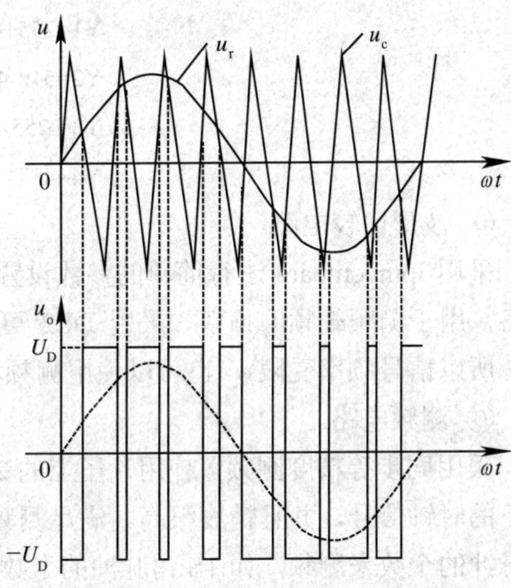

图 7-35　双极性 PWM 控制方式原理图

7.8.2　设计方案

(1) 由运放和电阻电容组成信号产生和变换电路，经比较电路产生 SPWM 信号。

(2) SPWM 芯片，如 HEF4752、SLE4520、MA818、8XC196Mx 等。

(3) 采用的设计方案如下：

① 由 SPWM 信号产生的原理可知，无论那种设计方案都要分为三大部分设计，即调制波正弦信号产生电路载波等腰三角波产生电路、波形比较电路。

② 以 FPGA EP2C35F672C6 的设计，对于正弦和三角波，采用 DDS 频率合成产生。好处在于同步性能比较好，信号产生的过程使用同一个时钟同步。

③ 采用双极性的三角波和正弦波，Sin 采用一个周期 1024 点，幅值(0~255)；三角波一个周期 256 点，幅值(0~255)。

由于 rom 表中不可以直接存储负值，因此采用了叠加支流成分 255。叠加后，Sin 采用一个周期1024 点，幅值(255~510)，所以，要产生需要的正弦信号 rom1，需要 10 位地址线，也即相位累加器的位数是 10 位；三角波一个周期 256 点，幅值(0~255)，所以要产生需要的三角信号 rom2 要 8 位地址线，也即相位累加器的位数是 8 位。

④ 正弦和三角波信号 rom 的产生。

正弦使用 MATLAB：

```
T=2*PI/360;
```

```
T=0:T:2*PI;
Y=255+SIN(T);
ROUND(Y)
```

三角波 MATLAB：

```
T=0:1:64;
Y1=255+4*T;
Y2=510-4*T;
Y3= 255-4*T;
Y4=4*T;
```

⑤ 波形比较电路。

采用 lpm_cmpare 进行简单的参数设置即可。 测频电路和显示电路为 SE-5 实验箱而准备，用于测频载频的频率。采用 DE2 可以使用分频电路得到需要的信号频率(因为是分频，所以信号频率受限)，也可以使用测频和显示电路，但已经没有必要。

⑥ 测频电路。

采用同步等精度测频，使用片子上的 27Mhz 时钟作为输入的基准时钟，可以测量 5M 以下的时钟信号，并且精度很高。满足测频设计的要求。同样，也可以采用记数单位时间内脉冲的个数来测频，如 1S 内脉冲的个数，也就是信号的频率。使用 DFF 作为信号的使能控制，用分频电路产生一个高电平为 1S 的信号，也即 0.5HZ 的方波。

测频电路的处理：由于数码管资源的限制和显示的灵活性，以为已知被测信号的频率大约在 1~5M 之间，所以把测频的结果除以 1000，只显示高四位。

⑦ 显示电路。

DE2 实验板只可以采用静态显示，因为片内资源比较多，静态显示可以实现。信号显示占用 4 个数码管，显示高四位。在程序设计中采用的方法是，先判断 4 位数的范围，然后根据范围的大小处理后送 LED 显示。如频率为 3510(000)时，4000>3500>3000，把 3 送千位显示；3500-3000=510，600>510>500，把 5 送百位显示；510-500=10，19>10>9，把 1 送十位显示，0 送个位显示。

⑧ 系统管脚锁定。

管脚锁定请参考 2.4.1 节。

7.8.3　设计的顶层原理图和程序

SPWM 设计的顶层模块图，如图 7-36 所示。

7.8.4　主要模块的 VHDL 程序

(1) 10 位相位累技移器

代码如下：

```
--SUM99.VHD;
 LIBRARY IEEE;
 USE IEEE.STD_LOGIC_1164.ALL;
 USE IEEE.STD_LOGIC_UNSIGNED.ALL;
 ENTITY SUM99 IS
PORT( K:IN STD_LOGIC_VECTOR(5 DOWNTO 0);---频率控制子;
       CLK:IN STD_LOGIC;
       EN: IN STD_LOGIC;
       RESET:IN STD_LOGIC;
   OUT1: OUT STD_LOGIC_VECTOR(9 DOWNTO 0));----10 位相位累技移器;
 END SUM99;
 ARCHITECTURE BEHAVE OF SUM99 IS
  SIGNAL TEMP:STD_LOGIC_VECTOR(9 DOWNTO 0);
 BEGIN
  PROCESS(CLK,EN,RESET)
 BEGIN
 IF RESET='1' THEN
  TEMP<="0000000000";
ELSE
  IF CLK'EVENT AND CLK='1' THEN
     IF EN='1' THEN
     TEMP<=TEMP+K;
END IF;
END IF;
END IF;
OUT1<=TEMP;
END PROCESS;
END BEHAVE;
```

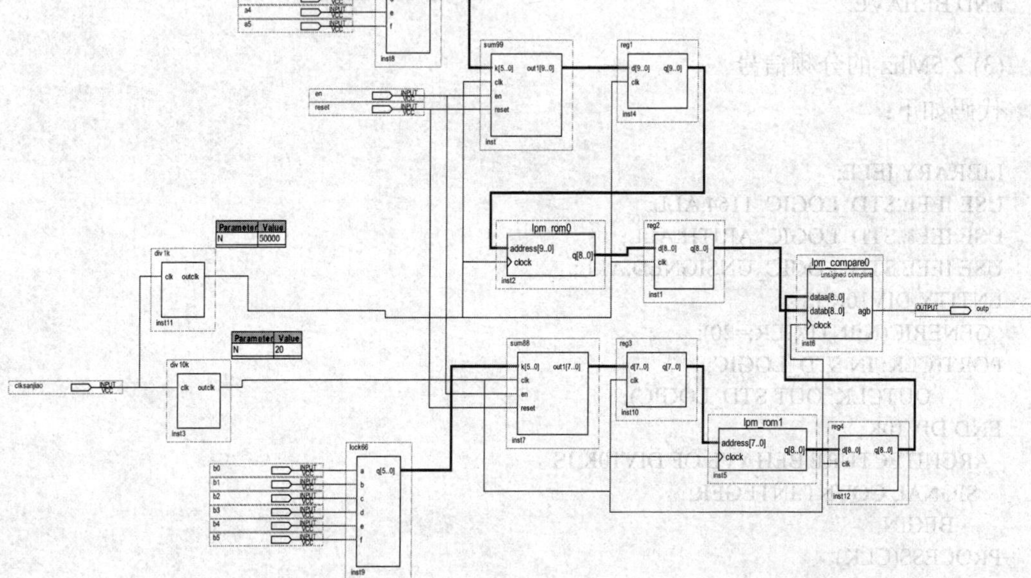

图 7-36　SPWM 设计的顶层模块图

(2) 1KHz 信号产生的分频程序

此程序作为 1024 点正弦信号的时钟产生 1Hz 的正弦信号，代码如下：

```
LIBRARY IEEE;
USE IEEE.STD_LOGIC_1164.ALL;
USE IEEE.STD_LOGIC_ARITH.ALL;
USE IEEE.STD_LOGIC_UNSIGNED.ALL;
ENTITY DIV1K IS
 GENERIC(N:INTEGER:=50000);
PORT(CLK: IN STD_LOGIC;
       OUTCLK: OUT STD_LOGIC);
END DIV1K;
 ARCHITECTURE BEHAVE OF DIV1K IS
  SIGNAL COUNT:INTEGER;
    BEGIN
PROCESS(CLK)
  BEGIN
     IF(CLK'EVENT AND CLK='1') THEN
     IF(COUNT=N-1) THEN
       COUNT<=0;
     ELSE
      COUNT<=COUNT+1;
       IF COUNT<(INTEGER(N/2)) THEN
      OUTCLK<='0';
       ELSE
      OUTCLK<='1';
       END IF;
END IF;
END IF;
END PROCESS;
END BEHAVE;
```

(3) 2.5Mhz 的分频信号

代码如下：

```
LIBRARY IEEE;
USE IEEE.STD_LOGIC_1164.ALL;
USE IEEE.STD_LOGIC_ARITH.ALL;
USE IEEE.STD_LOGIC_UNSIGNED.ALL;
ENTITY DIV10K IS
 GENERIC(N:INTEGER:=20);
PORT(CLK: IN STD_LOGIC;
       OUTCLK: OUT STD_LOGIC);
END DIV10K;
 ARCHITECTURE BEHAVE OF DIV10K IS
  SIGNAL COUNT:INTEGER;
    BEGIN
PROCESS(CLK)
  BEGIN
     IF(CLK'EVENT AND CLK='1') THEN
     IF(COUNT=N-1) THEN
```

```
          COUNT<=0;
        ELSE
          COUNT<=COUNT+1;
          IF COUNT<(INTEGER(N/2)) THEN
          OUTCLK<='0';
          ELSE
          OUTCLK<='1';
          END IF;
END IF;
END IF;
END PROCESS;
END BEHAVE;
```

(4) 同步测频程序

代码如下：

```
LIBRARY IEEE;
USE IEEE.STD_LOGIC_1164.ALL;
USE IEEE.STD_LOGIC_ARITH.ALL;
USE IEEE.STD_LOGIC_UNSIGNED.ALL;
ENTITY HAOZI IS
    PORT (
      START : IN STD_LOGIC;
      TCLK   : IN STD_LOGIC;--0~2MHZ
    CLK      : IN STD_LOGIC;--50MHZ
    VALUE1 : OUT STD_LOGIC_VECTOR(7 DOWNTO 0)--待测频率计数值输出
      );
END HAOZI;
ARCHITECTURE BEHAVIORAL OF HAOZI IS
  SIGNAL EN : STD_LOGIC := '0';
  SIGNAL Q    : STD_LOGIC_VECTOR(31 DOWNTO 0);
  SIGNAL Q1 : STD_LOGIC_VECTOR(31 DOWNTO 0);
   CONSTANT VALUE2 : STD_LOGIC_VECTOR(31 DOWNTO0):="000000101111101011110000100
00000";
BEGIN
PROCESS(CLK,START)
    BEGIN
    IF START='0' THEN Q<=(OTHERS=>'0');EN<='0';
    ELSIF CLK'EVENT AND CLK='1' THEN
         IF Q=VALUE2 THEN
           Q<=VALUE2;EN<='0';
           ELSE Q<=Q+1;EN<='1';
         END IF;
   END IF;
END PROCESS;
-------------------------------
PROCESS(TCLK,START)
    BEGIN
   IF START='0' THEN Q1<=(OTHERS=>'0');
     ELSIF TCLK'EVENT AND TCLK='1' THEN
       IF EN='1' THEN
       Q1<=Q1+1;
```

```
        END IF;
    END IF;
     END PROCESS;
     Q1<=Q1/10000;
   VALUE1<=Q1;
END BEHAVIORAL;
```

在 Quartus II 中的仿真结果如图 7-37 所示。

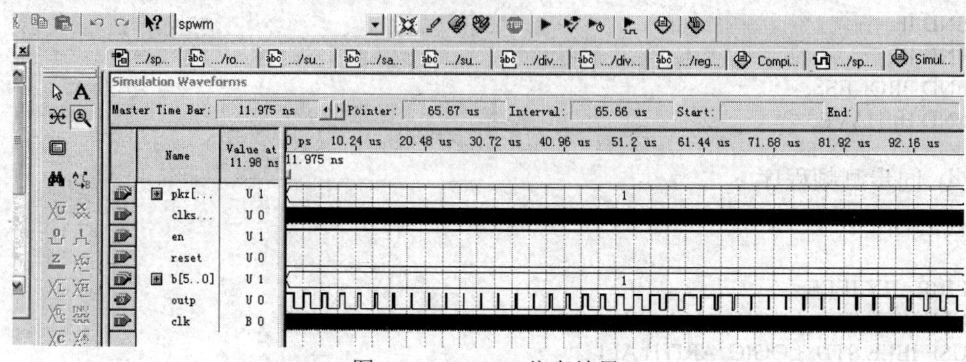

图 7-37　SPWM 仿真结果

此设计实现了 SPWM 信号的产生，但是有一定的误差，还需进一步改进。误差来源主要有量化误差、模型误差和 SPWM 波形的脉冲误差。

- 量化误差：正弦信号数字化处理后，二进制的位数决定了误差的大小。在 N 位数取得比较大的时候，量化误差会变小，在 MATLAB 中，指令 round(y)的值会更精确。
- 模型误差：在等分点处的误差为 0，每两个等分点之间都有一个最大误差，也就是一个误差峰值，在正弦调制信号的一个周期里，最大误差出现在正弦调制信号的正负峰值附近。最大误差随着 N 的增大而减小，当 N 无穷大时，误差为 0。
- SPWM 波形的脉冲误差：根据数字化自然采样法的基本原理，将数字化的正弦波和数字化的三角波比较，必然产生脉冲误差。

7.9　本章小结

本章着重研究了键盘输入与 LED 输出、序列检测器、数字频率计、数字秒表、交通信号灯控制器、智能函数发生器和 SPWM 信号发生器的设计。通过这些数字电子系统的设计实例，使读者能够掌握如何在实际设计中应用 VHDL 语言和原理图相结合的设计方法来设计复杂的数字逻辑电路。

7.10　习　　题

7-1　彩灯闪烁装置设计：使用 8×8 矩阵显示屏设计一个彩灯闪烁装置，第一帧以一个光点为一个素点，从左上角开始逐点扫描，终止于右下角；第二帧以两个光点为一个像素点，从左上角开始逐点扫描，终止于右下角；第三帧重复第一帧，第四帧重复第二帧，周而复始的重复运行下去。

7-2　抢答器设计：设计一个 4 人抢答器，先抢为有效，用发光二极管显示是否抢到优先答题权。每人二位计分显示，答错了不计分，答对可加 10 分。每题结束后裁判按复位，可重新抢答下一题。累计加分可由裁判随时清除。

7-3　基于传统测频原理的频率计的测量精度将随被测信号频率的下降而降低。在实用中有较大的局限性。而等精度频率计，不但具有较高的测量精度，而且在整个频率区域保持恒定的测试精度。本项设计的基本要求为：

(1) 频率测试功能测频范围 0.1Hz~70MHz，测频精度：测频全域相对误差恒为百万分之一；

(2) 周期测试功能、信号测试范围与精度要求与测频功能相同；

(3) 脉宽测试功能、测试范围 0.1s~1s，测试精度 0.01s；

(4) 占空比测试功能，测试精度 1%~99%。

7-4　简易硬件电子琴设计。

在开发板上实现一个简易电子琴，按下 KEY1~KEY7 分别表示中音的 DO、RE、MI、FA、SOL、LA、SI；按住 KEY8，再按 KEY1~KEY7，分别表示高音的 DO、RE、MI、FA、SOL、LA、SI。通过这个实验，掌握利用蜂鸣器和按键设计硬件电子琴的方法。

乐曲演奏的原理是：由于组成乐曲的每个音符的频率值(音调)及其持续时间(音长)是乐曲演奏的基本数据，因此需要控制输出到扬声器的激励信号的频率高低和该频率持续的时间。频率的高低决定了音调的高低，而乐曲的简谱与各音名的频率对应关系如图 7-38 所示。所有不同频率的信号都是从同一基准频率分频而来的。由于音节频率多为非整数，而分频系数又不能为小数，故必须对计算得到的分频系数进行四舍五入取整，并且其基准频率和分频系数应综合加以选择，从而保证音乐不会走调。艾米电子工作室开发板板载 50MHZ 晶振，故在 50M HZ 时钟下，中音 1(对应的频率值为 523.3Hz)的分频系数为 50000000/(2×523.3) =47774，这样只需对系统时钟进行 47774 次分频即可得到所要的中音 1。可利用同样方法求出其他音符对应的分频系数，这样利用程序可以很轻松地得到相应的乐声。音名和频率对应关系如图 7-38 所示。

音名	频率(HZ)	音名	频率(HZ)	音名	频率(HZ)
低音 1	261.6	中音 1	523.3	高音 1	1045.5
低音 2	293.7	中音 2	587.3	高音 2	1174.7
低音 3	329.6	中音 3	659.3	高音 3	1318.5
低音 4	349.2	中音 4	698.5	高音 4	1396.9
低音 5	392	中音 5	784	高音 5	1568
低音 6	440	中音 6	880	高音 6	1760
低音 7	493.9	中音 7	987.8	高音 7	1975.5

图 7-38　音名和频率对应关系

7-5　简易数字存储示波器设计：利用可编程逻辑器件设计并制作一台用普通示波器显示波形的简易数字存储示波器。

7-6　出租车计费器设计：设计一个出租车计费器，计费标准为按行驶里程计费，起步价为 6.00 元，并在车行两千米后按 1.60 元/km 计费，当计费达到或超过 20 元时，每千米加收 30%的车费。要求能够模拟汽车启动、停止、暂停以及加速等状态，并能够将车费和路程显示出来，各有两位小数。

7-7　自动售邮票的控制电路：用两个发光二极管分别模拟售出面值为 6 角和 8 角的邮票，购买者可以通过开关选择一种面值的邮票，灯亮表示邮票售出，用开关分别模拟 1 角、5 角和一元硬币投入，用发光二极管分别代表找回剩余的硬币，每次只能售出一枚邮票，当所投硬币达到或超过购买者所选面值时，售出一枚邮票，并找回剩余的硬币，回到初始状态；当所投硬币值不足面值时，可以通过一个复位键退回所投硬币，回到初始状态。

第8章 有限状态机的设计

有限状态机(Fine State Machine，FSM)及其设计技术是实用数字系统设计中的重要组成部分，是实现高效率、高可靠逻辑控制的重要途径。状态机的实现符合人的思维逻辑，它在各种数字系统设计，特别是控制器中有着广泛的应用。在所有非纯粹组合电路中，时序电路或状态机的设计极为重要。本章重点介绍有限状态机的构造方法，通过 VHDL 语言描述，设计和实现状态机对逻辑功能以及逻辑优化的要求。

8.1 状态机的一般形式

状态机是一类很重要的时序电路，是许多数字电路的核心部件，是实现高效率、高可靠逻辑控制的重要途径。状态机的实现符合人思维逻辑，对大型系统的设计和实现很有帮助。本章基于实用的目的，重点介绍利用 VHDL 设计不同类型有限状态机的方法和设计中应注意的问题。

通俗地说，状态机就是事物存在状态的一种综合描述。例如一个单向路口的红绿灯，它有亮红灯、亮黄灯和亮绿灯 3 种状态。在满足不同的条件时，3 种状态互相转换，转换的条件可以是经过多少时间，例如经过 60 秒钟，亮红灯的状态转换为亮黄灯的状态；也可以是特殊条件，例如紧急情况，不论处于什么状态都将转换为亮红灯的状态。而所谓的状态机就是对这盏灯的红、黄、绿 3 种状态进行综合描述，说明任意两个状态之间的转换条件。当然，这是一个最简单的例子，如果是十字路口的红绿灯就要复杂一些了。

用 VHDL 设计的状态机有多种形式，从状态机的信号输出方式上分，有 Mealy(米勒)型和 Moore(摩尔)型两种状态机，在摩尔型状态机中，其输出只是当前状态值的函数，而且仅当时钟信号到来时才发生变化。从结构上有单进程状态机和多进程状态机；从状态表达方式上分，有符号化状态机和确定状态编码的状态机；从编码方式上分，有顺序编码状态机、一位热码编码状态机和其他编码方式的状态机等。米勒型状态机的输出则是当前状态值、当前输出值和当前输入值的函数；然而，面对多种多样的实际应用要求，可以有更多种类、结构类型和功能特点的状态机，因此在实际设计中只要能满足实际电路的需要，完全不必拘泥于弄清自己究竟设计的是什么类型的状态机，而且状态机的设计模式本身就是十分灵活多样的。

8.1.1　状态机的特点

在进行数字系统设计的时候，如果要实现一个控制功能，通常可以考虑利用状态机来实现，无论是与基于 VHDL 的其他设计方案相比，还是与完成相似功能的 CPU 相比，状态机都有难以超越的优越性，它主要表现在以下几个方面：

(1) 有限状态机克服了纯硬件数字系统顺序方式不灵活的特点。状态机的工作方式是根据控制信号按照预先设定的状态进行顺序运行，状态机是纯硬件数字系统中的顺序控制电路。因此，状态机在运行方式上类似于控制灵活和方便的 CPU，而在运行速度和工作可靠性方面都优于 CPU。

(2) 由于状态机的结构模式相对简单，设计方案相对固定，特别是可以定义符号化枚举类型的状态，这一切为 VHDL 综合器尽可能发挥其强大的优化功能提供了有利条件，而且性能良好的综合器都具备许多可控或自动的专门用于优化状态机的功能。

(3) 状态机容易构成性能良好的同步时序逻辑模块，这对于对付大规模逻辑电路设计中的竞争冒险现象无疑是一个较好的选择。为了消除电路中的毛刺现象，在状态机设计中有多种设计方案可供选择。

(4) 与 VHDL 的其他描述方式相比，状态机的 VHDL 表述丰富多样、程序层次分明，结构清晰，易读易懂；在排错、修改和程序移植方面也有其独到的特点。

(5) 在高速运算和控制方面，状态机具有巨大的优势。CPU 是按照指令周期，以逐条执行指令的方式运行的；每执行一条指令通常只完成一个简单的操作，而一个指令周期通常由多个机器周期构成，一个机器周期又有多个时钟周期构成；一个含有运算和控制的完整设计程序往往需要成百上千条指令。相比之下，状态机状态变换周期只有一个时钟周期，而且，由于在每一状态中，状态机可以完成许多并行的运算和控制操作，所以一个完整的控制程序即使有多个并行的状态机构成，其状态数也是十分有限的。一般由状态机构成的硬件系统比 CPU 所能完成同样功能的软件系统的工作速度要高出 3 至 4 个数量级。

(6) 状态机的可靠性优势也是十分明显的。首先它是由纯硬件电路构成，不存在 CPU 运行软件过程中许多固有的缺陷；其次是状态机的设计中能使用各种完整的容错技术；再次是状态机进入非法状态并从中跳出，进入正常状态所耗的时间十分短暂，通常只有 2、3 个时钟周期，约数十微妙，尚不足以对系统的运行构成危害；而 CPU 通过复位方式来恢复过来，耗时达数十毫秒，这对于高速可靠系统显然是无法容忍的。

8.1.2　状态机的基本结构和功能

状态机的一般形式如图 8-1 所示。除了输入信号、输出信号外，状态机还包括一组寄存器记忆状态机的内部状态。状态机寄存器的下一个状态及输出，不仅同输入信号有关，而且还与寄存器的当前状态有关，状态机可认为是组合逻辑和寄存器逻辑的特殊组合。它包括两个主要部分：寄存器部分和组合逻辑部分。寄存器部分用于存储状态机的内部状态；

组合逻辑部分又分为状态译码器和输出译码器，状态译码器确定状态机的下一个状态，即确定状态机的激励方程，输出译码器确定状态机的输出，即确定状态机的输出方程。

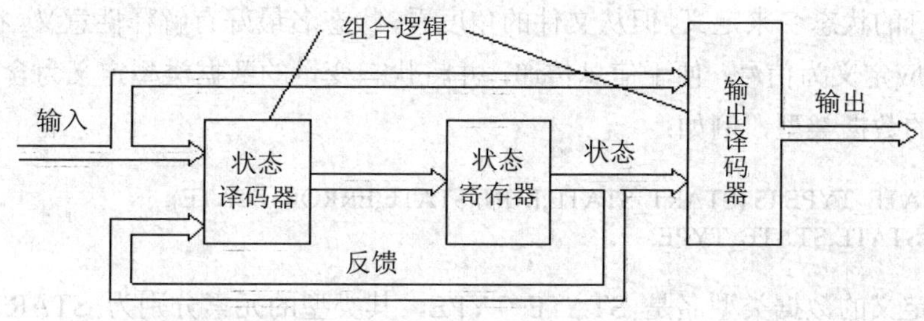

图 8-1　状态机的结构示意图

状态机的基本操作有以下两种：

(1) 状态机内部状态转换。状态机经历一系列状态，下一状态由状态译码器根据当前状态和输入条件决定。

(2) 产生输出信号序列。输出信号由输出译码器根据当前状态和输入条件决定。用输入信号决定下一状态也称为“转移”。除了转移之外，复杂的状态机还具有重复和历程功能。从一个状态转移到另一个状态称为控制定序，而决定下一状态所需的逻辑称为转移函数。

在产生输出的过程中，由是否使用输入信号可以确定状态机的类型。两种典型的状态机是摩尔(Moore)状态机和米勒(Mealy)状态机。在摩尔状态机中，其输出只是当前状态值的函数，并且仅在时钟边沿到来时才发生变化。米勒状态机的输出则是当前状态值、当前输出值和当前输入值的函数。对于这两类状态机，控制定序都取决于当前状态和输入信号。大多数实用的状态机都是同步的时序电路，由时钟信号触发状态的转换。时钟信号同所有的边沿触发的状态寄存器和输出寄存器相连，这使得状态的改变发生在时钟的上升沿。

此外，还利用组合逻辑的传播延迟实现状态机存储功能的异步状态机，这样的状态机难于设计并且容易发生故障，所以下面仅讨论同步时序状态机。

8.1.3　一般状态机的 VHDL 描述

为了能获得可综合的、高效的 VHDL 状态机描述，建议使用枚举类数据类型来定义状态机的状态，并使用多进程方式来描述状态机的内部逻辑。例如可使用两个进程来描述，一个进程描述时序逻辑，包括状态寄存器的工作和寄存器状态的输出；另一个进程描述组合逻辑，包括进程间状态值的传递逻辑以及状态转换值的输出。必要时还可引入第三个进程完成其他的逻辑功能；另外还需要相应的说明部分。也就是说一般状态机通常包含说明部分、时序进程、组合进程、辅助进程等几个部分。

1. 说明部分

说明部分中使用 TYPE 语句定义新的数据类型，此数据类型一般为枚举类型，其元素通常用状态机的状态名来定义，但从文件的角度看，状态名最好有解释性意义。状态变量(如现态和次态)应定义为信号，便于信息传递，并将状态变量的数据类型定义为含有既定状态元素新定义的数据类型，例如：

```
TYPE STATE_TYPE IS (START_STATE,RUN_STATE,ERROR_STATE);
SIGNAL STATE:STATE_TYPE;
```

其中新定义的数据类型名是 STATE_TYPE，其类型的元素分别为 START_STATE、RUN_STATE、ERROR_STATE，分别用于表达状态机的 3 个状态。定义信号 SIGNAL 的状态变量是 STATE，它的数据类型被定义为 STATE_TYPE，因此状态变量 STATE 的取值范围在数据类型 STATE_TYPE 所限定的 3 个元素中。

适当选取状态名也有利于仿真，仿真器波形窗口将按照类型定义的状态值显示当前所处的状态，便于观察和理解。

说明部分一般放在结构体 ARCHITECTURE 和 BEGIN 之间。

2. 主控时序进程

主控时序进程是指负责状态机运转和在时钟驱动下负责状态转换的进程。状态机是随外部时钟信号，以同步时序方式工作的，因此状态机中必须包含一个对工作始终信号敏感的进程，作为状态机的“驱动泵”，这就是时序进程。一般情况下，时序进程可以不负责下一状态的具体取值，它只是将代表次态的信号 next_state 中的内容送入现态的信号 current_state 中，而信号 next_state 中的内容完全由其他的进程根据实际情况来决定，当然此进程也可以放置一些同步或异步清零或置位方面的控制信号。总体来说，主控时序进程的设计比较固定、单一和简单。

3. 主控组合进程

主控组合进程的任务是根据外部输入的控制信号(包括来自状态机外部的信号和来自状态机内部其他的信号)，和当前状态的状态值确定下一状态的去向，即 next_state 的取值内容，以及确定对外输出或对内部其他组合或时序进程输出控制信号的内容。所有的状态均可表达为 CASE-WHEN 结构中的一条 CASE 语句，而状态的转换则通过 IF-THEN-ELSE 语句实现。

4. 辅助进程

辅助进程用于配合状态机工作的组合进程或时序进程，例如为了完成某种算法的进程或为了配合状态机工作的其他时序进程，例如为了稳定输出设置的数据锁存器等。

一般有限状态机的 VHDL 设计如【例 8-1】，该例描述的状态机是由两个主控进程构成的，其中含有主控时序进程和主控组合进程，其结构如图 8-2 所示。

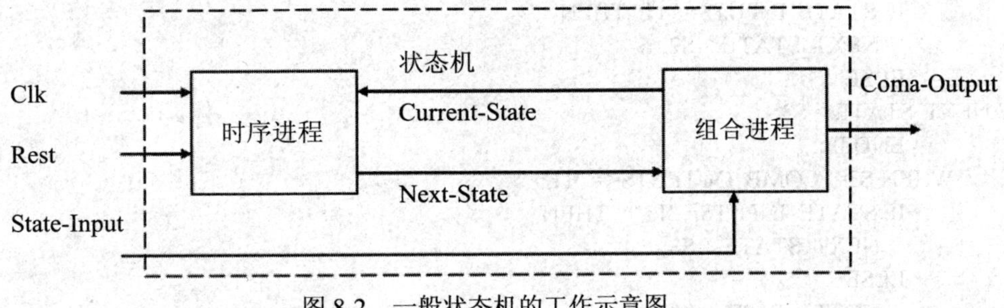

图 8-2　一般状态机的工作示意图

【例 8-1】一般状态机的 VHDL 设计模型。

```
LIBRARY IEEE;
USE IEEE.STD_LOGIC_1164.ALL;
ENTITY S_MACHINE IS
   PORT(CLK:IN STD_LOGIC;
        RESET:IN STD_LOGIC;
        STATE_INPUTS:IN STD_LOGIC_VECTOR(0 TO 1)
        COMA_OUTPUTS:OUT STD_LOGIC_VECTOR(0 TO 1));
END S_MACHINE;
ARCHITECTURE ART OF S_MACHINE IS
   TYPE STATES IS (S0,S1,S2,S3);
SIGNAL CURRENT_STATE,NEXT_STATE:STATES;
      BEGIN
      REG:PROCESS (RESET,CLK)
      BEGIN
         IF RESET='1'THEN
         CURRENT_STATE<=S0;
      ELSIF (CLK='1' AND CLK'EVENT) THEN
          CURRENT_STATE<=NEXT_STATE;
      END IF;
   END PROCESS;
              --由 CURRENT_STATE
COM:PROCESS(CURRENT_STATE,STATE_INPUTS)
 BEGIN
     CASE CURRENT_STATE IS
    WHEN S0=>COMB_OUTPUTS<= "00";
    IF STARE_INPUTS= "00"
        THEN
             NEXT_STATE<=S0;
        ELSE
             NEXT_STATE<=S1;
    END IF;
    WHEN S1=>COMB_OUTPUTS<= "01";
       IF START_INPUTS ="00"
         THEN
             NEXT_STATE<=S1;
       ELSE
           NEXT_STATE<=S2;
       END IF;
    WHEN S2=>COMB_OUTPUTS<= "10";
```

```
            IF STATE_INPUTS= "11" THEN
              NEXT_STATE<=S2;
            ELSE
    NEXT_STATE<=S3;
            END IF;
        WHEN S3=>COMB_OUTPUTS<= "11";
            IF STATE_INPUTS= "11"   THEN
              NEXT_STATE<=S3;
            ELSE
              NEXT_STATE<=S0;
            END IF;
        END CASE;
     END PROCESS COM;
    END ART;
```

进程间一般是并行运行的，但由于敏感信号的设置不同以及电路的延迟，在时序上进程间的动作是有先后的。本例中，进程REG 在时钟上升沿到来时将首先运行，完成状态转换的赋值操作。如果外部控制信号 STATE_INPUTS 不变，只有当来自进程 REG 的信号 CURRENT_STATE 改变时，进程 COM 才开始动作。在此进程中，将根据 CURRENT_STATE 的值和外部的控制码 STATE_INPUTS 来决定下一时钟边沿到来后，进程 REG 的状态转换方向。

这个状态机的两位组合输出 COMB_OUTPUTS 是对当前状态的译码，读者可以通过这个输出值了解状态机内部的运行情况，同时可以利用外部控制信号 STATE_INPUTS 任意改变状态机的状态变化模式。在设计中，如果希望输出的信号具有寄存器锁存功能，则需要为此输出写第三个进程，并把 CLK 和 RESET 信号放到敏感信号表中。

本例中，用于进程间信息传递的信号 CURRENT_STATE 和 NEXT_STATE，在状态机设计中称为反馈信号。状态机运行中，信号传递的反馈机制的作用是实现当前状态的存储和下一个状态的译码设定等功能。在 VHDL 中有两种方式用来创建反馈机制。即使用信号的方式和使用变量的方式，通常倾向于使用信号的方式。一般地，先在进程中使用变量传递数据，然后使用信号将数据带出进程。

8.2　摩尔状态机的设计

前面已经提到，从状态机的信号输出方式上分，有 Moore 型和 Mealy 型两类状态机。从输出时序上看，前者属于同步输出状态机，而后者属于异步输出状态机(注意工作时序方式都属于同步时序)。Mealy 型状态机的输出是当前状态和所有输入信号的函数，它的输出是在输入变化后立即发生的，不依赖时钟的同步。Moore 型状态机的输出则仅为当前状态的函数，这类状态机在输入发生变化时还必须等待时钟的到来，时钟使状态发生变化时才导致输出的变化，所以比 Mealy 机要多等待一个时钟周期。

其实，单纯地讨论状态机究竟属于 Moore 型还是 Mealy 型，或是孰优孰劣，都没有什么实际意义。在实用中，工程师设计状态机时，从不会关注设计的状态机的类型，而是关心其功能和性能。本节的目的仅仅是通过一些讨论和分析为读者展示一些常用状态机的表述风格和各自的特色特点，以便在使用时有更多的选择。

8.2.1　多进程结构状态机

以下介绍 Moore 型状态机的一个应用实例，即用状态机设计一个 A/D 采样控制器。对 ADC 进行采样控制，传统方法多数是用单片机完成的。编程简单，控制灵活，但缺点明显，即速度太慢。特别是对于采样速度要求高的 A/D，或是需要快速控制的 A/D，如串行 A/D 等。CPU 不相称的慢速极大地限制了 A/D 性能的正常发挥。

这里以一种速度并不算快的 AD674 来具体说明。AD674 的采样周期约 15us，即从启动采样到完成将模拟信号转换成 12 位数字信号的时间。实用中通常对某一个模拟信号至少必须进行一个周期的连续采样，在此假设为 50 个采样点，AD674 需用时为 15us×50=0.75ms。以 51 单片机为例，在控制 A/D 进行一个采样周期中必须完成的操作是：①初始化 AD674；②启动采样；③等待约 15us；④发出读数命令；⑤分两次将 12 位转换好的数从 AD674 读进单片机中；⑥再分两次将此数存入外部 RAM 中；⑦外部 RAM 地址加 1，此后再进行第二次采样周期的控制。在整个控制周期最少需要 30 条指令，每条指令平均为两个机器周期，如果单片机时钟的频率为 12MHz，则一个机器周期为 lus，每条指令平均耗时约 2us，30 条指令的执行周期为 60us，加上 AD674 等待采样的周期是 15us，共约 75us。50 个采样周期需时约 4ms。显然，用单片机控制 AD674 远远不能发挥其高速采样的特性，至于更高速的 A/D 器件，如 TLC5540(采样速率为 40MHz，采样周期 0.025us，远远小于一条单片机指令的指令周期)将更加无能为力了。

但如果使用状态机来控制 A/D 采样，包括将采得的数据存入 RAM(FPGA 内部 RAM 存储速率小于 10ns)，整个采样周期需要 4~5 个状态即可完成。若 FPGA 的时钟频率为 100MHz(实际频率可以比此高得多)，则从一个状态向另一状态转移的时间为一个时钟周期，即 10ns，那么一个采样周期约 50ns，不到单片机采样周期的千分之一。

为了便于说明和实验验证，以下以更为常用的 ADC0809 为例，说明控制器的设计方法。用状态机对 0809 进行采样控制首先必须了解其工作时序，然后据此作出状态图，最后写出相应的 VHDL 代码。如图 8-3 和图 8-4 所示分别是 0809 的引脚图，A/D 转换时序，如图 8-5 所示是采样控制状态图。时序图中，START 为转换启动控制信号，高电平有效；ALE 为模拟信号输入选通端口地址锁存信号，上升沿有效；一旦 START 有效后，状态信号 EOC 即变为低电平，表示进入转换状态，转换时间约 100us。转换结束后，EOC 变为高电平，控制器可以据此了解转换情况。此后外部控制可以使 OE 由低电平变为高电平(输出有效)，此时，0809 的输出数据总线 D[7..0]从原来的高阻态变为输出数据有效。

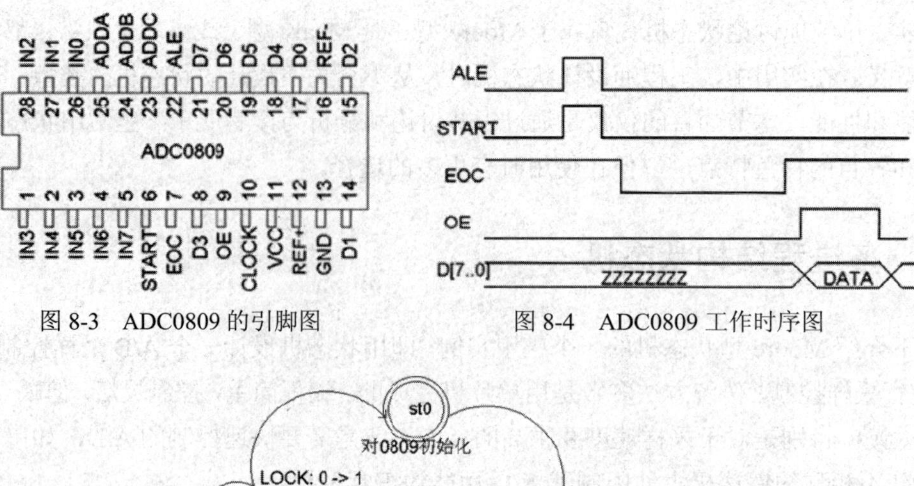

图 8-3　ADC0809 的引脚图　　　　图 8-4　ADC0809 工作时序图

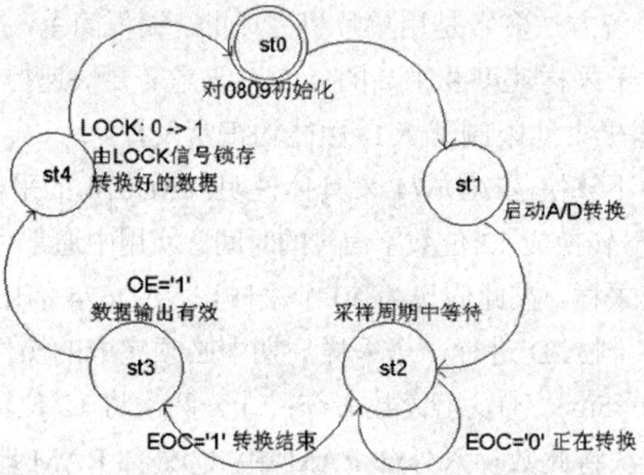

图 8-5　控制 ADC0809 采样状态图

由状态图(图 8-5)也可以看到，在状态 st2 中需要对 0809 工作状态信号 EOC 进行监测。如果为低电平，表示转换没有结束，仍需要停留在 st2 状态中等待，直到变成高电平后才说明转换结束，于是在下一时钟脉冲到来时转向状态 st3。在状态 st3，由状态机向 0809 发出转换好的 8 位数据输出允许命令，这一状态周期同时可作为数据输出稳定周期，以便能在下一状态中向锁存器中锁入可靠的数据。在状态 st4，由状态机向锁存器发出锁存信号(LOCK 的上升沿)，将 0809 输出的数据进行锁存。

0809 采样控制器的程序如例 8-2 所示，其程序结构可以用如图 8-6 所示的框图描述。图中的 REG 进程是时序进程，它在时钟信号 CLK 的驱动下，不断将 next_state 中的内容(状态元素)赋给现态信号 current_state，并由此信号将状态变量传输给组合进程结构 COM。

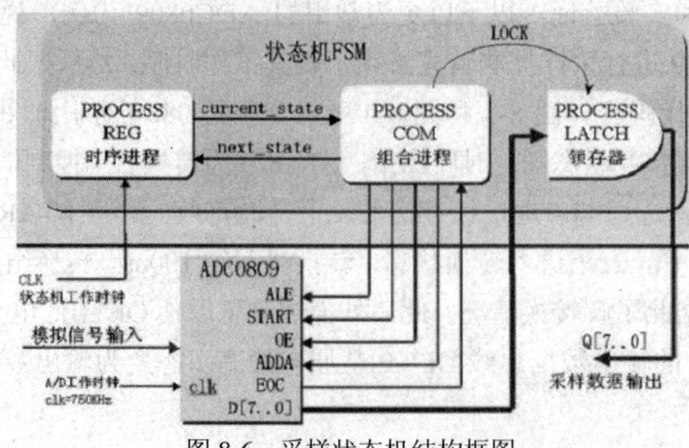

图 8-6　采样状态机结构框图

组合进程 COM 有以下两个主要功能：

(1) 状态译码器功能，即根据从现态信号 current_state 中获得的状态变量，以及来自 0809 的状态线信号 EOC，决定下一状态的转移方向，即确定次态的状态变量。

(2) 采样控制功能，即根据 current_state 中的状态变量确定对 0809 的控制信号 ALE、START、OE 等输出相应的控制信号。当采样结束后，还要通过 LOCK 向锁存器进程 LATCH 发出锁存信号，以便将由 0809 的 D[7..0]数据输出口输出的 8 位已转换好的数据锁存起来。

下面的【例 8-2】描述的状态机属于一个多进程结构的 Moore 型机，有两个主控进程，外加一个辅助进程，即锁存器进程 LATCH。层次清晰，各进程结构分工明确。

在一个完整的采样周期中，状态机中最先被启动的是以 CLK 为敏感信号的时序进程，接着组合进程被启动，因为它们以信号 current_state 为敏感信号。最后被启动的是锁存器进程，它是在状态机进入状态 st4 后才被启动的，即此时 LOCK 产生了一个上升沿信号，从而启动进程 LATCH，将 0809 在本采样周期输出的 8 位数据锁存到寄存器中，以便外部电路能从 Q 端读到稳定正确的数据。当然也可以另外再做一个控制电路，将转换好的数据直接存入 RAM 或 FIFO，而不是简单的锁存器中。

如图 8-7 所示的是这个状态机的工作时序图，上面显示了一个完整的采样周期。如图所示，复位信号后即进入状态 s0。第二个时钟上升沿后，状态机进入状态 s1，由 START、ALE 发出启动采样和地址选通的控制信号。之后 EOC 由高电平变为低电平，0809 的 8 位数据输出端呈现高阻态“ZZ”。在状态 S2，等待了 CLK 数个时钟周期之后，EOC 变为高电平，表示转换结束；进入状态 s3，在此状态的输出允许 OE 被设置成高电平。此时 0809 的数据输出端 D[7..0]即输出已经转换好的数据 5EH。在状态 s4，LOCK_T 发出一个脉冲，其上升沿立即将 D 端口的 5E 锁入 Q 和 REGL 中。这里的 LOCK_T 是由内部 LOCK 信号引出的测试信号，当然也可以使用属性定义语句 KEEP 等方法使得在仿真激励文件中直接调入内部信号 LOCK。

图 8-7 的仿真波形中应该注意激励信号的编辑。图中的所有输入信号即激励信号都必须根据图 8-4 的 ADC 控制时序人为地设定，以便得到正确的仿真结果。

为了在仿真图中显示得更好，对状态符号都作了改变，如 st1 改为 s1，current_state 简述为 cs。

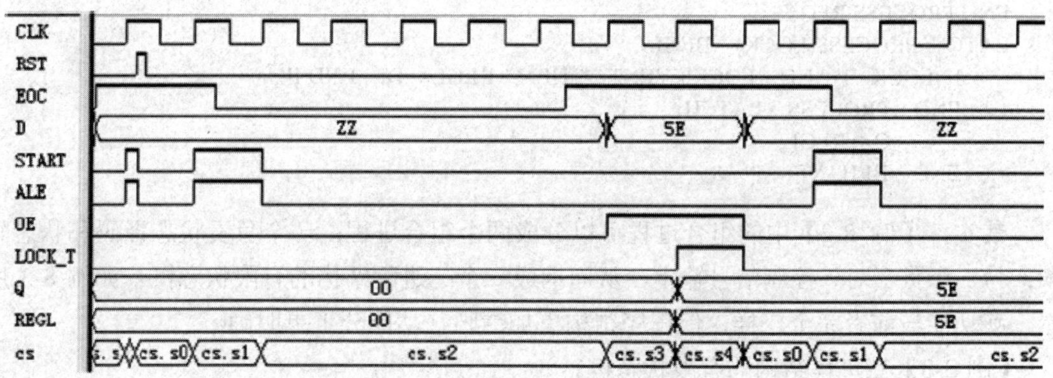

图 8-7　ADC0809 状态机工作时序

【例 8-2】摩尔状态机的 VHDL 设计。

```
LIBRARY IEEE;
USE IEEE.STD_LOGIC_1164.ALL;
ENTITY ADC0809 IS
PORT(D:IN STD_LOGIC_VECTOR(7 DOWNTO 0);
            CLK,RST:IN STD_LOGIC;
            EOC:IN STD_LOGIC;
            ALE:OUT STD_LOGIC);
            START,OE:OUT STD_LOGIC;
            ADDA,LOCK_T: OUT STD_LOGIC;
            Q:OUT STD_LOGIC_VECTOR(7 DOWNTO 0));
END ADC0809;
ARCHITECTURE BEHAVE OF ADC0809 IS
TYPE STATES IS (S0,S1,S2,S3,S4);
SIGNAL CS,NEXT_STATE:STATES:=S0;
SIGNAL   REGL :STD_LOGIC_VECTOR(7 DOWNTO 0);
SIGNAL   LOCK :STD_LOGIC
BEGIN
  ADDA<='1';
  Q<=REGL;
  LOCK_T<=LOCK;
  COM:PROCESS(CS, EOC) BEGIN;
    CASE CS IS
WHEN S0=>ALE<='0';OE<='0';LOCK<='0';NEXT_STATE<=S1;
WHEN S1=>ALE<='1';OE<='0';LOCK<='0';NEXT_STATE<=S2;
WHEN S2=>ALE<='0';OE<='0';LOCK<='0';
 IF   (EOC= '1')   THEN NEXT_STATE<=3;
     ELSE NEXT_STATE<=S2;
 END IF;
 WHEN S3=>ALE<='0';START<='0';OE<='1';LOCK<='0';NEXT_STATE<=S4;
 WHEN S4=>ALE<='0';START<='0;OE<='0';LOCK<='1';NEXT_STATE <= S0;
 WHEN OTHERS=>ALE<='0'; START<='0';OE<='0';LOCK<='0'; NEXT_STATE<=S0;
 END CASE;
 END PROCESS COM ;
 REG:PROCESS(CLK,RST)
 BEGIN   IF RST='1'   THEN   CS<=S0;
        ELSIF   CLK'EVENT   AND CLK:'1'   THEN   CS<=NEXT_STATE;   END IF;
 END PROCESS REG;
 LATCH: PROCESS(LOCK)   BEGIN
     IF LOCK='1' AND   LOCK'EVENT   THEN   REGL<=D;   END IF;
     END   PROCESS   LATCH;
           Q<=REGL;
     END   BEHAVE;
```

其实，【例 8-2】中的组合过程可以分成两个组合进程：一个负责状态译码和状态转换；另一个负责对外控制信号输出，从而构成一个三进程结构的有限状态机，如例 8-3 所示，其功能与前者完全一样，但程序结构更加清晰，功能分工更明确。

【例 8-3】三进程结构的有限状态机。

```
COML:PROCESS(CURRENT_STATE,EOC)   BEGIN
```

```
    CASE   CURRENT_STATE   IS
    WHEN   S0=>NEXT_STATE<=S1;
    WHEN   S1=>NEXT_STATE<=S2:
    WHEN   S2=>IF (EOC='1)   THEN   NEXT_STATE<=S3;
           ELSE NEXT_STATE<=S2; END IF;
    WHEN S3=>NEXT_STATE<=S4;
    WHEN S4=>NEXT_STATE<=S0;
    WHEN OTHERS=>NEXT_STATE<S0;
   END CASE;
 END PROCESS COM1;
 COM2: PROCESS(CURRENT_STATE)    BEGIN
   CASE CURRENT_STATE IS
   WHEN   S0=>ALE<='0'; START<='0;   LOCK<='0';OE<='0';
 WHEN   S1=>ALE<='1'; START<='0;   LOCK<='0';OE<='0';
   WHEN   S2=>ALE<='0'; START<='0'; LOCK<='0';OE<='0';
   WHEN   S3=>ALE<='0'; START<='0'; LOCK<='0';OE<='1';
   WHEN   S4=>ALE<='0'; START<='0'; LOCK<='0';OE<='0';
   WHEN   OTHERS=>ALE<='0'START<='0';LOCK<='0';
   END CASE;
 END PROCESS COM2;
```

8.2.2　单进程 Moore 型有限状态机

由于以上状态机的输出信号是由组合电路发出的，所以，在一些特定情况下难免出现毛刺现象，如果这些输出被用于特殊控制，极易产生错误的操作，这是需要尽力避免的。

单进程 Moore 状态机比较容易构成能避免出现毛刺现象的状态机。

【例 8-4】是一个单进程 Moore 状态机，其特点是组合进程和时序进程在同一个进程中，此进程可以认为是混合进程。注意在此进程中，CASE 语句处于测试时钟上升沿的 ELSIF 语句中，因此在综合时，对 Q 的赋值操作必然能引入对 Q 锁存的锁存器。这就是说，此进程中能产生两组同步的时序逻辑电路，一组是状态机本身，另一组是由 CLK 作为锁存信号的 4 位锁存器，负责锁存输出数据 Q。与以上介绍的状态机相比，这个状态机结构的优势是，输出信号不会出现毛刺现象。这是由于 Q 的输出信号在下一状态出现时，由时钟上升沿锁入锁存器后输出，即由时序器件同步输出，从而很好地避免了竞争冒险结果的输出。

但从输出的时序上看，由于 Q 的输出信号要等到进入下一状态的时钟信号的上升沿进行锁存，即 Q 的输出信号在当前状态中由组合电路产生，而在稳定了一个时钟周期后在次态由锁存器输出，因此要比以上介绍的多进程状态机的输出晚了一个时钟周期，这是此类状态机的缺点。

【例 8-4】 单进程 Moore 状态机。

```
LIBRARY IEEE;
USE IEEE.STD_LOGIC_1164.ALL;
ENTITY MOORE1 IS
  PORT (DATAIN: IN STD_LOGIC_VECTOR(1 DOWNTO 0);
        CLK,RST: IN STD_LOGIC;
                 Q: OUT STD_LOGIC_VECTOR(3 DOWNTO 0));
```

```
END MOORE1;
ARCHITECTURE BEHAV OF MOORE1 IS
  TYPE ST_TYPE IS (ST0, ST1, ST2, ST3,ST4);
   SIGNAL C_ST: ST_TYPE;
    BEGIN
    PROCESS(CLK,RST)
     BEGIN
    IF RST ='1' THEN    C_ST <= ST0; Q<= "0000";
      ELSIF CLK'EVENT AND CLK='1' THEN
        CASE C_ST IS
         WHEN ST0 => IF DATAIN ="10" THEN C_ST <= ST1;
                ELSE C_ST <= ST0; END IF;
                Q <= "1001";
         WHEN ST1 => IF DATAIN ="11" THEN C_ST <= ST2;
                ELSE C_ST <= ST1;END IF;
                Q <= "0101";
         WHEN ST2 => IF DATAIN ="01" THEN C_ST <= ST3;
                ELSE C_ST <= ST0;END IF;
                Q <= "1100";
         WHEN ST3 => IF DATAIN ="00" THEN C_ST <= ST4;
                ELSE C_ST <= ST2;END IF;
                Q <= "0010";
         WHEN ST4 => IF DATAIN ="11" THEN C_ST <= ST0;
                ELSE C_ST <= ST3;END IF;
                Q <= "1001";
         WHEN OTHERS => C_ST <= ST0;
       END CASE;
    END IF;
  END PROCESS;
END BEHAV;
```

如图 8-8 所示的电路是【例 8-4】综合后的结果，由图可见，左图的状态机与右图的锁存共用同一个 CLK 和 RST，输出值 Q 是由锁存器输出的，本质上被延迟了一个时钟周期。如图 8-9 所示的是【例 8-4】的工作时序图。

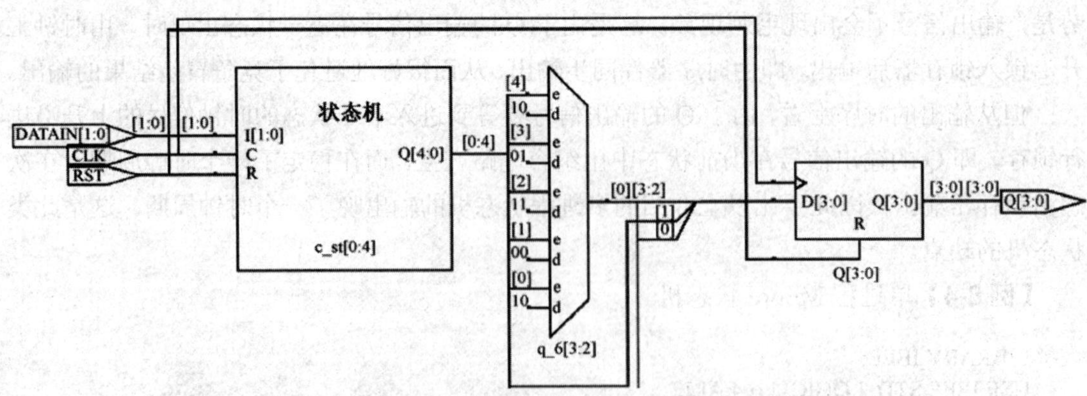

图 8-8　【例 8-4】状态机综合后的部分主要 RTL 电路模块

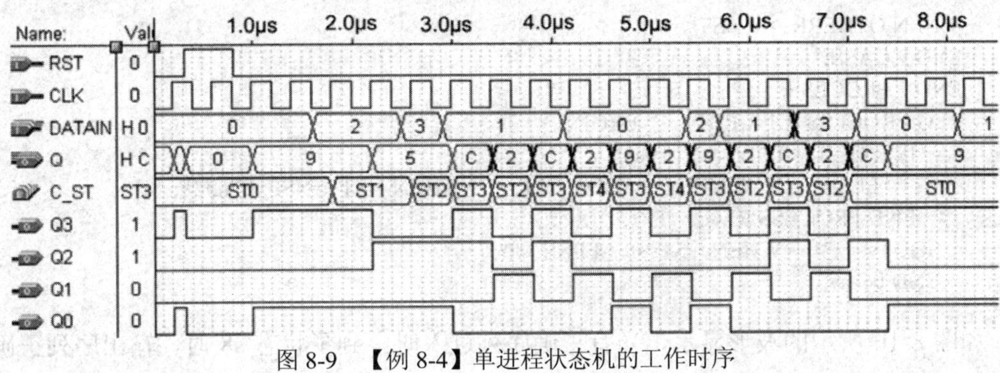

图 8-9　【例 8-4】单进程状态机的工作时序

8.2.3　序列检测器之状态机设计

这里再举一例从另一侧面说明 Moore 机状态机的使用方法。状态机用于序列检测器的设计比其他方法更能显示其优越性。序列检测器可用于检测一组或多组由二进制码组成的脉冲序列信号，当序列检测器连续收到一组串行二进制码后，如果这组码与检测器中预先设置的码相同，则输出 1，否则输出 0。由于这种检测的关键在于正确码的收到必须是连续的，这就要求检测器必须记住前一次的正确码及正确序列，直到在连续的检测中所收到的每一位码都与预置数的对应码相同。在检测过程中，任何一位不相等都将回到初始状态重新开始检测。【例 8-5】描述的电路完成对 8 位序列数 11010011 的检测，当这一串序列数高位在前(左移)串行进入检测器后，若此数与预置的“密码”数相同，则输出 1，否则仍然输出 0。如图 8-10 所示的是对应的仿真波形。

【例 8-5】检测数据 11010011，高位在前。

```
LIBRARY IEEE;
USE IEEE.STD_ LOGIC_1164.ALL;
ENTITY   SCHK   IS
  PORT(DIN,CLK,RST:IN STD_LOGIC;
          SOUT:OUT STD_LOGIC);
END SCHK;
ARCHITECTURE behav OF SCHK IS
TYPE states IS   (s0, s1, s2, s3, s4, s5, s6, s7, s8);
                     SIGNAL   ST,NST: states =:s0;
          BEGIN
 COM: PROCESS(ST, DIN)      BEGIN
  CASE   ST   IS                                  --11010011
WHEN S0=>   IF   DIN='1'   THEN   NST<=s1;   ELSE   NSF<=S0;   END IF;
WHEN S1=>   IF   DIN='1'   THEN   NST<=s2;   ELSE   NSF<=S0;   END IF;
WHEN S2=>   IF   DIN='0'   THEN   NST<=s3;   ELSE   NSF<=S0;   END IF;
WHEN S3=>   IF   DIN='1'   THEN   NST<=s4;   ELSE   NSF<=S0;   END IF;
WHEN S4=>   IF   DIN='0'   THEN   NST<=s5;   ELSE   NSF<=S0;   END IF;
WHEN S5=>   IF   DIN='0'   THEN   NST<=s6;   ELSE   NSF<=S0;   END IF;
WHEN S6=>   IF   DIN='1'   THEN   NST<=s7;   ELSE   NSF<=S0;   END IF;
WHEN S7=>   IF   DIN='1'   THEN   NST<=s8;   ELSE   NSF<=S0;   END IF;
WHEN S0=>   IF   DIN='1'   THEN   NST<=s3;   ELSE   NSF<=S0;   END IF;
```

```
WHEN OTHERS=>   NST<=s0;
END   CASE;
END   PROCESS;
REG:PROCESS (CLK,RST)       BEGIN
    IF RST='1'   THEN   ST<=s0:
        ELSIF   CLK'EVENT   AND   CLK='1'   THEN   ST<=NSF; END IF;
    END PROCESS REG;
  SOUT<=   '1'   WHEN   ST=s8   ELSE   '0';
  END behav;
```

如图 8-10 所示的波形显示，当有正确序列进入时，到了状态 s8 时，输出序列正确标志 SOUT=1。而当下一位数据为 0 时，即 DIN=0，进入状态 s3。这是因为这时测出的数据 110 恰好与原序列数的前 3 位相同。

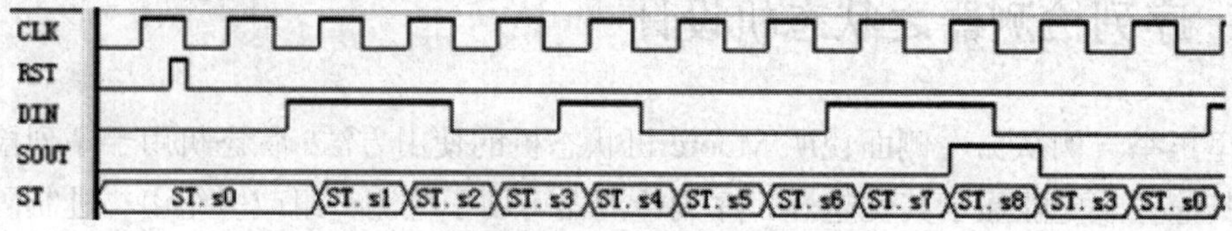

图 8-10 【例 8-5】序列检测器时序仿真波形

Mealy 型状态机的输出是当前状态和所有输入信号的函数，它的输出是在输入变化后立即发生的，不依赖时钟的同步。Moore 状态机的输出仅为当前状态的函数，这类状态机在输入发生变化后，还必须等待时钟的到来，时钟使状态发生变化时才导致输出的变化，所以必米勒机要多等待一个时钟周期，摩尔状态机结构示意图如图 8-11 所示。摩尔状态机的真值表如表 8-1 所示。

表 8-1　摩尔型状态机的真值表

当 前 状 态	次　　态		输　　出
	X=0	X=1	
S0	S0	S2	0
S1	S0	S2	1
S2	S2	S3	1
S3	S3	S1	0

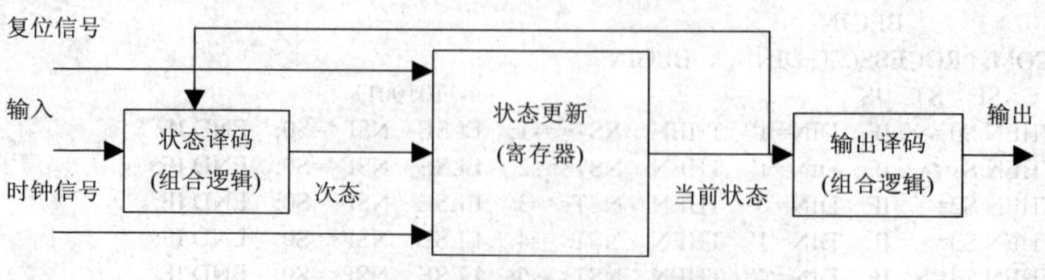

图 8-11　摩尔型状态机结构示意图

8.3　Mealy 型有限状态机的设计

与 Moore 型状态机相比，Mealy 机的输出变化要领先一个周期，即一旦输入信号或状态发生变化，输出信号即刻发生变化。Moore 机和 Mealy 机在设计上基本相同，稍有不同之处在于，Mealy 机的组合过程结构中的输出信号是当前状态和当前输入的函数。

首先来考察一个两进程结构的 Mealy 型状态机示例，如【例 8-6】；COMREG 进程是时序与组合混合型进程，它将状态机的主控时序电路和主控状态译码电路同时用一个进程来表达；进程 COM 则负责根据状态和输入信号给出不同的对外的控制信号输出。

这是一个比较通用的 Mealy 状态机模型，由程序可知，其中各状态的转换方式由输入信号 DIN1 控制；对外的控制信号输出则由 DIN2 控制。

【例 8-6】两进程结构的 Mealy 型状态机。

```
LIBRARY IEEE;
USE IEEE.STD_LOGIC_1164.ALL;
ENTITY MEALYl   IS
PORT(CLK, DINl, DIN2, RST:IN STD_LOGIC;
Q: OUT STD_LOGIC_VECTOR(4 DOWNTO 0));
END MEALYl;
ARCHITECTURE behav OF MEALYI   IS
TYPE states IS   (st0, stl, st2, st3, st4);
SIGNAL PST: states;
BEGIN
REGCOM:PROCESS(CLK,RST,PST,DINl)
BEGIN
IF RST='1'   THEN   PST<=st0;   ELSIF   RISING_EDGE(CLK)   THEN
CASE PST   IS
WHEN   st0=>   IF   DINl='1'   THEN   PST<=stl;   ELSE PST<=st0;   END   IF;
WHEN   st1=>   IF   DINl='1'   THEN   PST<=st2;   ELSE PST<=st1;   END   IF;
WHEN   st2=>   IF   DINl='1'   THEN   PST<=st3;   ELSE PST<=st2;   END   IF;
WHEN   st3=>   IF   DINl='1'   THEN   PST<=st4;   ELSE PST<=st3;   END   IF;
WHEN   st4=>   IF   DINl='0'   THEN   PST<=st0;   ELSE PST<=st4;   END   IF;
    WHEN   OTHERS=> PST<=st0
    END CASE;END IF;
    END PROCESS REGCOM;
COM:PROCESS(PST,DIN2)   BEGIN
  CASE   PST   IS
WHEN   st0=>   IF   DIN2='1'   THEN Q<="10000";   ELSE Q<="01010"; END   IF;
WHEN   st1=>   IF   DIN2='0'   THEN Q<="10111";   ELSE Q<="10100"; END   IF;
WHEN   st2=>   IF   DIN2='1'   THEN Q<="10101";   ELSE Q<="10011"; END   IF;
WHEN   st3=>   IF   DIN2='0'   THEN Q<="11011";   ELSE Q<="01001"; END   IF;
WHEN   st4=>   IF   DIN2='1'   THEN Q<="11101";   ELSE Q<="01101"; END   IF;
WHEN   OTHERS=> Q<="00000"
END CASE;
END PROCESS COM;
END;
```

如图 8-12 所示的是【例 8-6】的仿真时序波形图。图中的 PST 是现态转换情况。根据程序设定，当复位后，且 DINl=0 时，都处于状态 st0，输出码 0AH；而当 DINl 都为 1 时，每一个时钟上升沿后都转入下一状态，直到状态 s4，同时输出设定的控制码。一直到 DINl 为 0，才回到初始态 s0。此外，此例中可以看到输出信号有毛刺。

为了排除毛刺，可以通过选择可能的优化设置，也可以将【例 8-6】的输出通过寄存器锁存，滤除毛刺。因此可以将此例改为单进程结构的 Mealy 机。【例 8-7】即为改进型，它除结构不同外，对输入输出的设定没有其他任何改变。

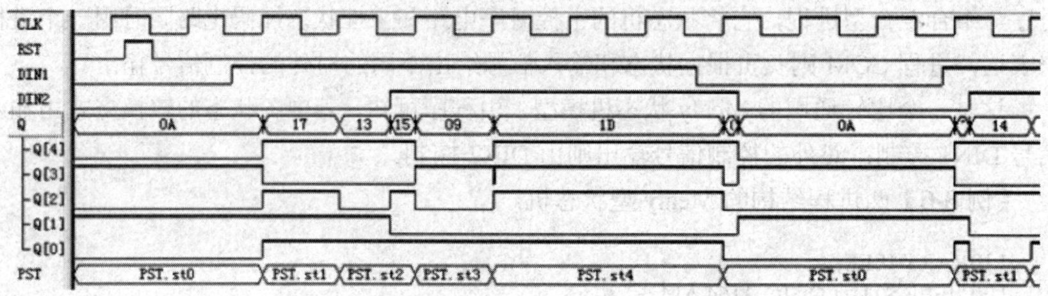

图 8-12　【例 8-6】的双进程 Mealy 机仿真波形

【例 8-7】改进型单进程结构 Mealy 机。

```
LIBRARY IEEE;
USE IEEE.STD_LOGIC_1164.ALL;
ENTITY MEALY2   IS
PORT(CLK,DINl,DIN2,RST:IN STD_LOGIC;
     Q:OUT STD_LOGIC_VECTOR(4 DOWNTO 0));
END MEALY2;
ARCHITECTURE behav OF MEALY2 IS
TYPE states IS (st0,stl,st2,st3,st4);
SIGNAL PST:states;
BEGIN
PROCESS(CLK,RST,PST, DINl,DIN2)    BEGIN
IF RST='1' THEN PST<=st0;ELSIF RISING_EDGE(CLK)THEN
CASE PST IS
WHEN st0=> IF DINl='1' THEN   PST<=stl;    ELSE PST<=st0;END IF;
  IF DIN2='1' THEN   Q<="10000";ELSE Q<="01010"; END IF;
WHEN stl=> IF DIN1='1' THEN   PST<=st2;   ELSE PST<=st1;END IF;
  IF DIN2='1' THEN   Q<="10111";ELSE Q<="10100"; END IF;
WHEN st2=> IF DIN1='1' THEN   PST<= st3;  ELSE PST<=st2;END IF;
  IF DIN2='1' THEN   Q<="10101";ELSE Q<="10011"; END IF;
WHEN st3=> IF DIN1='1' THEN   PST<= st4;  ELSE PST<=st3;END IF;
  IF DIN2='0' THEN   Q<="11011";ELSE Q<="01001";END IF;
WHEN st4=> IF DIN1='0' THEN   PST<= st0;  ELSE PST<=st4;END IF;
  IF DIN2='1' THEN   Q<="11101";ELSE Q<="01101";END IF;
WHEN OTHERS => PST<=st0; Q<="00000";
END CASE;
END IF;
END PROCESS;
END;
```

如图 8-13 所示的是【例 8-7】的仿真时序波形图。由于此状态机的输出信号与时钟同步，所以其仿真波形，特别是随状态改变而输出的数据与【例 8-5】的波形不尽相同。这是因为每一待输出的数据必须等到时钟边沿到后才能输出，而在时钟边沿未到时，如果数据输出控制信号 DIN2 发生改变，则必定影响时钟后的输出数据。这就是尽管两程序的设计意图相同状态图(如图 8-14 所示)相同，而对应的两个波形图中输出码却有所不同的原因。

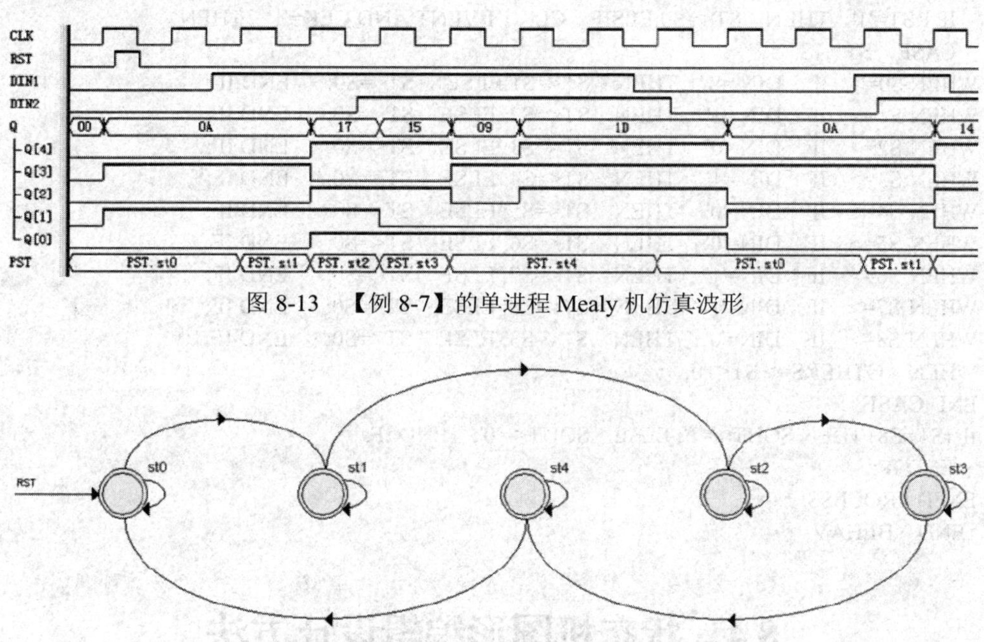

图 8-13 【例 8-7】的单进程 Mealy 机仿真波形

图 8-14 【例 8-7】和【例 8-6】的状态图

将描述序列检测器的【例 8-5】的双进程结构 Moore 型机写成单进程的 Mealy 型机，即为以下的【例 8-8】。对应的仿真波形如图 8-15 所示。与图 8-9 的波形相比，不同之处仅 SOUT 的输出延迟了一个时钟，这种延迟输出具有滤波作用。如果 SOUT 是一个多位复杂算法的组合逻辑输出，必定会有许多毛刺，如果这些信号用在特定场合，就有可能引起不良后果，当然，在许多情况下输出信号有毛刺未必都会有害处。所以，若利用例 8-8 的形式即可有所改善。

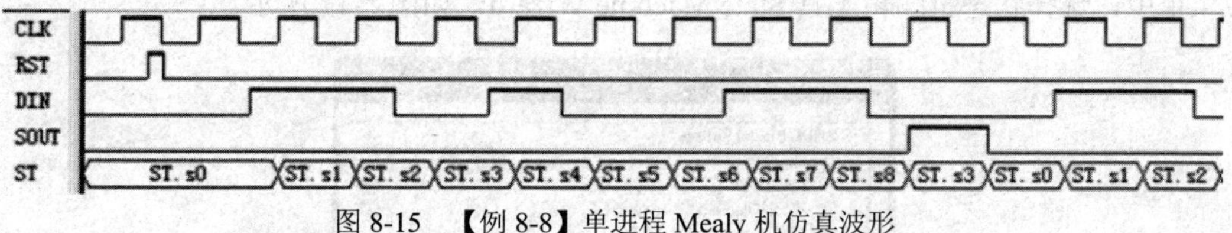

图 8-15 【例 8-8】单进程 Mealy 机仿真波形

【例 8-8】将双进程结构 Moore 型机写成单进程的 Mealy 型机。

```
LIBRARY IEEE;
LIBRARY IEEE;    --11010011
USE IEEE.STD_LOGIC_1164.ALL;
ENTITY   SCHK   IS
 PORT(DIN,CLK,RST :IN STD_LOGIC;
```

```
  SOUT:OUT    STD_LOGIC);
  END SCHK;
  ARCHITECTURE   BEHAV   OF   SCHK   IS
  TYPE STATES   IS(S0,S1,S2,S3,S4,S5,S6,7,S8);
  SIGNAL ST:STATES:=S0;
     BEGIN
     PROCESS(CLK. RST,ST,DIN)         BEGIN
  IF RST='1'   THEN   ST<=S0;ELSIF   CLK   EVENT AND CLK='1'   THEN
  CASE   ST   IS
WHEN S0=>   IF   DIN ='1'   THEN   ST<=S1;ELSE     ST<=S0;     END IF;
WHEN S1=>   IF   DIN='1'    THEN   ST<=S2; ELSE    ST<=S0;     END IF;
WHEN S2=>   IF   DIN='0'    THEN   ST<=S3; ELSE    ST<=S0;     END IF;
WHEN S3=>   IF   DIN='1'    THEN   ST<=S4; ELSE    ST<=S0;     END IF;
WHEN S4=>   IF   DIN='0'    THEN   ST<=S5; ELSE    ST<=S0;     END IF;
WHEN S5=>   IF   DIN='0'    THEN   ST<=S6; ELSE    ST<=S0;     END IF;
WHEN S6=>   IF   DIN='1'    THEN   ST<=S7; ELSE    ST<=S0;     END IF;
WHEN S7=>   IF   DIN='1'    THEN   ST<=S8; ELSE    ST<=S0;     END IF;
WHEN S8=>   IF   DIN='0'    THEN   ST<=S3; ELSE    ST<=S0;     END IF;
WHEN   OTHERS=> ST<=0;
END CASE;
IF (ST=S8) THEN SOUT<='1'; ELSE   SOUT<='0';   END IF;
  END IF;
ENFD PROCESS;
 END   BEHAV;
```

8.4　状态机图形编辑设计方法

可以利用 Quartus II 的状态机图形编辑器很容易地仅通过参数设置和图形编辑即可完成状态机设计。方法如下：

(1) 在 QuartusII 的工程管理窗的文件项 File 的下拉菜单中，选择 New，如图 8-16 所示。打开此窗口，选择状态机文件 State Machine File，然后打开状态机图形编辑窗口。

(2) 打开状态机图形编辑窗口后，再于 Quartus II 的工程管理窗口的工具项 Tools 的下拉菜单中，选择状态机编辑工具 State Machine Wizard，如图 8-17 所示。

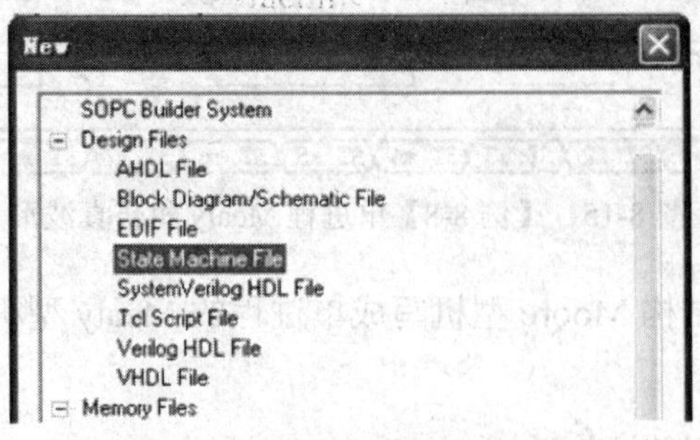

图 8-16　打开状态机图形编译窗口

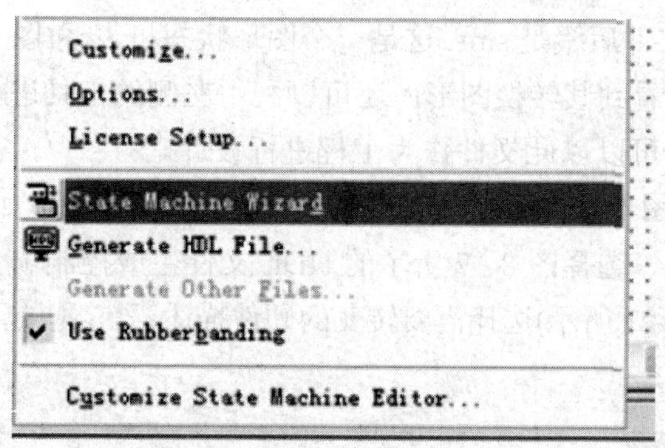

图 8-17　打开状态机编译器

(3) 在状态机编辑器 State Machine Wizard 最初的对话框中选择生成一个新状态机“Create a new state machine design”，然后在后面出现的框中分别选择复位信号控制方式和有效方式，如异步和高电平有效：Asynchronous 和 active-high。

(4) 在状态机编辑器对话框(如图 8-18 和图 8-19 所示)中设置状态元素、输入输出信号、状态转换条件等。

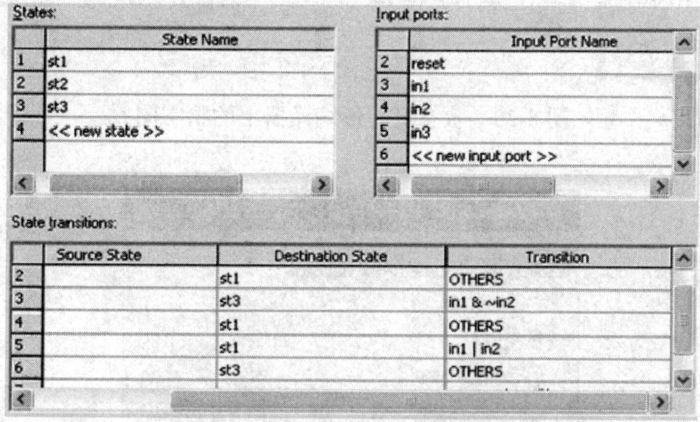

图 8-18　设置状态变量和状态转化条件

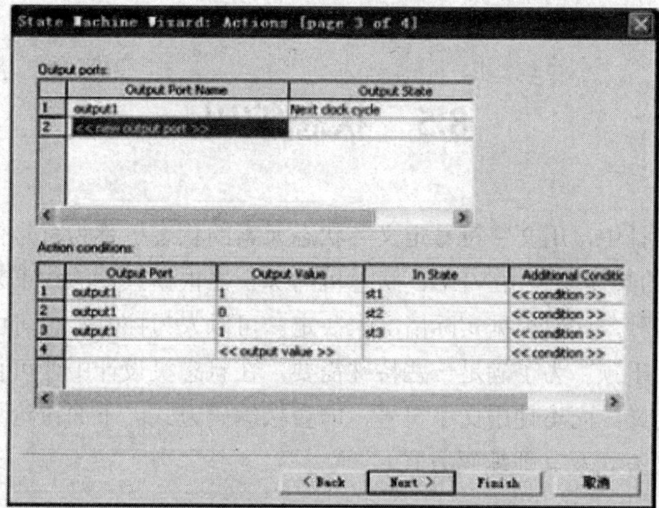

图 8-19　设置状态机输出

(5) 完成后存盘，文件后缀是.smf。这是一个图形状态机表述(图 8-18)。这可以从图 8-17 的状态机图形编辑器上看到其转换图形，还可以利用左侧的工具进行一些修改补充。将这个图形状态机存盘后，可以以此文件作为工程进行设计。

(6) 也可以将这个图形状态机文件转变成 HDL 语言文件。在如图 8-20 所示的状态机编辑窗口打开的情况下，选择图 8-17 所示的 HDL 文件生成控制项 Generate HDL File。在打开的对话框中(如图 8-21 所示)选择需要转变的硬件描述语言项，包括 Verilog HDL、VHDL 或 System Verilog 语言。

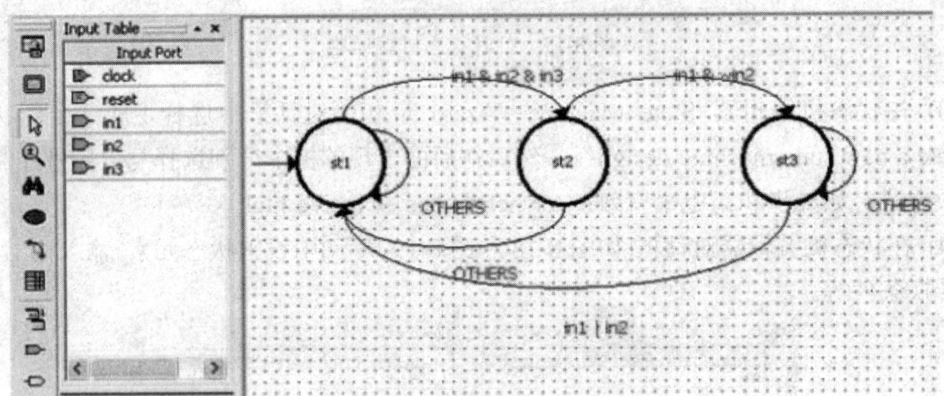

图 8-20　状态机图形编译器上的状态图

图 8-21　状态机转变成语言

8.5　状态编码

在状态机的设计中，用文字符号定义各状态元素的状态机称为符号化状态机，其状态元素如 s0、s1 等的具体编码由 VHDL 状态机的综合器根据预设的约束来确定。状态机的状态编码方式有多种，这要根据实际情况来决定。可以人为控制，也可由综合器自动对编码方式进行选择和干预。为了满足一些特殊需要，在状态机设计中，可直接将各状态用具体的二进制数来定义，而不使用文字符号，即直接编码方式。下面讨论状态机直接编码或非符号化编码定义方式及其他编码方式。

8.5.1　直接输出型编码

这类编码方式最典型的应用实例就是计数器。计数器本质上就是一个主控时序过程与一个主控组合过程合二为一的状态机，它的计数输出就是各状态的状态码。图 8-22 就是作为状态机特殊形式下的 n 位二进制加法计数器。其计数进制数(或模 n)由比较器的输入口的“计数控制常数”决定。此计数器的计数输出即为此状态机状态码输出，而当计数值等于“计数控制常数”时，如 m，比较器即输出一控制信号对寄存器的异步复位端发出清零信号，从而此计数器即可称模m计数器。若比较器输出值控制计数器的同步清零，则为模 m+1 计数器。

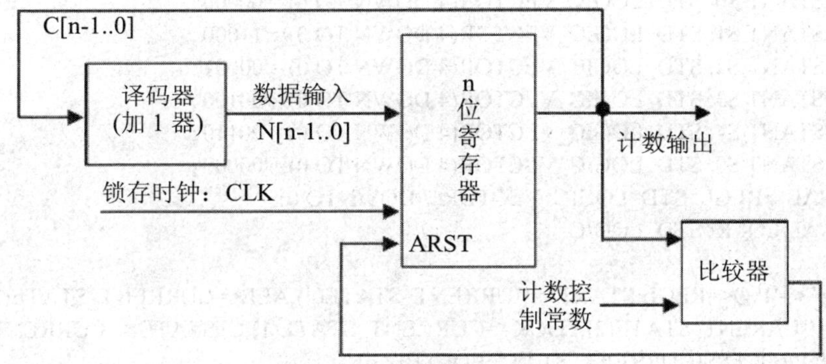

图 8-22　加法器一般模型

至于状态机，将状态编码直接输出作为控制信号，即 output=state，要求对状态机各状态的编码作特殊的安排，以适应控制对象的要求。这种状态机称为状态码直接输出型状态机。如表 8-2 所示的是一个用于控制 0809 采样状态机的状态编码表，这是根据 0809 逻辑控制时序编出的。表 8-2 中的 B 是特设的标志码，用于区别状态 s0 和 s2。这个状态机由 5 个状态组成，从状态 s0 到 s4 各状态的编码可分别设为 00000、11000、00001、00100、00110。每一位的编码值都赋予了实际的控制功能。

```
START=CURRENT_STATE(4);   ALE=CURRENT_STATE(3);
OE=CURRENT_STATE(2);         LOCK=CURRENT_STATE(1)。
```

表 8-2　控制信号状态编码表

状态	状态编码					功能说明
	START	ALE	OE	LOCK	B	
S0	0	0	0	0	0	初始态
S1	1	1	0	0	0	启动转换
S2	0	0	0	0	1	若测得 EOC=1 时，转下一状态 S3
S3	0	0	1	0	0	输出转换好的数据
S4	0	0	1	1	0	利用 LOCK 的上升沿将转换好的数据锁存

根据状态编码表给出的状态机，程序如【例 8-9】所示。其工作时序如图 8-23 所示。

【例 8-9】根据状态编码给出的状态机。

```
LIBRARY IEEE;
USE    IEEE.STDLOGIC_1164.ALL;
ENTITY ADC0809    IS
    PORT(D: IN    STD_LOGIC_VECTOR(7 DOWN TO 0);
          CLK,RST,EOC: IN STD_LOGIC;
          ALE, START, OE , ADDA ,LOCK_T:OUT STD_LOGIC;
          C_STATE: OUT STD_LOGIC_VECTOR(4 DOWNTO 0);
          Q: OUT    STD_LOGIC_VECTOR(7    DOWNTO 0) );
END ADC0809;
ARCHITCTRE BEHAV OF ADC0809    IS
SIGNAL    CURRENT_STATE, NEXT_STATE: STD_LOGIC_VECTOR(4 DOWNTO 0);
    CONSTANT S0: STD_LOGIC_VECTOR(4 DOWN TO 0):='00000';
    CONSTANT S1: STD_LOGIC_VECTOR(4 DOWN TO 0):='11000';
    CONSTANT S2: STD_LOGIC_VECTOR(4 DOWN TO 0):='00001';
    CONSTANT S3: STD_LOGIC_VECTOR(4 DOWN TO 0):='00100';
    CONSTANT S4: STD_LOGIC_VECTOR(4 DOWN TO 0):='00110';
    CONSTANT S0: STD_LOGIC_VECTOR(4 DOWN TO 0):='00000';
    SIGNAL    REGL: STD_LOGIC_VECTOR(7 DOWNTO 0);
    SIGNAL LOCK: STD_LOGIC;
BEGIN
    ADDA<='1';Q<=REGL;START<=CURRENT_STATE(4);ALE<=CURRENT_STATE(3);
    OE<=CURRENT_STATE(2);LOCK<=CURRENT_STATE(1);C_STATE <=CURRENT_STATE;
    COM: PROCESS(CURRENT_STATE,EOC) BEGIN
        CASE CURRENT_STATE IS
        WHEN ST0=> NEXT_STATE <= ST1;
        WHEN ST1=> NEXT_STATE <= ST2;
        WHEN ST2=> IF (EOC='1') THEN    NEXT_STATE <= ST3;
                ELSE NEXT_STATE <= ST2;
    END IF;
        WHEN ST3=> NEXT_STATE <= ST4;
        WHEN ST4=> NEXT_STATE <= ST0;
        WHEN OTHERS => NEXT_STATE <= ST0;
    END CASE;
END PROCESS COM;
    REG: PROCESS (CLK)
    BEGIN
        IF (CLK'EVENT AND CLK='1')THEN CURRENT_STATE<=NEXT_STATE;
            END IF;
    END    PROCESS REG;
LATCH1: PROCESS (LOCK)
    BEGIN
        IF    LOCK='1'    AND    LOCK'EVENT THEN       REGL <= D;
      END    IF;
    END    PROCESS    LATCH1;
END    BEHAV;
```

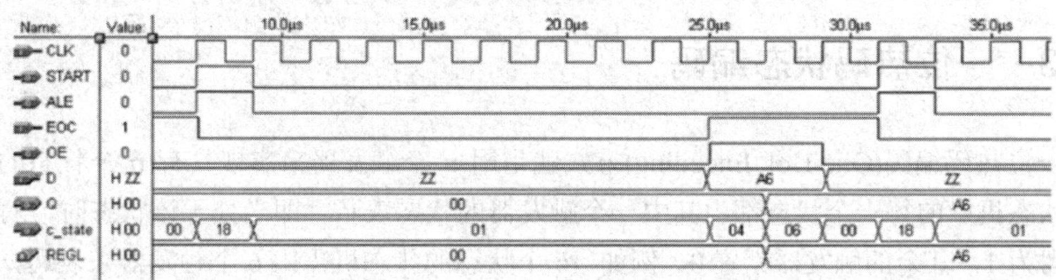

图 8-23　【例 8-8】状态机工作时序图

由图 8-22 显示，从初始状态开始，状态码(c_state)的变化顺序是 00、18、01、04、06(十六进制数)。当状态码变到 06 时，即 current_state 的第二位，current_state(1)=LOCK 变为高电平时，D 的输出值 A6 被锁存进 REGL。

这种状态位直接输出型编码方式的状态机的优点是输出速度快，没有毛刺现象；缺点是程序可读性差，用于状态译码的组合逻辑资源比其他以相同触发器数量构成的状态机多，而且难以有效地控制非法状态的出现(如果对电路可靠性有较高要求的话)。

8.5.2　顺序编码

这种编码方式最为简单，在传统设计技术中最为常用，其使用的触发器数量最少，剩余的非法状态也最少，容错技术最为简单。以上面的 5 种状态的状态机为例，只需 3 个触发器，节省较多的触发器，其状态编码方式可作如表 8-3 所示的改变。

表 8-3　编码方式

状态 (States)	顺序编码 (Sequential Encoded)	一位热码编码 (One-Hot Encoded)	约翰逊码编码 (Johnson Encoded)
State0	000	100000	0000
State1	001	010000	1000
State2	010	001000	1100
State3	011	000100	1110
State4	100	000010	1111
State5	101	000001	0111

然而这种顺序编码方式的缺点与优点一样多，如常会占用状态转换译码组合逻辑较多的资源，特别是有的相邻状态或不相邻的状态转换时涉及多个触发器的同时状态转换，因此将耗用更长的转换时间(相对于以下讨论的位热码编码方式)，而且容易出现毛刺现象。这对于触发器资源丰富而组合逻辑资源相对珍贵的 FPGA 器件意义不大，也不合适。当选择符号化状态机设计时，Quartus II 一般并不默认选择顺序编码形式。设计者若有必要可以通过后文介绍的方法实现顺序编码状态机的设计。

8.5.3　一位热码状态编码

一位热码编码(One-Hot Encoding)方式就是用 n 个触发器来实现具有 n 个状态的状态机。状态机中的每一个状态都由其中一个触发器的状态表示。即当处于该状态时，对应的触发器为 1，其余的触发器都置 0。例如，6 个状态的状态机需由 6 个触发器来表达，其对应状态编码如表 8-3 所示。一位热码编码方式尽管用了较多的触发器，但其简单的编码方式大为简化了状态译码逻辑，提高了状态转换速度，增强了状态机的工作稳定性，这对于含有较多的时序逻辑资源、相对较少的组合逻辑资源的 FPGA 器件是好的解决方案。因此一位热码编码方式是状态机最常用的编码方式。现在，许多面向 FPGA 设计的综合器都有将符号化状态机自动优化设置为一位热码状态的功能。对于 FPGA，Quartus II 对一位热码编码方式是默认的。对于 CPLD，可通过选择开关决定使用顺序编码方式还是一位热码编码方式选择方法是在 Assignments 窗口下，选择菜单项 Settings，然后在 Category 栏选 Analysis & Synthesis Setting 选项，在 State Machine 选择 One-Hot 编码方式，在 More Settings 按钮下能设置更多的项目。还有一些其他的编码方式，如格雷码、约翰逊码(Johnson Encoded 将最低位取反后反馈到最高位)等，各具特点。

8.6　非法状态处理

在有限状态机的技术指标中，除了满足需求的功能特性和速度等基本指标外，安全性和稳定性也是状态机性能的重要考核内容。实用状态机和实验室状态机的本质区别也在于此。一个忽视了可靠容错性能的状态机在实用中将存在巨大隐患。

在状态机设计中，无论使用枚举数据类型还是直接指定状态编码的程序中，特别是使用了一位热码编码方式后，总是不可避免地出现大量剩余状态，即未被定义的编码组合。这些状态在状态机的正常运行中是不需要出现的，通常称为非法状态。在状态机的设计中，如果没有对这些非法状态进行合理的处理，在外界不确定的干扰下，或是随机上电的初始启动后，状态机都有可能进入不可预测的非法状态，其后果是对外界出现短暂失控，或是完全无法摆脱非法状态而失去正常的功能，除非使用复位控制信号 Reset。但在无人控制情况下，就无法获取复位信号了。因此，对于重要且稳定性要求高的控制电路，状态机的剩余状态的处理，即状态机系统容错技术的应用是设计者必须慎重考虑的问题。

另一方面，剩余状态的处理会不同程度地耗用逻辑资源，这就要求设计者在选用何种状态机结构、何种状态编码方式、何种容错技术及系统的工作速度与资源利用率等诸方面作权衡比较，以适应自己的设计要求。

以例 8-1 为例，该程序共定义了 5 个合法状态(有效状态)，即 s0、sl、s2、s3 和 s4。如果使用顺序编码方式指定状态，则最少需 3 个触发器，这样最多有 8 种可能的状态。编码方式如表 8-4 所示，最后 3 个状态 s5、s6、s7 都是非法状态，对应的编码都是非法状态码。

如果要使此 5 状态的状态机有可靠的工作性能，必须设法使系统在任何不利情况下都在落入这些非法状态后还能返回正常的状态转移路径中。为了使状态机能可靠运行，有多种方法可资利用。

表 8-4　剩余状态

状态 (States)	顺序编码 (Sequential Encoded)
s0	000
s1	001
s2	010
s3	011
s4	100
s5	101
s6	110
s7	111

8.6.1　程序直接导引法

这种方法就是，在状态元素定义中针对所有的状态，包括多余状态都作出定义，并在以后的语句中加以处理。即在语句中对每一个非法状态都作出明确的状态转换指示，如在原来的 CASE 语句中增加诸如以下语句：

```
TYPE STATES IS    (S0,S1,S2,S3,S4,S5,S6,S7);
    …
    WHEN S5=>    NEXT_STATE<=S0;
    WHEN S6=>    NEXT_STATE<=S0;
    WHEN S7=>    NEXT_STATE<=S0;
    WHEN OTHERS=> NEXT_STATE<=S0;
```

以上剩余状态的转向设置中，也不一定都将其指向初始态 s0，只要导向专门用于处理出错恢复的状态中就可以了。直接引导方法的优点是直观可靠，但缺点是可处理的非法状态少，如果非法状态太多，则耗用逻辑资源太大，所以只适合于顺序编码类状态机。

当然之前必须确定综合器采用的是什么编码方式。这时读者或许会想，按照 WHEN OTHERS 语句字面的含义，它本身就能排除所有其他未定义的状态编码的，最上的 3 条语句程序好像是多余的。需要提醒的是，对于不同的综合器，WHEN OTHERS 语句的功能也并非一致，多数综合器并不会如 WHEN OTHERS 语句指示的那样，将所有剩余状态都转向初始态或指定态，特别对于一位热码编码(但又必须加上此句)。所以建议尽量不要依赖于这种方法来避免非法状态。

8.6.2 状态编码监测法

对于采用一位热码编码方式来设计状态机，其剩余状态数将随有效状态数的增加呈指数方式剧增。例如，对于 6 状态的状态机来说，将有 58 种剩余状态，总状态数达 64 个，即对于有 n 个合法状态的状态机，其合法与非法状态之和的最大可能状态数有 $m=2^n$ 个。如前所述，选用一位热码编码方式的重要目的之一，就是要减少状态转换间的译码数据的变化，提高变化速度。但如果使用以上介绍的剩余状态处理方法，势必导致耗用太多的逻辑资源。所以，可以选择以下的方法来对付一位热码编码方式产生的过多的剩余状态的问题。

鉴于一位热码编码方式的特点，正常的状态只可能有一个触发器的状态为 1，其余所有的触发器的状态皆为 0，即任何多于一个触发器为 1 的状态都属于非法状态。据此，可以在状态机设计程序中加入对状态编码中 1 的个数是否大于 1 的监测判断逻辑，当发现有多个状态触发器为 1 时，产生一个警告信号 alarm，系统可根据此信号是否有效来决定是否调整状态转向或复位。对此情况的监测逻辑可以有多种形式。

如果某程序中的 6 个状态使用了热码编码，则应在进程之外放置如下所示的并行赋值语句。当 alarm 为高电平时，表明状态机进入了非法状态，可由此信号启动状态机复位操作。对于更多状态的状态机的报警程序也类似于此程序，即依此类推地增加。

```
alarm<=(st0 AND (st1 OR st2 OR st3 OR st4 OR st5))OR(stl AND(st0 OR st2 OR…
```

当然也可将任一状态的编码相加，如果大于 1，则必为非法状态，于是发出警告信号。即当 alarm 为高电平时，表明状态机进入了非法状态，可以由此信号启动状态机复位操作。对于更多状态的状态机的报警程序也类似于此。即设计一个逻辑监测模块，如只要发现出现如表 8-2 所示的 5 个状态码以外的码，必为非法，即可复位。这样的逻辑模块所耗用的逻辑资源不会大。这是一种排除法。

其实无论怎样的编码方式，状态机的非法状态总是有限的，所以利用状态码监测法从非法状态中返回正常工作情况总是可以实现的。相比之下，CPU 系统就不会这么幸运。因为 CPU 跑飞后死机进入的状态是无限的。所以在无人复位情况下，用任何方式都不可能绝对保证 CPU 恢复。

8.7 三层电梯控制器的设计

电梯的使用越来越普遍，已从原来只在商业大厦、宾馆使用，过渡到在办公楼、居民楼等场所使用，并且对电梯功能的要求也不断提高，相应地其控制方式也在不停地发生变化。对于电梯的控制，传统的方法是使用继电器——接触器控制系统进行控制，随着技术的不断发展，微型计算机在电梯控制上的应用日益广泛，现在已进入全微机化控制的时代。

电梯的微机化控制主要有以下几种形式：①PLC 控制；②单板机控制；③单片机控制；④单微机控制；⑤多微机控制；⑥人工智能控制。随着 EDA 技术的快速发展，CPLD/FPGA

已广泛应用于电子设计与控制的各个方面。本设计就是使用一片 CPLD/FPGA 来实现对电梯的控制。

8.7.1　三层电梯控制器的功能

电梯控制器是控制电梯按顾客的要求自动上下的装置。三层电梯控制器的功能如下：

(1) 每层电梯入口处设有上下请求开关，电梯内设有乘客到达层次的停站请求开关。

(2) 设有电梯所处位置指示装置及电梯运行模式(上升或下降)指示装置。

(3) 电梯每秒升(降)一层楼。

(4) 电梯到达有停站请求的楼层后，经过一秒电梯门打开，开门指示灯亮，开门之后 4 秒电梯门关闭(开门指示灯灭)，电梯继续运行，直到执行完最后一个请求信号并停止。

(5) 能记忆电梯内外的所有请求信号，并按照电梯运行规则依次响应，每个请求信号保留直至执行后消除。

(6) 电梯运行规则：当电梯处于上升模式时，只响应比电梯所在位置高的上楼请求信号，由下而上逐个执行，直到最后一个上楼请求执行完毕，如更高层有下楼请求则直接升到有下楼请求的最高层接客，然后便进入下降模式。当电梯处于下降模式时，运行规则与上升模式相反。

(7) 电梯初始状态为一层开门。

8.7.2　三层电梯控制器的设计思路

电梯控制器可以通过多种方法进行设计，其中用状态机来实现思路比较清晰。可以将电梯等待的每秒钟以及开门、关门都看成一个独立的状态。由于电梯又是每秒上升或下降一层，所以就可以通过一个以秒为周期的时钟来触发状态机。根据电梯的实际工作情况可以把状态机设置为 10 个状态，分别是“电梯停留在一层”、“开门”、“关门”、“开门等待第 1 秒”、“开门等待第 2 秒”、“开门等待第 3 秒”、“开门等待第 4 秒”、“上升”、“下降”和“停止”状态。各个状态之间的转换条件可由上面的设计要求所决定。

8.7.3　三层电梯控制器的综合设计

1. 三层电梯控制器的实体设计

首先考虑输入端口，一个复位端口 reset，用于在系统不正常时回到初始状态；在电梯外部必须有升降请求端口，一层是最底层，不需要有下降请求，三层是最高层，不需要有上升请求，二层则上升、下降请求端口都有；在电梯的内部，应该设有各层停留的请求端口；一个电梯时钟输入端口，该输入时钟以 1 秒为周期，由于驱动电梯的上升、下降、开门以及关门等动作；另有一个按键时钟输入端口，时钟频率要比电梯时钟频率高。

其次是输出端口，有升降请求信号以后，就得有一个输出端口来指示请求是否被响应，有请求信号以后，该输出端输出逻辑 1，被响应以后则恢复为逻辑 0。同样，在电梯内部也应该有这样的输出端口来显示各层停留是否被响应。在电梯外部，需要一个端口来指示电梯现在所处的位置；电梯开门、关门的状态也需要用一个输出端口来指示；为了观察电梯的运行是否正确，可以设置一个输出端口来指示电梯的升降状态。

2. 三层电梯控制器的结构设计

首先说明一下状态。状态机设置了 10 个状态，分别是电梯停留在一层(stopon1)、开门(dooropon)、关门(doorclose)、开门等待第 1 秒(doorwait1)、开门等待第 2 秒(doorwait2)、开门等待第 3 秒(doorwait3)、开门等待第 4 秒(doorwait4)、上升(up)、下降(down)和停止(stop)。在实体说明中定义完端口之后，在结构体 architecture 和 begin 之间需要有如下的定义语句来定义状态机。

```
TYPE LIFT_STATE IS
(STOPON1, DOOROPON, DOORCLOSE, DOORWAIT1, DOORWAIT2,
DOORWAIT3, DOORWAIT4, UP, DOWN, STOP );
                                    --电梯的 10 个状态
SIGNAL MYLIFT: LIFT_STATE;          --定义为 LIFT 类型的信号 MYLIFT
```

在结构体中，设计了两个进程互相配合，一个是状态机进程作为主要进程，另外一个是信号灯控制进程作为辅助进程。状态机进程中的很多判断条件是以信号灯进程产生的信号为依据的，而信号灯进程中信号灯的熄灭又是以状态机进程中传出的 clearup 和 cleardn 信号来控制。

在状态机进程中，在电梯上升状态中，通过对信号灯的判断，决定下一个状态是继续上升还是停止；在电梯下降状态中，也是通过对信号灯的判断，决定下一个状态是继续下降还是停止；在电梯停止状态中，判断最为复杂，通过对信号的判断，决定电梯上升、下降还是停止。

在信号灯控制进程中，由于使用了专门的频率较高的按键时钟，所以使得按键的灵敏度增大，但是时钟频率不能过高，否则容易使按键过于灵敏。按下按键后产生的点亮的信号灯(逻辑值为 1)用于作为状态机进程中的判断条件，而 clearup 和 cleardn 信号为逻辑 1 时相应的信号灯熄灭。

3. 三层电梯控制器的设计

三层电梯控制器源程序如下：

```
LIBRARY IEEE;
USE IEEE.STD_LOGIC_1164.ALL;
USE IEEE.STD_LOGIC_UNSIGNED.ALL;
USE IEEE.STD_LOGIC_ARITH.ALL
ENTITY THREEFLIFT IS
    PORT(BUTTONCLK: IN STD_LOGIC;                    --按键时钟
    LIFTCLK: IN STD_LOGIC;                           --电梯时钟
    RESET: IN STD_LOGIC;                             --异步复位按键
```

```
    F1UPBUTTON: IN STD_LOGIC;                                    --第 1 层上升请求按钮
    F2UPBUTTON: IN STD_LOGIC;                                    --第 2 层上升请求按钮
    F2DNBUTTON: IN STD_LOGIC;                                    --第 2 层下降请求按钮
    F3DNBUTTON: IN STD_LOGIC;                                    --第 3 层下降请求按钮
    FUPLIGHT: BUFFER STD_LOGIC_VECTOR (3 DOWNTO 1);              --电梯外部上升请求指示灯
    FDNLIGHT: BUFFER STD_LOGIC_ VECTOR (3 DOWNTO 1);             --电梯外部下降请求指示灯
    STOP1BUTTON, STOP2BUTTON, STOP3BUTTON：IN STD_LOGIC;  --电梯内部请求按键
    STOPLIGHT: BUFFER STD_LOGIC_ VECTOR (3 DOWNTO 1);            --电梯内部各层请求指示灯
    POSITION: BUFFER INTEGER RANGE 1 TO 3;                       --电梯位置指示
    DOORLIGHT: OUT STD_LOGIC;              --电梯门开关指示灯
    UDSIG: BUFFER STD_LOGIC;               --电梯升降指示
END THREEFLIFT;
ARCHITECTURE ART OF THREEFLIFT IS
TYPE LIFT_STATE IS
(STOPON1,DOOROPON,DOORCLOSE,DOORWAIT1,DOORWAIT2,DOORWAIT3,DOORWAIT4,
UP,DOWN,STOP );
SIGNAL MYLIFT: LIFT_STATE;
SIGNAL CLEARUP: STD_LOGIC;                 --用于清除上升请求指示灯的信号
SIGNAL CLEARDN: STD_LOGIC;                 --用于清除下降请求指示灯的信号
BEGIN
    CTRLIFT: PROCESS(RESET,LIFTCLK)        --控制电梯状态的进程
    VARIABLE POS: INTEGER RANGE 3 DOWNTO 1    --变量 POS 用于表示电梯的位置
    BEGIN
      IF   RESET='1' THEN                  --异步复位信号如果为 1 时电梯的状态
      MYLIFT<=STOPON1;
        CLEARUP<= '0';
        CLEARDN<= '0';
        ELSE                               --否则，异步复位信号为 0 时的正常工作情况
          IF LIFTCLK'EVENT AND LIFTCLK='1' THEN  --电梯时钟上升沿触发
          CASE MYLIFT IS
          WHEN STOPON1=>                   --处于电梯停留在一层的状态
          DOORLIGHT<='1';                  --开门指示灯亮，表示开门
          POSITION<=1;POS：=1;              --电梯位置为 1
          MYLIFT<=DOORWAIT1;               --状态转移到开门等待第 1 秒状态
          WHEN DOORWAIT1=>                 --处于开门等待第 1 秒的状态
          MYLIFT<=DOORWAIT2;               --状态转移到开门等待第 2 秒状态
          WHEN DOORWAIT2=>                 --处于开门等待第 2 秒的状态
          CLEARUP<='0';
          CLEARDN<='0';
          MYLIFT<= DOORWAIT3;              --状态转移到开门等待第 3 秒状态
          WHEN DOORWAIT3=>                 --处于开门等待第 3 秒的状态
          MYLIFT<= DOORWAIT4;              --状态转移到开门等待第 4 秒状态
          WHEN DOORWAIT4=>                 --处于开门等待第 4 秒的状态
          MYLIFT<=DOORCLOSE;               --状态转移到关门状态
          DOORLIGHT<= '0';                          --开门指示灯灭，表示关门
            IF UDSIG='0'   THEN                     --UDSIG=0 表示上升模式
              IF POSITION=3 THEN                    -- 如果电梯在第 3 层
                IFSTOPLIGHT="000"AND FUPLIGHT="000"AND FDNLIGHT="000" THEN
                UDSIG<='1'                          --没有任何请求信号，那么将 UDSIG 置 1
                MYLIFT<=DOORCLOSE;                  --电梯处于关门状态
                ELSE UDSIG<='1';MYLIFT<=DOWN;--无论什么请求电梯都得下降
                END IF;
```

```
        ELSIF POSITION=2 THEN                    --如果电梯在第 2 层
          IF STOPLIGHT="000"AND FUPLIGHT="000"AND FDNLIGHT="000" THEN
          UDSIG<='0'          --没有任何请求信号，电梯仍处于上升模式
          MYLIFT<= DOORCLOSE;     --状态置回关门状态等待升降请求
          ELSIF
          STOPLIGHT(3)= '1' OR (STOPLIGHT(3)= '0' AND FDNLIGHT(3) ='1') THEN
          --如果内部有三层停站请求或有三层下降请求
          UDSIG<='0'                              --UDSIG=0，仍处于上升状态
          MYLIFT<=UP;
          ELSE UDSIG<='1';MYLIFT<=DOWN;--其他情况电梯都得下降，此时 UDSIG 置 1
          END IF;
      ELSIF POSITION=1 THEN                      --如果电梯在第 1 层
          IF STOPLIGHT="000"AND FUPLIGHT="000"AND FDNLIGHT="000" THEN
          UDSIG<='0' --没有任何请求信号，由于电梯仍处于 1 层，肯定要上升，UDSIG 置 0
          MYLIFT<= DOORCLOSE;                     --状态置回关门状态等待升降请求否则，
                                                    无论怎样电梯都要上升
     ELSE UDSIG<='0';
     MYLIFT<=UP;
     END IF;
   END IF;
   ELSIF UDSIG<='1' THEN                     --UDSIG=1 表示下降模式
     IF POSITION=1 THEN                      --如果电梯在第 1 层
     IF STOPLIGHT="000"AND FUPLIGHT="000"AND FDNLIGHT="000" THEN
     UDSIG<='0'                              --没有任何请求信号
     MYLIFT<=DOORCLOSE;                      --状态置回关门状态，等待升降请求
     ELSE UDSIG<='0';MYLIFT<=UP;             --其他情况电梯都得上升
     END IF;
     ELSIF POSITION=2 THEN                   --如果电梯在第 2 层
       IF
       STOPLIGHT="000"AND FUPLIGHT="000"AND FDNLIGHT="000" THEN
       UDSIG<='1'                            --没有任何请求信号，电梯仍处于下降模式
       MYLIFT<=DOORCLOSE;                    --状态置回关门状态，等待升降请求
       ELSIF
         STOPLIGHT(1)= '1' OR(STOPLIGHT(1)= '0' AND FDNLIGHT(1) ='1') THEN
                                             --如果内部有 1 层停站请求或有 1 层上升请求
         UDSIG<='1';
         MYLIFT<=DOWN;                       --状态转移到下降状态
         ELSE UDSIG<='0';
         MYLIFT<=UP;                         --其他情况电梯都得上升
         END IF;
       ELSIF POSITION=3 THEN                 --如果电梯在第 3 层
         IF STOPLIGHT="000"AND FUPLIGHT="000"AND FDNLIGHT="000" THEN
                         - -没有任何请求信号，由于电梯处于最高层，所以肯定要下降
         UDSIG<='1';
         MYLIFT<= DOORCLOSE;
         ELSE UDSIG<='1';
         MYLIFT<=DOWN;
         END IF;
     END IF;
  END IF;
  WHEN UP=>                                   --电梯处于上升状态时
  POSITION<= POSITION+1;                      --信号 POSITION 加 1 表示上升 1 层
```

```
        POS: =POS+1;                              --变量 POS 加 1 表示上升一层
          IF POS<3 AND (STOPLIGHT(POS)= '1' OR FDNLIGHT(POS)= '1')
--如果即将到达的层不是最高层并且内部有该层停站请求或者该层外部有上升请求下一状态电梯停止
            THEN MYLIFT<=STOP;
            LSIF POS=3 AND (STOPLIGHT(POS)= '1'OR FDNLIGHT(POS)= '1')
--如果即将到达的层是最高层且内部有该层停站请求或者该层外部有下降请求下一状态为停止状态
            THEN MYLIFT<=STOP;
            ELSE MYLIFT<=DOORCLOSE;
            END IF;
        WHEN DOWN=>                               --电梯处于下降的状态
        POSTION<=POSTION-1;                       --信号 POSITION 减 1 表示下降 1 层
        POS: =POS-1;                              --变量 POS 减 1 表示下降 1 层
        IF POS>1 AND (STOPLIGHT(POS)= '1' OR FDNLIGHT(POS)= '1')
--如果即将到达的层不是 1 层且内部有该层停站请求或者该层外部有下降请求下一状态为停止状态
        THEN MYLIFT<=STOP;
        ELSIF POS=1 AND (STOPLIGHT(POS)= '1'OR FDNLIGHT(POS)= '1')
--如果即将到达的层是 1 层且内部有该层停站请求或者该层外部有上升请求下一状态为停止状态
        THEN MYLIFT<=STOP;
        ELSE MYLIFT<=DOORCLOSE;
        END IF;
      WHEN STOP=>                                 --电梯处于停止状态时
      MYLIFT<=DOOROPEN;                           --状态转移到开门状态
      WHEN DOOROPEN=>                             --电梯处于开门状态时
      DOORLIGHT<='1';
        IF UDSIG='0' THEN                         --如果电梯处于上升模式
          IF POSITION<=2 AND (STOPLIGHT(POSITION)
                        = '1' OR FDNLIGHT(POSITION)= '1')THEN
--如果电梯位于 2 层或 2 层以下，且内部停站等于 1 或外部请求上升信号等于 1，此时只需要清除--
  上升请求指示灯
          CLEARUP<='1';
          ELSE CLEARUP<='1'; CLEARDN<='1';        --其他情况需同时清除上升和下降指示灯
          END IF;
          ELSIF UDSIG='1'THEN                     --如果电梯处于下降模式
          IF POSITION>=2 AND (STOPLIGHT(POSITION)= '1' OR FDNLIGHT(POSITION)
                        ='1')THEN
--如果电梯位于 2 层或 2 层以上，且内部停站等于 1 或外部请求下降信号等于 1，此时只用清除下降
  请求指示灯
          CLEARDN<='1';
          ELSE CLEARUP<='1'; CLEARDN<='1';        --其他情况需同时清除上升和下降指示灯
          END IF;
        END IF;
      MYLIFT<=DOORWAIT1;
      END CASE;
      END IF;
    END IF;
  END PROCESS CTRLIFT;
  CTRLIFT: PROCESS(RESET,BUTTONCLK)               --控制按键信号灯的进程
    BEGIN
      IF   RESET='1'THEN                          --异步复位信号为 1 时
      STOPLIGHT<="000";FUPLIGHT<="000";FDNLIGHT<="000";
       ELSE
         IF   BUTTONCLK'EVENT AND BUTTONCLK='1'THEN
```

```
            IF CLEARUP='1' THEN          --当清除上升请求指示灯信号为 1 时
            STOPLIGHT(POSITION)<= '0';FUPLIGHT(POSITION)<= '0';
                                         --该层电梯内部停站信号灯和外部上升请求指示灯灭
            ELSE
              IF F1UPBUTTON='1' THEN FUPLIGHT(1)<= '1';
              ELSIF F2UPBUTTON='1' THEN FUPLIGHT(2)<= '1';
              END IF;                    --如果按按键，那么指示灯亮
            END IF;
              IF CLEARDN='1'THEN         --当清除下降请求指示灯信号为 1 时
              STOPLIGHT(POSITION)<= '0';FUPLIGHT(POSITION)<= '0';
                                         --该层电梯内部停站信号灯和外部上升请求指示灯灭
              ELSE
                IF F2DNBUTTON='1'THEN FDNLIGHT(2)<= '1';
              ELSIF F3DNBUTTON='1'THEN FDNLIGHT(3)<= '1';
              END IF;                    --如果按按键，那么指示灯亮
            END IF;
              IF STOP1BOUTTON='1' THEN STOPLIGHT(1)<= '1';
              ELSIF STOP2BUTTON='1' THEN STOPLIGHT(2)<= '1';
              ELSIF STOP3BUTTON='1' THEN STOPLIGHT(3)<= '1';
              END IF;                    --如果按按键，那么指示灯亮
            END IF;
          END IF;
        END IF;
      END PROCESS CTRLIGHT;
    END ART;
```

8.7.4　三层电梯控制器的波形仿真

做一些符合实际情况的假设，就是有外部上升请求的乘客，进入电梯以后一定是按高层的内部停站按钮，有外部下降请求的乘客，进入电梯以后一定是按低层的内部停站按钮。而且乘客进入电梯以后必定要按按键。在同一时刻有多人同时按按键的概率很小，所以按键一定有先后顺序。根据这些合理的假设就可以做出有上升求、下降请求、同时有上升请求和下降请求的仿真波形。

8.7.5　N 层电梯控制器的设计技巧分析

在本设计中，因为考虑了扩展性，所以在信号定义时就使用了二进制向量，而不是整数。在设计方法上也作了特殊设计，使得扩展性较好。如果要实现 n 层电梯的控制，首先在有端口的地方加入所有的按键，而指示灯只需要把向量中的 3 改成 n 就可以了。同时需要在按键控制进程里加入其他按键触发指示灯的语句。在电梯的升降状态，将 3 改成 n，在电梯的开门状态中将 2 改成 n-1。在关门状态将 position=3 改成 position=n，关键是修改 position=2 的部分，如果按照每层罗列，计算将十分繁琐，所以将寻求各层判断条件的共性。解决方法之一就是新建一个全局向量 one 为 std_logic_vecter(n dwonto 1)，然后和 stoplight

与 fuplight 信号相比较，如果有更高层的请求，那么 stoplight 或 fuplight 必定大于此时的 one 向量，如果 stoplight 和 fuplight 都小于 one 向量，则表示没有更高层的内部上升请求，此时将 fdnlight 向量和 one 向量比较，如果大于则表示高层有下降请求，电梯将上升，如果没有任何请求信号，则电梯停止，否则电梯下降，如此就可以大大简化程序，但是要注意的是 one 向量必须实时更新，以作为判断依据，也可以另外写一个进程，用 buttonclk 来触发。

8.8　本章小结

本章介绍了有限状态机由状态寄存器、状态译码器和输出译码器组成。状态机也可以认为是组合逻辑和时序逻辑的特殊组合。组合逻辑部分主要由状态译码器和输出逻辑构成，状态译码器确定状态机的次态，输出逻辑确定状态机的输出；时序逻辑部分主要由状态寄存器构成，它的作用是存储有限状态机的内部状态。用 VHDL 设计的状态机有多种形式，从状态机的信号输出方式分为 Mealy 型和 Moore 型两种状态机。一般常用的状态机通常包含说明部分、主控时序进程、主控组合进程、辅助进程几部分。本章基于实用的目的，重点介绍用 VHDL 设计不同类型有限状态机的方法，要求大家重点掌握时序逻辑电路设计和状态机设计。

8.9　习　题

8-1　以 VHDL 设计一个有限状态机构成的序列检测器，序列检测器是用来检测一组或多组序列信号的电路，要求当检测器连续收到一组串行码(如 1110010)后，输入为 1，否则输出为 0。序列检测 I/O 口的设计如下：设 xi 是串行输入端 zo 是输出，当 xi 连续输入 1110010 时 zo 输出 1。根据要求，电路需记忆初始状态、1、11、111、1110、11100、111001、1110010 8 种状态。

8-2　设计一状态机，设输入和输出信号分别是 a、b 和 output，时钟信号为 clk，有 5 个状态：S0、S1、S2、S3 和 S4。状态机工作方式是：当[b,a]=0 时，随 clk 向下一状态转换，输出 1；当[b,a]=1 时，随 clk 逆向转换，输出 1；当[b,a]=2 时，保持原状态，输出 0；当[b,a]=3 时，返回初始态 S0，输出 1，要求如下：

(1) 画出状态转换图。

(2) 用 VHDL 描述此状态机。

(3) 为此状态机设置异步清零信号输入，修改原 VHDL 程序。

(4) 若为同步清零信号输入，试修改原 VHDL 程序。

8-3　改进程序 8-2，使之使用一位热码编码方式对各状态进行编码，并加入非法状态监测识别逻辑。

8-4　八层电梯控制器的设计：电梯控制器是控制电梯按顾客的要求自动上下的装置。八层电梯控制器的功能如下：

(1) 每层电梯入口处设有上下请求开关，电梯内设有乘客到达层次的停站请求开关。

(2) 设有电梯所处位置指示装置及电梯运行模式(上升或下降)指示装置。

(3) 电梯每秒升(降)一层楼。

(4) 电梯到达有停站请求的楼层后，经过一秒电梯门打开，开门指示灯亮，开门 4 秒后电梯门关闭(开门指示灯灭)，电梯继续运行，直到执行完最后一个请求信号停止当前层。

(5) 能记忆电梯内外的所有请求信号，并按照电梯运行规则次序响应，每个请求信号保留至执行后消除。

(6) 电梯运行规则：当电梯处于上升模式时，只响应比电梯所在位置高的上楼请求信号，由下而上逐个执行，直到最后一个上楼请求执行完毕，如更高层有下楼请求则直接升到有下楼请求的最高层接客，然后便进入下降模式。当电梯处于下降模式时，则与上升模式相反。

(7) 电梯初始状态为一层开门。

电梯控制器可以通过多种方法进行设计，其中用状态机来实现思路比较清晰。可以将电梯等待的每秒钟以及开门、关门都看成一个独立的状态。由于电梯又是每秒上升或下降一层，所以就可以通过一个以秒为周期的时钟来触发状态机。根据电梯的实际工作情况可以把状态机设置 10 个状态，分别是“电梯停留在一层”、“开门”、“关门”、“开门等待第 1 秒”、“开门等待第 2 秒”、“开门等待第 3 秒”、“开门等待第 4 秒”、“上升”、“下降”和“停止”状态。各个状态之间的转换条件可由上面的设计要求所决定。

第9章　宏功能模块与IP应用

9.1　宏功能模块概述

LPM 是 Library of Parameterized Modules(参数可设置模块库)的缩写。Altera 提供的可参数化宏功能模块和 LPM 函数，均基于 Altera 器件的结构作了优化设计。在许多实际设计中，只有利用宏功能模块才可以使用一些 Altera 特定器件的硬件功能，例如各类片上存储器、DSP 模块、LVDS 驱动器、嵌入式 PLL 以及 SERDES 和 DDIO 电路模块等。Altera 提供了多种方法，以获取 Altera Megafunction Partners Program(AMPP)和 MegaCore 宏功能模块。这些模块已经经过严格的测试和优化，它们将会在 Altera 特定器件的结构中发挥出最佳性能。可以使用这些具有知识产权的成熟的参数化模块来减少设计和测试的时间。MegaCore 和 AMPP 宏功能模块包含应用于通信、数字信号处理(DSP)、PCI 和其他总线界面，以及存储器的宏功能模块。

Altera 提供的宏功能模块与 LPM 函数包括以下 5 个组成部分。

- 算术组件：包括累加器、加法器、乘法器和 LPM 算术函数等。
- 门电路：包括多路选择器和 LPM 门函数等。
- I/O 组件：包括时钟数据恢复(CDR)、锁相环(PLL)、双数据速率(DDR)、千兆位收发器块(GXB)、LVDS 接收器和发送器、PLL 重新配置和远程更新宏功能模块。
- 存储器编译器：包括 FIFO Partitioner、RAM 和 ROM 宏功能模块等。
- 存储组件：包括存储器、移位寄存器宏模块和 LPM 存储器函数等。

除此以外还有来自非 Altera 的 LPM 库的各类专业知识产权核，如各类单片机 IP 和 ARMIP 等。

本章将通过一些示例来重点介绍 LPM 宏功能模块的使用方法，存储器模块 POM 和 RAM 的定制与应用。

9.1.1　知识产权核的应用

为了使用 OpenCore 和 OpenCore Plus 功能块，可以在获得使用许可和购买之前免费下载和评估 AMPP 和 MegaCore 函数。A1tera 提供以下程序、功能模块和函数，协助用户在 QuartusⅡ和 EDA 设计输入工具中使用 IP 核。

(1) AMPP 程序。AMPP 程序可以支持第三方供应商，以便建立 QuartusII 配用的宏功能模块。AMPP 合作伙伴还提供了一系列为 Altera 器件实行优化的现成的宏功能模块。同时 AMPP 函数的评估期由各供应商决定，可以从 Altera 网站 www.altera.com/ipmegastore 上的 IP MegaStore 下载和评估 AMPP 函数。

(2) MegaCore 函数。MegaCore 函数是用于复杂系统级函数的预验证 HDL 设计文件，并且可以使用 MegaWizard Plug-In Manager 进行完全参数化设置。MegaCore 函数由多个不同的设计文件组成，包括用于实施设计的综合后 AHDL(Altera 的 HDL)包含文件和为使用 EDA 仿真工具进行设计和调试而提供的 VHDL 或 Verilog HDL 功能仿真模型，其相应的 MegaCore 函数通过 Altera 网站上的 IP MegaStore 提供，或通过将 MegaWizard Portal Extension 用于 MegaWizard Plug-In Manager 来提供。

(3) OpenCore 评估功能。OpenCore 宏功能模块是通过 OpenCore 评估功能获取的 MegaCore 函数。Altera OpenCore 功能允许在采购之前评估 AMPP 和 MegaCore 函数，也可以使用 OpenCore 功能进行编译、仿真设计并验证设计的功能和性能，但不支持下载文件的生成。

(4) OpenCore Plus 硬件评估功能。OpenCore Plus 评估功能通过支持免费 RTL 仿真和硬件评估来增强 OpenCore 评估功能。RTL 仿真支持用于在设计中仿真 MegaCore 函数的 RTL 模型。硬件评估支持用于为包括 Altera MegaCore 函数的设计生成时限编程文件。可以在决定购买 MegaCore 函数的许可之前使用这些文件，进行板级设计验证。OpenCore Plus 功能支持的 MegaCore 函数包括标准 OpenCore 版本和 OpenCore Plus 版本。OpenCore Plus 许可用于生成时限编程文件，但不生成输出网表文件(无法编程下载)。

9.1.2 使用 MegaWizard Plug-In Manager

以下将要介绍的 Quartus II 的 MegaWizard Plug-In Manager 管理器可以帮助用户建立或修改包含自定义宏功能模块变量的设计文件，然后可以在顶层设计文件中对这些文件进行例化。这些自定义的宏功能模块变量基于 Altera 提供的宏功能模块，包括 LPM、MegaCore 和 AMPP 函数。MegaWizard Plug-In Manager 运行一个向导，帮助用户轻松地为自定义宏功能模块变量指定选项；该向导用于为参数和可选端口设置数值，也可以从 Tools 菜单或从原理图设计文件中打开 MegaWizard Plug-In Manager。还可以将它作为独立实用程序来运行。以下列出了 MegaWizard Plug-In Manager 为帮助用户生成每个自定义宏功能模块变量而生成的文件。

- <输出文件>.bsf：Block Editor 中使用的宏功能模块的符号(元件)。
- <输出文件>.cmp：组件申明文件。
- <输出文件>.inc：宏功能模块包装文件中模块的 AHDL 包含文件。
- <输出文件>.tdf：要在 AHDL 设计中实现例化的宏功能模块包装文件。
- <输出文件>.vhd：要在 VHDL 设计中实现例化的宏功能模块包装文件。
- <输出文件>.V：要在 Verilog HDL 设计中实现例化的宏功能模块包装文件。

- <输出文件>_bb.v：Verilog HDL 设计所用宏功能模块包装文件中模块的空体或 black-box 申明，用于在使用 EDA 综合工具时指定端口方向。
- <输出文件>_inst.tdf：宏功能模块包装文件中子设计的 AHDL 例化示例。
- <输出文件>_inst.vhd：宏功能模块包装文件中实体的 VHDL 例化示例。
- <输出文件>_inst.v：宏功能模块包装文件中模块的 Verilog HDL 例化示例。
- 可以在命令提示符下输入以下命令，以实现在 QuartusII 软件之外使用 MegaWizard-Plug-In Manager: qmegawizer。

9.1.3　在 Quartus II 中对宏功能模块进行例化

对宏功能模块进行例化的途径有多种：如可以在 Block Editor 中直接例化；在 HDL 代码中例化(通过端口和参数定义例化，或使用 MegaWizard Plug-In Manager 对宏功能模块进行参数化并建立包装文件)，也可以通过界面，在 Quartus II 中对 Altera 宏功能模块和 LPM 函数进行例化。Altera 推荐使用 MegaWizard Plug-In Manager 对宏功能模块进行例化以及建立自定义宏功能模块变量。由 MegaWizard Plug-In Manager 运行的向导将提供一个供自定义和参数化宏功能模块使用的图形界面，并确保正确设置所有宏功能模块的参数。

Quartus II Analysis&Synthesis 可以自动识别某些类型的 HDL 代码和生成相应的宏功能模块。由于 Altera 宏功能模块已对 Altera 器件实行优化，并且其性能要优于标准的 HDL 代码，因此 Quartus II 可以使用生成方法。对于一些结构特定的功能模块，例如 RAM 和 DSP 模块，必须使用 Altera 宏功能模块。Quartus II 在综合期间将逻辑构建：计数器、加法/减法器、乘法器、乘-累加器和乘-加法器、RAM、移位寄存器等，并映射到 LPM 模块中。

9.1.4　宏功能模块 LPM 计数器的使用方法

Quartus II 中含有大量的功能强大的 LPM 模块。本节通过介绍一个 LPM 计数器(LPM_COUNTER)模块的调用方法、流程测试，给出 MegaWizard Plug-In Manager 管理器对同类宏模块的一般使用方法。对于之后介绍的其他模块则主要介绍调用方法上的不同之处和不同特性的仿真测试方法。

1. LPM_COUNTER 模块文本文件的调用

在介绍测试和使用方法前，先介绍此模块的文本文件调用流程，包括以下几个步骤：

(1) 打开宏功能模块调用管理器。首先建立一个文件夹，例如 e:\LPM_MD；然后选择 Tools\MegaWizard Plug-In Manager 命令，打开如图 9-1 所示的对话框，选中 Create a new custom megafunction variation 单选按钮，即定制一个新的模块。如果要修改一个已编辑好的 LPM 模块，则选中 Edit an existing custom megafunction Variation 单选按钮。

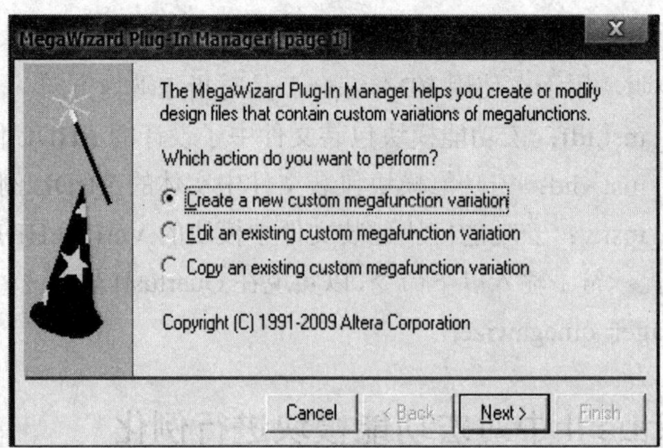

图 9-1　定制新的宏功能块

单击 Next 按钮后，打开如图 9-2 所示的对话框，可以看到左栏中有各类功能的 LPM 模块选项目录；当单击算术项 Arithmetic 后，立即展示许多 LPM 算术模块选项；然后选择计数器 LPM_COUNTER，再于右上选择 CycloneIII 器件系列和 VHDL 语言方式；最后输入此模块文件存放的路径和文件名 e:\LPM_MD\CNT4B，单击 Next 按钮。

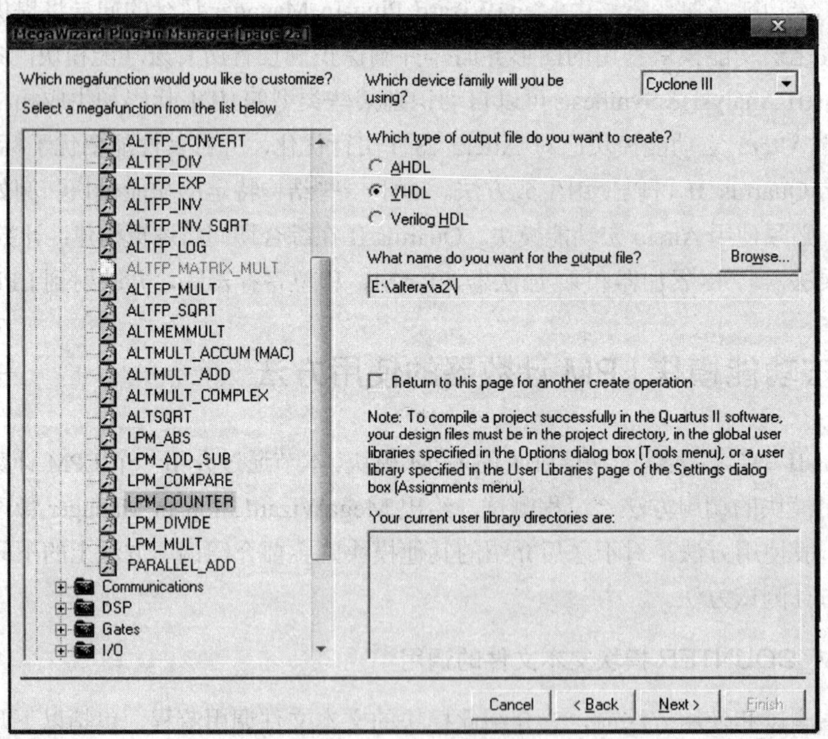

图 9-2　LPM 宏功能模块设定

(2) 单击 Next 按钮后，打开如图 9-3 所示的对话框，在对话框中选择 4 位计数器，选择“Create an updown input...”使计数器有加减控制功能。

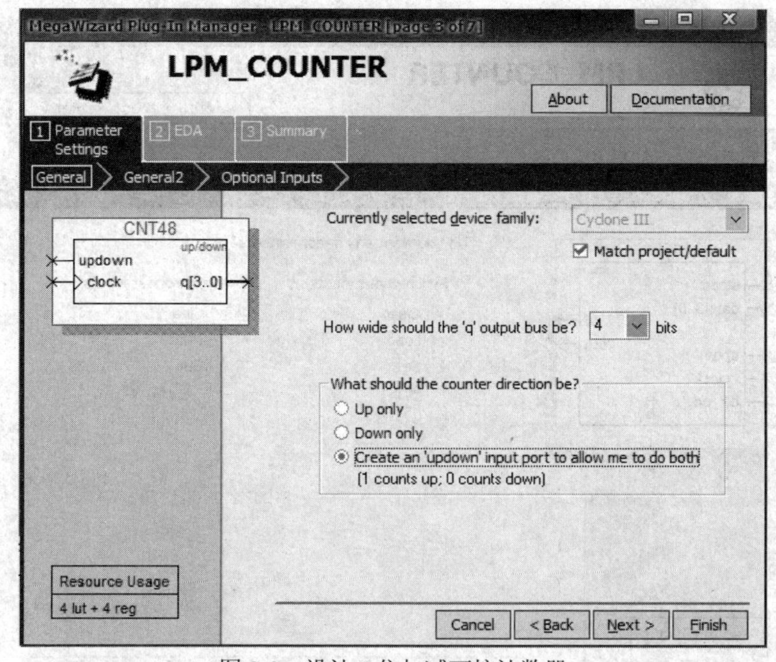

图 9-3　设计 4 位加减可控计数器

(3) 再单击 Next 按钮，打开如图 9-4 所示的对话框。在此，若选择 Plain binary 则表示是普通二进制计数器；此时选择 Modulus，with a cacnt modulus of 选项，并输入 12，即模 12 计数器，从 0 计到 11；然后选择时钟使能控制 Clock Enable 和进位输出 Carry-out。

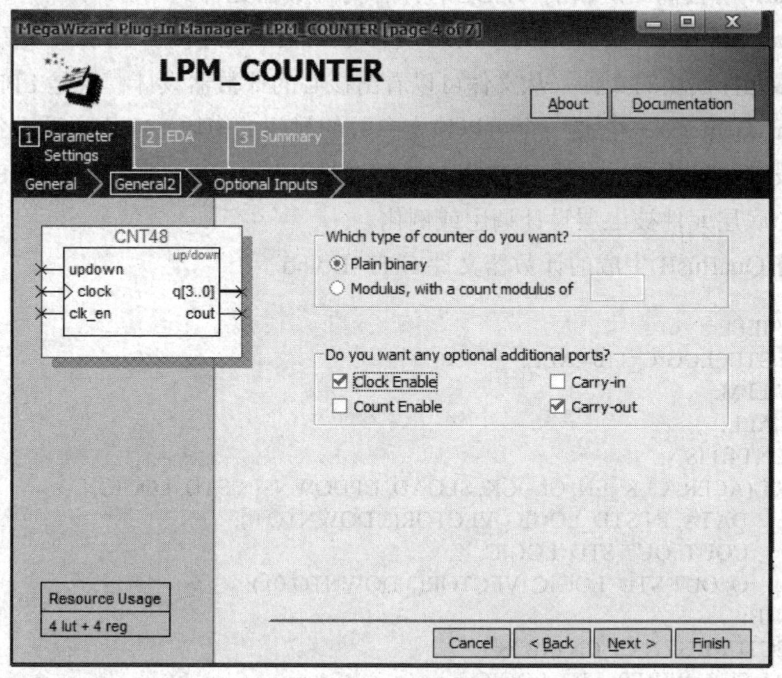

图 9-4　设定模 12 计数器

(4) 再单击 Next 按钮，打开如图 9-5 所示的对话框。在此，选择 4 位数据同步加载控制 Load 和异步清零控制 Clear。

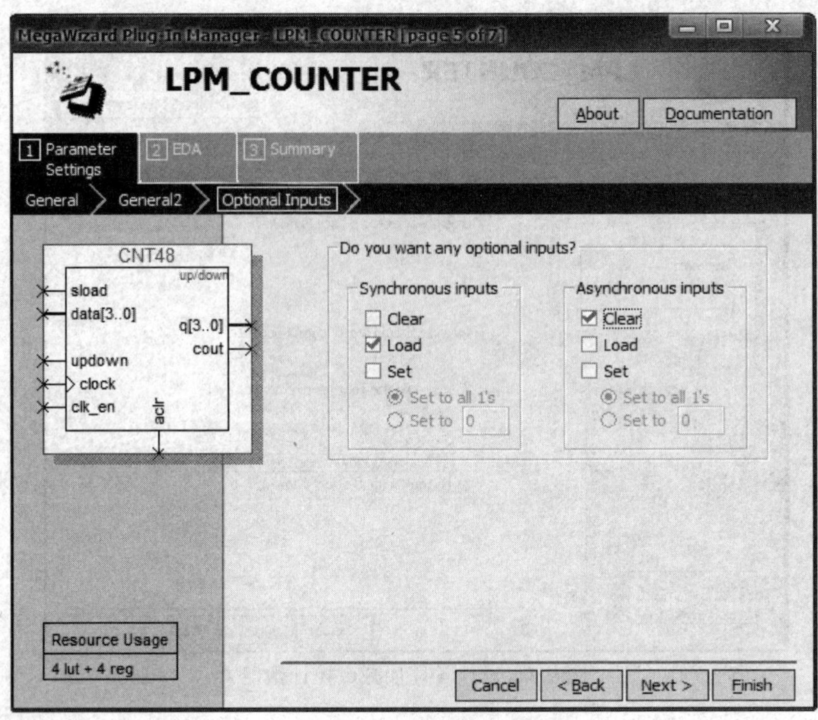

图 9-5　加入 4 位并行数据预置功能

最后再按 Next 按钮结束设置。以上的设置生成了 LMP 计数器的模块文件：VHDL 文件 CNT4B.vhd，可被高一层次的 VHDL 程序作为计数器元件调用。

利用 QuartusII 打开刚才生成的 VHDL 文件 CNT4B.vhd【例 9-1】，其实只是调用了更底层的计数器元件模块的文件。从文件可以看出核心的计数器设计模块是 LPM 库中 LPM 程序包的 lpm_counter——它是一个可以设定参数的封闭的模块——用户看不到内部设计，只能将用户设定的参数通过文件 CNT4B.vhd 传递进 lpm_counter 中；而 CNT4B.vhd 本身又可以作为一个底层元件被上层设计调用或例化。

【例 9-1】QuartusII 生成的计数器文件 CNT4B.vhd。

```
LIBRARY IEEE;
USE IEEE.STD_LOGIC_1164.ALL;
LIBRARY LPM;
USE LPM.ALL;
ENTITY CNT4B IS
    PORT (ACLR, CLK_EN, CLOCK, SLOAD, UPDOWN: IN STD_LOGIC;
        DATA: IN STD_LOGIC_VECTOR(3 DOWNTO 0);
        COUT: OUT STD_LOGIC;
        Q: OUT STD_LOGIC_VECTOR(3 DOWNTO 0) );
END CNT4B;
ARCHITECTURE SYN OF CNT4B IS
  SIGNAL SUB_WIRE0: STD_LOGIC;
  SIGNAL SUB_WIRE1: STD_LOGIC_VECTOR(3 DOWNTO 0);
  COMPONENT LPM_COUNTER
    GENERIC(LPM_DIRECTION, LPM_PORT_UPDOWN, LPM_TYPE: STRING;
    LPM_MODULUS, LPM_WIDTH: NATURAL);
```

```
        PORT(SLOAD, CLK_EN, ACLR, CLOCK, UPDOWN: IN STD_LOGIC;
    DATA: IN STD_LOGIC_VECTOR(3 DOWNTO 0);
            COUT: OUT STD_LOGIC;
            Q: OUT STD_LOGIC_VECTOR(3 DOWNTO 0) );
      END COMPONENT;
    BEGIN
      COUT<=SUB_WIRE0;   Q<=SUB_WIREL(3 DOWNTO 0);
    LPM_COUNTER_COMPONENT: LPM_COUNTER GENERIC MAP( LPM_DIRECTION => "UNUSED",
      LPM_MODULUS => 12,
                                    LPM_PORT_UPDOWN=> "PORT_USED",
                                    LPM_TYPE => "LPM_COUNTER",
                                    LPM_WIDTH =>4 );
      LPM_COUNTER_COMPONENT: LPM_COUNTER PORT MAP (SLOAD=>SLOAD,
CLK_EN=>CLK_EN,
    ACLR=>ACLR, CLOCK=>CLOCK,
                                  DATA=>DATA, UPDOWN=>UPDOWN,
    COUT=>SUB_WIRE0, Q=>SUB_WIREL);
    END SYN;
```

【例 9-1】中，lpm_counter 是从 LPM 库中调用的宏功能模块的元件名。而 lpm_counter_component 则是在此文件中为调用和使用 lpm_counter 取的例化名，即参数传递语句中的宏功能模块元件的例化名。其中的 lpm_direction 等称为宏功能模块的参数名，是被调用的元件(1pm_counter)文件中已定义的参数名；而 UNUSED 等是参数值，它们可以是整数、操作表达式、字符串或在当前模块中已定义的参数。使用时注意 GENERIC 语句只能将参数传递到比当前层次仅低一层的元件文件中，即当前的例化文件中，不能更深入进去。

为了调用计数器文件 CNT4B.vhd，必须设计一个程序来例化它。【例 9-2】就是这样的一个程序 CNT4BIT.vhd。此程序只是对 CNT4B.vhd 进行了例化。

【例 9-2】设计程序案例化 CNT4B.vhd。

```
LIBRARY ieee;
USE ieee.std_logic_1164.All;
ENTITY   CNT4BIT   IS
      PORT(CLK, RST, ENA, SLD, UD: IN std_logic;
            DIN: IN std_logic_vector(3 DOWNTO 0);
            COUT: OUT std_logic;
            DOUT: OUT std_logic_vector(3 DOWNTO 0));
END ENTITY CNT4BIT;
ARCHITECTURE translated OF CNT4BIT IS
  COMPONENT   CNT4B
      PORT(aclr, clk_en, clock, sload, updown: IN STD_LOGIC;
            data: IN STD_LOGIC_VECTOR(3 DOWNTO 0);
            cout: OUT STD_LOGIC;
            q: OUT STD_LOGIC_VECTOR(3 DOWNTO   0));
END COMPONENT;
BEGIN
U1: CNT4B PORT MAP( sload=>SLD, clk_en=>ENA, aclr=>RST,
                    cout=>COUT,clock=>CLK,data=>DIN,updown=>UD,q=>DOUT);
END ARCHITECTURE translated;
```

2. 创建工程与仿真测试

将【例 9-2】设定为顶层工程文件，并对其仿真。如图 9-6 所示的是其仿真波形。注意，第二个 SLD 加载信号是在 CLK 上升沿没有发生时出现的，可以看出它无法进行加载，显然说明它只有同步起作用。从波形中可以了解此计数器模块的功能和性能。

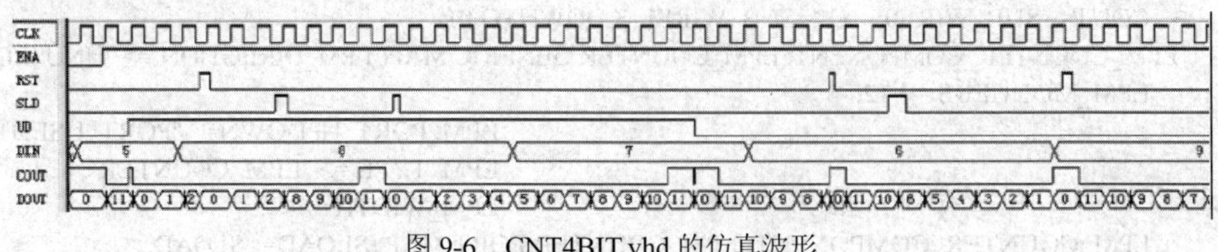

图 9-6　CNT4BIT.vhd 的仿真波形

建立一个空的原理图顶层文件，并将其创建为工程文件；然后在原理图编辑窗中打开窗口，选择此窗口左下的 MegaWizard Plug-In Manager 按钮，按照本章以上的流程即能编辑生成一个计数器元件的原理图文件 CNT4B.bsf；.bsf 是 Block Schematic File 的意思；将此元件调入原理图编辑窗就能编辑。如图 9-7 所示为计数器元件模块在顶层原理图中与外部端口的连接电路，仿真结果应该与图 9-6 相同。

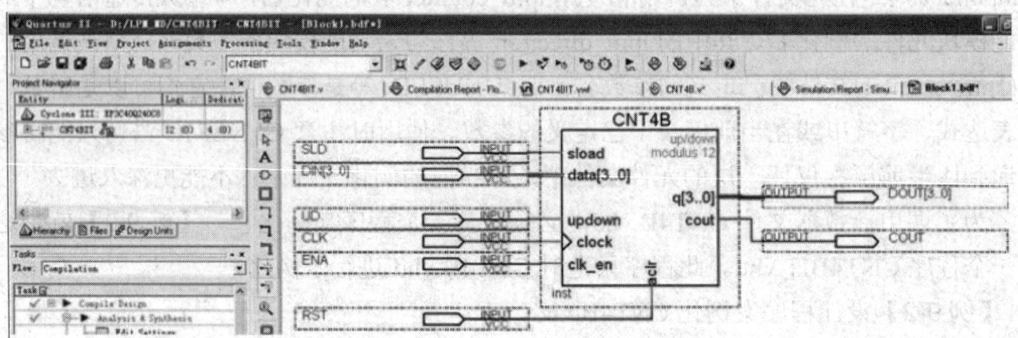

图 9-7　以原理图为顶层设计的计数器电路

9.2　存储器模块的定制与应用

在涉及 RAM 和 ROM 等存储器应用的 EDA 设计开发中，调用 LPM 存储器模块是最方便、最经济、最高效和性能最容易满足设计要求的途径。本节介绍利用 Quartus II 调用 LPM ROM 的方法和相关技术，包括仿真测试、初始化配置文件生成、例化程序表述、属性应用以及存储器的纯 VHDL 语言描述等。

9.2.1　存储器初始化文件生成

所谓存储器的初始化文件就是存于 RAM 或 ROM 中的数据或程序文件代码。在 EDA 设计中，通过 EDA 工具设计或设定的存储器中的代码文件必须由 EDA 软件在统一编译的时候自动调入，所以此类代码文件，即初始化文件的格式必须满足一定的要求。Quartus II 只能接受两种格式的初始化文件：Memory Initialization File(.mif)格式和 Hexadecimal(Intel-Format)File(.hex)格式。

1. 建立 MIF 格式文件

生成 MIF 格式的文件有以下 4 种方法。

(1) 直接编辑法。首先在 Quartus II 中打开 MIF 文件编辑窗口，即选择 File-New 命令，并在 New 窗中选择 Memory File 栏的 Memory Initialization File 选项，单击 OK 按钮后产生 MIF 数据文件大小选择窗口；在此根据存储器的地址和数据宽度选择参数：如果对应地址线为 7 位，选择 Number 为 128；对应数据宽为 8 位，选择 Word size 为 8 位。单击 OK 按钮，将出现如图 9-8 所示的.mif 数据表格，表格中的数据格式可通过右击窗口边缘的地址数据，在所弹出的对话框中选择，此表中任一数据对应的地址为左列与顶行数之和；填完此表后，选择 File-Save As 命令，保存此数据文件，例如取名为 data7X8.mif。

(2) 文件编辑法。即使用 Quartus II 以外的编辑器设计 MIF 文件，其格式如【例 9-3】所示。其中地址和数据都为十六进制，冒号左边是地址值，右边是对应的数据，并以分号结尾。存盘以.mif 为后缀，如取名为：data7X8.mif。

【例 9-3】使用 Quartus II 以外的编辑器设计 MIF 文件。

```
DEPTH=128;
WIDTH=8;
ADDRESS_RADIX=HEX;
DATA_RADIX=HEX;
 CONTENT
BEGIN
0000: 0080;
0001: 0086;
0002: 008C;
      …(数据略去)
007E: 0073;
007F: 0079;
END;
```

(3) C 语言等软件生成法。.MIF 文件也可以用 C 语言生成。【例 9-4】是产生正弦波数据值的 C 程序。

【例 9-4】用 C 语言生成 MIF 文件。

```
#include <stdio.h>
#include "math.h"
 main( )
{int i ; float s;
 for(i=0; i<1024; i++)
            {s=sin(atan(1)*8 *i/1024);
             printf("%d: %d\n", i, (int)((s+1)*1023/2));
            }
}
```

上述程序编译生成代码后，可在 DOS 命令行下执行命令“romgen>sin_rom.mif;”；将生成 sin_rom.mif 文件，再加上.mif 文件的头部说明即可，其中假设 romgen 是编译后的程序名。此外也可以用 MATLAB 等软件来生成这些文件。

(4) 专用 MIF 文件生成器。可生成不同波形、不同数据格式、不同符号(有无符号)、或不同相位的 MIF 文件。例如某 ROM 的数据线宽为 8 位，地址线宽为 7 位，即可以放置 128 个 8 位数据；或者说，将一个周期分为 128 个点，每个点为 8 位数据位宽，初始相位为 0 度的二进制数，如果需要将这些二进制数作为正弦波数据，放在 ROM 或 RAM 中，则此初始化文件的设置应该如图 9-9 所示。

DATA7X8.mif

Addr	+0	+1	+2	+3	+4	+5	+6	+7
00	80	86	8C	92	98	9E	A5	AA
08	B0	B6	BC	C1	C6	CB	D0	D5
10	DA	DE	E2	E6	EA	ED	F0	F3
18	F5	F8	FA	FB	FD	FE	FE	FF
20	FF	FF	FE	FE	FD	FB	FA	F8
28	F5	F3	F0	ED	EA	E6	E2	DE
30	DA	D5	D0	CB	C6	C1	BC	B6
38	B0	AA	A5	9E	98	92	8C	86
40	7F	79	73	6D	67	61	5A	55
48	4F	49	43	3E	39	34	2F	2A
50	25	21	1D	19	15	12	0F	0C
58	0A	07	05	04	02	01	01	00
60	00	00	01	01	02	04	05	07
68	0A	0C	0F	12	15	19	1D	21
70	25	2A	2F	34	39	3E	43	49
78	4F	55	5A	61	67	6D	73	79

图 9-8　MIF 文件编辑窗

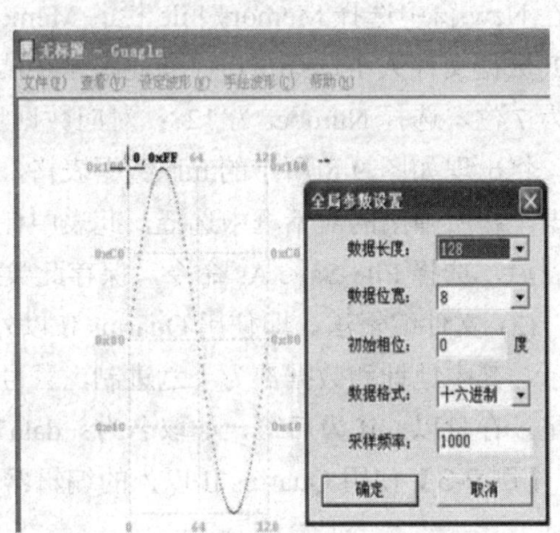

图 9-9　生成的 MIF 正弦波数据文件

以文件名 data7X8.mif 存盘。用记事本打开此文件将如图 9-10 所示。

2. 建立.hex 格式文件

建立.hex 格式文件有两种方法：第一种方法与以上介绍的方法相同，只是在 New 窗口中选择 Hexadecimal(Intel-Format)File 选项，最后存盘.hex 格式文件；第二种方法是用诸如单片机编译器来产生，方法是利用汇编程序编辑器将数据编辑于 HEX 数据编辑窗口中，然后用汇编编译器产生.hex 格式文件如图 9-11 所示。这里提到的.hex 格式文件生成的第二种方法很容易应用到 51 单片机、CPU 设计或程序 ROM 调用应用程序的设计技术中。在本章最后一节介绍的 8051 单片机 IP 核的系统构建和应用上，这种方法还将提及。

data7x8.mif - 记事本

```
DEPTH = 128;
WIDTH = 8;
ADDRESS_RADIX = HEX;
DATA_RADIX = HEX;
CONTENT
BEGIN
0000 : 0080;
0001 : 0086;
0002 : 008C;
0003 : 0092;
0004 : 0098;
0005 : 009E;
...
007B : 0061;
007C : 0067;
007D : 006D;
007E : 0073;
007F : 0079;
END ;
```

图 9-10　初始化配置文件

```
ORG 0000H
DB 255 , 254, 252 , 249
DB 245 , 239 , 233 , 225
DB 217 , 207 , 197 , 186
DB 174 , 162 , 150 , 137
DB 124 , 112 , 99 , 87
DB 75 , 64 , 53 , 43
DB 34 , 26 , 19 , 13
DB 8 , 4 , 1 , 0
DB 0 , 1 , 4 , 8
DB 13 , 19 , 26 , 34
DB 43 , 53 , 64 , 75
DB 87 , 99 , 112 , 124
DB 137 , 150 , 162 , 174
DB 186 , 197 , 207 , 217
DB 225 , 233 , 239 , 245
DB 249 , 252 , 254 , 255
END
```

图 9-11　LPM-ROM 仿真测试

9.2.2　定制 LPM_ROM 元件

除了作为数据和程序存储单元外，ROM 还有许多其他用处，如数字信号发生器的波形数据存储器，查表式计算器的核心工作单元等。以下先给出 LPM_ROM 的定制流程，然后介绍一个简单应用示例。

1. LPM_ROM 的定制调用和测试

选择 Memory Compiler 项下的 ROM：1-PORT 项，设文件名为 ROM78，FPGA 是 CycloneIII 系列，文本表述选择 VHDL。定制调用此 ROM 模块的参数设置和初始化文件的配置如图 9-12 和图 9-13 所示。正弦波数据初始化文件使用 DAZA7X8.mif。如图 9-14 所示的是此 LPM_ROM 的仿真波形图。

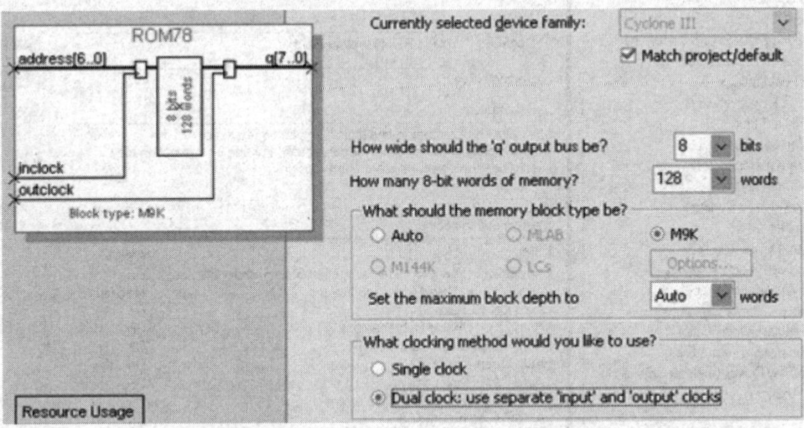

图 9-12　调用 LPM_ROM 之参数设置

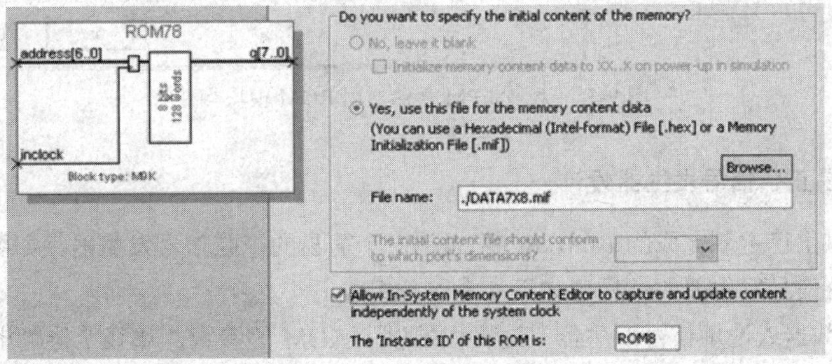

图 9-13　加入初始化配置文件

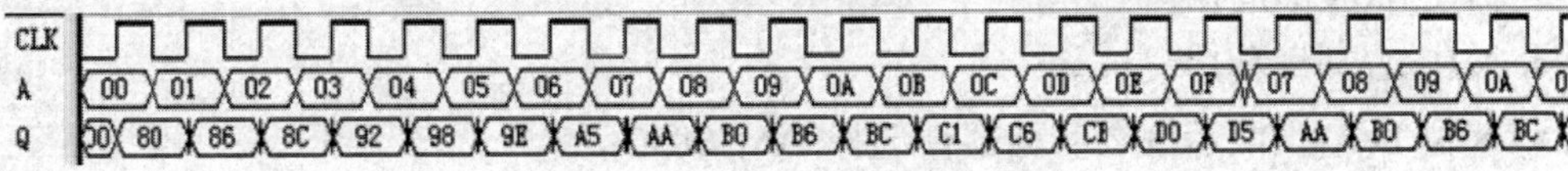

图 9-14　LPM_ROM 仿真测试

2. LPM 存储器模块取代设置

其实在许多情况下根据设置的要求，EDA 工具会自动识别 VHDL 程序中某些描述结构并可将其归纳为存储器，从而自动调用以 EAB、ESB 或 M9K 等为单元的 FPGA 内嵌 ROM 构建的 LPM 存储器模块，从而大大节省逻辑资源的耗用。可以归纳为存储器的最典型的程序结构是 CASE 语句，此语句结构也是最浪费逻辑资源的。EDA 将其归纳为存储器的方法很简单，即把 CASE 语句的表达式计算值作为地址信号。各分支的赋值数据作对应地址的存储器内部数据。设置方法前面已提到：进入如图 9-15 所示的对话框，于 Existing option settings 栏选择 Auto RAM Replacement 或 Auto ROM Replacement 即可。

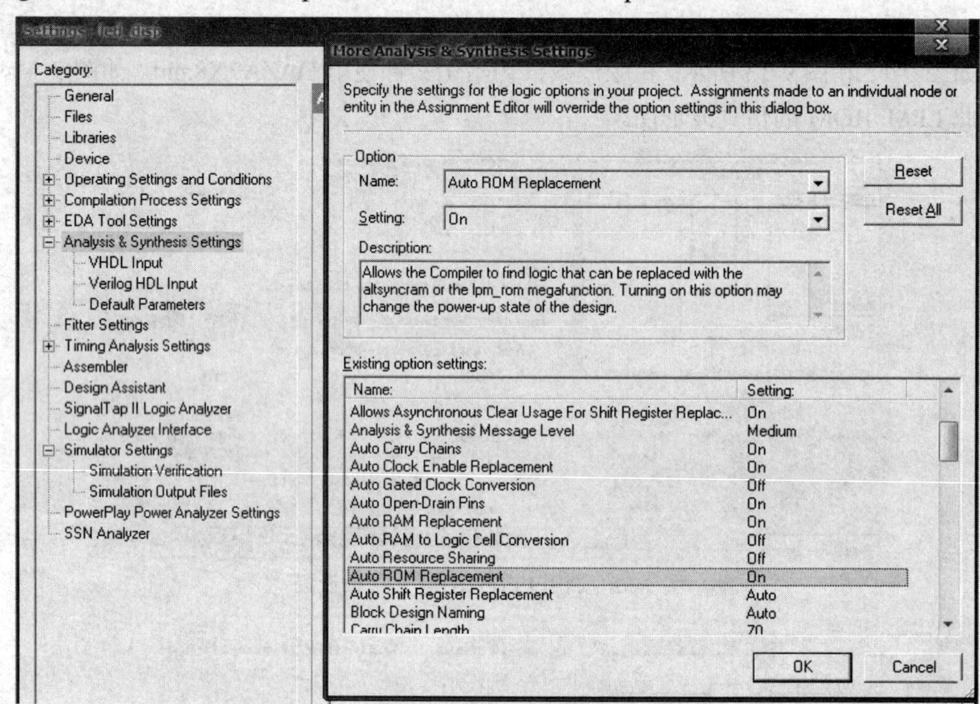

图 9-15　设置 LPM 存储器用 ROM 模块构建

3. 简易正弦信号发生器设计

利用以上已定制完成的 LPM_ROM 设计一个简易的正弦信号发生器。如图 9-16 所示的简易正弦信号发生器的结构由如下 4 个部分组成：

- 计数器或地址信号发生器，这里根据以上 ROM 的参数，选择 7 位输出。
- 正弦信号数据存储器 ROM(7 位地址线，8 位数据线)，含有 128 个 8 位波形数据(一个正弦波形周期)。
- VHDL 顶层程序设计。
- 8 位 D/A(设此示例之实验器件选择 DAC0832)。

如图 9-16 所示的信号发生器结构图中，顶层文件 SIN_GNT.vhd 在 FPGA 中实现，它包含两个部分：ROM 的地址信号发生器，由 7 位计数器担任；正弦数据 ROM，由 LPM_ROM 模块构成。LPM_ROM 底层是 FPGA 中的 EAB、ESB 或 M4K/M9K 等模块。地址发生器的时钟 CLK 的输入频率 f0 与每周期的波形数据点数(在此选择 128 点)，以及 D/A 输出的频率 f 的关系是：f=f0/128。

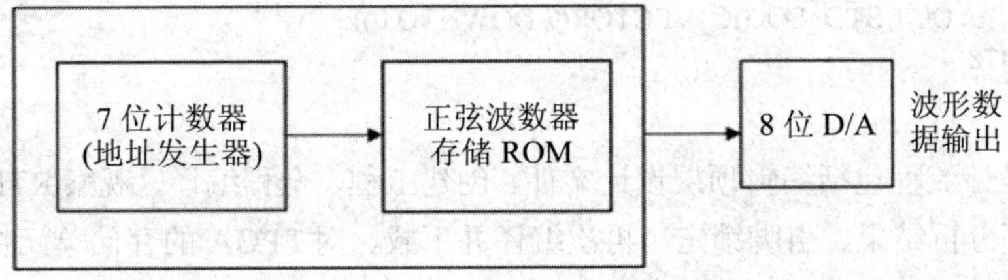

图 9-16　正弦信号发生器结构框图

【例 9-5】是此正弦信号发生器的顶层设计，其中包含作为 ROM 的地址信号发生器的 7 位计数器设计和定制的 LPM_ROM 文件模块 ROM78.vhd 的例化调用。

ROM78.vhd 源程序的端口描述部分如例 9-6 所示。

【例 9-5】正磁信息发生器的顶层设计。

```
LIBRARY IEEE;
USE IEEE.STD_LOGIC_1164.ALL;
USE IEEE.STD_LOGIC_UNSIGNED.ALL;
ENTITY SIN_GNT IS
  PORT(RST,CLK,EN: IN STD_LOGIC;
          AR: OUT   STD_LOGIC_VECTOR(6 DOWNTO 0);
           Q: OUT   STD_LOGIC_VECTOR(7 DOWNTO 0));
   END;
ARCHITECTURE ONE OF SIN_GNT IS
COMPONENT ROM78
   PORT(address:IN STD_LOGIC_VECTOR(6 DOWNTO 0);
          inclock:IN STD_LOGIC;
          q:OUT STD_LOGIC_VECTOR(7 DOWNTO 0));
END COMPONENT;
SIGNAL Q1:STD_LOGIC_VECTOR(6 DOWNTO 0);
   BEGIN
PROCESS(CLK,RST,EN)
BEGIN
        IF (RST='0') THEN   Q1<="0000000";
        ELSIF CLK'EVENT AND CLK ='1' THEN
          IF (EN='1') THEN   Q1<=Q1+1;
END IF;
END IF;
   END PROCESS;
AR<=Q1;
   u1:ROM78 PORT MAP(address=>Q1,q=>Q,inclock=>CLK);
  END;
```

【例 9-6】ROM78.vhd 文件源程序。

```
LIBRARY ieee;
USE ieee.std_logic_1164.a11;
LIBRARY altera_mf;
USE altera_mf.altera_mf_components.a11;
```

```
ENTITY ROM78 IS
PORT(address:IN STD_LOGIC_VECTOR(6 DOWNTO 0);
        inclock: IN STD_LOGIC;
        q: OUT STD_LOGIC_VECTOR(7 DOWNTO 0));
END ROM78;
…
```

此后的设计流程包括编辑顶层设计文件、创建工程、全程编译、观察 RTL 电路图、仿真、了解时序分析结果、引脚锁定、再次编译并下载、对 FPGA 的存储单元在系统读写测试和嵌入式逻辑分析仪测试等。

如图 9-17 所示的是仿真结果。由波形可见，随着每一个时钟上升沿的到来，输出端口将正弦波数据依次输出。

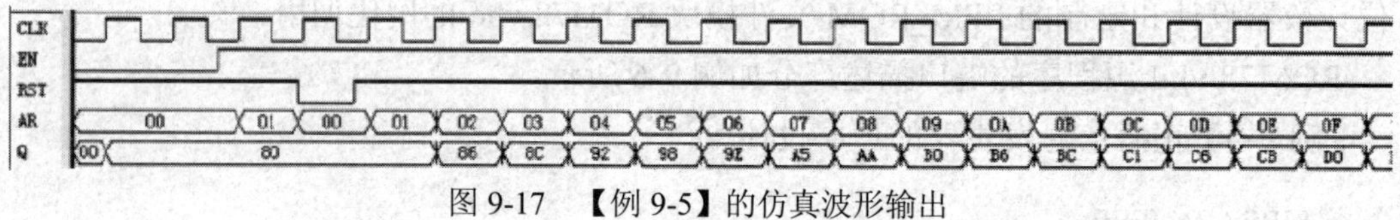

图 9-17　【例 9-5】的仿真波形输出

如图 9-18 所示的是【例 9-5】的 RTL 图。其中左边的 3 个元件：加法器、多路选择器和寄存器构成 7 位计数器，其输出接右边 ROM 的地址输入端，ROM 输出可以接 FPGA 外的 DAC，完成正弦波形输出。当然也可以利用逻辑分析仪 SignalTap II 对输出口 Q[7∶0]的数据采样，从计算机上实时了解输出波形的情况。

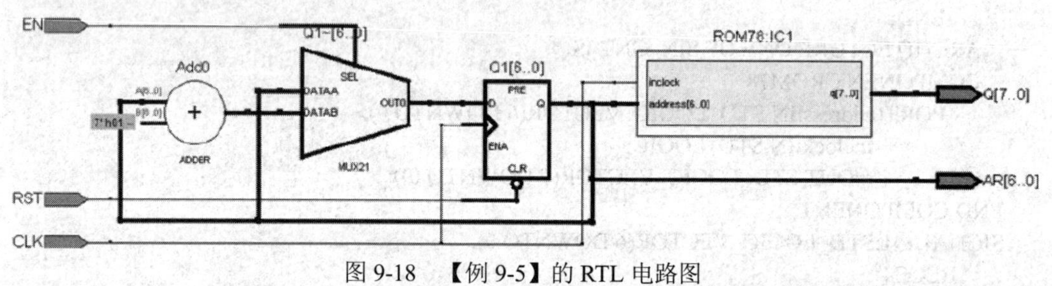

图 9-18　【例 9-5】的 RTL 电路图

9.3　在系统存储器单元读写编辑器

对于 Cyclone/II/III 等系列的 FPGA，只要对使用的 LPM_ROM 或 LPM_RAM 等存储器模块作适当设置，就能利用 Quartus II 的在系统存储器单元读写编辑器(In-System Memory Content Editor)直接通过 JTAG 接口读取或改写 FPGA 内处于工作状态的存储器中的数据，读取过程不影响 FPGA 的正常工作。

此编辑器的功能有许多用处，如在系统了解 ROM 中加载的数据、读取基于 EAB/M9K 的 RAM 中采样获得的数据，以及对嵌入在由 FPGA 资源设计成的系统中的数据 RAM 和程序 ROM 中的信息进行读取和修改等。此功能用法如下：

(1) 打开在系统存储单元编辑窗口，使计算机与开发板上 FPGA 的 JTAG 接口处于正常连接状态。选择 Tool-In-System Memory Content Editor 命令，弹出的窗口如图 9-19 所示。单击右上角的 Setup 按钮，在弹出的 Hardware Setup 对话框中选择 Hardware Settings 选项卡，再双击此选项卡中的选项 ByteBlasterMV 或 USB-Blaster 之后，单击 Close 按钮关闭对话框。这时将出现如图 9-20 所示的窗口(假设系统处于工作状态)。

(2) 读取 ROM 中的波形数据。右击窗口左上角的数据文件名 ROM8，将弹出如图 9-20 所示的快捷菜单，选择 Read Data from In-System Memory 命令，即出现如图 9-21 所示的数据，这些数据是在系统正常工作的情况下通过 FPGA 的 JTAG 接口从其内部 EAB ROM 中读出来的波形数据，它们应该与加载进去的文件 DATA7X8.mif 中的数据完全相同。

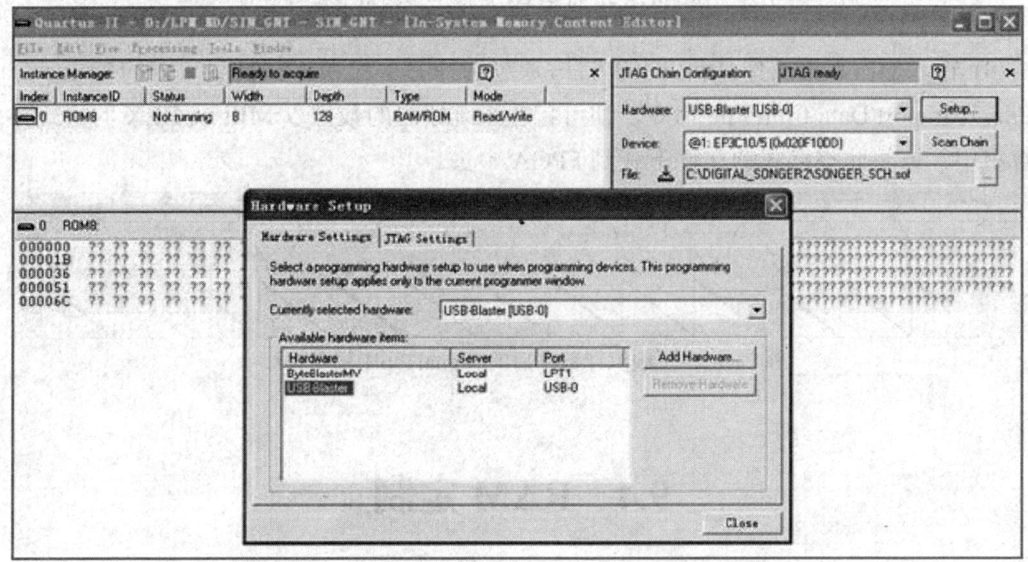

图 9-19　In-System Memory Content Editor 编译窗口

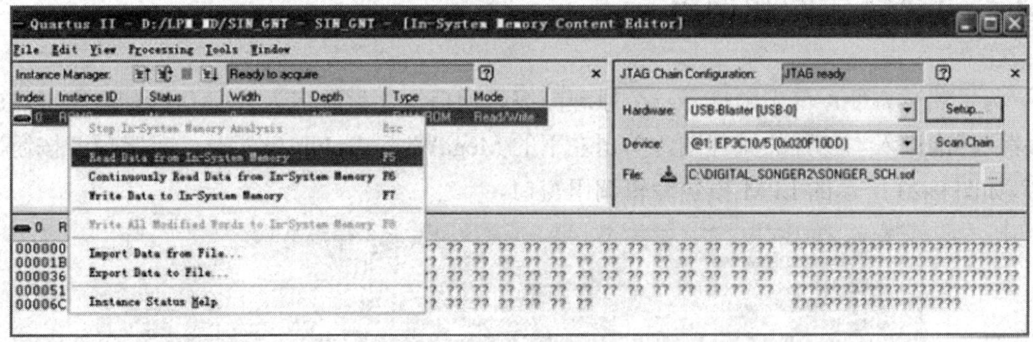

图 9-20　与实验系统上的 FPGA 通信正常情况下的编译窗口

(3) 写数据。方法与读数据相同，首先在图 9-21 所示的窗口编辑波形数据。如将最前面的 7 个 8 位数据都改为 11H，再右击窗口左上角的数据文件名 ROM8，选择 Write Data to In-System Memory 命令(也可单击上方含有下指箭头的按钮)，即可将编辑后所有的数据通过 JTAG 接口下载到 FPGA 的 LPM_ROM 中，这时可以从示波器和 SignalTap II 上同时观察到波形的变化。如图 9-22 所示即为 SignalTap II 的实时采样波形。

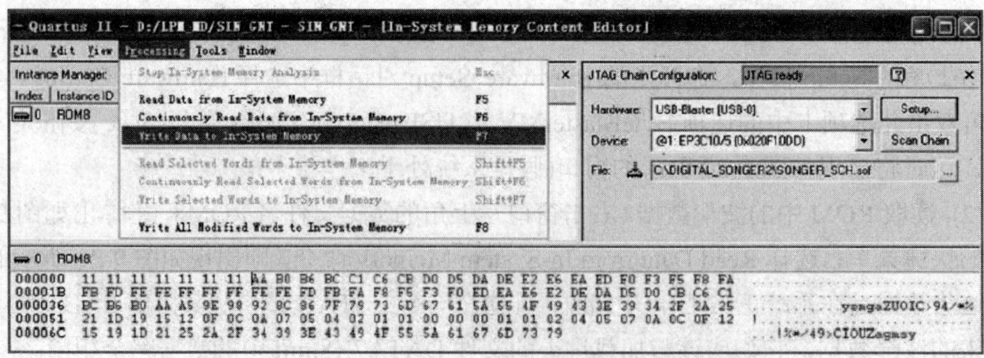

图 9-21　从 FPGA 中的 ROM 读取波形数据并编译数据

(4) 输入输出数据文件。用相同的方法，通过选择图 9-22 所示快捷菜单中的 Export Data to File 或 Import Data from File 命令，即可将在系统读出的数据以 MIF 或 HEX 的格式存入计算机中，或将此类格式的文件下载到 FPGA 中去。

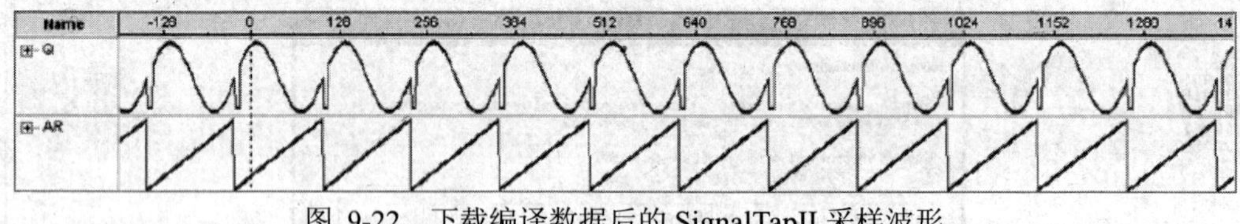

图 9-22　下载编译数据后的 SignalTapII 采样波形

9.4　RAM 定制

9.4.1　RAM 定制和调用

为了测试方便，首先仍打开一个原理图编辑窗口，存盘取名为 RAMMD，将它创建成工程。再次进入本工程的原理图，单击左下的 MegaWizard plug-In Manager 管理器按钮，进入如图 9-23 所示的 LPM 模块编辑调用窗口。

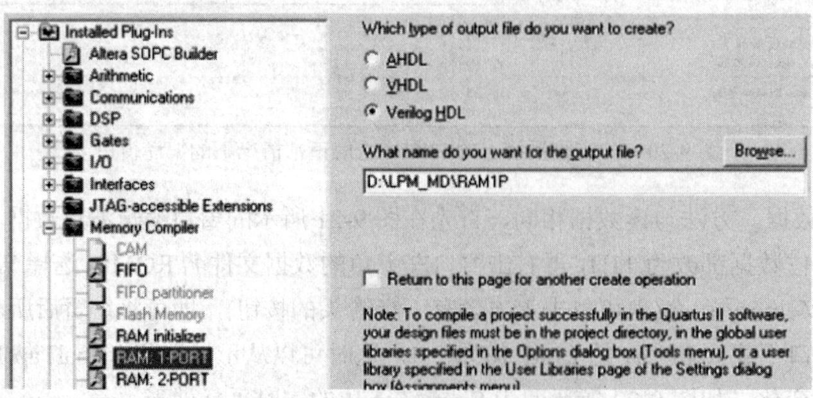

图 9-23　定制单端口 LPM RAM

在左侧展开 Memory Compiler 项，选择单端口 RAM 模块，即 RAM:1-PORT。文件取名为 RAM1P，保存到 D:\LPM_MD 中。

单击 Next 按钮，打开如图 9-24 所示的对话框。设置数据位为 8，数据深度为 128，即 7 位数据线。对应 Cyclone III，存储器构建方式选择 M9K，以及选择双时钟方式。

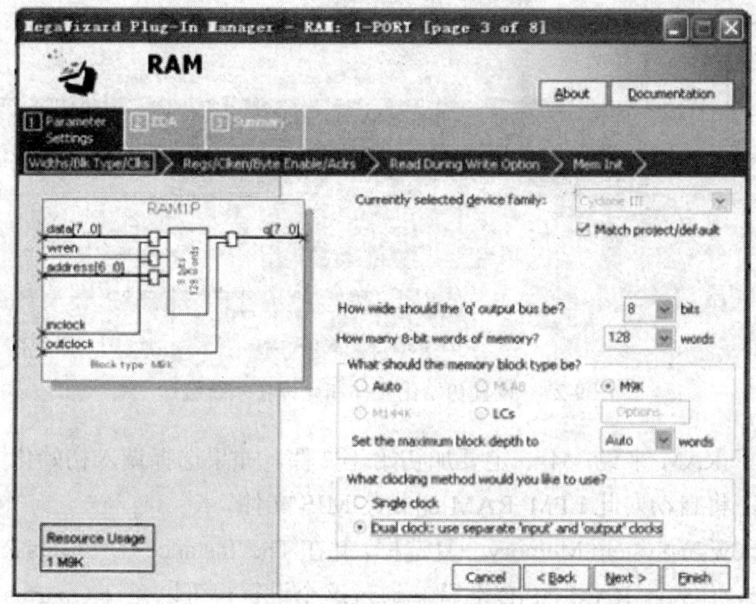

图 9-24　设置 RAM 参数

单击 Next 按钮，打开如图 9-25 所示的对话框。在这里取消 q′ output port 复选框，即选择时钟只控制锁存输入信号。

单击 Next 按钮后，打开如图 9-26 所示的对话框。这里有 3 个选项：Old Data、New Data 和 Don't Care。即当允许同时读写时，是读出新写入的数据(New Data)还是写入前的数据(Old Data)，还是无所谓(Don't Care)，这里选择 Old Data。

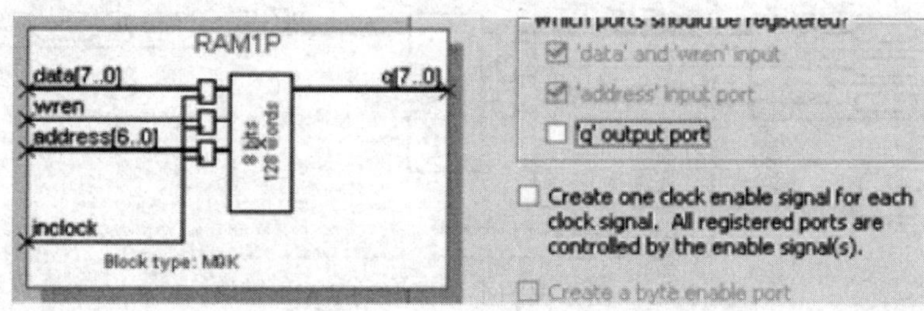

图 9-25　设置 RAM 仅输入时钟控制

图 9-26　设置在写入同时读出原数据

继续单击 Next 按钮后，打开如图 9-27 所示的对话框。在图 9-27 中的 Do you want to specify the initial content of the memory 选项区域中选中 Yes，use this file for the memory content data 单选按钮，单击 Browse 按钮，选择指定路径上的初始化文件 DATA7X8.mif。

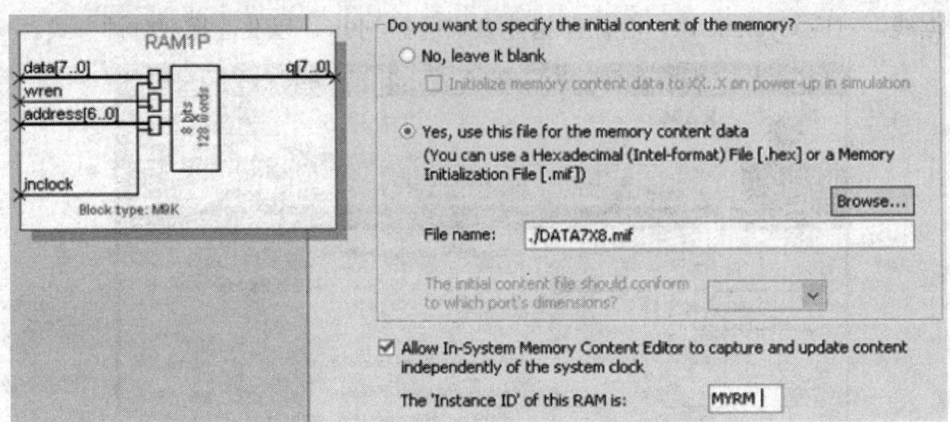

图 9-27　设置初始化文件和允许在系统编译

其实，对于 RAM 来说，不一定要加初始化文件。如果选择调入初始化文件，则系统在每次上电后，将自动向此 LPM_RAM 加载此 MIF 文件。

若选中 Allow In-System Memory…复选框，并在 The 'Instance ID' of this RAM is 文本框中输入 MYRM，作为此 RAM 的 ID 名称。通过这个设置，可以允许 Quartus II 通过 JTAG 接口对下载于 FPGA 中的此 RAM 进行“在系统”测试和读写。如果需要读写多个嵌入的 LPM_RAM 或 LPM_ROM，此 ID 号 MYRM 就作为此 RAM 的识别名称。这种在系统读写编辑不影响 FPGA 中电子系统的正常工作。

最后单击图 9-27 中的按钮，单击 Finish 按钮后，完成 RAM 定制。调入顶层原理图后，连接好端口引脚，如图 9-28 所示。

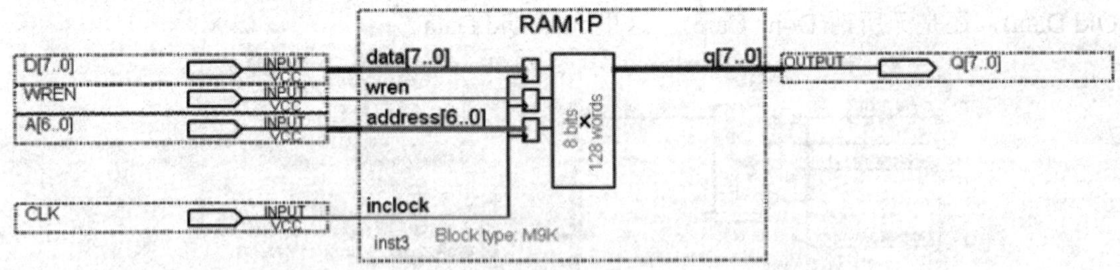

图 9-28　在原理图上连接好的 RAM 模块

9.4.2　对 LPM_RAM 仿真测试

对图 9-28 所示的 RAM 模块进行测试，主要是了解其各信号线的功能和加载于其中的初始化文件数据是否成功。

此模块的仿真波形图如图 9-29 所示。地址 A 是从 0 开始的，当写允许 WREN=0 时，可以读出 RAM 中的数据。随着地址的递增，对应每一个时钟上升沿，RAM 中的数据被读出，它们分别是 80、86、8C、92……。

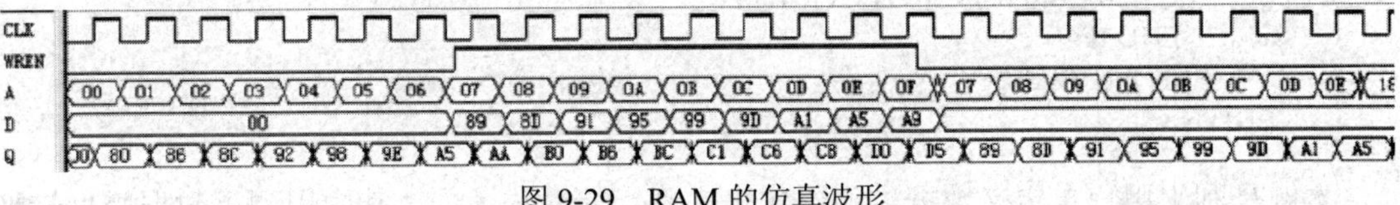

图 9-29　RAM 的仿真波形

当写允许 WREN=1 时，输入数据 D 给出了一系列可被写入的数据 89、8D、91 等，只要有时钟上升沿，就会被写入。同时还可以观察到读出的数据：AA、B0、B6、BC 等，而且读出的是 Old Data，与图 9-26 的设置相符。而当写允许 WREN 再次为 0 时，随着写入时的地址信号的周期出现，在每一个时钟上升沿，读出数据 89、8D、91 等与写入数据相同。显然，此 RAM 的各项功能符合要求。

9.4.3　VHDL 的存储器描述及相关属性

利用 VHDL 语言可以直接描述 RAM/ROM 等存储器。【例 9-7】是上节所述 RAM 模块的纯 VHDL 描述，即在程序中没有调用或例化任何现成的实体模块。本节将通过此例介绍与存储器描述相关的 VHDL 语法知识。

例 9-7 是一个利用时钟的双边沿控制数据读写的 VHDL 存储器描述程序。请特别注意，此程序在同一进程中，在时钟的上升沿将数据写入存储器，而在同一时钟的下降沿将存储器中的数据读出。之所以此程序可综合，是因为程序并没有在进程中用时钟的两个边沿对同一信号进行赋值操作。程序在时钟的上升沿是对信号 MEM 赋值，而在下降沿对 Q 赋值。

【例 9-7】上节所述 RAM 模块的论 VHDL 描述。

```
LIBRARY IEEE;
USE IEEE.STD_LOGIC_1164.ALL;
USE IEEE.STD_LOGIC_ARITH.ALL;
USE IEEE.STD_LOGIC_UNSIGNED.ALL;
ENTITY RAM78 IS
PORT(CLK, WREN: IN STD_LOGIC;
        A: IN STD_LOGIC_VECTOR(6 DOWNTO 0);
        DIN: IN STD_LOGIC_VECTOR(7 DOWNTO 0);
        Q: OUT STD_LOGIC_VECTOR(7 DOWNTO 0));
END;
ARCHITECTURE bhv OF RAM78 IS
    TYPE G_ARRAY IS ARRAY(0 TO 127) OF STD_LOGIC_VECTOR(7 DOWNTO 0);
    SIGNAL MEM: G_ARRAY;
     BEGIN
     PROCESS (CLK)
     BEGIN
       IF RISING_EDGE(CLK) THEN
        IF WREN='1' THEN
         MEM(CONV_INTEGER(A))<=DIN;
        END IF;
       END IF;
```

```
            IF(FALLING_EDGE(CLK)) THEN
                Q<=MEM(CONV_INTEGER(A));
                END IF;
            END PROCESS;
        END bhv;
```

本例是利用用户自定义数据类型语句来实现存储器描述的，其中用到了数据类型转换函数 CONV_INTEGER(A)。以下将对这些语句作一般性的说明。

9.4.4　存储器配置文件属性定义和结构设置

如果对例 9-7 不作任何约束，直接综合，尽管也能编译出相应的存储器 RAM，(其 RTL 图如图 9-30 所示)但它需耗用大量的逻辑资源。

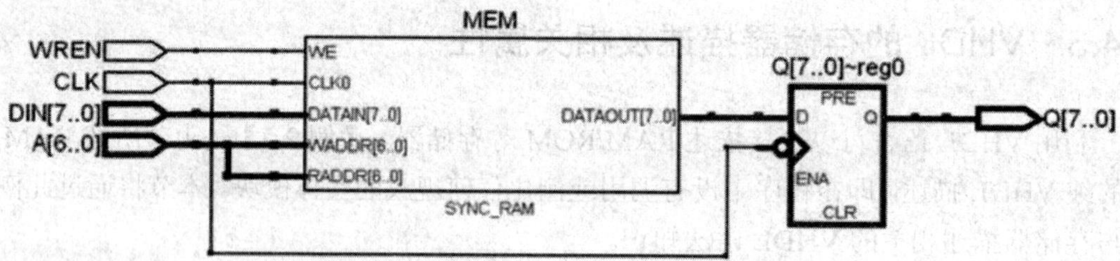

图 9-30　【例 9-7】的 RAM78 的 RTL 图

如图 9-31 所示即为【例 9-7】无约束条件下的综合报告。其中使用了 1344 个逻辑宏单元，其中的 1032 个触发器被用于构建此 RAM 的时序电路，而且可以断定，其每一存储单元都使用了一个 D 触发器来构建。而 FPGA 的内嵌 RAM 中一个也没用。

Family	Cyclone III
Device	EP3C5E144C8
Timing Models	Final
Met timing requirements	N/A
Total logic elements	1,344 / 5,136 (26 %)
Total combinational functions	832 / 5,136 (16 %)
Dedicated logic registers	1,032 / 5,136 (20 %)
Total registers	1032
Total pins	25 / 95 (26 %)
Total virtual pins	0
Total memory bits	0 / 423,936 (0 %)
Embedded Multiplier 9-bit elements	0 / 46 (0 %)
Total PLLs	0 / 2 (0 %)

图 9-31　【例 9-8】无约束条件下的编译报告

如果对【例 9-7】的 RAM 设定约束条件，即在综合中使用内嵌 RAM，则资源利用率将大为改观。方法是首先进入如图 9-32 所示的对话框，在 Existing option settings 栏选择 Auto RAM Replacement 项为 On。全程编译后的报告将如图 9-33 所示，其中逻辑宏单元和寄存器的耗用为 0，而内嵌 RAM 位的占用是 1024，恰好等于【例 9-7】的 MEM 的单元数。

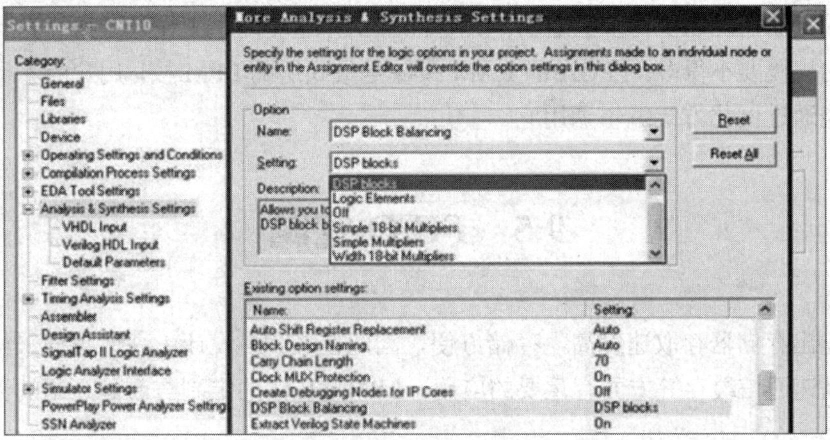

图 9-32　用内嵌 RAM 构建

Family	Cyclone III
Device	EP3C5E144C8
Timing Models	Final
Met timing requirements	N/A
Total logic elements	0 / 5,136 (0 %)
Total combinational functions	0 / 5,136 (0 %)
Dedicated logic registers	0 / 5,136 (0 %)
Total registers	0
Total pins	25 / 95 (26 %)
Total virtual pins	0
Total memory bits	1,024 / 423,936 (< 1 %)
Embedded Multiplier 9-bit elements	0 / 46 (0 %)
Total PLLs	0 / 2 (0 %)

图 9-33　【例 9-7】使用内嵌 RAM 的编译报告

关于存储器中的初始化文件(相当于在存储器中烧入数据)调入的问题，对于 LPM 模块，最好的方法是使用存储器配置初始化文件的属性定义语句。设 data7x8.mif 是放在当前工程文件夹中的 MIF 文件，其格式大小与所定义的存储器相配。

具体使用方法如【例 9-8】所示。【例 9-8】是对例 9-7 的修改，其中加入了初始化文件的属性定义语句，请注意它们放置的位置。为了证明此初始化文件通过综合后确实已进入存储器中，须对其进行仿真。仿真结果与图 9-29 完全相同。

当然，在 FPGA 开发中，这种设计存储器的方案效率较低，所以使用较少。

【例 9-8】加入了初始化文件的属性定义。

```
ARCHITECTURE BHV OF RAM78   IS
TYPE G_ARRAY IS ARRAY(0 TO 127) OF STD_LOGIC_VECTOR(7 DOWNTO 0);
SIGNAL MEM: G_ARRAY;
   ATTRIBUTE RAM_INIT_FILEL: STRING;
   ATTRIBUTE RAM_INIT_FILE OF MEM;
SIGNAL IS   "DATA7X8.MIF";
 BEGIN
```

使用 RAM 模块比较便捷的方法是调用 LPM 库中现成的 RAM 模块，由这类模块组成的 RAM 主要是 FPGA 中内嵌的存储器模块，如 Cyclone III 系列中的 M9K 模块。由此类模块构建的存储器耗用少得多的逻辑单元，而且工作速度高，工作稳定可靠，比用纯逻辑单元构建的规模要小得多。FPGA 的 RAM 模块是最底层的 LPM 核，用户看不到它的内部情况，只能通过例化方式编辑调用它。

9.5　FIFO 定制

先进先出存储器存取速度高，存储方便，因此在 CPU 设计、高速数据采样存储、显示缓存、高速通信缓存等方面有重要的应用。LPM_FIFO 的定制与前面介绍的流程也基本相同。

同样使用 MegaWizard Plug_In Manager 工具。在进入如图 9-34 所示的窗口后，选择 FIFO 项，选择 Cyclone III 器件，文件名可取为 fifo8。由图 9-34 可知，此 FIFO 的数据位宽度为 8，深度为 256。其中 data[7..0]为数据输入口；q[7..0]为数据输出口；wrreq 和 rdreq 分别为数据写入和读出请求信号，高电平有效；aclr 为异步清零；full 为存储数据溢出指示信号；empty 为 FIFO 空指示信号；usedw[7..0]为当前已使用地址数指示；选择了速度优化方式。图 9-36 是此 FIFO 的仿真波形。从波形中可以看出，当写入请求 wrreq 为高电平时，在 clock 的每一个上升沿将 data 上的数据写入 FIFO 中；而在 wrreq 为低电平和读出请求 rdreq 为高电平时，clock 的每一个上升沿，按照先进先出的顺序将 FIFO 中存入的数据读出，在这个过程中，usedw[7..0]的数据也随之变化着。

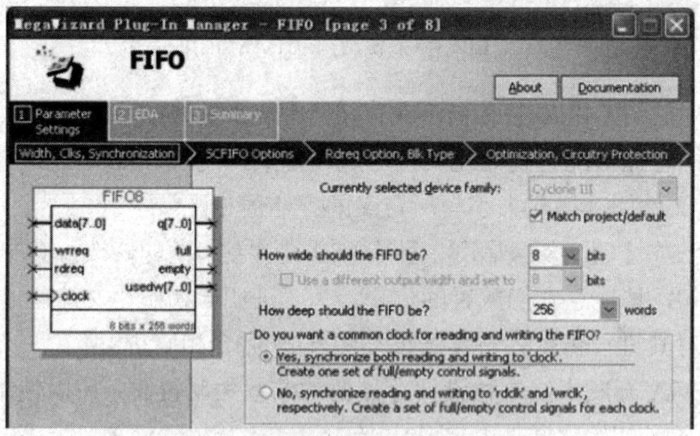

图 9-34　设置 FIFO 的数据位宽和深度

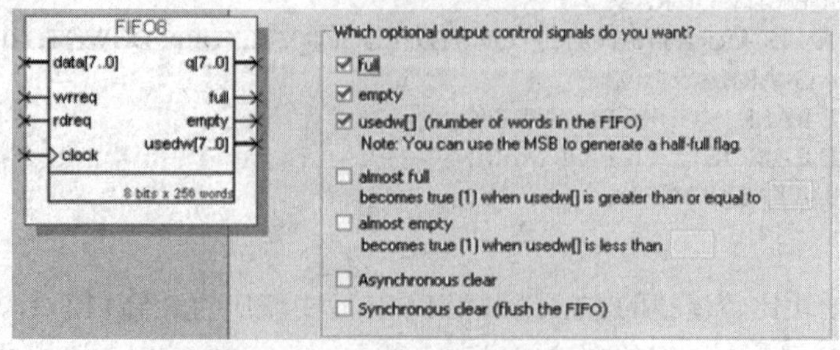

图 9-35　设置 FIFO 的各种输出标志信号

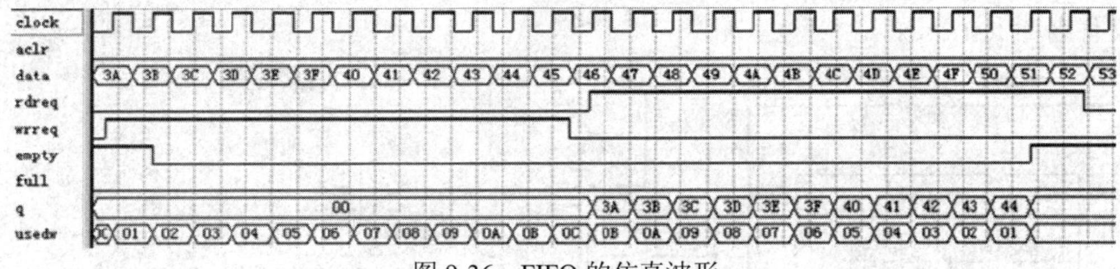

图 9-36　FIFO 的仿真波形

9.6　8051 单片机 IP 核应用

本节介绍 8051CPU 核在 FPGA 中的系统构建、设计与调试方法。

8051 CPU 核在连接上了程序存储器 ROM 和数据 RAM 后，就成为了一个完整的 8051 单片机，如图 9-37 的原理图所示，其中的 CPU8051V1 是 8051 单片机 IP 核，由 VQM Verilog Quartus Mapping File(原码)表述：CPU8051V1.vqm，可以直接调用，也可以将其转化为如图 9-37 所示的原理图元件。

该元件可以与其他不同语言表述的元件一同综合与编译，该 IP 核拥有与标准 8051 指令系统完全兼容的 CPU，外部总线可以连接 256 字节的内部 LPM_RAM 和最大至 64K 字节的程序 LPM_ROM。如图 9-37 所示，单片机时钟由锁相环提供，频率设为 40MHz(此 CPU 主频可工作在 200MHz 以上)，RAM 和 ROM 都是 LPM 模块，前者设为 256 字节，后者设为 8KB，放置程序代码；P0I[7..0]、P1I[7..0]、P2I[7..0]、P3I[7..0]分别为 P0、P1、P2、P3 口的输入口；P00[7..0]、P10[7..0]、P20[7..0]、P30[7..0]分别为 P0、P1、P2、P3 口的输出口；双向端口控制由 P0E[7..0]、P1E[7..0]、P2E[7..0]、P3E[7..0]负责。图 9-37 右上角的模块 FTEST 是一个 VHDL 程序描述的测频模块，与单片机联合工作构成一等精度频率计。图 9-37 下方是单片机中的一个端口构成的双向端口(P1 口)电路连接方法，用于控制液晶显示屏的接口。图中电路调用了几个辅助元件，其中 TRI 是三态控制门，WIRE 是普通接线，主要用于网络名转换。

P1E 是三态门控制信号，当执行从 P1 端口读入的指令时，P1E[7..0]输出全为高电平，外部数据可以通过双向端口 P1[7..0]进入单片机的 P1 端口的输入接口 P1I[7..0]；而当执行向 P1 端口写入的指令时，若 P1 端口的输出接口 P1O[7..0]中的位为低电平，则控制信号 P1E[7..0]中对应的位也为低电平，故信号能顺利输出 P1 端口；但当输出信号 P10[7..0]中的位为高电平时，则控制信号 P1E[7..0]中对应的位也为高电平。

图 9-37 中基本电路的设计和调试步骤如下：

(1) 调入 8051 CPU 核 CPU8051V1.vqm。

(2) 调入 LPM_ROM 程序存储器，存储量大小可根据应用程序的大小，以及 FPGA 可能提供内嵌 RAM 的大小来决定。然后为此 ROM 指定默认初始化程序。这里假设单片机的程序已编译好，并放在当前工程的 ASM 文件夹中，示例程序文件名为 testl.asm，编译后的文件名为 test1.hex。

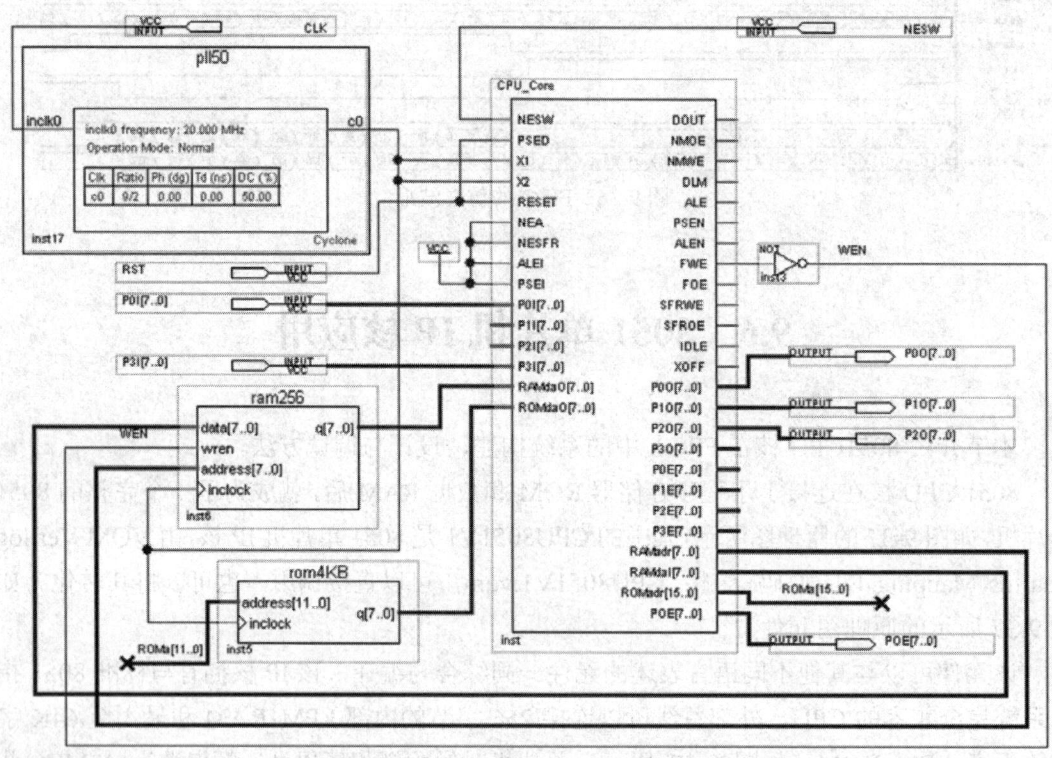

图 9-37　基本 8051CPU 核应用电路举例

(3) 定制 LPM_RAM 作为单片机的内部 RAM，存储量选择 256 字节。调入锁相环 PLL，为单片机提供工作主频。锁相环输入 20MHz，选择输出为 10M-200MHz。

(4) 直接用主板上的按键控制复位等功能，用数码管显示来自 P1 端口的数据。

(5) 修改汇编程序 testl.asm，如图 9-38 所示，编译之，并用 Quartus II 的 Tools 菜单中的工具 In_System Memory Content Editor(如图 9-39 所示)下载编译代码 testl.hex 后观察工作情况。此系统的详细构建、调试和使用情况可查询www.kx.soc.com。

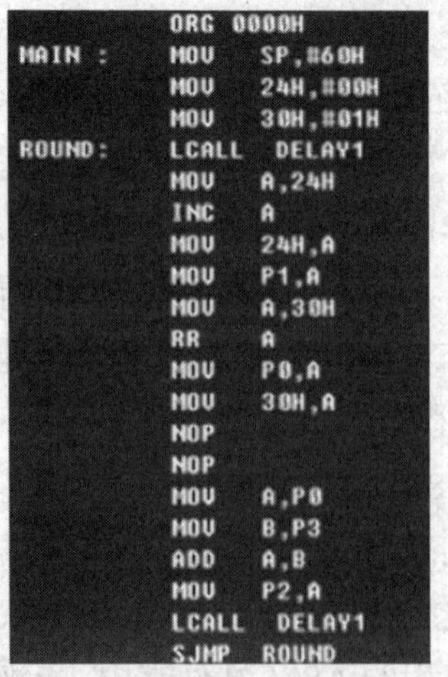

```
        ORG  0000H
MAIN :  MOV   SP,#60H
        MOV   24H,#00H
        MOV   30H,#01H
ROUND:  LCALL  DELAY1
        MOV   A,24H
        INC   A
        MOV   24H,A
        MOV   P1,A
        MOV   A,30H
        RR    A
        MOV   P0,A
        MOV   30H,A
        NOP
        NOP
        MOV   A,P0
        MOV   B,P3
        ADD   A,B
        MOV   P2,A
        LCALL  DELAY1
        SJMP  ROUND
```

图 9-38　test1.asm 汇编程序

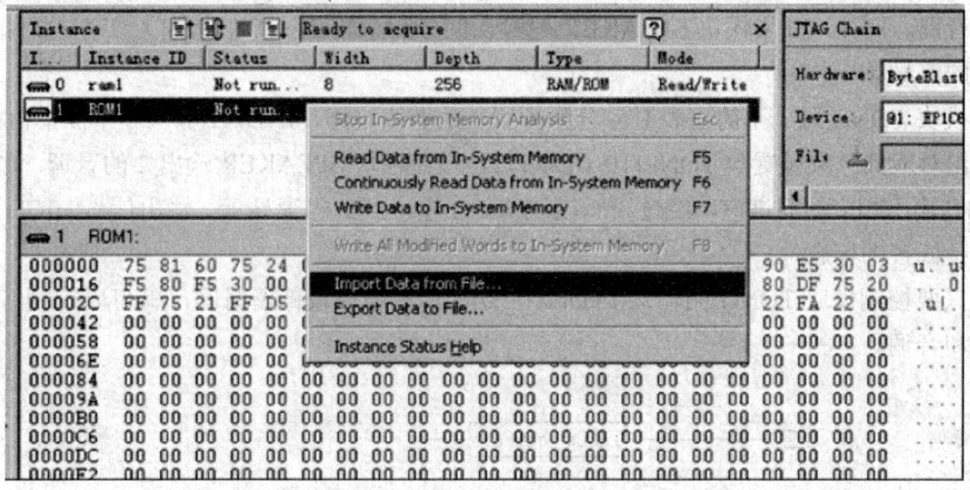

图 9-39　用 In-System Memory Content Editor

9.7　本章小结

本章通过一些示例重点介绍 LPM 宏功能模块与 IP 核的调用、使用方法。LPM 宏功能模块内容丰富，Altera 提供的可参数化宏功能模块和 LPM 函数，均基于 Altera 器件的结构作了优化设计。在许多设计中，必须利用宏功能模块才可以使用一些 Altera 特定器件的硬件功能。这些宏功能模块，使得基于 EDA 技术的电子设计的效率和可靠性有了很大的提高。设计者可以根据实际电路的设计需要，选择 LPM 库中的合适模块，并为其设定适当的参数，就能满足设计需要，从而在项目中十分方便地调用优秀的电子工程技术人员已经设计完善的硬件设计成果了。

9.8　习　　题

9-1　简易正弦信号发生器的设计。

9-2　设计直接数字频率合成器。

9-3　设计异步 FIFO。

9-4　使用 8051 单片机 IP 核设计应用系统。

9-5　乐曲演奏电路设计。用 FPGA 来实现“梁祝”乐曲演奏电路，首先要了解组成乐曲的两个要素：每个音符的发音频率值和每个音符发音持续的时间。为了实现音乐演奏电路，系统中包含了这 6 个模块，如图 9-40 所示，模块 FP 是一个分频器将一个较高频分频到合适频率，模块 SPEAKER 是一个可预置数的分频器，SPEAKER 对输入信号 CLK1 的分频比由 11 位预置数 TONE1[10..0]决定。SPKS 的输出频率将决定每个音符的音调，这样控制分频计数器的预置值 TONE1[10..0]就可以控制 SPKS 的输出频率，也就控制了每个音符的音调。例如，如果模块 SPEAKER 的输入的分频系数 TONE1[10..0]为 773，将输出音符 1 的信号频率。

模块 TONG 是一个简谱表对应分频预置数的查表电路，INDEX 输入一个简谱值如 2，则输出对应的分频预置数 TONE[10..0]为 912，控制模块 SPEAKER 输出 2 的音调；CODE [3..0]则输出相应的简谱值，经过译码模块 7SEG 输出到数码管显示；输出信号 HIGH 是高音还是低音的标志位。

只要控制模块 TONG 的输入 INDEX[3..0]的音符值以及停留时间，就可以控制音乐的节拍和音调。

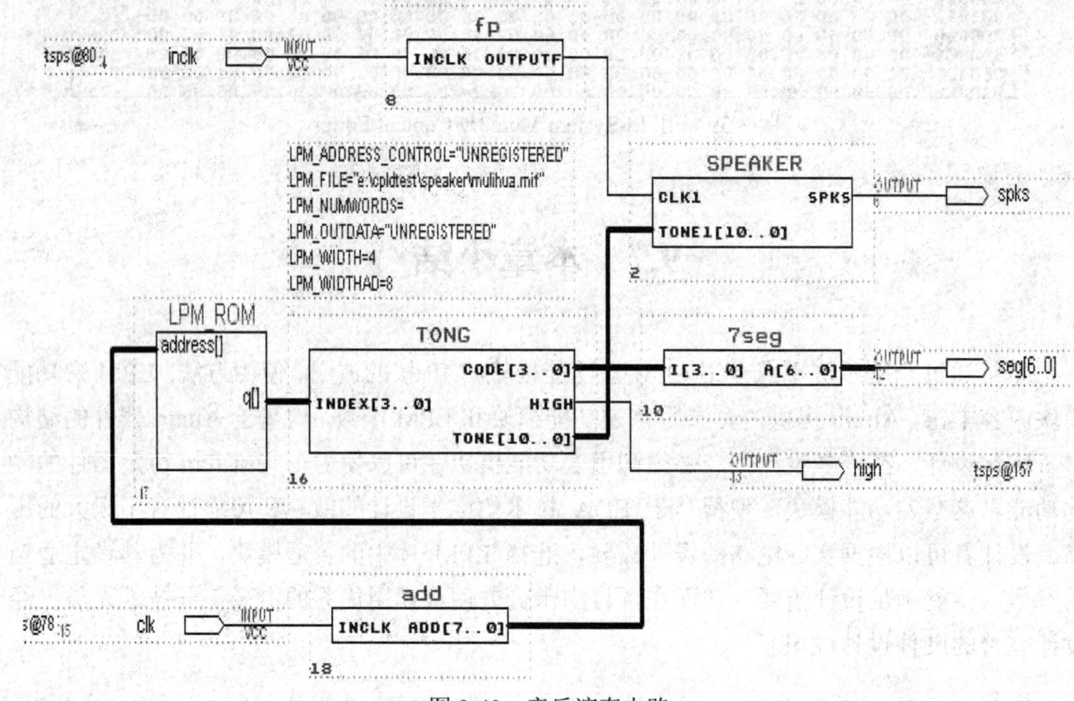

图 9-40　音乐演奏电路

用 MIF 文件生成器生成一个乐谱表，然后根据“梁祝”的乐谱的值修改生成乐谱表。将修改好的乐谱表装载到模块 LPM_ROM，LPM_ROM 中的数据宽度修改成 4，地址宽度修改成 8。模块 ADD 为地址生成器，为模块 LPM_ROM 提供一个地址信号，由 CLK 输入一个 4HZ 的信号控制地址从 0 开始自加 1，加到最大值后自动清零循环自加。模块 LPM_ROM 根据地址输出相应的简谱值，每步停留时间为 0.25 秒，当全音符设定为 1 秒时，四四拍的每个音符恰为 0.25 秒。只要在乐谱表中设定好音符值以及音符的延时即可。

第10章　FPGA在DSP领域中的应用

加法器、减法器、乘法器和数字滤波器是在数字信号处理中必用的部件，本章主要介绍快速加法器的设计、快速乘法器的设计和数字滤波器的设计，从而为数字信号处理打下良好的基础。

10.1　快速加法器的设计

加法器是数字系统中的基本逻辑器件，减法器和硬件乘法器都可由加法器来构成。多位加法器的构成有两种方式：并行进位和串行进位方式。并行进位加法器设有进位产生逻辑，运算速度较快；串行进位方式是将全加器级联构成多位加法器。并行进位加法器通常比串行级联加法器占用更多的资源。随着位数的增加，相同位数的并行加法器与串行加法器的资源占用差距也越来越大。因此，在工程中使用加法器时，要在速度和容量之间寻找平衡点。实践证明，4 位二进制并行加法器和串行级联加法器占用几乎相同的资源。这样，多位加法器由 4 位二进制并行加法器通过级联构成是较好的折中的选择。本设计中的 8 位二进制并行加法器即是由两个 4 位二进制并行加法器级联构成的，其电路原理图如图 10-1 所示。

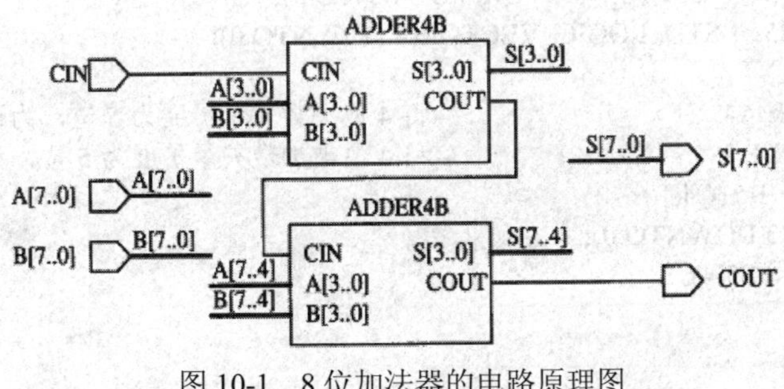

图 10-1　8 位加法器的电路原理图

10.1.1　4 位二进制并行加法器

1. 加法器原理

下面先来介绍加法器。一位全加法器的原理很简单，其真值表如表 10-1 所示，A、B

代表输入，CIN 代表低位的进位，COUT 代表本位向高位进位，S 则代表加和。

表 10-1　1 位全加器真值表

A	B	CIN	S	COUT
0	0	0	0	0
0	0	1	1	0
0	1	0	1	0
0	1	1	0	1
1	0	0	1	0
1	0	1	0	1
1	1	0	0	1
1	1	1	1	1

一位全加器的逻辑表达式可用右式表示：COUT=AB+(A ⊕ B)CIN；S=A ⊕ B ⊕ CIN。

2. 4 位二进制并行加法器的源程序 ADDER4B.VHD

```
LIBRARY IEEE;
USE IEEE.STD_LOGIC_1164.ALL;
USE IEEE.STD_LOGIC_UNSIGNED.ALL;
ENTITY ADDER4B IS                                    --4 位二进制并行加法器
   PORT(CIN4: IN STD_LOGIC;                          --低位进位
         A4: IN STD_LOGIC_VECTOR(3 DOWNTO 0);        --4 位加数
         B4: IN STD_LOGIC_VECTOR(3 DOWNTO 0);        --4 位被加数
         S4: OUT STD_LOGIC_VECTOR(3 DOWNTO 0);       --4 位求和
         COUT4: OUT STD_LOGIC);                      --进位输出
END ADDER4B;
ARCHITECTURE ART OF ADDER4B IS
   SIGNAL S5：STD_LOGIC_VECTOR(4 DOWNTO 0);
   SIGNAL A5,B5：   STD_LOGIC_VECTOR(4 DOWNTO 0);
     BEGIN
         A5<='0'& A4;                     --将 4 位加数矢量扩展为 5 位，为进位提供空间
         B5<='0'& B4;                     --将 4 位被加数矢量扩展为 5 位，为进位提供空间
         S5<=A5+B5+C4;
         S4<=S5(3 DOWNTO 0);
         COUT4<=S5(4);
END ART;
```

10.1.2　8 位二进制加法器的源程序

掌握了 4 位二进制并行加法器的原理和 VHDL 描述后，对于 8 位二进制加法器的设计就比较容易了。下面用两个 4 位二进制并行加法器级联构成 8 位二进制加法器，在加法运算的速度和资源占用率方面达到了较好的平衡。

```
LIBRARY IEEE;
USE IEEE_STD.LOGIC_1164.ALL;
```

```
USE IEEE_STD.LOGIC_UNSIGNED.ALL;
ENTITY ADDER8B IS              --由 4 位二进制并行加法器级联而成的 8 位二进制加法器
   PORT(CIN8: IN STD_LOGIC;
          A8: IN STD_LOGIC_VECTOR(7 DOWNTO 0);
          B8: IN STD_LOGIC_VECTOR(7 DOWNTO 0);
          S8: OUT STD_LOGIC_VECTOR(7 DOWNTO 0);
          COUT8: OUT STD_LOGIC);
END ENTITY ADDER8B;
ARCHITECTURE ART OF ADDER8B IS
COMPONENT ADDER4B IS
--对要调用的元件 ADDER4B 的界面端口进行定义
PORT(CIN4: IN STD_LOGIC;
      A4: IN STD_LOGIC_VECTOR(3 DOWNTO 0);
      B4: IN STD_LOGIC_VECTOR(3 DOWNTO 0);
      S4: OUT STD_LOGIC_VECTOR(3 DOWNTO 0);
      COUT4: OUT STD_LOGIC);
END COMPONENT ADDER4B;
SIGNAL SC: STD_LOGIC;          --4 位加法器的进位标志
   BEGIN
      U1: ADDER4B              --例化(安装)一个 4 位二进制加法器 U1
      PORT MAP(CIN4=>CIN8,A4=>A8(3 DOWNTO 0),B4=>B8(3 DOWNTO 0),
      S4=>S8(3 DOWNTO 0),COUT4=>SC);
      U2: ADDER4B              --例化(安装)一个 4 位二进制加法器 U2
      PORT MAP(CIN4=>SC,A4=>A8(7 DOWNTO 4),B4=>B8(7 DOWNTO 4),
      S4=>S8(7 DOWNTO 4),COUT4=>COUT8);
END   ARCHITECTURE ART;
```

8 位二进制并行加法器的仿真结果如图 10-2 所示。

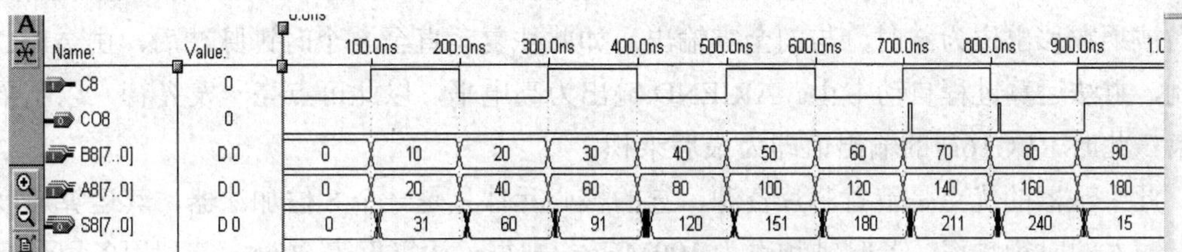

图 10-2　8 位二进制加法器的仿真图

10.2　快速乘法器的设计

10.2.1　设计思路

纯组合逻辑构成的乘法器虽然工作速度比较快，但占用硬件资源多，难以实现宽位乘法器，而基于 PLD 器件并外接 ROM 九九表的乘法器则无法构成单片系统，并且也不实用。这里介绍由 8 位加法器构成的以时序逻辑方式设计的 8 位乘法器，如图 10-3 所示。此乘法器具有一定的实用价值。其乘法原理是：乘法通过逐项位移相加的原理来实现，从被乘数的最低位开始，若为 1，则乘数左移后与上一次的和相加；若为 0，左移后与全零相加，直至被乘数的最高位。从图 10-3 的逻辑图上可以清楚地看出此乘法器的工作原理。

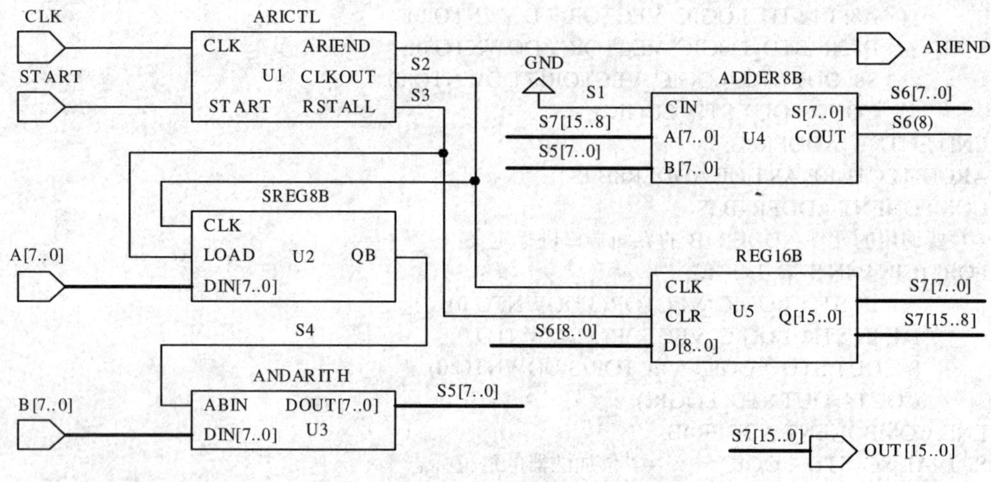

图 10-3　8×8 位乘法器电路原理图

在图 10-3 中，ARICTL 是乘法运算控制电路，它的 START 端的信号的上跳沿与高电平有两个功能，即 16 位寄存器清零和被乘数 A[7..0]向移位寄存器 SREG8B 加载，它的低电平则作为乘法使能信号。乘法时钟信号从 ARICTL 的 CLK 输入。当被乘数加载于 8 位右移寄存器 SREG8B 后，随着时钟的节拍，最低位在前，由低位至高位逐位移出。当为 1 时，与门 ANDARITH 打开，8 位乘数 B[7..0]在同一节拍进入 8 位加法器，与上一次锁存在 16 位锁存器 REG16B 中的高 8 位进行相加，其和在下一时钟的上升沿被锁进此锁存器。而当被乘数移出位为 0 时，与门全零输出。如此往复，直至 8 个时钟脉冲后，由 ARICTL 控制，乘法运算过程自动中止。ARIEND 输出为高电平，以此可点亮一发光管，以示乘法结束。此时 REG16B 的输出值即为最后乘积。

此乘法器的优点是节省芯片资源，它的核心元件只是一个 8 位加法器，其运算速度取决于输入的时钟频率。若时钟频率为 100MHz，则每一运算仅需 80ns。若利用备用最高时钟，即 12MHz 晶振的 MCS-51 单片机的乘法指令，进行 8 位乘法运算，仅单指令的运算周期就长达 4μs。因此，可以利用此乘法器或相同原理构成的更高位乘法器完成一些数字信号处理方面的运算。

10.2.2　快速乘法器 VHDL 源程序

1. 选通与门模块的源程序 ANDARITH.VHD

代码如下：

```
LIBRARY IEEE;
USE IEEE.STD_LOGIC_1164.ALL;
ENTITY ANDARITH   IS                                    --选通与门模块
    PORT (ABIN: IN STD_LOGIC;                           --与门开关
```

```
        DIN: IN STD_LOGIC_VECTOR (7 DOWNTO 0);        --8 位输入
        DOUT: OUT STD_LOGIC_VECTOR (7 DOWNTO 0));     --8 位输出
END ANDARITH;
ARCHITECTURE ART OF ANDARITH IS
BEGIN
    PROCESS (ABIN,DIN)
        BEGIN
            FOR I IN 0 TO 7 LOOP                      --循环，分别完成 8 位数据与一
                                                      --位控制位的与操作
            DOUT (I)<=DIN (I)AND ABIN;
            END LOOP;
    END PROCESS;
END ART;
```

选通与门模块仿真结果如图 10-4 所示。

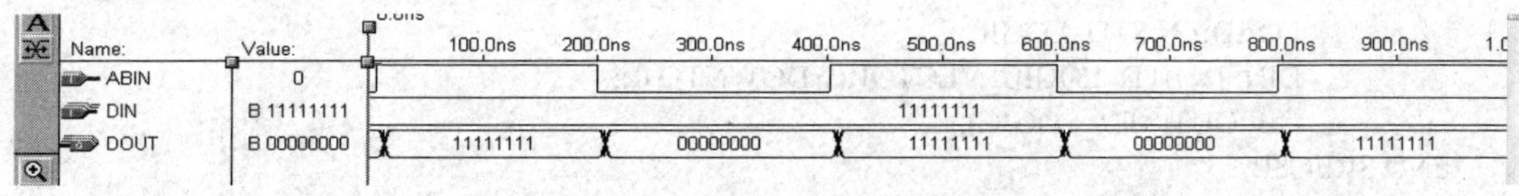

图 10-4　选通与门模块仿真结果

2. 16 位锁存器的源程序 REG16B.VHD

代码如下：

```
LIBRARY IEEE;
USE IEEE.STD_LOGIC_1164.ALL;
ENTITY REG16B IS                                        --16 位锁存器
   PORT (CLK: IN STD_LOGIC;                             --锁存信号
         CLR: IN STD_LOGIC;                             --清零信号
         D: IN STD_LOGIC_VECTOR (8 DOWNTO 0);           --9 位数据输入
         Q: OUT STD_LOGIC_VECTOR(15 DOWNTO 0));         --16 位数据输出
END REG16B;
ARCHITECTURE ART OF REG16B IS
SIGNAL R16S: STD_LOGIC_VECTOR(15 DOWNTO 0);             --16 位寄存器设置
   BEGIN
      PROCESS (CLK,CLR)
         BEGIN
            IF CLR = '1' THEN R16S<= "0000000000000000";    --异步复位信号
            ELSIF CLK'EVENT AND CLK = '1' THEN              --时钟到来时，锁存输入值
            R16S(6 DOWNTO 0)<=R16S(7 DOWNTO 1);             --右移低 8 位
            R16S(15 DOWNTO 7)<–D,                           --将输入锁到高 9 位
            END IF;
      END PROCESS;
    Q<=R16S;
END ART;
```

16 位锁存器仿真结果如图 10-5 所示。

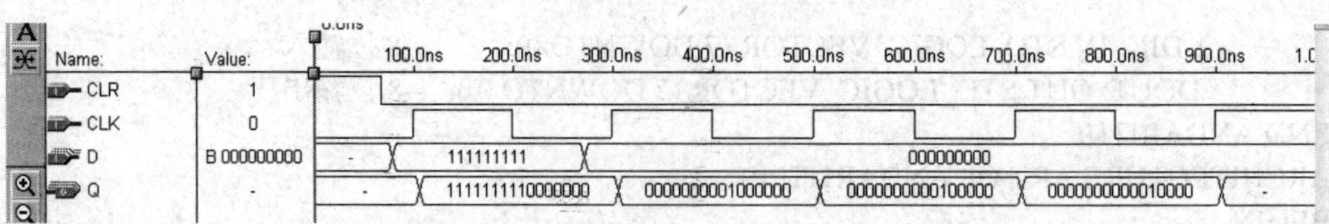

图 10-5　16 位锁存器仿真结果

3. 8 位右移寄存器的源程序 SREG8B.VHD

代码如下：

```
LIBRARY IEEE;
USE IEEE.STD_LOGIC_1164.ALL;                                        --8 位右移寄存器
ENTITY SREG8B IS
   PORT (CLK: IN STD_LOGIC;
         LOAD:I N STD_LOGIC;
         DIN: IN STD_LOGIC_VECTOR(7 DOWNTO 0);
         QB: OUT STD_LOGIC);
END SREG8B;
ARCHITECTURE ART OF SREG8B IS
SIGNAL REG8: STD_LOGIC_VECTOR(7 DOWNTO 0);
   BEGIN
      PROCESS (CLK,LOAD) IS
       BEGIN
          IF CLK'EVENT AND CLK= '1' THEN
            IF LOAD = '1' THEN REG8<=DIN;                           --装载新数据
            ELSE REG8(6 DOWNTO 0)<=REG8(7 DOWNTO 1);                --数据右移
            END IF;
          END IF;
      END PROCESS;
    QB<= REG8 (0);                                                  --输出最低位
END ART;
```

8 位右移寄存器仿真结果如图 10-6 所示。

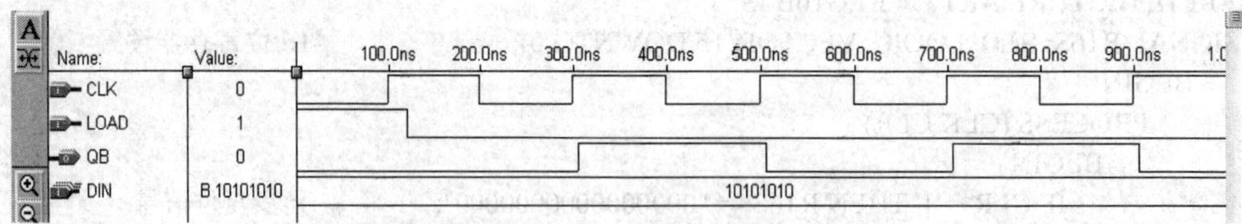

图 10-6　8 位右移寄存器仿真结果

4. 乘法运算控制器的源程序 ARICTL.VHD

代码如下：

```
LIBRARY IEEE;
USE IEEE.STD_LOGIC_1164.ALL;
USE IEEE.STD_LOGIC_UNSIGNED.ALL;
ENTITY ARICTL IS                                --乘法运算控制器
PORT ( CLK: IN STD_LOGIC;
```

```
            START:IN    STD_LOGIC;
            CLKOUT: OUT STD_LOGIC;
            RSTALL:OUT STD_LOGIC;
            ARIEND: OUT STD_LOGIC);
END ARICTL;
ARCHITECTURE ART OF ARICTL IS
SIGNAL CNT4B: STD_LOGIC_VECTOR(3 DOWNTO 0);
  BEGIN
    RSTALL<=START;
    PROCESS (CLK,START)
     BEGIN
       IF START = '1' THEN CNT4B<= "0000";        --高电平清零计数器
       ELSIF CLK'EVENT AND CLK ='1' THEN
          IF CNT4B<8 THEN                          --小于则计数，等于 8 表明乘法运算已经结束
          CNT4B<=CNT4B+1;
          END IF;
     END IF;
   END PROCESS;
   PROCESS (CLK,CNT4B,START)
    BEGIN
     IF START ='0' THEN
              IF CNT4B<8 THEN                      --乘法运算正在进行
                 CLKOUT <=CLK;
                 ARIEND<= '0';
                 ELSE CLKOUT <= '0';
                 ARIEND<= '1';                     --运算已经结束
                 END IF;
                 ELSE CLKOUT <=CLK;
           RIEND<= '0';
         END IF;
     END PROCESS;
END ART;
```

乘法运算控制器的仿真结果如图 10-7 所示。

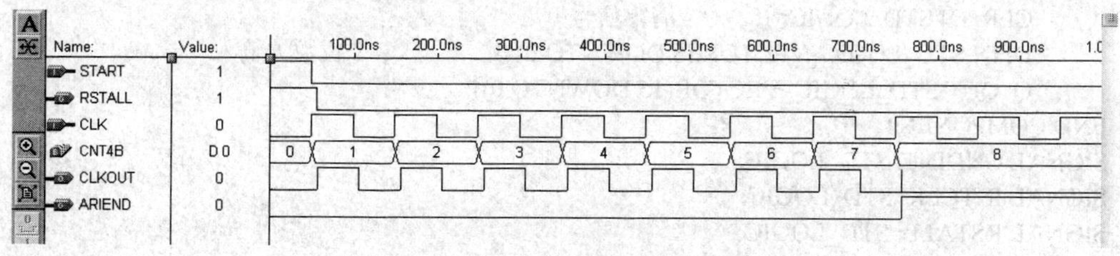

图 10-7　乘法运算控制器的仿真结果

5. 8 位乘法器的源程序 MULTI8X8.VHD

代码如下：

```
LIBRARY IEEE;
USE IEEE.STD_LOGIC_1164.ALL;                          --8 位乘法器顶层设计
ENTITY MULTI8X8 IS
  PORT(CLK: IN STD_LOGIC;
```

```
        START:IN STD_LOGIC;                  --乘法启动信号，高电平复位与加载，低电平运算
        A: IN STD_LOGIC_VECTOR(7 DOWNTO 0);  --8 位被乘数
        B: IN STD_LOGIC_VECTOR(7 DOWNTO 0);  --8 位乘数
        ARIEND: OUT STD_LOGIC;               --乘法运算结束标志位
        DOUT: OUT STD_LOGIC_VECTOR(15 DOWNTO 0));     --16 位乘积输出
END MULTI8X8;
ARCHITECTURE ART OF MULTI8X8 IS
COMPONENT ARICTL                                  --待调用的乘法控制器端口定义
  PORT(CLK: IN STD_LOGIC;
        START: IN STD_LOGIC;
        CLKOUT: OUT STD_LOGIC;
        RSTALL: OUT STD_LOGIC;
        ARIEND: OUT STD_LOGIC);
END COMPONENT;
COMPONENT ANDARITH            --待调用的控制与门端口定义
  PORT(ABIN: IN STD_LOGIC;
        DIN: IN STD_LOGIC_VECTOR(7 DOWNTO 0);
        DOUT: OUT STD_LOGIC_VECTOR( 7 DOWNTO 0) );
END COMPONENT;
COMPONENT ADDER8B             --待调用的 8 位加法器端口定义
  PORT(C8: IN STD_LOGIC;
       A8: IN STD_LOGIC_VECTOR(7 DOWNTO 0);
       B8: IN STD_LOGIC_VECTOR(7 DOWNTO 0);
       S8: OUT STD_LOGIC_VECTOR(7 DOWNTO 0);
       CO8: OUT STD_LOGIC);
END COMPONENT;
COMPONENT SREG8B              --待调用的 8 位右移寄存器端口定义
 PORT (CLK: IN STD_LOGIC;
       LOAD: IN STD_LOGIC;
       DIN: IN STD_LOGIC_VECTOR(7 DOWNTO 0);
       QB: OUT STD_LOGIC);
END COMPONENT;
COMPONENT REG16B              --待调用的 16 右移寄存器端口定义
PORT (CLK: IN STD_LOGIC;      --锁存信号
     CLR: IN STD_LOGIC;       --清零信号
     D: IN STD_LOGIC_VECTOR (8 DOWNTO 0);          --8 位数据输入
     Q: OUT STD_LOGIC_VECTOR(15 DOWNTO 0));
END COMPONENT;
SIGNAL GNDINT: STD_LOGIC;
SIGNAL INTCLK: STD_LOGIC;
SIGNAL RSTALL: STD_LOGIC;
SIGNAL QB: STD_LOGIC;
SIGNAL ANDSD: STD_LOGIC_VECTOR(7 DOWNTO 0);
SIGNAL DTBIN: STD_LOGIC_VECTOR(8 DOWNTO 0);
SIGNAL DTBOUT: STD_LOGIC_VECTOR(15 DOWNTO 0);
  BEGIN
     DOUT<=DTBOUT;GNDINT<= '0';
     U1: ARICTL PORT MAP(CLK=>CLK,      START=>START,
     CLKOUT=>INTCLK, RSTALL=>RSTALL, ARIEND=>ARIEND);
     U2: SREG8B PORT MAP(CLK=>INTCLK, LOAD=>RSTALL,
     DIN=>B, QB=>QB);
     U3: ANDARITH PORT MAP(ABIN=>QB,DIN=>A,DOUT=>ANDSD);
```

```
        U4: ADDER8B PORT
        MAP(C8=>GNDINT,A8=>DTBOUT(15 DOWNTO 8),
        B8=>ANDSD, S8=>DTBIN(7 DOWNTO 0),CO8 =>DTBIN(8));
        U5: REG16B PORT MAP(CLK =>INTCLK,CLR=>RSTALL,
        D=>DTBIN, Q=>DTBOUT);
END ART;
```

8 位乘法器的仿真结果如图 10-8 所示。

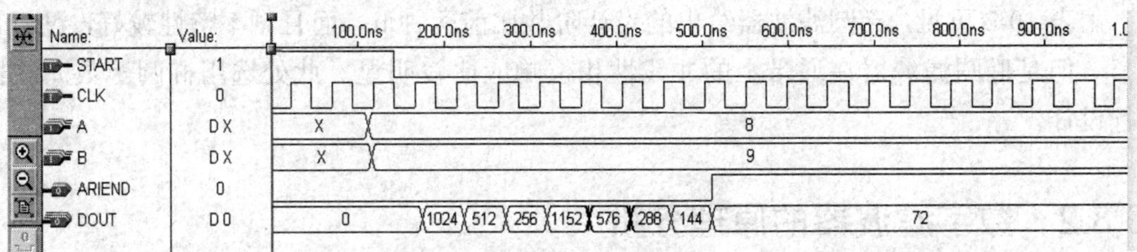

图 10-8　8 位乘法器的仿真结果图

10.3　数字滤波器的设计

10.3.1　数字滤波器概述

数字滤波器正在迅速地代替传统的由 R、L 和 C 元件和运算放大器组成的模拟滤波器，并且日益成为 DSP 的一种主要处理环节。FPGA 也在逐渐取代 ASIC 和 PDSP，用作前端数字信号处理的运算(如 FIR 滤波、IIR 数字滤波器、CORDIC 算法或 FFT)。

数字滤波器是语音与图像处理、模式识别、雷达信号处理以及频谱分析等应用中的一种基本的处理部件，它能满足滤波器对幅度和相位特性的严格要求，避免模拟滤波器所无法克服的电压漂移、温度漂移和噪声等问题。

常用的数字滤波器有 FIR 数字滤波器和 IIR 数字滤波器。FIR 数字滤波器具有精确的线性相位特性，在信号处理方面应用极为广泛，而且可以采用事先已设计调试好的 FIR 数字滤波器的 IP.CORE 来完成设计，例如 Altera 公司提供的针对 Altera 系列可编程器件的 Mcgacore，但是需要向 Altera 公司购买或申请试用版。另外，对于相同的设计指标，FIR 滤波器所要求的阶数比 IIR 滤波器高 5~10 倍，成本较高，而且信号的延迟也较大。IIR 滤波器所要求的阶数不仅比 FIR 滤波器低，而且还可以利用模拟滤波器的设计成果，设计工作量相对较小，采用 FPGA 实现的 IIR 滤波器同样具有多种优越性。IIR 滤波器主要有巴特沃斯滤波器、切比雪夫滤波器和椭圆滤波器几种。如表 10-2 所示，给出了以上 3 种滤波器实现同样性能指标所需的阶数及阻带衰减的比较。

表 10-2　3 种滤波器的性能比较

原　　型	阶　数	阻带衰减/dB
巴特沃斯	6	15
切比雪夫 I 型	4	25
椭圆函数	3	27

由表 10-2 可见，椭圆滤波器给出的设计阶数比前两种低，而且频率特性较好，过渡带较窄，但是椭圆滤波器在通带上的非线性相位响应比较明显。此处选用椭圆函数滤波器进行设计。

10.3.2　数字滤波器的原理分析

数字滤波器实际上是一个采用有限精度算法实现的线性非时变离散系统，它的设计步骤为：首先根据实际需要确定其性能指标，再求得系统函数 H(z)，最后采用有限精度算法实现。根据需要此处的设计指标为：模拟信号采样频率为 2MHz，每周期最少采样 20 点，即模拟信号的通带边缘频率为 Fp=100KHz，阻带边缘频率 Fs=1MHz，通带波动 Rp 不大于 0.1dB(通带误差不大于 5%)，阻带衰减 As 不小于 32dB。换算为数字域指标为：Wp=0.1π，Ws=0.2π，Rp=0.1dB，As=32dB。系统函数 H(z)的计算采用 Matlab 软件比较方便，其中有两个现成的函数可以使用：ellipord(wp/pI，w s/pI，Rp，As)函数用来计算数字椭圆滤波器的阶次 N 和 3dB 截止频率 Wn，而 ellip(N，Rp，As，wn)函数可以求得直接型椭圆 IIR 滤波器的各个系数。通过调用以上两个函数计算得到的系统函数 H(z)为：

$$H(z)=\frac{\sum_{i-0}^{M}b_iZ^{-i}}{1-\sum_{i=0}^{N}a_iZ^{-i}}=\frac{0.0271-0.724z^{-1}+0.0984z^{-2}-0.724z^{-3}+0.0271z^{-4}}{1-3.3553z^{-1}+4.3439z^{-2}-2.5578z^{-3}+0.5771z^{-4}}$$

这是一个四阶 IIR 系统，用 Matlab 计算出该系统的频率响应如图 10-9 所示，可见其满足设计要求。

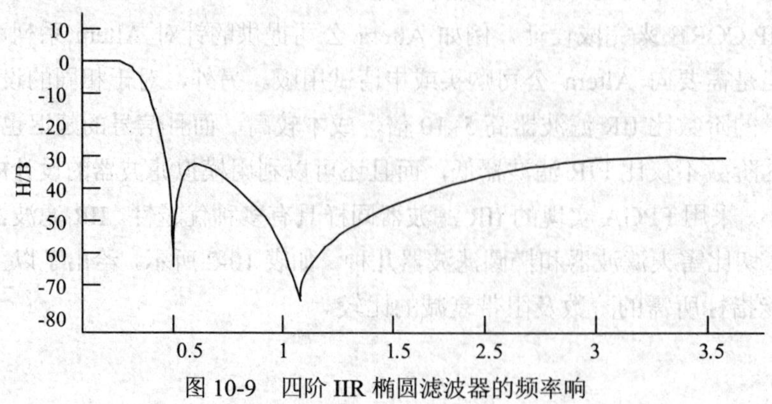

图 10-9　四阶 IIR 椭圆滤波器的频率响

如果采用直接型结构实现，需用的乘法器和延迟单元相对较多，而且分子和分母的系数相差较大，需要较多的二进制位数才能实现对应的精度要求。

而如果采用二阶节级联实现，一来各基本节的零点、极点可以很方便地单独进行调整，二来可以降低对二进制数位数的要求。此外给出了一个直接型结构转为级联型结构的 dir2cas.m 文件，利用该函数求得系统函数的级联表达形式为：

$$\begin{aligned}H(z) = H1(z)\times H2(z) &= (0.11-0.1041z^{-1}+0.11z^{-2})/(1-1.58z^{-1}+0.6469z^{-2})\times(0.2464-0.426z^{-1})\\&+0.2464z^{-2}/(1-1.7753z^{-1}+0.892z^{-2})\end{aligned}$$

由上式可以看出，每个二阶节的分子、分母系数的差异减少了。值得注意的是，在分配二阶节的增益时，要保证每个节不会发生运算溢出，可以先用 Matlab 软件分析计算来合理安排各节的增益。经过计算，此处第一级分配 0.11，第二级分配 0.2464，可以保证在要求的输入范围没有数据溢出发生。

10.3.3 数字滤波器系统实现

将第一个二阶节的系统函数表示为以下差分方程：

$$\begin{aligned}y1(n) &= A0X(n)-A1X(n-1)+A2X(n)+B0y(n-1)-B1y(n-2)\\&=0.11X(n)-0.1041X(n-1)+0.11X(n)+1.58y(n-1)-0.6469y(n-2)\end{aligned}$$

可以看出，一个二阶节的实现需要 5 次乘法运算、4 次加法运算(采用二进制补码将减法运算变为加法运算)。两个二阶节共需要 10 次乘法运算。虽然现在已有上千万门的 FPGA 产品可供选用，但是一般应用时全部采用硬件阵列乘法器毕竟不太合适，而如果采用串行乘法器进行分时复用，其工作速度也不太理想。

这里采用一个折中的方法实现，即乘加单元(MAC)的乘法器采用阵列乘法器，而不使用串行乘法器，以提高运算速度。需要注意的是，MAX+pLUSⅡ的 1PM 库中乘法运算为无符号数的阵列乘法，所以使用时需要先将两个补码乘数转换为无符号数相乘后，再将乘积转换为补码乘积输出。每个二阶节完成一次运算共需要 6 个时钟周期，而且需采用各自独立的 MAC 实现两级流水线结构，即每个数据经过两个二阶节输出只需要 6 个时钟周期。

10.3.4 数字滤波器系统原理框图

系统原理框图如图 10-10 所示，模拟信号经过 T1C5510 转换为 00H~FFH 的二进制数后，送入四阶 IIR 低通滤波器，处理后输出 10 位二进制数送 AD7520 得到双极性的模拟电压输出。

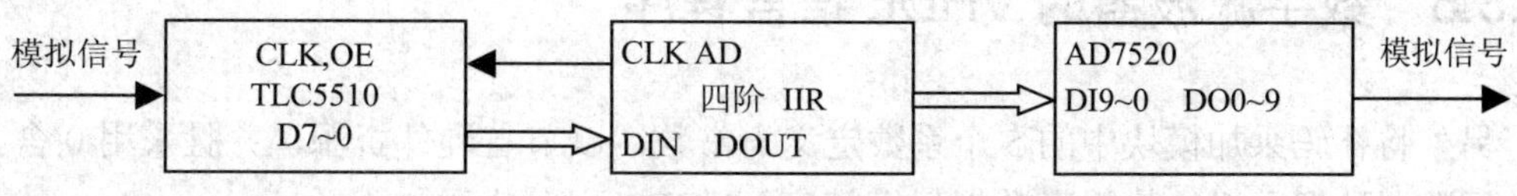

图 10-10 数字滤波器系统的原理框图

10.3.5　数字滤波器顶层 IIR 模块

顶层 IIR 模块原理图如图 10-11 所示。主要由一个时序控制模块 IIRC、两个 IIR 二阶节模块(IIR1 和 IIR2)构成。IIR 模块设计为 10 位二进制补码输入，最高位 Ad9 为补码符号位，次高位 Ad8 用于防止运算的溢出。可见该 IIR 模块实际可以输入 9 位二进制补码数，但 T1C5510 的输出数据为 8 位，输入到 IIR 模块时，Ad9 和 Ad8 引脚均接地，即输入为正极性电压。

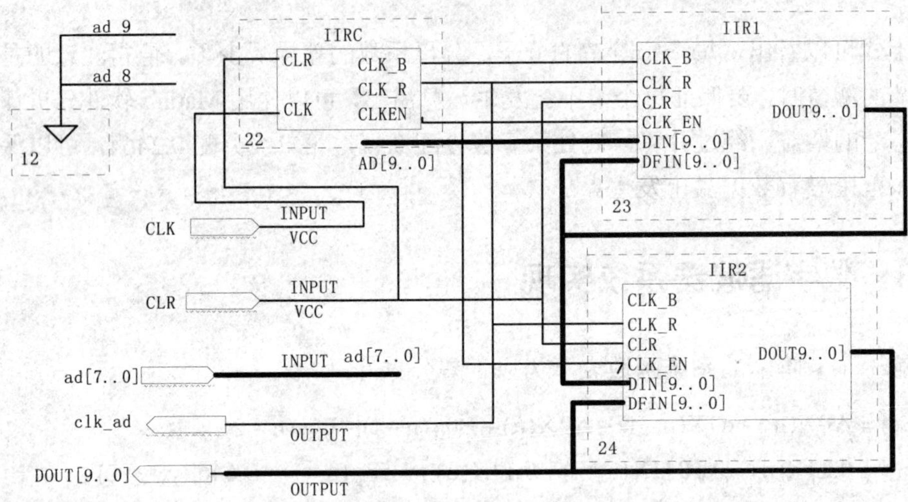

图 10-11　四阶 IIR 滤波器的顶层原理图

clr 输入端为异步清零端，高电平有效。当输入时钟 clk 为 12MHz 时，IIR 模块产生一个频率为 2MHz 的 clk__ad 输出时钟提供给 T1C5510。输出数据 dout 为 10 位二进制补码。IIR1 和 IIR2 模块构成级联结构。

IIR1、IIR2 模块主要由两个模块构成，一个是数据移位模块，在 C1K__R 时钟作用下将差分方程的各 x、y 值延迟一个时钟；另一个模块是补码乘加单元，用 VHD1 语言编写，两个乘数先取补后再进行阵列乘法，在 C1K__B 时钟控制下完成一次乘加运算，乘积取补后输出，共需要 6 个时钟。

差分方程的各系数如表 10-3 所示，采用 10 位定点纯小数补码表示。

表 10-3　二阶差分方程的系数

系　数	a0	a1	a2	b0	b1
IIR1	01CH	3E6H	01CH	194H	35BH
IIR2	03FH	393H	03FH	1C6H	31CH

10.3.6　数字滤波器的 VHDL 语言程序

另外将补码乘加模块中的 5 个系数定义为常数，以节省硬件资源，并且采用 0 舍 1 入法进行数据处理，以尽量提高数据运算精度。VHD1 程序代码如下：

```
ENTITY SMULTADD1.IS
   PORT (CLK_REGBT,CLK_REG: IN STD_LOGIC;
         X0,X1,X2,Y0,Y1: IN STD_LOGIC_VECTOR(9   DOWNTO   0);
         YOUT: OUT STD_LOGIC_VECTOR(9   DOWNTO   0));
END SMULTADD1;
ARCHITECTURE   BEHAV   OF SMULTADD1 IS
SIGNAL TAN,TBN,TP2N: STD_LOGIC;
SIGNAL CNT: STD_LOGIC_VECTOR(2   DOWNTO   0);
SIGNAL TA,TB,TAA,TBB: STD_LOGIC_VECTOR(8 DOWNTO   0);
SIGNAL TMPA,TMPB: STD_LOGIC_VECTOR(9 DOWNTO   0);
SIGNAL TP: STD_LOGIC_VECTOR(18 DOWNTO   0);
SIGNAL TPP: STD_LOGIC_VECTOR(22 DOWNTO   0);
SIGNAL TMP,P: STD_LOGIC_VECTOR(23 DOWNTO   0);
CONSTANT A0: STD_LOGIC_VECTOR(9 DOWNTO   0): = "0000011100";
--其余常数说明略
   BEGIN
        TP2N<=TAN XOR TBN;        --求补后送阵列乘法器
        TAA<=NOT TA+'1' WHEN (TAN='1') ELSE TA;
        TBB<=NOT TB+'1' WHEN (TBN='1') ELSE TB;
        TPP<='1'& '1' & '1' & '1' & NOT TP + '1' WHEN(TP2N= '1') ELSE TP;
        TMPN<=A0 WHEN CNT=0 ELSE
        A1 WHEN CNT=1 ELSE
        A2 WHEN CNT=2 ELSE
        B0 WHEN CNT=3 ELSE
        B1 WHEN CNT=4 ELSE (OTHERS => '0');
        TMPB<=X0 WHEN CNT =0 ELSE
        X1 WHEN CNT=1 ELSE
        X2 WHEN CNT=2 ELSE
        Y0 WHEN CNT=3 ELSE
        Y1 WHEN CNT=4 ELSE (OTHERS => '0');
        TA<=TMPA(8 DOWNTO 0); TB<=TMPB(8 DOWNTO 0);
        TAN<=TMPA(9);TBN<=TMPB(9);
        TP<=TAA*TBB;
        P<=(OTHER => '0') WHEN(TMPB="0000000000") ELSE
        TP2N &TPP;
        PROCESS (CLK_REG,CLK_REGBT)
BEGIN
        IF CLK_REG= '1' THEN CNT<="000";YTMP<=(OTHERS=> '1');
        ELSIF (CLK_REGBT'EVENT AND CLK_REGBT= '1') THEN
              IF CNT<5 THEN CNT<=CNT+1;YTMP<=YTMP+P;
              ELSIF (CNT=5) THEN
                    IF YTMP(7)= '1' THEN
                    YOUT(8 DOWNTO 0)<=YTMP (16 DOWNT0 8)+1;
                    YOUT(9)<=YTMP(23);
                    ELSE YOUT (8 DOWNTO 0)<=YTMP (16 DOWNTO 8);
                    YOUT (9)<=YTMP (23);
                    END IF;
                    END IF;
              END IF;
        END PROCESS;
END BEHAV;
```

IIR2 模块的输出数据采用将补码最高符号位直接取反转换为移码后，就可以送到 DAC7520 实现双极性信号输出。

10.3.7　数字滤波器系统性能测试

系统性能的测试采用单极性方波周期信号作为输入信号。信号的频率为 100kHz，在采样频率为 2MHz 时，每个周期采样 20 个点，换算成数字域频率为 0.1π，其二次谐波的数字频率为 0.2π。输入到 T1C5510 的信号电压幅度为 0~2V，经过 A/D 转换后的输出为 00H~FFH。由于低通滤波器的阻带截止频率选在 200kHz，衰减 32dB，由信号理论分析可知，周期方波信号没有二次谐波，所以对三次谐波的衰减经过 IIR 滤波器后输出有直流分量的基波(频率为 100kHz)正弦信号。理论计算给出的方波周期信号基波幅度为：2E/π=(2×255)/π=162.34。

输入一个周期的数据，Mat1ab 的计算值与 MAX+PLUS II 的仿真值如表 10-4 所示。

表 10-4　滤波后输出的数据

输入数据	255	255	255	255	255	255	255	255	255	255
计算值	28.7	-8.2	-29.4	-34.9	-25.2	-1.3	34.8	80.0	130.5	182.0
仿真值	32	1020	999	993	1002	1	36	80	129	179
输入数据	0	0	0	0	0	0	0	0	0	0
计算值	223.4	260.2	281.4	286.9	277.2	253.2	217.1	172.0	121.5	70.1
仿真值	219	255	276	282	273	250	215	171	122	72

由表 10-4 可见，仿真输出值为补码，谷点输出值 993 换算成符号数为 993−1024=－31。Mat1ab 软件计算的满度输出值为 286.9，其基波幅度为[286.9−(－34.9)]/2=160.9，与理论值的误差为：(160.9−162.34)/162.34=－0.87%。四阶 IIR 滤波器实现的满度输出值为[282−(－31)]/2=156.5，与理论值的误差为：(156.5−162.34)/162.34=－3.6%。

这是由于有限精度算法所引起的误差，可以通过增加二进制位数来提高系统的运算精度。由 MAX+PLUS II 的仿真输出结果可见，该四阶级联 IIR 滤波器达到了设计要求。

如果改变滤波器的输入时钟频率，则可以改变滤波器的截止频率。另外如果输入无直流分量的周期信号，而且其频率为采样频率的 1/20，则通过该低通滤波器可以直接得到基波分量输出。其实，要将 T1C5510 输出的直流分量滤出很容易，只需利用 FPGA 做一个减法运算即可。

10.4　本章小结

本章首先介绍了 4 位加法器设计，接着在 4 位加法器的基础上构成了乘法器，详细介绍了如何在提高乘法器速度的基础上尽量减少资源占用；最后，介绍了数字滤波器，它是数字信号处理必用的部件。本章通过对快速加法器、快速乘法器和数字滤波器的设计的讲解，可以为数字信号处理打下良好的基础。

10.5　习　题

10-1　简易数字存储示波器设计。利用可编程逻辑器件设计并制作一台用普通示波器显示波形的简易数字存储示波器。

10-2　移位相加硬件乘法器设计。该乘法器是由 8 位加法器构成的以时序方式设计的 8 位乘法器。原理是：乘法通过逐项移位相加来实现相乘。从被乘数的最低位开始，若为 1，则乘数左移后与上一次的和相加；若为 0，左移后以全零相加，直至被乘数的最高位。

10-3　自动售邮票的控制电路：用两个发光二极管分别模拟售出面值为 6 角和 8 角的邮票，购买者可以通过开关选择一种面值的邮票，灯亮表示邮票售出，用开关分别模拟 1 角、5 角和一元硬币投入，用发光二极管分别代表找回剩余的硬币，每次只能售出一枚邮票，当所投硬币达到或超过购买者所选面值时，售出一枚邮票，并找回剩余的硬币，回到初始状态；当所投硬币值不足面值时，可以通过一个复位键退回所投硬币，回到初始状态。

10-4　FIR 低通滤波器的设计。复习数字信号处理有关知识，学习运用 FPGA 进行数号信号处理方面的设计。完成设计并思考 FPGA 进行数字信号处理的设计。设计要求如下：

(1) 设计指标(数字域)：

通带截止频率为　W_P=2*PI/256

阻带起始频率为　W_{st}=4*PI/256

阻带衰减不小于　δ_2=－13dB

(2) 设计过程，FIR 低通滤波器计算流程如图 10-12 所示。

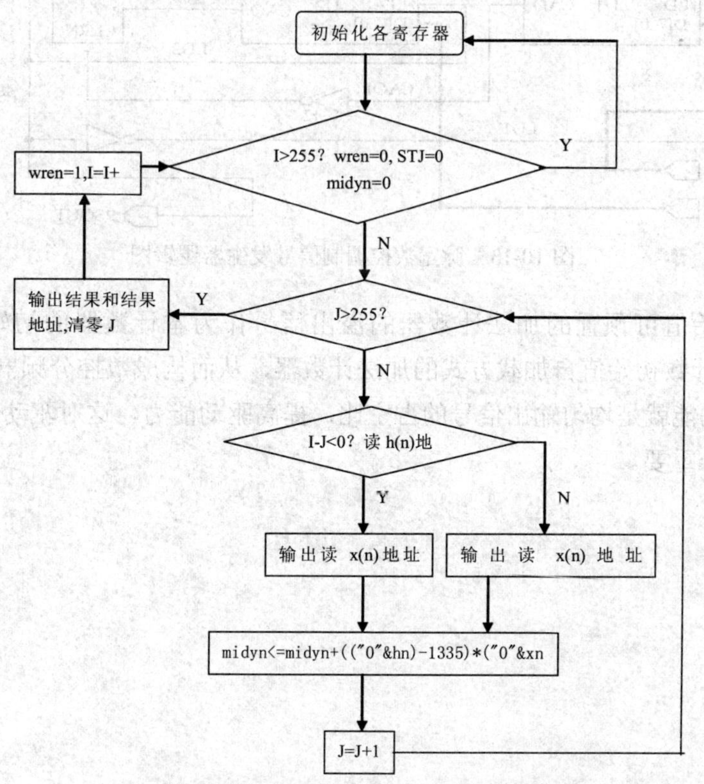

图 10-12　FIR 低通滤波器计算流程

$W_c=(W_P+W_{st})/2=3*PI/256$，由 $\delta_2=13dB$ 查表可选择矩形窗口。

由过渡带的宽确定 N：0.9*2*PI/N=2*PI/256，求得 N=230.4，为了在 CPLD 或 CPLD 中便于计算和处理数据，取 N=256，并求得 τ=(N−1)/2=127.5。

确定 FIR 低通滤波器的 h(n)，由于 N 是偶数所以 h(n)的表达式只有一种。如下式(式-1 所示)。

$$h(n)=\frac{\sin[w_c(n-\frac{N-1}{2})]}{\pi(n-\frac{N-1}{2})} \qquad (式 1)$$

由 h(n)求出 H(ejw)检验出其能满足设计要求由式 1 可以看出 h(n)的值非常的小，都是小数，这样的值不便于 CPLD 的计算处理。为了使之在 CPLD 中便于处理且保证一定的精度，将 h(n)扩大了 219 并加上 1335 后形成了 h(n)的 MIF 文件。程序中用状态机完成循环控制。这种方式的循环易于控制和配合存储器工作。

10-5　设计可自加载的正负脉宽数控调制信号发生器。

如图 10-13 所示的是脉宽数控调制信号发生器逻辑图，此信号发生器是由两个完全相同的可自加载的加法计数 LCNT8 组成的，它的输出信号的高低电平脉宽可分别由两组 8 位预置数进行控制。

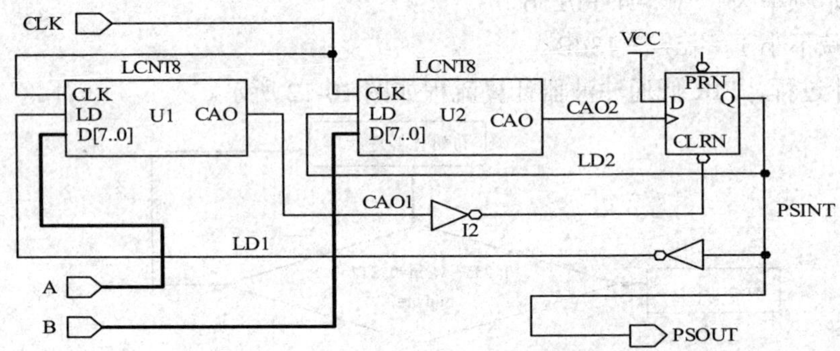

图 10-13　脉宽数控调制信号发生器逻辑图

如果将初始值可预置的加法计数器的溢出信号作为本计数器的初始预置加载信号 LD，则可构成计数初始值自加载方式的加法计数器，从而构成数控分频器。图中 D 触发器的一个重要功能就是均匀输出信号的占空比，提高驱动能力，这对驱动诸如扬声器或电动机等器件十分重要。

第11章　FPGA在通信工程中的应用

FPGA 芯片在许多领域均有广泛的应用，特别是在无线通信领域，由于具有极强的实时性和并行处理能力，使其对信号进行实时处理成为可能。本章通过若干设计实例，详细说明了 FPGA 在数据通信领域中的应用，并给出了具体的 VHDL 代码。内容包括二进制振幅键控(ASK)调制器与解调器设计、二进制频移键控(FSK)调制器与解调器设计、二进制相位键控(PSK)调制器与解调器的设计和 UART 接口设计。

11.1　二进制振幅键控(ASK)调制器与解调器设计

数字基带信号的功率谱从零频开始，而且集中在低频段，因此只适合在低通型信道中传输。但常见的实际信道是带通型的，因此必须用数字基带信号对载波进行调制，使基带信号的功率谱搬移到较高的载波频率上，才可以在信道中进行传输。本节主要介绍二进制振幅键控(ASK)调制器与解调器设计。

11.1.1　ASK 信号调制原理

数字信号对载波信号的振幅调制称为振幅键控，即 ASK(Amplitude Shift Keying)。二进制振幅键控信号的码元可以表示为：

$$s(t)=A(t)\cos(\omega_0 t+\theta) \qquad 0<t\leqslant T$$

其中，$\omega_0=2\pi f_0$ 为载波信号的角频率；$A(t)$ 是随基带调制信号变换的实时振幅，即

$$A(t)=\begin{cases} A & \text{发送“1”时} \\ 0 & \text{发送“0”时} \end{cases}$$

在数字信号处理中，该波形为矩形脉冲。

产生二进制振幅键控信号的方法，如图 11-1 所示，主要有两种：乘法器实现法和键控法。

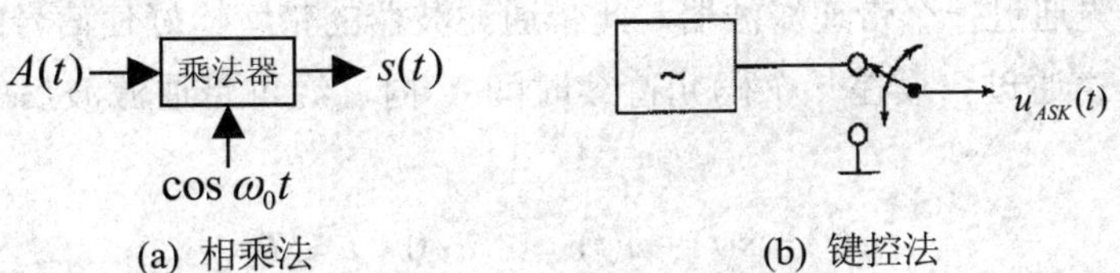

(a) 相乘法　　　　(b) 键控法

图 11-1　ASK 信号原理框图

1. 相乘电路实现法

就是用乘法器基带信号 $A(t)$与载波信号 $\cos\omega_0 t$ 相乘就可以得到调制信号输出。乘法器用来进行频谱搬移，相乘后的信号通过带通滤波器滤除高频谐波和低频干扰，带通滤波器的输出是振幅键控信号。

2. 键控法

所谓的键控法就是一个开关电路，但是该开关电路是由输入的基带信号控制，同样也可以得到相同的输出波形。由于振幅键控的输出波形是断续的正弦波，所以有时候也称二元制 ASK 为通断控制(OOK)。为了控制开关电路，基带信号必须是矩形脉冲信号，高电平的时候，打开开关，低电平的时候，关闭开关。最典型的实现方法是用一个电键来控制载波振荡器的输出而获得。

11.1.2　ASK 信号解调原理

在接收端口，ASK 信号的解调方法有两种：同步解调法和包络解调法。前者属于相干解调，后者为非相干解调。如图 11-2(a)所示为包络检波法解调器的原理方框图，其中的整流器和低通滤波器构成一个包络检波器。如图11-2(b)所示为相干解调器的原理方框图，由于在相干解调中相乘电路需要有相干载波，该载波必须从接受信号中获取，并且与接受信号的载波信号具有相同的频率以及相同的相位，所以这种方法比包络解调法复杂。

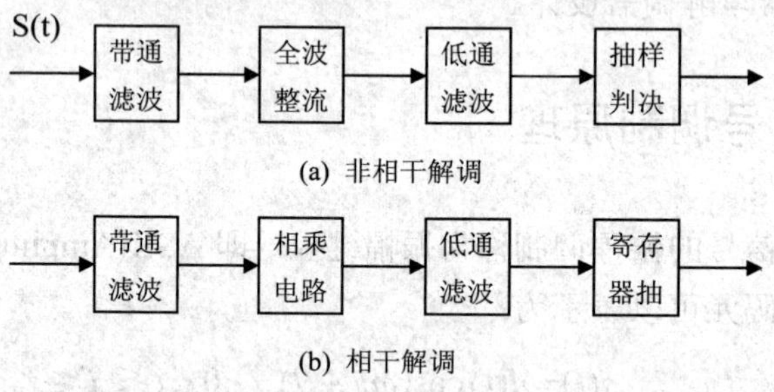

图 11-2　ASK 信号解调原理框图

ASK 随机信号序列的一般表示式为：

$$s(t) = A(t)\cos(\omega_0 t) = [\sum_{n=-\infty}^{\infty} a_n g(t-nT)]\cos(\omega_0 t)$$

其中，a_n 为二进制单极性随机振幅；$g(t)$为码元波形；T 为码元持续时间。

接收的信号先通过一个带通滤波器，此带通滤波器的带宽恰好使信号的有用频谱通过并阻止带外的噪声通过。设在一个码元持续时间 T 内，经过带通滤波后的接收信号和噪声电压为：

$$y(t) = s(t) + n(t) \qquad 0 < t \leqslant T$$

其中：

$$s(t)=\begin{cases}A\cos(\omega_0 t) & \text{发送“1”时}\\ 0 & \text{发送“0”时}\end{cases}$$

$n(t)$ 是一个窄带高斯过程。根据窄带随机过程的性质，可以得到：

$$n(t)=n_c(t)\cos(\omega_0 t)-n_s(t)\sin\omega_0 t$$

于是经过带通滤波器后的接收电压为：

$$y(t)=\begin{cases}[A+n_c t]\cos\omega_0 t-n_s(t)\sin\omega_0 t & \text{发送“1”时}\\ n_c(t)\cos\omega_0 t-n_s(t)\sin\omega_0 t & \text{发送“0”时}\end{cases}$$

同步解调也称相干解调，根据上述的接收信号 y(t) 经过带通滤波器抑制来自信道的带外干扰，乘法器进行频谱反向搬移，以恢复基带信号，低通滤波器用来抑制相乘器产生的高次谐波干扰，在抽样判决处的电压 x(t)可以表示：

$$x(t)=\begin{cases}A+n_c(t) & \text{发送“1”时}\\ n_c(t) & \text{发送“0”时}\end{cases}$$

若没有噪声，上式简化为：

$$x(t)=\begin{cases}A & \text{发送“1”时}\\ 0 & \text{发送“0”时}\end{cases}$$

此时判决电平取 0~A 的中间值 A/2，大于 A/2 判为“1”码，小于 A/2 判为“0”码。在无噪声时，判决一定是正确的。

11.1.3　ASK 调制 VHDL 程序

1. ASK 调制方框图

ASK 调制方框图如图 11-3 所示。

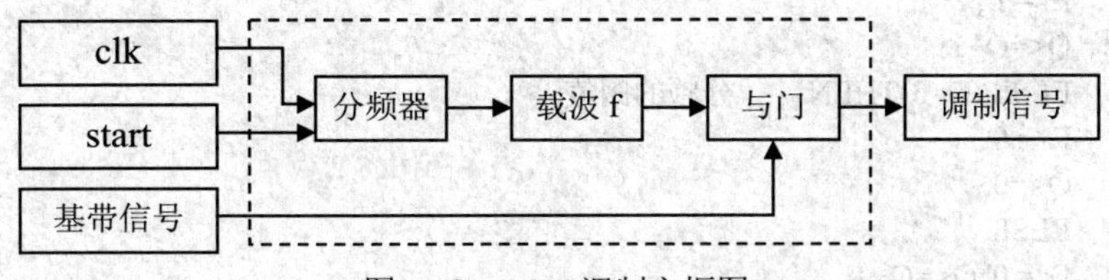

图 11-3　ASK 调制方框图

2. ASK 调制电路符号

ASK 调制电路符号如图 11-4 所示。

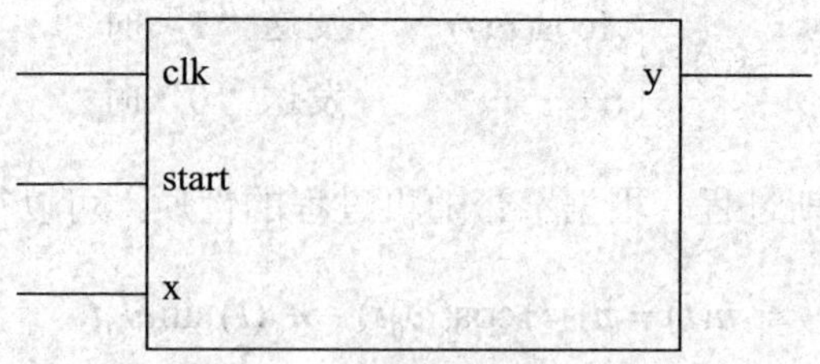

图 11-4　ASK 调制电路符号

3. ASK 调制 VHDL 程序

代码如下：

```
LIBRARY IEEE;
USE IEEE.STD_LOGIC_1164.ALL;
USE IEEE.STD_LOGIC_ARITH.ALL;
USE IEEE.STD_LOGIC_UNSIGNED.ALL;
-- UNCOMMENT THE FOLLOWING LIBRARY DECLARATION IF INSTANTIATING
-- ANY XILINX PRIMITIVES IN THIS CODE.
--LIBRARY UNISIM;
--USE UNISIM.VCOMPONENTS.ALL;
ENTITY ASK IS
PORT(   CLK: IN STD_LOGIC;              --系统时钟
        START: IN STD_LOGIC;            --开始调制信号
        X: IN STD_LOGIC;                --基带信号
        Y: OUT STD_LOGIC);              --调制信号
END ASK;
ARCHITECTURE BEHAV OF ASK IS
SIGNAL Q: INTEGER RANGE 0 TO 3;         --分频计数器
SIGNAL F: STD_LOGIC;                    --载波信号
   BEGIN
      PROCESS(CLK)
         BEGIN
            IF (CLK'EVENT AND CLK='1') THEN
              IF (START='0')THEN
              Q<=0;
              ELSIF(Q<=2)THEN     分频的阀值
              F<='1';
              Q<=Q+1;
              ELSIF(Q=3)THEN      分频的阀值
              F<='0';
              Q<=0;
              ELSE
              F<='0';Q<=Q+1;
              END IF;
         END IF;
    END PROCESS;
    Y<=X AND F;                   --对基带码进行调制
END BEHAV;
```

11.1.4　ASK 解调 VHDL 程序

1. ASK 解调电路符号

ASK 解调电路符号如图 11-5 所示。

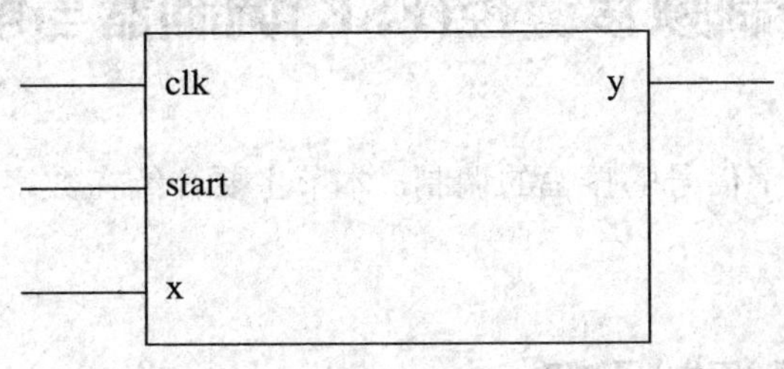

图 11-5　ASK 解调电路符号

2. ASK 解调 VHDL 程序

代码如下：

```
LIBRARY IEEE;
USE IEEE.STD_LOGIC_ARITH.ALL;
USE IEEE.STD_LOGIC_1164.ALL;
USE IEEE.STD_LOGIC_UNSIGNED.ALL;
ENTITY ASK2 IS
   PORT(CLK: IN STD_LOGIC;                                  --系统时钟
          START: IN STD_LOGIC;                              --同步信号
          X: IN STD_LOGIC;                                  --调制信号
          Y: OUT STD_LOGIC);                                --基带信号
END ASK2;
ARCHITECTURE BEHAV OF ASK2 IS
SIGNAL Q: INTEGER RANGE 0 TO 11;                            --计数器
SIGNAL XX: STD_LOGIC;                                       --寄存 X 信号
SIGNAL M: INTEGER RANGE 0 TO 5;                             --计 XX 的脉冲数
   BEGIN
    PROCESS(CLK)                                            --对系统时钟进行 Q 分频
     BEGIN
      IF CLK'EVENT AND CLK='1' THEN XX<=X;                  --X 信号赋给 XX
         IF START='0' THEN Q<=0;                            --IF 语句完成 Q 的循环计数
         ELSIF Q=11 THEN Q<=0;
         ELSE Q<=Q+1;
         END IF;
         END IF;
      END PROCESS;
      PROCESS(XX,Q)                                         --此进程完成 ASK 解调
         BEGIN
            IF Q=11 THEN M<=0;                              --M 计数器清零
            ELSIF Q=10 THEN
               IF M<=3 THEN Y<='0';                  --IF 语句通过对 M 的大小，来判决 Y 输出的电平
               ELSE Y<='1';
```

```
            END IF;
        ELSIF   XX'EVENT AND XX='1'THEN M<=M+1;  --计 XX 信号的脉冲个数
        END IF;
    END PROCESS;
END BEHAV;
```

11.2　二进制频移键控(FSK)调制器与解调器设计

上一节介绍了对数字信号的振幅的调制，本节主要介绍在数字信号调制过程中如何实现对频率的调制与解调。

11.2.1　FSK 信号调制原理

频移键控即 FSK(Frequency－Shift Keying)数字信号对载波频率调制，主要通过数字基带信号控制载波信号的频率来传递数字信息。在二进制情况下，“1”对应于载波频率 f_1，“0”对应载波频率 f_2，但是它们的振幅和初始相位不变化。所以其表示式为：

$$s(t)=\begin{cases}A\cos(\omega_1 t+\varphi_1) & \text{发送“1”时}\\ A\sin(\omega_0 t+\varphi_0) & \text{发送“0”时}\end{cases}$$

其中，假设码元的初始相位分别为 φ_1 和 φ_0； $\omega_1=2\pi f_1$ 和 $\omega_0=2\pi f_0$ 为两个频率不同码元的频率；A 为常数，表示码元的包络是矩形脉冲。

FSK 信号的产生方法主要有两种，如图 11-6 所示。

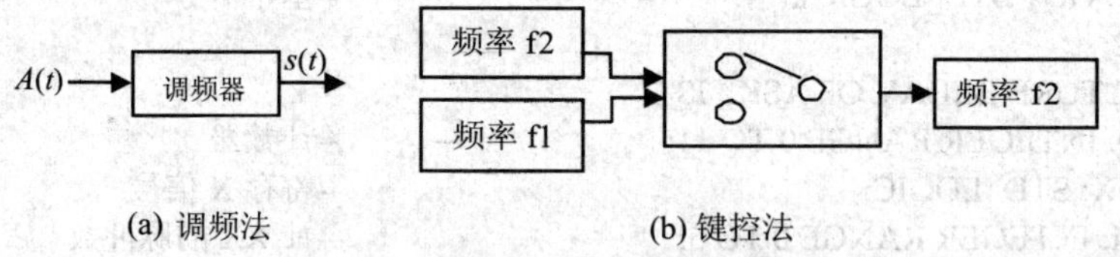

图 11-6　FSK 信号原理框图

第一种方法是用二进制基带矩形脉冲信号去调制一个调频器，使其输出两个不同频率的码元。一般采用的控制方法是：当基带信号为正(相当于“1”码)时，改变振荡器谐振回路的参数(电容或者电感数值)，使振荡器的振荡频率提高(设为 f1)；当基带信号为负(相当于“0”码)时，改变振荡器谐振回路的参数(电容或者电感数值)，使振荡器的振荡频率降低(设为 f2)，从而实现了调频。这种方法产生的调频信号是相位连续的，虽然实现方法简单，但频率稳定度不高，同时频率转换速度不能做得太快，但是其优点是由调频器所产生的FSK信号在相邻码元之间的相位是连续的。

第二种方法是用一个受基带脉冲控制的开关电路去选择两个独立频率源的振荡作为输出。由于是独立的频率源，所以信号频率稳定度可以做得很高并且没有过渡频率，它的转换速度快，波形好。

两种方法所产生的波形基本相同，只有一点差别：由调频器产生的信号在相邻码元之间的相位是连续的；而由开关所产生的信号分别是两个独立的频率源所产生两个不同频率的信号，所以相邻码元的相位是不连续的。

11.2.2　FSK 信号解调原理

数字频率键控(FSK)信号常用的解调方法有很多种，如相干解调法、非相干解调法和过零检测法等。由于 2FSK 信号可以看作是两个 2ASK 信号之和，因此 2FSK 接收机就由两个并联的 2ASK 接收机组成。

1. 相干解调法

如图 11-7 所示的是相干接收方法的原理方框图，在图中，接收信号经过并联的两路带通滤波器进行滤波与本地相干载波相乘和包络检波后，进行抽样判决，判决的准则是比较两路信号包络的大小。假设上支路低通滤波器输出为 x_1，下支路低通滤波器输出为 x_2，则判决准则是：如果上支的信号包络较大，则判决为“1”；反之，判决为“0”。这种接收方法中的相干载波必须从接收信号中提取，并且和信号码元同频率同相位，这就增加了接收设备的复杂程度。

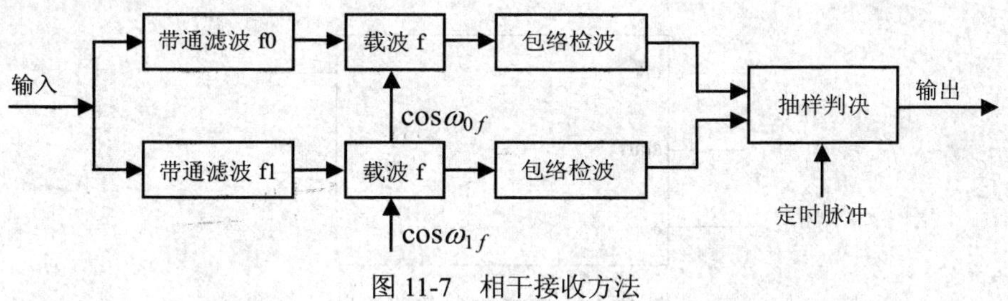

图 11-7　相干接收方法

2. FSK 滤波非相干解调

对于 FSK 的非相干解调一般采用滤波非相干解调，如图 11-8 所示。输入的 FSK 中频信号分别经过中心频为 f_H、f_L 的带通滤波器，然后再分别经过包络检波，包络检波的输出在 t=kT_b 时抽样(其中 k 为整数)，并且将这些值进行比较。根据包络检波器输出的大小，比较器判决数据比特是 1 还是 0。

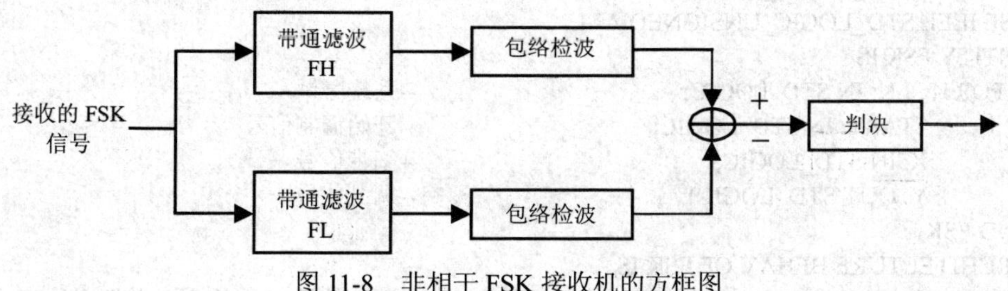

图 11-8　非相干 FSK 接收机的方框图

在高斯白噪声信道环境下，FSK 滤波非相干解调性能较相干 FSK 的性能要差，但在无线衰落环境下，FSK 滤波非相干解调却表现出较好的稳健性。

11.2.3　FSK 调制 VHDL 程序及仿真

1. FSK 调制方框图

FSK 调制方框图如图 11-9 所示。

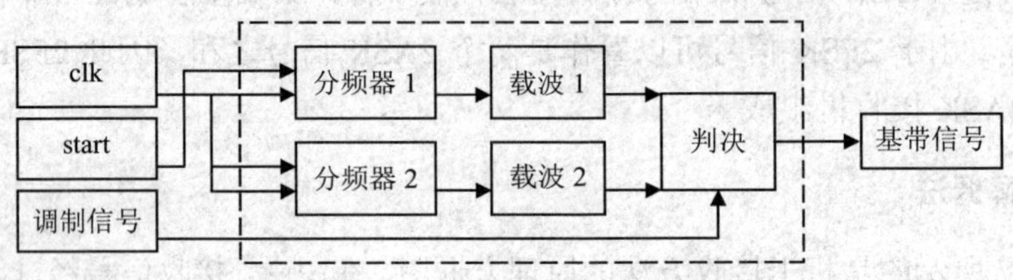

图 11-9　FSK 调制方框图

注意：图中没有包含模拟电路部分，调制信号为数字信号。

2. FSK 调制 VHDL 程序的电路符号

FSK 调制 VHDL 程序的电路符号如图 11-10 所示。

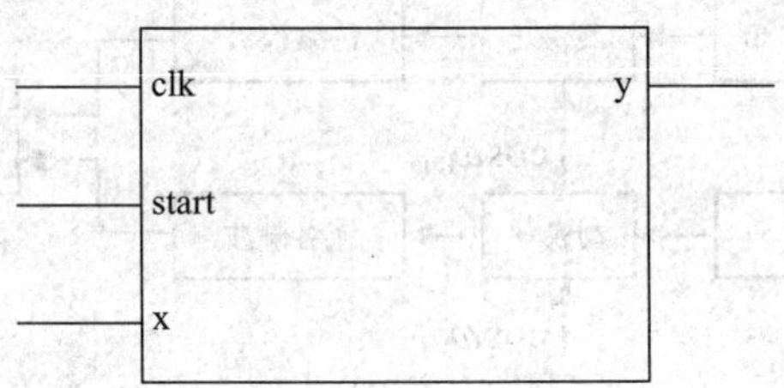

图 11-10　FSK 调制电路符号

3. FSK 调制 VHDL 程序

代码如下：

```
LIBRARY IEEE;
USE IEEE.STD_LOGIC_ARITH.ALL;
USE IEEE.STD_LOGIC_1164.ALL;
USE IEEE.STD_LOGIC_UNSIGNED.ALL;
ENTITY FSK IS
   PORT(CLK: IN STD_LOGIC;                          --系统时钟
        START: IN STD_LOGIC;                        --开始调制信号
        X: IN STD_LOGIC;                            --基带信号
        Y: OUT STD_LOGIC);                          --调制信号
END FSK;
ARCHITECTURE BEHAV OF FSK IS
SIGNAL Q1: INTEGER RANGE 0 TO 11;                   --载波信号 F1 的分频计数器
SIGNAL Q2: INTEGER RANGE 0 TO 3;                    --载波信号 F2 的分频计数器
SIGNAL F1,F2: STD_LOGIC;                            --载波信号 F1，F2
```

```
BEGIN
  PROCESS(CLK)                                  --产生载波 F1
    BEGIN
      IF CLK'EVENT AND CLK='1' THEN
        IF START='0' THEN Q1<=0;
        ELSIF Q1<=5 THEN F1<='1';Q1<=Q1+1;  --改变 Q1 可改变载波 F1 的占空比
        ELSIF Q1=11 THEN F1<='0';Q1<=0;     --改变 Q1 可改变载波 F1 的频率
        ELSE   F1<='0';Q1<=Q1+1;
        END IF;
      END IF;
    END PROCESS;
    PROCESS(CLK)                                --产生载波 F2
      BEGIN
        IF CLK'EVENT AND CLK='1' THEN
            IF START='0' THEN Q2<=0;
            ELSIF Q2=1 THEN F2<='0';Q2<=0;
            ELSIF Q2<=0 THEN F2<='1';Q2<=Q2+1;
            ELSE F2<='0';Q2<=Q2+1;
            END IF;
        END IF;
    END PROCESS;
    PROCESS(CLK,X)                              --此进程完成对基带信号的 FSK 调制
        BEGIN
          IF CLK'EVENT AND CLK='1' THEN
            IF X='0' THEN Y<=F1;                --X ='0'时，输出 F1
            ELSE Y<=F2;                         --X='1'时，输出 F2
            END IF;
          END IF;
      END PROCESS;
END BEHAV;
```

11.2.4　FSK 解调 VHDL 程序及仿真

1. FSK 解调方框图

FSK 解调方框图如图 11-11 所示。

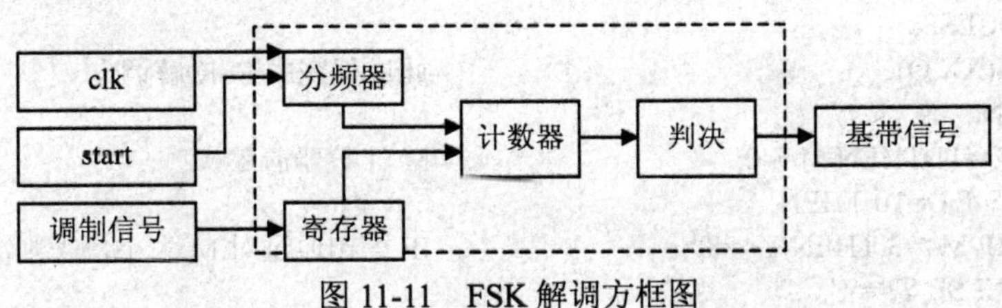

图 11-11　FSK 解调方框图

注意：图中没有包含模拟电路部分，调制信号为数字信号形式。

2. FSK 解调 VHDL 程序的电路符号

FSK 解调 VHDL 程序的电路符号如图 11-12 所示。

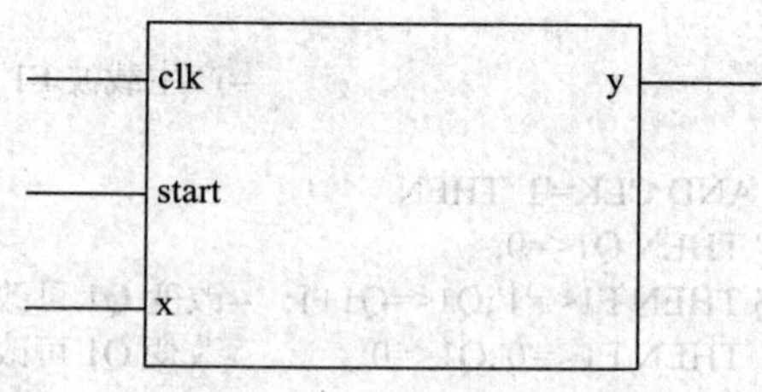

图 11-12　FSK 解调方框图

3. FSK 解调 VHDL 程序

代码如下：

```
LIBRARY IEEE;
USE IEEE.STD_LOGIC_ARITH.ALL;
USE IEEE.STD_LOGIC_1164.ALL;
USE IEEE.STD_LOGIC_UNSIGNED.ALL;
ENTITY FSK2 IS
  PORT(CLK :IN STD_LOGIC;                        --系统时钟
       START :IN STD_LOGIC;                      --同步信号
       X: IN STD_LOGIC;                          --调制信号
       Y: OUT STD_LOGIC);                        --基带信号
END FSK2;
ARCHITECTURE BEHAV OF FSK2 IS
SIGNAL Q: INTEGER RANGE 0 TO 11                  --分频计数器
SIGNAL XX: STD_LOGIC;                            --寄存器
SIGNAL M: INTEGER RANGE 0 TO 5;                  --计数器
  BEGIN
    PROCESS(CLK)                                 --对系统时钟进行 Q 分频
      BEGIN
        IF CLK'EVENT AND CLK='1' THEN XX<=X;  --在 CLK 信号上升沿时，X 信号对中间信
                                                    --号 XX 赋值
          IF START='0' THEN Q<=0;                --IF 语句完成 Q 的循环计数
          ELSIF Q=11 THEN Q<=0;
          ELSE Q<=Q+1;
          END IF;
      END IF;
  END PROCESS;
  PROCESS(XX,Q)                                  --此进程完成 FSK 解调
    BEGIN
      IF Q=11 THEN M<=0;                         --M 计数器清零
      ELSIF Q=10 THEN
        IF M<=3 THEN Y<='0';                     --IF 语句通过对 M 大小，来判决 Y 输出的电平
        ELSE Y<='1';
        END IF;
      ELSIF    XX'EVENT AND XX='1'THEN M<=M+1;    --计 XX 信号的脉冲个数
      END IF;
    END PROCESS;
END BEHAV;
```

11.3　二进制相位键控(PSK)调制器与解调器设计

上一节介绍了对数字信号的频率的调制，本节主要介绍在数字信号调制过程中如何实现对相位的调制与解调。

11.3.1　基本概念

1. 基本原理

在二进制数字调制中，当正弦载波的相位随二进制数字基带信号离散变化时，则产生二进制移相键控(2PSK)信号。PSK 信号码元的“0”和“1”分别用两个不同的初始相位 0 和 π 来表示，而其振幅和频率则保持不变。PSK 信号表示式为：

$$s(t) = A\cos(\omega_0 t + \theta)$$

其中，当发送“0”的时候，$\theta = 0$；当发送“1”的时候，$\theta = \pi$。也可以写成如下形式：

$$s(t) = \begin{cases} A\cos(\omega_0 t) & \text{发送“0”时} \\ A\cos(\omega_0 t + \pi) & \text{发送“1”时} \end{cases}$$

由于上面两个码元的相位相反，波形的形状相同，但是极性相反，所以，PSK 信号的码元又可以写成如下形式：

$$s(t) = \begin{cases} A\cos(\omega_0 t) & \text{发送“0”时} \\ -A\cos(\omega_0 t) & \text{发送“1”时} \end{cases}$$

PSK 码元序列的波形与载波的频率和码元持续时间有关。当一个码元中含有整数个载波周期的时候，那么可以发现在相邻码元之间是不连续的，或者说相位是不连续的。当一个码元中包含有整数个载波周期数比整数个周期多半个周期的时候，则相位是连续的。只有当一个码元中包含的整数个载波周期的时候，相邻码元边界处的相位跳变才是由调制引起的相位变化。

PSK 信号的产生有两种方法。第一种叫相乘法，是用二进制基带不归零矩形脉冲信号与载波相乘，得到相应的相位相反的两种码元。第二种叫做选择法，是用此基带信号控制一个开关电路，以选择输入信号，开关电路的输入信号是相位相差180° 的同频载波。这两种方法的复杂程度差不多，并且都可以用数字信号处理器来实现。

PSK 信号的解调方法是相干接收法。由于 PSK 信号本身就是利用相位来传递信息的，所以在接收端必须利用信号的相位信息来解调信号。在如图 11-13 所示中给出了一种 PSK 信号相干接收设备的原理方框图。图中经过带通滤波器的信号在相乘器中与本地载波相乘，然后用低通滤波器消除高频成分信号，再进行抽样判决。这种方法有两个难点。第一，难于确定本地载波的相位，因为通常在接收端从接收信号中提取载波的方法是用倍频-分频的方法，即将接收信号做全波整流，滤出信号载波的倍频分量，再进行分频，恢复出载波的频率。但是，在分频的时候存在相位不确定性，即分频得到的载波信号有两种可能性，它依赖于分频器的初始化相位等一些随机因素。这样就有可能把相位 0 和 180 颠倒，从而将信号码元颠倒，做出错误的判断。另外，信道存在不稳定的性质，使接收信号的相位产生随机起伏，如果接收端产生的本地载波信息的参考相位不能够随之跟踪变化，也会造成同样的相位颠倒。第二，在随机信号码元序列中有可能出现的信号波形长时间地为连续的正(余)弦波形，那么在接收端无法辨认码元的起止时刻，这样抽样判决时刻也随之不能正确决定。

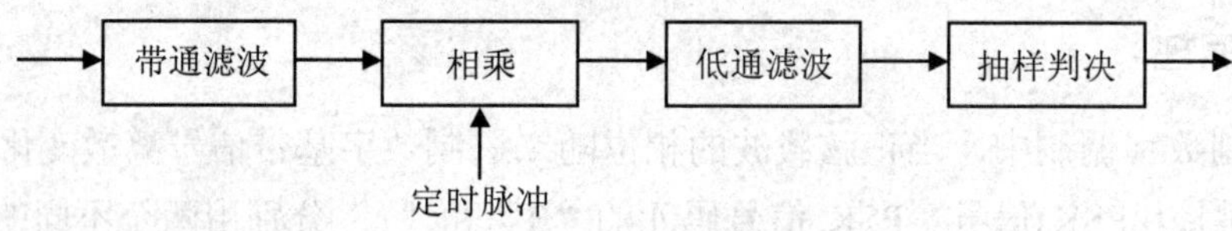

图 11-13　PSK 信号相干接收法

2. 相位键控的分类

PSK 信号的调制有两种分类：绝对调相，记为 CPSK；另外一种称之为相对调相，记为 DPSK。

绝对调相即 CPSK，是利用载波的不同相位去直接传送数字信息的一种方式。对二进制 CPSK，若用相位 π 代表“0”码，相位 0 代表“1”码，即规定数字基带信号为“0”码时，已调信号相对于载波的相位为 π；数字基带信号为“1”码时，已调信号相对于载波相位为同相。

相对调相(相对移相)，即DPSK，也称为差分调相，这种方式是利用相邻码元载波的相对数值来表示“1”和“0”的。现在用 θ 表示载波的初始相位，设$\Delta\theta$ 为当前码元和前一个码元的相位之差：

$$\begin{cases} \Delta\theta = 0 & \text{发送“0”时} \\ \Delta\theta = \pi & \text{发送“1”时} \end{cases}$$

则信号码元可以表示为：

$$s(t) = \cos(\omega_0 t + \theta + \Delta\theta) \qquad 0 < t \leqslant T$$

其中，ω_0 为载波信号的角频率；θ 为前一个码元的相位。

例如基带信号为 111001101，那么 DPSK 信号的相位关系如表 11-1 所示。

表 11-1　DPSK 信号的相位关系

基带信号	111001101	111001101
$\Delta\theta$	$\pi\pi\pi 00\pi\pi 0\pi$	$\pi\pi\pi 00\pi\pi 0\pi$
初始相位 θ	0	π
DPSK 码元相位(θ+$\Delta\theta$)	$\pi 0\pi\pi\pi 0\pi\pi 0$	$0\pi 000\pi 00\pi$

该例子表明，对于相同的基带输入码元序列，由于初始相位不同，码元的相位也可以不同，也就是说，码元的相位并不直接代表基带信号，相邻码元的相位差才代表基带信号。所谓相位变化又有向量差和相位差两种定义方法。

向量差是指前一码元的终相位与本码元初相位比较，是否发生相位变化。而相位差是指前后两码元的初相位是否发生了变化。对同一个基带信号，按向量差和相位差画出的 DPSK 波形是不同的。

例如在相位差法中，在绝对码出现“1”码时，DPSK 的载波初相位即前后两码元的初相位相对改变 π。出现“0”码时，DPSK 的载波初相位即前后两码元的初相位相对不变。在向量差法中，在绝对码出现“1”码时，DPSK 的载波初相位相对前一码元的终相位改变 π。出现“0”码时，DPSK 的载波初相位相对前一码元的终相位连续不变。在画 DPSK 波形时，第一个码元波形的相位可任意假设。

由以上分析可以看出，绝对移相波形规律比较简单，而相对移相波形规律比较复杂。绝对移相是用已调载波的不同相位来代表基带信号的，在解调时，必须要先恢复载波，然后把载波与 CPSK 信号进行比较，才能恢复基带信号。由于接收端恢复载波常常要采用二分频电路，它存在相位模糊，即用二分频电路恢复的载波有时与发送载波同相，有时反相，而且还会出现随机跳变，这样就给绝对移相信号的解调带来困难。而相对移相，基带信号是由相邻两码元相位的变化来表示，它与载波相位无直接关系，即使采用同步解调，也不存在相位模糊问题，因此在实际设备中，相对移相得到了广泛运用。

11.3.2　CPSK 信号调制

1. CPSK 信号的调制

CPSK 调制主要有直接调相法。

直接调相法用一个受基带脉冲控制的开关电路来控制电路的输出，当基带脉冲为正的时候，输出原来的波形，当基带脉冲为负的时候，将输入信号送入反相器，从而使输出信号与输入信号的相位相反。

2. CPSK 调制方框图

CPSK 调制方框图如图 11-14 所示。

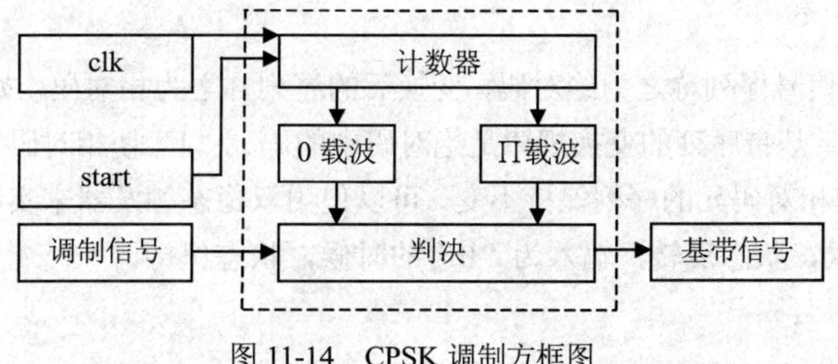

图 11-14　CPSK 调制方框图

3. CPSK 调制 VHDL 程序及仿真

代码如下：

```
LIBRARY IEEE;
USE IEEE.STD_LOGIC_ARITH.ALL;
USE IEEE.STD_LOGIC_1164.ALL;
USE IEEE.STD_LOGIC_UNSIGNED.ALL;
ENTITY CPSK IS
  PORT(CLK: IN STD_LOGIC;                          --系统时钟
       START: IN STD_LOGIC;                        --开始调制信号
       X: IN STD_LOGIC;                            --基带信号
       Y: OUT STD_LOGIC);                          --已调制输出信号
END CPSK;
ARCHITECTURE BEHAV OF CPSK IS
SIGNAL Q: STD_LOGIC_VECTOR(1 DOWNTO 0);  --2 位计数器
SIGNAL F1,F2:STD_LOGIC;                          --载波信号
  BEGIN
    PROCESS(CLK)                                   --此进程主要是产生两重载波信号 F1，F2
      BEGIN
        IF CLK'EVENT AND CLK='1' THEN
          IF START='0' THEN Q<="00";
          ELSIF Q<="01" THEN F1<='1';F2<='0';Q<=Q+1;
          ELSIF Q="11" THEN F1<='0';F2<='1';Q<="00";
          ELSE    F1<='0';F2<='1';Q<=Q+1;
          END IF;
        END IF;
    END PROCESS;
    PROCESS(CLK,X)                                 --此进程完成对基带信号 X 的调制
        BEGIN
          IF CLK'EVENT AND CLK='1' THEN
            IF Q(0)= '1' THEN
              IF X='1' THEN Y<=F1;                 --基带信号 X 为'1'时，输出信号 Y 为 F1
              ELSE Y<=F2;                          --基带信号 X 为'0'时，输出信号 Y 为 F2
            END IF;
          END IF;
        END IF;
    END PROCESS;
END BEHAV;
```

11.3.3　DPSK 信号调制

人们将基带信号序列称之为绝对码，变换后的序列称之为相对码，如表 11-2 所示。通过该表可以看出，基带序列的变换规律是绝对码中的码元“1”使相对码元改变，但是绝对码元中的“0”使相对码元的序列保持不变。可以使用双稳态触发器来实现码元变化：当输入为“1”的时候，状态反转，输入为“0”的时候，状态保持。

表 11-2　码元变换过程列表

基带信号序列	111001101	绝对码
变换化后序列	(0)101110110	相对码
DPSK 码序列	(0)π0πππ0ππ0	

相对移相信号(DPSK)是通过码变换加 CPSK 调制产生，其产生原理如图 11-15 所示。这种方法是把原基带信号经过绝对码-相对码变换后，用相对码进行 CPSK 调制，其输出便是 DPSK 信号，即相对调相可以用绝对码一相对码变换加上绝对调相来实现。

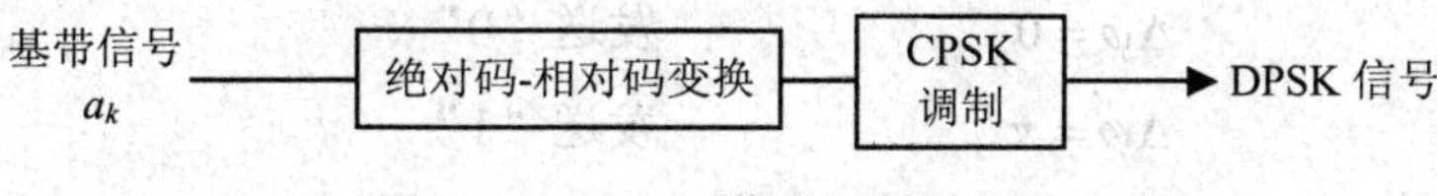

图 11-15　DPSK 信号调制原理图

11.3.4　DPSK 信号解调

DPSK 信号的解调主要有以下两种方法。

1. 极性比较法

先把接收信号进绝对相移信号进行相干解调，解调后的码元序列是相对码；然后对该相对码做码逆变换，还原为绝对码，该绝对码元就是原始的基带信号。

DPSK 解调器由三部分组成，乘法器和载波提取电路实际上就是相干检测器。后面的相对码(差分码)-绝对码的变换电路，即相对码(差分码)译码器，其余部分完成低通判决任务。

2. 相位比较法

DPSK 相位比较法解调器原理框图及其相应的波形图如图 11-16 所示。其基本原理是将接收到的前后码元所对应的调相波进行相位比较，它是以前一码元的载波相位作为后一码元的参考相位，所以称为相位比较法或称为差分检测法。

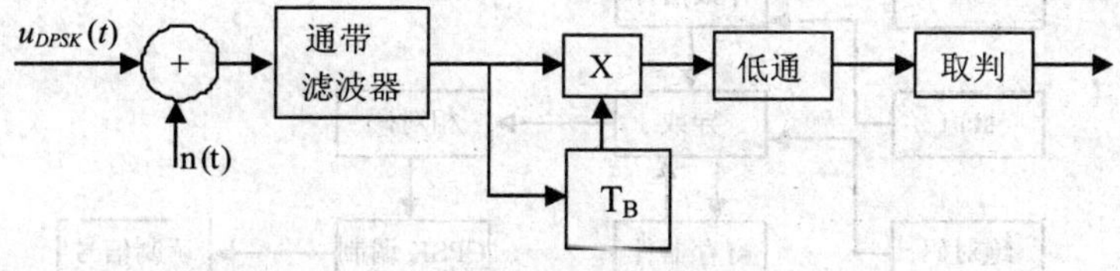

图 11-16　DPSK 相位比较法解调原理框图

该电路与极性比较法的不同之处在于乘法器中与信号相乘的不是载波，而是前一码元的信号，该信号相位随机且有噪声，它的性能低于极性比较法的性能。

输入的 uDPSK 信号，一路直接加到乘法器，另一路经延迟线延迟一个码元的时间 T_B 后，加到乘法器作为相干载波。若不考虑噪声影响，设前一码元载波的相位为 φ_1，后一码元载波的相位为 φ_2，则乘法器的输出为：

$$\cos(\omega_c t+\varphi_1)\cdot\cos(\omega_c t+\varphi_2)=\frac{1}{2}[\cos(\varphi_1-\varphi_2)+\cos(2\omega_c t+\varphi_1+\varphi_2)]$$

经低通滤波器滤除高频项，输出为：

$$u_0(t)=\frac{1}{2}\cos(\varphi_1-\varphi_2)=\frac{1}{2}\cos\Delta\varphi$$

式中的$\Delta\varphi=\Delta\varphi_1-\Delta\varphi_2$是前后码元对应的载波相位差。

由调相关系知：

$\Delta\varphi=0$　　　　发送“0”

$\Delta\varphi=\pi$　　　　发送“1”

则取样判决器的判决规则为：

$u_0(t)>0$　　　　判为“0”

$u_0(t)<0$　　　　判为“1”

可直接解调出原绝对码基带信号。

这里应强调的是，相位比较法电路是将本码元信号与前一码元信号相位进行比较，它适合于按相位差定义的 DPSK 信号的解调，对码元宽度为非整数倍载频周期的按向量差定义的 DPSK 信号，该电路不适用。

对 CPSK 信号解调，该电路输出端应增加相对码变为绝对码的变换电路。

11.3.5　DPSK 调制方框图及电路符号

1. DPSK 调制方框图

DPSK 调制方框图如图 11-17 所示。

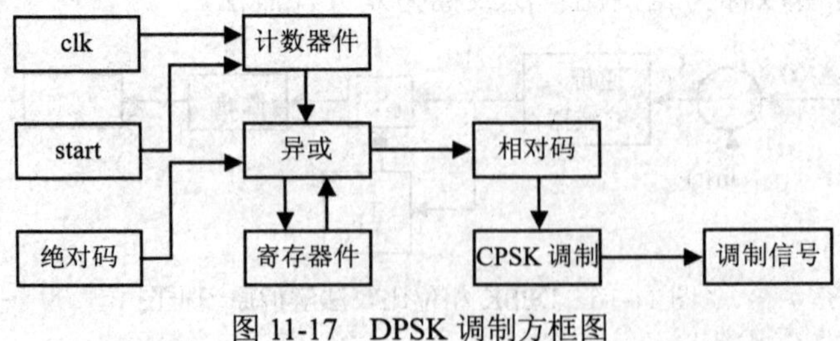

图 11-17　DPSK 调制方框图

2. 绝对码-相对码转换 VHDL 程序

```
LIBRARY IEEE;
USE IEEE.STD_LOGIC_ARITH.ALL;
USE IEEE.STD_LOGIC_1164.ALL;
USE IEEE.STD_LOGIC_UNSIGNED.ALL;
ENTITY DPSK IS
```

```
  PORT(CLK: IN STD_LOGIC;                 --系统时钟
        START: IN STD_LOGIC;              --开始转换信号
        X: IN STD_LOGIC;                  --绝对码输入信号
        Y: OUT STD_LOGIC);                --相对码输出信号
END DPSK;
ARCHITECTURE BEHAV OF DPSK IS
SIGNAL Q: INTEGER RANGE 0 TO 3;           --分频器
SIGNAL XX: STD_LOGIC;                     --中间寄存信号
  BEGIN
    PROCESS(CLK,X)                        --此进程完成绝对码到相对码的转换
      BEGIN
        IF CLK'EVENT AND CLK='1' THEN
          IF START='0' THEN Q<=0; XX<='0';
          ELSIF Q=0 THEN Q<=1; XX<=XX XOR X;Y<=XX XOR X;
          ELSIF Q=3 THEN Q<=0;
          ELSE Q<=Q+1;
          END IF;
    END PROCESS;
END BEHAV;
```

3. 相对码-绝对码转换方框图

相对码-绝对码转换方框图如图 11-18 所示。

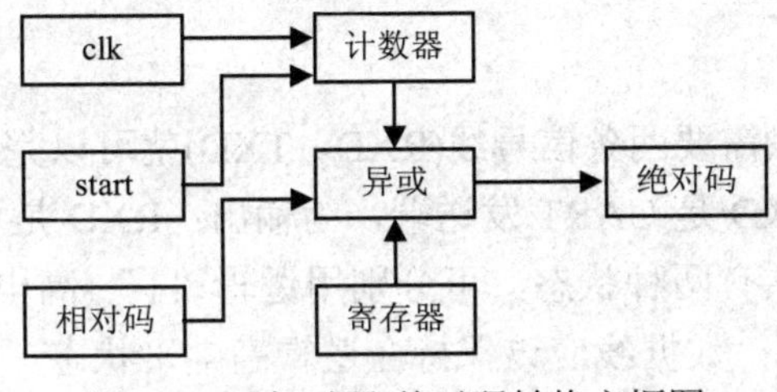

图 11-18　相对码-绝对码转换方框图

4. 相对码-绝对码转换 VHDL 程序

代码如下：

```
LIBRARY IEEE;
USE IEEE.STD_LOGIC_ARITH.ALL;
USE IEEE.STD_LOGIC_1164.ALL;
USE IEEE.STD_LOGIC_UNSIGNED.ALL;
ENTITY DPSK2 IS
  PORT(CLK: IN STD_LOGIC;                 --系统时钟
        START: IN STD_LOGIC;              --开始转换信号
        X: IN STD_LOGIC;                  --相对码输入信号
        Y: OUT STD_LOGIC);                --绝对码输出信号
END DPSK2;
ARCHITECTURE BEHAV OF DPSK2 IS
SIGNAL Q: INTEGER RANGE 0 TO 3;           --分频
SIGNAL XX: STD_LOGIC;                     --寄存相对码
  BEGIN
```

```
    PROCESS(CLK,X)                                    --此进程完成相对码到绝对码的转换
      BEGIN
        IF CLK'EVENT AND CLK='1' THEN
          IF START='0' THEN Q<=0;
          ELSIF Q=0 THEN Q<=1;
          ELSIF Q=3 THEN Q<=0; Y<=XX XOR X; XX<=X;   --输入信号 X 与前输入信号 XX 进
                                                      --行异或
          ELSE Q<=Q+1;
          END IF;
        END IF;
    END PROCESS;
END BEHAV;
```

11.4　UART 接口设计

UART(Universal Asynchronous Receiver Transmitter，通用异步收发器)是一种应用广泛的短距离串行传输接口。常常用于短距离、低速和低成本的通信中。本节主要介绍了如何利用 FPGA 实现 UART 的通信。

11.4.1　UART 概述

基本的 UART 通信只需要两条信号线(RXD、TXD)就可以完成数据的相互通信，接收与发送是全双工形式。TXD 是 UART 发送端，为输出；RXD 是 UART 接收端，为输入。

UART 在信号线上共有两种状态，可分别用逻辑“1”(高电平)和逻辑“0”(低电平)来区分。在发送器空闲时，数据线应该保持在逻辑高电平状态。它的数据帧格式为：

START	D0	D1	D2	D3	D4	D5	D6	D7	P	STOP
起始位	数据位								校验位	停止位

- 起始位(Start Bit)：发送器是通过发送起始位而开始一个字符传送，起始位使数据线处于逻辑“0”状态，提示接收数据传输即将开始。
- 数据位(Data Bits)：起始位之后就是传送数据位。数据位一般为 8 位 1 个字节的数据(也有 6 位、7 位的情况)，低位(LSB)在前，高位(MSB)在后。
- 校验位(parity Bit)：可以认为是一个特殊的数据位。校验位一般用来判断接收的数据位有无错误，一般是奇偶校验。在使用中，该位常常取消。
- 停止位：停止位在最后，用以标志一个字符传送的结束，它对应于逻辑“1”状态。

人们把从起始位开始到停止位结束的时间间隔称之为一帧。用波特率来衡量 UART 的传送速率，也就是数据传送的快慢。在串行通信中，数据是按位进行传送的，因此传送速率用每秒钟传送数据位的数目来表示，称之为波特率。如波特率 9600=9600bps(位/秒)。

11.4.2　UART 系统 FPGA 接口电路

由于 RS-232 接口采用+3V~+15V 表示逻辑“0”，用-3V~-15V 表示逻辑“1”，因此必须利用 MAX232 电平转换电路将其转换为数字逻辑电平。具体线路连接如图 11-19 所示，其中 MAX232 的 7 脚和 8 脚接标准的 9 针 RS-232 接口，9 脚和 10 脚接 FPGA 的 I/O 引脚。

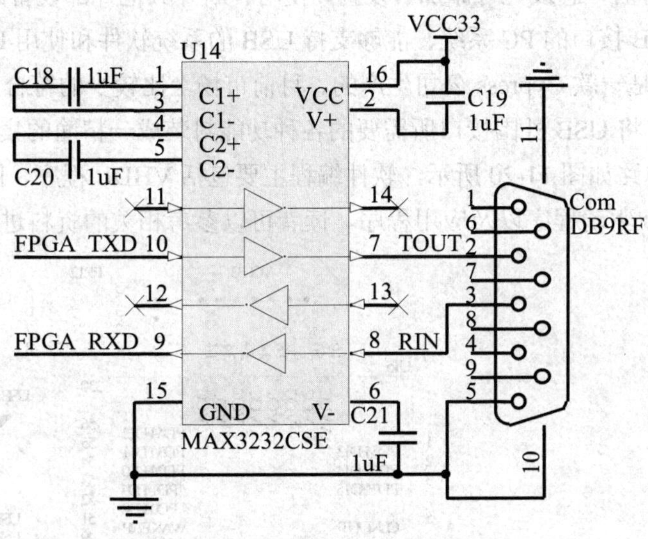

图 11-19　MAX232 电平转换电路

11.4.3　UART 系统 FPGA 程序设计

UART 系统 FPGA 程序设计主要由 3 个部分组成：接收器、发送器以及波特率发生器。其中，接收器和发送器可以直接调用 Xilinx 的设计工具 ISE 集成环境所提供的 IP 核，波特率发生器实际上就是一个分频器，可以根据给定的系统时钟频率和要求的波特率算出波特率分频因子，算出的波特率分频因子作为分频器的分频数。

具体的设计详细说明读者可以参考 Xilinx 的 UART 核说明文档。

11.5　本章小结

本章通过若干设计实例，详细说明了 FPGA 在数据通信领域中的应用。首先研究了二进制振幅键控(ASK)调制器与解调器的设计；接着探讨了二进制频移键控(FSK)调制器与解调器和二进制相位键控(PSK)调制器与解调器的设计；最后进行了串行异步通讯接口 UART 设计的描述。通过对本章的学习，读者应掌握 CPLD/FPGA 器件在数据通信领域中的具体应用。

11.6 习　题

11-1　USB 是一种电缆总线，只需要两根差模信号线即可实现在主机和各式各样的外设之间进行数据传输。附在主机上的设备通过基于令牌的协议由主机调度分享 USB 带宽。当设备和主机运行时，总线允许添加、设置、使用和断开其他外部设备。USB 技术由三部分组成：具有 USB 接口的 PC 系统、能够支持 USB 的系统软件和使用 USB 接口的设备。

CY7C68013 是一款 Cypress 公司生产的、目前市场上比较少的符合 USB 2.0 协议的高性能微控制器，它将 USB 外围接口所需要的各种功能封装成一精简的集成电路。该芯片的 FGPA 驱动接口电路如图 11-20 所示，软件编程主要包括 VHDL 程序、固件(FIRMWARE)设计、WDM USB 驱动程序以及应用程序，读者可以参考相关的资料进行编程调试。

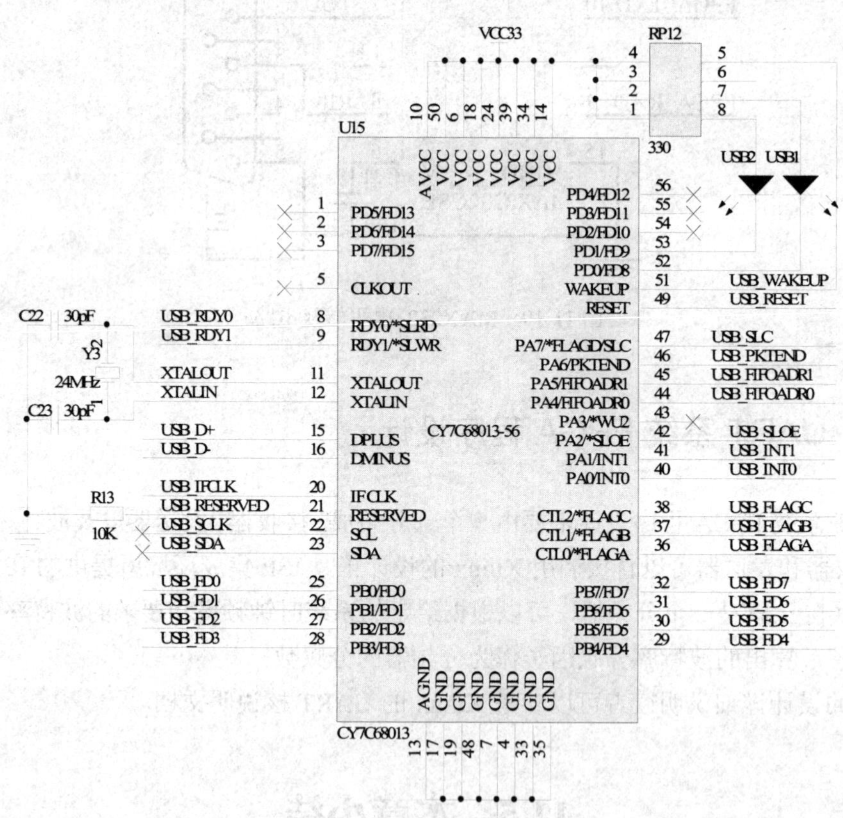

图 11-20　FGPA 驱动接口电路

11-2　二进制移频键控 FSK 通信过程中，利用 FPGA 进行伪随机序列实现硬件加密。移频键控是信息传输中使用较早的一种调制方式，它具有实现容易，抗噪声与抗衰减性能较好的优点，在中低速数据传输中得到了广泛的应用，利用 FPGA 芯片给系统设计或测试带来极大的便利。设计一种简洁的伪随机序列发生器，这种方法所产生的随机序列不仅可具有极长的周期，而且还具有良好的随机特性，该伪随机序列可以被设计成任意长度，既具有基带信号的调制、 已调信号的解调和将加密过程加入其中，使整个通信过程更加完整，写出设计过程和硬件实现下载。

11-3　循环冗余校验(CRC)模块设计，设计一个在数字传输中常用的校验、纠错模块：循环冗余校验 CRC 模块，学习使用 FPGA 器件完成数据传输中的差错控制。

第12章 SOPC系统开发技术

SOPC(System-on-Programmable-Chip)，即可编程片上系统，最早由 Altera 公司提出来，它是基于 FPGA 解决方案的 SOC 片上系统设计技术，即嵌入式处理器、I/O 口、存储器以及各类功能模块集成到一块 FPGA 芯片上，构成一个可编程片上系统。SOPC 是现代计算机应用技术发展的一个重要成果，是嵌入式处理器应用的一个重要方向。SOPC 设计包括 32 位 Nios II 软核处理器为核心的嵌入式系统的硬件配置、硬件设计、硬件仿真、软件设计、软件调试等。SOPC 系统设计的基本工具包括：Quartus II(用于完成 Nios II 系统的综合、硬件优化、适配、编程下载和硬件系统测试)、SOPC Builder(是 Nios II 嵌入式处理器开发软件包，用于实现系统的配置、生成、Nios II 系统相关的监控和软件调试平台的生成)、ModelSim(用于对生成的 HDL 描述进行系统功能仿真)、Nios II IDE(是软件编译和调试工具)，可以借助 MATLAB/DSP Builder 生成 Nios II 系统的硬件加速器。为了使读者迅速熟悉这一设计流程，本章简要介绍 Nios II 的基本结构功能、软硬件结构和调试流程，然后以一个综合实例，完整地介绍 SOPC 设计流程，以引导读者快速熟悉 Nios II 嵌入式系统的设计方法。

12.1 Nios II 32 位 RSIC 嵌入式处理器

首先介绍一下 32 位软核嵌入式处理器的基本结构特点。

12.1.1 Nios II 结构

Nios II 系列嵌入式处理器是 Altera 推出的第二代软核嵌入式处理器解决方案。Nios II 处理器内核是一个 32 位的 RISC 处理器，它具有共享的通用指令集结构，专门针对 Altera 的主流 FPGA 系列进行了优化。Nios II 处理器系列可以广泛应用于需要通用 32 位嵌入式微处理器的领域。

内嵌于 FPGA 的 32 位 Nios II 处理器具有一系列不同于普通嵌入式 CPU 系统的特性，特包含一套通用外设和接口库，可以灵活选择或增删，可以自定自制用户逻辑作为外设或接口设备，也可以允许用户定制自己的指令集。设计者可以使用 Nios II 加上 FPGA 内部的 RAM、ROM，还可以加上外部的 Flash、SRAM 来构成一个嵌入式系统。

Nios II 处理器系列包括了 3 种核心——快速的(Nios II/f)、经济的(Nios II/e)和标准的(Nios II/s)内核，如表 12-1 所示。 Nios II 实现了标准的有流水线支持的 RISC 处理器。它含有 32 个通用寄存器，采用 3 种指令格式和哈佛结构，使用独立的 32 位指令通路和 32 位数据通路，具有可配置的指令和数据 Cache，具有特有的紧耦合存储器，使用专用通道连接片内存储器，为用户提供一种简单高效的存储器方案。

表 12-1　Nios II 处理器系列型号表

特　　性	Nios II/f(快速)	Nios II/s(标准)	Nios II/e(经济)
流水线	6 级	5 级	无
乘法器	1 周期	3 周期	软件方式实现
支路预测	动态	静态	无
指令缓冲	可设置	可设置	无
数据缓冲	可设置	无	无
可定制指令	256	256	256
说明	最佳性能优化	体积小、速度快	占用最少的逻辑资源

Nios II 处理器还支持 32 个不同优先级的外部中断，支持硬件乘法、移位和循环操作，支持定制指令及基于 JTAG 的硬件调试单元。

Nios II 是软核处理器，其主要优势在于灵活和可配置，其体系架构如图 12-1 所示。每一种型号都进行了优化，通过它可以创建 Nios II CPU 设计项目，从而为设计人员提供 SOPC 设计必须的软硬件设计平台。Nios II 处理器构架实际上是一套指令集的集合，但处理器核不包括外围设备、存储器等器件，它仅仅可以执行处理器架构所规定的各种指令功能。

Nios II 核主要由以下几个功能单元组成：

(1) 基于边界扫描测试(JTAG)的调试模块。

(2) 算术逻辑单元和自定义指令。

(3) 寄存器文件，包括通用寄存器和控制寄存器。

(4) 指令 Cache 和数据 Cache。

(5) 数据总线和指令总线。

(6) 中断控制器和程序控制器。

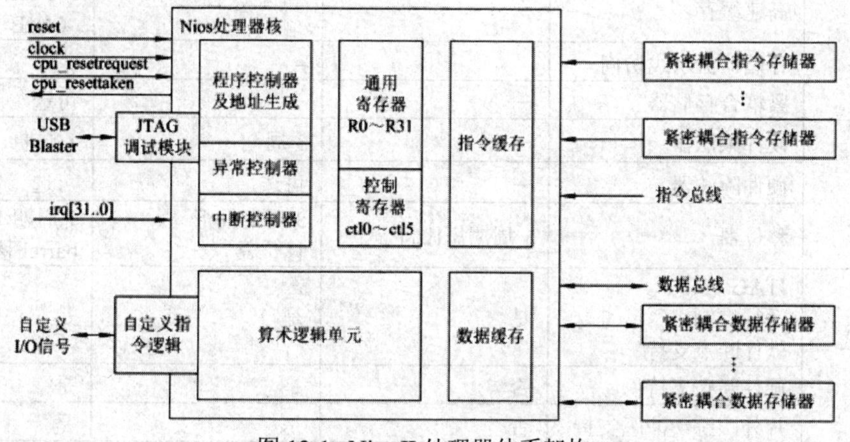

图 12-1　Nios II 处理器体系架构

在图 12-1 中，JTAG 调试模块、用户定制指令逻辑、指令 Cache 和数据 Cache 的功能部分，可以由用户具体配置和剪裁。每一个紧耦合存储器(Tightly-coupled Memory)都是一个片内存储器设备，只能单独作为指令存储器或数据存储器。从图 12-1 中可以看到，它们使用专用通道和 Nios II 相连接，既不同于 Cache，也不同于以 Avalon 互连方式连接的其他 Avalon 存储器设备。它们为用户提供了另外的高效的存储器方案。

Nios II 处理器有 3 种运行模式：用户模式(User Mode)、超级用户模式(Supervisor Mode)和调试模式(Debug Mode)。系统程序代码通常运行在超级用户模式。V6.0 版本以前的 Nios II 处理器都不支持用户模式，永远都运行在超级用户模式。用户模式是超级用户模式功能访问的一个子集，它不能访问控制寄存器和一些通用寄存器。超级用户模式除了不能访问与调试有关的寄存器(btstaus、bastatus 和 bstatus)外，无其他访问限制。调试模式拥有最大的访问权限，可以无限制地访问所有的功能模块。

3 种 Nios II 处理器 Nios II/e、Nios II/s、Nios II/f 分别代表低端、中端和高端类型，其性能如表 12-2 所示。

表 12-2　Nios II 处理器的性能一览表

特　性		处理器内核		
		Nios II/e	Nios II/s	Nios II/f
性能	DMIPS/MHz	0.15	0.74	1.16
	最大 DMIPS	31	127	218
	最大工作频率(f_{MAX})	200 MHz	165 MHz	185 MHz
大致尺寸(以 LE 为单位)		<700	<1400	<1800
流水线阶数		1	5	6
外部寻址空间		2GB	2GB	2GB
指令总线	高速缓存	—	512 KB 到 64KB	512 KB 到 64KB
	存储器流水线访问	–	可选	可选
	分支预测	—	静态	动态
	紧耦合存储器	—	可选	可选
数据总线	高速缓存	—	—	512 KB ~64KB
	存储器流水线访问	–	–	–
	紧耦合存储器	—	—	可选
算术逻辑单元	硬件乘法器	—	3 周期	1 周期
	硬件除法器	—	可选	可选
	移位器	1 周期每比特	3 周期桶形移位器	1 周期 barrel 移位器
JTAG 调试模块	JTAG 接口、运行控制、软件断点支持	是	是	是
	硬件断点支持	否	是	是
	片外跟踪缓冲区支持	否	是	是
异常处理	集成中断控制器	是	是	是
用户模式支持		否，都在超级模式	否，都在超级模式	否，都在超级模式
定制指令支持		256	256	256

12.1.2　Nios II 处理器的特点

(1) Nios II 处理器采用流水线技术、单指令的 32 位通用 RSIC 处理器，高达 218 DMIPS 的性能。

(2) 提供全 32 位的指令集、数据总线和地址总线。

(3) NIos II 体系结构采用哈佛结构，指令总线和数据总线分开。

(4) 提供 32 个外部中断源。

(5) 提供结果为 32 位的单指令 32×32 乘除法。

(6) 提供专用指令计算结果为 64 位和 128 位的乘法。

(7) 可以定制单精度浮点计算指令。

(8) 单指令桶形移位寄存器。

(9) 与各种片内外设、片外外设、存储器的接口。

(10) 基于 GNU C/C++工具集和 Eclipse IDE 的软件开发环境。

(11) 硬件辅助的调试模块，在 IDE 环境下，可以开始、停止、断点、单步执行、指令跟踪。

(12) Altera 公司的 Signal Tap II 逻辑分析仪，实现指令、数据、FPGA 设计中的逻辑信号进行实时分析。

(13) 所有 Nios II 处理器均兼容的指令系统。

(14) Nios II 处理器包含 32 个通用寄存器、6 个控制寄存器。该结构支持管理模式和用户模式，防止控制寄存器受到出错程序的破坏。

12.1.3　Nios II 处理器的优势

与传统的 ARM 系统相比，基于 Nios II 的嵌入式系统有许多自身的特色和优势。

1. 根据需要可实现不同硬件性能组合配置

Nios II 软核处理器和大规模 FPGA 的使用可使开发者实现在处理器、外设、内存和 I/O 接口等多方面合理组合，这主要包括以下 4 个方面：

- 可选择 3 种处理器内核。Nios II 开发者可以根据最终目标系统的需要以及开发过程的需要，选择任意 3 种内核用于性能和资源的平衡。
- 数十种 Nios II 配备的接口内核。利用这些内核，用户可以为选定的 Nios II 处理器创建一组适合于自己应用的外设、内存和 I/O 接口。现成的 Nios II 嵌入式系统可以快速嵌入指定的 FPGA 中。
- 无限的 DMA 信道组合。直接内存存取(DMA)可以连接到任何外设，从而提高系统的性能。

- 可配置的硬件及软件调试特性。软件开发者具有多个调试选择，包括基本的 JTAG 的运行控制(运行、停止、单步、内存等)、硬件断点、资料触发、片内和片外跟踪、嵌入式逻辑分析仪。这些调试工具可以在开发阶段使用，一旦调试通过后便可以去掉。

2. 良好的性能指标

通常，开发者必须选择一个比实际性能要高的处理器，从而为设计保留安全性能上的余量，显然这意味着更高的成本。然而对于 Nios II 核系统不必如此，因为其性能是可以根据实际需要来裁剪的。与传统纯硬核处理器相比，Nios II 核可以在较低的时钟速率下具备更高的性能。Nios II 核可以通过以下特性提升系统的性能：

- 选择多处理器核。设计者可以选择最快的 Nios II 内核(Nios II/f)，以获得高性能，也可通过添加多个处理器并行工作来获得所需要的系统性能。即通过将多个 Nios II/f 内核集成到单片 FPGA 内，以获得更高性能，而不必重新设计 PCB 板图。Nios II 的 IDE 开发工具也可以支持这种多处理器在单一 FPGA 上开发或多个 FPGA 共享一条 JTAG 链。
- 选择性能更优秀的 FPGA 系列支持 Nios II 系统。Nios II 处理器可以工作在近来 Altera 推出的 FPGA 系列上。Nios II/f 内核通过 250DMIPS 的性能，却仅占用不到 2000 个逻辑单元 LE。对于更大规模的 FPGA，一个 FPGA 中可以容纳多个 Nios II 内核，且仅占用很少比例的可用逻辑资源。
- 用户自定制指令。用户自定指令是一个扩展处理器指令的方法，最多可以定制 256 条用户指令。定制指令处理器还是处理复杂的算术运算和加速的有效途径。
- 硬件加速。通过将专用的硬件加速器加到 FPGA 中作为 CPU 的协处理器，CPU 就可以并发高速地处理大量资料。例如通过专用的硬件加速器处理一个 64K 字的缓冲区，比用软件要快 3 个数量级。SOPC Builder 设计工具中包含一个引入向导，用户可以用这个向导将加速逻辑和 DMA 信道添加到系统中。

3. 降低系统成本

由于传统嵌入式系统的整个系统无法裁剪，而在选择处理器的性能和特性上总是与成本存在着冲突，最终结果总是以增加系统成本为代价，因此降低成本的途径十分有限。然而，利用 Nios II 系统则可以通过以下途径来降低成本：

- 将一个或更多的 Nios II 处理器组合，选择合理的外设、内存、I/O 接口，利用这种方法可以减少电路板的复杂程度和成本。
- 优化选择 FPGA 和 Nios II 的 CPU 核类型。由于经济型的内核(Nios II/e)只占用很少的 FPGA 器件资源，从而保留了更多的逻辑资源给其他片内功能模块，这样就可以将软核处理器应用于低成本的、需要低处理性能的系统中。此外，小的处理器还使得在单个的 FPGA 芯片上嵌入多个处理器成为可能。
- 更好的库存管理。嵌入式系统通常包含了来自多个生产厂商的多种处理器，以应付多变的系统任务。当某种处理器短缺时，管理这些处理器的库存也是个问题。但是使用标准化的 Nios II 软核处理器，库存的管理将会大大简化，因为通过将处理器实现在通用 FPGA 器件上将减少对处理器种类的需求。

12.2　基于 NiosⅡ的 SOPC 开发流程

本节将介绍基于Nios II 软核系统的硬件和软件开发流程与设计方法以及相关接口技术。SOPC 设计包括硬件和软件两部分。硬件设计主要基于 Quartus II 和 SOPC Builder；软件设计基于 Nios II IDE。

12.2.1　Nios II 系统设计流程

设计流程的第一步是设计规划。需要根据产品电路系统的功能特点、性能指标、功耗成本等因素确定系统的软硬件模块与配置。基于 Nios II 的 SOPC 系统是一个软硬件复合的系统，在开发时可以分为硬件、软件两个部分。对于通常的嵌入式系统开发，往往会遇到所需要的功能既可以用软件的方式来实现，也可以用纯硬件的逻辑来实现。纯硬件实现需要占用较多硬件资源，但是可以保证较高的工作速度；反之，软件方式需要占用 CPU 的处理时间。通常，若系统对速度无特殊要求，则可以考虑用软件方式承担更多的功能。一般来说，用软件实现在设计上容易修改或者增删功能，又几乎不增加占用的硬件资源。

确定好软硬件模块的划分，就可以开始具体的设计过程了，对于传统的嵌入式系统开发，CPU 的硬件构成是不可更改的，因而外围设备的变动也受到 CPU 的限制，因而通常的嵌入式开发更多的是 PCB 设计及软件开发。然而 NiosII 是一个可灵活定制的 CPU，它的外设是可选的 IP 核或自定制逻辑，可以根据系统设计要求，通过 SOPC Builder 向导式的界面定制裁剪恰当的 SOPC 系统。如图 12-2 所示的是 SOPC 系统开发流程。

在设计规划后，Nios II 的开发流程分为两个大部分：硬件开发与软件开发。

基于 NiosⅡ软核处理器的 SOPC 系统开发分为硬件开发和软件开发两个部分。硬件开发包括由用户定制系统硬件的结构，并由 SOPC Builder 和 Quartus Ⅱ开发工具生成硬件配置文件；软件开发则与传统方式比较接近，在构建的硬件系统之上建立软件设计。如图 12-2 所示为基于 NiosⅡ处理器的 SOPC 系统开发整体流程。

硬件开发流程中系统设计所需的具体硬件设计工作如下：

(1) 用 SOPC Builder 系统综合软件来选取合适的 CPU、存储器以及外围器件(如片内存储器、PIO、UART 和片外存储器接口)，并定制它们的功能。

(2) 使用 QuartusⅡ软件来选取具体的 Altera 可编程器件系列，并对 SOPC Builder 生成的 HDL 设计文件进行布局布线；再使用 QuartusⅡ软件选取目标器件并对 NiosⅡ系统上的各种 I/O 口分配管脚，另外还要根据要求进行硬件编译选项或时序约束的设置)。在编译的过程中，Quartus Ⅱ从 HDL 源文件综合生成一个适合目标器件的网表。最后生成配置文件。

所有软件开发任务都可以在 Nios II IDE(Integrated Development Environment)下完成，包括编辑、编译和调试程序。Nios II IDE 支持 3 种目标连接：可通过 JTAG 将应用程序下载到 SOPC 硬件系统中进行调试；可在指令集仿真器中对应用程序进行仿真调试；也可在 ModelSim 软件中进行仿真调试。Nios II IDE 同时也提供了先进的硬件调试特性，包括软件和硬件断点、数据触发器和指令、数据、片内和片外跟踪等。软件调试完成以后，Nios II IDE 通过 Flash Programmer 把应用程序烧到 Flash 中，使系统在上电配置完成后，自动从 Flash 中开始运行程序。

如图 12-3 所示的是 Nios II IDE 工程结构图。从图中可以看出，一个 Nios II IDE 工程包括两个部分：用户应用程序工程和 HAL 系统库工程。用户应用程序工程由用户自己创建，包含所有的用户程序代码文件；HAL 系统库工程包含所有与硬件处理器相关的接口信息，由 Nios II IDE 根据用户定制的 Nios II 处理器系统即.ptf 文件创建。硬件与硬件之间以及硬件与处理器之间的通信由 Altera 公司定义的 Avalon 片内总线实现，硬件与软件之间的通信则是通过 IDE 根据硬件系统生成的硬件抽象层 HAL(Hardware Abstract Level)来实现。

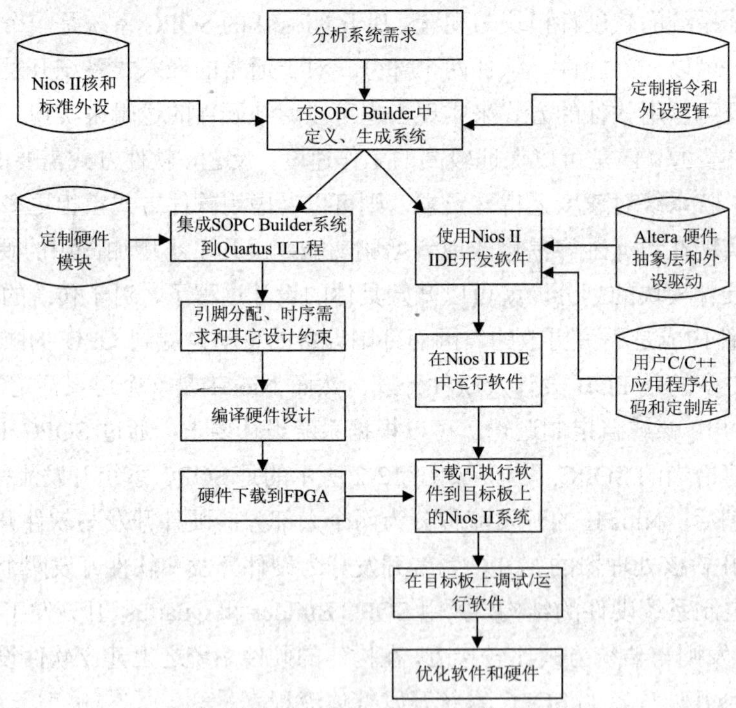

图 12-2　SOPC 系统开发流程

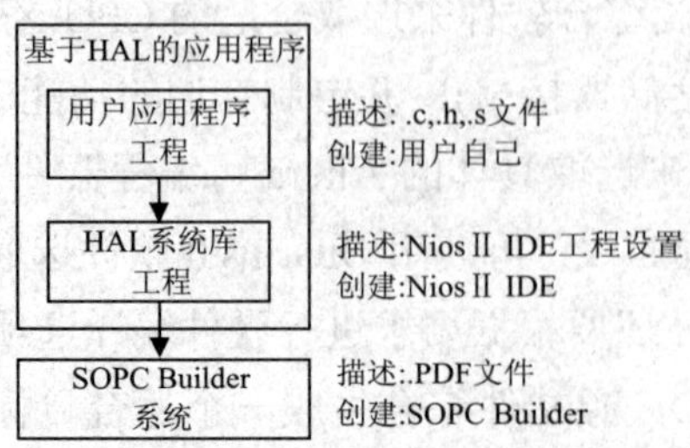

图 12-3　Nios II IDE 工程结构图

软件设计流程中系统设计所需的具体软件设计工作如下：

(1) 在用 SOPC Builder 系统集成软件进行硬件设计的同时，就可以开始编写独立于器件的 C/C++软件，比如算法或控制程序。用户可以使用现成的软件库和开放的操作系统内核来加快开发进程。

(2) IDE 会根据 SOPC Builder 对系统的硬件配置自动生成一个定制 HAL 系统库。这个库能为程序和底层硬件的通信提供接口驱动程序，它类似于创建 Nios 系统时 SOPC Builder 生成的 SDK。

(3) 使用 NIOS II IDE 对软件工程进行编译、调试。

(4) 将硬件设计下载到开发板上后，就可以将软件下载到开发板上并在硬件上运行。

12.2.2　Avalon 总线外设

为了轻松、方便地连接处理器和片内/片外的外设，Altera 开发了 Avalon 总线。这是构成 SOPC 的重要技术。在 SOPC Builder 添加外设时，Avalon 总线会自动生成，还会随着外设的增加和删减而自动调整。对于普通用户，可以不必关心 Avalon 总线的细节，但对于开发外设的用户来说，需要了解 Avalon 互连规范，以便使自己设计的外设符合要求。

Avalon 总线的设备分为主从设备，并各有其工作模式。Avalon 总线本身是一个数字逻辑系统，在实现“信号线汇接”这一传统总线功能的同时，增加了许多内部功能模块，如从端仲裁模式、多主端工作方式和延时数据传输等。

下面是一个连接多个 Avalon 外设的 Avalon 总线系统，如图 12-4 所示。

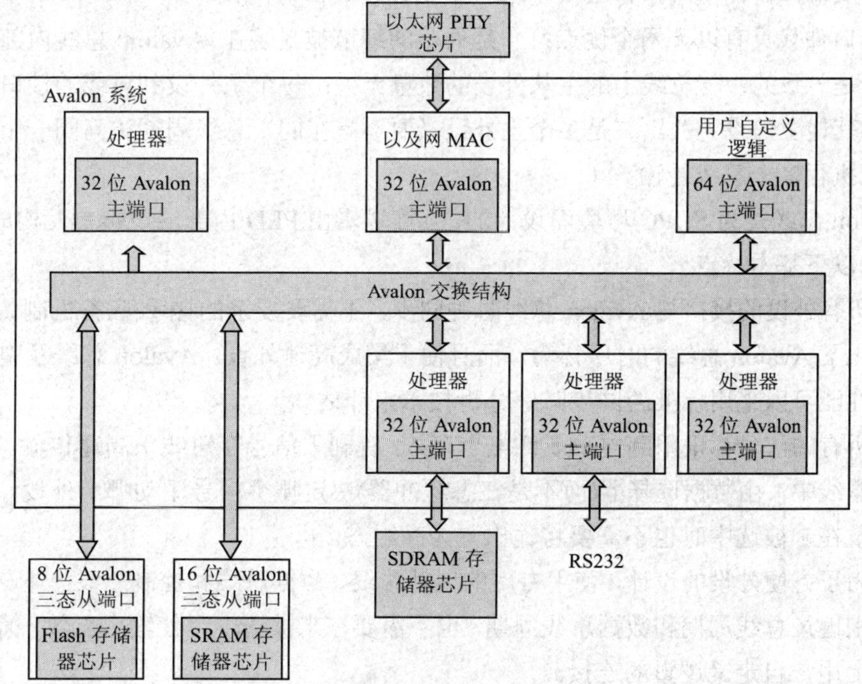

图 12-4　Avalon 总线系统

Avalon 交换结构将各个外设连接起来。Avalon 总线架构采用交换式架构，各个主机均有独立的总线，总线主机只需抢占共享从机，而不是抢占总线，某一时刻多个主机可以与多个从机交换数据(具体请参见 Avalon 互连规范)。Avalon 总线的设计目标如下。

简化片上系统的互连规则，提供一种易用、简单的接口规范，在总线逻辑优化方面节省系统资源。

1. Avalon 互连规范

Avalon 互连规范是 Altera 为 Nios II 处理器设计的专用互连规范。它描述了主从组件间的端口连接关系，以及组件间通信的时序关系。

Avalon 总线拥有多种传输模式，以适应不同外设的要求。Avalon 总线的基本传输模式是在一个主外设和一个从外设之间进行单字节、半字或字(8、16 或 32 位)传输。当一次传输结束后，不论新的传输过程是否还是在同样的外设之间进行，Avalon 总线总是可以在下一个时钟周期立即开始另一次传输。

Avalon 总线还支持一些高级传输模式和特性。例如，支持需要延迟操作的外设；支持需要流传输操作的外设和支持多个总线主设备并发访问。

Avalon 总线支持多个总线主外设，允许单个总线事务中在外设之间传输多个数据单元。这一多主设备结构为构建 SOPC 系统提供了极大的灵活性，并且能适应高带宽的外设。例如，一个主外设可以进行直接存储器访问(DMA)传输，从外设到存储器传输数据时不需要处理器干预。

Avalon 主从外设之间的交互是构建在从端口仲裁技术上的：当多个主外设同时要求访问同一个从端口时，从端口仲裁决定哪一个主外设取得访问权。

从端口仲裁具有以下两个优点：一是仲裁的细节被封装在 Avalon 总线内部，主从外设的接口是一致的；与总线上的主从外设的数量无关；每个主外设到总线的接口与总线上是否还与其他主外设无关。二是多个主外设只要不是在同一总线周期访问同一个从端口，便可同时执行多个总线传输。

Avalon 总线是为 SOPC 环境而设计的，互连逻辑由 PLD 内部的逻辑单元构成。Avalon 总线具有以下基本特点。

- 所有外设的接口与 Avalon 总线时钟同步，不需要复杂的握手/应答机制。这样就简化了 Avalon 总线的时序行为，而且便于集成高速外设。Avalon 总线及整个系统的性能可以采用标准的同步时序分析技术来评估。
- 所有的信号都采用高电平或低电平有效，有利于信号在总线中高速传输。在 Avalon 总线中，由数据选择器(而不是三态缓冲器)决定哪个信号驱动哪个外设。因此，外设在未被选中时也不需要将输出置为高阻态。
- 为了方便外设的设计，使用专用的地址总线、数据总线和控制总线。外设不需要识别地址总线周期和数据总线周期，也不需要在未被选中时使输出无效，简化了与片上用户自定义逻辑的连接。
- Avalon 总线还包括许多其他特性和约定，用于支持 SOPC Builder 软件自动生成系统。

- 强数据宽度支持能力：支持高达 1224 位的数据宽度，支持不是 2 的偶数幂的数据宽度。
- 具有最大 4GB 的地址空间，存储器和外设可以映射到 32 位地址空间中的任意位置。
- 采用内置地址译码，Avalon 总线自动产生所有外设的片选信号，大大地简化了基于 Avalon 总线的外设的设计。
- 采用多主设备总线结构，Avalon 总线上可以包含多个主外设，并自动生成仲裁逻辑。
- 采用 SOPC Builder 提供的图形化向导，帮助用户进行总线配置(添加外设、指定主/从关系、定义地址映射等)。Avalon 总线结构将根据用户在向导中输入的参数自动生成。
- 采用动态地址对齐方式。如果参与传输的双方总线宽度不一致，Avalon 总线自动处理数据传输的细节，使得不同数据总线宽度的外设能够方便地通信。

Avalon 总线规范是一个开放的标准，用户可以在未经授权的情况下使用 Avalon 总线接口来自定义外设。Avalon 总线支持的传输类型如下：

- 从机传输；
- 主机传输；
- 传输 w/t 流控制；
- 延迟传输；
- 突发传输；
- 流传输。

2. Avalon 总线的概念

Avalon 总线与传统的总线有显著的不同，它用的许多术语和概念是全新的，构成了 Avalon 总线规范的概念框架。为了更好地理解Avalon 总线规范，有必要说明相关术语和概念，以免混淆。

(1) Avalon 信号

Avalon 接口定义了一组信号类型(片选、读使能、写使能、地址、数据等)，用于描述主/从外设上基于地址的读写接口。Avalon 外设只使用和其内核逻辑进行接口的必需的信号，而省去其他会增加不必要开销的信号。

Avalon 信号的可配置特性是 Avalon 接口与传统总线接口的主要区别之一。Avalon 外设可以使用一小组信号来实现简单的数据传输，或者使用更多的信号来实现复杂的传输类型。例如，ROM接口只需要地址、数据和和片选信号就可以了，而高速的存储控制器可能需要更多的信号来支持流水线的突发传输。

Avalon 的信号类型为其他总线接口提供了一个超集，使大多数标准芯片的引脚都能映射成 Avalon 信号类型，从而使 Avalon 系统直接与这些芯片相连接。例如，大多数 SRAM、ROM 和 Flash 芯片上的引脚都能映射成 Avalon 信号类型。

(2) Avalon 外设

Avalon 外设是 Avalon 存储器映射外设的简称。Avalon 外设包括存储器、处理器、UART、PIO、定时器和总线桥、用户自定义 Avalon 外设等。主外设能够在 Avalon 总线上发起总线传输，至少拥有一个 Avalon 主端口，可以拥有从端口。从外设只能响应 Avalon 总线传输，不能发起总线传输，至少拥有一个 Avalon 从端口，只能拥有 Avalon 从端口。用户自定义 Avalon 外设，必须具有符合 Avalon 总线规范的 Avalon 信号。

(3) 主端口和从端口

Avalon 端口是完成通信传输的接口所包含的一组 Avalon 信号。Avalon 端口分为主端口和从端口，主端口在 Avalon 总线上发起数据传输，目标从端口在 Avalon 总线上响应主端口发起的数据传输。一个 Avalon 外设可能有一个或多个主端口，一个或多个从端口，也可能既有多个主端口，又有多个从端口。

Avalon 的主端口和从端口之间不是直接连接的，主、从端口都连接到 Avalon 交换架构上，由交换架构来完成信号的传递。在传输过程中，主端口和交换架构之间传递的信号与交换架构和从端口之间传递的信号可能有很大的不同。在讨论 Avalon 传输的时候，必须区分主、从端口。

(4) 总线传输

Avalon 总线传输是指对数据的一次读或写操作，发生在 Avalon 端口和系统互连结构之间。Avalon 端口一次可以在一个或多个时钟周期内传输 1024 位数据，传输完成后，在下一个时钟周期可以重新传输新数据。

Avalon 传输分两类：主传输和从传输。Avalon 主端口发起对交换架构的主传输，主端口只能执行主传输；Avalon 从端口响应来自交换架构的传输请求。传输是和端口相关的，主端口只能执行主传输，从端口只能执行从传输。

(5) 主从端口对

主从端口对是指在数据传输过程中，通过Avalon 交换架构相连接起来的主端口和从端口。在传输过程中，主端口的控制和数据信号通过 Avalon 交换架构与从端口相交互。

(6) 总线周期

总线周期是总线传输中的基本时间单元，其定义为从Avalon 总线主时钟的一个上升沿到下一个上升沿之间的时间。总线信号的时序以总线周期为基准来确定。

(7) 流传输模式

流传输模式指在流模式主外设和流模式从外设之间建立一个开放的通道，以提供连续的数据传输。只要存在有效数据，便能通过该通道在主从端口对之间流动，主外设不必为了确定从外设是否能够发送或接收数据而不断地访问从外设的状态寄存器。流传输模式使得主从端口对之间的数据吞吐量达到最大，同时避免了从外设的数据上溢或下溢。这对于 DMA 传输特别重要。

(8) 延迟读传输模式

有些同步外设在第一次访问时需要几个时钟周期的延迟，此后每个总线周期都能返回数据。这样的延迟读传输模式可以提高带宽利用率。延迟传输使得主外设可以发起一次读传输，转而执行一个不相关的任务，等外设准备好数据后再接收数据。这个不相关的任务可以是发起另一次读传输，即使上一次读传输的数据还没有返回。

在取指令操作(经常访问连续地址)和 DMA 传输中，延迟传输是非常有用的。CPU 或 DMA 主外设会预取期望的数据，从而使同步存储器处于激活状态，并减少平均访问时间。

(9) Avalon 总线模块

Avalon 总线模块是系统模块的主干，是 SOPC 设计中外设之间通信的主要通道。Avalon 总线模块由各类控制、数据和地址信号及仲裁逻辑组成，它将构成系统模块的外设连接起来。Avalon 总线模块是一种可配置的总线结构，它会随着用户的不同互连需求而改变。

Avalon 总线模块是由 SOPC Builder 自动生成的。因此，系统用户不需要关心总线与外设的具体连接。Avalon 总线模块很少作为分离的单元使用，这是因为用户几乎总是使用 SOPC Builder 自动将处理器和其他 Avalon 总线外设集成到系统模块中。对于用户来说，Avalon 总线模块通常可以被看作是连接外设的途径。

12.2.3　Avalon 总线信号

由于 Avalon 总线是由一个 HDL 文件综合而来的，因此在连接 Avalon 总线模块和 Avalon 外设时需要考虑一些特别的问题。SOPC Builder 必须准确地了解每个外设提供了哪些 Avalon 端口，以便连接外设与 Avalon 总线模块。还需要了解每个端口的名称和类型，这些信息都在系统 PDF 文件中定义。

Avalon 总线规范不要求 Avalon 外设必须包含哪些信号，只定义了外设可以包含的各种信号类型(地址、数据、时钟等)。外设的每一个信号都要指定一个有效的 Avalon 信号类型，以确定这个信号的作用。信号也可以是用户自定义的。在这种情况下，SOPC Builder 不将该端口与 Avalon 总线模块连接。

Avalon 信号类型分为主端口信号和从端口信号。外设使用的信号类型首先由端口的主/从角色来决定。每个单独的主端口或从端口使用的信号类型由外设的设计者决定。例如，设计一个只有输出的 16 位 PIO 从外设，如图 12-5 所示。

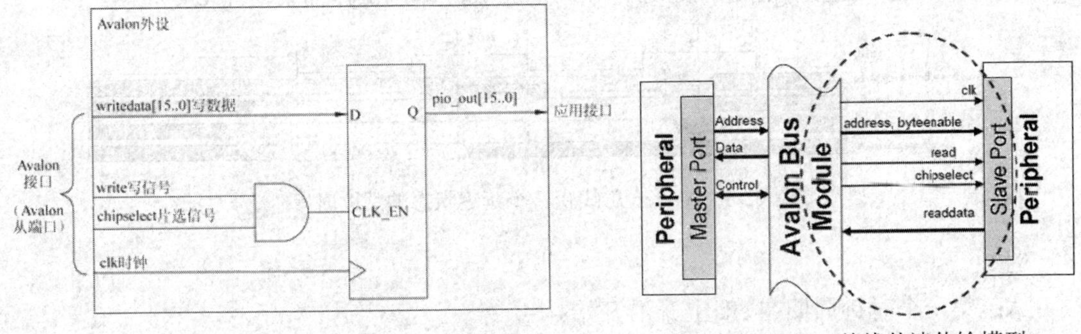

图 12-5　只有输出的 16 位 PIO 从外设

图 12-6　Avalon 总线从读传输模型

用户只需定义用于写传输(输出方向)的信号，而不需定义用于读传输的信号。尽管中断请求(IRQ)输出是从端口允许的信号类型，但也不一定是必须使用的。

(1) Avalon 总线从读(Slave Read)过程

Avalon 总线从读传输模型如图 12-6 所示，其时序如图 12-7 所示。

在 Avalon 总线上的从设备进行读操作时，就会激活 Avalon 总线的从读传输过程，在这个传输过程中，涉及下面几个信号。

- Clk：同步时钟。即系统的主时钟信号。
- address：地址。用于选中 Avalon 从设备所对应的寄存器或存储器单元。
- byteenable：字节使能信号。每一个 8 位对应一个字节使能信号，对于 32 位的外设应该有 4 位 byteenable 信号。
- read：读请求。向对应地址的 Avalon 从设备发出读请求信号。
- chipselect：片选信号。此信号在 address、byteenable 有效后，在总线上出现。
- readdata：读数据信号。可以是一个 1~32 位的信号。

整个从读过程可以在一个 clk 周期内完成。

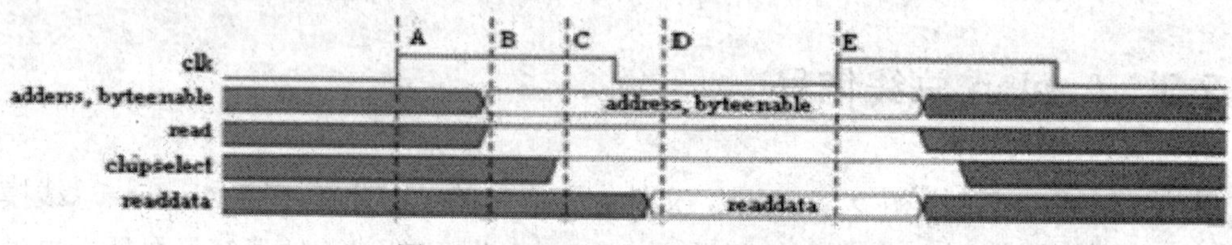

图 12-7　Avalon 总线从读时序图

注：

A：第一个时钟周期在 clk 上升沿开始。

B：由 Avalon 总线结构到从端口的 address 和 read 信号有效。

C：Avalon 交换结构对地址译码，并且发出 chipselect 信号。

D：从端口在第一个周期内返回有效的数据。

E：Avalon 交换结构在下一个时钟上升沿捕获数据，读传输完成。

(2) Avalon 总线带一个延迟状态的从读过程

Avalon 总线带一个延迟状态的从读传输过程如图 12-8 所示，它与以上 Avalon 从读传输过程的区别是，整个传输过程延迟一个周期完成，即该操作需要两个 clk 周期。

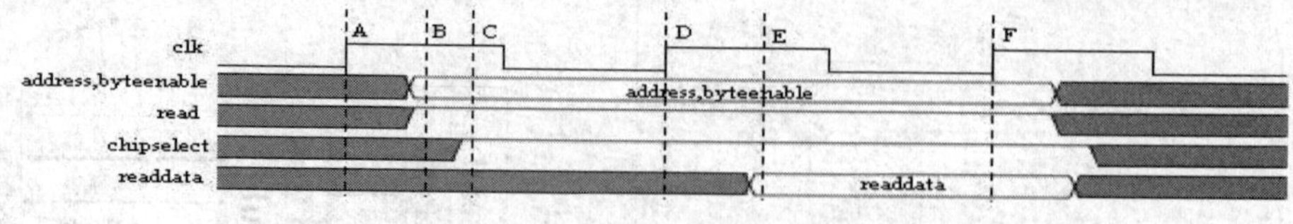

图 12-8　Avalon 总线带一个延迟状态的从读时序

注：

A：第一个时钟周期在 clk 上升沿开始。

B：由 Avalon 交换结构到从端口的 address 和 read 信号有效。

C：Avalon 交换结构对地址译码，并且发出 chipselect 信号。

D：clk 的上升沿标记第一个也是唯一的一个等待周期结束。从端口在这个上升沿捕获

address、byteenable、read 和 chipselect 信号。

E：从端口在第二个周期提供有效的 readdata。

F：Avalon 交换结构在时钟上升沿捕获 readdata，传输结束。下一次传输可以在此开始。

(3) 自定制 Avalon 从外设

由于 Nios II 是一个位于 FPGA 中的处理器软核，定制外设就比较容易，如图 12-9 所示。自定制的 Avalon 外设按照对 Avalon 总线操作的不同可分为两类：Avalon 从外设和 Avalon Streaming 从外设。Avalon 从外设只是作为 Avalon 总线的一个 Slav 组件来处理，而 Streaming 从外设则需要使用 Avalon 总线的 Streaming 传输模式。

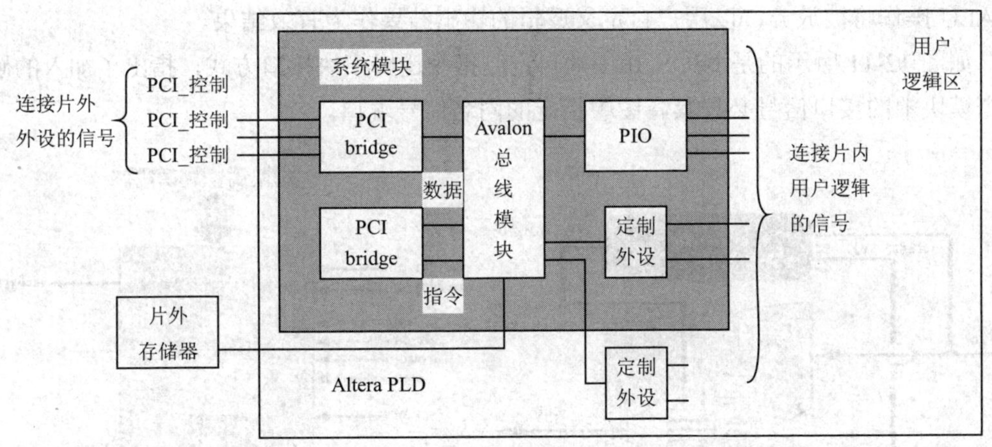

图 12-9　Nios II 定制外设示意图

12.2.4　自定制指令

所谓定制指令，就是指用户可以自己扩充 CPU 指令集，根据需要向 NIOS II 指令集中增加特定功能的指令即可以将一些较复杂的算术或者逻辑运算直接用硬件电路实现，而不是通过软件模拟来实现。SOPC Builder 允许用户最多定制 256 条指令。自定制指令是使用 NIOS II 软核处理器设计嵌入式系统的一个重要特性，使用自定制指令可以根据该系统具体应用来合理使用硬件资源，以便提高软件算法的处理能力。由硬件模块构成的自定制指令可通过单时钟周期或多时钟周期硬件算法来完成原本十分复杂的软件处理任务，而且自定义指令还能访问存储器或 NIOS II 系统的接口逻辑。

对于一般的指令，NIOS II 使用 ALU 进行运算操作，而对于自定制的指令采用外部的数据通路来完成运算，这个外部的数据通路是用户自己建立的逻辑。例如在一个需要涉及复杂浮点数运算的场合，可以加入自定制的浮点指令，可以大大提高 CPU 的处理效率；而在需要大量使用 DSP 算法的场合，使用 DSP Builder 在 FPGA 上进行 DSP 模块的设计，可实现高速 DSP 处理。但是，在实际应用中，由于 DSP 处理的算法往往比较复杂，如果单纯使用 DSP Builder 来实现纯硬件的 DSP 模块，会耗费过多的硬件资源，有时也无法完成复杂的运算，如复数乘法、整数乘法、浮点乘法等，在通用的 CPU 中都没有专门的相关指令。利用 Nios II 的自定制指令特性，在系统设计中，可利用 MATLAB、DSP Builder 或 VHDL 设计并生成复数乘法器、整数乘法器、浮点乘法器等硬件模块，在 Quartus II 环境中对上述文件作一些修正后，在 SOPC Builder 窗口中将它们定制为相应的指令，并可设定或修改执行该指令的时钟周期，使 NIOS II 具有高性能处理器的功能。在进行 DSP 算法运算时，可通过汇编或 C，甚至 C++来运用这些自定义指令进行嵌入式程序设计。

如图 12-10 所示的是 NIOS II 中的自定制指令逻辑模块加入方式，是 NIOS II 自定制指令的内部硬件结构图，可以看到用户自定义逻辑部分(User Logic)连接到 ALU 的两个输入端以及 ALU 的输出端，当使用 NIOS II 自定制指令比如 USR0、USR1 等时，NIOS II 内部的 ALU 操作将被放弃，以用户自定义逻辑的输出结果作为有效结果。

如图 12-11 所示的是 NIOS II 中的自定制指令逻辑模块接口方式，指出了加入的硬件指令模块中的接口信号必须具备图中指定的同名信号端口。

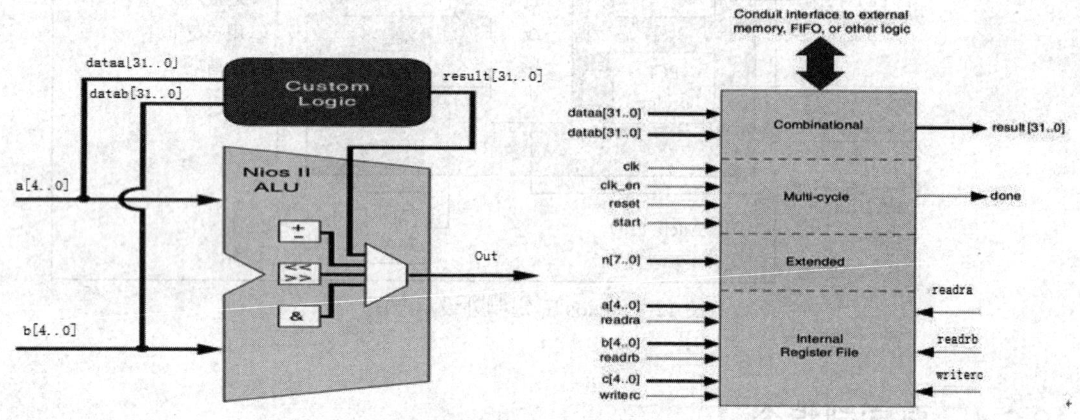

图 12-10　NIOS II 自定制指令逻辑模块　　　　图 12-11　自定制指令逻辑模块接口方式

NIOS II 中的自定制指令周期可以是系统的一个时钟周期，也可以是任意多个时钟周期。当然随着需要的时钟周期的增加，指令执行的时间也将加长，这都可以由设计者自行设置。自定义指令时，用户自定义的逻辑也可以与 NIOS II 外部的逻辑进行数据交换，而不仅仅局限于 NIOS II 内部 ALU 的输入输出(如图 12-10 所示)，连接的逻辑可以是 FIFO 和内存。借助 NIOS II 自定制指令的这个特性，NIOS II 的开发者可以设计功能异常强大的自定义指令。

12.2.5　HAL 系统库

用户在进行嵌入式系统开发时，会涉及与硬件设备的通信问题。硬件抽象层(Hardware Abstraction Layer，HAL)系统库可为这些与硬件通信的程序提供简单的设备驱动接口。它是用户在 NIOS II IDE 中创建一个新的工程时，由 IDE 基于用户在 SOPC Builder 中创建的 NIOS II 处理器系统自动生成的。HAL 应用程序接口(API)是与 ANSI C 标准库综合在一起的，它可以使用户用类似 C 语言的库函数来访问硬件设备或文件，如 printf()、fopen()、fwrite()等函数。如图 12-12 所示的是一个基于 HAL 系统库的 NIOS II 系统的软硬件层次图。

总的来说，HAL 系统库提供了如下服务：

1. 与 ANSI C 合成的标准库——提供类似 C 语言的标准库函数；
2. 设备驱动——提供访问系统中每个设备的驱动程序；
3. HAL API——提供标准的接口程序，如设备访问、中断处理等；
4. 系统初始化——在 main( )之前执行对处理器的初始化；
5. 设备初始化——在 main( )之前执行对系统中外围设备的初始化。

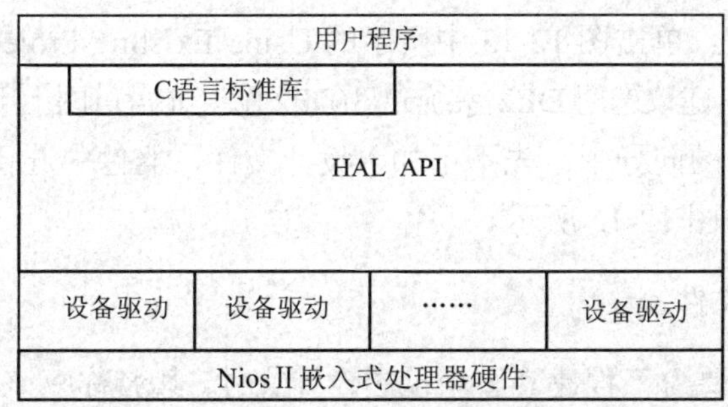

图 12-12　Nios Ⅱ系统的软硬件层次图

12.3　SOPC 系统设计示例

SOPC 系统设计流程如图 12-2 所示。设计者首先根据任务要求决定系统需求，然后用 SOPC Builder 建立自己的 SOPC 系统，完成这项工作后，硬件工程师与软件工程师可以开始协同工作。硬件工程师首先建立一个顶层设计文件，将生成的 SOPC 系统例化，并设置引脚分配、时序要求及其他设计约束，然后编译硬件设计并将 FPGA 设计下载到目标板中。在硬件工程师工作的同时，软件工程师可以用 Nios II IDE 开发应用软件，并在 Nios II IDE 中使用 Nios Ⅱ指令仿真器运行并调试软件，等硬件工程师将硬件设计下载到目标板中之后，软件工程师将可执行软件下载到目标板上的 Nios II 系统中，并在目标板上运行调试软件，如果发现设计不满足需求，则再改进硬件与软件的设计。

在本部分内容中，用 SOPC 系统在 DE2 平台上实现一个计数器。先在 DE2 平台上建立 SOPC 系统的硬件，这个系统包括一个 Nios Ⅱ/s 嵌入式处理器、一个 JTAG UART 及一个定时器。另外将加入　个自定义组件，实现对 DE2 平台上七段数码管的控制，以达到如下目的：

(1) 掌握 Nios II 软核的定制流程；
(2) 掌握 Nios II 软件开发流程；
(3) 熟识 Nios II IDE 开发环境的使用；
(4) 掌握基本的软件调试方法；
(5) 学会使用 Cyclone II 内部的 PLL 的使用方法。

12.3.1　基于 Nios II LED 控制的硬件系统设计

1. 建立工程

启动 Quartus II 软件，选择 New→New Project Wizard 命令，新建一个工程。本例中将工程的工作目录设为 C:\de2\niosII_DE2，工程名称为 niosii_rtos，如图 12-13 所示。如果希望使用已有工程的配置，单击图 12-13 中所示的 Using Existing Project Settings 按钮，打开如图 12-14 所示的界面，建议选用 DE2 系统光盘(DE2 配套光盘可网上下载)中提供的 DE2_Top 工程的配置。在接下来的向导中，先不用加入设计文件，器件中选择 EP2C35F672C6，向导完成后的汇总界面如图 12-15 所示。

2. 建立顶层设计文件

建立工程之后，需要为工程建立一个顶层设计文件，其名称应该与工程名称完全一致。设计文件可以是 Quartus II 允许的各种设计输入格式的文件，如 Verilog HDL、VHDL、AHDL 及原理图设计文件等。本例中使用原理图设计文件。

选择 File→New 命令，建立一个新文件，选择 Block Diagram/Schematic File 文件，文件名称与工程名称保持一致，为 niosii_rtos。保存新建的文件。

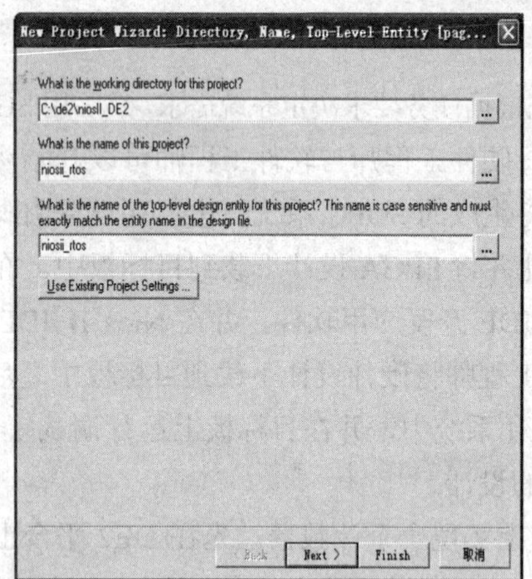

图 12-13　为 SOPC 系统新建一个工程

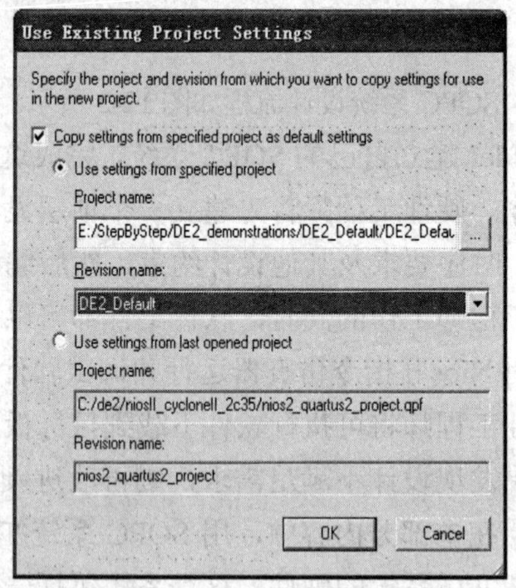

图 12-14　使用已有工程的配置

3. 用 SOPC Builder 建立一个新的 SOPC 硬件系统

单击工具按钮或者选择 Tools→SOPC Builder 命令，启动 SOPC Builder，如图 12-16 所示，输入新系统的名称为 nios II_system，当然也可以输入其他名称，但应该注意，所有的名称中都不能出现空格。Target HDL 选项可以选择 Verilog，也可以选择 VHDL，这里选择 Verilog。单击 OK 按钮，进入 SOPC Builder 的主界面，如图 12-17 所示。SOPC Builder 主界面的组成部分在前面章节已经讲述过，这里不再赘述。

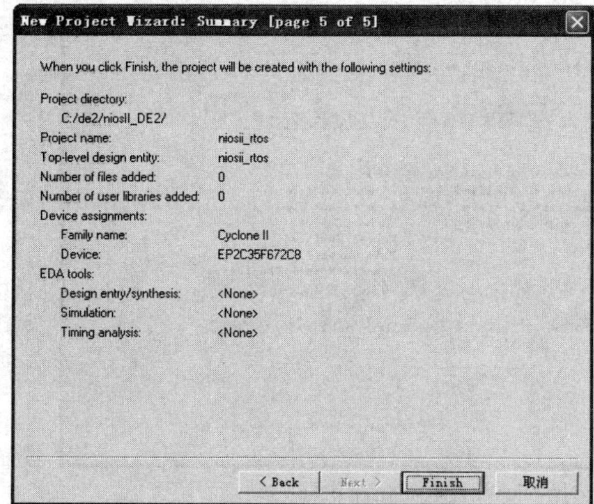

图 12-15　新工程汇总界面

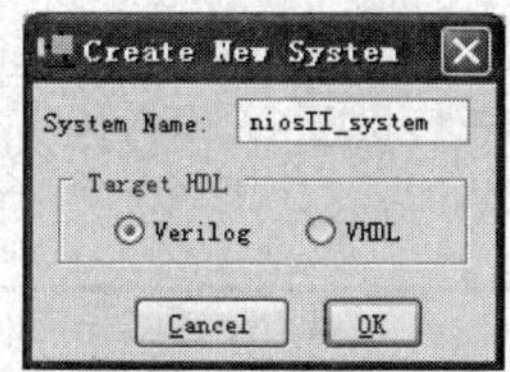

图 12-16　用 SOPC Builder 建立一个新系统

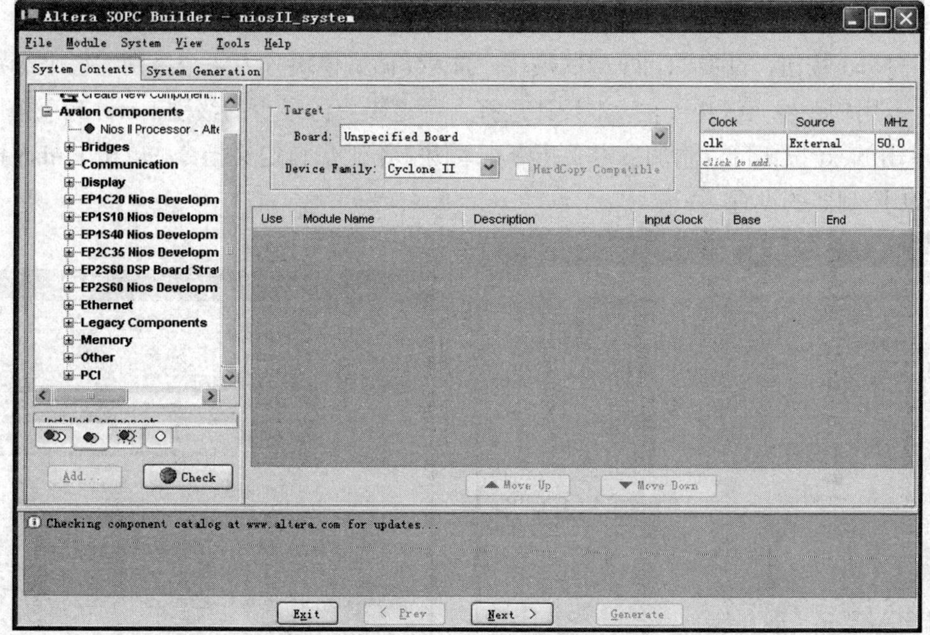

图 12-17　SOPC Builder 的主界面

4. 向系统中添加 Nios II 处理器

在 SOPC Builder 主界面左侧的组件列表中，选中 Nios II Processor，按鼠标右键，在弹出的菜单中选择 Add New Nios II Processor，显示如图 12-18 所示的 Nios II 处理器配置界面。选择 Nios II/s 作为本设计的处理器，从界面中可以看到，Nios II/s 占用约 1200~1400 个逻辑单元，两个 M4K RAM 块。由于可以添加指令缓存，缓存需要占用额外的 M4K RAM 块，因此 Nios II/s 与 Nios II/e 相比，增加了指令缓存、分支预测、硬件乘法器及硬件除法器。Nios II/s 的最好性能可达 25 MIPS。

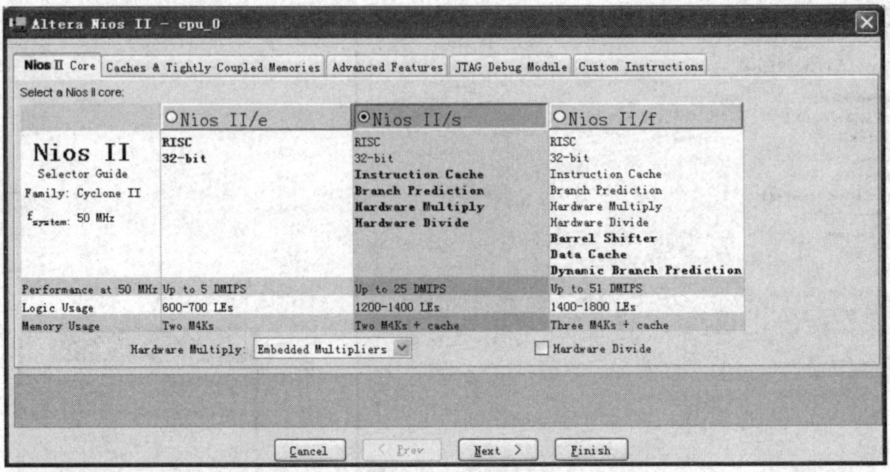

图 12-18　选择 Nios II 处理器配置界面

单击 Next 按钮，设置处理器的指令缓存和紧密耦合指令存储器，如图 12-19 所示，选择指令缓存为 2 K 字节，不使用紧密耦合指令存储器。

单击 Next 按钮，设置 JTAG 调试模块。JTAG 调试模块分为 4 个级别，每个级别的功能不同，占用的逻辑资源也不同，本设计选择占用逻辑资源最少的级别 Level 1，如图 12-20 所示。单击 Next 按钮可以添加自定义指令，本例中不添加自定义指令，单击 Finish 按钮结束 Nios II 控制器的设置。

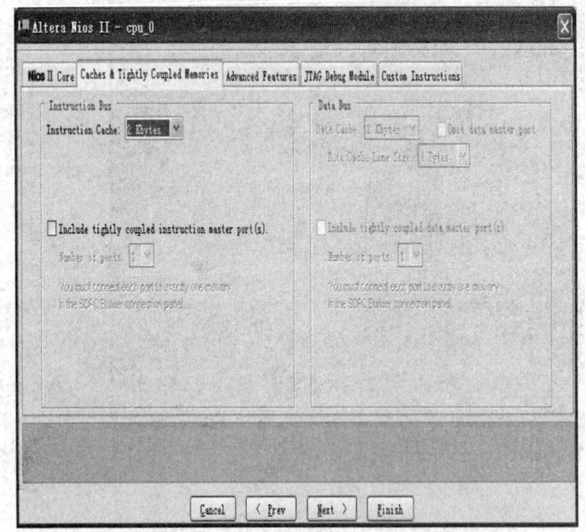

图 12-19　设置 Nios II 处理器的指令缓存与紧密耦合指令存储器

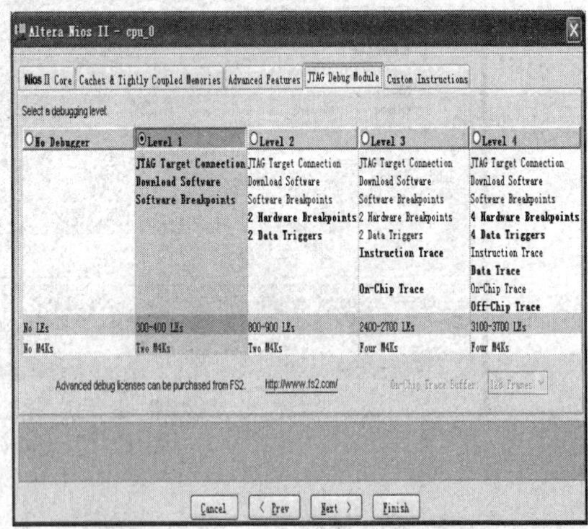

图 12-20　选择 JTAG 调试模块

5. 添加片上存储器

在 SOPC Builder 主界面左侧的组件列表的 Memory 组中，选中 On-Chip Memory(RAM or ROM)，右击鼠标，在弹出的快捷菜单中选择 Add New On-Chip Memory(RAM or ROM) 命令，显示如图 12-21 所示的片上存储器的配置界面。选择存储器类型为 RAM，存储器宽度 32 位，总内存尺寸 40 K 字节。单击 Finish 按钮完成片上存储器的配置。

6. 添加 JTAG UART

在 SOPC Builder 主界面左侧的组件列表的 Communication 组中，选中 JTAG UART，右击鼠标，在弹出的快捷菜单中选择 Add New JTAG UART 命令，显示如图 12-22 所示的 JTAG UART 配置界面。保持默认设置不变，单击 Finish 按钮，完成 JTAG UART 的设置。

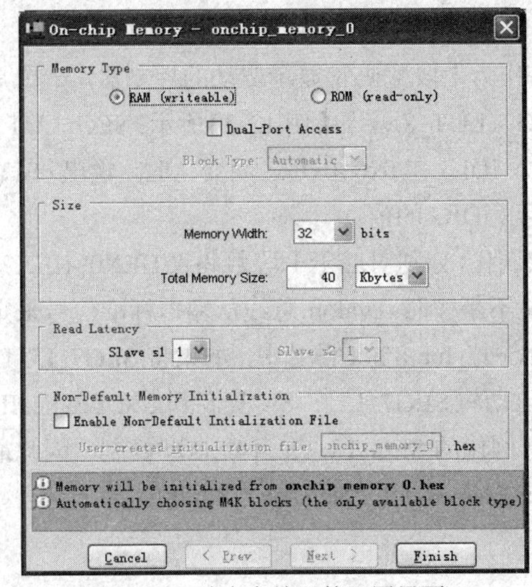

图 12-21　片上存储器的配置界面

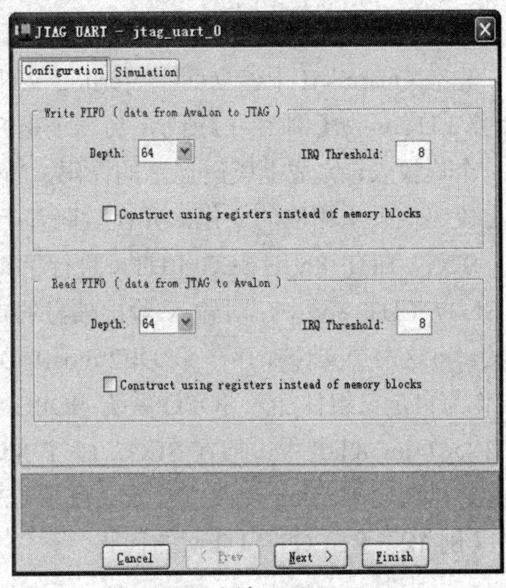

图 12-22　添加 JTAG UART

7. 添加定时器

在 SOPC Builder 主界面左侧组件列表的 Other 组中，选中 Interval Timer，并右击鼠标，在弹出的快捷菜单中选择 Add New Interval Timer 命令，显示如图 12-23 所示的定时器配置界面。按照默认设置，配置不作改变，即可生成一个初始周期为 1 ms 的定时器，单击 Finish 按钮，完成定时器的设置。

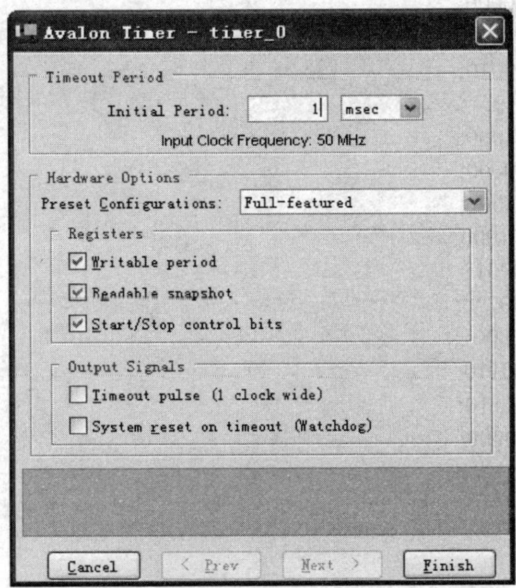

图 12-23　添加定时器

8. 添加自定义组件七段数码管控制器

SOPC 的标准开发板库中不包含 DE2，本书附带的光盘中包含了 DE2 的 SOPC Builder 开发板描述(Board Description)及主要的组件，其中也包括 SEG7_LUT_8。为了学习自定义组件的使用方法，这里先将七段数码管作为 SOPC 自定义组件添加到 SOPC 的组件库中，然后再当作标准组件使用，如果想直接使用 SEG7_LUT _8，请阅读本书中的相关内容。

先在 Quartus II 中建立两个 Verilog 文件，作为七段数码管显示驱动的控制器，一个是 SEG7_LUT.v，如【例 12-1】所示；另一个是 SEG7_LUT_8.v，如【例 12-2】所示。SEG_LUT.v 是一个查找表，完成七段码显示的译码，当输入 iDIG 在 0x0~0xF 之间变化时，输出 oSEG 的七段码也发生相应的变化，并在数码管上显示 iDIG 的值。

SEG7_LUT_8.v 对 SEG_LUT.v 进行了 8 次例化，分别对应于七段数码管 HEX0~HEX7。在 SEG7_LUT_8.v 中，对输入/输出信号的定义不是按照 Avalon 总线从端口标准信号来定义的。将这两个文件保存在 C:\DE2\niosII_DE2\seg7_lut_8\hdl 目录中，如果将 SEG7_LUT_8.v 作为自定义组件加入 SOPC 系统，SOPC 会自动将 SEG7_LUT_8.v 复制到 C:\DE2\niosII_DE2\seg7_lut_8\hdl 中，但在 SEG7_LUT_8.v 中例化的 SEG_LUT.v 不能自动复制，因此最好先将这两个 Verilog 文件直接放在目录 C:\DE2\niosII_DE2\ seg7_lut_8\hdl 中。

【例 12-1】SEG7_LUT.v 的代码。

```
MODULE SEG7_LUT (OSEG,IDIG);
INPUT    [3:0] IDIG;
OUTPUT  [6:0] OSEG;
REG   [6:0] OSEG;
ALWAYS @(IDIG)
BEGIN
    CASE(IDIG)
    4'H1: OSEG = 7'B1111001;
    4'H2: OSEG = 7'B0100100;
    4'H3: OSEG = 7'B0110000;
    4'H4: OSEG = 7'B0011001;
    4'H5: OSEG = 7'B0010010;
4'H6: OSEG = 7'B0000010;
    4'H7: OSEG = 7'B1111000;
    4'H8: OSEG = 7'B0000000;
    4'H9: OSEG = 7'B0011000;
    4'HA: OSEG = 7'B0001000;
    4'HB: OSEG = 7'B0000011;
    4'HC: OSEG = 7'B1000110;
    4'HD: OSEG = 7'B0100001;
    4'HE: OSEG = 7'B0000110;
    4'HF: OSEG = 7'B0001110;
    4'H0: OSEG = 7'B1000000;
    ENDCASE
END
ENDMODULE
```

【例 12-2】SEG7_LUT_8.v 的代码。

```
    MODULE SEG7_LUT_8 (OSEG0,OSEG1,OSEG2,OSEG3, OSEG4,OSEG5,OSEG6,OSEG7,
IDIG,IWR,ICLK,IRST_N );
    INPUT  [31:0]  IDIG;
    INPUT    IWR,ICLK,IRST_N;
    OUTPUT[6:0]  OSEG0,OSEG1,OSEG2,OSEG3,OSEG4,OSEG5,
                          OSEG6,OSEG7;
    REG [31:0]  RDIG;
    ALWAYS@(POSEDGE ICLK OR NEGEDGE IRST_N)
    BEGIN
     IF(!IRST_N)
     RDIG <= 0;
     ELSE
     BEGIN
     IF(IWR)
     RDIG <= IDIG;
    END
    END
    SEG7_LUT U0  (OSEG0,RDIG[3:0]);
    SEG7_LUT U1  (OSEG1,RDIG[7:4]);
    SEG7_LUT U2  (OSEG2,RDIG[11:8]);
    SEG7_LUT U3  (OSEG3,RDIG[15:12] );
    SEG7_LUT U4  (OSEG4,RDIG[19:16] );
    SEG7_LUT U5  (OSEG5,RDIG[23:20] );
    SEG7_LUT U6  (OSEG6,RDIG[27:24] );
    SEG7_LUT U7  (OSEG7,RDIG[31:28] );
    ENDMODULE
```

返回 SOPC Builder 中，选择 File→New Component 命令，添加新组件，如图 12-24 所示。

SOPC Builder 会提示在设计文件的基础上用组件编辑器生成一个新组件，新组件的信息保存在一个目录中，该目录中包括一个组件说明文件 class.ptf、一个 perl 脚本文件 cb_generator.pl、一个存储 Verilog 或 VHDL 代码及其他相关文件的目录 hdl_synthesis，以及一个存储软件代码的目录 HAL。SOPC 将这个新组件放在当前工程目录下，完成后可以马上使用。

单击 Next 按钮进入设计文件添加界面，如图 12-25 所示。可以添加 HDL 文本文件，也可以添加综合之后的文件，单击 Add HDL File 按钮，选择 C:\DE2\niosII_DE2\seg7_lut_8\hdl\SEG7_ LUT_8.v，在 HDL Files 列表中出现了 SEG_LUT_8.v 及其相关信息，如图 12-25 所示，组件编辑器导入并综合 SEG7_LUT_8.v，等待一段时间之后，组件编辑器完成文件的导入及综合，提示文件综合成功。此时在组件编辑器下部的信息栏中，提示有两个错误，一个指出 Avalon 总线从端口没有 clk 信号，另一个指出 Avalon 总线从端口没有读/写信号。这是由于 Verilog 文件中的输入/输出信号定义与 Avalon 总线标准信号不一致造成的。如果文件综合不成功，则按提示重新修改 SEG7_LUT_8.v 文件。

单击 Next 按钮，设置输入/输出信号，使七段数码管控制器的输入/输出信号与 Avalon 总线信号匹配。如图 12-26 所示，组件编辑器列出了所有的输入/输出信号，通过改变信号类型可实现信号匹配。将 iDIG 的信号类型改为 writedata，将 iWR 的信号类型改为 write，将 iCLK 的信号类型改为 clk，将 iRST_N 的信号类型改为 reset_n，其他的信号保持原来的

export 不变。修改过程中，下部信息栏中的信息也会有相应的改变，如果匹配结果满足 Avalon 总线规范对信号的要求，则会显示 Components“SEG7_LUT_8”is OK。

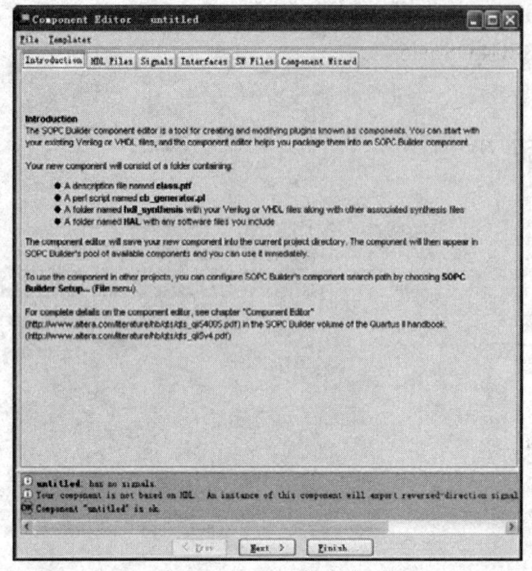

图 12-24　添加新组件

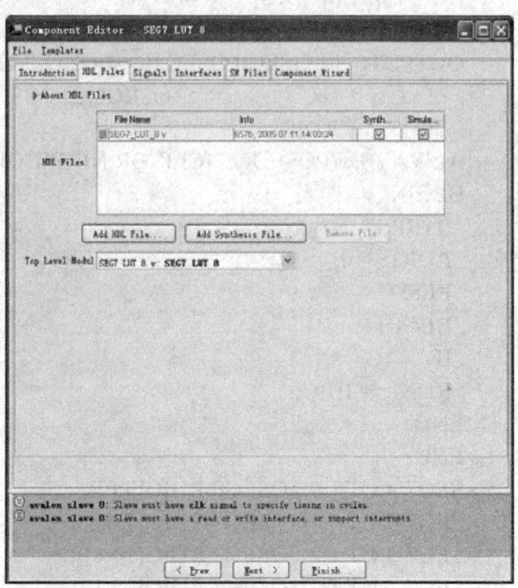

图 12-25　添加设计文件

Component Editor - SEG7_LUT_8

File　Templates

Introduction　HDL Files　Signals　Interfaces　SW Files　Component Wizard

Name	Interface	Signal Type	Width	Direction
oSEG0	avalon_slave_0	export	7	output
oSEG1	avalon_slave_0	export	7	output
oSEG2	avalon_slave_0	export	7	output
oSEG3	avalon_slave_0	export	7	output
oSEG4	avalon_slave_0	export	7	output
oSEG5	avalon_slave_0	export	7	output
oSEG6	avalon_slave_0	export	7	output
oSEG7	avalon_slave_0	export	7	output
iDIG	avalon_slave_0	export	32	input
iWR	avalon_slave_0	export	1	input
iCLK	avalon_slave_0	export	1	input
iRST_N	avalon_slave_0	export	1	input

avalon slave 0: Slave must have clk signal to specify timing in cycles.
avalon slave 0: Slave must have a read or write interface, or support interrupts.

< Prev　Next >　Finish...

图 12-26　输入/输出信号匹配

单击 Next 按钮，还可以增加 Avalon 从接口和用户自定义的软件，本例中不需要添加这两项内容。将向导最后一步的 Component Group 栏的内容修改为 DE2 User Logic，作为组件组的名称，如图 12-27 所示，以后加入的新组件也都可以放在这个组里，也可以选择其他组件组名称，默认的组件组名称为 Unknown Group。单击 Finish 按钮，组件编辑器会提示是否保存组件，单击 OK 按钮则生成组件，并返回 SOPC Builder 界面，此时在组件列表中增加了一个 DE2 User Logic 的组，该组中有一个组件 SEG7_LUT_8，如图 12-28 所示。

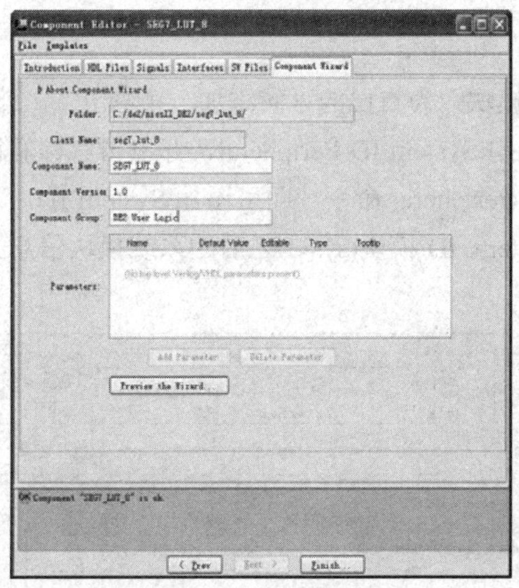
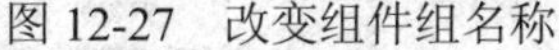

图 12-27　改变组件组名称

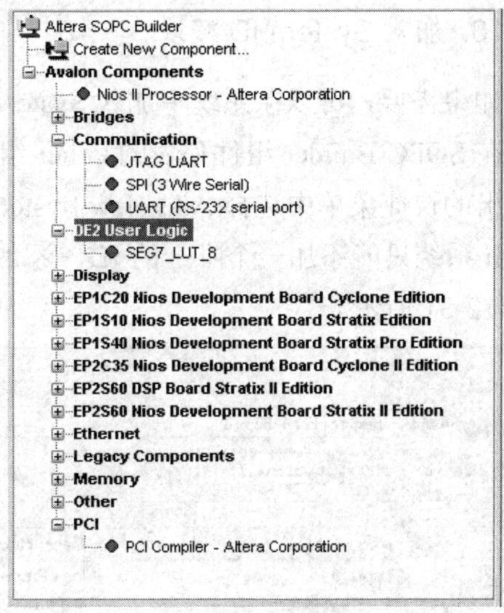

图 12-28　新组件出现在组件列表中

选中组件列表中的 SEG7_LUT_8，单击标右键，在弹出的快捷菜单中选择 Add New SEG7_LUT_8，显示配置界面。若没有可配置的选项，则单击 Finish 按钮完成组件添加。

9. 自动设置基地址

至此已经添加了所有需要的组件，SOPC Builder 根据组件添加的顺序以及各组件需要的地址范围，自动为各组件分配了地址，系统中组件的信息如图 12-29 所示。

从图 12-29 中可以看到，jtag_debug_module 的地址从 0x00000000 开始，而 onchip_memory_0 的地址从 0x00010000 开始。而存储器的一般地址从 0x00000000 开始，要做到这一点，可以手动修改这些地址，也可以自动设置地址。

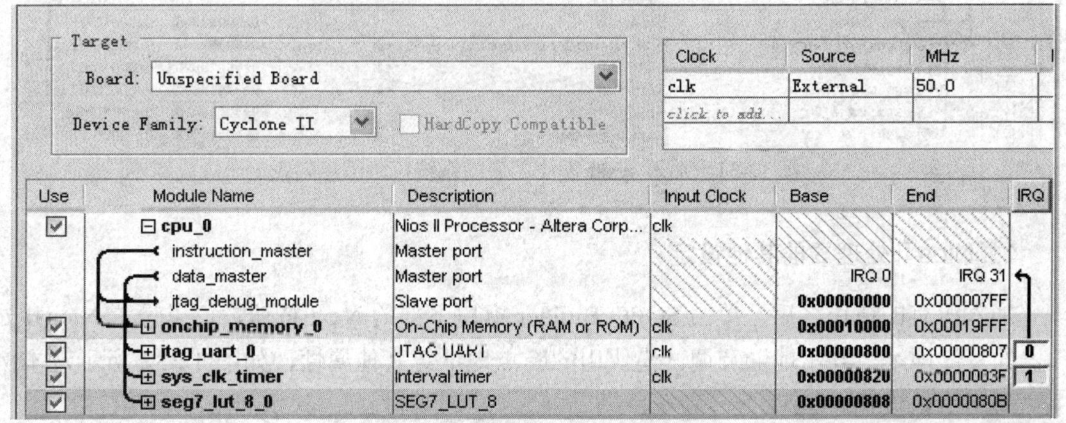

图 12-29　系统中的组件信息

选择 System→Auto Assign Base Addresses 命令，即可自动设置地址。自动设置地址之后的系统组件信息如图 12-30 所示，图中模块 onchip_memory_0 的基地址已经改变为 0x00000000，其他组件依次排列。

10. 加入 System ID 模块

如果需要，可以在系统中加入 System ID 模块，为自己的系统添加一个独立无二的 ID 号。在 SOPC Builder 组件列表的 Other 组中选中 System ID Peripheral，并单击鼠标右键，在弹出的快捷菜单中选择 Add New System ID Peripheral 命令，即可添加 System ID，每个 Nios II 系统只能添加一个唯一的 ID。添加 System ID 模块(sysid)之后的系统模块信息列表如图 12-31 所示。

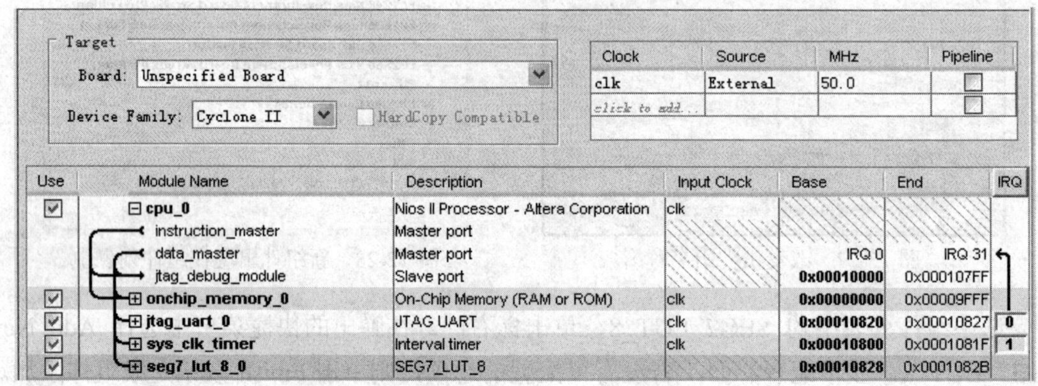

图 12-30　自动设置地址之后的系统组件信息

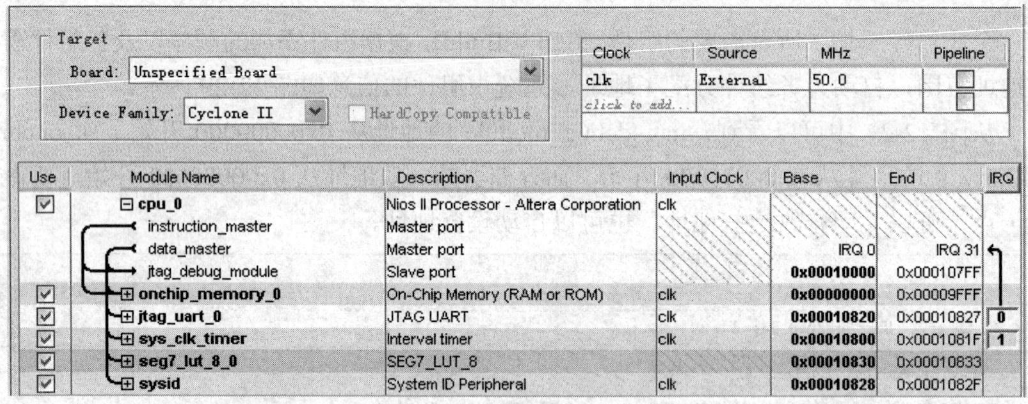

图 12-31　加入 sysid 模块之后的系统模块信息列表

11. Nios II 处理器的其他设定

加入所有的模块之后，单击 SOPC Builder 窗口下部的 Next 按钮，可以设置 Nios II 处理器的复位地址、异常地址及调试模块用的断点地址等其他属性，如图 12-32 所示，本例中可采用默认设置。

12. 生成系统

单击 Next 按钮转入系统生成页，按 Generate 按钮开始生成 Nios II 系统。生成系统如下图 12-33。根据系统规模的不同，生成系统所需的时间也不一样。在生成系统的过程中，屏幕上会提示相关的信息，生成系统的工作完成之后，显示 SYSTEM GENERATION COMPLETED。按 Exit 按钮可退出 SOPC Builder，返回 Quartus II，也可不退出 SOPC Builder，直接切换到 QuartusⅡ软件继续后面的工作。

System Contents | NiosⅡ More "cpu_0" Settings | System Generation

Processor Configuration

Nios II/s Core
2-Kbyte Instruction Cache (64 lines, 32 bytes/line, 14 tag bits/line)
JTAG Debug Module (SW breakpoints)

Processor Function	Memory Module	Offset	Address
Reset Address	onchip_memory_0	0x00000000	0x00000000
Exception Address	onchip_memory_0	0x00000020	0x00000020
Break Location	cpu_0/jtag_debug_module	0x00000020	0x00010020

You can change **Nios II software settings**, such as data memory, host communication, and debugging communication, in the System Library properties of the Nios II IDE.

图 12-32　NiosⅡ处理器的其他置选项

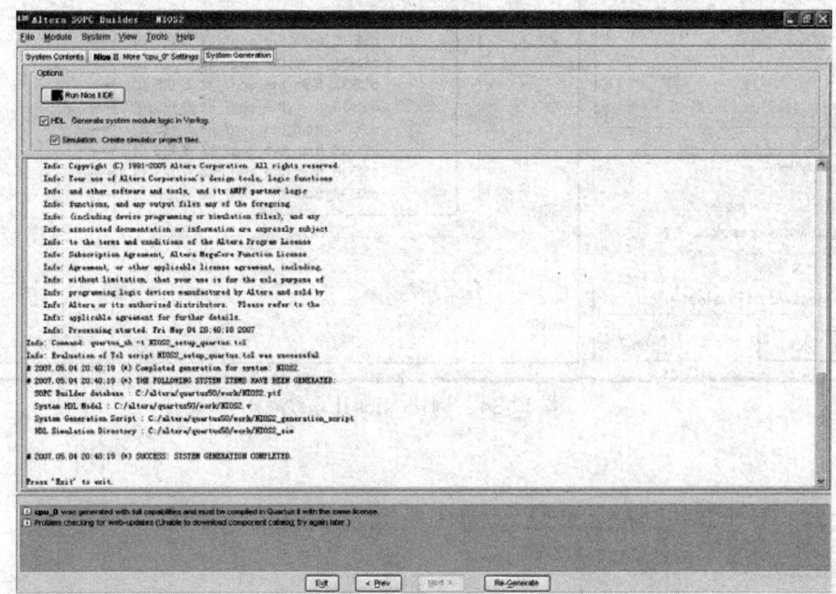

图 12-33　SOPC 系统生成页面

13. 例化 NiosⅡ处理器

在 QaurtusⅡ软件中，可修改文件 niosii_rtos.bdf。方法是：双击 niosii_rtos.bdf 文件窗口中的空白处，弹出 Symbol 选择对话框，刚刚生成的 NiosⅡ系统在 Project 组中。展开 Project 组，如图 12-34 所示，选中 niosⅡ_system，单击 OK 按钮，在 niosii_rtos.bdf 窗口中放置 niosⅡ_system 模块，实现对 NiosⅡ系统的例化。参照图 12-35 完成原理图设计，图中用 CLOCK_50 作为系统的时钟输入，SW[0]作为复位信号输入，NiosⅡ的输出分别连接到 HEX0~HEX7 上。

14. 导入引脚分配

接下来需要为设计分配引脚，可以在引脚规划器 Pin Planner 中手动分配引脚，也可以导入 DE2 系统光盘中提供的引脚分配表。在 DE2 光盘中有一个叫做 DE2_pin_assignments.csv

的文件，文件中包含了 DE2 平台上 FPGA 的引脚分配信息。为方便起见，可从 DE2_pin_assignments.csv 中导入引脚分配信息。注意，若使用导入的引脚分配，则顶层原理图设计中的引脚命名应该与图 12-35 中所示的完全一致。

选择 Assignments→Import Assignments 命令，选择 DE2_pin_ assignments.csv 文件，按照提示导入引脚分配。

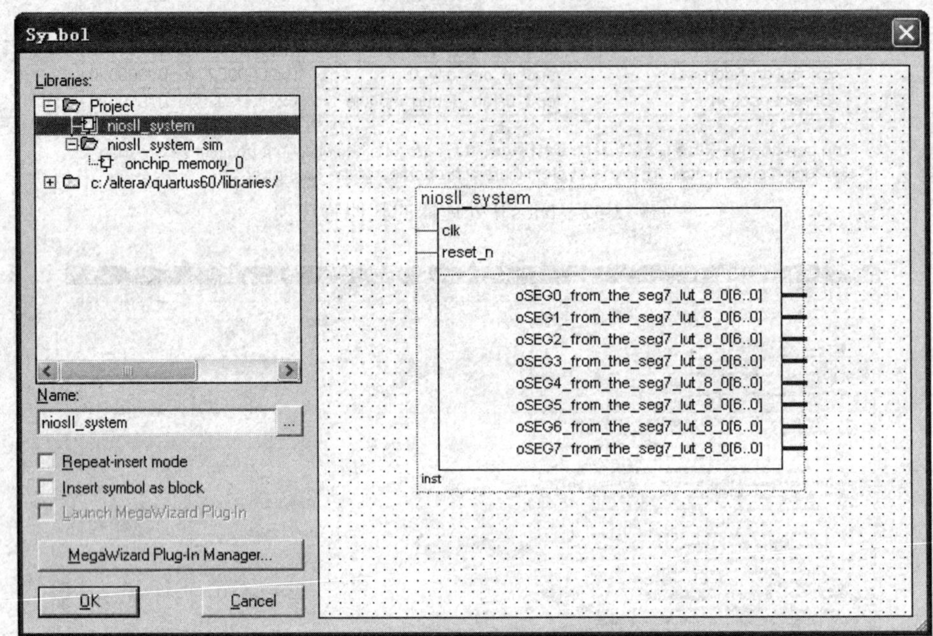

图 12-34　例化 Nios II 系统

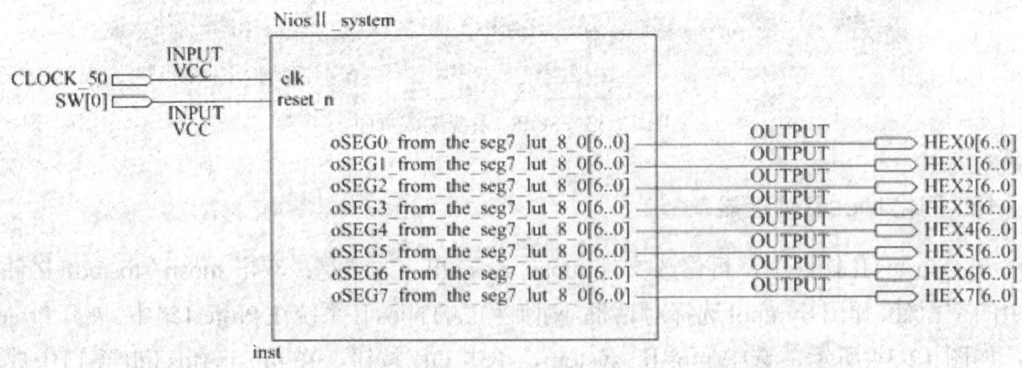

图 12-35　顶层设计的原理图

15. 编译并下载设计

选择 Processing→Start Compilation 命令，启动编译过程，完成编译后的 Quartus II 界面如图 12-36 所示，从图中可以看出这个工程在 FPGA 上所占用的资源。将编译后的.pof 文件下载到 DE2 平台上的 FPGA 中，完成硬件设计。

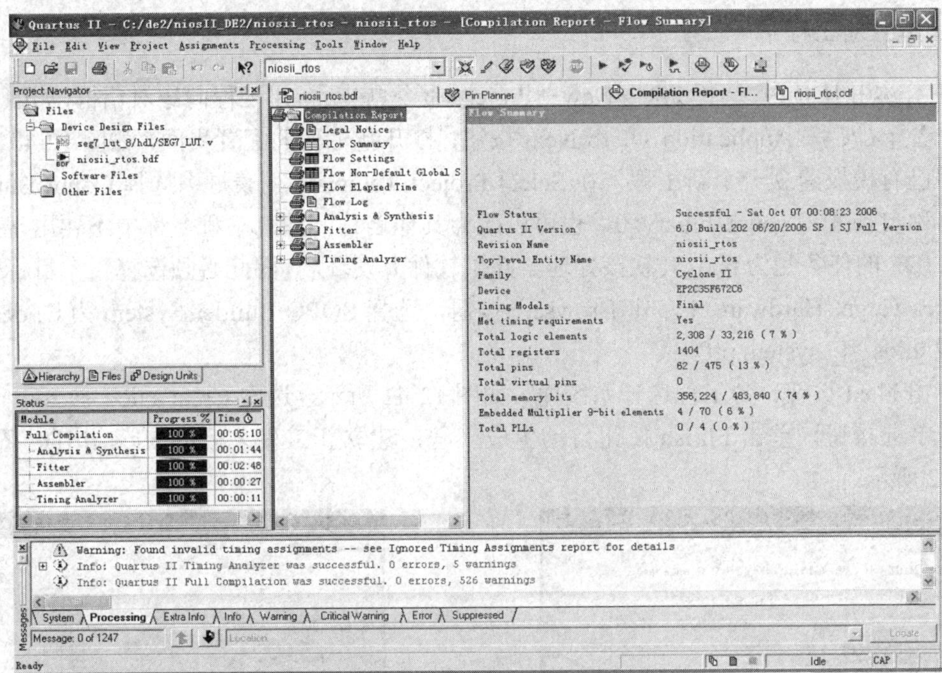

图 12-36　编译完成之后的 Quartus II 界面

12.3.2　基于 Nios II IDE 环境 LED 控制的软件设计

1. 启动 Nios II IDE

可以从 Window 系统的【开始】菜单中启动 Nios II IDE，也可以从 SOPC Builder 中的生成页面启动 Nios II IDE。启动 Nios II IDE 时，Nios II IDE 提示选择 Nios II IDE 的工作空间(Workspace)，Nios II IDE 将工程文件保存在一个目录中，这个目录称做工作空间。本例选择目录 C:\de2\nios II_DE2\workspace 作为 Nios II IDE 的工作空间，如图 12-37 所示。Nios II IDE 启动之后的界面如图 12-38 所示。此时工作空间中还没有工程。

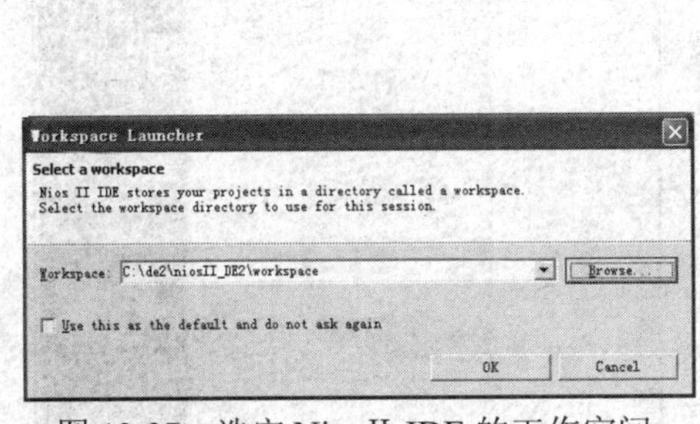

图 12-37　选定 Nios II IDE 的工作空间

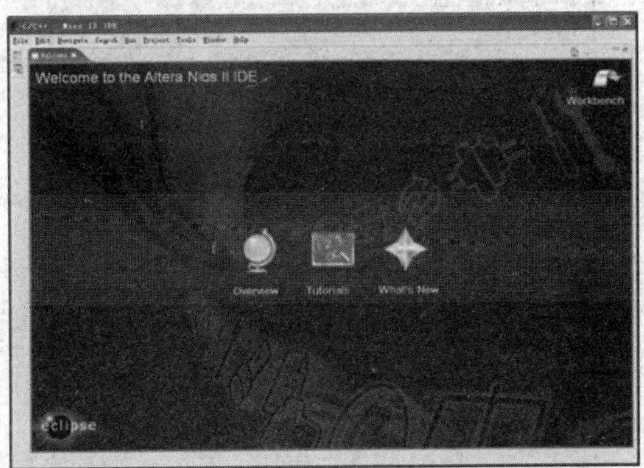

图 12-38　Nios II IDE 启动之后的界面

2. 建立新工程

在 Nios II IDE 中，选择 File→New→Project 命令，启动新建工程向导对话框，如图 12-39 所示。选择 C/C++ Application，单击 Next 按钮，打开新工程的配置界面，如图 12-40 所示。先利用已有模板建立一个新工程，在 Select Project Template 列表框中选择 Count Binary，工程名称自动变为 count_binary_0，也可以改为其他名称，注意工程名称中不要出现空格。Nios II IDE 的任务是为 Nios II 软核处理器提供软件开发环境，因此必须选择一个目标硬件。在 Select Target Hardware 中单击 Browse…按钮，选择 SOPC Builder System 为 C:\de2\nios II_DE2 \nios II_ system.ptf。

单击 Next 按钮，为工程选择系统库，如图 12-41 所示，选中 Creat a new system library named 单选按钮，单击 Finish 按钮自动生成工程，建立新工程之后的 Nios II IDE 界面如图12-42 所示。

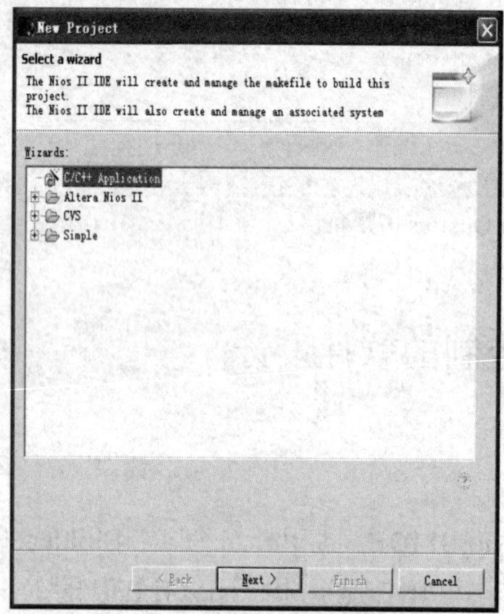

图 12-39　新建工程向导对话框

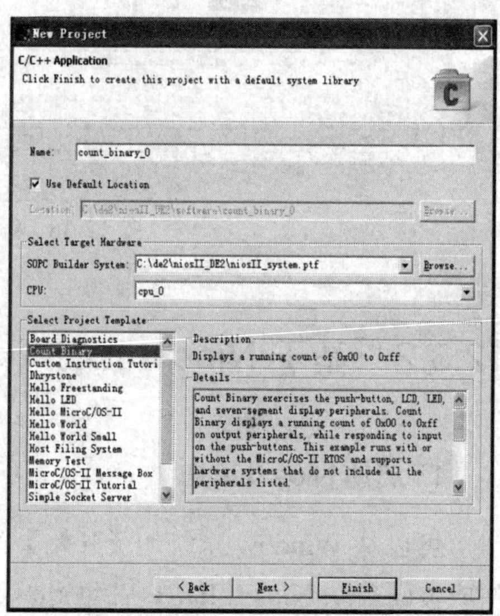

图 12-40　配置新工程

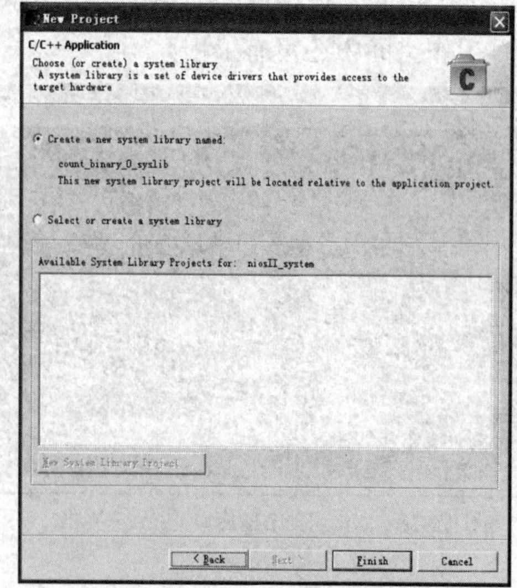

图 12-41　为工程建立新系统库

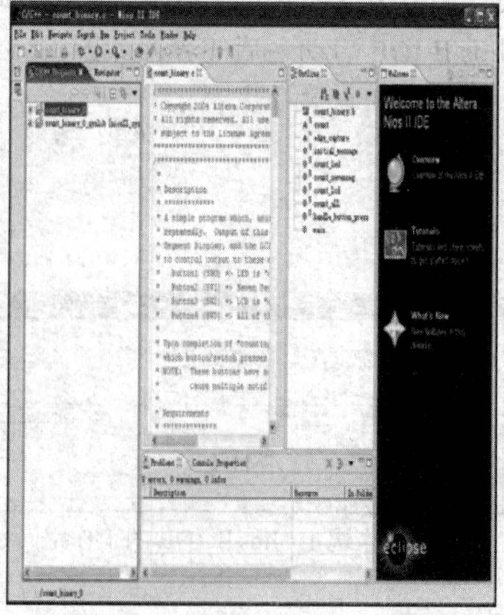

图 12-42　建立新工程之后的 Nios II IDE 界面

3. 修改系统库属性

新建的工程实际上包含两个工程，即 count_binary_0 及 count_binary_0_syslib，前者是用户工程，后者是 Nios II IDE 在 Nios II 硬件系统的基础上自动生成的系统库，用户最好不要去修改。在 C/C++ Project 窗格中选中工程 count_binary_0，右击鼠标，在弹出的快捷菜单中选择 System Library Properties 命令，打开如图 12-43 所示的工程属性对话框，在此可以修改系统库 count_binary_0_syslib 的属性。取消 Clean exit 选项，选中 Small C library 选项，按 OK 按钮返回 Nios II IDE。

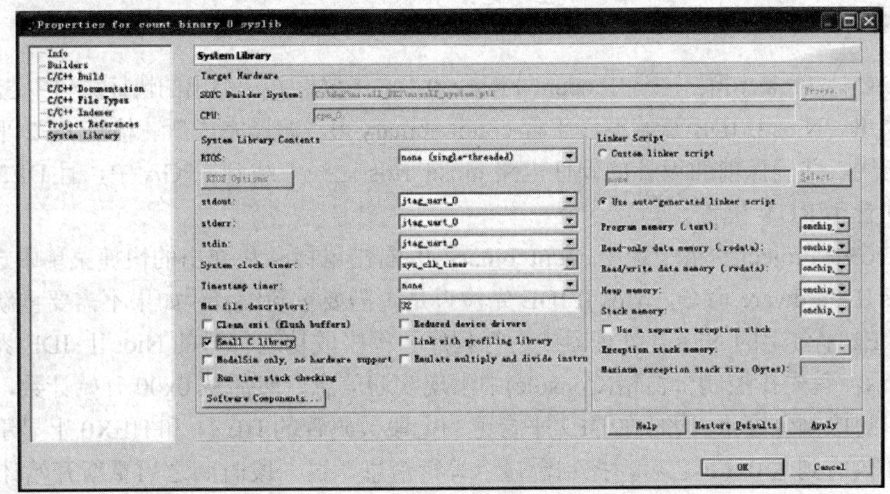

图 12-43　修改 count_binary_0_syslib 属性

4. 修改代码

新工程是参照模板 count_binary 建立的，工程中已经有完整的代码，因此可直接工作。如果要在七段数码管上显示计数器的当前值，则需要对程序稍加修改。先展开 C/C++ Project 窗格的工程 count_binary_0，然后展开 count_binary.c，如图 12-44 所示，双击 count_sevenseg，定位子程序 count_sevenseg( )的位置，然后将 count_sevenseg( )改变成如下代码所示。保存文件 count_binary.c。

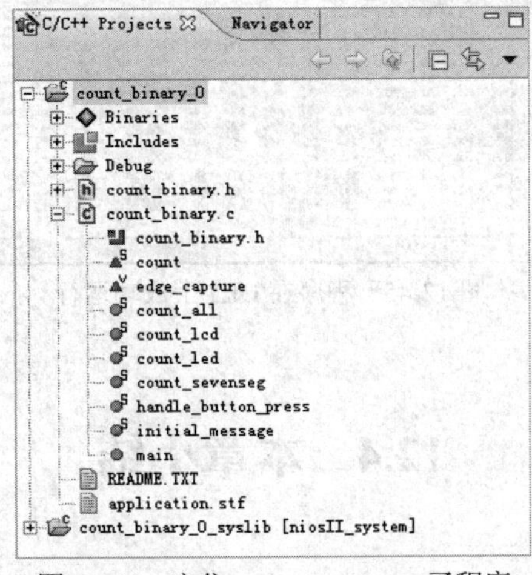

图 12-44　定位 count_sevenseg 子程序

在七段数码管上显示计数值的子程序：

```
static void count_sevenseg()
{
  IOWR(SEG7_LUT_8_0_BASE,0,count);
}
```

同样展开 count_binary.h，从包含的头文件中删除文件 altera_avalon_pio_regs.h，然后加入头文件 io.h，最后保存文件 count_binary.h。

5. 编译并运行工程

在 C/C++ Project 窗格中选中 count_binary_0，右击鼠标并从弹出的快捷菜单中选择 Build Project 菜单，Nios II IDE 开始编译工程 count_ binary_0。编译完成后，检查 DE2 平台与计算机的连线，并确保前面设计的硬件电路 niosii_rtos 已经下载到 FPGA 中，且 DE2 平台上的 SW19 置于 RUN 位置。

在 C/C++ Project 窗格中选中 count_binary_0，右击鼠标并从弹出的快捷菜单中选择 Run As→Nios II Hardware 命令，Nios II IDE 先检查是否需要重新编译，如果不需要重新编译则开始在 DE2 平台上的 Nios II 处理器中运行程序。程序成功运行时的 Nios II IDE 界面如图 12-45 所示，首先在控制台窗格(Console)中出现欢迎信息，然后从 0x00 开始计数，并将计数值输出到控制台窗格，同时在 DE2 平台上的七段数码管的 HEX1 和 HEX0 上显示当前计数值。计数值到达 0xFF 之后，控制台显示等待信息，过一段时间之后重新开始计数。

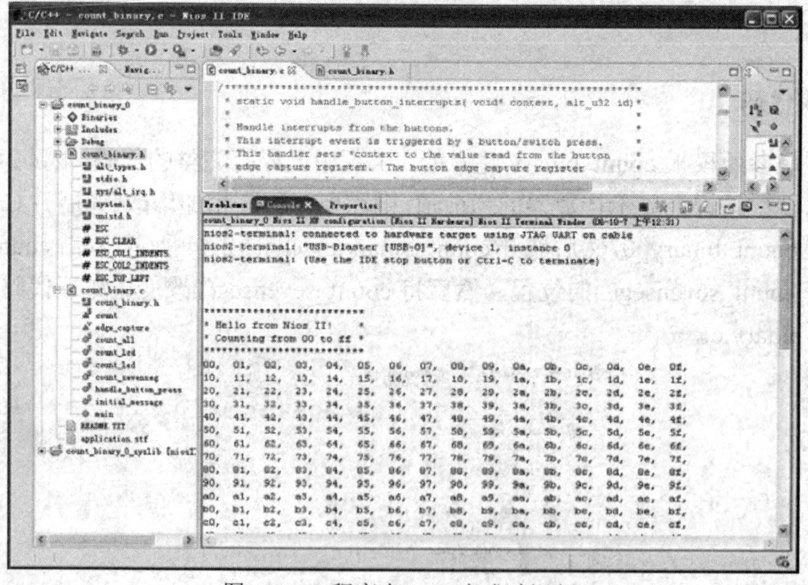

图 12-45　程序在 DE2 上成功运行

12.4　本章小结

本章重点讲解 SOPC 系统开发，主要包括硬件系统设计和软件开发，最后实例说明 SOPC

开发过程。SOPC 系统设计的基本工具包括：Quartus II(用于完成 Nios II 系统的综合、硬件优化、适配、编程下载和硬件系统测试)、SOPC Builder(是 Nios II 嵌入式处理器开发软件包，用于实现系统的配置、生成、Nios II 系统相关的监控和软件调试平台的生成)、软件开发，另外还简单介绍了 NIOS II 处理器 Avalon 总线、HAL 系统库、自定义组件模块等内容。

12.5　习　　题

12-1　电子钟设计。

(1) 设计要求：在液晶屏上显示日期、时间；可以设置日期、时间。

(2) 系统所需外围器件：LCD，电子钟显示屏幕；按键，电子钟设置功能键；Flash，存储软、硬件程序；SRAM，程序运行内存。

(3) SOPC 硬件系统模块：Nios II CPU、定时器、按键 PIO、LCD 控制器、AVALON 三态桥、外部 SRAM 接口、外部 Flash 接口、JTAG UART、EPCS 串行 Flash 控制器。

(4) 设计分析：第一步是要进行需求分析，根据这个要求来建立硬件系统。根据系统要求实现的功能，电子钟的设计要用到的外围器件有：LCD——电子钟显示屏幕；按键——电子钟设置功能键；Flash 存储器——存储软、硬件程序；SRAM 存储器——程序运行时将其导入 SRAM。根据所要用到的外设、要实现的功能以及开发板的配置，在 SOPC Builder 中建立系统要添加的模块包括 Nios II CPU、定时器、按键 PIO、LCD 控制器、AVALON 三态桥、外部 RAM 接口、外部 Flash 接口。设计完成后，本系统的硬件系统顶层模块如图 12-46 所示。

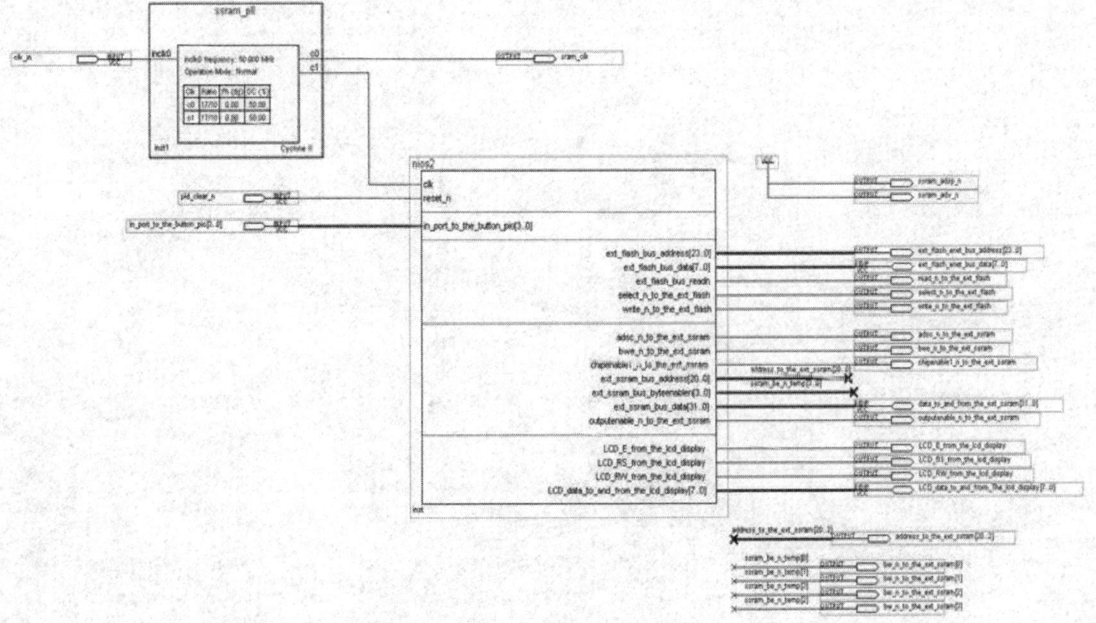

图 12-46　硬件系统顶层模块图

12-2　采用 SOPC 技术设计多功能数字示波表。采用 SOPC 技术嵌入 Nios II 内核，同时使用硬件描述语言描述信号处理模块、通信模块、接口模块和存储模块，使大部分硬件都集成在 FPGA 芯片中；利用 SDRAM 做外部大容量存储器，使用实时采样和等效采样相结合的采样方式，等效采样率要达到 20GSa/s，使低速 AD 芯片可以采集到高频信号，提高 AD 芯片的利用率来节省硬件成本。该系统的技术指标要求如下。

(1) 采样率：等效采样 20G Sa/s 实时采样 25M Sa/s (AD 芯片为 32MSPS 的 AD9280)。

(2) 垂直灵敏度：2mV/div~20V/div(1-2-5 步进)。

(3) 垂直误差：±5%。

(4) 垂直分辨率：8bit。

(5) 水平灵敏度：2ns/div-5s/div(1-2-5 步进)。

(6) 水平误差：0.01%。

(7) 输入阻抗：1MΩ，≤20pF。

(8) 模拟带宽：≥20M Hz。

(9) 最大输入电压：100Vpp。

附录1　VHDL程序设计的语法结构

下面是 VHDL 程序的基本结构和描述语句的框架，以供设计者在编写 VHDL 程序时速查。

```
--LIBRARY CLAUSE
LIBRARY_LIBRARY_NAME;
USE_LIBRARY_NAME_PACKAGE_NAME.ALL;

--PACKAGE DECLARATION(OPTIONAL)
PACKAGE_PACKAGE_NAME IS

--TYPE DECLARATION
TYPE_ENUMERATED_TYPE_NAME IS(NAME,_NAME,_NAME);
TYPE_RANGE_TYPE_NAME IS RANGE_INTEGER TO_INTEGER;
TYPE_ARRAY_TYPE_NAMEISARRAY(INTEGERRANGE<>)OF_TYPE_NAME;
TYPE_ARRAY_TYPE_NAMEISARRAY(_INTEGERDOWNTO_INTEGER)OF_TYPE_NAME;

--SUBTYPE DECLARATION
SUBTYPE_SUBTYPE_NAMEIS_TYPE_NAMERANGE_LOW_VALUE TO_HIGH_VALUE;
SUBTYPE_ARRAY_SUBTYPE_NAMEIS_ARRAY_TYPE_NAME(_HIGH_INDEX
                                                        DOWNTO_LOW_INDEX);

--CONSTANT DECLARATION
CONSTANT_CONSTANT_NAME_TYPE_NAME: =_CONSTANT_VALUE;

--FUNCTION DECLARATION
FUNCTION_FUNCTION_NAME(_INPUT_NAME: IN_TYPE_NAME;_INPUT_NAME:
                              IN_TYPE_NAME)
RETURN_TYPE_NAME;

--PROCEDURE DECLARATION
PROCEDURE_PROCEDURE_NAME(_INPUT_NAME: IN_TYPE_NAME;
                                _INPUT_NAME: IN_TYPE_NAME;
                                _BIDIRECT_OUTPUT_NAME: INOUT_TYPE_NAME;
                                _OUTPUT_NAME: OUT_TYPENAME);
END PACKAGE_PACKAGE_NAME;

--PACKAGE BODY(OPTIONAL)
PACKAGE BODY_PACKAGE_NAMEIS

--FUNCTION DEFINITION
FUNCTION_FUNCTION_NAME(_INPUT_NAME: IN_TYPE_NAME;
             _INPUT_NAME: IN_TYPE_NAME)RETURN_TYPE_NAME IS

--VARIABLE DECLARATION
```

```
VARIABLE_VARIABLE_NAME: _TYPE_NAME: =VARIABLE_INITIAL_VAL UE;
  BEGIN
    _SEQUENTIAL_STATEMENT;
_SEQUENTIAL_STATEMENT;
    RETURN_VARIABLE_NAME;
END FUNCTION_FUNCTION_NAME;

--PROCEDURE DEFINITION
PROCEDURE_PROCEDURE_NAME(_INPUT_NAME: IN_TYPE_NAME;
                         _INPUT_NAME: IN_TYPE_NAME;
                         _BIDIRECT_OUTPUT_NAME: INOUT_TYPE_NAME;
                         _OUTPUT_NAME: OUT_TYPENAME)IS

--VARIABLE DECLARATION
VARIABLE_VARIABLE_NAME: _TYPE_NAME: =_VARIABLE_INITIAL_VALUE;
    BEGIN
        _SEQUENTIAL_STATEMENT;
        _SEQUENTIAL_STATEMENT;
END   PROCEDURE_PROCEDURE_NAME;
END PACKAGE BODY_PACKAGE_NAME;

--ENTITY DECLARATION
    ENTITY_ENTITY_NAME IS
        GENERIC(_PARAMETER_NAME: STRING: =_DEFAULT_VALUE;
                _PARAMETER_NAME: STRING: =_DEFAULT_VALUE);
         PORT(_INPUT_NAME,_INPUT_NAME: IN STD_LOGIC;
              _INPUT_VECTOR_NAME: IN STD_LOGIC_VECTOR(_HIGH DOWNTO_LOW);
              _BIDIR_NAME,_BIDIR_NAME：INOUT STD_LOGIC;
              _OUTPUT_NAME,_OUTPUT_NAME：OUT STD_LOGIC);
END ENTITY_ENTITY_NAME;

--ARCHITECTURE BODY
ARCHITECTURE AOF_ENTITY_NAME IS

--SIGNALS DECLARATION
SIGNAL_SIGNAL_NAME: STD_LOGIC;
SIGNAL_SIGNAL_NAME: STD_LOGIC;

--COMPONENT DECLARATION
COMPONENT_COMPONENT_NAME IS
GENERIC(_PARAMETER_NAME: STRING: =_DEFAULT_VALUE;
        _PARAMETER_NAME: STRING: =_DEFAULT_VALUE);
  PORT(_INPUT_NAME, _INPUT_NAME: IN STD_LOGIC;
       _BIDIR_NAME, _BIDIR_NAME: INOUT STD_LOGIC;
       _OUTPUT_NAME, _OUTPUT_NAME: OUT STD_LOGIC);
END COMPONENT_COMPONENT_NAME;
  BEGIN

--PROGRESS_STATEMENT
_PROGRESS_LABEL: --COMBINATORIAL LOGIC
PROGRESS(_SIGNAL_NAME, _SIGNAL_NAME, _SIGNAL_NAME) IS

--VARIABLE DECLARATION
VARIABLE_VARIABLE_NAME: STD_LOGIC;
```

```
VARIABLE_VARIABLE_NAME: STD_LOGIC;
   BEGIN

--SIGNAL ASSIGNMENT STATEMENT
--SIGNAL_NAME<=_EXPRESSION;
--VARIABLE ASSIGNMENT STATEMENT
--VARIABLE_NAME: = EXPRESSION;

-- PROCEDURE CALL STATEMENT
     _ PROCEDURE_NAME(_ACTUAL_PARAMETER,__ACTUAL_PARAMETER);

--IF STATEMENT
 IF _EXPRESSION THEN
    _STATEMENT;
    _STATEMENT;
 ELSIF _EXPRESSION THEN
    _STATEMENT;
    _STATEMENT;
 ELSE
    _STATEMENT;
    _STATEMENT;
END IF;

--CASE STATEMENT
CASE_EXPRESSION IS
  WHEN_CONSTANT_VALUE=>
     _STATEMENT;
_STATEMENT;
   WHEN_CONSTANT_VALUE=>
    _STATEMENT;
_STATEMENT;
   WHEN OTHERS=>
    _STATEMENT;
_STATEMENT;
   END CASE;

--LOOP STATEMENT
   _LOOP_LABEL:
   FOR_INDEX_VARAIABLE IN _RANGE LOOP
     _STATEMENT;
     _STATEMENT;
  END LOOP_LOOP_LABEL;
  _LOOP_LABEL:
  WHILE_BOOLEAN_EXPRESSION LOOP
     _STATEMENT;
     _STATEMENT;
  END LOOP_LOOP_LABEL;
  END PROCESS _PROCESS_LABEL;
  _PROCESS_LABEL:
  PROCESS IS
    VARIABLE_VARIABLE_NAME: STD_LOGIC;
    VARIABLE_VARIABLE_NAME: STD_LOGIC;
  BEGIN
```

```
    WAIT UNTIL _CLK_SIGNAL='1';
    --SIGNAL ASSIGNMENT STATEMENT
    --VARIABLE ASSIGNMENT STATEMENT
    --PROCEDURE CALL STATEMENT
    --STATEMENT
    --STATEMENT
    --LOOP STATEMENT
  END PROGRESS-PROGRESS_LABEL;

  --CONCURRENT SIGNAL ASSIGNMENT
  _SIGNAL<=_EXPRESSION;

  --CONDITIONAL SIGNAL ASSIGNMENT
  _LABEL:
  _SIGNAL<=_EXPRESSION WHEN _BOOLEAN_EXPRESSION ELSE
            _EXPRESSION WHEN _BOOLEAN_EXPRESSION ELSE
            _EXPRESSION

    --SELECTED SIGNAL ASSIGNMENT
    _LABEL:
  WAIT          SELECT
    _SIGNAL<=_EXPRESSION WHEN _CONSTANT_VALUE,
              _EXPRESSION WHEN _CONSTANT_VALUE,
              _EXPRESSION WHEN _CONSTANT_VALUE,
              _EXPRESSION WHEN _CONSTANT_VALUE;

   --COMPONENT INSTANTIATION STATEMENT
   _INSTANCE_NAME: _COMPONENT_NAME
   GENERIC MAP(_PARAMETER_NAME=>_PARAMETER_VALUE,
               _PARAMETER_NAME=>_PARAMETER_VALUE);
   PORT MAP(_COMPONENT_PORT=>_CONNECT_PORT,
            _COMPONENT_PORT=>_CONNECT_PORT);

   --GENERATE STATEMENT
   _GENERATE_LABEL:
   FOR _INDEX_VARIABLE IN _RANGE GENERATE
      _CONCURRENT_STATEMENT;
      _CONCURRENT_STATEMENT;
   END GENERATE;
   _GENERATE_LABEL:
   IF _EXPRESSION GENERATE
      _CONCURRENT_STATEMENT;
      _CONCURRENT_STATEMENT;
   END GENERATE;
END ACHITECTURE A;
```

附录2　VHDL语言关键词和保留字

VHDL 语言关键词表

关　键　词	关　键　词	关　键　词
ABS	INOUT	ROL
ACCESS	IS	ROR
AFTER	LABEL	SELECT
ALIAS	LIBRARY	SEVERITY
ALL	LINKAGE	SIGNAL
AND	LITERAL	SHARED
ARCHITECTURE	LOOP	SLA
ARRAY	MAP	SLL
ASSERT	MOD	SRA
ATTRIBUTE	NAND	SRL
BEGIN	NEW	SUBTYPE
BLOCK	NEXT	THEN
BODY	NOR	TO
BUFFER	NOT	TRANSPORT
BUS	NULL	TYPE
CASE	OF	UNAFFECTED
COMPONENT	ON	UNITS
CONFIGURATION	OPEN	UNTIL
CONSTANT	OR	USE
DISCONNECT	OTHERS	VARIABLE
DOWNTO	OUT	WAIT
ELSE	PACKAGE	WHEN
ELSIF	PORT	WHILE
END	POSTPONED	WITH
ENTITY	PROCEDURE	XNOR
EXIT	PROCESS	XOR
FILE	RANGE	GUARDED
FOR	RECORD	IF
FUNCTION	REGISTER	IMPURE
GENERATE	REJECT	IN
GENERIC	REM	INERTIAL
GROUP	REPORT	RETURN

VHDL 语言保留字表

保　留　字	保　留　字
AGGREGATE	OPERATORS
ALLOCATOR	PHYSICAL
BIT	RESOLUTION
BIT_VECTOR	RESUME
BOOLEAN	SCALAR
CHARACTER	SLICE
COMPOSITE	STANDARD
CONCATENATION	STABLE
DELAY	STD_LOGIC
DRIVER	STD_LOGIC_1164
ENUMERATION	STD_LOGIC_VECTOR
EVENT	STRING
EXPRESSION	SUSPEND
IDENTIFIER	TESTBENCH
INTEGER	VITAL
NAME	WAVEFORM
VECTOR	

附录3　VHDL预定义程序包及缩略词汇表

VHDL 常用预定义程序包主要有 standand 程序包，在程序中隐式包含；std_logic_1164 程序包，在程序中显式包含。相应的程序包文件在 Quartus II 软件安装目录 C:\altera\90\quartus\libraries\vhdl\下均可找到。下面再次列出 standand 程序包清单。

1. standand 程序包

```
– THIS IS PACKAGE STANDARD AS DEFINED IN THE VHDL 1993 LANGUAGE REFERENCE MANUAL.
-- IT WILL BE COMPILED INTO VHDL LIBRARY 'STD'
-- VERSION INFORMATION: @(#)STANDARD.VHD
PACKAGE STANDARD IS
        TYPE BOOLEAN IS (FALSE,TRUE);
        TYPE BIT IS ('0', '1');
        TYPE CHARACTER IS (
                NUL, SOH, STX, ETX, EOT, ENQ, ACK, BEL,
                BS, HT, LF, VT, FF, CR, SO, SI,
                DLE, DC1, DC2, DC3, DC4, NAK, SYN, ETB,
                CAN, EM, SUB, ESC, FSP, GSP, RSP, USP,
                ' ', '!', '"', '#', '$', '%', '&', ''',
                '(', ')', '*', '+', ',', '-', '.', '/',
                '0', '1', '2', '3', '4', '5', '6', '7',
                '8', '9', ':', ';', '<', '=', '>', '?',
                '@', 'A', 'B', 'C', 'D', 'E', 'F', 'G',
                'H', 'I', 'J', 'K', 'L', 'M', 'N', 'O',
                'P', 'Q', 'R', 'S', 'T', 'U', 'V', 'W',
                'X', 'Y', 'Z', '[', '\', ']', '^', '_',
                '`', 'A', 'B', 'C', 'D', 'E', 'F', 'G',
                'H', 'I', 'J', 'K', 'L', 'M', 'N', 'O',
                'P', 'Q', 'R', 'S', 'T', 'U', 'V', 'W',
                'X', 'Y', 'Z', '{', '|', '}', '~', DEL,
                C128, C129, C130, C131, C132, C133, C134, C135,
                C136, C137, C138, C139, C140, C141, C142, C143,
                C144, C145, C146, C147, C148, C149, C150, C151,
                C152, C153, C154, C155, C156, C157, C158, C159,
                -- THE CHARACTER CODE FOR 160 IS THERE (NBSP),
                -- BUT PRINTS AS NO CHAR
                '?, '?, '?, '?, '?, '?, '?, '?,
                '?, '?, '?, '?, '?, '?, '?, '?,
                '?, '?, '?, '?, '?, '?, '?, '?,
                '?, '?, '?, '?, '?, '?, '?, '?,
```

```
            '?, '?, '?, '?, '?, '?, '?, '?,
            '?, '?, '?, '?, '?, '?, '?, '?,
            '?, '?, '?, '?, '?, '?, '?, '?,
            '?, '?, '?, '?, '?, '?, '?, '?,
            '?, '?, '?, '?, '?, '?, '?, '?,
            '?, '?, '?, '?, '?, '?, '?, '?,
            '?, '?, '?, '?, '?, '?, '?, '?,
            '?, '?, '?, '?, '?, '?, '?, '   ' );
    TYPE SEVERITY_LEVEL IS (NOTE, WARNING, ERROR, FAILURE);
    TYPE INTEGER IS RANGE -2147483647 TO 2147483647;
    TYPE REAL IS RANGE -1.0E308 TO 1.0E308;
    TYPE TIME IS RANGE -2147483648 TO 2147483647
        UNITS
            FS;
            PS = 1000 FS;
            NS = 1000 PS;
            US = 1000 NS;
        MS = 1000 US;
            SEC = 1000 MS;
            MIN = 60 SEC;
            HR = 60 MIN;
        END UNITS;
    SUBTYPE DELAY_LENGTH IS TIME RANGE 0 FS TO TIME'HIGH;
    IMPURE FUNCTION NOW RETURN DELAY_LENGTH;
    SUBTYPE NATURAL IS INTEGER RANGE 0 TO INTEGER'HIGH;
    SUBTYPE POSITIVE IS INTEGER RANGE 1 TO INTEGER'HIGH;
    TYPE STRING IS ARRAY (POSITIVE RANGE <>) OF CHARACTER;
    TYPE BIT_VECTOR IS ARRAY (NATURAL RANGE <>) OF BIT;
    TYPE FILE_OPEN_KIND IS (
        READ_MODE,
        WRITE_MODE,
        APPEND_MODE);
    TYPE FILE_OPEN_STATUS IS (
        OPEN_OK,
        STATUS_ERROR,
        NAME_ERROR,
        MODE_ERROR);
    ATTRIBUTE FOREIGN: STRING;
    ATTRIBUTE SYN_ENUM_ENCODING: STRING;
    ATTRIBUTE SYN_ENUM_ENCODING OF CHARACTER: TYPE IS "SEQUENTIAL";
END STANDARD;
```

2. 略语词汇表

DSP　　DIGITAL SIGNAL PROCESSOR(数字信号处理器)
FPGA　　FIELD PROGRAMMABLE GATE ARRAY(现场可编程门阵列)
SOPC　　SYSTEM ON PROGRAMMABLE CHIP(片上可编程系统)
SOC　　SYSTEM ON A CHIP(片上系统)
PAL　　PROGRAMMABLE ARRAY LOGIC(可编程阵列逻辑)
GAL　　GENERIC ARRAY LOGIC(通用阵列逻辑)
IP CORE　　INTELLIGENCE PROPERTY CORE(知识产权核)
ASIC　　APPLICATION SPECIFIC INTEGRATED CIRCUITS(专用集成电路)
VGA　　VIDEO GRAPHIC ARRAY(视频图形阵列)

JTAG　JOINT TEST ACTION GROUP(联合测试行动小组)
IDE　INTEGRATED DEVELOPMENT ENVIRONMENT(集成开发环境)
PLD　PROGRAMMABLE LOGIC DEVICE(可编程逻辑器件)
CPLD　COMPLEX PROGRAMMABLE LOGIC DEVICE(复杂可编程逻辑器件)
HDL　HARDWARE DESCRIBE LANGUAGE(硬件描述语言)
LE　LOGIC ELEMENT(逻辑单元)
PLL　PHASE LOCKING LOPE(锁相环)
HAL　HARDWARE ABSTRACT LAYER(硬件抽象层)
API　APPLICATION PROGRAME INTERFACE(应用程序接口)
μC/OS-Ⅱ　MICRO-CNTROL OPERATE SYSTEM-Ⅱ(微控制操作系统)

附录4 实验及实训项目

实 训 项 目

4.1 用原理图输入法设计 8 位全加器

(1) 实训目的：熟悉利用 Quartus II 的原理图输入方法设计简单组合电路，掌握层次化设计方法，并通过一个 8 位全加器的设计掌握利用 EDA 软件进行电子线路设计的详细流程。

(2) 实训原理：8 位全加器可以由 8 个 1 位全加器构成，加法器间的进位以串行方式实现，即将低位加法器的进位输出 cout 与相邻的高位加法器的最低进位输入信号 cin 相接。而 1 位全加器可以由半加器构成。半加器的原理图如附图 4-1 所示。如附图 4-2 所示的是用半加器构成的 1 位全加器原理图。

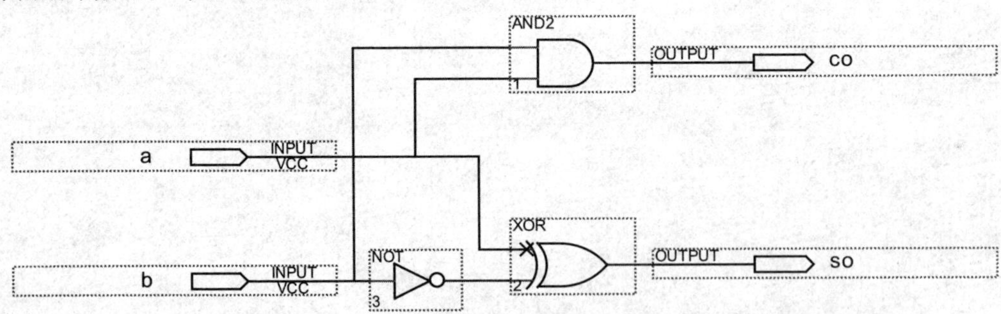

附图 4-1 半加器 h_adder 电路图

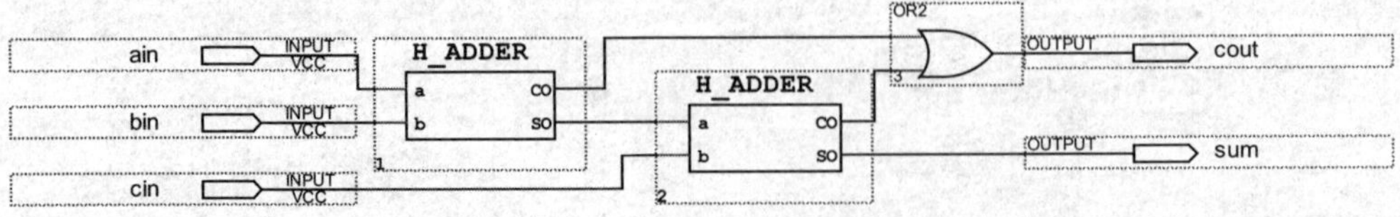

附图 4-2 全加器 f_adder 电路图

(3) 实训任务 1：根据前面介绍的设计流程，完成半加器和全加器的设计，包括原理图输入、编译、综合、适配、仿真、实验板上的硬件测试，并将此全加器电路设置成一个硬件符号入库。

(4) 实训任务 2：建立一个更高的原理图设计层次，利用以上获得的 1 位全加器构成 8 位全加器，并完成编译、综合、适配、仿真和硬件测试。

(5) 思考题：为了提高加法器的速度，如何改进以上设计的进位方式？

(6) 实训报告：详细叙述 8 位加法器的设计流程；给出各层次的原理图及其对应的仿真波形图；讨论加法器的延时情况和工作速度；最后给出硬件测试流程和结果。

4.2　应用 Quartus II 完成基本组合电路设计

(1) 实验目的：熟悉 Quartus II 的 VHDL 文本设计流程全过程，学习简单组合电路的设计、多层次电路设计、仿真和硬件测试。

(2) 实验内容 1：首先利用 Quartus II 完成二选一多路选择器(附例 4-1)的文本编辑输入(mux21a.vhd)和仿真测试等步骤，给出如附图 4-4 所示的仿真波形。最后在实验系统上进行硬件测试，验证本项设计的功能。

(3) 实验内容 2：将此多路选择器看成是一个元件 mux21a，利用元件例化语句描述附图 4-3，并将此文件放在同一目录中。以下是部分参考程序：

```
...
    COMPONENT MUX21A
      PORT (   a，b，s: IN    STD_LOGIC;
                              y: OUT STD_LOGIC);
    END COMPONENT;
...
    u1: MUX21A PORT MAP(a=>a2, b=>a3, s=>s0, y=>tmp);
    u2: MUX21A PORT MAP(a=>a1, b=>tmp, s=>s1, y=>outy);
  END ARCHITECTURE BHV;
```

【附例 4-1】二选一多路选择器。

```
ENTITY mux21a IS
   PORT (a, b, s: IN    BIT;
                  y: OUT BIT);
END ENTITY mux21a;
ARCHITECTURE one OF mux21a IS
  BEGIN
     PROCESS (a,b,s)
BEGIN
       IF s = '0'    THEN    y <= a; ELSE y <= b;
END IF;
     END PROCESS;
END ARCHITECTURE one;
```

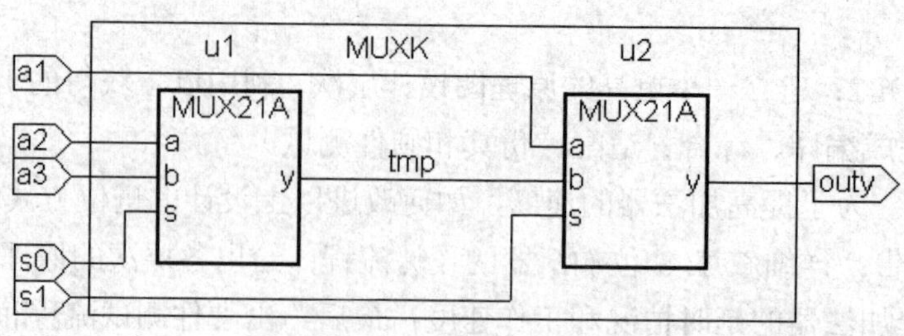

附图 4-3　双二选一多路选择器

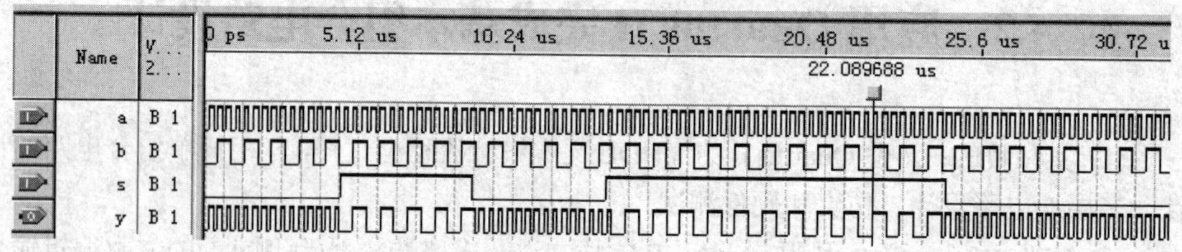

附图 4-4　mux21a 功能时序波形

按照步骤对上例分别进行编译、综合、仿真。并对其仿真波形作出分析说明。

(4) 实验内容 3：引脚锁定以及硬件下载测试。若选择目标器件是 EP1C3，建议选实验电路模式 5(康芯 kx-7C5E+系统实验指导书中的附录图 7)，用键 1(PIO0，引脚号为 1)控制 s0；用键 2(PIO1，引脚号为 2)控制 s1；a3、a2 和 a1 分别接 clock5(引脚号为 16)、clock0(引脚号为 93)和 clock2(引脚号为 17)；输出信号 outy 仍接扬声器 spker(引脚号为 129)。通过短路帽选择 clock0 接 256Hz 信号，clock5 接 1024Hz，clock2 接 8Hz 信号。最后进行编译、下载和硬件测试实验(通过选择键 1、键 2，控制 s0、s1，可使扬声器输出不同音调)。

(5) 实验报告：根据以上的实验内容写出实验报告，包括程序设计、软件编译、仿真分析、硬件测试和详细实验过程，给出程序分析报告、仿真波形图及其分析报告。

(6) 附加内容：根据本实验以上提出的各项实验内容和实验要求，设计 1 位全加器。首先用 Quartus II 完成 4.1 节给出的全加器的设计，包括仿真和硬件测试。实验要求分别仿真测试底层硬件或门和半加器，最后完成顶层文件全加器的设计和测试，给出设计原程序，程序分析报告、仿真波形图及其分析报告。

(7) 实验习题：以 1 位二进制全加器为基本元件，用例化语句写出 8 位并行二进制全加器的顶层文件，并讨论此加法器的电路特性。

4.3　应用 QuartusII 完成基本时序电路的设计

(1) 实验目的：熟悉 Quartus II 的 VHDL 文本设计过程，学习简单时序电路的设计、仿真和测试。

(2) 实验内容 1：根据例 4-1 的步骤和要求，设计触发器(使用【附例 4-2】)，给出程序设计、软件编译、仿真分析、硬件测试及详细实验过程。

【附例 4-2】触发器设计。

```
LIBRARY IEEE;
USE IEEE.STD_LOGIC_1164.ALL;
ENTITY DFF1 IS
   PORT (CLK: IN STD_LOGIC;
                D: IN STD_LOGIC;
                Q: OUT STD_LOGIC);
 END;
 ARCHITECTURE bhv OF DFF1 IS
   SIGNAL Q1: STD_LOGIC;    --类似于在芯片内部定义一个数据的暂存节点
   BEGIN
    PROCESS (CLK,Q1)
     BEGIN
      IF   CLK'EVENT AND CLK = '1'    THEN   Q1 <= D;
      END IF;
     END PROCESS;
Q <= Q1;                    --将内部的暂存数据向端口输出(双横线--是注释符号)
      END bhv;
```

(3) 实验内容 2：设计锁存器(使用【附例4-3】)，同样给出程序设计、软件编译、仿真分析、硬件测试及详细实验过程。

【附例 4-3】锁存器设计。

```
...
PROCESS (CLK，D)   BEGIN
     IF   CLK = '1'              --电平触发型寄存器
     THEN   Q <= D;
     END IF;
END PROCESS;
```

(4) 实验内容 3：只用一个 1 位二进制全加器为基本元件和一些辅助的时序电路，设计一个 8 位串行二进制全加器，要求如下：

① 能在 8~9 个时钟脉冲后完成 8 位二进制数(加数被加数的输入方式为并行)的加法运算，电路须考虑进位输入 Cin 和进位输出 Cout。

② 给出此电路的时序波形，讨论其功能，并就工作速度与并行加法器进行比较。

③ 在 FPGA 中进行实测。对于 GW48 EDA 实验系统，建议选择电路模式 1(康芯 kx-7C5E+系统实验指导书中的附录图 3)，键 2，键 1 输入 8 位加数；键 4，键 3 输入 8 位被加数；键 8 作为手动单步时钟输入；键 7 控制进位输入 Cin；键 9 控制清 0；数码 6 和数码 5 显示相加和；发光管 D1 显示溢出进位 Cout。

④ 键 8 作为相加起始控制，同时兼任清 0；工作时钟由 clock0 自动给出，每当键 8 发出一次开始相加命令，电路即自动相加，结束后停止工作，并显示相加结果。就外部端口而言，与纯组合电路 8 位并行加法器相比，此串行加法器仅多出一个加法起始/清 0 控制输入和工作时钟输入端(提示：此加法器有并/串和串/并移位寄存器各一)。

⑤ 实验报告：分析比较实验内容 1、2 的仿真和实测结果，说明这两种电路的异同点。

详述实验内容 3。

4.4　设计含异步清 0 和同步时钟使能的加法计数器

(1) 实验目的：学习计数器的设计、仿真和硬件测试，进一步熟悉 VHDL 设计技术。

(2) 实验原理：实验程序为【附例 4-4】，实验原理参考 6.2 节。

【附例 4-4】实验程序。

```
LIBRARY IEEE;
USE IEEE.STD_LOGIC_1164.ALL;
USE IEEE.STD_LOGIC_UNSIGNED.ALL;
ENTITY CNT10 IS
    PORT (CLK,RST,EN: IN STD_LOGIC;
                    CQ: OUT STD_LOGIC_VECTOR(3 DOWNTO 0);
COUT: OUT STD_LOGIC);
END CNT10;
ARCHITECTURE behav OF CNT10 IS
BEGIN
   PROCESS(CLK, RST, EN)
     VARIABLE   CQI: STD_LOGIC_VECTOR(3 DOWNTO 0);
   BEGIN
      IF RST = '1' THEN     CQI: = (OTHERS =>'0');            --计数器异步复位
       ELSIF CLK'EVENT AND CLK='1' THEN                      --检测时钟上升沿
        IF EN = '1' THEN                                     --检测是否允许计数(同步使能)
          IF CQI < 9 THEN     CQI := CQI + 1;                --允许计数, 检测是否小于 9
             ELSE       CQI: = (OTHERS =>'0');               --大于 9，计数值清零
          END IF;
        END IF;
      END IF;
       IF CQI = 9 THEN COUT <= '1';                          --计数大于 9，输出进位信号
          ELSE      COUT <= '0';
       END IF;
          CQ <= CQI;                                         --将计数值向端口输出
   END PROCESS;
END behav;
```

(3) 实验内容 1：在 Quartus II 上对【附例 4-4】进行编辑、编译、综合、适配、仿真。说明例中各语句的作用，详细描述示例的功能特点，给出其所有信号的时序仿真波形。

(4) 实验内容 2：引脚锁定以及硬件下载测试(参考 2.4 节)。引脚锁定后进行编译、下载和硬件测试实验。将实验过程和实验结果写进实验报告。

(5) 实验内容 3：使用 SignalTap II 对此计数器进行实时测试。

(6) 实验内容 4：从设计中去除 SignalTap II，要求全程编译后生成用于配置器件 EPCS1 编程的压缩 POF 文件，并使用 ByteBlasterII，通过 AS 模式对实验板上的 EPCS1 进行编程，最后进行验证。

(7) 实验内容 5：为此项设计加入一个可用于 SignalTap II 采样的独立的时钟输入端(采

用时钟选择 clock0=12MHz，计数器时钟 CLK 分别选择 256Hz、16384Hz、6MHz)，并进行实时测试。

(8) 思考题：在【附例 4-4】中是否可以不定义信号 CQI，而直接用输出端口信号完成加法运算，即：CQ <= CQ + 1？为什么？

(9) 实验报告：将实验原理、设计过程、编译仿真波形和分析结果、硬件测试实验结果写进实验报告。

4.5　7 段数码显示译码器设计

(1) 实验目的：学习 7 段数码显示译码器设计；学习 VHDL 的 CASE 语句应用及多层次设计方法。

(2) 实验原理：7 段数码是纯组合电路，通常的小规模专用 IC，如 74 或 4000 系列的器件只能作十进制 BCD 码译码，然而数字系统中的数据处理和运算都是二进制的，所以输出表达都是十六进制的，为了满足十六进制数的译码显示，最方便的方法就是利用译码程序在 FPGA/CPLD 中来实现。【附例 4-5】作为 7 段译码器，输出信号 LED7S 的 7 位分别接如附图 4-5 所示中 4-6 数码管的 7 个段，高位在左，低位在右。例如当 LED7S 输出为“1101101”时，数码管的 7 个段：g、f、e、d、c、b、a 分别接 1、1、0、1、1、0、1；接有高电平的段发亮，于是数码管显示“5”。注意，这里没有考虑表示小数点的发光管，如果要考虑，需要增加段h，【附例 4-5】中的 LED7S:OUT STD_LOGIC_VECTOR(6 DOWNTO 0)应改为…(7 DOWNTO 0)。

(3) 实验内容 1：说明【附例 4-5】中各语句的含义，以及该例的整体功能。在 Quartus II 上对该例进行编辑、编译、综合、适配、仿真，给出其所有信号的时序仿真波形。

提示：用输入总线的方式给出输入信号仿真数据，仿真波形如附图 4-5 所示。

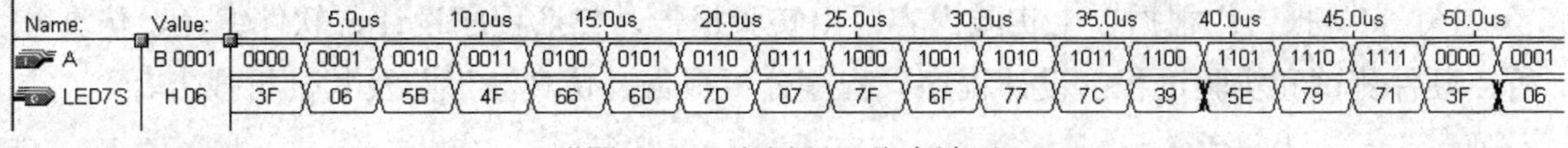

附图 4-5　7 段译码器仿真波形

【附例 4-5】7 段译码器。

```
LIBRARY IEEE;
USE IEEE.STD_LOGIC_1164.ALL;
ENTITY DECL7S IS
  PORT ( A: IN   STD_LOGIC_VECTOR(3 DOWNTO 0);
       LED7S: OUT STD_LOGIC_VECTOR(6 DOWNTO 0));
END;
ARCHITECTURE one OF DECL7S IS
BEGIN
 PROCESS( A )
 BEGIN
```

```
 CASE   A   IS
    WHEN "0000" =>   LED7S <= "0111111" ;
    WHEN "0001" =>   LED7S <= "0000110" ;
    WHEN "0010" =>   LED7S <= "1011011" ;
    WHEN "0011" =>   LED7S <= "1001111" ;
    WHEN "0100" =>   LED7S <= "1100110" ;
    WHEN "0101" =>   LED7S <= "1101101" ;
    WHEN "0110" =>   LED7S <= "1111101" ;
    WHEN "0111" =>   LED7S <= "0000111" ;
    WHEN "1000" =>   LED7S <= "1111111" ;
    WHEN "1001" =>   LED7S <= "1101111" ;
WHEN "1010" =>   LED7S <= "1110111" ;
    WHEN "1011" =>   LED7S <= "1111100" ;
    WHEN "1100" =>   LED7S <= "0111001" ;
    WHEN "1101" =>   LED7S <= "1011110" ;
    WHEN "1110" =>   LED7S <= "1111001" ;
    WHEN "1111" =>   LED7S <= "1110001" ;
    WHEN OTHERS =>   NULL;
    END CASE;
  END PROCESS;
 END;
```

(4) 实验内容 2：引脚锁定及硬件测试。建议选 GW48 系统的实验电路模式 6(参考康芯 kx-7C5E+系统实验指导书中的附录图 8)，用数码 8 显示译码输出(PIO46-PIO40)，键 8、键 7、键 6 和键 5 这 4 位控制输入，硬件验证译码器的工作性能。

(5) 实验内容 3：用第 3 章介绍的例化语句，按如附图 4-7 所示的方式连接成顶层设计电路(用 VHDL 表述)，图中的 CNT4B 是一个 4 位二进制加法计数器，可以由【附例 4-4】修改获得；模块 DECL7S 即为【附例 4-5】实体元件，重复以上实验过程。注意【附图 4-7】中的 tmp 是 4 位总线，led 是 7 位总线。对于引脚锁定和实验，建议选电路模式 6，用数码 8 显示译码输出，用键 3 作为时钟输入(每按两次键为一个时钟脉冲)，或直接接时钟信号 clock0。

(6) 实验报告：根据以上实验内容写出实验报告，包括程序设计、软件编译、仿真分析、硬件测试和实验过程；设计程序、程序分析报告、仿真波形图及其分析报告。

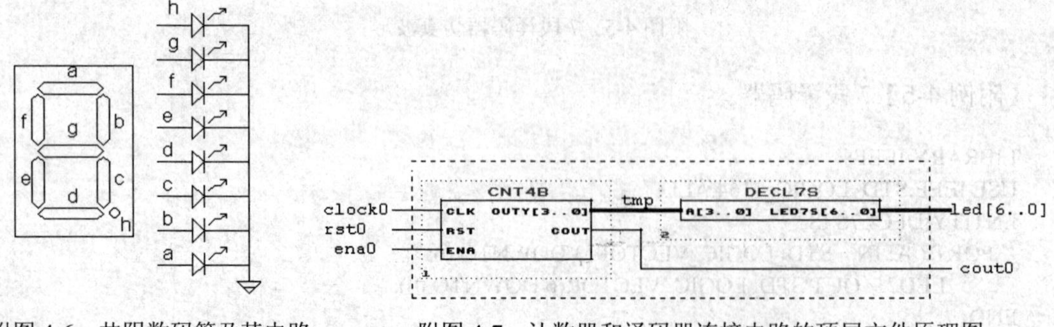

附图 4-6　共阴数码管及其电路　　　　附图 4-7　计数器和译码器连接电路的顶层文件原理图

4.6　8 位数码扫描显示电路设计

(1) 实验目的：学习硬件扫描显示电路的设计。

(2) 实验原理：如附图 4-6 所示的是 8 位数码扫描显示电路，其中每个数码管的 8 个段：h、g、f、e、d、c、b、a(h 是小数点)都分别连在一起，8 个数码管分别由 8 个选通信号 k1、k2…k8 来选择。被选通的数码管显示数据，其余关闭。如在某一时刻，k3 为高电平，其余选通信号为低电平，这时仅 k3 对应的数码管显示来自段信号端的数据，而其他 7 个数码管呈现关闭状态。根据这种电路状况，如果希望在 8 个数码管显示希望的数据，就必须使得 8 个选通信号 k1、k2…k8 分别被单独选通，并在此同时，在段信号输入口加上希望在该对应数码管上显示的数据，于是随着选通信号的扫变，就能实现扫描显示的目的。

【附例 4-6】是扫描显示的示例程序，其中 clk 是扫描时钟；SG 为 7 段控制信号，由高位至低位分别接 g、f、e、d、c、b、a 7 个段；BT 是位选控制信号，如接附图 4-8 所示中的 8 个选通信号：k1、k2…k8 。程序中 CNT8 是一个 3 位计数器，作扫描计数信号，由进程 P2 生成；进程 P3 是 7 段译码查表输出程序，与【附例 4-5】相同；进程 P1 是对 8 个数码管选通的扫描程序，例如当 CNT8 等于“001”时，K2 对应的数码管被选通，同时，A 被赋值 3，再由进程 P3 译码输出“1001111”，显示在数码管上即为“3”；当 CNT8 扫变时，将能在 8 个数码管上显示数据“13579BDF”。

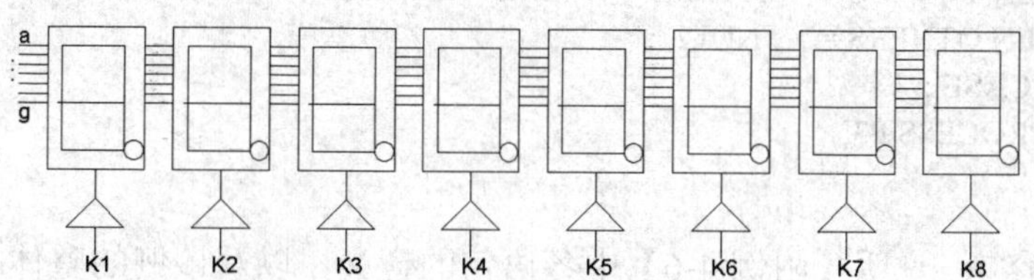

附图 4-8　8 位数码扫描显示电路

【附例 4-6】扫描显示的数据。

```
LIBRARY IEEE;
USE IEEE.STD_LOGIC_1164.ALL;
USE IEEE.STD_LOGIC_UNSIGNED.ALL;
ENTITY SCAN_LED IS
    PORT (   CLK: IN STD_LOGIC;
             SG: OUT STD_LOGIC_VECTOR(6 DOWNTO 0);      --段控制信号输出
             BT: OUT STD_LOGIC_VECTOR(7 DOWNTO 0) );    --位控制信号输出
END;
ARCHITECTURE one OF SCAN_LED IS
    SIGNAL CNT8: STD_LOGIC_VECTOR(2 DOWNTO 0);
    SIGNAL   A: INTEGER RANGE 0 TO 15;
BEGIN
P1: PROCESS( CNT8 )
    BEGIN
        CASE   CNT8   IS
          WHEN "000" =>   BT <= "00000001" ; A <= 1;
```

```
            WHEN "001" =>   BT <= "00000010" ; A <= 3;
            WHEN "010" =>   BT <= "00000100" ; A <= 5;
            WHEN "011" =>   BT <= "00001000" ; A <= 7;
            WHEN "100" =>   BT <= "00010000" ; A <= 9;
            WHEN "101" =>   BT <= "00100000" ; A <= 11;
            WHEN "110" =>   BT <= "01000000" ; A <= 13;
            WHEN "111" =>   BT <= "10000000" ; A <= 15;
            WHEN OTHERS =>   NULL;
          END CASE;
      END PROCESS P1;
    P2: PROCESS(CLK)
          BEGIN
            IF CLK'EVENT AND CLK = '1' THEN CNT8 <= CNT8 + 1;
            END IF;
    END PROCESS P2;
     P3: PROCESS( A ) --译码电路
       BEGIN
        CASE   A   IS
          WHEN 0   => SG <= "0111111";   WHEN 1   => SG <= "0000110";
          WHEN 2   => SG <= "1011011";   WHEN 3   => SG <= "1001111";
          WHEN 4   => SG <= "1100110";   WHEN 5   => SG <= "1101101";
          WHEN 6   => SG <= "1111101";   WHEN 7   => SG <= "0000111";
          WHEN 8   => SG <= "1111111";   WHEN 9   => SG <= "1101111";
          WHEN 10 => SG <= "1110111";   WHEN 11 => SG <= "1111100";
          WHEN 12 => SG <= "0111001";   WHEN 13 => SG <= "1011110";
          WHEN 14 => SG <= "1111001";   WHEN 15 => SG <= "1110001";
          WHEN OTHERS =>   NULL ;
        END CASE ;
      END PROCESS P3;
END;
```

(3) 实验内容 1：说明【附例 4-6】中各语句的含义，以及该例的整体功能。对该例进行编辑、编译、综合、适配、仿真，给出仿真波形。

(4) 实验方式：若考虑小数点，SG 的 8 个段分别与 PIO49、PIO48…PIO42(高位在左)、BT 的 8 个位分别与 PIO34、PIO35…PIO41(高位在左)；电路模式不限，引脚图参考康芯 kx-7C5E+系统实验指导书中的附录图 12。将 GW48EDA 系统左下方的拨码开关全部向上拨，这时实验系统的 8 个数码管构成电路结构，时钟 CLK 可选择 clock0，通过跳线选择 16384Hz 信号。引脚锁定后进行编译、下载和硬件测试实验。将实验过程和实验结果写进实验报告。

(5) 实验内容 2：修改【附例 4-6】的进程 P1 中的显示数据直接给出的方式，增加 8 个 4 位锁存器，作为显示数据缓冲器，使得所有 8 个显示数据都必须来自缓冲器。缓冲器中的数据可以通过不同方式锁入，如来自 A/D 采样的数据、来自分时锁入的数据、来自串行方式输入的数据，或来自单片机等。

4.7　数控分频器的设计

(1) 实验目的：学习数控分频器的设计、分析和测试方法。

(2) 实验原理：数控分频器的功能就是当在输入端给定不同输入数据时，将对输入的时钟信号有不同的分频比，数控分频器就是用计数值可并行预置的加法计数器设计完成的，方法是将计数溢出位与预置数加载输入信号相接即可，详细设计程序如【附例4-7】所示。

(3) 分析：根据如附图4-9所示的波形提示，分析【附例4-7】中的各语句功能、设计原理及逻辑功能，详述进程P_REG和P_DIV的作用，并画出该程序的RTL电路图。

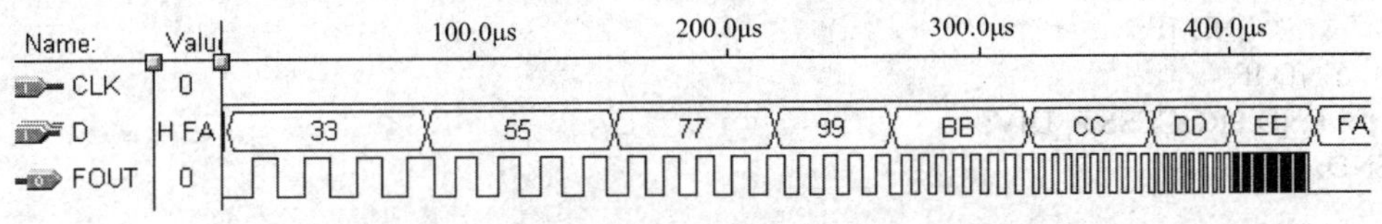

附图4-9　FOUT输出不同频率(CLK周期=50ns)

(4) 仿真：输入不同的CLK频率和预置值D，给出如附图4-9的时序波形。

(5) 实验内容1：在实验系统上硬件验证【附例4-7】的功能。可选实验电路模式1(参考康芯kx-7C5E+系统实验指导书中的附录图3)；键2/键1负责输入8位预置数D(PIO7-PIO0)；CLK由clock0输入，频率选65536Hz或更高(确保分频后落在音频范围)；输出FOUT接扬声器(SPKER)。编译下载后进行硬件测试：改变键2/键1的输入值，可听到不同音调的声音。

(6) 实验内容2：将【附例4-7】扩展成16位分频器，并提出此项设计的实用示例，如PWM的设计等。

(7) 思考题：怎样利用两个由【附例4-7】给出的模块设计一个电路，使其输出方波的正负脉宽的宽度分别由两个8位输入数据控制？

(8) 实验报告：根据以上的要求，将实验项目分析设计，仿真和测试写入实验报告。

【附例4-7】实验程序代码。

```
LIBRARY IEEE;
USE IEEE.STD_LOGIC_1164.ALL;
USE IEEE.STD_LOGIC_UNSIGNED.ALL;
ENTITY DVF IS
    PORT (    CLK: IN STD_LOGIC;
                D: IN STD_LOGIC_VECTOR(7 DOWNTO 0);
              FOUT: OUT STD_LOGIC);
END;
ARCHITECTURE one OF DVF IS
    SIGNAL     FULL: STD_LOGIC;
BEGIN
  P_REG: PROCESS(CLK)
   VARIABLE CNT8: STD_LOGIC_VECTOR(7 DOWNTO 0);
   BEGIN
      IF CLK'EVENT AND CLK = '1' THEN
          IF CNT8 = "11111111" THEN
```

```
          CNT8: = D;          --当 CNT8 计数计满时，输入数据 D 被同步预置给计数器 CNT8
           FULL <= '1';             --同时使溢出标志信号 FULL 输出为高电平
             ELSE     CNT8 := CNT8 + 1;     --否则继续作加 1 计数
                      FULL <= '0';                 --且输出溢出标志信号 FULL 为低电平
          END IF;
      END IF;
    END PROCESS P_REG;
   P_DIV: PROCESS(FULL)
     VARIABLE CNT2: STD_LOGIC;
   BEGIN
   IF FULL'EVENT AND FULL = '1' THEN
     CNT2: = NOT CNT2; --如果溢出标志信号 FULL 为高电平，D 触发器输出取反
        IF CNT2 = '1' THEN   FOUT <= '1'; ELSE FOUT <= '0';
       END IF;
   END IF;
    END PROCESS P_DIV;
 END;
```

4.8　用 Quartus II 设计正弦信号发生器

(1) 实验目的：进一步熟悉 Quartus II 及其 LPM_ROM 与 FPGA 硬件资源的使用方法。

(2) 实验原理：参考《EDA 实用技术教程——VerilogHDL 版(第四版)》第 6 章的相关内容。

(3) 实验内容 1：根据【附例 4-8】，在 Quartus II 上完成正弦信号发生器设计，包括仿真和资源利用情况了解(假设利用 Cyclone 器件)。最后在实验系统上实测，包括 SignalTap II 测试、FPGA 中 ROM 的在系统数据读写测试和利用示波器测试。最后完成 EPCS1 配置器件的编程。

【附例 4-8】正弦信号发生器顶层设计。

```
LIBRARY IEEE;   --正弦信号发生器源文件
USE IEEE.STD_LOGIC_1164.ALL;
USE IEEE.STD_LOGIC_UNSIGNED.ALL;
ENTITY SINGT IS
    PORT ( CLK: IN STD_LOGIC;                              --信号源时钟
              DOUT: OUT STD_LOGIC_VECTOR (7 DOWNTO 0) );--8 位波形数据输出
END;
ARCHITECTURE DACC OF SINGT IS
COMPONENT data_rom              --调用波形数据存储器 LPM_ROM 文件：data_rom.vhd 声明
   PORT(address: IN STD_LOGIC_VECTOR (5 DOWNTO 0);--6 位地址信号
      inclock : IN STD_LOGIC;                               --地址锁存时钟
             q : OUT STD_LOGIC_VECTOR (7 DOWNTO 0) );
END COMPONENT;
     SIGNAL Q1: STD_LOGIC_VECTOR (5 DOWNTO 0); --设定内部节点作为地址计数器
   BEGIN
PROCESS(CLK )                                               --LPM_ROM 地址发生器进程
   BEGIN
```

```
IF CLK'EVENT AND CLK = '1' THEN    Q1<=Q1+1; --Q1 作为地址发生器计数器
END IF;
END PROCESS;
u1: data_rom PORT MAP(address=>Q1, q => DOUT,inclock=>CLK);--例化
END;
```

信号输出的 D/A 使用实验系统上的 DAC0832，注意其转换速率是 1μs，其引脚功能简述如下。

- ILE：数据锁存允许信号，高电平有效，系统板上已直接连在+5V 上；
- WR1、WR2：写信号 1、2，低电平有效；
- XFER：数据传送控制信号，低电平有效；
- VREF：基准电压，可正可负，－10V~ +10V；
- RFB：反馈电阻端；
- IOUT1/IOUT2：电流输出端。D/A 转换量是以电流形式输出的，所以必须将电流信号变为电压信号；
- AGND/DGND：模拟地与数字地。在高速情况下，此二地的连接线必须尽可能短，且系统的单点接地点须接在此连线的某一点上。

建议选择 GW48 系统的电路模式 No.5，由附录对应的电路图可见，DAC0832 的 8 位数据口 D[7…0]分别与 FPGA 的 PIO31、30…24 相连，如果目标器件是 EP1C3T144，则对应的引脚是：72、71、70、69、68、67、52、51；时钟 CLK 接系统的 clock0，对应的引脚是 93，选择的时钟频率不能太高(转换速率为 1μs)。还应该注意，DAC0832 电路须接有+/－12V 电压：GW48 系统的+/-12V 电源开关在系统左侧上方。然后下载 SINGT.sof 到 FPGA 中。波形输出在系统左下角，将示波器的地与 GW48 系统的地(GND)相接，信号端与 AOUT 信号输出端相接。如果希望对输出信号进行滤波，将 GW48 系统左下角的拨码开关的“8”向下拨，则波形滤波输出，向上拨则未滤波输出，这可从输出的波形看出。

基本步骤如下(详细步骤可参考《EDA 实用技术教程——VerilogHDL 版(第四版)》第 6 章)：

1. 创建工程和编辑设计文件

正弦信号发生器的结构由 3 部分组成，如附图 4-10 所示：数据计数器或地址发生器、数据 ROM 和 D/A。性能良好的正弦信号发生器的设计要求此三部分具有高速性能，且数据 ROM 在高速条件下，占用最少的逻辑资源，设计流程最便捷，波形数据获最方便。附图 4-10 所示是此信号发生器结构图，顶层文件 SINGT.VHD 在 FPGA 中实现，包含两个部分：ROM 的地址信号发生器由 5 位计数器担任，和正弦数据 ROM，拒此，ROM 由 LPM_ROM 模块构成能达到最优设计，LPM_ROM 底层是 FPGA 中的 EAB 或 ESB 等。地址发生器的时钟 CLK 的输入频率 f0 与每周期的波形数据点数(在此选择 64 点)，以及 D/A 输出的频率 f 的关系是：f = f0/64。

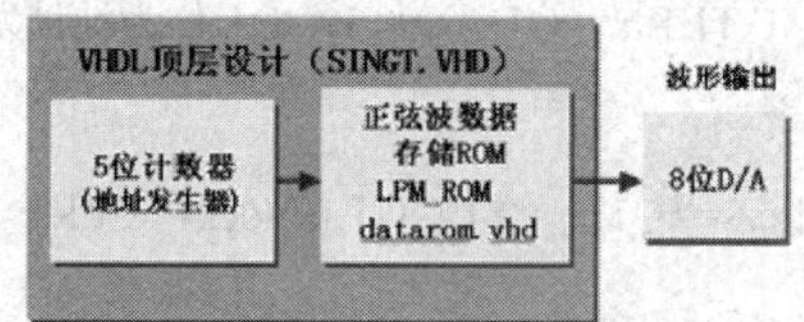

附图 4-10　正弦信号发生器结构图

2. 编译前设置

在对工程进行编译处理前，必须作好必要的设置。具体步骤如下：

(1)选择目标芯片；(2)选择目标器件编程配置方式。

3. 选择输出配置

4. 编译及了解编译结果

在 Processing 处理栏，编译后出现如下错误信息：“Error:Node instance u1 instabtiates undefined entity data_rom”，原因是在图主程序中的 DATAROM 元件是空的，因为还没有设计此元件对应的文件：ata_rom.VHD。

编译成功后，观察编译处理流程，包括数据网表建立、逻辑综合、适配、配置文件装配和时序分析。最下栏是编译处理信息；右栏是编译报告，这可以在 Processing 菜单项的 Compilation Report 处见到。编译后的统计报告显示，逻辑宏单元 LCs 用了 6 个；内部 RAM 资源为 512 个位单元，恰好等于 64 个 8 位波形数据的大小。

5. 正弦信号数据 ROM 定制(包括设计 ROM 初始化数据文件)

另外两种方法要快捷得多，可分别用 C 程序生成同样格式的初始化文件和使用 DSP Builder/MATLAB 来生成。

6. 仿真

(1) 设置仿真时间区域。为了使仿真时间轴设置在一个合理的时间区域上，在 Edit 菜单中选择 End Time 命令，在弹出的对话框中的 Time 选项中输入 50，单位选 us，即整个仿真域的时间即设定为 50 微秒，单击 OK 按钮，结束设置。

(2) 在 Clock 中设置 CLK 的周期为 3us(如附图 4-11 所示)，Clock 中的 Duty cycle 是占空比，可选 50，即 50%占空比，再对文件存盘。

7. 引脚锁定、下载和硬件测试

为了能对计数器进行硬件测试，应将计数器的输入输出信号锁定在芯片确定的引脚上。在此选择系统的电路模式 No.5。通过查康芯 kx-7C5E+系统实验指导书中的附图 7 和芯片引脚对照表来确定。

GWAC6 板主频时钟 CLK 接 Clock0(第 28 脚)。从附图可知，8 位波形数据输出给 GW48 系统的 DAC0832，DOUT 其输入引脚为 PIO24~PIO31，通过查表得相应引脚号分别为 21、

41、128、132、133、134、135、136(如 GWAC3 板引脚为：CLK:93,DOUT:51,52,67,68,69,70,71,72)。

下载后，还应该注意，DAC0832 电路须接有+/－12V 电压：GW48 系统的+/-12V 电源开关在系统左侧上方。下载 SINGT.sof 到 FPGA 中。波形输出在系统左下角，将示波器的地与 GW48 系统的地(GND)相接，信号端与 AOUT 信号输出端相接。如果希望对输出信号进行滤波，将 GW48 系统左下角的拨码开关的“8”向下拨，则波形滤波输出，向上拨则未滤波输出，这可从输出的波形看出。

8. 使用嵌入式逻辑分析仪进行实时测试

(1) “Sample”选择此组信号(SING)的采样深度为 1K 位。注意，这个深度一旦确定，则 SING 信号组的每一位信号都获得同样的采样深度：1K 位。

(2) 在 Trigger 的 Trigger 选择 1。

(3) 选中小的 Trigger，并在 Source 选择触发信号。

(4) 在此选择 singt 工程的内部计数器最高位输出信号 Q1[5]作为触发信号。

(5) 在 Pattern 选择高电平触发方式 Rising Edge。即当 Q1[5]为上升沿时，SignalTapII 在 CLK 的驱动下对 SING 信号组的信号进行连续或单次采样(根据设置决定)。

启动 SignalTapII 进行测试与分析，如附图 4-12 所示。

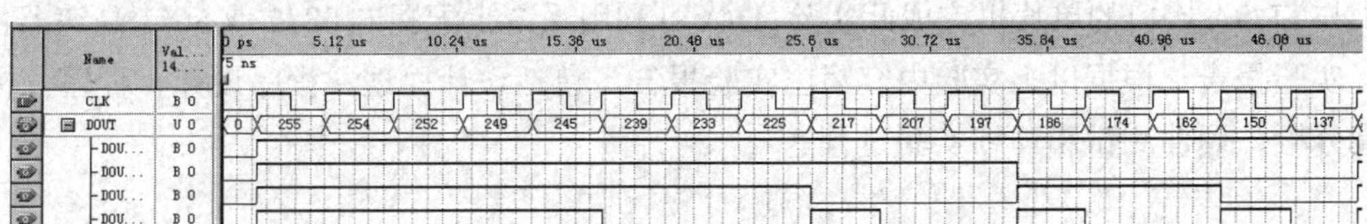

附图 4-11　仿真波形

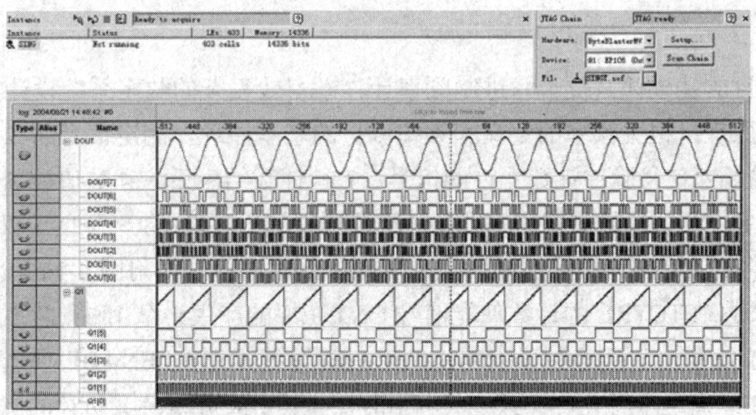

附图 4-12　SignalTapII 数据窗的实时信号

9. 对配置器件 EPCS4/EPCS1 编程

对配置器件 EPCS4/EPCS1 进行编辑。

10. 此工程的 RTL 电路

选择 Tools→RTL Viewer 命令，即弹出如附图 4-13 所示的工程 singt 的 RTL 电路图，由图可以了解该工程的电路结构。其中，6 个 D 触发器构成 6 位锁存器，其与加法器构成 6 位计数器，即波形数据 ROM 的地址发生器。

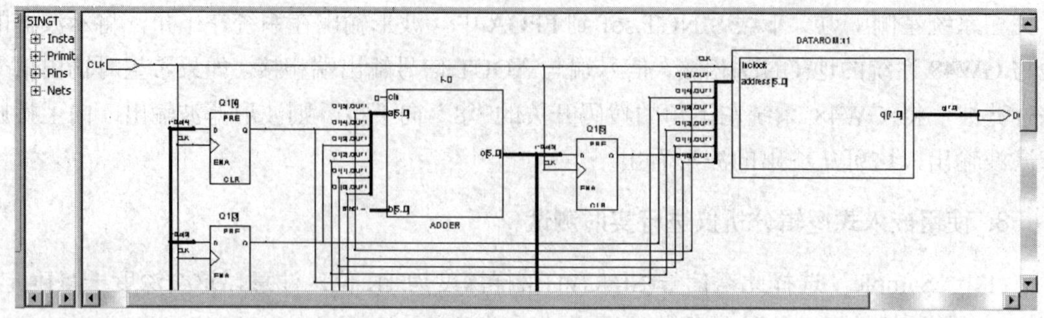

附图 4-13　工程 singt 的 RTL 电路图

实验内容 2：修改附例 4-8 的数据 ROM 文件，设其数据线宽度为 8，地址线宽度也为 8，初始化数据文件使用 MIF 格式，用 C 程序产生正弦信号数据，最后完成以上相同的实验。

实验内容 3：设计一任意波形信号发生器，可以使用 LPM 双口 RAM 担任波形数据存储器，利用单片机产生所需要的波形数据，然后输向 FPGA 中的 RAM(可以利用 GW48 系统上与 FPGA 接口的单片机完成此实验，D/A 可利用系统上配置的 0832 或 5651 高速器件)。

实验报告：根据以上实验内容写出实验报告，包括设计原理、程序设计、程序分析、仿真分析、硬件测试和详细实验过程。

4.9　8 位十六进制频率计设计

(1) 实验目的：设计 8 位十六进制频率计，学习较复杂的数字系统设计方法。

(2) 实验原理：根据频率的定义和频率测量的基本原理，测定信号的频率必须有一个脉宽为 1 秒的输入信号脉冲计数允许的信号；1 秒计数结束后，计数值被锁入锁存器，计数器清 0，为下一测频计数周期作好准备。测频控制信号可以由一个独立的发生器来产生，即图 4-13 中的 FTCTRL。根据测频原理，测频控制时序可以如附图 4-14 所示。

设计要求是：FTCTRL 的计数使能信号 CNT_EN 能产生一个 1 秒脉宽的周期信号，并对频率计中的 32 位二进制计数器 COUNTER32B(附图 4-15)的 ENABL 使能端进行同步控制。当 CNT_EN 高电平时允许计数；低电平时停止计数，并保持其所计的脉冲数。在停止计数期间，首先需要一个锁存信号 LOAD 的上跳沿将计数器在前一秒钟的计数值锁存进锁存器 REG32B 中，并由外部的十六进制 7 段译码器译出，显示计数值。设置锁存器的好处是数据显示稳定，不会由于周期性的清 0 信号而不断闪烁。锁存信号后，必须有一清 0 信号 RST_CNT 对计数器进行清零，为下一秒的计数操作作准备。

(3) 实验内容 1：分别仿真测试模块【附例 4-9】、【附例 4-10】和【附例 4-11】，再结合【附例 4-12】完成频率计的完整设计和硬件实现，并给出其测频时序波形及其分析。

建议选实验电路模式 5；8 个数码管以十六进制形式显示测频输出；待测频率输入 FIN 由 clock0 输入，频率可选 4Hz、256HZ、3Hz...50MHz 等；1HZ 测频控制信号 CLK1HZ 可由 clock2 输入(用跳线选 1Hz)。注意，这时 8 个数码管的测频显示值是十六进制的。

(4) 实验内容 2：参考【附例 4-4】，将频率计改为 8 位十进制频率计，注意此设计电路的计数器必须是 8 个 4 位的十进制计数器，而不是 1 个。此外注意在测频速度上给予优化。

(5) 实验内容 3：用 LPM 模块取代【附例 4-10】和【例 4-11】，再完成同样的设计任务。

(6) 实验内容 4：用嵌入式锁相环 PLL 的 LPM 模块对实验系统的 50MHz 或 20MHz 时钟源分频率，PLL 的输出信号作为频率计的待测信号。注意 PLL 的输入时钟必须是器件的专用时钟输入脚 CLK→pin16(clock5)或 pin17(clock2)，且输入频率不能低于 16MHz(实验中可以将 50MHz 频率用线引向 Clock2，但要拔除其上的短路帽)。

(7) 实验报告：给出频率计设计的完整实验报告。

【附例 4-9】测频控制电路。

```
LIBRARY IEEE;   --测频控制电路
USE IEEE.STD_LOGIC_1164.ALL;
USE IEEE.STD_LOGIC_UNSIGNED.ALL;
ENTITY FTCTRL IS
    PORT (CLKK: IN STD_LOGIC;                       --1Hz
        CNT_EN: OUT STD_LOGIC;                      --计数器时钟使能
       RST_CNT: OUT STD_LOGIC;                      --计数器清零
          Load: OUT STD_LOGIC);                     --输出锁存信号
 END FTCTRL;
ARCHITECTURE behav OF FTCTRL IS
    SIGNAL Div2CLK: STD_LOGIC;
BEGIN
    PROCESS( CLKK )
    BEGIN
        IF CLKK'EVENT AND CLKK = '1' THEN           --1Hz 时钟 2 分频
            Div2CLK <= NOT Div2CLK;
        END IF;
    END PROCESS;
    PROCESS (CLKK, Div2CLK)
    BEGIN
        IF CLKK='0' AND Div2CLK='0' THEN RST_CNT<='1';  --产生计数器清零信号
          ELSE RST_CNT <= '0';   END IF;
    END PROCESS;
    Load   <= NOT Div2CLK;      CNT_EN <= Div2CLK;
END bchav;
```

【附例 4-10】32 位锁存器。

```
LIBRARY IEEE;                                        --32 位锁存器
USE IEEE.STD_LOGIC_1164.ALL;
ENTITY REG32B IS
    PORT (      LK: IN STD_LOGIC;
                DIN: IN STD_LOGIC_VECTOR(31 DOWNTO 0);
                DOUT: OUT STD_LOGIC_VECTOR(31 DOWNTO 0) );
```

```
END REG32B;
ARCHITECTURE behav OF REG32B IS
BEGIN
    PROCESS(LK, DIN)
   BEGIN
   IF LK'EVENT AND LK = '1' THEN    DOUT <= DIN;
      END IF;
    END PROCESS;
END behav;
```

【附例 4-11】32 位计数器。

```
LIBRARY IEEE;   --32 位计数器
USE IEEE.STD_LOGIC_1164.ALL;
USE IEEE.STD_LOGIC_UNSIGNED.ALL;
ENTITY COUNTER32B IS
    PORT (FIN: IN STD_LOGIC;                                   --时钟信号
          CLR: IN STD_LOGIC;                                   --清零信号
        ENABL: IN STD_LOGIC;                                   --计数使能信号
         DOUT: OUT STD_LOGIC_VECTOR(31 DOWNTO 0));             --计数结果
   END COUNTER32B;
ARCHITECTURE behav OF COUNTER32B IS
    SIGNAL CQI :   STD_LOGIC_VECTOR(31 DOWNTO 0);
BEGIN
    PROCESS(FIN, CLR, ENABL)
      BEGIN
        IF CLR = '1' THEN      CQI <= (OTHERS=>'0');              --清零
        ELSIF FIN'EVENT AND FIN = '1' THEN
             IF ENABL = '1' THEN CQI <= CQI + 1; END IF;
        END IF;
    END PROCESS;
    DOUT <= CQI;
END behav;
```

【例 4-12】频率斗顶层文件。

```
LIBRARY IEEE;   --频率计顶层文件
LIBRARY IEEE;
USE IEEE.STD_LOGIC_1164.ALL;
ENTITY FREQTEST IS
    PORT ( CLK1HZ: IN STD_LOGIC;
              FSIN: IN STD_LOGIC;
              DOUT: OUT STD_LOGIC_VECTOR(31 DOWNTO 0) );
END FREQTEST;
ARCHITECTURE struc OF FREQTEST IS
COMPONENT FTCTRL
    PORT (CLKK: IN STD_LOGIC;                         --1Hz
        CNT_EN: OUT STD_LOGIC;                        --计数器时钟使能
       RST_CNT: OUT STD_LOGIC;                        --计数器清零
          Load: OUT STD_LOGIC       );                --输出锁存信号
  END COMPONENT;
COMPONENT COUNTER32B
```

```
    PORT (FIN: IN STD_LOGIC;                                  --时钟信号
          CLR: IN STD_LOGIC;                                  --清零信号
        ENABL: IN STD_LOGIC;                                  --计数使能信号
         DOUT:   OUT STD_LOGIC_VECTOR(31 DOWNTO 0));          --计数结果
END COMPONENT;
COMPONENT REG32B
    PORT (      LK: IN STD_LOGIC;
               DIN: IN STD_LOGIC_VECTOR(31 DOWNTO 0);
              DOUT: OUT STD_LOGIC_VECTOR(31 DOWNTO 0) );
END COMPONENT;
    SIGNAL TSTEN1: STD_LOGIC;
    SIGNAL CLR_CNT1: STD_LOGIC;
    SIGNAL Load1: STD_LOGIC;
    SIGNAL DTO1: STD_LOGIC_VECTOR(31 DOWNTO 0);
    SIGNAL CARRY_OUT1: STD_LOGIC_VECTOR(6 DOWNTO 0);
BEGIN
  U1:       FTCTRL PORT MAP(CLKK =>CLK1HZ,CNT_EN=>TSTEN1,
RST_CNT =>CLR_CNT1,Load =>Load1);
  U2:       REG32B PORT MAP(   LK => Load1,      DIN=>DTO1, DOUT => DOUT);
  U3: COUNTER32B PORT MAP( FIN => FSIN, CLR => CLR_CNT1,
 ENABL => TSTEN1, DOUT=>DTO1 );
END struc;
```

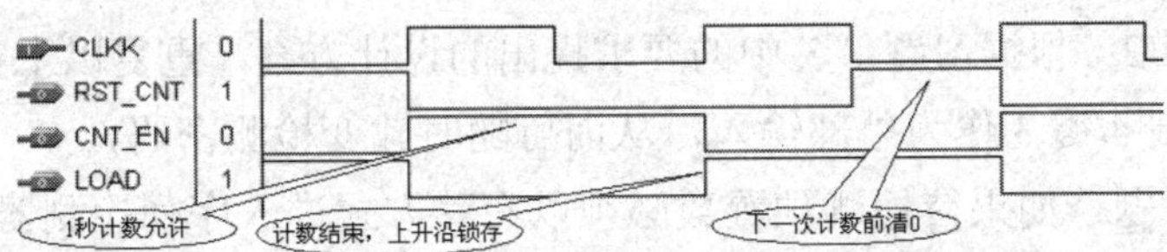

附图 4-14　频率计测频控制器 FTCTRL 测控时序图

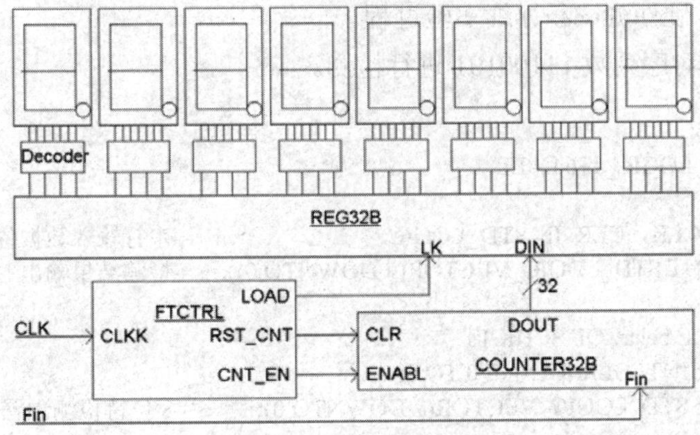

附图 4-15　频率计电路框图

4.10　序列检测器设计

(1) 实验目的：用状态机实现序列检测器的设计，了解一般状态机的设计与应用。

(2) 实验原理：序列检测器可用于检测一组或多组由二进制码组成的脉冲序列信号，当序列检测器连续收到一组串行二进制码后，如果这组码与检测器中预先设置的码相同，则输出 1，否则输出 0。由于这种检测的关键在于正确码的收到必须是连续的，这就要求检测器必须记住前一次的正确码及正确序列，直到在连续的检测中所收到的每一位码都与预置数的对应码相同。在检测过程中，任何一位不相等都将回到初始状态重新开始检测。【附例 4-13】描述的电路完成对序列数 11100101 的检测，当这一串序列数高位在前(左移)串行进入检测器后，若此数与预置的密码数相同，则输出“A”，否则仍然输出“B”。

(3) 实验内容 1：利用 QuartusII 对【附例 4-13】进行文本编辑输入、仿真测试并给出仿真波形，了解控制信号的时序，最后进行引脚锁定并完成硬件测试实验。建议选择电路模式 No.8(康芯 kx-7C5E+系统实验指导书中的附录图10)，用键 7(PIO11)控制复位信号 CLR；键 6(PIO9)控制状态机工作时钟 CLK；待检测串行序列数输入 DIN 接 PIO10(左移，最高位在前)；指示输出 AB 接 PIO39~PIO36(显示于数码管 6)。下载后：①按实验板“系统复位”键；②用键 2 和键 1 输入 2 位十六进制待测序列数 11100101；③按键 7 复位(平时数码 6 指示显示“B”)；④按键 6(CLK) 8 次，这时若串行输入的 8 位二进制序列码(显示于数码 2/1 和发光管 D8~D0)与预置码 11100101 相同，则数码 6 应从原来的 B 变成 A，表示序列检测正确，否则仍为 B。

(4) 实验内容 2：根据习题 8-3 中的要求提出的设计方案，重复以上实验内容(将 8 位待检测预置数由键 4/键 3 作为外部输入，从而可随时改变检测密码)。

(5) 实验思考题：如果待检测预置数必须以右移方式进入序列检测器，写出该检测器的 VHDL 代码(两进程符号化有限状态机)，并提出测试该序列检测器的实验方案。

(6) 实验报告：根据以上的实验内容写出实验报告，包括设计原理、程序设计、程序分析、仿真分析、硬件测试和详细实验过程。

【附例 4-13】对序列数 11100101 进行检测。

```
LIBRARY IEEE;
USE IEEE.STD_LOGIC_1164.ALL;
ENTITY SCHK IS
  PORT(DIN，CLK，CLR: IN STD_LOGIC;                    --串行输入数据位/工作时钟/复位信号
         AB: OUT STD_LOGIC_VECTOR(3 DOWNTO 0));        --检测结果输出
END SCHK;
ARCHITECTURE behav OF SCHK IS
    SIGNAL Q: INTEGER RANGE 0 TO 8;
    SIGNAL D: STD_LOGIC_VECTOR(7 DOWNTO 0);           --8 位待检测预置数(密码=E5H)
BEGIN
    D <= "11100101";                                  --8 位待检测预置数
  PROCESS(CLK,CLR)
  BEGIN
  IF CLR = '1' THEN        Q <= 0;
  ELSIF   CLK'EVENT AND CLK='1' THEN                 --时钟到来时，判断并处理当前输入的位
 CASE Q IS
  WHEN 0=>   IF DIN = D(7) THEN Q <= 1; ELSE Q <= 0; END IF;
  WHEN 1=>   IF DIN = D(6) THEN Q <= 2; ELSE Q <= 0; END IF;
  WHEN 2=>   IF DIN = D(5) THEN Q <= 3; ELSE Q <= 0; END IF;
```

```
WHEN 3=>   IF DIN = D(4) THEN Q <= 4; ELSE Q <= 0; END IF;
WHEN 4=>   IF DIN = D(3) THEN Q <= 5; ELSE Q <= 0; END IF;
WHEN 5=>   IF DIN = D(2) THEN Q <= 6; ELSE Q <= 0; END IF;
WHEN 6=>   IF DIN = D(1) THEN Q <= 7; ELSE Q <= 0; END IF;
WHEN 7=>   IF DIN = D(0) THEN Q <= 8; ELSE Q <= 0; END IF;
WHEN OTHERS =>   Q <= 0;
      END CASE;
    END IF;
  END PROCESS;
  PROCESS( Q )                                   --检测结果判断输出
  BEGIN
      IF Q = 8   THEN   AB <= "1010";            --序列数检测正确，输出“A”
      ELSE              AB <= "1011";            --序列数检测错误，输出“B”
      END IF;
  END PROCESS;
END behav;
```

4.11　VHDL 状态机 A/D 采样控制电路实现

(1) 实验目的：学习用状态机对 A/D 转换器 ADC0809 的采样控制电路的实现。

(2) 实验原理：ADC0809 的采样控制原理已在 8.2.1 节中作了详细说明(实验程序用【附例 4-14】)。

ADC0809 是 CMOS 的 8 位 A/D 转换器，片内有 8 路模拟开关，可控制 8 个模拟量中的一个进入转换器中。转换时间约 100μs，含锁存控制的 8 路多路开关，输出有三态缓冲器控制，单 5V 电源供电。

主要控制信号如附图 4-16 所示：START 是转换启动信号，高电平有效；ALE 是 3 位通道选择地址(ADDC、ADDB、ADDA)信号的锁存信号。当模拟量送至某一输入端(如 IN1 或 IN2 等)，由 3 位地址信号选择，而地址信号由 ALE 锁存；EOC 是转换情况状态信号，当启动转换约 100μs 后，EOC 产生一个负脉冲，以示转换结束；在 EOC 的上升沿后，若使输出使能信号 OE 为高电平，则控制打开三态缓冲器，把转换好的 8 位数据结果输至数据总线，至此 ADC0809 的一次转换结束。

【附例 4-14】实验程序代码。

```
LIBRARY IEEE;
USE IEEE.STD_LOGIC_1164.ALL;
ENTITY ADCINT IS
    PORT(D: IN STD_LOGIC_VECTOR(7 DOWNTO 0);   --来自 0809 转换好的 8 位数据
CLK: IN STD_LOGIC;                             --状态机工作时钟
EOC: IN STD_LOGIC;                             --转换状态指示，低电平表示正在转换
ALE: OUT STD_LOGIC;                            --8 个模拟信号通道地址锁存信号
START: OUT STD_LOGIC;                          --转换开始信号
OE: OUT STD_LOGIC;                             --数据输出 3 态控制信号
ADDA: OUT STD_LOGIC;                           --信号通道最低位控制信号
LOCK0: OUT STD_LOGIC;                          --观察数据锁存时钟
```

```
Q: OUT STD_LOGIC_VECTOR(7 DOWNTO 0));                  --8 位数据输出
END ADCINT;
ARCHITECTURE behav OF ADCINT IS
TYPE states IS (st0, st1, st2, st3,st4);               --定义各状态子类型
  SIGNAL current_state, next_state: states:=st0;
  SIGNAL REGL        : STD_LOGIC_VECTOR(7 DOWNTO 0);
  SIGNAL LOCK        : STD_LOGIC;                      --转换后数据输出锁存时钟信号
 BEGIN
ADDA <= '1';--当 ADDA<='0'，模拟信号进入通道 IN0；当 ADDA<='1'，则进入通道 IN1
Q <= REGL; LOCK0 <= LOCK;
  COM: PROCESS(current_state,EOC)   BEGIN              --规定各状态转换方式
   CASE current_state IS
   WHEN st0=>ALE<='0';START<='0';LOCK<='0';OE<='0';   next_state <= st1; --0809 初始化
   WHEN st1=>ALE<='1';START<='1';LOCK<='0';OE<='0';   next_state <= st2; --启动采样
   WHEN st2=>ALE<='0';START<='0';LOCK<='0';OE<='0';
     IF (EOC='1') THEN next_state <= st3;              --EOC=1 表明转换结束
  ELSE next_state <= st2;   END IF;                    --转换未结束，继续等待
   WHEN st3=> ALE<='0';START<='0';LOCK<='0';OE<='1'; next_state <= st4;
                                                       --开启 OE,输出转换好的数据
   WHEN st4=> ALE<='0';START<='0';LOCK<='1';OE<='1'; next_state <= st0;
   WHEN OTHERS => next_state <= st0;
   END CASE;
 END PROCESS COM;
  REG: PROCESS (CLK)
    BEGIN
     IF (CLK'EVENT AND CLK='1') THEN current_state<=next_state; END IF;
   END PROCESS REG;              --由信号 current_state 将当前状态值带出此进程:REG
  LATCH1: PROCESS (LOCK)         --此进程中，在 LOCK 的上升沿，将转换好的数据锁入
         BEGIN
        IF LOCK='1' AND LOCK'EVENT THEN   REGL <= D; END IF;
       END PROCESS LATCH1;
  END behav;
```

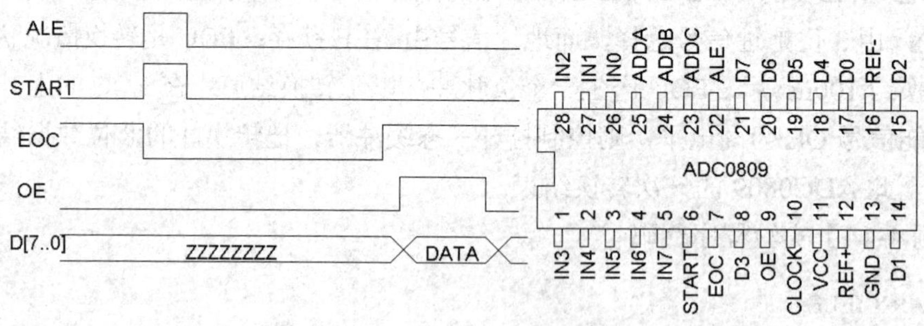

附图 4-16　ADC0809 工作时序

(3) 实验内容：利用 Quartus II 对【附例 4-14】进行文本编辑输入和仿真测试；给出仿真波形。最后进行引脚锁定并进行测试，硬件验证【附例 4-14】电路对 ADC0809 的控制功能。

测试步骤：建议选择电路模式 No.5，由对应的电路图可见，ADC0809 的转换时钟 CLK 已经事先接有 750kHz 的频率，引脚锁定为 START 接 PIO34、OE(ENABLE)接 PIO35、EOC 接 PIO8、ALE 接 PIO33、状态机时钟 CLK 接 clock0、ADDA 接 PIO32(ADDB 和 ADDC

都接 GND)，ADC0809 的 8 位输出数据线接 PIO23~PIO16，锁存输出 Q 显示于数码 8/数码 7(PIO47~PIO40)。

实验操作：将 GW48 EDA 系统左下角的拨码开关的 4、6、7 向下拨，其余向上，即使 0809 工作使能，及使 FPGA 能接受来自 0809 转换结束的信号(对于 GW48-CK 系统，左下角选择插针处的“转换结束”和“A/D 使能”用二短路帽短接)。下载 ADC0809 中的 ADCINT.sof 到实验板的 FPGA 中；clock0 的短路帽接可选 12MHz、6MHz、65536Hz 等频率；按动一次右侧的复位键；用螺丝刀旋转 GW48 系统左下角的精密电位器，以便为 ADC0809 提供变化的待测模拟信号(注意，这时必须在【附例 4-14】中赋值：ADDA <= '1'，这样就能通过实验系统左下的 AIN1 输入端与电位器相接，并将信号输入 0809 的 IN1 端)。这时数码管 8 和 7 将显示 ADC0809 采样的数字值(十六进制)，数据来自 FPGA 的输出。数码管 2 和 1 也将显示同样数据，此数据直接来自 0809 的数据口。实验结束后注意将拨码开关拨向默认：仅“4”向下。

(4) 实验思考题：在不改变原代码功能的条件下将【附例 4-14】表达成用状态码直接输出型的状态机。

(5) 实验报告：根据以上的实验要求、实验内容和实验思考题写出实验报告。

4.12　数据采集电路和简易存储示波器设计

(1) 实验目的：掌握 LPM RAM 模块 VHDL 元件定制、调用和使用方法；熟悉 A/D 和 D/A 与 FPGA 接口电路设计；了解 HDL 文本描述与原理图混合设计方法。

(2) 实验原理：本设计项目是利用 FPGA 直接控制 0809 对模拟信号进行采样，然后将转换好的 8 位二进制数据迅速存储到存储器中，在完成对模拟信号一个或数个周期的采样后，由外部电路系统(如单片机)将存储器中的采样数据读出处理。采样存储器可以由多种方式实现：

① 外部随机存储器 RAM。其优点是存储量大，缺点是需要外接芯片，且常用的 RAM 读写速度较低，与 FPGA 间的连接线过长，特别是在存储数据时需要对地址进行加 1 操作，进一步影响数据写入速度。

② FPGA 内部 EAB/ESB 等。在 Altera 的大部分 FPGA 器件中都含有类似于 EAB 的模块。

③ 由 EAB 等模块构成高速 FIFO。FIFO 比较适合于用作 A/D 采样数据高速存储。

基于以上讨论，A/D 采样电路系统可以绘成如附图 4-17 所示的电路原理图。其中元件功能描述如下：

① 元件 ADCINT。ADCINT 是控制 0809 的采样状态机，其 VHDL 描述以及其输入输出信号的含义与【附例 4-14】完全相同，工作方式可参考 8.2.1 节。

② 元件 CNT10B【附例 4-15】。CNT10B 中有一个用于 RAM 的 9 位地址计数器，此计数器的工作时钟 CLK0 由 WE 控制：当 WE='1'时，CLK0=LOCK0。LOCK0 来自 0809

采样控制器的 LOCK0(每一采样周期产生一个锁存脉冲)，这时处于采样允许阶段，RAM 的地址锁存时钟 inclock=CLKOUT=LOCK0；每一个 LOCK0 的脉冲通过 0809 采到一个数据，同时将此数据锁入 RAM(RAM8B 模块)中。

当 WE='0'时，处于采样禁止阶段，此时允许读出 RAM 中的数据，此时 CLKOUT=CLK0=CLK=采样状态机的工作时钟(一般取 65536Hz)，由于 CLK 的频率比较高，所以扫描 RAM 地址的速度就高，这时在 RAM 数据输出口 Q[7…0]接上 DAC0832，就能从示波器上看到刚才通过 0809 采入的波形数据。

③ 元件 RAM8B。这是一个 LPM_RAM，8 位数据线，9 位地址线。WREN 是写使能，高电平有效。

(3) 实验内容 1：设 ADDA=‘1’，即模拟信号来自 0809 的 IN1 口(可用实验系统右下角的电位器产生被测模拟信号)完成此项设计，给出仿真波形及其分析，将设计结果在 Cyclone 中硬件实现，用 Quartus II 系统 RAM/ROM 数据编辑器了解采入 RAM 中的数据。

(4) 实验内容 2：优化设计。仿真设计电路如附图 4-17 所示，检查此项设计得 START 信号是否有毛刺，如果有，改进 ADCINT 的设计(也可用其他方法)，排除 START 的毛刺。

(5) 实验内容 3：对电路附图 4-17 完成设计和仿真后锁定引脚，进行硬件测试。参考实验 4-14 对 0809 引脚锁定：元件 ADCINT 引脚锁定参考【附例 4-14】。WE 用键 1 控制。为了实验方便，CLK 接 clock0，频率先选择 64Hz(选择较慢的采样时钟)，作状态机工作时钟。硬件实验中，建议选择电路模式 No.5，打开+/-12V 电源，首先使 WE=‘1’，即键 1 置高电平，允许采样，由于这时的程序中设置 ADDA <= '1'，模拟信号来自 AIN1，即可通过调协实验板上的电位器(此时的模拟信号是手动产生的)，将转换好的数据采入 RAM 中；然后按键 1，使 WE=‘0’，clock0 的频率选择 16384Hz(选择较高时钟)，即能从示波器中看见被存于 RAM 中的数据(可以首先通过 Quartus II 的 RAM 在系统读写器观察已采入 RAM 中的数据)。

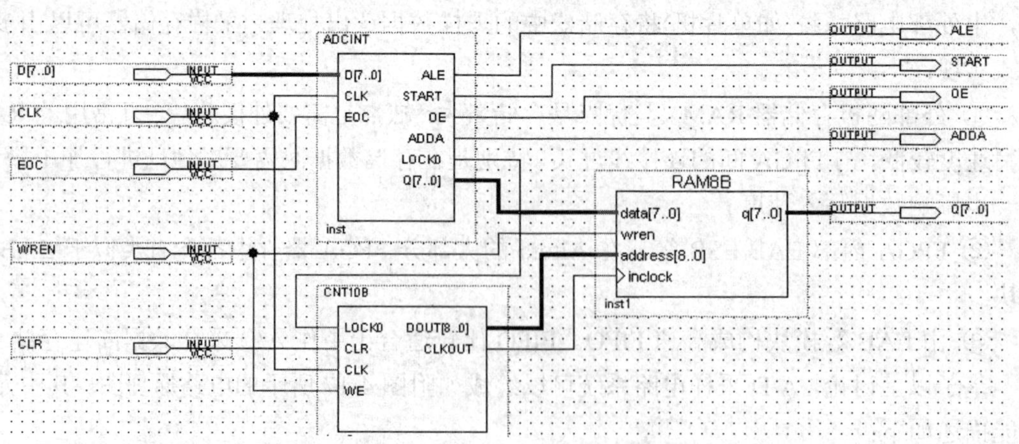

附图 4-17　ADC0809 采样电路系统 RSV.bdf

(6) 实验内容 4：程序中设置 ADDA <= '0'，模拟信号将由 AIN0 进入，即 AIN0 的输入信号来自外部信号源的模拟连续信号。外部模拟信号可来自实验箱，方法如下：

首先打开+/-12V电源，将GW48主系统板右侧的JL11跳线座短路L_F端；跳线座JP18的INPUT端与系统右下角的时钟64Hz相接，并用一插线将插座JP17的OUTPUT端与实验箱最左侧的JL10座的AIN0端相接，这样就将64Hz待采样的模拟信号接入了0809的IN0端(注意，这时【附例4-14】程序中设置ADDA <= '0')。试调节JP18上方的电位器，使得主系统右侧的WAVE OUT端输出正常信号波形(用示波器监视，峰值调在4V以下)。

注意，如果要将采入(用CLK=64采样)RAM中的数据扫描显示到示波器上观察，必须用高频率时钟才行(clock0接16384Hz)。

可以使键1高电平是对模拟信号采样，低电平时示波器显示已存入RAM的波形数据。

(7) 实验内容5：仅按照以上方法，会发现示波器显示的波形并不理想，原因是从RAM中扫出的数据都不是一个完整的波形周期。试设计一个状态机，结合被锁入RAM中的某些数据，改进元件CNT10B，使之存入RAM中的数据和通过D/A在示波器上扫出的数据都是一个或数个完整波形数据。

(8) 实验内容6：在附图4-17的电路中增加一个锯齿波发生器，扫描时钟与地址发生器的时钟一致。锯齿波数据通过另一个D/A输出，控制示波器的X端(不用示波器内的锯齿波信号)，而Y端由原来的D/A给出RAM中的采样信息，由此完成一个比较完整的存储示波器的显示控制。

【附例4-15】实验程序代码。

```
LIBRARY IEEE;
USE IEEE.STD_LOGIC_1164.ALL;
USE IEEE.STD_LOGIC_UNSIGNED.ALL;
ENTITY CNT10B IS
        PORT (LOCK0,CLR: IN STD_LOGIC;
                   CLK: IN STD_LOGIC;
                    WE: IN STD_LOGIC;
                  DOUT: OUT STD_LOGIC_VECTOR(8 DOWNTO 0);
                CLKOUT: OUT STD_LOGIC );
      END CNT10B;
ARCHITECTURE behav OF CNT10B IS
        SIGNAL CQI: STD_LOGIC_VECTOR(8 DOWNTO 0);
        SIGNAL CLK0: STD_LOGIC;
BEGIN
CLK0 <= LOCK0 WHEN WE='1' ELSE
          CLK;
  PROCESS(CLK0,CLR,CQI)
   BEGIN
    IF CLR = '1' THEN    CQI <= "000000000";
    ELSIF CLK0'EVENT AND CLK0 = '1' THEN    CQI <= CQI + 1; END IF;
  END PROCESS;
         DOUT <= CQI; CLKOUT <= CLK0;
END behav;
```

4.13　比较器和 D/A 器件实现 A/D 转换功能的电路设计

(1) 实验目的：学习较复杂状态机的设计。

(2) 实验原理：如附图 4-1 所示的是一个用比较器 LM311 和 DAC0832 构成的 8 位 A/D 转换器的电路框图。其工作原理是：当被测模拟信号电压 vi 接于 LM311 的“+”输入端时，由 FPGA 产生自小到大的搜索数据加于 DAC0832 后，LM311 的“-”端将得到一个比较电压 vc；当 vc<vi 时，LM311 的“1”脚输出高电平‘1’，而当 vc>vi 时，LM311 输出低电平。在 LM311 输出由‘1’到‘0’的转折点处，FPGA 输向 0832 数据必定与待测信号电压 vi 成正比。由此数即可算得 vi 的大小。

(3) 实验内容 1：【附例 4-16】是附图 4-18 中 FPGA 的一个简单的示例程序。

实验步骤如下：

首先锁定引脚，编译。选择电路模式 No.5，时钟 CLK 接 clock0；CLR 接键 1；DD[7…0] 分别接 PIO31-PIO24；LM311 比较信号接 PIO37；显示数据 DISPDATA[7..0]，可以由数码 8 和 7 显示(PIO47-PIO40)。向 FPGA 下载文件后，打开+/-12V 电源；clock0 接 65536Hz。将 GW48 EDA 系统左下角的拨码开关的 4、5 向下拨，其余向上。注意，拨码 5 向下后，能将 FPGA 的 PIO37 脚与 LM311 的输出端相接，这可以从电路模式 No.5 对应的电路中看出。由图还能看出，0832 的输出端与 LM311 的“3”脚相连，而实验系统左下的输入口“AIN0”与 LM311 的“2”脚相连，因此被测信号可接于“AIN0”端。由于“AIN1”口与电位器相接，所以必须将“AIN1”与“AIN0”短接，“AIN0”就能获得电位器输出的作为被测信号的电压了。方法是将实验系统最左侧的跳线座“JL10”的“AIN0”和“AIN1”用短路帽短接。实验操作中，首先调谐电位器输出一个电压值，然后用 CLR 复位一次，接着即可从数码管上看到与被测电压成正比的数值。此后，每调谐电位器输出一个新的电压，就要复位一次，以便能从头搜索到这个电压值。

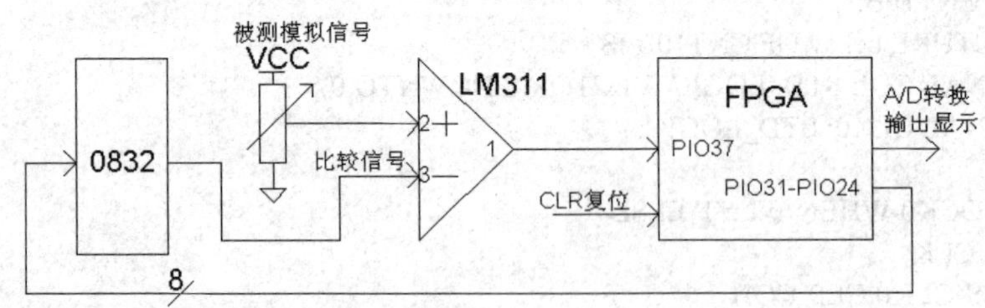

附图 4-18　比较器和 D/A 构成 A/D 电路框图

【附例 4-16】实验程序。

```
LIBRARY IEEE;
USE IEEE.STD_LOGIC_1164.ALL;
USE IEEE.STD_LOGIC_UNSIGNED.ALL;
ENTITY DAC2ADC IS
    PORT ( CLK      :  IN STD_LOGIC; --计数器时钟
```

```
            LM311    :   IN STD_LOGIC;   --LM311 输出，由 PIO37 口进入 FPGA
            CLR      :   IN STD_LOGIC;   --计数器复位
             DD      : OUT STD_LOGIC_VECTOR(7 DOWNTO 0);      --输向 0832 的数据
         DISPDATA : OUT STD_LOGIC_VECTOR(7 DOWNTO 0) );  --转换数据显示
END;
ARCHITECTURE DACC OF DAC2ADC IS
 SIGNAL CQI   : STD_LOGIC_VECTOR(7 DOWNTO 0);
 BEGIN
 DD <= CQI ;
PROCESS(CLK, CLR, LM311)
    BEGIN
      IF CLR = '1' THEN      CQI <= "00000000";
       ELSIF CLK'EVENT AND CLK = '1' THEN
        IF LM311 = '1' THEN CQI <= CQI + 1;   END IF;--如果是高电平，继续搜索
            END IF;                 --如果出现低电平，即可停止搜索，保存计数值于 CQI 中
    END PROCESS;
 DISPDATA <= CQI   WHEN LM311='0' ELSE "00000000" ;--将保存于 CQI 中的数输出
  END;
```

(3) 实验内容 2：【附例 4-16】的缺点有两个：无法自动搜索被测信号，每次测试都必须复位一次；由于每次搜索都是从 0 开始，从而“A/D 转换”速度太慢。

试设计一个控制搜索的状态机，克服这两个缺点。且尽量提高“转换”速度，如安排一个特定的算法(如黄金分割法)进行快速搜索。

4.14　移位相加硬件乘法器设计

(1) 实验目的：学习应用移位相加原理设计 8 位乘法器。

(2) 实验原理：该乘法器是由 8 位加法器构成的以时序方式设计的 8 位乘法器。原理是：乘法通过逐项移位相加来实现相乘。从被乘数的最低位开始，若为 1，则乘数左移后与上一次的和相加；若为 0，左移后以全零相加，直至被乘数的最高位。从如附图 4-19 所示的逻辑图及其乘法操作时序图附图 4-19(示例中的相乘数为 9FH 和 FDH)上可以清楚地看出此乘法器的工作原理。为了更好了解其工作原理，附图 4-19 中没有加入控制电路【附例 4-18】。附图 4-19 中，START 信号的上跳沿及其高电平有两个功能，即 16 位寄存器清零和被乘数 A[7...0]向移位寄存器 SREG8B 加载；它的低电平则作为乘法使能信号。CLK 为乘法时钟信号。当被乘数被加载于 8 位右移寄存器 SREG8B 后，随着每一时钟节拍，最低位在前，由低位至高位逐位移出。当为 1 时，1 位乘法器 ANDARITH 打开，8 位乘数 B[7...0]在同一节拍进入 8 位加法器，与上一次锁存在 16 位锁存器 REG16B 中的高 8 位进行相加，其和在下一时钟节拍的上升沿被锁进此锁存器。而当被乘数的移出位为 0 时，与门全零输出。如此往复，直至 8 个时钟脉冲后，最后乘积完整出现在 REG16B 端口。在这里，1 位乘法器 ANDARITH 的功能类似于 1 个特殊的与门，即当 ABIN 为‘1’时，DOUT 直接输出 DIN，而当 ABIN 为‘0’时，DOUT 输出全零“00000000”。

8 位移位相加原理构成的乘法器比用组合电路直接设计的同样功能的电路的资源(逻辑宏单元 LCs)耗用要小许多，由编译报告可知，前者是 52，后者是 169。从波形图附图 4-19 可见，当 9FH 和 FDH 相乘时，第 1 个时钟上升沿后，其移位相加的结果(在 REG16B 端口)是 4F80H，第 8 个时钟上升沿后，最终相乘结果是 9D23H。

附图 4-19 中乘法器的各功能块的 VHDL 描述如下：

【附例 4-17】8 位右移寄存器。

```
LIBRARY IEEE;            -- 8 位右移寄存器
USE IEEE.STD_LOGIC_1164.ALL;
ENTITY SREG8B IS
     PORT (   CLK, LOAD : IN STD_LOGIC;
              DIN : IN STD_LOGIC_VECTOR(7 DOWNTO 0);
               QB : OUT STD_LOGIC    );
END SREG8B;
ARCHITECTURE behav OF SREG8B IS
     SIGNAL REG8 : STD_LOGIC_VECTOR(7 DOWNTO 0);
BEGIN
     PROCESS (CLK, LOAD)
     BEGIN
          IF CLK'EVENT AND CLK = '1' THEN
               IF LOAD = '1' THEN    REG8 <= DIN;
                    ELSE    REG8(6 DOWNTO 0) <= REG8(7 DOWNTO 1);
               END IF;
          END IF;
     END PROCESS;
     QB <= REG8(0);                                    --输出最低位
END behav;
```

【附例 4-18】8 位加法器。

```
LIBRARY IEEE;         --8 位加法器
USE IEEE.STD_LOGIC_1164.ALL;
USE IEEE.STD_LOGIC_UNSIGNED.ALL;
ENTITY ADDER8B IS
    PORT (CIN: IN STD_LOGIC;
          A , B: IN STD_LOGIC_VECTOR(7 DOWNTO 0);
          S : OUT STD_LOGIC_VECTOR(7 DOWNTO 0);
          COUT: OUT STD_LOGIC);
END ADDER8B;
ARCHITECTURE behav OF ADDER8B IS
    SIGNAL SINT, AA,BB : STD_LOGIC_VECTOR(8 DOWNTO 0);
BEGIN
AA<='0'&A;  BB<='0'&B; SINT<=AA+BB+CIN;S<=SINT(7 DOWNTO 0); COUT<=SINT(8);
END behav;
```

【附例 4-19】1 位乘法器。

```
LIBRARY IEEE; --1 位乘法器
USE IEEE.STD_LOGIC_1164.ALL;
ENTITY ANDARITH IS                                          --选通与门模块
```

```
    PORT ( ABIN : IN STD_LOGIC;
           DIN : IN STD_LOGIC_VECTOR(7 DOWNTO 0);
         DOUT : OUT STD_LOGIC_VECTOR(7 DOWNTO 0) );
END ANDARITH;
ARCHITECTURE behav OF ANDARITH IS
BEGIN
    PROCESS(ABIN, DIN)
    BEGIN
        FOR I IN 0 TO 7 LOOP                                    --循环，完成 8 位与 1 位运算
            DOUT(I) <= DIN(I) AND ABIN;
        END LOOP;
    END PROCESS;
END behav;
```

【附例 4-20】16 位锁存器/右移寄存器。

```
LIBRARY IEEE;    --16 位锁存器/右移寄存器
USE IEEE.STD_LOGIC_1164.ALL;
LIBRARY IEEE;
USE IEEE.STD_LOGIC_1164.ALL;
ENTITY REG16B IS                                                --16 位锁存器
    PORT (CLK, CLR : IN STD_LOGIC;
        D : IN STD_LOGIC_VECTOR(8 DOWNTO 0);
        Q : OUT STD_LOGIC_VECTOR(15 DOWNTO 0) );
END REG16B;
ARCHITECTURE behav OF REG16B IS
    SIGNAL R16S : STD_LOGIC_VECTOR(15 DOWNTO 0);
BEGIN
    PROCESS(CLK, CLR)
    BEGIN
IF CLR='1' THEN R16S<="0000000000000000";--时钟到来时，锁存输入值，并右移低 8 位
ELSIF CLK'EVENT AND CLK='1' THEN
 R16S(6 DOWNTO 0) <=R16S(7 DOWNTO 1);--右移低 8 位
            R16S(15 DOWNTO 7) <= D;                     --将输入锁到高 8 位
        END IF;
    END PROCESS;
    Q <= R16S;
END behav;
```

【附例 4-21】

```
END behav;
LIBRARY IEEE;
USE IEEE.STD_LOGIC_1164.ALL;
USE IEEE.STD_LOGIC_UNSIGNED.ALL;
ENTITY ARICTL IS
    PORT (CLK, START : IN STD_LOGIC;
            CLKOUT,RSTALL : OUT STD_LOGIC);
END ARICTL;
ARCHITECTURE behav OF ARICTL IS
    SIGNAL CNT4B : STD_LOGIC_VECTOR(3 DOWNTO 0);
BEGIN
```

```
    PROCESS(CLK, START)
    BEGIN
        RSTALL <= START;
        IF START = '1' THEN   CNT4B <= "0000";
        ELSIF CLK'EVENT AND CLK ='1' THEN
         IF CNT4B < 8 THEN CNT4B <= CNT4B + 1; END IF;
        END IF;
    END PROCESS;
    PROCESS(CLK, CNT4B, START)
    BEGIN
        IF START = '0' THEN
            IF CNT4B < 8 THEN   CLKOUT <= CLK;
            ELSE CLKOUT <= '0';   END IF;
        ELSE   CLKOUT <= CLK; END IF;
    END PROCESS;
END behav;
```

【附例 4-22】8 位乘法器顶层设计。

```
LIBRARY IEEE;
USE IEEE.STD_LOGIC_1164.ALL;
use ieee.std_logic_unsigned.all;
ENTITY MULTI8X8 IS                                          --8 位乘法器顶层设计
    PORT ( CLKK,START   : IN STD_LOGIC;
                     A,   B : IN STD_LOGIC_VECTOR(7 DOWNTO 0);
                      DOUT : OUT STD_LOGIC_VECTOR(15 DOWNTO 0) );
END MULTI8X8;
ARCHITECTURE struc OF MULTI8X8 IS
COMPONENT ARICTL
    PORT (   CLK, START : IN STD_LOGIC;
          CLKOUT, RSTALL : OUT STD_LOGIC   );
END COMPONENT;
COMPONENT ANDARITH
    PORT (   ABIN : IN STD_LOGIC;
              DIN : IN STD_LOGIC_VECTOR(7 DOWNTO 0);
             DOUT : OUT STD_LOGIC_VECTOR(7 DOWNTO 0)   );
END COMPONENT;
COMPONENT ADDER8B
    PORT (CIN : IN STD_LOGIC;
             A, B : IN STD_LOGIC_VECTOR(7 DOWNTO 0);
             S : OUT STD_LOGIC_VECTOR(7 DOWNTO 0);
          COUT : OUT STD_LOGIC );
END COMPONENT;
COMPONENT SREG8B
    PORT (   CLK, LOAD : IN STD_LOGIC;
             DIN : IN STD_LOGIC_VECTOR(7 DOWNTO 0);
              QB : OUT STD_LOGIC   );
END COMPONENT;
COMPONENT REG16B
    PORT (     CLK, CLR : IN STD_LOGIC;
        D : IN STD_LOGIC_VECTOR(8 DOWNTO 0);
        Q : OUT STD_LOGIC_VECTOR(15 DOWNTO 0)   );
```

```
END COMPONENT;
    SIGNAL GNDINT, INTCLK, RSTALL, NEWSTART, QB : STD_LOGIC;
    SIGNAL ANDSD : STD_LOGIC_VECTOR(7 DOWNTO 0);
     SIGNAL DTBIN : STD_LOGIC_VECTOR(8 DOWNTO 0);
    SIGNAL DTBOUT : STD_LOGIC_VECTOR(15 DOWNTO 0);
BEGIN
    DOUT <= DTBOUT;     GNDINT <= '0';
PROCESS(CLKK,START)
BEGIN
  IF START='1' THEN NEWSTART<='1';
  ELSIF CLKK='0' THEN  NEWSTART<='0'; END IF;
END PROCESS;
U1 : ARICTL    PORT MAP(CLK=>CLKK,START=>NEWSTART, CLKOUT=>INTCLK,
RSTALL=>RSTALL);
U2 : SREG8B    PORT MAP(CLK=>INTCLK, LOAD=>RSTALL, DIN=>B, QB=>QB);
U3 : ANDARITH PORT MAP(ABIN => QB, DIN => A,DOUT => ANDSD);
U4 : ADDER8B   PORT MAP(CIN => GNDINT, A=>DTBOUT(15 DOWNTO 8), B=>ANDSD,
                   S => DTBIN(7 DOWNTO 0), COUT => DTBIN(8) );
U5 : REG16B     PORT MAP(CLK=>INTCLK, CLR=>RSTALL, D=>DTBIN, Q=>DTBOUT);
END struc;
```

(3) 实验内容 1：根据给出的乘法器逻辑原理图及其各模块的 VHDL 描述，在 Quartus II 上完成全部设计，包括编辑、编译、综合和仿真操作等。以 87H 乘以 F5H 为例，进行仿真，对仿真波形作出详细解释，包括对 8 个工作时钟节拍中，每一节拍乘法操作的方式和结果，对照波形图给以详细说明，根据顶层设计【附例 4-22】，结合附图 4-19，画出乘法器的详细电路原理框图。

(4) 实验内容 2：编程下载，进行实验验证。实验电路选择 No.1，8 位乘数用键 2、键 1 输入；8 位被乘数用键 4 和键 3 输入；16 位乘积可由 4 个数码管(数码管 8、7、6、5)显示；用键 8 输入 CLK，键 7 输入 START(注意，START 由高到低是清 0，由低到高电平是允许乘法计算)。详细观察每一时钟节拍的运算结果，并与仿真结果进行比较。

(5) 实验内容 3：乘法时钟连接实验系统上的连续脉冲，如 clock0，设计一个此乘法器的控制模块，接受实验系统上的连续脉冲，如 clock0，当给定启动/清 0 信号后，能自动发出 CLK 信号驱动乘法运算，当 8 个脉冲后自动停止(参考程序：【附例 4-21】)。

(6) 实验内容 4：设计一个纯组合电路的 8×8 等于 16 位的乘法器和一个 LPM 乘法器(选择不同的流水线方式)，具体说明并比较这几种乘法器的逻辑资源占用情况和运行速度情况。

(7) 实验报告：根据【附例 4-17】至【附例 4-22】，详细分析各模块的逻辑功能及其工作原理，详细记录并分析实验 2 和实验 3 的过程和结果，完成实验报告。

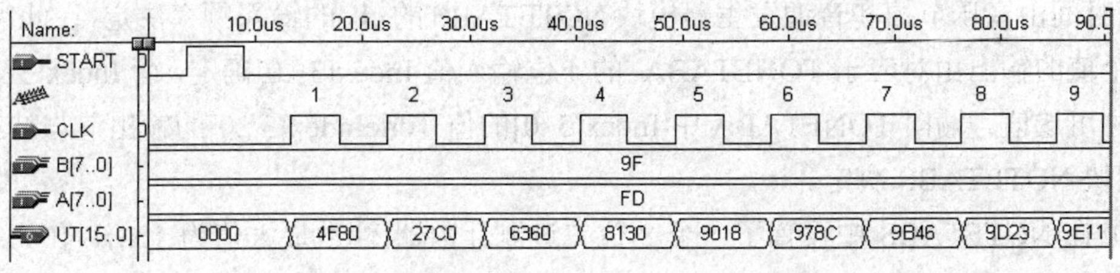

附图 4-19　8 位移位相加乘法器运算逻辑波形图

4.15　乐曲硬件演奏电路设计

(1) 实验目的：学习利用数控分频器设计硬件乐曲演奏电路。

(2) 实验原理：主系统由 3 个模块组成，【附例 4-23】是顶层设计文件，其内部有 3 个功能模块(如附图 4-20 所示)：TONETABA.VHD、NOTETABS.VHD 和 SPEAKER.VHD。

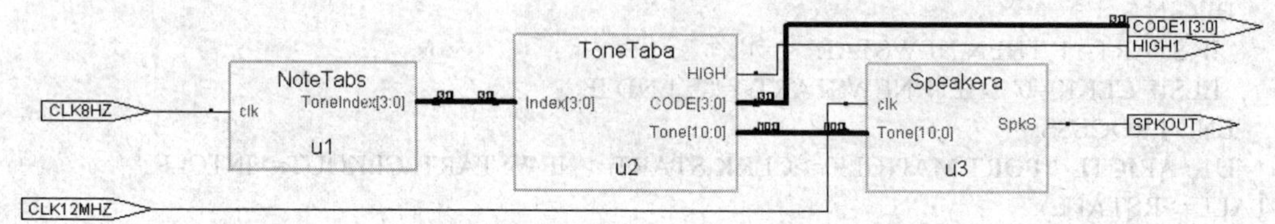

图 4-20　硬件乐曲演奏电路结构(Synplify 综合)

与利用微处理器(CPU 或 MCU)来实现乐曲演奏相比，以纯硬件完成乐曲演奏电路的逻辑要复杂得多，如果不借助于功能强大的 EDA 工具和硬件描述语言，仅凭传统的数字逻辑技术，即使最简单的演奏电路也难以实现。本实验设计项目作为“梁祝”乐曲演奏电路的实现。组成乐曲的每个音符的发音频率值及其持续的时间是乐曲能连续演奏所需的两个基本要素，问题是如何来获取这两个要素所对应的数值以及通过纯硬件的手段来利用这些数值实现所希望乐曲的演奏效果。附图 4-20 中，模块 U1 类似于弹琴的人的手指；U2 类似于琴键；U3 类似于琴弦或音调发声器。

下面首先来了解附图 4-20 的工作原理：

① 音符的频率可以由图中的 Speakera 获得，这是一个数控分频器。由其 clk 端输入一具有较高频率(这里是 12MHz)的信号，通过 Speakera 分频后由 SPKOUT 输出，由于直接从数控分频器中出来的输出信号是脉宽极窄的脉冲式信号，为了有利于驱动扬声器，需另加一个 D 触发器以均衡其占空比，但这时的频率将是原来的 1/2。Speakera 对 clk 输入信号的分频比由 11 位预置数 Tone[10..0]决定。SPKOUT 的输出频率将决定每一音符的音调，这样，分频计数器的预置值 Tone[10..0]与 SPKOUT 的输出频率，就有了对应关系。例如在 TONETABA 模块中若取 Tone[10..0]=1036，将发音符为“3”音的信号频率。

② 音符的持续时间须根据乐曲的速度及每个音符的节拍数来确定，附图 4-20 中模块 TONETABA 的功能首先是为 Speakera 提供决定所发音符的分频预置数，而此数在 Speaker 输入口停留的时间即为此音符的节拍值。模块 TONETABA 是乐曲简谱码对应的分频预置数查表电路，其中设置了“梁祝”乐曲全部音符所对应的分频预置数，共 13 个，每一音符的停留时间由音乐节拍和音调发生器模块 NOTETABS 的 clk 的输入频率决定，在此为 4Hz。这 13 个值的输出由对应于 TONETABA 的 4 位输入值 Index[3...0]确定，而 Index[3..0]最多有 16 种可选值。输向 TONETABA 中 Index[3..0]的值 ToneIndex[3...0]的输出值与持续的时间由模块 NOTETABS 决定。

③ 在 NOTETABS 中设置了一个 8 位二进制计数器(计数最大值为 138)，作为音符数据 ROM 的地址发生器。这个计数器的计数频率选为 4Hz，即每一计数值的停留时间为 0.25

秒，恰为当全音符设为1秒时，四四拍的4分音符持续时间。例如，NOTETABS在以下的VHDL逻辑描述中，"梁祝"乐曲的第一个音符为"3"，此音在逻辑中停留了4个时钟节拍，即1秒时间，相应地，所对应的"3"音符分频预置值为1036，在SPEAKERA的输入端停留了1秒。随着NOTETABS中的计数器按4Hz的时钟速率作加法计数时，即随地址值递增时，音符数据ROM中的音符数据将从ROM中通过ToneIndex[3...0]端口输向TONETABA模块，"梁祝"乐曲就开始连续自然地演奏起来了。

(3) 实验内容1：定制【附例4-26】的NoteTabs模块中的音符数据ROM"music"。该ROM中的音符数据已列在【附例4-27】中。注意该例数据表中的数据位宽、深度和数据的表达类型。此外，为了节省篇幅，例中的数据都横排了，实用中应该以每一分号为一行来展开，否则会出错。

最后对该ROM进行仿真，确认【附例4-27】中的音符数据已经进入ROM中。

(4) 实验内容2：根据给出的乘法器逻辑原理图及其各模块的VHDL描述，在QuartusII上完成全部设计，包括编辑、编译、综合和仿真操作等。给出仿真波形，并作出详细说明。

(5) 实验内容3：硬件验证。先将引脚锁定，使CLK12MHz与clock9相接，接受12MHz时钟频率(用短路帽在clock9接12MHz)；CLK8Hz与clock2相接，接受4Hz频率；发音输出SPKOUT接Speaker；与演奏发音相对应的简谱码输出显示可由CODE1在数码管5显示；HIGH1为高八度音指示，可由发光管D5指示，最后向目标芯片下载适配后的SOF逻辑设计文件。实验电路结构图为NO.1。

(6) 实验内容4：填入新的乐曲，如"采茶舞曲"、或其他熟悉的乐曲。操作步骤如下。

① 根据所填乐曲可能出现的音符，修改音符数据表格，同时注意每一音符的节拍长短；

② 如果乐曲比较长，可增加模块NOTETABA中计数器的位数，如9位时可达512个基本节拍。

(7) 实验内容5：争取可以在一个ROM装上多首歌曲，可手动或自动选择歌曲。

(8) 实验内容6：根据此项实验设计一个电子琴，硬件测试可用电路结构图NO.3。

(9) 思考题1：用LFSR设计可编程分频器，对本实验中的音阶发生电路的可编程计数器(实现可编程分频功能)用LFSR替代。

(10) 思考题2：【附例4-24】中的进程DelaySpkS对扬声器发声有什么影响？

(11) 思考题3：在电路上应该满足哪些条件，才能用数字器件直接输出的方波驱动扬声器发声？

(12) 实验报告：用仿真波形和电路原理图，详细叙述硬件电子琴的工作原理及其4个VHDL文件中相关语句的功能，叙述硬件实验情况。

乐曲演奏电路的VHDL逻辑描述如下：

【附例4-23】硬件演奏电路顶层设计。

```
LIBRARY IEEE; -- 硬件演奏电路顶层设计
USE IEEE.STD_LOGIC_1164.ALL;
ENTITY Songer IS
    PORT (  CLK12MHZ : IN STD_LOGIC;                    --音调频率信号
            CLK8HZ   : IN STD_LOGIC;                    --节拍频率信号
```

```
            CODE1  : OUT STD_LOGIC_VECTOR (3 DOWNTO 0);--  简谱码输出显示
            HIGH1  : OUT STD_LOGIC; --高 8 度指示
          SPKOUT    : OUT STD_LOGIC );--声音输出
 END;
ARCHITECTURE one OF Songer IS
   COMPONENT NoteTabs
     PORT ( clk       : IN STD_LOGIC;
          ToneIndex : OUT STD_LOGIC_VECTOR (3 DOWNTO 0) );
    END COMPONENT;
    COMPONENT ToneTaba
        PORT ( Index :   IN    STD_LOGIC_VECTOR (3 DOWNTO 0) ;
                CODE   : OUT    STD_LOGIC_VECTOR (3 DOWNTO 0) ;
                HIGH   : OUT STD_LOGIC;
                Tone    : OUT    STD_LOGIC_VECTOR (10 DOWNTO 0) );
    END COMPONENT;
    COMPONENT Speakera
        PORT    ( clk   : IN STD_LOGIC;
                  Tone : IN STD_LOGIC_VECTOR (10 DOWNTO 0);
                  SpkS : OUT STD_LOGIC    );
    END COMPONENT;
    SIGNAL Tone : STD_LOGIC_VECTOR (10 DOWNTO 0);
    SIGNAL ToneIndex : STD_LOGIC_VECTOR (3 DOWNTO 0);
 BEGIN
u1 : NoteTabs    PORT MAP (clk=>CLK8HZ, ToneIndex=>ToneIndex);
u2 : ToneTaba PORT MAP (Index=>ToneIndex,Tone=>Tone,CODE=>CODE1,HIGH=>HIGH1);
u3 : Speakera PORT MAP(clk=>CLK12MHZ,Tone=>Tone, SpkS=>SPKOUT);
END;
```

【附例 4-24】进程 DelaySpks 将输出分频。

```
LIBRARY IEEE;
USE IEEE.STD_LOGIC_1164.ALL;
USE IEEE.STD_LOGIC_UNSIGNED.ALL;
ENTITY Speakera IS
    PORT (     clk    : IN STD_LOGIC;
               Tone : IN STD_LOGIC_VECTOR (10 DOWNTO 0);
               SpkS : OUT STD_LOGIC    );
END;
ARCHITECTURE one OF Speakera IS
    SIGNAL PreCLK, FullSpkS : STD_LOGIC;
BEGIN
 DivideCLK : PROCESS(clk)
        VARIABLE Count4 : STD_LOGIC_VECTOR (3 DOWNTO 0) ;
    BEGIN
        PreCLK <= '0';   --   将 CLK 进行 16 分频，PreCLK 为 CLK 的 16 分频
        IF Count4>11 THEN PreCLK <= '1';    Count4 := "0000";
        ELSIF clk'EVENT AND clk = '1' THEN    Count4 := Count4 + 1;
        END IF;
    END PROCESS;
    GenSpkS : PROCESS(PreCLK, Tone)-- 11 位可预置计数器
        VARIABLE Count11 : STD_LOGIC_VECTOR (10 DOWNTO 0);
BEGIN
```

```
        IF PreCLK'EVENT AND PreCLK = '1' THEN
          IF Count11 = 16#7FF# THEN Count11 := Tone ; FullSpkS <= '1';
                ELSE Count11 := Count11 + 1; FullSpkS <= '0'; END IF;
          END IF;
    END PROCESS;
 DelaySpkS : PROCESS(FullSpkS)--将输出再 2 分频，展宽脉冲，使扬声器有足够功率发音
          VARIABLE Count2 : STD_LOGIC;
BEGIN
      IF FullSpkS'EVENT AND FullSpkS = '1' THEN    Count2 := NOT Count2;
                IF Count2 = '1' THEN    SpkS <= '1';
                ELSE SpkS <= '0';    END IF;
          END IF;
      END PROCESS;
END;
```

【附例 4-25】音调控制程序。

```
LIBRARY IEEE;
USE IEEE.STD_LOGIC_1164.ALL;
ENTITY ToneTaba IS
     PORT ( Index : IN    STD_LOGIC_VECTOR (3 DOWNTO 0) ;
              CODE: OUT    STD_LOGIC_VECTOR (3 DOWNTO 0) ;
              HIGH: OUT STD_LOGIC;
              Tone: OUT    STD_LOGIC_VECTOR (10 DOWNTO 0) );
END;
ARCHITECTURE one OF ToneTaba IS
BEGIN
     Search : PROCESS(Index)
     BEGIN
         CASE Index IS          --译码电路，查表方式，控制音调的预置数
   WHEN "0000" => Tone<="11111111111" ; CODE<="0000"; HIGH <='0';--2047;
   WHEN "0001" => Tone<="01100000101" ; CODE<="0001"; HIGH <='0';--773;
   WHEN "0010" => Tone<="01110010000" ; CODE<="0010"; HIGH <='0';--912;
   WHEN "0011" => Tone<="10000001100" ; CODE<="0011"; HIGH <='0';--1036;
   WHEN "0101" => Tone<="10010101101" ; CODE<="0101"; HIGH <='0';--1197;
   WHEN "0110" => Tone<="10100001010" ; CODE<="0110"; HIGH <='0';--1290;
   WHEN "0111" => Tone<="10101011100" ; CODE<="0111"; HIGH <='0';--1372;
   WHEN "1000" => Tone<="10110000010" ; CODE<="0001"; HIGH <='1';--1410;
   WHEN "1001" => Tone<="10111001000" ; CODE<="0010"; HIGH <='1';--1480;
   WHEN "1010" => Tone<="11000000110" ; CODE<="0011"; HIGH <='1';--1542;
   WHEN "1100" => Tone<="11001010110" ; CODE<="0101"; HIGH <='1';--1622;
   WHEN "1101" => Tone<="11010000100" ; CODE<="0110"; HIGH <='1';--1668;
   WHEN "1111" => Tone<="11011000000" ; CODE<="0001"; HIGH <='1';--1728;
   WHEN OTHERS => NULL;
   END CASE;
   END PROCESS;
END;
```

【附例 4-26】音符数据 ROM。

```
LIBRARY IEEE;
USE IEEE.STD_LOGIC_1164.ALL;
```

```
USE IEEE.STD_LOGIC_UNSIGNED.ALL;
ENTITY NoteTabs IS
    PORT ( clk        : IN STD_LOGIC;
           ToneIndex : OUT STD_LOGIC_VECTOR (3 DOWNTO 0) );
END;
ARCHITECTURE one OF NoteTabs IS
COMPONENT MUSIC                          --音符数据 ROM
 PORT(address : IN STD_LOGIC_VECTOR (7 DOWNTO 0);
    inclock : IN STD_LOGIC ;
          q : OUT STD_LOGIC_VECTOR (3 DOWNTO 0));
END COMPONENT;
    SIGNAL Counter :   STD_LOGIC_VECTOR (7 DOWNTO 0);
BEGIN
    CNT8 : PROCESS(clk, Counter)
    BEGIN
        IF Counter=138 THEN   Counter <= "00000000";
        ELSIF (clk'EVENT AND clk = '1') THEN Counter <= Counter+1; END IF;
    END PROCESS;
 u1 : MUSIC PORT MAP(address=>Counter , q=>ToneIndex, inclock=>clk);
 END;
```

【附例 4-27】《梁祝》乐曲演奏。

```
WIDTH = 4;  --《梁祝》乐曲演奏数据
DEPTH = 256;
ADDRESS_RADIX = DEC;
DATA_RADIX = DEC;
CONTENT   BEGIN --注意，以下的数据排列方法只是为了节省空间，实用文件中要展开以下数据，
每一组占一行
   00: 3 ; 01: 3 ; 02: 3 ; 03: 3; 04: 5; 05: 5; 06:   5;07: 6; 08: 8; 09: 8;
   10: 8 ; 11: 9 ; 12: 6 ; 13: 8; 14: 5; 15: 5; 16: 12;17: 12;18: 12; 19:15;
   20:13 ; 21:12 ; 22:10 ; 23:12; 24: 9; 25: 9; 26: 9; 27: 9; 28: 9; 29: 9;
   30: 9 ; 31: 0 ; 32: 9 ; 33: 9; 34: 9; 35:10; 36: 7; 37: 7; 38: 6; 39: 6;
   40: 5 ; 41: 5 ; 42: 5 ; 43: 6; 44: 8; 45: 8; 46: 9; 47: 9; 48: 3; 49: 3;
   50: 8 ; 51: 8 ; 52: 6 ; 53: 5; 54: 6; 55: 8; 56: 5; 57: 5; 58: 5; 59: 5;
   60: 5 ; 61: 5 ; 62: 5 ; 63: 5; 64:10; 65:10; 66:10; 67:12; 68: 7; 69: 7;
   70: 9 ; 71: 9 ; 72: 6 ; 73: 8; 74: 5; 75: 5; 76: 5; 77: 5; 78: 5; 79: 5;
   80: 3 ; 81: 5 ; 82: 3 ; 83: 3; 84: 5; 85: 6; 86: 7; 87: 9; 88: 6; 89: 6;
   90: 6 ; 91: 6 ; 92: 6 ; 93: 6; 94: 5; 95: 6; 96: 8; 97: 8; 98: 8; 99: 9;
100:12 ;101:12 ;102:12 ;103:10;104: 9;105: 9;106:10;107: 9;108: 8;109: 8;
110: 6 ;111: 5 ;112: 3 ;113: 3;114: 3;115: 3;116: 8;117: 8;118: 8;119: 8;
120: 6 ;121: 8 ;122: 6 ;123: 5;124: 3;125: 5;126: 6;127: 8;128: 5;129: 5;
130: 5 ;131: 5 ;132: 5 ;133: 5;134: 5;135: 5;136: 0;137: 0;138: 0;
END ;
```

4.16　循环冗余校验(CRC)模块设计

(1) 实验目的：设计一个在数字传输中常用的校验、纠错模块：循环冗余校验 CRC 模块，学习使用 FPGA 器件完成数据传输中的差错控制。

(2) 实验原理：CRC 即 Cyclic Redundancy Check 循环冗余校验，是一种数字通信中的信道编码技术。经过 CRC 方式编码的串行发送序列码，可称为 CRC 码，共由两部分构成：k 位有效信息数据和 r 位 CRC 校验码。其中 r 位 CRC 校验码是通过 k 位有效信息序列被一个事先选择的 r+1 位“生成多项式”相“除”后得到的(r 位余数即是 CRC 校验码)，这里的除法是“模 2 运算”。CRC 校验码一般在有效信息发送时产生，拼接在有效信息后被发送；在接收端，CRC 码用同样的生成多项式相除，除尽表示无误，弃掉 r 位 CRC 校验码，接收有效信息；反之，则表示传输出错，纠错或请求重发。本设计完成 12 位信息加 5 位 CRC 校验码发送、接收，由两个模块构成，CRC 校验生成模块(发送)和 CRC 校验检错模块(接收)，采用输入、输出都为并行的 CRC 校验生成方式。如附图 4-21 所示的的 CRC 模块端口数据说明如下：

sdata：12 位的待发送信息；
datald：sdata 的装载信号；
error：误码警告信号；
datafini：数据接收校验完成；
rdata：接收模块(检错模块)接收的 12 位有效信息数据；
clk：时钟信号；
datacrc：附加上 5 位 CRC 校验码的 17 位 CRC 码，在生成模块被发送，在接收模块被接收；
hsend、hrecv：生成、检错模块的握手信号，协调相互之间关系；

【附例 4-28】中采用的 CRC 生成多项式为 X5+X4+X2+1，校验码为 5 位，有效信息数据为 12 位。

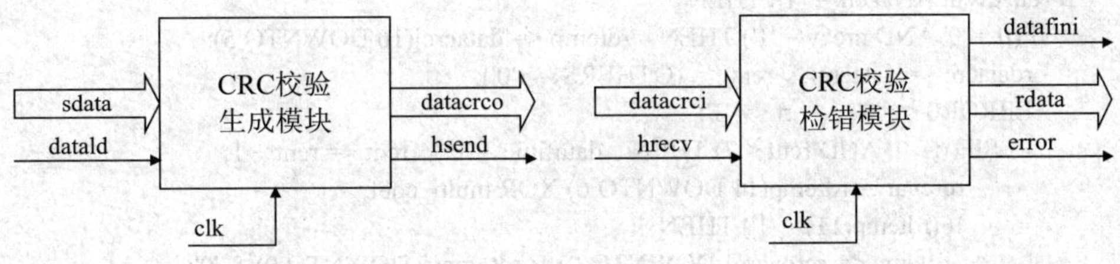

附图 4-21　CRC 模块

【附例 4-28】实验程序代码。

```
LIBRARY ieee;
USE ieee.std_logic_1164.ALL;
USE ieee.std_logic_unsigned.ALL;
USE ieee.std_logic_arith.ALL;
ENTITY crcm IS
     PORT (clk, hrecv，datald : IN std_logic;
             sdata      : IN std_logic_vector(11 DOWNTO 0);
             datacrco : OUT std_logic_vector(16 DOWNTO 0);
             datacrci  : IN std_logic_vector(16 DOWNTO 0);
               rdata  : OUT std_logic_vector(11 DOWNTO 0);
             datafini  : OUT std_logic;
             ERROR0, hsend    : OUT std_logic);
END crcm;
ARCHITECTURE comm OF crcm IS
```

```
    CONSTANT multi_coef : std_logic_vector(5 DOWNTO 0) := "110101";
            --多项式系数, MSB 一定为'1'
    SIGNAL   cnt,rcnt : std_logic_vector(4 DOWNTO 0);
    SIGNAL   dtemp,sdatam,rdtemp     : std_logic_vector(11 DOWNTO 0);
    SIGNAL   rdatacrc: std_logic_vector(16 DOWNTO 0);
    SIGNAL   st,rt   : std_logic;
BEGIN
PROCESS(clk)
    VARIABLE crcvar : std_logic_vector(5 DOWNTO 0);
BEGIN
    IF(clk'event AND clk = '1') THEN
        IF(st = '0' AND datald = '1') THEN   dtemp <= sdata;
  sdatam <= sdata; cnt <= (OTHERS => '0');   hsend <= '0';   st <= '1';
        ELSIF(st = '1' AND cnt < 7) THEN   cnt <= cnt + 1;
        IF(dtemp(11) = '1') THEN   crcvar := dtemp(11 DOWNTO 6) XOR multi_coef;
           dtemp <= crcvar(4 DOWNTO 0) & dtemp(5 DOWNTO 0) & '0';
            ELSE   dtemp <= dtemp(10 DOWNTO 0) & '0';    END IF;
        ELSIF(st='1' AND cnt=7) THEN datacrco<=sdatam & dtemp(11 DOWNTO 7);
            hsend <= '1';   cnt <= cnt + 1;
        ELSIF(st='1' AND cnt=8) THEN     hsend<= '0';      st<='0';
        END IF;
    END IF;
END PROCESS;
PROCESS(hrecv,clk)
    VARIABLE rcrcvar : std_logic_vector(5 DOWNTO 0);
BEGIN
    IF(clk'event AND clk = '1') THEN
      IF(rt = '0' AND hrecv = '1') THEN   rdtemp <= datacrci(16 DOWNTO 5);
       rdatacrc <= datacrci;   rcnt <= (OTHERS => '0');
       ERROR0 <= '0';      rt <= '1';
       ELSIF(rt= '1' AND rcnt < 7) THEN   datafini <= '0';   rcnt <= rcnt + 1;
            rcrcvar := rdtemp(11 DOWNTO 6) XOR multi_coef;
            IF(rdtemp(11) = '1') THEN
             rdtemp <= rcrcvar(4 DOWNTO 0) & rdtemp(5 DOWNTO 0) & '0';
            ELSE   rdtemp <= rdtemp(10 DOWNTO 0) & '0';
            END IF;
       ELSIF(rt = '1' AND rcnt = 7) THEN   datafini <= '1';
            rdata <= rdatacrc(16 DOWNTO 5);   rt <= '0';
            IF(rdatacrc(4 DOWNTO 0) /= rdtemp(11 DOWNTO 7)) THEN
               ERROR0 <= '1'; END IF;
       END IF;
    END IF;
END PROCESS;
END comm;
```

(3) 实验内容 1：编译以上示例文件，给出仿真波形。

(4) 实验内容 2：建立一个新的设计，调入 crcm 模块，把其中的 CRC 校验生成模块和 CRC 校验查错模块连接在一起，协调工作。引出必要的观察信号，锁定引脚，并在 EDA 实验系统上实现之。

(5) 思考题 1：例中对 st、rt 有不妥之处，试解决之(提示：复位 reset 信号的引入有助于问题的解决)。

(6) 思考题 2：如果输入数据、输出 CRC 码都是串行的，设计该如何实现(提示：采用 LFSR)。

(7) 思考题 3：在例子程序中需要 8 个时钟周期才能完成一次 CRC 校验，试重新设计使得在一个 clk 周期内完成。

(8) 实验报告：叙述 CRC 的工作原理，将设计原理、程序设计与分析、仿真分析和详细实验过程。

4.17　嵌入式锁相环 PLL 应用实验

(1) 实验目的：学习使用 Cyclone 器件中的嵌入式锁相环，为以后的设计作准备。

(2) 实验内容：调用 PLL 的 LPM 模块，步骤如下：

- 建立 PLL 模块

① 在 QuartusII 的 Tools 菜单中选择 MegaWizard Plug-In Manager 命令，在弹出的界面中选择 Create a new custom 选项，定制一个新的模块。在弹出的对话框左栏选择 I/O 项下的 ALTPLL，然后选择 Cyclone 器件和 VHDL 语言方式，最后输入设计文件存放的路径和文件名，如 d:\sin_gnt\PLL50.vhd。单击 Next 按钮，弹出如附图 4-22 所示的对话框。

② 在图中首先设置参考时钟频率 inclk0 为 50MHz，注意，这个时钟频率不能低于16MHz。然后单击 Next 按钮，接着在图中选择锁相环的工作模式(选择内部反馈通道的通用模式)。单击 Next 按钮后即进入如附图 4-23 所示的界面，选择 PLL 的控制信号，如 PLL 的使能控制 pllena；异步复位 areset；锁相输出 locked 等。单击 Next 按钮，进入如附图 4-24 所示的界面，选择控制信号，为了简便，在此消去所有控制信号。

③ 在附图 4-24 所示的对话框中选中 Use this c1，即选择另一输出时钟端 c1。并选择第一个输出时钟信号 c0 相对于输入时钟的倍频因子是 2，即 c0 的片内输出频率是 32MHz；时钟相移和时钟占空比不变，保持原来默认的数据。

④ 连续单击 Next 按钮完成设计。

- 仿真 PLL 模块(参考《EDA 技术与 VHDL》第 7 章)

下例是调用了锁相环 PLL50 的顶层设计文件，首先将其设置成工程，并仿真。

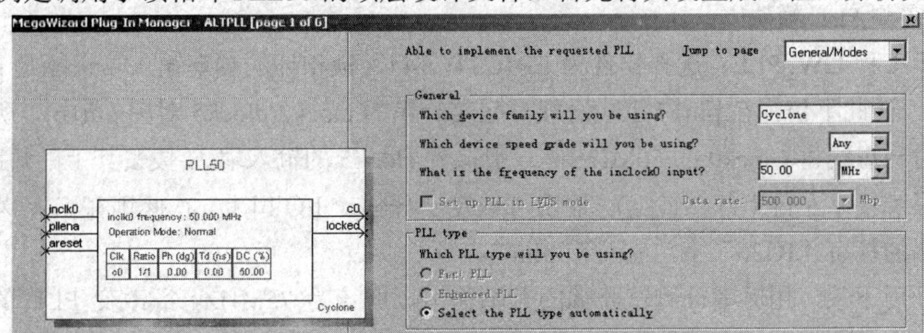

附图 4-22　选择参考时钟为 50MHz(输入频率不能小于 16MHz)

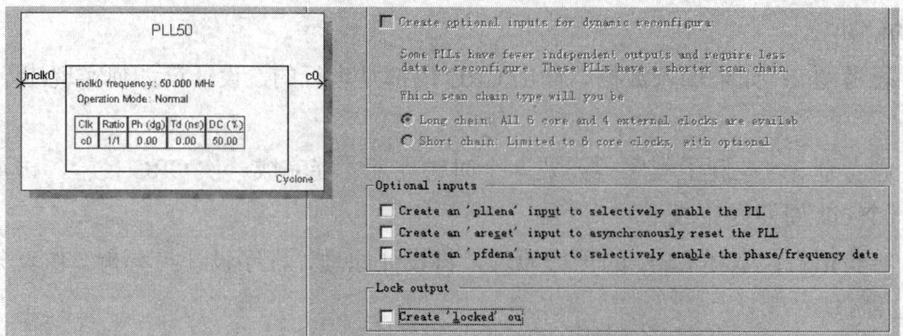

附图 4-23　选择控制信号

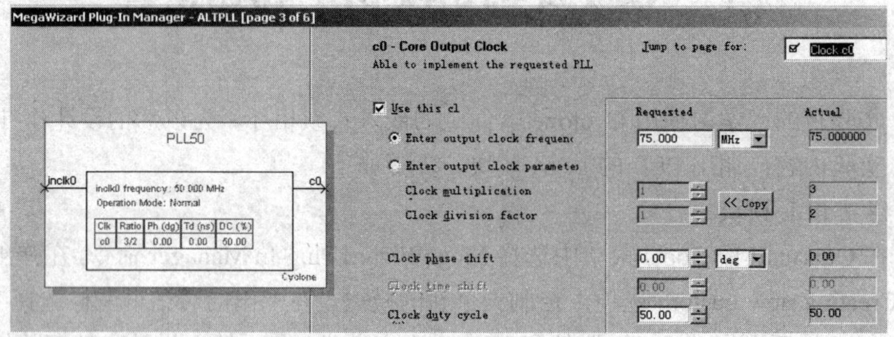

附图 4-24　选择输出频率为 75MHz

```
LIBRARY IEEE;
USE IEEE.STD_LOGIC_1164.ALL;
ENTITY GW_PLL IS
    PORT (CLK0   : IN   STD_LOGIC;
          FOUT0 : OUT STD_LOGIC        );
END GW_PLL;
ARCHITECTURE behav OF GW_PLL IS
  COMPONENT PLL50
    PORT(inclk0  : IN STD_LOGIC     := '0';
  c0   : OUT STD_LOGIC         );
  END COMPONENT;
    BEGIN
u1 : PLL50 PORT MAP(inclk0=>CLK0,c0=>FOUT0);
END behav;
```

● 实测 PLL 模块

对于工程 GW_PLL，选择器件为 EP1C3TC144，锁相环的频率输入端只能是 pin16 和 pin17 脚，在此不仿锁在 pin17 上，恰好对应实验箱的 clock2(clock5 对应 pin16)，所以在实验中要用一短线将 Clock0 的 50MHz 信号引接到 clock5 的输入端(要拔去其上的短路帽，引过来的短线接靠左排上任一针上)，输出可锁定于任何一 I/O 口上。在此锁在 GW48 箱上右排座下端的标有“IO26”上，它对应 pin67。

编译后下载，用频率计测试此端的频率输出，应该为 75MHz。欲改变 PLL 的输出频率方法如下：选择如附图 4-25 所示中间选项(Edit…)，单击 Next 按钮，打开如附图 4-26

所示，双击打开 PLL50.VHD。

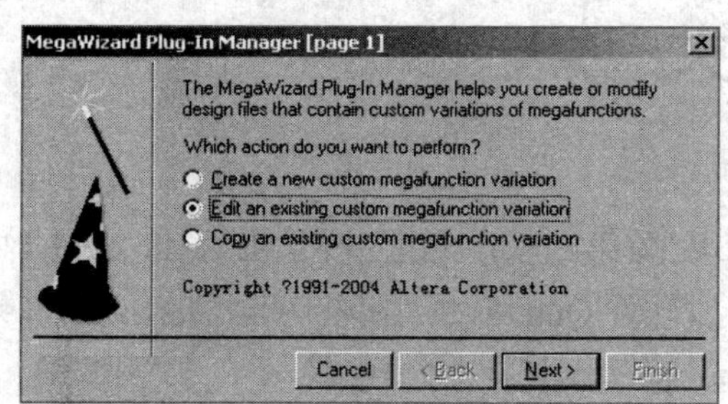

附图 4-25 修改输出频率选择

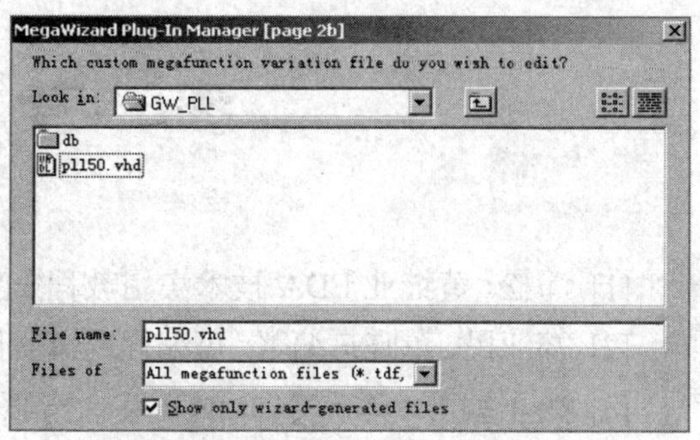

附图 4-26 修改输出频率选择

此后设置方法同上。

实验 1：分别设置输出频率为 20MHz、25MHz、40MHz、45MHz、50MHz、80MHz、120MHz、180MHz、200MHz，并用频率计测试验证。

实验 2：设计同时输出 3 个不同频率的 PLL 模块。并给出类似于如附图 4-27 所示的仿真波形。

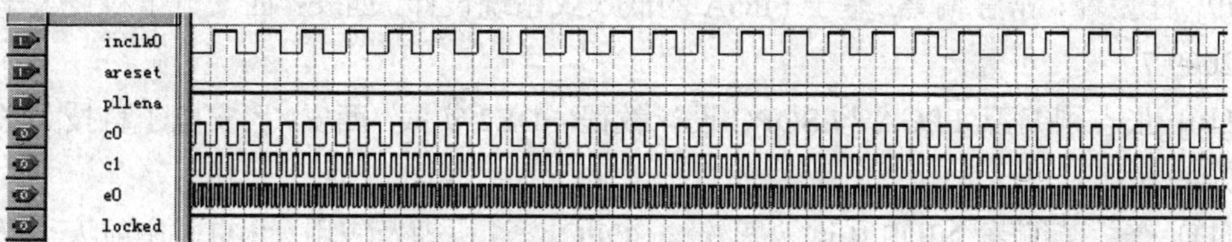

附图 4-27 仿真波形

参 考 文 献

[1] 潘松、黄继业 EDA 技术实用教程—VHDL 版(第四版). 北京：科学出版社，2011.11

[2] 郑亚民、董晓舟编著. 可编程逻辑器件开发软件 Quartus II. 国防工业出版社，2006.9

[3] 杨军编著. 基于 Quartus II 综合实验教程. 科学出版社，2010 .10

[4] 吴继华著. ALtera CPLD/FPGA 设计(基础篇). 人民邮电出版社，2007.6

[5] 吴继华著. ALtera CPLD/FPGA 设计(高级篇). 人民邮电出版社，2007.6

[6] 潘松，王芳编著. EDA 技术及其应用(第二版). 科学出版社，2011.6

[7] 刘爱荣编著. EDA 技术与 CPLD/FPGA 开发应用简明教程. 清华大学出版社，2010.6

[8] 詹仙宁、田耕编著. VHDL 开发精髓与实例剖析. 北京：电子工业出版社，2009.9

[9] 任爱锋、常存编著. 基于 FPGA 的嵌入式系统设计. 西安：西安电子科技大学出版社，2009.7

[10] 张志刚编著. FPGA 与 SOPC 设计教程—DE2 实践. 西安：西安电子科技大学出版社，2009.6

[11] 李兰英编著. NIOS II 嵌入式软核 SOPC 设计原理及应用. 北京航空航天大学出版社，2006.6

[12] 唐红莲、刘爱荣. EDA 技术与实践. 清华大学出版社，2011. 3

[13] altera 公司官网. www.altera.com.cn

[14] 台湾友晶科技. http://www.terasic.com.cn/cn/

[15] EDN 电子技术论坛. http://bbs.ednchina.com/

[16] EDN IP 核网站. http://www.edn.com/

[17] 潘松，黄继业，曾毓. SOPC 技术实用教程. 北京：清华大学出版社，2005.9

[18] 周立功等. SOPC 嵌入式系统实验教程(一). 北京：北京航空航天大学出版社，2006.8

[19] 唐思章，黄勇. SOPC 与嵌入式系统软硬件协同设计[J]. 单片机与嵌入式系统应用，2002，30(3):17-21

[20] 亿特科技. CPLD/FPGA 应用系统设计与产品开发. 北京：人民邮电出版社，2005，1-117

[21] Altera Corporation. Nios II processor Reference Handbook, 2007

[22] Altera Corporation. Nios II Hardware development Tutorial, 2007 [23]Altera Corporation. NiosⅡ Software developer’s Handbook, 2007

[23] Altera Corporation. Nios II Flash programmer, 2007

[24] Altera Corporation. Nios II development Kit Getting Started User Guide, 2007